Wissenschaftliche Veröffentlichungen aus den Siemens-Werken

Zwanzigster Band

1941/1942

Springer-Verlag Berlin Heidelberg GmbH

Inhaltsübersicht.

Erstes Heft.

Zweites Heft.

Wissenschaftliche Veröffentlichungen aus den Siemens-Werken

XX. Band

Erstes Heft (abgeschlossen am 25. April 1941)

Mit 1 Bildnis und 149 Bildern im Text

Unter Mitwirkung von

Hermann Adam, Wilhelm Artus, Hans Beiersdorf, Hanns Benkert, Rudolf Bingel, Heinrich v. Buol, August Engelhardt, Robert Fellinger, August Ganghofer, Hans Gerdien, Karl Heck, Friedrich Heintzenberg, Gustav Hertz, Ragnar Holm, Hans Kerschbaum, Fritz Kesselring, Herbert König, Aladar Koos, Josef Krönert, Karl Küpfmüller, Fritz Lüschen, Hans Mayer, Dietrich Müller-Hillebrand, Karl Ott, Horst Pflug, Karl Pohlhausen, Wilhelm Rabanus, Georg Nikolaus Reinhart, Günther Scharowsky, Manfred Schleicher, Herbert Schnitger, Walter Schottky, Richard Schwenn, Rudolf Seeliger, Hermann v. Siemens, Eberhard Spenke, Ernst Sprengel, Julius Wallot, Paul Wiegand

herausgegeben von der

Zentralstelle für wissenschaftlich-technische Forschungsarbeiten der Siemens-Werke

Springer-Verlag Berlin Heidelberg GmbH

1941

ISBN 978-3-642-98835-6   ISBN 978-3-642-99650-4 (eBook)
DOI 10.1007/978-3-642-99650-4

Carl Friedrich von Siemens

geboren 5. September 1872

gestorben 9. Juli 1941

Kurz vor Abschluß der Drucklegung dieses Heftes erreichte uns die Trauerbotschaft, daß unser allverehrter Herr Dr. C. F. von Siemens in der Nacht vom 9. auf den 10. Juli entschlafen ist.

Seit Ende 1919 an der Spitze der Siemens-Werke, hat Herr Dr. C. F. von Siemens der wissenschaftlichen Forschungsarbeit in seinen Werken und Abteilungen immer seine größte Aufmerksamkeit geschenkt. In der ständigen Verfolgung und Ausdehnung wissenschaftlicher Erkenntnisse sah er die Grundlage für den Fortschritt der Technik, die, wenn auch häufig durch die wohldurchdachte Arbeit in der Werkstatt erfolgreich gefördert, doch des Zusammenhangs mit ihren im Boden der reinen Wissenschaft ruhenden Wurzeln nicht entraten kann.

Herrn Dr. C. F. von Siemens war es in hohem Maße eigen, technische Fragen und Errungenschaften zu durchdringen und bis zu ihrem manchmal gar nicht leicht erkennbaren eigentlichen Ursprung zu verfolgen. Schon seine immer das Wesentliche treffende Fragestellung gab oft die Anregung zu neuen Entwicklungen und Erfolgen.

Die Zentralstelle für wissenschaftlich-technische Forschungsarbeiten der Siemens-Werke verdankt Herrn Dr. C. F. von Siemens rege Förderung, und es war in seinem Sinne, wenn wir uns in den Wissenschaftlichen Veröffentlichungen aus den Siemens-Werken in erster Linie die Aufrechterhaltung eines hohen wissenschaftlichen Niveaus zur Richtschnur dienen ließen.

Die Förderung der Wissenschaft an den Universitäten und Technischen Hochschulen und insbesondere die Fürsorge für einen gut ausgebildeten Nachwuchs in Wissenschaft und Technik nahm Herr Dr. C. F. von Siemens sehr ernst. Er war es, der den im Jahre 1920 von ihm mitbegründeten Stifterverband der Notgemeinschaft der Deutschen Wissenschaft von Anfang an und durch vierzehn schwere Jahre hindurch richtunggebend leitete. Eng verbunden fühlte er sich mit der von seinem Vater begründeten Physikalisch-Technischen Reichsanstalt, deren Entwicklung und Arbeiten er dauernd mit lebhaftem Interesse verfolgte. Auch dem Senat der Kaiser-Wilhelm-Gesellschaft zur Förderung der Wissenschaften gehörte er viele Jahre lang und noch bis zu seinem Tode als Vizepräsident an.

So hat die deutsche Wissenschaft und die im Hause Siemens mit ihrer Pflege betraute Zentralstelle für wissenschaftlich-technische Forschungsarbeiten in dem Entschlafenen einen großen Förderer verloren, dessen segenreiches Wirken fortleben wird in den von ihm betreuten Schöpfungen der Technik und in den dankbaren Herzen Aller, die dieser überragenden Persönlichkeit nahe sein durften.

Berlin-Siemensstadt, 10. Juli 1941.

Zentralstelle für wissenschaftlich-technische
Forschungsarbeiten der Siemens-Werke.

Vorwort.

Das 1. Heft des **XX.** Bandes der „Wissenschaftliche Veröffentlichungen aus den Siemens-Werken" beginnt mit drei Arbeiten aus dem Entwicklungsgebiet des Siemens-Röhrenwerkes. H. Schnitger bietet in seinem Aufsatz „Über einige einfache Berechnungsunterlagen für den Bau mehrstufiger Vervielfacher" die Möglichkeit der Berechnung der sehr aktuellen Vervielfacher. Über die „Selbsterregung von Triodenschaltungen im Ultra-Kurzwellengebiet" hat H. König eingehende Untersuchungen angestellt und ein Ersatzschaltbild für die Triodenschaltung unter Berücksichtigung des Einflusses der Laufzeiteffekte auf die Leitwerte festgelegt. In der Arbeit „Die Zündung des Glühkathodenstromrichters in Abhängigkeit vom Gitterwiderstand" wird von H. Adam die Zündbedingung eines Glühkathodenstromrichters mit einem Gitter und negativer Kennlinie untersucht und das theoretische Ergebnis experimentell bestätigt.

Die Arbeit „Berechnung der Randschichtkapazitäten im Rahmen der Raumladungstheorie der Trockengleichrichter" von E. Spenke (mit einer Einleitung von W. Schottky) bringt eine neue Erweiterung der Raumladungstheorie der Trockengleichrichter. R. Holm hat in seinem „Beitrag zur Kenntnis der Reibung" dieses seit langem von ihm gepflegte technisch wichtige Arbeitsfeld durch neue Untersuchungen bereichert. Aus dem gleichen Gebiet stammt die Arbeit „Flächenkontakte unter hoher Druckkraft" von D. Müller-Hillebrand. Es wird hierbei der verschiedenartige Einfluß der Oxydschichten verschiedener Metalle auf den Kontaktwiderstand gezeigt und theoretisch verfolgt.

Die „Untersuchungen an elektrolytisch hergestellten schichtigen Eisen-Nickel-Blechen" von K. Heck zeigen den Einfluß von Glühung, Walzverformung und Arsenzusatz zu den schichtigen Blechen. Damit wurde die Möglichkeit einer wesentlichen Verbesserung derartiger für die Nachrichtentechnik wichtiger Bleche gegeben.

E. Sprengel hat in seiner Arbeit „Über die Anwendungsmöglichkeit der Kapillarkondensation in Adsorptions-Kältemaschinen" eingehende theoretische und experimentelle Untersuchungen über Adsorptionskältemaschinen angestellt und damit einen beachtenswerten Beitrag zur Klärung dieser technisch wichtigen Frage geliefert.

H. Pflug und R. Seeliger haben in einer Gemeinschaftsarbeit des Schweißlaboratoriums der Siemens-Schuckert-Werke und des Physikalischen Instituts der Universität Greifswald „Untersuchungen über den Werkstoffübergang im Schweißbogen" angestellt und Tropfengewicht, Tropfenfrequenz und relative Heizzeit in Abhängigkeit von der Schweißspannung gemessen und damit die experimentellen Voraussetzungen für weitere Untersuchungen auf diesem noch wenig erforschten Gebiet geschaffen. Aus der Nachrichtentechnik entnommen, jedoch in ihren Folgerungen über diese hinausgehend, ist die Arbeit von W. Artus „Über die Behandlung der

Stabilität mechanisch-elektrischer Regelsysteme". Damit wird der seinerzeit angestrebten Schaffung einer allgemeinen Systematik der Regelprobleme und besonders der Stabilitätskriterien ein neuer wichtiger Beitrag zugeführt. Die letzte Arbeit „Über die Dämpfung des Nutenquerfeldes bei Gleichstrommaschinen. II" von A. Koos ist eine Fortsetzung der im **XIX.** Band der Wissenschaftlichen Veröffentlichungen erschienenen Arbeit des gleichen Verfassers und ergänzt diese durch Hinzufügung der Wirbelstrombildung in Nutenrahmen.

Berlin-Siemensstadt, im Juli 1941.

Zentralstelle für wissenschaftlich-technische
Forschungsarbeiten der Siemens-Werke.

Inhaltsübersicht.

Anfragen, die den Inhalt dieses Heftes betreffen, sind zu richten an die Zentralstelle für wissenschaftlich-technische Forschungsarbeiten der Siemens-Werke, Berlin-Siemensstadt, Verwaltungsgebäude.

Über einige einfache Berechnungsunterlagen für den Bau mehrstufiger Vervielfacher.

Von **Herbert Schnitger**.

Mit 6 Bildern.

Mitteilung aus dem Siemens-Röhren-Werk zu Siemensstadt.

Eingegangen am 30. Dezember 1940.

Die Entwicklung technischer Vervielfacher nach dem Prinzip der Sekundäremissionsverstärkung hat zu verschiedenen Sekundäremissionsschichten und Elektrodenarten geführt, die für die praktische Verwendung in Frage kommen. Da viele Parameter auftreten, wie z. B. die gewünschte Vervielfachung, die maximal verfügbare Spannung und die Zahl der Vervielfacherelektroden, ist es häufig schwierig, die richtige Auswahl zu treffen. Es wurde daher der Versuch unternommen, einige wichtige Daten der verschiedenen Vervielfacherkonstruktionen in allgemein gültiger Form vorauszuberechnen, wobei sich u. a. die Einführung des logarithmischen Maßstabes für die Vervielfachung als sehr nützlich erwies.

I. Die Kennspannung der Vervielfachung.

1. Die optimale Stufenspannung.

Für die Gesamtvervielfachung P^* eines Vervielfachers gilt

$$P^* = p^{*n}, \tag{1}$$

wenn n die Zahl der Stufen und p^* die mittlere Vervielfachung pro Stufe angibt. Die mittlere Vervielfachung pro Stufe ist eine Funktion der Stufenspannung u.

Die Spannungen der einzelnen Stufen addieren sich zu der Gesamtspannung $U = \sum_{1}^{n} u_n$. Bei gleichgebauten Vervielfacherstufen ist

$$U = n \cdot u. \tag{2}$$

Ist die Gesamtspannung U vorgegeben, dann kann man den Vervielfacher entweder mit wenig Stufen und großem u betreiben oder mit viel Stufen und kleinem u. Für die Gesamtvervielfachung ergeben sich dann, je nach der gewählten Stufenzahl, verschiedene Werte. Y. K. Zworykin, L. Malter und G. A. Morton [1][1] haben gezeigt, daß es dabei für P^* bei einer bestimmten Stufenzahl ein Maximum gibt. Man erhält nämlich aus Gl. (1) und Gl. (2) durch Logarithmieren

$$\ln P^* = n \cdot \ln p^* = \frac{U}{u} \cdot \ln p^*$$

---

[1]) Die eingeklammerten schrägen Zahlen beziehen sich auf das Schrifttum am Schluß der Arbeit.

und durch Differenzieren

$$\frac{\mathrm{d}\ln P^*}{\mathrm{d}u} = \frac{U}{u}\cdot\frac{1}{p^*}\cdot\frac{\mathrm{d}p^*}{\mathrm{d}u} - \frac{U}{u^2}\ln p^*$$

und durch Nullsetzen

$$\frac{\mathrm{d}u}{u} = \frac{\mathrm{d}p^*}{p^*\ln p^*} \tag{3}$$

als Bedingung für die günstigste Stufenspannung $u_{\mathrm{opt}} = \bar{u}$. Gl. (3) zeigt, daß die optimale Stufenspannung unabhängig von der Gesamtspannung ist. Bei normalen p^*-Kurven hat Gl. (3) eine eindeutige Lösung, so daß man für jede normale p^*-Kurve eine optimale Stufenspannung und einen dazugehörigen Vervielfachungsfaktor $\bar{p}^*$ angeben kann. Bei einer beliebig vorgegebenen Gesamtspannung U muß man also die Zahl der Stufen gerade so wählen, daß pro Stufe die optimale Stufenspannung gebraucht wird, wenn man mit der vorgegebenen Spannung die größte Vervielfachung erreichen will. Die Berechnung von $\bar{u}$ nach Gl. (3) ist sehr umständlich und leicht ungenau, da man $\mathrm{d}u/\mathrm{d}p^*$ als Funktion der Stufenspannung bestimmen muß, um graphisch den Schnittpunkt der Funktionen $\dfrac{\mathrm{d}u}{\mathrm{d}p^*}$ und $\dfrac{u}{p^*\cdot\ln p^*}$ ermitteln zu können.

2. Die Kennspannung der Vervielfachung.

Die Betrachtungen werden wesentlich einfacher und übersichtlicher, wenn man für die Vervielfachung das logarithmische Maß einführt. Die logarithmischen Vervielfachungen wollen wir mit P und p bezeichnen. Es sollen also die Beziehungen gelten

$$P = \ln P^* \quad \text{und} \quad p = \ln p^*. \tag{4}$$

Statt $P^* = p^{*n}$ schreiben wir jetzt

$$P = n\cdot p, \tag{5}$$

und durch Herauslösung von n mit Hilfe von $U = n\cdot u$ erhalten wir

$$P = \frac{U}{u/p}. \tag{6}$$

Bei vorgegebener Gesamtspannung ist die Vervielfachung demnach nur noch von u/p abhängig, und zwar wird die Vervielfachung bei gegebener Gesamtspannung um so größer, je kleiner u/p ist. Es ist für viele Betrachtungen zweckmäßig, u/p an Stelle der Stufenvervielfachung p^* zur Charakterisierung einer Schicht- und Elektrodenart in Abhängigkeit von der Stufenspannung zu verwenden. u/p stellt nach Gl. (6) die Gesamtspannung dar, die man aufwenden muß, um die logarithmische Vervielfachung $P = 1$ zu erzielen. Bei einer vorgegebenen Vervielfachertype ist im allgemeinen die Stufenspannung vorgeschrieben und damit hat u/p für diese Type einen festen Wert, aus dem man erkennen kann, wieweit die Forderung bei dem vorliegenden Vervielfacher erfüllt ist, eine vorgegebene Vervielfachung mit einer möglichst kleinen Gesamtspannung zu erzielen. Wir wollen daher u/p als Kennspannung U_K bezeichnen[1]). Gl. (6) schreibt sich dann in der einfachen Form

$$U = P\cdot U_K, \tag{6a}$$

die es ermöglicht, schnell und übersichtlich die wichtigsten Größen für einen Vervielfacher anzugeben.

---

[1]) Die Kennspannung wird in Volt je Neper angegeben, wenn, wie im vorliegenden Fall, die Vervielfachung in Neper berechnet wird.

Besonders übersichtlich wird dadurch der Vergleich zwischen Vervielfachern verschiedener Schicht- und Elektrodenart zur Erzeugung einer bestimmten Vervielfachung, da man nur die U_K-Werte zu betrachten hat, denn die Vervielfachung ist bei dem Vergleich eine Konstante. Von allgemeiner Bedeutung ist der Fall, daß die Vervielfachung p^* pro Stufe gleich dem Sekundäremissionsfaktor δ ist. In Bild 1 ist $\delta = f(u)$ für Silberoxyd-Caesiumschichten und für Magnesiumoxydschichten dargestellt. Die Werte für Silberoxyd-Caesiumschichten wurden an Photovervielfachern mit magnetischer Strahlführung gemessen. Bei exakter Messung des Sekundäremissionsfaktors, z. B. bei Verwendung einer Meßanordnung mit Faradaykäfig, würden die δ-Werte etwas höher liegen. Der Unterschied wäre jedoch nur gering, da bei der magnetischen Strahlführung praktisch alle ausgelösten Sekundärelektronen zur nächsten Prallelektrode gelangen. Die δ-Kurve für Magnesiumoxydschichten wurde einer früheren Arbeit entnommen [2]. Die durch die Sekundäremissionsfaktoren in Bild 1 dargestellten Schichtgüten dürften etwa den Werten entsprechen, die heute in Vervielfachern technisch erreichbar sind. In Bild 2 sind die aus den Werten des Bildes 1 berechneten Funktionen $U_K = g(u)$ aufgetragen.

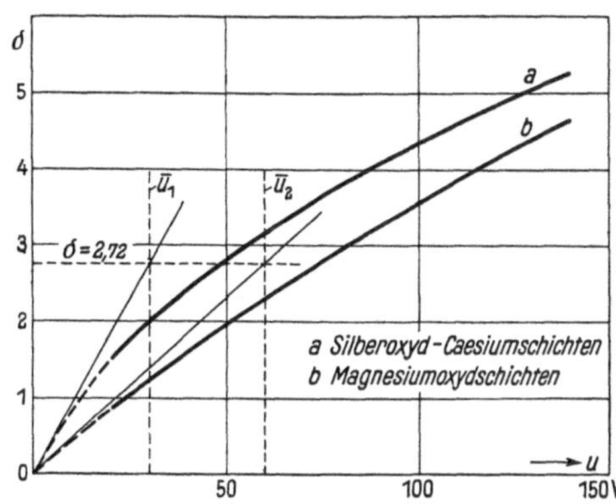

Bild 1.　Die Sekundäremissionsausbeute als Funktion der Stufenspannung.

3. Die Kleinst-Kennspannung.

Die beiden Kurven in Bild 2 haben ein ausgeprägtes Minimum. Nach Gl. (6a) bedeutet das, daß bei einer bestimmten Stufenspannung der Spannungsbedarf für eine vorgegebene Vervielfachung ein Minimum wird. Aus der Kurve für U_K können wir demnach unmittelbar $\bar{u}$ ablesen.

Der zu der optimalen Stufenspannung gehörige Wert $\overline{U}_K$ soll als „Kleinst-Kennspannung" bezeichnet werden. $\bar{u}$ und $\overline{U}_K$ stellen die charakteristischen Größen einer δ-Kurve bzw. einer p^*-Kurve dar. Aus Bild 2 erkennt man, daß für Silberoxyd-Caesiumschichten $\overline{U}_K$ gleich 43 V ist und für Magnesiumoxydschichten 71 V. Die entsprechenden Werte für $\bar{u}$ sind 30 V und 60 V. Vervielfacher mit Magnesiumoxydschichten erfordern demnach gegenüber solchen mit Silberoxyd-Caesiumschichten bei optimalem Betrieb etwa die 1,6fache Spannung.

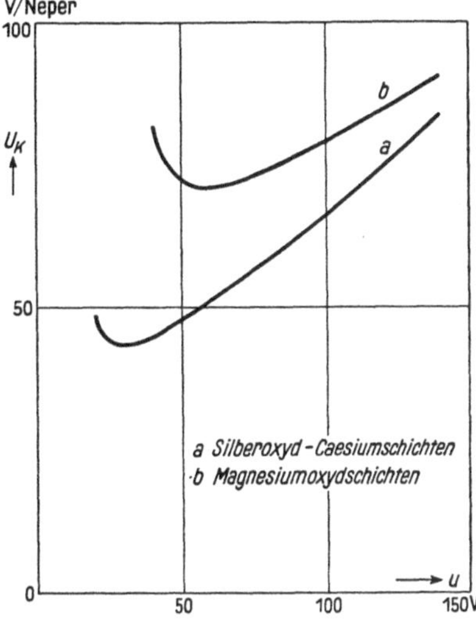

Bild 2. Die Kennspannung als Funktion der Stufenspannung.

Da alle Kurven $\delta = f(u)$ praktisch durch den Koordinatenanfangspunkt gehen müssen, kann man in rohester Annäherung immer $\delta = A \cdot u$ setzen. Aus $\delta = A \cdot u$ folgt

$$\frac{\mathrm{d}u}{u} = \frac{\mathrm{d}\delta}{\delta}. \tag{7}$$

1*

Die Bedingung (3) für das Auftreten eines Minimums ergibt dann in einfacher Weise

$$\ln \delta = 1 . \tag{8}$$

Die optimale Stufenspannung ist demnach immer gerade dann vorhanden, wenn die Vervielfachung pro Stufe 1 Neper beträgt. Das Neper stellt damit die natürlichste Einheit für die Vervielfachung dar. Das Ergebnis ist unabhängig von dem Anstieg A, so daß es innerhalb der Grenzen der Näherung für alle δ-Kurven gilt.

In Wirklichkeit steigt der Sekundäremissionsfaktor δ langsamer als die Anfangstangente $A \cdot u$. In den meisten Fällen kann man mit guter Annäherung $\delta = A \cdot u - B u^2$ setzen. Mit genügender Genauigkeit erhält man dann für die optimale Stufenspannung die Bedingung $\bar{u} = \dfrac{\delta}{A \cdot \ln \delta}$, vorausgesetzt, daß in diesem Bereich die Werte der δ-Kurve noch größenordnungsmäßig mit den Werten der Anfangstangente übereinstimmen. Die optimale Stufenspannung ist also unabhängig von B. Das bedeutet, daß die optimale Stufenspannung für die gleiche Anfangstangente unabhängig von dem Grad der Abweichung von der Anfangstangente ist. Damit ist die optimale Stufenspannung für eine Kurve vom Typus $\delta = A \cdot u - B \cdot u^2$ gleich der optimalen Stufenspannung für die Anfangstangente und demnach aus der Bedingung $\delta = A \cdot u = e$ zu bestimmen[1]). In Bild 1 sind die für diesen Zweck notwendigen, einfachen Konstruktionslinien angegeben. Die Vervielfachung bei der optimalen Stufenspannung ist bei normalen Kurven notwendigerweise kleiner als 1 Neper, jedoch bleiben die Werte in der Größenordnung von 1 Neper. Für die hier untersuchten Silberoxyd-Caesiumschichten beträgt z. B. die Vervielfachung $\bar{p}$ pro Stufe bei Betrieb mit optimaler Stufenspannung 0,69 Neper und für Magnesiumoxydschichten 0,85 Neper.

4. Die Kennspannung in Volt je Doppel-Bel.

In manchen Fällen kann es anschaulicher sein, die Vervielfachung zur Basis 10 zu logarithmieren, statt zur Basis e. Es gilt dann

$$P_{10} = \log P^* . \tag{9}$$

Die Einheit für die durch P_{10} bezeichnete logarithmische Vervielfachung wäre dann ein „Doppel-Bel". Entsprechend wäre statt der Kennspannung in Volt je Neper die Kennspannung in Volt je Doppel-Bel einzuführen, welche die für die 10fache lineare Vervielfachung verbrauchte Spannung angibt und die wir mit U_{K10} bezeichnen wollen. Da

$$U_{K10} = \frac{u}{\log p^*} \tag{10}$$

ist, gilt für die Berechnung von U bzw. P_{10} die einfache Beziehung

$$U = P_{10} \cdot U_{K10} = \log P^* \cdot U_{K10} . \tag{11}$$

Die Kurven $U_{K10} = f(u)$ sind aus den Kurven für U_K leicht dadurch zu gewinnen, daß man deren Ordinatenwerte mit 2,30 multipliziert.

II. Die Vorausberechnung des Verlaufs der p^*-Kurven aus den δ-Kurven.
1. Plattenelektroden.

Praktisch wird bei den verschiedenen Vervielfacherkonstruktionen der Sekundäremissionsfaktor δ verschieden gut erreicht. Für die sich so ergebenden p^*-Kurven

---

[1]) Auf diese Näherungsbetrachtungen und die sich daraus ergebende einfache Bestimmung der ungefähren optimalen Stufenspannung machte uns freundlicherweise R. Feldtkeller aufmerksam.

sind $\bar{u}$ und $\overline{U}_K$ gesondert zu bestimmen. Als einfachsten Fall nehmen wir an, daß wegen ungenügender Absaugfelder an den Elektroden ein konstanter Bruchteil der Sekundärelektronen verschluckt wird. Dann ist $p^* = b \cdot \delta$, worin b ein konstanter Faktor ist, der kleiner als 1 ist. Daraus folgt

$$U_K = \frac{u}{\ln\delta + \ln b}. \tag{12}$$

Für Silberoxyd-Caesiumschichten ergibt sich z. B. bei $b = 0{,}8$ $\bar{u} = 37$ V und $\overline{U}_K = 60$ V. $\bar{u}$ und $\overline{U}_K$ verschieben sich also nach höheren Werten hin.

2. Netzelektroden.

Schwieriger wird die Berechnung von p^* für die von G. Weiss [5] angegebenen Netzvervielfacher, da ein Teil der Primärelektronen durch die Maschen der Netze hindurchfliegt und erst auf die nächste Elektrode bzw. auf eine noch spätere mit einer entsprechend höheren Geschwindigkeit auftrifft. Es sind daher bei dem Aufprall am Netz Elektronen mit der doppelten, dreifachen oder mit einem noch höheren Vielfachen der Stufenspannung zu berücksichtigen. Aber bereits die Zahl der Elektronen, die eine Energie von $3u \cdot e$ beim Aufprall besitzen, ist bei den üblichen Maschenweiten relativ klein. Für die folgenden Berechnungen wollen wir daher nur Elektronen berücksichtigen, die mit der Energie $1u \cdot e$ oder $2u \cdot e$ auftreffen. Aus diesem Grunde wird angenommen, daß die Elektronen mit der Energie $2u \cdot e$ immer alle auf das Netz treffen, so daß keine Elektronen mit Energien, die größer als $2u \cdot e$ sind, auftreten können. In Bild 3 ist der Stromfluß zwischen den einzelnen Elektroden schematisch in geeignete Komponenten aufgeteilt. Wir

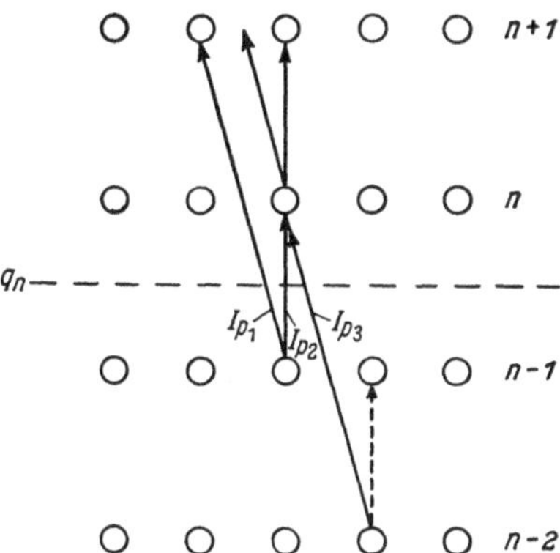

Bild 3. Die Stromzusammensetzung in den Räumen zwischen dem $(n-1)$ten, $n$ten und $(n+1)$ten Prallnetz.

betrachten den Strom, der durch einen Querschnitt q_n zwischen der $(n-1)$ten und der $n$ten Elektrode fließt. Diesen Strom können wir als den Primärstrom I_p zur $n$ten Prallelektrode bezeichnen. Es werden die folgenden 3 Komponenten unterschieden: 1. Elektronen, die von der Elektrode $n-1$ kommen und durch die Löcher der Elektrode n hindurchfliegen. 2. Elektronen, die von der Elektrode $n-1$ kommen und auf die Drähte der Elektrode n treffen. 3. Elektronen, die von der Elektrode $n-2$ kommen, durch die Löcher der Elektrode $n-1$ geflogen sind und jetzt vollzählig auf die Drähte der Elektrode n aufprallen. Damit sind unter Berücksichtigung der oben gemachten Vereinfachung bezüglich der Elektronen, die mehr als ein Netz passieren ohne aufzutreffen, alle Elektronen erfaßt. I_p läßt sich andererseits in eine Gruppe aufteilen, die bei Erreichen der n-Ebene die Energie $1u \cdot e$ besitzt und in eine zweite, die dort die Energie $2u \cdot e$ besitzt. Der Anteil der langsamen Gruppe möge $K \cdot I_p$ sein. Ferner sei a das Verhältnis der gesamten von Drähten erfüllten Fläche in der Ebene n zur Fläche des Gesamtquerschnitts. Die 3 Komponenten von I_p schreiben sich dann wie folgt:

$$\begin{aligned}
I_{p1} &= K \cdot I_p \cdot (1 - a), \\
I_{p2} &= K \cdot I_p \cdot a, \\
I_{p3} &= (1 - K) \cdot I_p.
\end{aligned} \tag{13}$$

Wir bezeichnen jetzt den Sekundäremissionsfaktor für u-Elektronen mit δ_u und den für $2u$-Elektronen mit δ_{2u}. Ferner nehmen wir wieder an, daß von den an einer Elektrode ausgelösten Sekundärelektronen nur ein fester Bruchteil b abgesaugt wird. Der durch einen Querschnitt zwischen der $n$ten und $(n+1)$ten Elektrode fließende Strom, der als Sekundärstrom I_s zu bezeichnen ist, hat dann die Größe

$$I_s = K \cdot I_p \cdot (1-a) + K \cdot I_p \cdot a \cdot b \cdot \delta_u + (1-K) \cdot I_p \cdot b \cdot \delta_{2u}. \qquad (14)$$

$$\underbrace{\hphantom{I_s = K \cdot I_p \cdot (1-a)}}_{\text{Schnelle Gruppe}} \qquad\qquad \underbrace{\hphantom{(1-K) \cdot I_p \cdot b \cdot \delta_{2u}}}_{\text{Langsame Gruppe}}$$

Da die Vervielfachung der $n$ten Netzelektrode $p^*_{\text{Netz}} = I_s/I_p$ ist, folgt

$$p^*_{\text{Netz}} = K \cdot (1-a) + K\,a\,b\,\delta_u + (1-K)\,b\,\delta_{2u}. \qquad (15)$$

Um K in Gl. (15) durch bekannte Größen zu ersetzen, machen wir folgende Überlegungen: Der Anteil der langsamen Gruppe des Stromes I_s sei $K' \cdot I_s$. Wir nehmen versuchsweise an, daß sich bei einer genügenden Anzahl von Stufen ein Verhältnis K einstellt, das sich von Stufe zu Stufe nicht mehr ändert, so daß $K = K'$ wird. Man soll also nicht mehr merken, daß z. B. der Strom zur ersten Prallelektrode eine gleichmäßige Geschwindigkeit hatte. K berechnet sich unter dieser Annahme aus

$$K = \frac{K\,a\,b\,\delta_u + (1-K)\,b\,\delta_{2u}}{K\,a\,b\,\delta_u + (1-a)\,K + (1-K)\,b\,\delta_{2u}}. \qquad (16)$$

Gl. (16) stellt eine quadratische Gleichung für K dar. Gl. (16) hat im allgemeinen eine Lösung von der Form $K\,(a, b, \delta_u, \delta_{2u})$. Also ist die angenommene Gleichgewichtsverteilung möglich, die sich praktisch bereits nach etwa den ersten 3 Stufen eingestellt haben wird.

Aus Gl. (15) und Gl. (16) folgt durch Elimination von K

$$p^*_{\text{Netz}} = a\,b\,\frac{\delta_u}{2} + \frac{1}{2}\,\sqrt{(a\,b\,\delta_u)^2 + 4\,(1-a)\,b\,\delta_{2u}}. \qquad (17)$$

Von den beiden Konstanten a und b läßt sich a immer leicht genügend genau angeben. Bei den üblichen Netzvervielfachern ist a in der Größenordnung von 0,6 [3]. Die Vorausberechnung von b ist dagegen sehr umständlich und unsicher. Es ist daher meist zweckmäßig, p^*_{Netz} für einen Punkt experimentell zu bestimmen, um so b aus Gl. (17) ermitteln zu können.

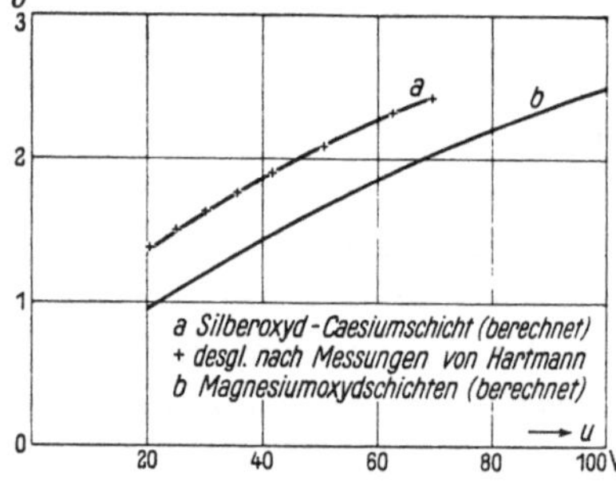

Bild 4. Die Stufenvervielfachung an Prallnetzen.

3. Vergleich zwischen gerechneten und gemessenen Werten an Netzelektroden.

Als Beispiel sei die p^*-Kurve eines Netzvervielfachers mit Silberoxyd-Caesiumschichten berechnet. Für δ wurde die Kurve 1 in Bild 1 zugrunde gelegt. Nach W. Hartmann [4] kann man für Netzelektroden mit Silberoxyd-Caesiumschichten p^*_{Netz}-Werte erreichen, die bis 400 V genügend genau durch die Gleichung $p^*_{\text{Netz}} = 0{,}27\sqrt{u} + 0{,}16$ zu berechnen sind. Für 50 V erhält man $p^*_{\text{Netz}} = 2{,}07$ und damit mit Hilfe von Gl. (17) und δ_{50} und δ_{100} nach Bild 1 $b = 0{,}82$. In Bild 4 ist p^*_{Netz} als Funktion von u für $a = 0{,}6$ und $b = 0{,}82$ dargestellt. Die Kreuze geben die von W. Hartmann gemessene Kurve wieder. Man sieht, daß die Übereinstimmung der Werte sehr befriedigend ist. Leider fehlen genauere Angaben über die von W. Hartmann verwendeten Netze.

Es bedürfte einer besonderen Betrachtung zu untersuchen, inwieweit b tatsächlich ein Maß für die Zahl der Sekundärelektronen ist, die nicht von dem Netz fortkommen können; denn bei der hier durchgeführten empirischen Bestimmung von b ist in b auch noch die Erhöhung von δ durch streifenden Einfall, wie er bei den Gitterdrähten zum Teil vorliegt, enthalten. Der Wert $b = 0,8$ kann z. B. dadurch zustande kommen, daß δ durch den streifenden Einfall im Mittel auf den 1,6fachen Wert steigt und von den Sekundärelektronen nur rund 50 % das Netz verlassen. Ferner müßte untersucht werden, wieweit die δ-Werte an den Netzen von W. Hartmann mit denen der hier zugrunde gelegten δ-Kurve übereinstimmen.

Aus Bild 5 folgt für Netze mit Silberoxyd-Caesiumschichten $\bar{u} = 28$ V und $\overline{U}_K = 61$ V. Wie man sieht, ist die optimale Stufenspannung bei Netzen kleiner als bei den kompakten Elektroden, denn für $b = 0,8$ erhielten wir oben $\bar{u} = 37$ V. Das ist verständlich, denn wenn man sich eine Netzanordnung denkt, bei der alle Elektronen immer gerade eine Elektrode überschlagen, so daß also $K = 0$ ist, dann wäre $\bar{u}_{\text{Netz}}$ gerade $= {}^1/_2\,\bar{u}$. Praktisch liegt K zwischen 0 und 1, also wird auch $\bar{u}_{\text{Netz}}$ zwischen ${}^1/_2\,\bar{u}$ und $\bar{u}$ liegen. W. Hartmann [4] fand dagegen für die optimale Stufenspannung an Netzen mit Silberoxyd-Caesiumschichten 70 V. Da seine p^*_{Netz}-Kurve sich weitgehend mit der hier berechneten Kurve deckt, erscheint uns dieser Wert unverständlich hoch.

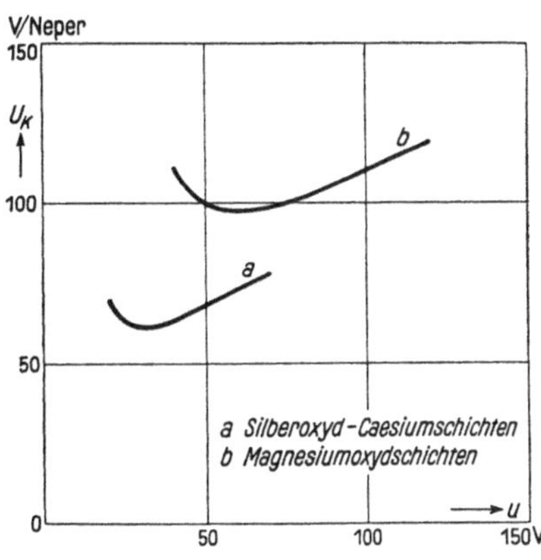

Bild 5.
Die Kennspannung an Prallnetzen.

$\bar{u} = 70$ V ist vermutlich der richtige Wert, wenn die Schichtgüte geringer ist als sie $p^*_{\text{Netz}} = 0,27\,\sqrt{u} + 0,16$ entsprechen würde. Den sehr starken Einfluß der Schichtgüte auf die optimale Stufenspannung kann man bereits in der Arbeit von G. Weiss [5] erkennen. G. Weiss erhielt in dem von ihm untersuchten Fall $\bar{u}_{\text{Netz}} = 60$ V. Aus den Kurven der gleichen Arbeit für die Vervielfachung in Abhängigkeit von der Gesamtspannung und der Stufenzahl, für die vermutlich eine etwas anders ausgefallene Röhre zugrunde gelegt wurde, ergibt sich $\bar{u} = 45$ V.

III. Die Verhältnisse bei Schwankungen der Betriebsspannung.

Bei Schwankungen der Betriebsspannung schwankt auch der Vervielfachungsfaktor. Um leicht zu zahlenmäßigen Ergebnissen zu kommen, ist es zweckmäßig, den Schwankungsfaktor S einzuführen. S soll angeben, mit welchem Wert man die prozentuale Schwankung der Gesamtspannung zu multiplizieren hat, um die prozentuale Schwankung der Vervielfachung in linearen Einheiten zu erhalten. Wir wollen uns auf relativ kleine Schwankungen beschränken, so daß wir mit genügender Genauigkeit für diesen Zweck definieren können

$$S = \frac{\mathrm{d}P^*}{\mathrm{d}U} \cdot \frac{U}{P^*}. \tag{18}$$

Aus $P^* = p^{*n}$ und $U = n \cdot u$ folgt

$$S = n \cdot \frac{\mathrm{d}p^*}{\mathrm{d}u} \cdot \frac{u}{p^*}.$$

$\dfrac{\mathrm{d}p^*}{\mathrm{d}u} \cdot \dfrac{u}{p^*}$ stellt den Schwankungsfaktor einer einzelnen Stufe dar, den wir mit s

bezeichnen wollen, so daß die einfache Beziehung gilt

$$S = n \cdot s . \tag{19}$$

In Bild 6 ist s als Funktion von u für Platten-[1]) und Netzelektroden mit Silberoxyd-Caesiumschichten dargestellt. Da $p^* = f(u)$ bei 450 V oder mehr ein Maximum hat, strebt s erst gegen 0, um dann negativ zu werden. Die geringe steigende Tendenz, die die Kurven für Netzelektroden in dem relativ niedrigen Spannungsbereich des Bildes 6 zeigen, liegt innerhalb der Genauigkeitsgrenzen der Betrachtungen, so daß sich eine Diskussion darüber erübrigt. Wegen Gl. (20) wird man die Stufenzahl möglichst klein wählen, wenn man den Schwankungsfaktor klein machen will. S verringert sich dabei sowohl wegen n als auch wegen s. Der Einfluß der Stufenzahl ist aber wesentlich größer als der von s. Die Verringerung des Schwankungsfaktors durch Verringerung der Stufenzahl bringt allerdings eine Erhöhung der aufzuwendenden Gesamtspannung mit sich, wenn man eine vorgegebene Vervielfachung erreichen will.

Die relative Schwankung der Vervielfachung berechnet sich in linearen Einheiten nach der Definition durch Gl. (18) zu

$$\frac{\varDelta P^*}{P^*} = S \cdot \frac{\varDelta U}{U} .$$

Da $P = \ln P^*$ ist, gilt $\varDelta P = \frac{\varDelta P^*}{P^*}$, so daß für die Rechnung in Neper-Einheiten die Form erhalten wird

$$\varDelta P = S \frac{\varDelta U}{U} . \tag{20}$$

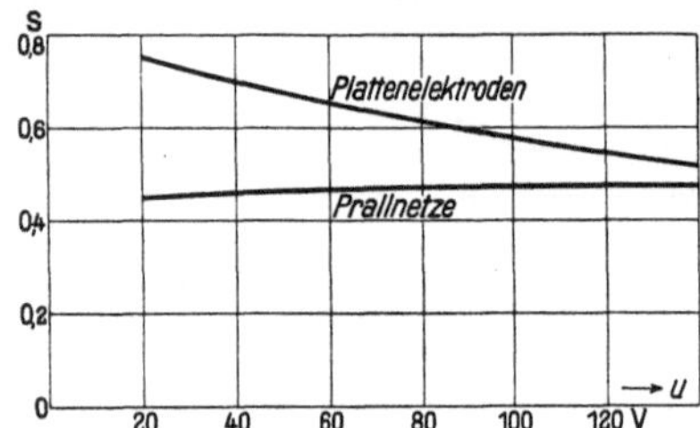

Bild 6. Der Stufenschwankungsfaktor für Silberoxyd-Caesiumschichten.

IV. Vergleich zwischen Netzvervielfachern und Plattenvervielfachern.

Der Vergleich zwischen einem Netzvervielfacher und einem Vervielfacher mit Plattenelektroden ($b = 1$) fällt je nach der im Vordergrund stehenden Bedingung verschieden aus. Wir wollen 2 Fälle betrachten:

1. Die Gesamtspannung soll möglichst niedrig sein.
2. Die Gesamtspannung soll für beide Vervielfacher gleich sein.

Für $P^* = 1000$ und Silberoxyd-Caesiumschichten ergeben sich unter der Bedingung 1 folgende Daten:

a) Netzvervielfacher: $U = 422$ V, $n = 15$, $S = 6{,}8$.
b) Plattenvervielfacher: $U = 297$ V, $n = 10$, $S = 7{,}6$.

Der Unterschied in S ist hier unbedeutend. Dafür hat man bei dem Plattenvervielfacher einen Gewinn in U. Unter der Bedingung 2 ergeben sich folgende Daten, wenn $U = 422$ V gewählt wird, also der Netzvervielfacher unter optimalen Bedingungen betrieben wird:

a) Netzvervielfacher: $n = 15$, $S = 6{,}8$.
b) Plattenvervielfacher: $n = 5$, $S = 3{,}8$.

Der Plattenvervielfacher bringt somit einen Gewinn in S und eine Verringerung der Stufenzahl von 15 auf 5. Der letztere Vorteil ist vielleicht der bedeutendste, da bei der heutigen Technik noch jede weitere Elektrode eine weitere Durchführung im Röhrenfuß bedeutet und eine Vermehrung des Schaltungsaufwandes.

---

[1]) Die Kurven für Plattenelektroden gelten nicht für Vervielfacheranordnungen mit magnetischer Strahlführung.

In Zahlentafel 1 sind die charakteristischen Größen für Silberoxyd-Caesium-schichten und für Magnesiumoxydschichten, wie sie sich auf Grund der hier an-gestellten Berechnungen für den Betrieb bei optimaler Stufenspannung ergeben, zusammengestellt.

Zahlentafel 1. Betrieb bei optimaler Stufenspannung.

Schichtart	Elektrodenart	$\overline{U}_K$ V	$\overline{u}$ V	$\overline{p}*$	$\overline{p}$ · Neper	$\overline{s}$
Silberoxyd-Caesiumschichten . {	Platten $b = 1$	43	30	2,00	0,693	0,76
	Platten $b = 0,80$	60	37	1,85	0,615	0,76
	Netze $a = 0,6,\ b = 0,82$	61	28	1,58	0,458	0,45
Magnesiumoxydschichten . · . {	Platten $b = 1$	71	60	2,33	0,846	0,82
	Platten $b = 0,80$	93	75	2,24	0,806	0,84
	Netze $a = 0,6,\ b = 0,80$	98	62	1,89	0,636	0,63

Zusammenfassung.

Für die Größe der Vervielfachung wird die Rechnung mit Neper-Einheiten an-gewendet. Die charakterisierende Größe einer Schicht- und Elektrodenart ist dann die „Kennspannung" U_K, die man als Gesamtspannung aufwenden muß, um ge-rade die lineare Gesamtvervielfachung 2,72 zu erzielen. Die Güte einer Schicht- und Elektrodenart läßt sich im wesentlichen durch die „Kleinst-Kennspannung" und die dazugehörige optimale Stufenspannung angeben. Für Netzvervielfacher wird der Verlauf der Vervielfachung pro Stufe als Funktion der Stufenspannung bei Kenntnis des Sekundäremissionsfaktors vorausberechnet. Bei den besten bis-her bekanntgewordenen Netzelektroden beträgt die optimale Stufenspannung nur 28 V. Um den Einfluß von Spannungsschwankungen herabzusetzen, ist es zweck-mäßig, nicht mit der optimalen Stufenspannung, sondern mit einer höheren Stufen-spannung und einer entsprechend geringeren Stufenzahl zu arbeiten.

Es ist mir eine angenehme Pflicht, Herrn Professor Dr. R. Feldtkeller auch an dieser Stelle für seine wertvollen Anregungen und für seine Kritik zu danken.

Schrifttum.

1. V. K. Zworykin, G. A. Morton and L. Malter: The secondary emission multiplier — a new electronic device. Proc. Inst. Radio Engrs., N. Y. **24** (1936) S. 351.
2. H. Schnitger: Die Eigenschaften von Sekundäremissionsschichten aus Magnesiumoxyd. Z. techn. Phys. **21** (1940) S. 376.
3. W. Kluge, O. Beyer u. H. Steyskal: Über Photozellen mit Sekundäremissionsverstärkung. Z. techn. Phys. **18** (1937) S. 219.
4. W. Hartmann: Über Photozellen mit Sekundärelektronenvervielfachern. Hausmitt. Fernseh. G.m.b.H. **1** (1939) S. 226.
5. G. Weiss: Über Sekundärelektronenvervielfacher. Fernsehen **7** (1936) S. 41.

Selbsterregung von Triodenschaltungen im Ultra-Kurzwellengebiet.

Von **Herbert König**.

Mit 14 Bildern.

Mitteilung aus dem Siemens-Röhren-Werk zu Siemensstadt.

Eingegangen am 6. Dezember 1940.

Einleitung.

Im Langwellengebiet wird das Verhalten einer Triode durch zwei charakteristische Größen, den Durchgriff D und die Steilheit S bzw. den inneren Widerstand R_i beschrieben. So treten z. B. in der Formel für die Spannungsverstärkung und der Bedingung für die Selbsterregung nur diese beiden Röhrenkonstanten auf. Die durch die inneren Röhrenkapazitäten gegebenen Leitwerte können in diesem Zusammenhang gegenüber der Steilheit bzw. gegenüber den äußeren Leitwerten der Schaltung vernachlässigt werden. Sie können jedoch auch hier nicht mehr in ihrer Wirkung auf den Aussteuergenerator vernachlässigt werden, da dieser im allgemeinen bei einem Verstärker nur eine sehr beschränkte Ergiebigkeit besitzt, und führen bei Breitbandverstärkern zu unerwünschten Änderungen der Verstärkung in Abhängigkeit von der Frequenz.

Geht man zu höheren Frequenzen über, so nehmen einerseits die von den inneren Kapazitäten herrührenden Leitwerte zu, während andererseits die äußeren Leitwerte aus verschiedenen technischen Gründen nicht beliebig vergrößert werden können, so daß eine Vernachlässigung der inneren Leitwerte gegenüber den äußeren nicht mehr zulässig ist. Außerdem ist im Ultrakurzwellengebiet die Elektronenlaufzeit nicht mehr klein gegenüber der Schwingungsdauer, da einer Verkleinerung der Laufzeit durch Verringerung der Abstände und Erhöhung der Spannungen eine Grenze gesetzt ist. Infolge der Laufzeiteffekte erhält die an sich reelle Steilheit im Ultrakurzwellengebiet eine Blindkomponente und die von den Röhrenkapazitäten herrührenden Blindleitwerte werden durch eine Wirkkomponente ergänzt. An Stelle der beiden Kenngrößen D und S treten somit im Ultrakurzwellengebiet die Größen

$$\mathfrak{G}_0 = \text{Steilheit} \qquad\qquad \mathfrak{G}_2 = \text{Gitter-Kathodenleitwert}$$
$$\mathfrak{G}_1 = \text{Gitter-Anodenleitwert} \qquad D = \text{Durchgriff}.$$

Die Eigenschaften der Triode werden also durch sechs frequenzabhängige und eine frequenzunabhängige Kenngröße beschrieben. Dazu treten weitere drei komplexe Leitwerte, die durch die äußere Schaltung gegeben sind, so daß das Verhalten einer Triodenschaltung im Ultrakurzwellengebiet durch insgesamt dreizehn Kenngrößen beschrieben werden kann, von denen im allgemeinen zwölf frequenzabhängig sind, während der Durchgriff als einzige Größe als frequenzunabhängig angenommen ist. Der Aussteuergenerator selbst soll in die Triodenschaltung nicht mit aufgenommen werden, solange das System seine Aussteuerung nicht selbst besorgt, d. h. in Selbsterregung arbeitet.

I. Energieumsetzung in einer Diode.

Ein anschauliches Bild über das Zustandekommen der komplexen Leitwerte einer Triode kann man erhalten, wenn man die Energieverhältnisse innerhalb einer einfachen Elektronenstrecke genauer betrachtet. Zu diesem Zweck gehen wir aus von einer ebenen Elektrodenanordnung, deren Abmessungen so gewählt sind, daß das resultierende Feld als eben betrachtet werden kann und damit sämtliche Feldgrößen nur von den zwei Veränderlichen, dem Abstand x und der Zeit t, abhängen. Wir setzen voraus, daß die überlagerten Wechselanteile klein sind gegenüber den Gleichanteilen, und daß die Elektronen mit der Geschwindigkeit Null aus der Kathode austreten. Die aus verschiedenen Veröffentlichungen vorliegenden Rechnungen sollen hier nur in ihrem Ergebnis angegeben werden. Bekanntlich können sämtliche Feldgrößen, wie Ladung, Stromdichte, Energiedichte usw. durch einfache algebraische Operationen und Differentiationsprozesse unmittelbar aus dem Feld- und Geschwindigkeitsverlauf der Ladungen abgeleitet werden. Wir benötigen daher nur die örtliche und zeitliche Abhängigkeit der elektrischen Feldstärke und der Geschwindigkeit der Ladungen, die wir der Arbeit von H. Zuhrt [1] entnehmen[1]. Die magnetische Feldstärke ist zur Beschreibung der Vorgänge nicht nötig, da der magnetische Anteil der Energie gegenüber dem rein elektrischen Energieanteil bei den kleinen in Frage kommenden Stromdichten ohne weiteres vernachlässigt werden kann. Die in den Formeln auftretenden Größen haben die folgende Bedeutung:

x Abstand von der Kathode
t Zeit
τ Elektronen-Laufzeit von $x = 0 \cdots x$
ω Kreisfrequenz
A_0, A_1 Integrationskonstante
ε_0 Dielektrizitätskonstante des Vakuums.
$K = - 1{,}77 \cdot 10^{15}$ A·s/g Verhältnis von Elektronenladung zu Masse
j imaginäre Einheit.

Mit dieser Bezeichnung ergibt sich für die zeitlich konstanten Anteile von Feldstärke E_0 und Geschwindigkeit v_0 bzw. für die zeitlich veränderlichen Anteile E_1 und v_1 in praktischen Einheiten[2]

$$\left.\begin{aligned} E_0 &= \frac{A_0}{\varepsilon_0}\,\tau\,; & E_1 &= -\frac{A_1}{\varepsilon_0\,\omega}\left[\mathrm{j}\left(1+\frac{2}{(\omega\,\tau)^2}\right)+\frac{2}{\omega\,\tau}\,e^{-\mathrm{j}\,\omega\,\tau}-\frac{2\,\mathrm{j}}{(\omega\,\tau)^2}\,e^{-\mathrm{j}\,\omega\,\tau}\right]e^{\mathrm{j}\,\omega t}, \\[2ex] v_0 &= \frac{K\,A_0}{2\,\varepsilon_0}\,\tau^2\,; & v_1 &= -\frac{K\,A_1}{\varepsilon_0\,\omega^2}\left[1+\frac{2\,\mathrm{j}}{\omega\,\tau}+e^{-\mathrm{j}\,\omega\,\tau}-\frac{2\,\mathrm{j}}{\omega\,\tau}\,e^{-\mathrm{j}\,\omega\,\tau}\right]e^{\mathrm{j}\,\omega t}. \end{aligned}\right\} \quad (1)$$

Der Zusammenhang zwischen der eigentlichen Abstandsvariablen x und der Hilfsgröße τ ist dabei gegeben durch

$$x = \frac{K\,A_0}{6\,\varepsilon_0}\,\tau^3\,. \quad (2)$$

Die Orientierung der einzelnen Größen geht aus Bild 1 hervor. Denkt man sich nach Gl. (2) τ durch x ausgedrückt und in das System Gl. (1) eingeführt, so hat

---

[1] Die eingeklammerten schrägen Zahlen beziehen sich auf das Schrifttum am Schluß der Arbeit.

[2] Da es sich hier um die Komponenten von Raumvektoren handelt, werden zur Bezeichnung lateinische Buchstaben verwendet, obwohl der einfacheren Form wegen die komplexe Darstellung gewählt wurde. Mit deutschen Buchstaben werden im folgenden nur reelle Raumvektoren und komplexe Widerstands- und Leitwertoperatoren bezeichnet.

man Feldstärke und Geschwindigkeit als Funktion von x und t dargestellt. Die physikalische Bedeutung von τ erkennt man unmittelbar aus der Beziehung

$$\frac{dx}{d\tau} = v_0 .$$

τ stellt somit die Zeit dar, die ein Elektron benötigt, um von der Kathode $x=0$ an die Stelle x zu gelangen. Die physikalische Bedeutung der Integrationskon-

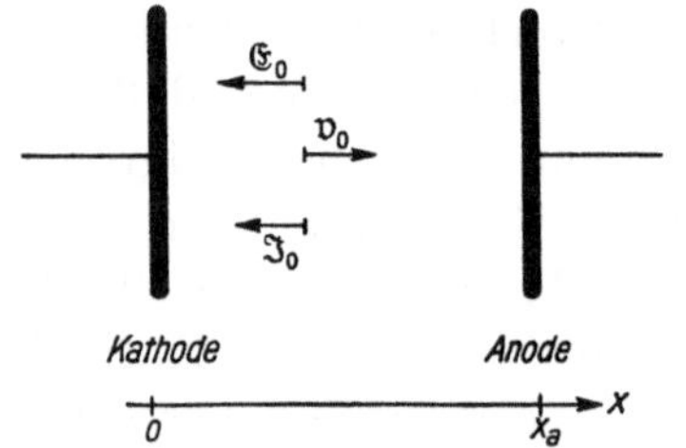

Bild 1. Schema einer Diode.

stanten A_0 und A_1 geht aus folgender Betrachtung hervor. Die Stromdichte $\mathfrak{J}$ ist ganz allgemein gegeben durch

$$\mathfrak{J} = \varrho\, \mathfrak{v} + \varepsilon_0 \frac{\partial \mathfrak{E}}{\partial t} = \mathfrak{J}_e + \mathfrak{J}_v , \qquad (3)$$

wobei ϱ die Ladungsdichte bedeutet, die ihrerseits mit der Feldstärke wieder durch die Beziehung

$$\varrho = \varepsilon_0 \operatorname{div} \mathfrak{E} \qquad (4)$$

zusammenhängt. Der erste Anteil des Stromes in Gl. (3) stellt den Konvektionsstrom $\mathfrak{J}_e$ dar, der zweite den Verschiebungsstrom $\mathfrak{J}_v$. Aus Gl. (3) und (4) erhält man

$$\mathfrak{J} = \varepsilon_0 \left(\mathfrak{v} \operatorname{div} \mathfrak{E} + \frac{\partial \mathfrak{E}}{\partial t} \right).$$

Führt man diese Differentiationsprozesse aus, so ergibt sich nach längerer Rechnung, die wir im einzelnen nicht durchführen wollen, für unseren Spezialfall

$$I = A_0 + A_1\, e^{j\omega t} = I_0 + I_1 . \qquad (5)$$

A_0 stellt also den Gleichanteil, A_1 die Amplitude des Wechselanteiles der Stromdichte dar. Jeder für sich ist vom Ort x unabhängig, wie es wegen der Eigenschaft der Quellenfreiheit der Stromdichte verlangt werden muß. Unter Berücksichtigung des Systems Gl. (1) und der Tatsache, daß A_1 die Amplitude der gesamten Wechselstromdichte bedeutet, erhält man für die Verschiebungs- und Konvektionsstromdichte

$$\left. \begin{aligned} I_{1v} &= A_1 \left[1 + \frac{2}{(\omega\tau)^2} - \frac{2j}{\omega\tau}\, e^{-j\omega\tau} - \frac{2}{(\omega\tau)^2}\, e^{-j\omega\tau} \right] e^{j\omega t}, \\ I_{1e} &= -A_1 \left[\frac{2}{(\omega\tau)^2} - \frac{2j}{\omega\tau}\, e^{-j\omega\tau} - \frac{2}{(\omega\tau)^2}\, e^{-j\omega\tau} \right] e^{j\omega t}. \end{aligned} \right\} \qquad (6)$$

Wie man erkennt, ist jeder Anteil für sich vom Ort, d. h. von τ und damit gemäß Gl. (2) auch von x, abhängig, in ihrer Summe heben sich die ortsabhängigen Glieder gerade auf. Der Gleichanteil des Konvektionsstromes hingegen ist vom Ort unabhängig.

Diese Überlegungen zusammen mit der Tatsache, daß die Feldstärke sich in äußerst komplizierter Weise mit dem Ort verändert, zeigen, daß man die Elektronenstrecke nicht mehr als ein homogenes Gebilde betrachten kann, wie z. B. einen stromdurchflossenen Draht. Es ist daher zweckmäßig, an Stelle der gesamten in der Diode verlorenen elektromagnetischen Energie die Verluste in einer schmalen Zone zu untersuchen. Zu diesem Zwecke betrachten wir die pro Zeiteinheit in die Volumeneinheit einströmende Energiemenge. Sie ist allgemein gegeben durch den Poyntingschen Vektor $\mathfrak{S}$ und hat den Wert

$$\operatorname{div} \mathfrak{S} = -\varrho\, \mathfrak{v}\, \mathfrak{E} - \frac{\partial w}{\partial t}, \qquad (7)$$

wobei w die elektromagnetische Energiedichte bedeutet. Die einströmende Energie hat einerseits eine Erhöhung der Energiedichte von der Größe $-\frac{\partial w}{\partial t}$ zur Folge, andererseits wird ein Teil von ihr, nämlich $-\varrho\,\mathfrak{v}\,\mathfrak{E}$ zur Leistung von Beschleunigungsarbeit verbraucht. Laufen die Elektronen in dem betrachteten Augenblick in Richtung der Feldstärke, so werden sie abgebremst, und es wird damit Energie frei, was dadurch zum Ausdruck kommt, daß das Glied $-\varrho\,\mathfrak{v}\,\mathfrak{E}$ positives Zeichen annimmt. Innerhalb einer Periode treten nun beide Zustände, nämlich Beschleunigung und Verzögerung auf. In einer Periode wird also insgesamt eine auf die Zeiteinheit umgerechnete Energiemenge verbraucht von der Größe

$$\overline{\operatorname{div}\mathfrak{S}},$$

wobei durch den Querstrich die zeitliche Mittelwertsbildung angedeutet werden soll.

Der Zunahme der Energiedichte muß innerhalb einer Periode eine gleich große Abnahme folgen, da bei einem periodischen Vorgang die Energiedichte nicht dauernd zu- oder abnehmen kann. Das heißt, es gilt

$$-\overline{\frac{\partial w}{\partial t}} = 0\,.$$

Für die Energiedichte gilt allgemein die bekannte Beziehung

$$w = \tfrac{1}{2}\left(\varepsilon_0\,\mathfrak{E}^2 + \mu_0\,\mathfrak{H}^2\right),\tag{8}$$

wobei $\mathfrak{H}$ die magnetische Feldstärke und μ_0 die Permeabilität des Vakuums bedeuten. Daraus ergibt sich für die Gl. (7)

$$\operatorname{div}\mathfrak{S} = -\varrho\,\mathfrak{v}\,\mathfrak{E} - \varepsilon_0\,\mathfrak{E}\,\frac{\partial\mathfrak{E}}{\partial t} - \mu_0\,\mathfrak{H}\,\frac{\partial\mathfrak{H}}{\partial t} = -\mathfrak{J}\,\mathfrak{E} - \mu_0\,\mathfrak{H}\,\frac{\partial\mathfrak{H}}{\partial t} = -\mathfrak{J}_e\,\mathfrak{E} - \frac{\partial w}{\partial t}\,.$$

Wenn man noch berücksichtigt, daß nicht nur die Gesamtenergiedichte, sondern auch der elektrische und magnetische Anteil jeder für sich im Mittel gleich bleiben muß, so ergibt sich

$$\overline{\operatorname{div}\mathfrak{S}} = -\overline{\mathfrak{J}\,\mathfrak{E}} = -\overline{\mathfrak{J}_e\,\mathfrak{E}}\,.\tag{9}$$

Wir haben also den zeitlichen Mittelwert von dem Produkt der Realteile von E_1 und $I_1 = A_1\,e^{j\omega t}$ zu bilden. Diesen Ausdruck erhält man bekanntlich am einfachsten als Realteil des Produktes

$$\tfrac{1}{2}E_1 I_1^*,$$

wobei I_1^* den zu I_1 konjugiert komplexen Ausdruck darstellt. Es ergibt sich aus Gl. (1) unmittelbar

$$-\frac{1}{2}\,E_1 I_1^* = \frac{A_1^2}{2\,\varepsilon_0\,\omega}\left[j\left(1 + \frac{2}{(\omega\,\tau)^2}\right) + \frac{2}{\omega\,\tau}\,e^{-j\omega\tau} - \frac{2j}{(\omega\,\tau)^2}\,e^{-j\omega\tau}\right].$$

Damit haben wir für die in die Volumeneinheit im Mittel pro Zeiteinheit entströmende elektromagnetische Energie oder für die Verlustleistungsdichte $\frac{dN_1}{dx}$ den Ausdruck

$$\frac{dN_1}{dx} = -\operatorname{Re}\left(\frac{1}{2}\,E_1 I_1^*\right) = \frac{A_1^2}{\varepsilon_0\,\omega}\left[\frac{\cos\omega\,\tau}{\omega\,\tau} - \frac{\sin\omega\,\tau}{(\omega\,\tau)^2}\right].\tag{10}$$

Berücksichtigt man noch den zwischen x und τ geforderten Zusammenhang, so erhält man die Verlustleistungsdichte als Funktion des Abstandes x. Wir führen zu diesem Zweck den Anodenabstand x_a und die zugehörige Laufzeit τ_a ein und erhalten aus Gl. (2)

$$x_a = \frac{K A_0}{6\,\varepsilon_0}\,\tau_a^3$$

und

$$x = \frac{K A_0}{6 \varepsilon_0}\, \tau^3 ,$$

oder durch Division beider Gleichungen

$$\tau = \tau_a \sqrt[3]{\frac{x}{x_a}} . \tag{11}$$

Wir führen nun noch für die Frequenz ω ein Vielfaches einer festgehaltenen Grundfrequenz ω_0 ein, indem wir setzen

$$\omega = n\, \omega_0 . \tag{12}$$

Damit gehen Gl. (10) und (11) über in

$$\left. \begin{aligned} \frac{\varepsilon_0 \omega_0}{A_1^2} \cdot \frac{d N_1}{d x} &= \frac{1}{n\,\omega\,\tau}\left[\cos\omega\,\tau - \frac{\sin\omega\,\tau}{\omega\,\tau}\right] \\ \omega\,\tau &= n\,\omega_0\,\tau_a \sqrt[3]{\frac{x}{x_a}} . \end{aligned} \right\} \tag{13}$$

In Bild 2 sind die entsprechenden Kurven für $n = 1, 12, 24, 36$ dargestellt. Dabei ist der durch die Grundfrequenz ω_0 gegebene Laufzeitwinkel Kathode—Anode

$$\omega_0\, \tau_a = \frac{\pi}{18}$$

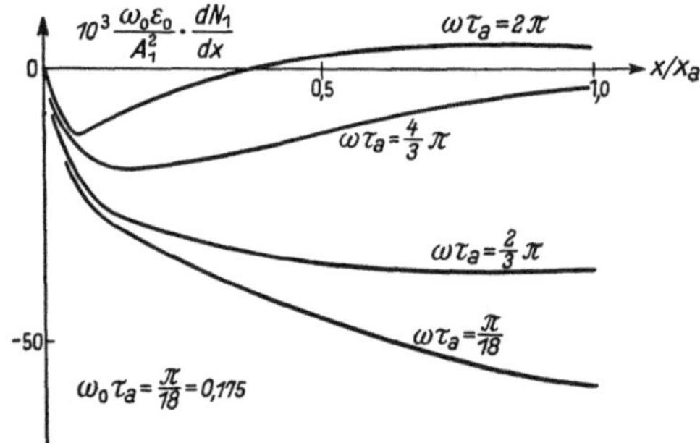

Bild 2. Verlustleistungsverteilung in einer Diode.

gewählt, und alle Kurven beziehen sich auf konstant gehaltenen Gesamtstrom A_1. Positive Leistungsdichte bedeutet in der Darstellung einen Gewinn von elektro-magnetischer Energie, negative Leistungsdichte einen Verlust. Man erkennt, daß mit zunehmender Frequenz die Verlustleistungsdichte absolut abnimmt und für den Laufzeitwinkel 2π in dem der Anode zugewendeten Teil der Diode elektromagnetische Energie gewonnen wird. In diesem Falle wird gerade der in der Kathodennähe als Verlustleistung auftretende Anteil durch den Gewinn in der Anodenseite aufgehoben, d. h. der innere Wirkwiderstand der Diode ist Null. Bei noch höheren Frequenzen wird sogar Energie gewonnen, d. h. die Röhre stellt einen negativen Wirkwiderstand dar.

Die insgesamt in der Röhre in Wärme umgesetzte Wechselstromleistung erhält man am einfachsten durch Integration von Gl. (10). Aus Gründen, die sich später herausstellen werden, zerlegen wir jedoch die Leistung in einen vom Verschiebungsstrom und einen vom Emissionsstrom herrührenden Anteil an der Grenzstelle der Anode. Zu diesem Zweck bestimmen wir die an der Diode liegende Wechsel- und Gleichspannung. Sie ergeben sich als Linienintegrale der Feldstärken aus Gl. (1) in Verbindung mit Gl. (2) zu

$$\left. \begin{aligned} U_1 &= -\int_0^{\tau_a} E_1\, dx = \frac{K A_0 A_1}{\varepsilon_0^2\, \omega^4}\left[j\left(\frac{(\omega\,\tau_a)^3}{6} + \omega\,\tau_a\right) + 2 e^{-j\,\omega\,\tau_a} + j\,\omega\,\tau_a\, e^{-j\,\omega\,\tau_a} - 2\right] e^{j\,\omega\,t} . \\ U_0 &= -\int_0^{\tau_a} E_0\, dx = -\frac{K A_0^2}{8\,\varepsilon_0^2}\, \tau_a^4 . \end{aligned} \right\} \tag{14}$$

Die auf die Anode treffenden Wechselströme I_{1v} und I_{1e} sind durch Gl. (6) gegeben, wenn man für $\tau = \tau_a$ setzt. Für die beiden Leistungsanteile N_{1v} und N_{1e}, sowie für den Gleichanteil N_0 erhält man

$$N_{1v} = \tfrac{1}{2} U_1 I_{1c}^* .$$

$$N_{1e} = \tfrac{1}{2} U_1 I_{1c}^* .$$

$$N_0 = U_0 I_0 .$$

Unter Beachtung von Gl. (6) und (14) ergibt sich nach einiger Umformung und entsprechender Zusammenfassung der Glieder für die einzelnen Leistungsanteile bezogen auf die Gleichstromleistung

$$\left.\begin{aligned}
\frac{N_{1v}}{N_0} &= \left(\frac{A_1}{A_0}\right)^2 \cdot \frac{4}{(\omega\tau_a)^4}\left\{-4 + \left[\frac{4}{3}\omega\tau_a + \frac{8}{\omega\tau_a}\right]\sin\omega\tau_a + \left[\frac{8}{(\omega\tau_a)^2} - \frac{(\omega\tau_a)^2}{3}\right]\cos\omega\tau_a - \frac{8}{(\omega\tau_a)^2}\right\} \cdot \\[2ex]
\frac{N_{1e}}{N_0} &= \left(\frac{A_1}{A_0}\right)^2 \cdot \frac{4}{(\omega\tau_a)^4}\left\{2 - \left[\frac{\omega\tau_a}{3} + \frac{8}{\omega\tau_a}\right]\sin\omega\tau_a - \left[\frac{8}{(\omega\tau_a)^2} - \frac{(\omega\tau_a)^2}{3} - 2\right]\cos\omega\tau_a + \frac{8}{(\omega\tau_a)^2}\right\} \cdot \\[2ex]
\frac{N_1}{N_0} &= \left(\frac{A_1}{A_0}\right)^2 \cdot \frac{4}{(\omega\tau_a)^4}\left\{-2 + \omega\tau_a \sin\omega\tau_a + 2\cos\omega\tau_a\right\}.
\end{aligned}\right\} \quad (15)$$

Der Verlauf der drei Leistungsanteile ist bei konstantem Strom in Abhängigkeit vom Laufzeitwinkel $\omega\tau_a$ in Bild 3 dargestellt. Da die Gleichstromleistung auf alle Fälle eine Verlustleistung bedeutet und daher negatives Zeichen hat, erscheinen in der obigen Darstellung Leistungsgewinne mit einem negativen Vorzeichen. Man erkennt, daß die Verlustleistung N_1 zwischen 0 und 2π abnimmt und bei 2π den Wert Null erreicht. An dieser Stelle wird also der Wirkwiderstand der Elektronenstrecke Null, dahinter negativ. Im negativen Gebiet ist der Wirkwiderstand negativ und kann damit in diesem Frequenzbereich zur Entdämpfung eines Schwingungskreises benützt werden. Der

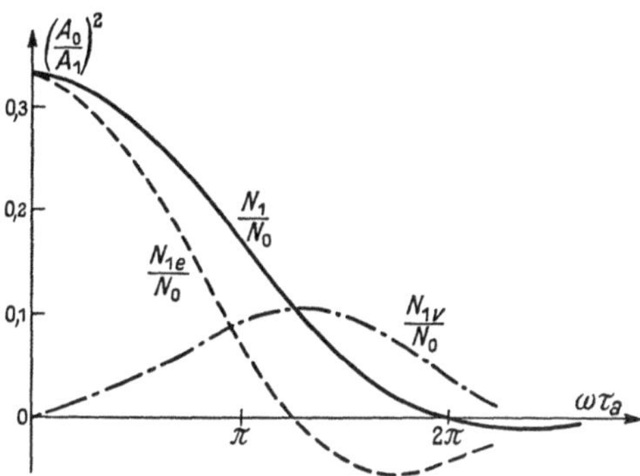

Bild 3. Frequenzabhängigkeit der Verlustleistung.

erreichbare Wirkungsgrad an der Stelle des maximalen Leistungsbetrages hat, wie aus der Darstellung hervorgeht, den Wert

$$\frac{N_1}{N_0} = \left(\frac{A_1}{A_0}\right)^2 \cdot 6 \cdot 10^{-3}.$$

Die Formel gilt entsprechend der am Anfang gemachten Voraussetzungen nur für

$$A_1 \ll A_0 .$$

Wenn wir sie trotzdem für den Fall $A_1 = A_0$, d. h. für volle Durchsteuerung benützen, so ergibt sich ein Wirkungsgrad von rd. $^1/_2\%$. Wenn wir dagegen die allein durch den Emissionsstrom bedingte Verlustleistung betrachten, so erkennen wir, daß sie schneller abnimmt und bereits kurz hinter π ihr Zeichen wechselt. Die durch den Verschiebungsstrom hervorgerufene Leistung N_{1v} hingegen hat für $\omega\tau_a = 0$ den Wert Null und steigt an, um nach Erreichen ihres Maximums bei rd. $\tfrac{3}{2}\pi$ wieder abzunehmen. Die durchgeführte Zerlegung von N_1 hat vorerst nur formalen Charakter, da die beiden Anteile einer Messung prinzipiell unzugänglich sind. Sie erhalten jedoch sofort eine physikalische Bedeutung, wenn man den auf der Anode ankommenden

Strom, der im Außenkreis seine Fortsetzung findet, auf zwei verschiedene Elektroden verteilt, und zwar derart, daß der Verschiebungsstrom praktisch zur einen und der Konvektionsstrom zur anderen Elektrode abgeleitet wird. Diesen Zustand kann man zumindestens näherungsweise durch eine dem Bild 4 entsprechende Anordnung herbeiführen. Unmittelbar vor der Anode ist ein Gitter angebracht, dessen Öffnungsfläche klein gegenüber seiner Gesamtfläche ist und das negativ vorgespannt wird, so daß keine Elektronen auf ihm landen können. Der Verschiebungsstrom hingegen wird im Verhältnis von Gitterfläche zu Gesamtfläche im Gitterkreis seine Fortsetzung finden, während der reine Elektronenstrom seine Fortsetzung im äußeren Anodenkreis erhält. Die beiden Wechselstromgeneratoren liefern eine in Größe und Phase gleich große Spannung, so daß zwischen Gitter und Anode keine Wechselspannung liegt. Damit hat der im Gitterkreis liegende Generator gerade die Leistung N_{1v} zu decken, während die vom Konvektionsstrom benötigte Leistung N_{1e} vom zweiten Generator aufgebracht werden muß. Insbesondere wird bei einem Laufzeitwinkel $\omega\tau_a = 2\pi$ dem Gittergenerator eine Leistung entzogen, die im Anodengenerator wieder frei wird.

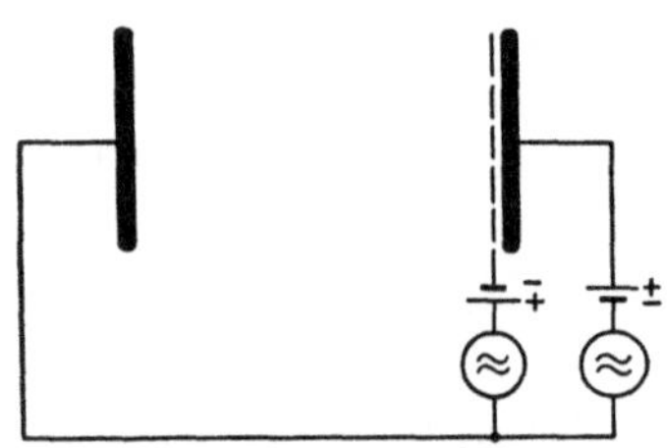

Bild 4. Trennung von Emissions- und Verschiebungsstrom.

Die vom Gittergenerator aufzubringende Leistung kommt dadurch zustande, daß der im äußeren Kreis fließende Strom, der die Fortsetzung des inneren Verschiebungsstromes darstellt, gegenüber der Spannung um weniger als 90° voreilt. Man kann ihn daher in einen Blind- und einen Wirkanteil zerlegen. Der Blindanteil I_{1c} stellt den Kapazitätsstrom dar, während der Wirkanteil I_{1I} durch die Influenzwirkung der Ladungen hervorgerufen wird. Der Kapazitätsstrom erfordert keine Leistung, während der Influenzstrom I_{1I} gerade die Leistung N_{1v} verlangt. In ähnlicher Weise können wir auch den Emissionsstrom in einen Wirk- und einen Blindanteil zerlegen.

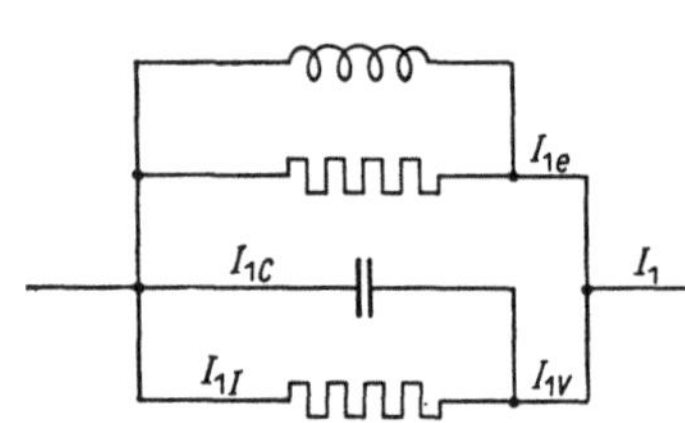

Bild 5. Ersatzschaltbild einer Diode.

Der Blindanteil ist gegenüber der Spannung um 90° nacheilend und kommt durch die Trägheit der Elektronen zustande. Wir können somit für den Gesamtstrom schreiben

$$I_1 = I_{1e} + I_{1c} + I_{1I}$$

und erhalten so für die Diode das Ersatzschaltbild des Bildes 5. Man kann nun die für den Emissionsstrom I_{1e} maßgebenden Ersatzwiderstände zu einem komplexen Leitwert $\mathfrak{G}_0$ und die dem Verschiebungsstrom entsprechenden Ersatzwiderstände zu einem komplexen Leitwert $\mathfrak{G}_1$ zusammenfassen. Somit kann die Diode durch zwei komplexe, frequenzabhängige Leitwerte $\mathfrak{G}_0$ und $\mathfrak{G}_1$ dargestellt werden.

Bei einer Triode liegen die Verhältnisse naturgemäß nicht so einfach wie in dem oben angeführten Beispiel, da das Gitter nicht unmittelbar vor der Anode liegt und der Verschiebungsstrom nicht vollständig vom Gitter abgeleitet wird, sondern ein wesentlicher Anteil zur Anode gelangt. Ferner liegt auch zwischen Gitter und Anode eine nicht mehr vernachlässigbare Spannung, so daß beide Raumteile für sich betrachtet werden müssen, wobei die Quellenfreiheit des Stromes in der Gitterebene die gemeinsame Randbedingung für den Anschluß beider Gebiete liefert.

II. Ersatzschaltbilder einer Triode.

Die sinngemäße Durchführung dieser Betrachtung führt zu dem Ergebnis, daß man ein Ersatzschaltbild der Triode auf drei komplexe Leitwerte $\mathfrak{G}_0$; $\mathfrak{G}_1$; $\mathfrak{G}_2$ und den reellen Durchgriff D zurückführen kann [2]. Dabei stellt $\mathfrak{G}_0$ den Leitwert dar, der für kleine Laufzeitwinkel in die statische Steilheit übergeht, $\mathfrak{G}_1$ im wesentlichen den Gitter-Anodenleitwert und $\mathfrak{G}_2$ den Gitter-Kathodenleitwert. In Bild 6 ist der Frequenzgang dieser drei Leitwerte für eine Ultra-Kurzwellenröhre mit einem Durchgriff von 8 % bei einem Arbeitspunkt $U_a = 400$ V; $U_g = 0$ V dargestellt. Die Radien der Kathode, des Gitters und der Anode betragen

$$r_k = \quad 1{,}25 \cdot 10^{-2} \text{ cm};$$
$$r_g = \quad 4{,}3 \ \cdot 10^{-2} \text{ cm};$$
$$r_a = 10 \quad \cdot 10^{-2} \text{ cm}.$$

Sämtliche Leitwerte sind auf den Wert der statischen Steilheit S bezogen. Der Berechnung wurde die Arbeit von H. Zuhrt [2] zugrunde gelegt. In dem betrachteten Frequenzgebiet bis herunter zu $\lambda = 20$ cm ist der Wirkanteil von $\mathfrak{G}_1$ noch praktisch Null. Die Steilheit $\mathfrak{G}_0$ erhält infolge der Elektronenträgheit eine negative Blindkomponente.

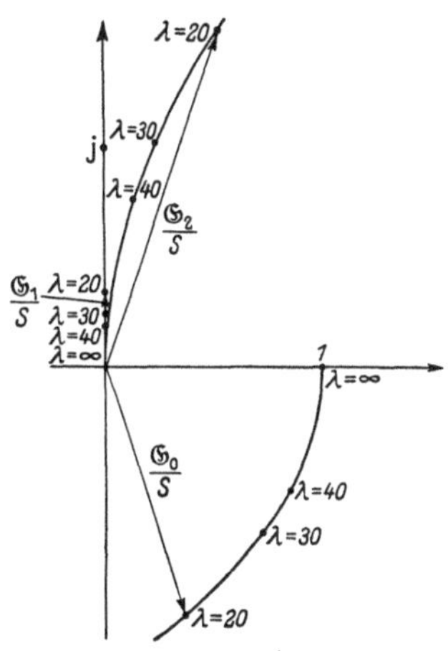

Bild 6. Frequenzgang der Leitwerte $\mathfrak{G}_0$, $\mathfrak{G}_1$, $\mathfrak{G}_2$.

Je nachdem, ob man im Ersatzschaltbild einen gesonderten Leitwert zwischen Kathode-Anode einführen will oder nicht, ergeben sich die beiden Ersatzschaltbilder in Bild 7. Verzichtet man auf Einführung eines gesonderten Leitwertes zwischen Kathode und Anode, so wird der Gitter-Kathodenleitwert von der Spannungsverstärkung

$$\mathfrak{v} = \frac{\mathfrak{u}_a}{\mathfrak{u}_e} \tag{16}$$

abhängig. Zur Triodenschaltung gelangen wir, wenn wir noch die durch die äußere Schaltung bestimmten Leitwerte mit berücksichtigen. Ihre Wirkung kann durch

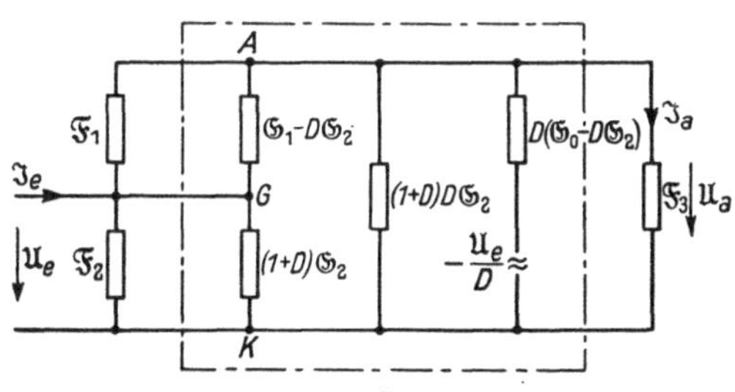

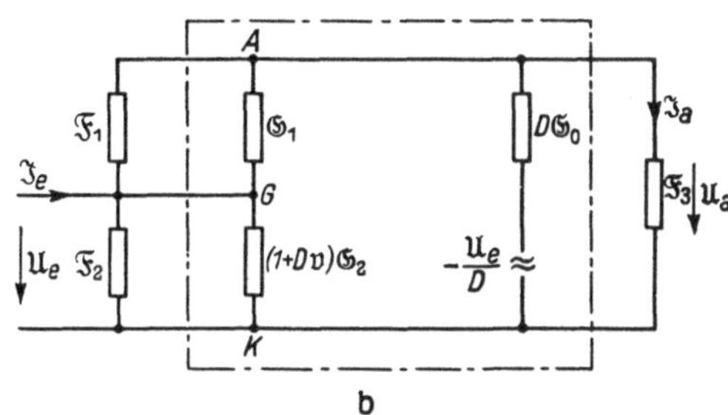

Bild 7. Ersatzschaltbilder einer Triodenschaltung.

Netzumwandlung immer auf einen zwischen den Röhrenpunkten K, G und A liegenden Stern und dieser auf ein Dreieck zurückgeführt werden, so daß jede Triodenschaltung sich auf ein Ersatzschaltbild nach Bild 7 mit den äußeren Leitwerten $\mathfrak{F}_1$; $\mathfrak{F}_2$ und $\mathfrak{F}_3$ reduzieren läßt. Für die an der Gitterseite eintretenden und an der Anodenseite austretenden Ströme $\mathfrak{J}_e$ bzw. $\mathfrak{J}_a$ der gesamten Schaltung erhalten wir nach Bild 7b die beiden Gleichungen

$$\begin{aligned}
\mathfrak{J}_e &= [(1 + D\,\mathfrak{v})\,\mathfrak{G}_2 + \mathfrak{F}_2]\,\mathfrak{U}_e + (\mathfrak{G}_1 + \mathfrak{F}_1)\,(\mathfrak{U}_e - \mathfrak{U}_a)\,. \\
\mathfrak{J}_a &= -\,\mathfrak{G}_0(\mathfrak{U}_e + D\,\mathfrak{U}_a) + (\mathfrak{G}_1 + \mathfrak{F}_1)\,(\mathfrak{U}_e - \mathfrak{U}_a)\,.
\end{aligned} \right\} \tag{17}$$

Führt man hierin den Eingangsleitwert $\mathfrak{F}_e$ und den Ausgangsleitwert $\mathfrak{F}_3$ nach den Beziehungen

$$\left. \begin{aligned}
\mathfrak{F}_e &= \frac{\mathfrak{J}_e}{\mathfrak{U}_e}, \\
\mathfrak{F}_3 &= \frac{\mathfrak{J}_a}{\mathfrak{U}_a}
\end{aligned} \right\} \tag{18}$$

ein, und eliminiert $\mathfrak{v}$ aus dem System (17), so erhält man

$$\mathfrak{F}_e = \mathfrak{G}_1 + \mathfrak{G}_2 + \mathfrak{F}_1 + \mathfrak{F}_2 - \frac{(D\,\mathfrak{G}_2 - \mathfrak{G}_1 - \mathfrak{F}_1)\,(\mathfrak{G}_0 - \mathfrak{G}_1 - \mathfrak{F}_1)}{D\,\mathfrak{G}_0 + \mathfrak{G}_1 + \mathfrak{F}_1 + \mathfrak{F}_3}\,. \tag{19}$$

Das Verhalten des Eingangsleitwertes der Triodenschaltung kennzeichnet nun das Verhalten der gesamten Anordnung. In Bild 8 ist das mögliche Verhalten des Eingangsleitwertes

$$\mathfrak{F}_e = F_e + \mathrm{j}\,X_e \tag{20}$$

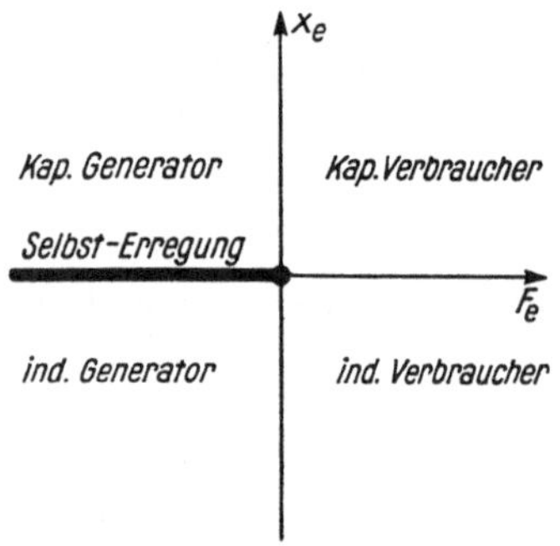

Bild 8. Verhalten des Eingangsleitwertes.

dargestellt. Der Eingang verhält sich wie ein kapazitiver oder induktiver Verbraucher, je nachdem ob bei positivem Wirkleitwert sein Blindanteil positiv oder negativ ist. Vergrößert man durch geeignete Wahl der äußeren Leitwerte $\mathfrak{F}_1$; $\mathfrak{F}_2$; $\mathfrak{F}_3$ die Rückkopplungswirkung, so kann der Wirkanteil negativ werden, und der Eingang der Triodenschaltung verhält sich wie ein kapazitiver bzw. induktiver Generator, und es wird Energie in den Aussteuergenerator zurückgeliefert. Wird in diesem Zustand noch der Blindanteil des Eingangsleitwertes Null, so tritt Selbsterregung ein. Der Grenzpunkt der Selbsterregung, bei dem der Aussteuerungsgenerator keine Wirk- und keine Blindleistung aufzubringen bzw. aufzunehmen hat, ist gegeben durch die Bedingung

$$\mathfrak{F}_e = 0\,. \tag{21}$$

III. Selbsterregung.

Die Selbsterregungsbedingung nach Gl. (21) ist allgemeiner als die bekannte Barkhausen-Bedingung, indem sie die inneren Leitwerte der Röhre mit berücksichtigt. Dieser Umstand geht unmittelbar aus den Bildern 9a und 9b hervor. Solange der Gitter-Eingangsleitwert vernachlässigbar klein gegen den Leitwert $\mathfrak{F}_2$ des äußeren Spannungsteilers ist, kann die Selbsterregungsbedingung nach Bild 9a durch die Forderung

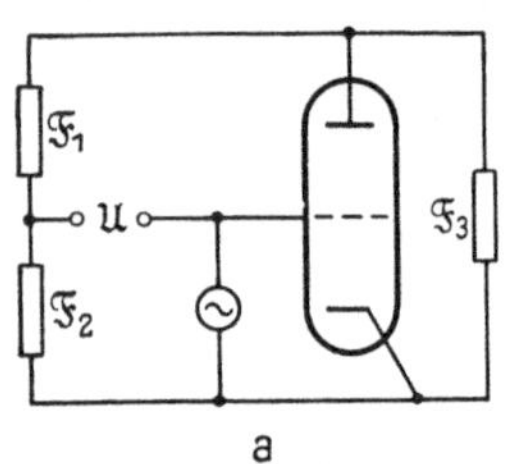

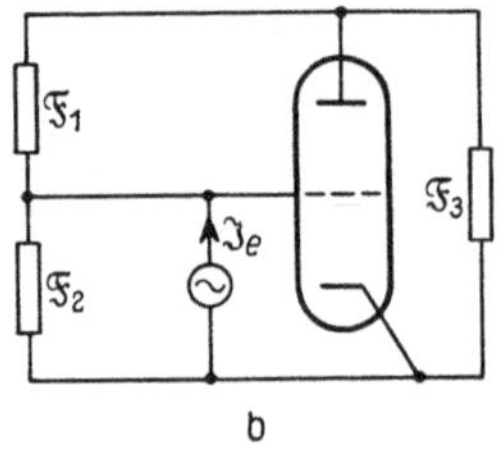

Bild 9. Zur Selbst-Erregungsbedingung.

$$\mathfrak{U} = 0$$

erfüllt werden. Man kann das Gitter mit dem Abgriffspunkt des Spannungsteilers verbinden, ohne den vorliegenden Zustand zu verändern. Nun kann man den Aussteuerungsgenerator entfernen, ohne hierdurch den angefachten Schwingungsvorgang irgendwie zu stören. Dieselbe Überlegung ist jedoch nicht mehr zulässig, wenn durch die Herstellung der Verbindung dem Leitwert $\mathfrak{F}_2$ ein nicht mehr vernachlässigbarer Leitwert, nämlich der des Röhreneingangs, parallel geschaltet wird. In diesem Fall hat man nach Herstellung der Verbindung zwischen Gitter und Abgriffspunkt des Spannungsteilers zu verlangen, daß entsprechend Bild 9b

$$\mathfrak{F}_e = 0$$

wird oder die Bedingung (21) erfüllt wird. Aus Gl. (19) und (21) folgt nach geeigneter Umformung

$$D + \frac{\mathfrak{F}_1 + \mathfrak{F}_3 + \mathfrak{G}_1}{\mathfrak{G}_0} = -\frac{(\mathfrak{F}_1 + \mathfrak{G}_1 - D\,\mathfrak{G}_2)\left(1 - \dfrac{\mathfrak{F}_1 + \mathfrak{G}_1}{\mathfrak{G}_0}\right)}{\mathfrak{F}_1 + \mathfrak{F}_2 + \mathfrak{G}_1 + \mathfrak{G}_2}. \tag{22}$$

Sind die Leitwerte $\mathfrak{G}_1$ und $\mathfrak{G}_2$ klein gegen $\mathfrak{F}_1$ und $\mathfrak{F}_2$, und ist $\mathfrak{F}_1$ seinerseits klein gegenüber dem Anodenleitwert $\mathfrak{F}_3$ und der Steilheit $\mathfrak{G}_0$, so geht die Gl. (22) durch entsprechende Vernachlässigung über in die bekannte Selbsterregungsbedingung

$$D + \frac{\mathfrak{F}_3}{\mathfrak{G}_0} = -\frac{\mathfrak{F}_1}{\mathfrak{F}_1 + \mathfrak{F}_2}. \tag{23}$$

Hierin stellt die rechte Seite den nur durch den äußeren Spannungsteiler bestimmten Rückkopplungsfaktor dar.

Die allgemeine Selbsterregungsbedingung kann, wie aus Gl. (22) unmittelbar hervorgeht, auch in der Form

$$D\,\mathfrak{G}_0 + \mathfrak{G}_1 + \mathfrak{F}_1 + \mathfrak{F}_3 = \frac{(D\,\mathfrak{G}_2 - \mathfrak{G}_1 - \mathfrak{F}_1)(\mathfrak{G}_0 - \mathfrak{G}_1 - \mathfrak{F}_1)}{\mathfrak{G}_1 + \mathfrak{G}_2 + \mathfrak{F}_1 + \mathfrak{F}_2}$$

geschrieben werden. Sie stellt wegen ihres komplexen Charakters zwei reelle Gleichungen dar. Zu ihrer Zerlegung führen wir die Wirk- und Blindanteile der inneren und äußeren Leitwerte ein durch die Gleichungen

$$\left.\begin{aligned}\mathfrak{F} &= F + j X, \\ \mathfrak{G} &= G + j Y.\end{aligned}\right\} \tag{24}$$

Hiermit ergeben sich zwei reelle algebraische Bedingungen von folgender Bauart

$$\left.\begin{aligned}F_1 + F_3 &= f_1(F_1, F_2, X_1, X_2), \\ X_1 + X_3 &= f_2(F_1, F_2, X_1, X_2).\end{aligned}\right\} \tag{25}$$

Die inneren Leitwerte der Röhre sind bei festgehaltener Frequenz als Konstante zu betrachten.

IV. Der Selbsterregungsbereich.

Wir legen uns nun die Frage vor, in welchem Bereich die äußeren Wirkleitwerte F_1, F_2, F_3 liegen müssen, damit durch geeignete Wahl der Blindleitwerte X_1, X_2, X_3 die Selbsterregung hergestellt werden kann. Durch Verwendung von Lecherleitungen oder Hohlraumresonatoren lassen sich nun alle Blindleitwerte zwischen $+\infty$ und $-\infty$ herstellen, so daß für die Größen X_1, X_2, X_3 alle reellen Werte gewählt werden können, die dem System Gl. (25) genügen. Für jedes Wertepaar X_1, X_2 fordert die erste Bedingung von Gl. (25) einen Flächenbereich für die Wirkleitwerte F_1, F_2, F_3. Jeder Punkt einer solchen Fläche erfüllt aber automatisch auch die zweite Bedingung, da X_3 durch eine rationale Funktion explizit darstellbar ist und damit immer einen reellen, d. h. herstellbaren Wert von X_3 liefert. Somit liegen alle zur Selbsterregung führenden Punkte mit den Koordinaten F_1, F_2, F_3 auf einer

2*

zweiparametrigen Schar von Flächen mit der Gleichung

$$F_1 + F_3 - f_1(F_1, F_2, X_1, X_2) = 0.$$

Der gesuchte Selbsterregungsbereich wird von der Hüllfläche dieser Schar umschlossen. Ihre Gleichung ergibt sich durch Elimination der Parameter X_1, X_2 aus den drei Gleichungen

$$F_1 + F_3 - f_1(F_1, F_2, X_1, X_2) = 0; \quad \frac{\partial f_1}{\partial X_1} = 0; \quad \frac{\partial f_1}{\partial X_2} = 0.$$

Zur Ausführung der Rechnung führen wir vorübergehend die folgenden Abkürzungen ein:

$$\left.\begin{aligned}
\mathfrak{A} &= D\,\mathfrak{G}_0 \; + \mathfrak{G}_1 \quad\quad\quad + \mathfrak{F}_1 \quad\quad + \mathfrak{F}_3 \\
\mathfrak{B} &= \quad\quad\quad \mathfrak{G}_1 \; + \mathfrak{G}_2 \; + \mathfrak{F}_1 \; + \mathfrak{F}_2 \\
\mathfrak{C} &= \quad \mathfrak{G}_0 \; - 2\,\mathfrak{G}_1 \; + D\,\mathfrak{G}_2 \; - 2\,\mathfrak{F}_1 \\
\mathfrak{D} &= \quad \mathfrak{G}_0 \quad\quad\quad - D\,\mathfrak{G}_2
\end{aligned}\right\} \tag{26}$$

Damit geht die allgemeine Selbsterregungsbedingung (22) über in

$$4\,\mathfrak{A} = \frac{\mathfrak{C}^2 - \mathfrak{D}^2}{\mathfrak{B}}. \tag{27}$$

Wird der hierzu konjugierte Ausdruck addiert, so ergibt sich die Gleichung der Schar in der Form

$$4(\mathfrak{A} + \mathfrak{A}^*) = \frac{\mathfrak{C}^2 - \mathfrak{D}^2}{\mathfrak{B}} + \frac{\mathfrak{C}^{*\,2} - \mathfrak{D}^{*\,2}}{\mathfrak{B}^*}. \tag{28}$$

Diese Gleichung entspricht der ersten Gleichung von (25). Ihre Differentiation nach den Parametern X_1 und X_2 liefert die beiden Beziehungen

$$\frac{-4\mathrm{j}\,\mathfrak{B}\mathfrak{C} - \mathrm{j}(\mathfrak{C}^2 - \mathfrak{D}^2)}{\mathfrak{B}^2} + \frac{4\mathrm{j}\,\mathfrak{B}^*\mathfrak{C}^* + \mathrm{j}(\mathfrak{C}^{*\,2} - \mathfrak{D}^{*\,2})}{\mathfrak{B}^{*\,2}} = 0$$

und

$$\frac{-\mathrm{j}(\mathfrak{C}^2 - \mathfrak{D}^2)}{\mathfrak{B}^2} + \frac{\mathrm{j}(\mathfrak{C}^{*\,2} - \mathfrak{D}^{*\,2})}{\mathfrak{B}^{*\,2}} = 0.$$

Nach entsprechender Vereinfachung findet man daraus

und

$$\left.\begin{aligned}
\frac{\mathfrak{C}}{\mathfrak{C}^*} &= \frac{\mathfrak{B}}{\mathfrak{B}^*} \\[4pt]
\frac{\mathfrak{D}}{\mathfrak{D}^*} &= \pm\,\frac{\mathfrak{B}}{\mathfrak{B}^*}.
\end{aligned}\right\} \tag{29}$$

Zur Elimination der Parameter schreiben wir Gl. (28) in der Form

$$4(\mathfrak{A} + \mathfrak{A}^*) = \frac{\mathfrak{C}^2}{\mathfrak{B}} + \frac{\mathfrak{C}^{*\,2}}{\mathfrak{B}^*} - \left(\frac{\mathfrak{D}^2}{\mathfrak{B}} + \frac{\mathfrak{D}^{*\,2}}{\mathfrak{B}^*}\right). \tag{28}$$

Wegen (29) läßt sich der zweite Term der rechten Seite in die Gestalt

$$\frac{\mathfrak{D}^2}{\mathfrak{B}} + \frac{\mathfrak{D}^{*\,2}}{\mathfrak{B}^*} = \frac{\mathfrak{D}}{\mathfrak{B}}\,(\mathfrak{D} \pm \mathfrak{D}^*)$$

bringen. Aus

$$\frac{\mathfrak{D}}{\mathfrak{D}^*} = \pm\,\frac{\mathfrak{B}}{\mathfrak{B}^*}$$

folgt

$$\frac{\mathfrak{D}}{\mathfrak{D} \pm \mathfrak{D}^*} = \frac{\mathfrak{B}}{\mathfrak{B} + \mathfrak{B}^*}$$

oder

$$\frac{\mathfrak{D}}{\mathfrak{B}} = \frac{\mathfrak{D} \pm \mathfrak{D}^*}{\mathfrak{B} + \mathfrak{B}^*}.$$

Damit erhält man

$$\frac{\mathfrak{D}^2}{\mathfrak{B}} + \frac{\mathfrak{D}^{*\,2}}{\mathfrak{B}^*} = \frac{(\mathfrak{D} \pm \mathfrak{D}^*)^2}{\mathfrak{B} + \mathfrak{B}^*}.$$

Wird die entsprechende Umformung auch auf den ersten Term von Gl. (28) angewandt, so ergibt sich für die Hüllfläche die Gleichung

$$(\mathfrak{C} + \mathfrak{C}^*)^2 - 4(\mathfrak{A} + \mathfrak{A}^*)(\mathfrak{B} + \mathfrak{B}^*) = (\mathfrak{D} \pm \mathfrak{D}^*)^2.$$

Sie besteht aus zwei Teilen, die man erhält, je nachdem man das $+$ oder das $-$-Zeichen wählt. Eine genauere Untersuchung zeigt, daß der im ersten Oktanten liegende Teil der Hüllfläche durch das $-$-Zeichen geliefert wird. Der Selbsterregungsbereich wird also durch die Fläche

$$(\mathfrak{C} + \mathfrak{C}^*)^2 - 4(\mathfrak{A} + \mathfrak{A}^*)(\mathfrak{B} + \mathfrak{B}^*) = (\mathfrak{D} - \mathfrak{D}^*)^2 \tag{30}$$

abgegrenzt. Führt man nun wieder die durch das System (26) gegebenen Ausgangsgrößen ein, so erhält man nach einfacher Umformung

$$\left.\begin{aligned}
F_1 F_2 + F_2 F_3 + F_3 F_1 &+ (1+D)(G_0 + G_2)F_1 + (DG_0 + G_1)F_2 + (G_1 + G_2)F_3 \\
&= \frac{(G_0 - DG_2)^2 + (Y_0 - DY_2)^2}{4} - (1+D)G_1(G_0 + G_2)\;{}^1).
\end{aligned}\right\} \tag{31}$$

Eine genauere Betrachtung zeigt, daß es sich hierbei um ein zweischaliges Hyperboloid handelt. Von dieser Fläche und den Koordinatenebenen des ersten Oktanten wird der Selbsterregungsbereich begrenzt (Bild 10). Die auf den Achsen hervorgerufenen Abschnitte geben den höchstzulässigen Betrag des betreffenden Leitwertes an, wenn die beiden anderen Null gemacht werden. Bei Ultrakurzwellenschaltungen wird der Belastungsleitwert im allgemeinen zwischen Gitter und Anode angebracht. Kann man die von den Strahlungs- und Leitungsverlusten herrührenden Leitwerte der anderen Schaltelemente dagegen vernachlässigen, so ist ein Belastungsleitwert von

$$F_{1\,\mathrm{max}} = \frac{(G_0 - DG_2)^2 + (Y_0 - DY_2)^2}{4(1+D)(G_0 + G_2)} - G_1 \tag{32}$$

eben noch zulässig. Mit zunehmender Frequenz schrumpft der Selbsterregungsbereich im allgemeinen zusammen, und der durch die Verlustleitwerte der äußeren Schaltelemente bestimmte Arbeitspunkt P in Bild 10 entfernt sich vom Ursprung. Gelangt er an den Rand des Selbsterregungsbereiches, so ist damit die Grenzwellenlänge der betreffenden Anordnung erreicht. Diese Wellenlänge hängt also von den Verlusteigenschaften der Röhre und der Schaltelemente ab.

Wir untersuchen zuerst den Selbsterregungsbereich im Langwellengebiet. Hier können wir — wie aus dem Diagramm des Bildes 6 zu entnehmen ist — die Verlustleitwerte G_1, G_2 sowie die Blindleitwerte Y_0 und Y_2 gegen $G_0 = S$ vernachlässigen, womit sich Gl. (31) auf die Gestalt

$$F_1 F_2 + F_2 F_3 + F_3 F_1 + (1+D)SF_1 + DSF_2 + G_2 F_3 = \frac{S^2}{4} \tag{31a}$$

bringen läßt. Für die Achsenabschnitte ergibt sich

$$\left.\begin{aligned}
F_{1\,\mathrm{max}} &= \frac{S}{4(1+D)}, \\
F_{2\,\mathrm{max}} &= \frac{S}{4D}, \\
F_{3\,\mathrm{max}} &= \frac{S^2}{4G_2}.
\end{aligned}\right\} \tag{33}$$

Unter Beachtung der Beziehung

$$S\,D\,R_i = 1$$

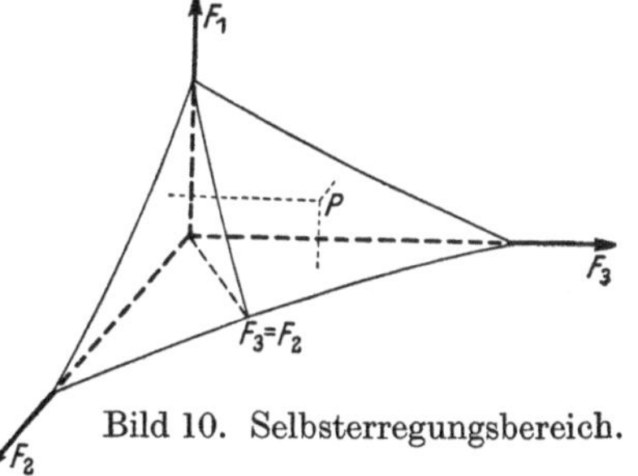

Bild 10. Selbsterregungsbereich.

$^1)$ Gl. (31) stimmt mit Gl. (88) der unter [2] zitierten Arbeit von H. Zuhrt überein.

können wir das System (33) auf die Widerstandsbeziehung

$$R_{1\,\mathrm{min}} = 4D(1 + D)\,R_i\,,$$

$$R_{2\,\mathrm{min}} = 4D^2 R_i\,,$$

$$R_{3\,\mathrm{min}} = 4D\,\frac{R_i^2}{R_2}$$

bringen. Da der Verlustwiderstand R_2 der Gitter-Kathodenstrecke im Langwellengebiet sehr groß gegen den Innenwiderstand R_i ist, kann man die Röhre anodenseitig mit einem verhältnismäßig kleinen Widerstand abschließen, ohne ihr die Selbsterregungsmöglichkeit zu nehmen. Erheblich empfindlicher ist sie jedoch gegen Belastung der Gitter-Kathodenstrecke. Durch Belastung der Gitter-Anodenstrecke wird die Selbsterregung am leichtesten verhindert. Für eine Röhre mit 8 % Durchgriff und einem Verhältnis $\frac{R_2}{R_i} = 100$ erhält man der Reihe nach die Grenzwiderstände $\frac{1}{3}R_i$; $\frac{1}{40}R_i$; $\frac{1}{300}R_i$. Wird eine der drei Strecken mit einem kleineren Widerstand, als dieser Reihe entspricht, belastet, so kann die Röhre nicht mehr zu Schwingungen angeregt werden.

Eine einfache und anschauliche Lösung der Selbsterregungsbedingung (22) ist gegeben durch

$$\mathfrak{G}_1 + \mathfrak{F}_1 = 0; \quad \mathfrak{F}_2 = 0; \quad \mathfrak{F}_3 = 0. \tag{34}$$

Durch Einsetzen kann man sich hiervon leicht überzeugen. Die Lösung besagt, daß man die Selbsterregung durch Kompensation des Gitter-Anodenleiterwertes herbeiführen kann, wenn man außerdem zwischen Gitter-Kathode einerseits und zwischen Kathode-Anode andererseits je einen Sperrkreis oder einen gemeinsamen Sperrkreis in die Kathodenleitung legt. Die geforderte Kompensation ist natürlich nur für die Blindanteile möglich, so daß die obige Lösung praktisch nur näherungsweise realisierbar ist. In vielen Fällen kann sie jedoch mit guter Näherung erfüllt werden. Gemäß Bild 7a liegt nach der Kompensation von $\mathfrak{G}_1$ zwischen Gitter-Anode der Leitwert $-D\,\mathfrak{G}_2$, zwischen Gitter-Kathode der Leitwert $(1 + D)\,\mathfrak{G}_2$. Der zwischen Gitter-Anode verbleibende Leitwert $-D\,\mathfrak{G}_2$ hat an dieser Stelle die Wirkung einer Induktivität und kommt zustande über die Reihenschaltung Gitter-Kathode-Anode. Seine induktive Wirkung rührt her von der Phasenumkehr der Anodenspannung gegenüber der Gitterspannung. Für den Verstärkungsfaktor ergibt sich der Wert $\mathfrak{v} = -\frac{1}{D}$, wie man aus der durch die in Reihe liegenden Leitwerte $-D\,\mathfrak{G}_2$ und $(1 + D)\,\mathfrak{G}_2$ hervorgerufenen Spannungsteilung leicht erkennt. Im Ersatzbild 7b erscheint dieser Zustand in anderer Form. Hier wird der Leitwert Gitter-Anode Null, und da der Verstärkungsfaktor den Wert $-\frac{1}{D}$ hat, verschwindet auch der Leitwert zwischen Gitter-Kathode. Die Spannungsteilung erscheint hier in unbestimmter Form. An Hand dieser Überlegung erkennt man den verschiedenen Grad der Anschaulichkeit der beiden Ersatzbilder.

Die Kompensation der Gitter-Anodenkapazität wird im allgemeinen durch eine offene oder kurzgeschlossene Lecherleitung herbeigeführt. Der gemeinsame Sperrkreis in der Kathodenleitung wird dadurch realisiert, daß man die Zuführung der Anoden- und Gittergleichspannung im Knoten der Leitung vornimmt. Eine andere Möglichkeit ist in Bild 11 angedeutet, wo zur Vermeidung von Strahlungsverlusten Hohlraumresonatoren verwendet sind. Die konzentrische Leitung stellt dabei den gemeinsamen Sperrkreis in der Kathodenleitung dar. Alle betrachteten Ausführungsbeispiele beruhen dabei, zumindestens mit guter Näherung und solange keine Leistung entzogen wird, auf der einfachen Lösung nach Gl. (34). Bei Berücksichtigung der den Schaltelementen anhaftenden Verlustleitwerte, insbesondere des Belastungsleitwertes ist es notwendig, von der allgemeinen Selbsterregungsbedingung (22) auszugehen. Unter Verwendung von drei voneinander vollständig unabhängigen äußeren Leitwerten $\mathfrak{F}_1$, $\mathfrak{F}_2$, $\mathfrak{F}_3$ erhält man für deren Wirkanteile den in Bild 10 dargestellten Zulässigkeitsbereich. Nun unterscheiden sich aber die im allgemeinen verwendeten praktischen Schaltungen in einem wesentlichen Punkt von denen bei der Ermittlung des Selbsterregungsbereiches gemachten Voraussetzungen. Die genauere Untersuchung des Ersatzbildes zeigt nämlich, daß bei den praktisch benützten Schaltungen nicht drei, sondern nur zwei voneinander unabhängige Blindleitwerte existieren. Es ist daher zu vermuten, daß der gefundene Selbst

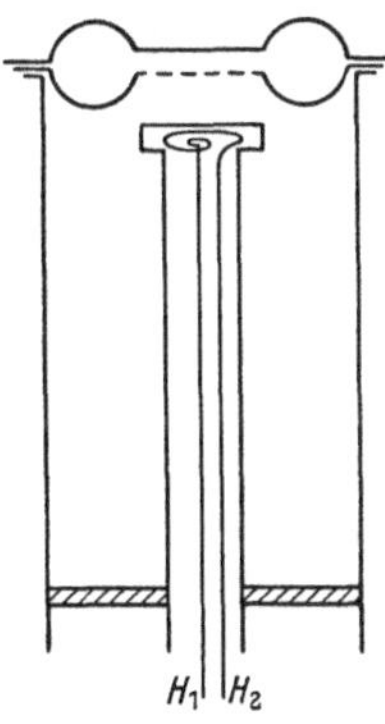

Bild 11. Triode mit Hohlraumresonatoren.

erregungsbereich für diesen Fall einer wesentlichen Einschränkung unterworfen werden muß. In Bild 12a ist das äußere Ersatzbild der üblichen Anordnungen dargestellt. Hierbei sind wegen der symmetrischen Eigenschaften der Lecherleitung die beiden Leitwerte $\mathfrak{H}_2$ und $\mathfrak{H}_3$ als gleich groß anzunehmen. Die Umwandlung des Sternes in ein Dreieck liefert nach Bild 12b eine Anordnung, in der $\mathfrak{F}_3 = \mathfrak{F}_2$ zu setzen ist. Wir haben also nur noch zwei voneinander unabhängige Leitwerte $\mathfrak{F}_1$ und $\mathfrak{F}_2$. Unser Selbsterregungsbereich schrumpft damit auf das Schnittgebilde zwischen dem ursprünglichen dreidimensionalen Bereich des Bildes 10 und der Ebene $F_3 = F_2$ zusammen. Aber auch dieser neue Bereich muß noch mehr eingeschränkt werden, da er auch Punkte enthält, die nur durch Einstellung verschiedener Blindleitwerte X_3 und X_2 zur Selbsterregung führen.

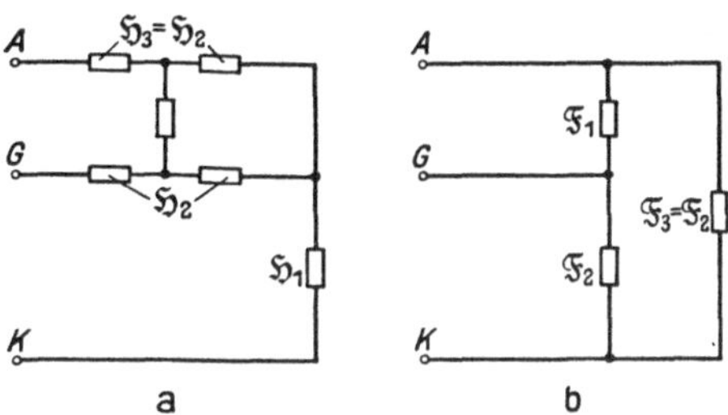

Bild 12. Ersatzbild einer UKW-Schaltung.

V. Der Selbsterregungsbereich für $X_3 = X_2$.

Wir untersuchen zunächst die Einschränkung des Selbsterregungsbereiches, die sich aus der Forderung zweier gleicher Blindleitwerte $X_3 = X_2$ ergibt. Der Freiheitsgrad für die äußeren Schaltelemente erniedrigt sich damit von sechs auf fünf. Wir gehen dazu wieder aus von den beiden Bedingungen für die Selbsterregung gemäß Gl. (25). Sie hat jetzt die Form

$$\left.\begin{aligned} F_1 + F_3 &= f_1(F_1, F_2, X_1, X_2)\,, \\ X_1 + X_2 &= f_2(F_1, F_2, X_1, X_2)\,. \end{aligned}\right\} \tag{25}$$

Im Gegensatz zu unseren früheren Überlegungen können wir nunmehr die zweite Bedingung nicht mehr unberücksichtigt lassen, daß X_2 nicht explizit durch eine rationale Funktion darstellbar ist und dadurch als zusätzliche Bedingung zu einer weiteren Einschränkung führt. Denkt man sich z. B. X_2 aus der zweiten Bedingung durch X_1 ausgedrückt und in die erste eingeführt, so erkennt man, daß der eingeschränkte Selbsterregungsbereich nun von einer einparametrigen Schar von

Flächen überdeckt wird, deren Hüllfläche ihn umschließt. Es erweist sich jedoch als zweckmäßig, die genannte Substitution erst am Ende durchzuführen und beide Gleichungen zu betrachten. Es ergeben sich auf diese Weise vier Gleichungen mit den drei Parametern X_1; X_2 und $\dfrac{\partial X_2}{\partial X_1}$, die gegeben sind durch

$$F_1 + F_3 - f_1 = 0; \qquad X_1 + X_2 - f_2 = 0;$$

$$\frac{\partial f_1}{\partial X_1} + \frac{\partial f_1}{\partial X_2} \cdot \frac{\partial X_2}{\partial X_1} = 0; \qquad \frac{\partial f_2}{\partial X_1} - 1 + \left(\frac{\partial f_2}{\partial X_2} - 1\right) \frac{\partial X_2}{\partial X_1} = 0 \,.$$

Die Elimination der drei Parameter liefert dann die neue Hüllfläche. Zur Durchführung der Rechnung gehen wir aus von dem Real- und Imaginärteil der Selbsterregungsbedingung der Gl. (27) in folgender Form

$$\left.\begin{aligned}
\mathfrak{C}^2 + \mathfrak{C}^{*2} - 4(\mathfrak{A}\mathfrak{B} + \mathfrak{A}^*\mathfrak{B}^*) - (\mathfrak{D}^2 + \mathfrak{D}^{*2}) = 0,\\
\mathfrak{C}^2 - \mathfrak{C}^{*2} - 4(\mathfrak{A}\mathfrak{B} - \mathfrak{A}^*\mathfrak{B}^*) - (\mathfrak{D}^2 - \mathfrak{D}^{*2}) = 0.
\end{aligned}\right\} \tag{35}$$

Die Differentiation nach X_1 und X_2 liefert unter Berücksichtigung von Gl. (26) die beiden Beziehungen

$$-\mathfrak{C} + \mathfrak{C}^* - (\mathfrak{A} + \mathfrak{B} - \mathfrak{A}^* - \mathfrak{B}^*) - (\mathfrak{A} + \mathfrak{B} - \mathfrak{A}^* - \mathfrak{B}^*)\frac{\partial X_2}{\partial X_1} = 0,$$

$$-\mathfrak{C} - \mathfrak{C}^* - (\mathfrak{A} + \mathfrak{B} + \mathfrak{A}^* + \mathfrak{B}^*) - (\mathfrak{A} + \mathfrak{B} + \mathfrak{A}^* + \mathfrak{B}^*)\frac{\partial X_2}{\partial X_1} = 0.$$

Die Elimination von $\dfrac{\partial X_2}{\partial X_1}$ führt auf die Gleichung

$$\frac{\mathfrak{C}}{\mathfrak{A} + \mathfrak{B}} = \frac{\mathfrak{C}^*}{\mathfrak{A}^* + \mathfrak{B}^*} \,. \tag{36}$$

Aus den Gl. (35) und (36) sind nun die Parameter X_1 und X_2 zu eliminieren. Zu diesem Zwecke gehen wir aus von der Tatsache, daß wegen $X_3 = X_2$ nach (26) in $\mathfrak{A} - \mathfrak{B}$ kein Parameter mehr enthalten ist und schreiben

$$4\mathfrak{A}\mathfrak{B} = (\mathfrak{A} + \mathfrak{B})^2 - (\mathfrak{A} - \mathfrak{B})^2.$$

Aus Gl. (36) ergibt sich durch einfache Umformung

$$\mathfrak{A} + \mathfrak{B} = (\mathfrak{A} + \mathfrak{A}^* + \mathfrak{B} + \mathfrak{B}^*)\frac{\mathfrak{C}}{\mathfrak{C} + \mathfrak{C}^*}$$

und damit

$$4\mathfrak{A}\mathfrak{B} = \frac{\mathfrak{C}^2}{(\mathfrak{C} + \mathfrak{C}^*)^2}(\mathfrak{A} + \mathfrak{A}^* + \mathfrak{B} + \mathfrak{B}^*)^2 - (\mathfrak{A} - \mathfrak{B})^2;$$

$$4\mathfrak{A}^*\mathfrak{B}^* = \frac{\mathfrak{C}^{*2}}{(\mathfrak{C} + \mathfrak{C}^*)^2}(\mathfrak{A} + \mathfrak{A}^* + \mathfrak{B} + \mathfrak{B}^*)^2 - (\mathfrak{A}^* - \mathfrak{B}^*)^2.$$

Auf diese Weise erscheint in dem Ausdruck für $4\mathfrak{A}\mathfrak{B}$ und $4\mathfrak{A}^*\mathfrak{B}^*$ nur noch der Parameter X_1. Das System (35) geht so über in zwei Gleichungen, die nur noch X_1 enthalten. Es ergibt sich

$$(\mathfrak{C}^2 + \mathfrak{C}^{*2})\left\{1 - \frac{(\mathfrak{A} + \mathfrak{A}^* + \mathfrak{B} + \mathfrak{B}^*)^2}{(\mathfrak{C} + \mathfrak{C}^*)^2}\right\} + (\mathfrak{A} - \mathfrak{B})^2 + (\mathfrak{A}^* - \mathfrak{B}^*)^2 - (\mathfrak{D}^2 + \mathfrak{D}^{*2}) = 0,$$

$$(\mathfrak{C}^2 - \mathfrak{C}^{*2})\left\{1 - \frac{(\mathfrak{A} + \mathfrak{A}^* + \mathfrak{B} + \mathfrak{B}^*)^2}{(\mathfrak{C} + \mathfrak{C}^*)^2}\right\} + (\mathfrak{A} - \mathfrak{B})^2 - (\mathfrak{A}^* - \mathfrak{B}^*)^2 - (\mathfrak{D}^2 - \mathfrak{D}^{*2}) = 0.$$

X_1 ist nur noch in den Termen $\mathfrak{C}^2 + \mathfrak{C}^{*2}$ bzw. $\mathfrak{C}^2 - \mathfrak{C}^{*2}$ enthalten.

Aus der zweiten Gleichung erhält man

$$\mathfrak{C} - \mathfrak{C}^* = \frac{\mathfrak{D}^2 - \mathfrak{D}^{*2} - (\mathfrak{A} - \mathfrak{B})^2 + (\mathfrak{A}^* - \mathfrak{B}^*)^2}{(\mathfrak{C} + \mathfrak{C}^*)^2 - (\mathfrak{A} + \mathfrak{A}^* + \mathfrak{B} + \mathfrak{B}^*)^2}(\mathfrak{C} + \mathfrak{C}^*) \,.$$

Berücksichtigt man jetzt die Identität

$$\mathfrak{C}^2 + \mathfrak{C}^{*2} = \tfrac{1}{2}(\mathfrak{C} + \mathfrak{C}^*)^2 + \tfrac{1}{2}(\mathfrak{C} - \mathfrak{C}^*)^2,$$

so geht die erste Gleichung des letzten Systems über in

$$[(\mathfrak{C} + \mathfrak{C}^*)^2 - (\mathfrak{A} + \mathfrak{A}^* + \mathfrak{B} + \mathfrak{B}^*)^2]^2 -$$
$$- 2[(\mathfrak{C} + \mathfrak{C}^*)^2 - (\mathfrak{A} + \mathfrak{A}^* + \mathfrak{B} + \mathfrak{B}^*)^2][\mathfrak{D}^2 + \mathfrak{D}^{*2} - (\mathfrak{A} - \mathfrak{B})^2 + (\mathfrak{A}^* - \mathfrak{B}^*)^2] +$$
$$+ [\mathfrak{D}^2 - \mathfrak{D}^{*2} - (\mathfrak{A} - \mathfrak{B})^2 + (\mathfrak{A}^* - \mathfrak{B}^*)^2]^2 = 0 .$$

Damit sind alle Parameter eliminiert. Ergänzt man die ersten beiden Terme der linken Seite zu einem vollen Quadrat und zieht die Wurzel[1]) aus beiden Seiten, so hat man für die Hüllfläche die Gleichung

$$\begin{aligned} (\mathfrak{C} + \mathfrak{C}^*)^2 &- (\mathfrak{A} + \mathfrak{A}^* + \mathfrak{B} + \mathfrak{B}^*)^2 \\ = \mathfrak{D}^2 - (\mathfrak{A} - \mathfrak{B})^2 &+ \mathfrak{D}^{*2} - (\mathfrak{A}^* - \mathfrak{B}^*)^2 - 2\sqrt{[\mathfrak{D}^2 - (\mathfrak{A} - \mathfrak{B})^2][\mathfrak{D}^{*2} - (\mathfrak{A}^* - \mathfrak{B}^*)^2]}. \end{aligned} \quad (37)$$

Von dieser Fläche wird der durch die Bedingung $X_3 = X_2$ eingeschränkte Selbsterregungsbereich umschlossen.

Wir untersuchen zuerst das Langwellengebiet. Hier können wir wie früher G_1, G_2, Y_2 gegen $G_0 = S$ vernachlässigen und den Blindleitwert Y_0 gleich Null setzen. Damit wird aber der auf der rechten Seite von Gl. (37) auftretende Ausdruck

$$\mathfrak{D}^2 - (\mathfrak{A} - \mathfrak{B})^2$$

reell, so daß die rechte Seite insgesamt verschwindet. Der quadratische Ausdruck der linken Seite kann nun in 2 Faktoren zerlegt werden, d. h. die Fläche 2. Ordnung zerfällt in zwei Ebenen, von denen die im 1. Oktanten liegende die Gleichung

$$\mathfrak{C} + \mathfrak{C}^* - (\mathfrak{A} + \mathfrak{A}^* + \mathfrak{B} + \mathfrak{B}^*) = 0$$

besitzt. Unter Berücksichtigung von (26) geht sie über in

$$4 F_1 + F_2 + F_3 = (1 - D)\, S . \quad (37\,\text{a})$$

Für die Schnittpunkte mit den Achsen ergibt sich

$$\left. \begin{aligned} F_{1\,\text{max}} &= \frac{1 - D}{4} \cdot S , \\ F_{2\,\text{max}} &= (1 - D)\, S , \\ F_{3\,\text{max}} &= (1 - D)\, S . \end{aligned} \right\} \quad (33\,\text{a})$$

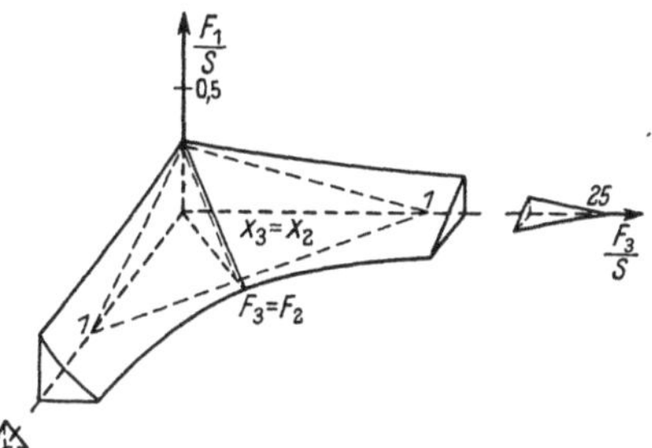

Bild 13. Selbsterregungsbereiche im Langwellengebiet.

Vergleicht man diese Gleichungen mit den entsprechenden für den Gesamtbereich, die durch (33) gegeben sind, so erkennt man, daß bei kleinem Durchgriff $F_{1\,\text{max}}$ sich praktisch nicht verschiebt, während $F_{2\,\text{max}}$ und $F_{3\,\text{max}}$ unter Umständen eine erhebliche Verschiebung nach dem Inneren erfahren. In Bild 13 sind beide Bereiche für $D = 8\%$ und ein Verhältnis von $G_0/G_2 = 100$ schematisch dargestellt. Die Schrumpfung des Bereiches vollzieht sich im wesentlichen so, daß in der Ebene $F_3 = F_2$ die Bedingung $X_3 = X_2$ praktisch keine Einschränkung ergibt. Wird also der Freiheitsgrad 5 durch die Bedingung $F_3 = F_2$ gewählt, so ergibt eine weitere Herabsetzung desselben auf den Wert 4 durch die Bedingung $X_3 = X_2$ keine zusätzliche Einengung des Selbsterregungsbereiches.

Ganz anders liegen die Verhältnisse im Ultrakurzwellengebiet. Hierzu gehen wir von der allgemeinen Gl. (37) aus. Wie man aus Gl. (26) erkennt, enthält sie auch noch in ihrer rechten Seite die laufenden Koordinaten in der Verbindung $F_3 - F_2$. Der

---

[1]) Eine genauere Untersuchung zeigt, daß man der Quadratwurzel negatives Zeichen geben muß, um die im Positiven liegende Begrenzung zu erhalten.

Einfachheit halber beschränken wir uns auf Freiheitsgrad 4, indem wir noch $F_3 = F_2$ setzen und erreichen so, daß die rechte Seite konstant wird. Führt man jetzt wieder die Leitwerte in Gl. (37) wie sie durch Gl. (26) gegeben sind ein, so geht Gl. (37) über in

$$\left.\begin{aligned} F_2^2 &+ 2F_1 F_2 + (1+D)(G_0 + G_2) F_1 + (D G_0 + 2 G_1 + G_2) F_2 \\ &= \frac{1-D^2}{8}\big[G_0^2 - G_2^2 + Y_0^2 - Y_2^2 + \sqrt{(G_0^2 - G_2^2 - Y_0^2 + Y_2^2)^2 + 4(G_0 Y_0 - G_2 Y_2)^2}\big] \\ &\quad - (1+D) G_1 (G_0 + G_2). \end{aligned}\right\} \quad (38)$$

Die entsprechende Gleichung der Grenzkurve für den uneingeschränkten Bereich erhalten wir aus Gl. (31), indem wir $F_3 = F_2$ setzen. Sie unterscheidet sich von Gl. (38) nur in dem ersten Glied der rechten Seite, welches dort den Wert

$$\tfrac{1}{4}\big[(G_0 - D Y_0)^2 + (G_2 - D Y_2)^2\big]$$

hat.

Als Beispiel bestimmen wir für eine Ultrakurzwellenröhre die Schrumpfung des Selbsterregungsbereiches, deren Leitwerte in Bild 6 frequenzabhängig dargestellt sind. Für eine Wellenlänge $\lambda = 20$ cm entnehmen wir der Darstellung

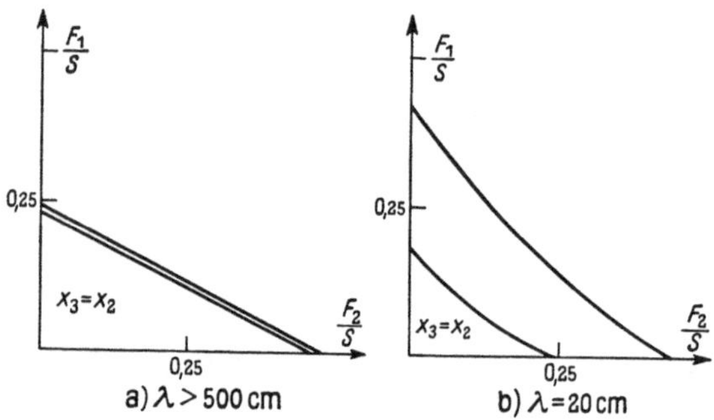

Bild 14. Selbsterregungsbereiche für $F_3 = F_2$.

$$G_0 = 0{,}38\,S; \qquad Y_0 = -1{,}14\,S;$$
$$G_1 = 0; \qquad Y_1 = 0{,}33\,S;$$
$$G_2 = 0{,}53\,S; \qquad Y_2 = 1{,}55\,S.$$

Die Einengung des Selbsterregungsbereiches, wie sie hier durch die Bedingung $X_3 = X_2$ zustande kommt, ist in Bild 14 b dargestellt. Man erkennt, daß sich im Gegensatz zum Langwellengebiet eine wesentliche Schrumpfung des Selbsterregungsbereiches auch in der Ebene $F_3 = F_2$ ergibt. Zum Vergleich ist das entsprechende Diagramm für den Langwellenbereich in Bild 14 a wiedergegeben. Es zeigt sich hier, daß der uneingeschränkte Kurzwellenbereich den uneingeschränkten Langwellenbereich praktisch ganz enthält, während bei den eingeschränkten Bereichen gerade das Umgekehrte der Fall ist[1]).

Aus den vorangegangenen Überlegungen erkennt man deutlich, welche Bedeutung der Verringerung des Freiheitsgrades der äußeren Blindleitwerte auf den Umfang des Selbsterregungsbereiches zukommt. Ähnliche Überlegungen lassen sich durchführen für die beiden Fälle $X_3 = X_1$; $X_2 = X_1$. In beiden Fällen ergibt sich eine Einschränkung des Selbsterregungsbereiches.

Wie schon an einer früheren Stelle erwähnt, hängt die Grenzwellenlänge, die mit einer bestimmten Röhre eben noch hergestellt werden kann, neben den inneren Röhrenverlusten auch von den Verlusten der äußeren Schaltelemente ab. Wir betrachten den einfachen Fall, daß der Röhre keine Leistung entzogen wird und die äußeren Verluste sich nur auf die Leitungs- und Strahlungsverluste der Schalt-

---

[1]) Daß der uneingeschränkte Kurzwellenbereich ($\lambda = 20$ cm) den Langwellenbereich ($\lambda > 500$ cm) ganz enthält, ist nicht weiter verwunderlich, wenn man überlegt, wie sich eine einfache Diode verhält. Wie aus Bild 3 hervorgeht, stellt sie erst für einen Laufzeitwinkel $\omega \tau_a > 2\pi$ einen negativen Wirkwiderstand dar, während sie für kleinere Frequenzen einen positiven Wirkwiderstand besitzt. Der Selbsterregungsbereich der äußeren Schaltelemente rückt daher erst für größere Frequenzen als $\omega \tau_a = 2\pi$ in das positive Gebiet.

elemente beschränken. Die entsprechenden Verlustleitwerte F_1, F_2 und F_3 charakterisieren damit bei einer bestimmten Frequenz einen Punkt in dem Diagramm des Bildes 10. Liegt dieser Punkt innerhalb des Selbsterregungsbereiches für diese Frequenz, so kann durch passende Wahl der drei Blindleitwerte die Selbsterregung herbeigeführt werden. Wir wollen dabei voraussetzen, daß die Wirkleitwerte sich beim Abstimmungsvorgang nicht oder nur unwesentlich verändern. Werden zur Abstimmung nur zwei der äußeren Leitwerte herangezogen, so kann unter Umständen jetzt keine Selbsterregung mehr möglich sein, da infolge der Schrumpfung des Selbsterregungsbereiches der Arbeitspunkt nicht mehr innerhalb desselben liegt.

Zusammenfassung.

Unter Berücksichtigung der Laufzeiteffekte werden die inneren Leitwerte einer Triode frequenzabhängig und bestehen aus einem Wirk- und Blindanteil. Sie können zurückgeführt werden auf drei komplexe Leitwerte $\mathfrak{G}_0$, $\mathfrak{G}_1$ und $\mathfrak{G}_2$, von denen $\mathfrak{G}_0$ die Steilheit, $\mathfrak{G}_1$ den Gitter-Anodenleitwert und $\mathfrak{G}_2$ den Gitter-Kathodenleitwert darstellen. Die äußere Schaltung kann durch drei weitere komplexe Leitwerte $\mathfrak{F}_1$, $\mathfrak{F}_2$, $\mathfrak{F}_3$ berücksichtigt werden, die im Stern zwischen Kathode, Gitter und Anode angeordnet sind und damit eine Dreipunktschaltung liefern. Daraus ergibt sich ein Ersatzschaltbild für die Triodenschaltung, aus dem die Selbsterregungsbedingung abgeleitet wird. In ihrer allgemeinsten Form enthält sie sechs komplexe Leitwerte und den reellen Durchgriff D. Man erhält sie aus der Forderung, daß der Eingangsleitwert des Systems verschwinden muß. Aus der Selbsterregungsbedingung wird der Selbsterregungsbereich für die drei Wirkleitwerte ermittelt. In diesem Gebiet müssen die Wirkleitwerte liegen, wenn durch geeignete Wahl der Blindleitwerte Selbsterregung möglich sein soll. Werden von den drei als unabhängig vorausgesetzten Blindleitwerten zwei zwangsweise gleich gemacht, so erfährt der Selbsterregungsbereich hierdurch eine Einschränkung. Für den Fall $X_3 = X_2$ wird gezeigt, daß im Langwellengebiet die Einschränkung sich in der Ebene $F_3 = F_2$ nicht auswirkt und nur in dem restlichen Bereich erhebliches Ausmaß annimmt. Im Gegensatz dazu erfährt im Ultrakurzwellengebiet der Selbsterregungsbereich auch in der Ebene $F_3 = F_2$ eine wesentliche Schrumpfung. An Hand eines Beispiels wird diese Schrumpfung für eine Wellenlänge von 20 cm an einer Kurzwellenröhre berechnet und in einem Diagramm dargestellt.

Schrifttum.

1. H. Zuhrt: Verstärkung einer Dreielektrodenröhre mit ebenen Elektroden bei ultrahohen Frequenzen. Hochfrequenztechn. **47** (1936) S. 79.

2. H. Zuhrt: Die Leistungsverstärkung bei ultrahohen Frequenzen und die Grenze der Rückkopplungsschwingungen. Hochfrequenztechn. **49** (1937) S. 73.

Die Zündung des Glühkathodenstromrichters in Abhängigkeit vom Gitterwiderstand.

Von **Hermann Adam**.

Mit 6 Bildern.

Mitteilung aus dem Siemens-Röhrenwerk zu Siemensstadt.

Eingegangen am 26. Februar 1941.

Inhaltsübersicht.

I. Einleitung.

Eine Reihe von Arbeiten befaßt sich mit der Zündung, d. h. insbesondere mit der Zündbedingung und der Zündkennlinie des Glühkathodenstromrichters. Als jüngste dieser Arbeiten ist die von B. Kirschstein [1][1]) zu nennen; sie bringt eine Zusammenfassung der Ergebnisse der bisherigen Theorien und darüber hinaus eine Untersuchung, die die Abhängigkeit des Zündpunktes und damit die Verschiebung der Zündkennlinie mit dem Gitterwiderstand erklären soll. Es ist nämlich experimentell immer wieder festgestellt worden, daß die Kennlinienverschiebung eines Glühkathodenstromrichters, welche durch einen äußeren, ohmschen Gitterwiderstand R_g bewirkt wird, größer ist, als dem Spannungsabfall des zum Gitter fließenden Vorstroms entspricht. Auch die Arbeit von B. Kirschstein muß eine große Unstimmigkeit zwischen Theorie und Experiment feststellen. — Die nachstehende Untersuchung wird die Aufklärung dieser Unstimmigkeiten bringen und gleichzeitig zeigen, inwieweit Theorie und Experiment daran beteiligt sind. Sie wird insbesondere eine ganz allgemeine Herleitung der Zündbedingung eines Glühkathodenstromrichters bei Vorhandensein äußerer Widerstände bringen und damit vor allem zeigen, daß der Unterschied zwischen Kennlinienverschiebung und Spannungsabfall des Gittervorstromes am Gitterwiderstand in dem statistischen Charakter der Gasentladung begründet ist. — Die gute Übereinstimmung zwischen Theorie und Experiment schließlich läßt die Forderung nach einer endgültigen Lösung der verschiedentlich in Angriff genommenen Aufgabe als erfüllt erscheinen.

II. Zündung ohne äußeren Gitterwiderstand.

Legt man an die Anode einer gasgefüllten Triode eine positive Gleichspannung U_a und an das Gitter eine negative Gleichspannung U_g, so fließen vor der Zündung der Hauptentladung Kathode → Anode zur Anode bzw. zum Gitter die Vorströme

---

1) Die eingeklammerten schrägen Zahlen beziehen sich auf das Schrifttum am Schluß der Arbeit.

$I_a(0)$ bzw. $I_g(0)$, primär verursacht durch die genügend energiereichen Elektronen der Kathode, welche den durch Zusammenwirken von Anoden- und Gitterpotential vor der Kathode sich ausbildenden Potentialsattel zu überwinden vermögen. — Die in Klammern gesetzte 0 soll andeuten, daß die im äußeren Anoden- bzw. Gitterkreis liegenden Widerstände so gering sind, daß die Vorströme durch sie nicht beeinflußt werden. Nach den bekannten Ansätzen von H. Klemperer und M. Steenbeck [2] ist der zur Anode fließende Vorstrom $I_a(0)$ bei nicht allzu kleinen positiven Anodenspannungen (Zehner-Volt) in Abhängigkeit von Röhrengeometrie, Gasart, Kathodentemperatur und den Spannungen $U_a > 0$, $U_g < 0$ in logarithmischer Form gegeben durch die Gleichung:

$$\ln I_a(0) - A\,I_a(0) = B\,U_g + C\,U_a + E\,. \tag{1}$$

Die den Potentialsattel passierenden Elektronen erzeugen im Gitter-Anodenraum positive Ionen, die gegen die Kathode zu beschleunigt eine gewisse mittlere Flugzeit ϑ zum Durchfliegen des Gitter-Kathodenraumes benötigen und in dieser Zeit als positive Raumladung wirken; hierdurch wird die negative Elektronenraumladung vor der Kathode teilweise aufgehoben, so daß mehr Elektronen den nunmehr weniger negativen Potentialsattel passieren können und so eine erhöhte Ionisierung verursachen usw., bis sich ein stationärer Zustand eingestellt hat. Auf diesen bezieht sich Gl. (1).

Die in Gl. (1) auftretenden Koeffizienten A, B, C, E sind als spannungsunabhängig vorausgesetzt und als formale Abkürzungen zu folgenden Ausdrücken eingeführt:

$$A = \frac{\varepsilon\,\lambda\cdot\vartheta\,\delta\,N}{k\,T\,C_g(1+N)} > 0\,, \quad B = \frac{\varepsilon\,\lambda}{k\,T} > 0\,, \quad C = \frac{\varepsilon\,\lambda}{k\,T}\cdot D \;\left[\frac{C}{B}=D\right], \quad E = \ln\{i_0(1+N)\}\,. \tag{2}$$

Die in Gl. (2) auftretenden Größen $\varepsilon, \lambda \ldots$ haben folgende Bedeutungen:

ε elektrische Elementarladung $1{,}59 \cdot 10^{-19}$ C.

k Boltzmann-Konstante $1{,}37 \cdot 10^{-23} \dfrac{\text{W s}}{\text{grad}}$.

T Kathoden-Temperatur ° K.

λ Einfluß des Gitters auf das Potential des Sattelpunktes [1], dimensionslos und als spannungsunabhängig vorausgesetzt.

D Durchgriff, dimensionslos, als spannungsunabhängig vorausgesetzt.

i_0 eine Art Sättigungsstrom [2].

N Anzahl der pro Primärelektron im Gitter-Anodenraum, exakter auf der Strecke Potential-Sattel $\rightarrow$ Anode erzeugten Ionen, abhängig von Gasart und Anodenspannung.

ϑ mittlere Flugzeit der Ionen zwischen Gitter und Kathode in s.

δ Bruchteil aller im Gitter-Anodenraum erzeugten Ionen, der zur Kathode fließt.

C_g Gitter-Kathoden-Kapazität [2].

Bei der Herleitung von Gl. (1) ist vorausgesetzt, daß ein Bruchteil δ aller Ionen zur Kathode wandert, der Rest $(1-\delta)$ dagegen zum Gitter fließt. Der Gesamtionenstrom berechnet sich zu $I_a \dfrac{N}{1+N}$, so daß sich für den zum Gitter fließenden Ionenstrom ergibt:

$$I_{\text{Ionen}} = I_a \frac{(1-\delta)\,N}{1+N}\,.$$

Setzt man noch das Gitter als genügend negativ voraus, so daß keine Elektronen gegen das Gitter selbst anzulaufen vermögen, so ist der zum Gitter fließende Ionenstrom gleich dem Gitterstrom selbst und man erhält:

$$I_g(0) = I_a(0)\,\frac{(1-\delta)\,N}{1+N} = F\cdot I_a(0)\,. \tag{3}$$

Der Proportionalitätsfaktor

$$F = \frac{(1-\delta)N}{1+N} > 0 \tag{4}$$

ist von der Geometrie δ und über N von Gasart und Spannung abhängig und kann leicht experimentell bestimmt werden.

Im Augenblick der Zündung erhält man aus Gl. (1) mittels der bekannten Zündbedingung:

$$\frac{dI_a(0)}{dU_g} = \infty, \quad \text{oder} \quad \frac{dU_g}{dI_a(0)} = 0 \tag{I}$$

die Zündströme:

$$I_{az}(0) = \frac{1}{A} = \frac{kT}{\varepsilon\lambda} \cdot \frac{C_g(1+N)}{\vartheta\,\delta\,N}. \tag{5}$$

$$I_{gz}(0) = \frac{F}{A} = \frac{kT}{\varepsilon\lambda} \cdot \frac{C_g(1-\delta)}{\vartheta\cdot\delta}. \tag{6}$$

Durch Gl. (5) erhält der in Gl. (1) auftretende Koeffizient A eine einfache physikalische Bedeutung und kann ohne weiteres experimentell bestimmt werden.

Setzt man nunmehr in Gl. (1) für $I_a(0)$ den Zündstrom $I_{az}(0) = 1/A$ ein, so ergibt sich die Zündkennlinie in der Form:

$$\ln I_{az}(0) - 1 = BU_{gz} + CU_{az} + E. \tag{7}$$

Jedes Wertepaar $U_{az} > 0$ und genügend positiv, $U_{gz} < 0$ und genügend negativ, welches dieser Gleichung genügt, bestimmt einen Punkt der Zündkennlinie. Löst man Gl. (7) nach U_{gz} auf, so wird:

$$U_{gz}(0) = -DU_{az} - \frac{E+1}{B} - \frac{\ln A}{B}. \tag{7a}$$

Sieht man von der Spannungsabhängigkeit des Koeffizienten A vorerst ab, so stellt die Zündkennlinie eine Gerade mit der Neigung $-D$ dar, wobei D der Hochvakuumdurchgriff ist. Der Abschnitt der Kennlinie auf der U_g-Achse ist durch den komplizierten Ausdruck $-\dfrac{E+1}{B} - \dfrac{\ln A}{B}$ gegeben, der hier nicht weiter diskutiert werden soll.

In Analogie mit der bei Hochvakuumverstärkerröhren gebräuchlichen Ausdrucksweise sei ein innerer Widerstand der Anodenstrecke bzw. Gitterstrecke im Zündmoment, $R_{ia}^z(0)$ bzw. $R_{ig}^z(0)$, eingeführt durch die Definitionsgleichungen:

$$R_{ia}^z(0) = \frac{\partial U_{az}}{\partial I_{az}(0)}, \quad R_{ig}^z(0) = \frac{\partial U_{gz}}{\partial I_{gz}(0)}\,{}^{1}). \tag{8}$$

Aus Gl. (7) ergibt sich hierfür unmittelbar

$$R_{ia}^z(0) = \frac{A}{C}, \quad R_{ig}^z(0) = \frac{A}{B\cdot F}. \tag{8a}$$

Es besteht, wie aus Gl. (8a) folgt, der einfache Zusammenhang:

$$R_{ia}^z(0) = R_{ig}^z(0) \cdot \frac{F}{D}.$$

Setzt man mit Gl. (2) in den Ausdruck für $R_{ig}^z(0)$ ein, so wird:

$$R_{ig}^z(0) = \frac{\vartheta\cdot\delta}{C_g(1-\delta)}. \tag{9}$$

---

[1]) Die formal gebildeten Ausdrücke Gl. (8) sind wohl zu unterscheiden von den Ausdrücken $\partial U_a/\partial I_a$ und $\partial U_g/\partial I_g$, deren Reziprokwerte die Richtungen der Tangenten an die entsprechenden Vorstromkennlinien angeben.

In den so definierten Ausdruck für $R_{i_g}^z(0)$ gehen keine für die Zündung charakteristischen Größen ein. Wir können also den Index z weglassen und mit R_{i_g} den inneren Gitterwiderstand der Röhre schlechtweg bezeichnen. Er stellt eine charakteristische Röhrenkonstante dar, welche von N unabhängig ist und über ϑ von den außen angelegten Spannungen nur wenig abhängt, im Gegensatz zum inneren Anodenwiderstand $R_{i_a}^z(0)$. Mittels Gl. (6) erhält man die Beziehung

$$I_{gz}(0) = \frac{kT}{\varepsilon\lambda}\cdot\frac{1}{R_{i_g}} = \frac{1}{B}\cdot\frac{1}{R_{i_g}}. \tag{6a}$$

$kT/\varepsilon\lambda$ hat die Dimension [Volt], so daß man Gl. (6a) als Ohmsches Gesetz im Inneren der Röhre auffassen kann. Allgemein kann man also sagen: Durch den Gitterstrom I_g als reinem Ionenstrom wird das Gitterpotential um den Betrag $I_g\cdot R_{i_g}$ angehoben. Im Augenblick der Zündung beträgt diese Erhöhung $kT/\varepsilon\lambda$. Die Erhöhung des Sattelpotentials beträgt kT/ε.

III. Zündung mit äußerem Gitterwiderstand.

Die Zündbedingung läßt sich in diesem Falle nicht entsprechend Gl. (I) angeben, denn das Verhalten einer Gasentladung wird durch Widerstände im äußeren Stromkreis wesentlich beeinflußt. Zur Ableitung muß die Charakteristik des Gittervorstromes zusammen mit der Charakteristik des äußeren Gitterwiderstandes, also der Widerstandsgeraden, betrachtet werden.

In Bild 1 ist im I_g—U_g-Diagramm ($U_g < 0$) die Gittervorstromcharakteristik $U_g = f(I_g)$ eingetragen, welche von der Widerstandsgeraden

$$U_g = U_\tau + I_g\cdot R_g \qquad (U_\tau = \text{treibende Batteriespannung})$$

im allgemeinen in zwei Punkten P_1, P_2, geschnitten wird. Durch die Gittervorstromcharakteristik wird die Zustandsebene I_g—U_g in zwei Gebiete geteilt, in denen sich virtuelle Störungen des auf der Charakteristik selbst herrschenden Gleichgewichtszustandes verschiedenartig auswirken [3]. Das allgemeine Penningsche Stabilitätsprinzip sagt nun aus, daß eine kleine, virtuelle Verrückung des Zustandspunktes aus der Charakteristik heraus in dem einen Gebiet eine Stromzunahme zur Folge hat („positives" Gebiet), in dem anderen eine Stromabnahme („negatives" Gebiet). Die Entscheidung darüber, welches Gebiet als positiv, welches als negativ zu bezeichnen ist, muß für jeden Fall besonders getroffen werden. Da in unserem Fall $U_g = 0$ (Gleichung der I_g-Achse) Stromfluß möglich sein soll (negative Zündkennlinie ist vorausgesetzt), liegt also die I_g-Achse sicher im positiven Gebiet. Es ist die Einteilung in positives Gebiet ($dI/dt > 0$) und negatives Gebiet ($dI/dt < 0$) in der in Bild 1 angegebenen Weise zu treffen. Durchläuft man nun, von kleinen Stromwerten ausgehend, die Widerstandsgerade, so gibt allgemein derjenige Schnittpunkt mit der Charakteristik einen stabilen Zustand wieder, der einem Übergang vom positiven

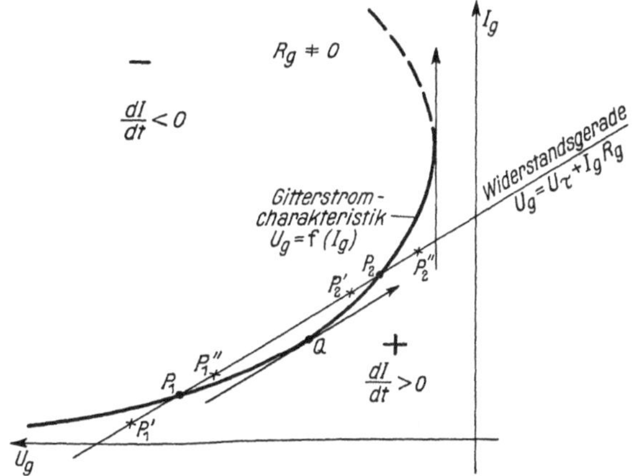

Bild 1. Zündbedingung bei äußerem Gitterwiderstand. $R_g \neq 0$.

ins negative Gebiet entspricht. In unserem Falle ist also P_1 stabil, P_2 labil. Dies kann man auch folgendermaßen sofort einsehen: Durch die statistischen Schwankungen der Trägererzeugung werde der in P_1 herrschende Gleichgewichtszustand in Richtung einer Stromverminderung gestört. P_1 geht über in P_1'; dieser Punkt liegt im positiven Gebiet, d. h. es erfolgt Stromzunahme, P_1' geht wieder in P_1 über. Das gleiche ergibt sich, wenn sich I_g in Richtung einer Stromzunahme ändert: $P_1 \rightarrow P_1''$, $dI/dt < 0$ und $P_1'' \rightarrow P_1$. P_1 ist also stabil. Analoge Betrachtungen stellen wir im Punkte P_2 an: Störung in Richtung einer Stromverminderung führt von P_2 zu P_2', $dI/dt < 0$, d. h. es erfolgt eine weitere Stromabnahme so lange, bis P_1 erreicht ist, $P_2 \rightarrow P_1$. Störung in Richtung einer Stromvermehrung führt von P_2 zu P_2''. Da $dI/dt > 0$ gilt, erfolgt ein immer weiteres, selbständiges Anwachsen des Stromes bis zur Durchzündung der Hauptentladung: P_2 ist labil.

Läßt man nun die treibende negative Gitterspannung U_τ gegen Null gehen, so rücken die Schnittpunkte P_1 und P_2 so lange aufeinander zu, bis die Widerstandsgerade die Vorstromcharakteristik im Punkt Q berührt. Q ist der letzte stabil mögliche Zustand auf der Vorstromkennlinie. Die geringste weitere Änderung von U_τ gegen Null leitet nunmehr eine Störung des in Q herrschenden Gleichgewichtszustandes im Sinne spontan, längs der Widerstandsgeraden anwachsenden Stromes ein. Es ergibt sich also ganz allgemein folgende Zündbedingung:

Zündung erfolgt, wenn die Widerstandsgerade $U_g = U_\tau + I_g \cdot R_g$ die Gittervorstromcharakteristik $U_g = f(I_g)$ berührt.

Mathematisch ausgedrückt besagt dies: Im Zündmoment gilt

$$\frac{dU_g}{dI_g} = R_g\,; \qquad \frac{dI_g}{dU_g} = \frac{1}{R_g}\,. \tag{II}$$

Nun ist $U_g = U_\tau + I_g \cdot R_g$, so daß man erhält:

$$\frac{dU_g}{dI_g} = \frac{dU_\tau}{dI_g} + R_g\,;$$

setzt man nach Gl. (II) für $dU_g/dI_g = R_g$ ein, so wird:

$$\frac{dU_\tau}{dI_g} = 0\,, \qquad \frac{dI_g}{dU_\tau} = \infty\,. \tag{III}$$

Setzt man für das folgende voraus, daß auch im Falle $R_g \neq 0$ das Verhältnis F der Vorströme erhalten bleibt, also in Übereinstimmung mit Gl. (3)

$$I_g(R_g) = F \cdot I_a(R_g) \tag{3a}$$

gilt, so erhält man für den Anodenstrom im Zündmoment:

$$\frac{dI_a}{dU_g} = \frac{1}{F \cdot R_g}\,, \qquad \frac{dI_a}{dU_\tau} = \infty\,. \tag{IIIa}$$

Wir können mittels Gl. (III) und (IIIa) unsere Zündbedingung also folgendermaßen formulieren:

Zündung erfolgt, wenn der $\dfrac{\text{Gittervorstrom}}{\text{Anodenvorstrom}}$ in Abhängigkeit von der treibenden Gitterspannung unendlich stark ansteigt.

Die Beziehung $dU_\tau/dI_g = 0$ oder $dI_g/dU_\tau = \infty$ wurde bereits von B. Kirschstein [1] benutzt, um die Kennlinie für den Fall eines Gitterwiderstandes zu berechnen. Es schien hier jedoch wichtig, die Berechtigung dieses Verfahrens durch Zurückführung auf das allgemeine Stabilitätsprinzip zu beweisen, da es nicht unmittelbar einzusehen ist, daß bei gleicher, am Gitter selbst liegender Spannung für die Zündung andere Verhältnisse bestehen, je nachdem wie diese Spannung aus treibender Spannung und Spannungsabfall am Vorwiderstand sich zusammensetzt. Tatsächlich steigen auch im Zündaugenblick die Vorströme I_a und I_g in Abhängigkeit von der wirklich am Gitter liegenden Spannung U_g keineswegs ∞ stark an, wie dies durch Gl. (I) in unserem früheren Fall $R_g = 0$ ausgedrückt ist. Dieser ist in unserer Zündbedingung Gl. (III) als Sonderfall enthalten, die Widerstandsgerade verläuft parallel zur Stromachse.

Zur Berechnung der bei der Zündung fließenden Vorströme $I_{gz}(R_g)$ und $I_{az}(R_g)$ hat man in Gl. (1) für $U_g = U_\tau + I_g \cdot R_g$ einzusetzen:

$$\ln I_a(R_g) - (A + BF \cdot R_g) I_a(R_g) = BU_\tau + CU_a + E. \tag{1a}$$

Daraus ergibt sich

$$\frac{dU_\tau}{dI_a} = \frac{1}{I_a \cdot B} - \frac{A + BFR_g}{B}$$

und

$$\left(\frac{dU_\tau}{dI_a}\right)_{I_{az}} = \frac{1}{I_{az} \cdot B} - \frac{A + BFR_g}{B} = 0,$$

$$I_{az} = \frac{1}{A + BFR_g} = \frac{I_{az}(0)}{1 + R_g/R_{ig}}, \tag{5a}$$

$$I_{gz} = \frac{1}{A/F + BR_g} = \frac{I_{gz}(0)}{1 + R_g/R_{ig}}. \tag{6b}$$

Nach identischer Umformung kann man Gl. (6b) in der (6a) entsprechenden Form schreiben:

$$I_{gz} = \frac{1}{B} \frac{1}{R_{ig} + R_g}. \tag{6c}$$

Aus der letzten Gleichung erhält man ebenso wie aus der Zündbedingung Gl. (I) und (III) unmittelbar die Aussage:

Liegt im äußeren Gitterkreis ein beliebig großer, ohmscher Widerstand R_g, so verhält sich die Entladung hinsichtlich der Vorströme und des Zündpunktes so, als ob der innere Gitterwiderstand der Röhre um den äußeren Widerstand vergrößert wäre und zugleich die treibende Gitterspannung U_τ direkt am Gitter der Röhre läge. Die mit $R_g \neq 0$ im Zündmoment fließenden Vorströme Gl. (5a) und (6b) sind kleiner als die Zündströme ohne Gitterwiderstand, und zwar um so geringer, je größer der äußere Gitterwiderstand R_g im Vergleich zum inneren Gitterwiderstand ist. Die abgeleiteten Zusammenhänge sind in Bild 2 zusammenfassend übersichtlich dargestellt. Es ist unmittelbar zu ersehen, daß Spannungsabfall am Gitterwiderstand und Kennlinienverschie-

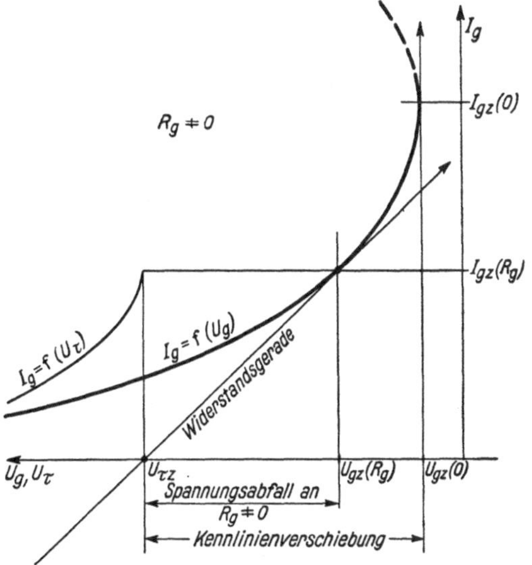

Bild 2. Gitterspannungen und Gitterströme bei äußerem Gitterwiderstand. $R_g \neq 0$.

bung voneinander verschieden sind, so zwar, daß der Spannungsabfall immer kleiner als die Kennlinienverschiebung ausfällt. Hierauf kommen wir später noch zurück.

Die Gleichung für die Zündkennlinie ergibt sich wie im Falle $R_g = 0$ aus Gl. (1a) dadurch, daß man $I_a(R_g)$ durch $I_{az}(R_g)$ ersetzt. Es wird:

$$\ln I_{az}(R_g) - 1 = B U_{\tau z} + C U_{az} + E. \tag{10}$$

Diese Gleichung sagt geometrisch:

Bei konstant gehaltener Anodenspannung liegen die Zündpunkte der gegen U_τ logarithmisch aufgetragenen Anodenvorstromkennlinien mit R_g als Parameter auf einer Geraden, welche die Neigung B besitzt (Bild 3). Wie aus Gl. (1) und (1a) hervorgeht, läuft diese Gerade im Abstand $\ln e = 1$ (in Ordinatenrichtung gemessen) parallel zu den logarithmisch aufgetragenen Anodenvorstromkennlinien im Gebiet kleiner Ströme[1]), d. h. parallel zur Hochvakuumanlaufkennlinie derselben Röhre. Gl. (10) ermöglicht eine experimentelle Bestimmung von B und damit, bei bekannter Kathodentemperatur T, von λ, in gleicher Weise wie aus der Hochvakuumkennlinie.

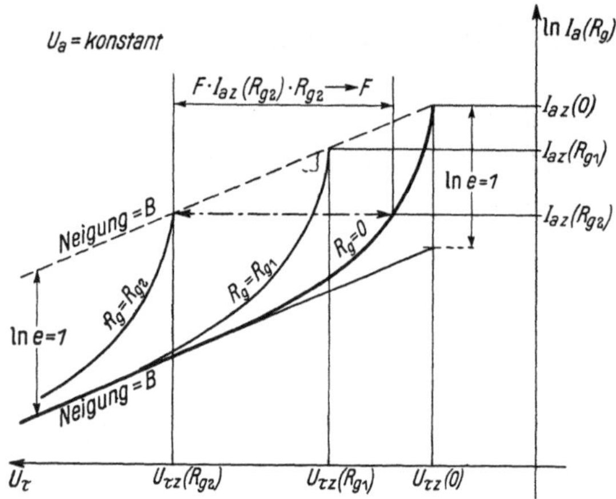

Bild 3. Anodenvorströme I_a in Abhängigkeit von der treibenden Gitterspannung U_τ. Parameter: Gitterwiderstand. [Graphische Bestimmung von F.]

Die Verschiebung der Anodenvorstromkennlinie $I_a = f(U_\tau)$ gegen die Anodenvorstromcharakteristik $I_a = f(U_g)$ nach größerer negativer treibender Spannung hin ist dem absoluten Betrage nach durch $F \cdot I_a(R_g) \cdot R_g$ gegeben (s. Bild 3). Daraus läßt sich F graphisch leicht bestimmen, was besonders bei großen Gitterwiderständen R_g einer direkten Bestimmung durch Messung des Anoden- und Gittervorstromes vorzuziehen ist. Aus Gl. (10) findet man die der Gl. (7a) entsprechende Darstellung der Zündkennlinie:

$$U_{\tau z} = -D U_{az} - \frac{E+1}{B} - \frac{\ln A}{B} - \frac{1}{B}\ln\left\{1 + \frac{R_g}{R_{ig}}\right\}. \tag{10a}$$

Für $R_g = 0$ verschwindet das letzte Glied und Gl. (10a) geht in (7a) über.

Betrachtet man die Zündung mit und ohne Gitterwiderstand bei der gleichen Anodenspannung, so kann man für Gl. (10a) übersichtlicher schreiben:

$$U_{\tau z} = U_{gz}(0) - \frac{1}{B}\ln\left\{1 + \frac{R_g}{R_{ig}}\right\}. \tag{10b}$$

Durch den äußeren Gitterwiderstand R_g findet also eine Parallelverschiebung der Zündkennlinie zu negativeren Werten statt. Der Absolutbetrag dieser Verschiebung sei $|\varDelta U|$ genannt und ist gegeben durch den Ausdruck:

$$|\varDelta U| = \frac{1}{B}\ln\left\{1 + \frac{R_g}{R_{ig}}\right\}. \tag{11}$$

Man kommt also zu folgendem Resultat:

Die Kennlinienabsenkung durch den äußeren Gitterwiderstand R_g wird um so stärker, je mehr der äußere Gitterwiderstand den inneren Gitterwiderstand der

---

[1]) D. h. klein gegen die den einzelnen Kurven entsprechenden Zündströme.

Röhre überwiegt. Aus Gl. (11) folgt unmittelbar

$$\text{für}\quad R_g = 0: \quad |\varDelta U| = 0,$$
$$\text{für}\quad R_g = \infty: \quad |\varDelta U| = \infty.$$

Die Kennlinienabsenkung kann also beliebig groß werden, wenn nur R_g hinreichend groß wird.

Aus dem Bisherigen läßt sich in einfacher Weise eine Beziehung zwischen der Kennlinienverschiebung $\varDelta U$ und dem Spannungsabfall $\varDelta U_{R_g}$ am Gitterwiderstand herleiten. Nach Gl. (6 b) ist der Spannungsabfall am Gitterwiderstand gegeben durch:

$$\varDelta U_{R_g} = I_{gz}(R_g) \cdot R_g = \frac{I_{gz}(0) \cdot R_g}{1 + R_g/R_{ig}} = \frac{F/A \cdot R_g}{1 + R_g/R_{ig}}.$$

Multipliziert man Zähler und Nenner mit B, so wird unter Verwendung von Gl. (8a):

$$\varDelta U_{R_g} = \frac{1}{B}\,\frac{R_g/R_{ig}}{1 + R_g/R_{ig}}. \tag{12}$$

Der zweite Faktor in Gl. (12) ist stets kleiner als 1, d. h. der Spannungsabfall am Gitterwiderstand ist stets kleiner als $1/B = kT/\varepsilon\lambda$, so daß gilt: $0 \leqq \varDelta U_{R_g} \leqq kT/\varepsilon\lambda$. Das Gleichheitszeichen gilt für $R_g = 0$ bzw. $R_g = \infty$. Mittels Gl. (12) kann man R_g/R_{ig} als Funktion von $\varDelta U_{R_g}$ ausdrücken und in die Gleichung für die Kennlinienabsenkung Gl. (11) einsetzen, so daß sich die gesuchte Beziehung ergibt:

$$|\varDelta U| = -\frac{1}{B}\ln(1 - B\varDelta U_{R_g}) \quad (13) \qquad \text{oder} \qquad |\varDelta U| = -\frac{kT}{\varepsilon\lambda}\ln\!\left(1 - \frac{\varepsilon\lambda}{kT}\varDelta U_{R_g}\right)^{1)}. \tag{13a}$$

Dieser Zusammenhang ist in Bild 4 graphisch dargestellt.

Die einzelnen Kurven entsprechen mit $T = 1160°$ K verschiedenen λ-Werten. Für die obere Grenze des Spannungsabfalles am Gitterwiderstand $kT/\varepsilon\lambda$ wird $\varDelta U = \infty$. Die zur Ordinate parallelen Geraden $kT/\varepsilon\lambda$ sind Asymptoten der zum gleichen λ-Wert gehörigen Kurven. Nur für $\lambda = 0$ sind Kennlinienverschiebung und Spannungsabfall am Gitterwiderstand einander gleich; beide Größen

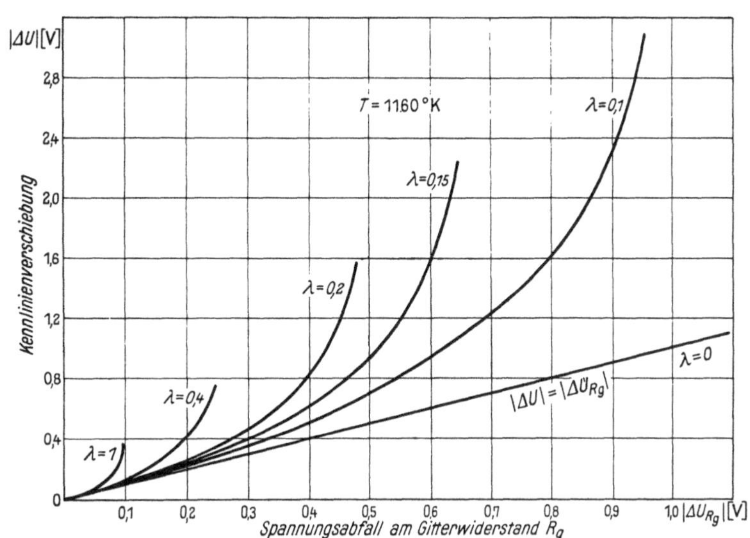

Bild 4. Abhängigkeit der Kennlinienverschiebung vom Spannungsabfall am Gitterwiderstand.

$$\varDelta U = \frac{k \cdot T}{\varepsilon\lambda}\ln\!\left[1 - \frac{\varepsilon\lambda}{k \cdot T}\varDelta U_{R_g}\right]. \qquad T = 1160° \text{ K}.$$

weichen um so stärker voneinander ab, je näher λ an 1 rückt.

Da, wie wir oben sahen, $0 < B\varDelta U_{R_g} < 1$ gilt, darf man Gl. (13) in eine Reihe entwickeln, die für alle endlichen Werte von R_g konvergiert. Man erhält:

$$|\varDelta U| = \varDelta U_{R_g} + \frac{B\varDelta U_{R_g}^2}{2} + \frac{B^2\varDelta U_{R_g}^3}{3} + \cdots > \varDelta U_{R_g}.$$

---

1) Die Existenz dieser Beziehung wurde bisher geleugnet (s. [1] S. 92, Fußnote 3).

3*

Wir erhalten also in übersichtlicher Weise das bereits erwähnte Ergebnis:

Die Kennlinienverschiebung durch den äußeren Gitterwiderstand ($0 < R_g < \infty$) ist stets größer als dem Spannungsabfall des Gittervorstromes am Gitterwiderstand entspricht (vgl. auch Bild 2).

IV. Experimentelle Ergebnisse.

Die in den Abschnitten II und III entwickelten Beziehungen lassen sich durch den Versuch unmittelbar bestätigen. Die Messungen wurden mittels der von W. Koch [4] angegebenen Schaltung an einer mit Edelgas gefüllten Triode ausgeführt, deren Aufbau schematisch in Bild 6 angegeben ist. Das System kann in guter Näherung als eben betrachtet werden, so daß die Einführung eines Hohlkathodenfaktors [1] in diesem Falle nicht notwendig ist. Die abgeleiteten Zündbedingungen Gl. (I) und (III) gelten nur für den Fall, daß man sich dem Zündpunkte durch unendlich langsame Spannungsänderungen nähert. Will man also überhaupt Übereinstimmung zwischen Theorie und Experiment finden, so ist es grundsätzlich notwendig, alle Messungen mit möglichst glatter Gleichspannung durchzuführen. Anoden-, Gitter- und Kathodenheizspannung wurden deshalb einer Akkumulatorenbatterie entnommen. — Welche Unterschiede in der Kennlinienverschiebung in Abhängigkeit vom Gitterwiderstand R_g sich unter sonst gleichen Bedingungen bei Verwendung von Anodengleichspannung bzw. Anodenwechselspannung (sin-förmig, 50 Hz) ergeben, zeigt Bild 5. Wir sehen, daß bei Verwendung von Anodenwechselspannung die Verschiebungen der Kennlinie nahezu um eine Größenordnung stärker ausfallen als bei Anodengleichspannung. Dies hat seinen Grund darin, daß bei Anodenwechselspannung über die Gitter-Anoden- und Gitter-Kathoden-

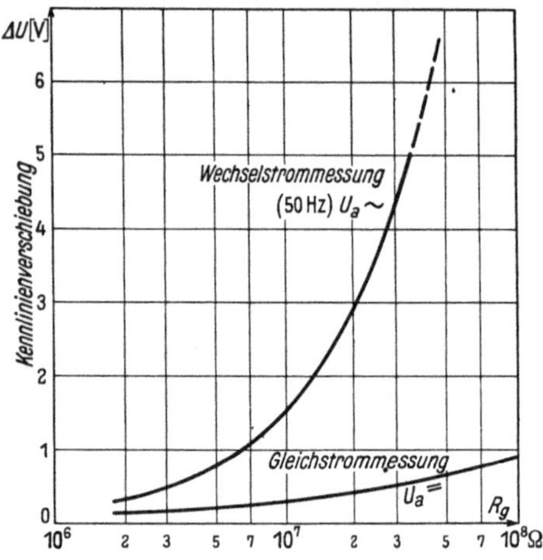

Bild 5. Ste 350/02/03 (Edelgas). Anodenspannung 150 V = bzw. 150 V Spitze (Gleichspannungsheizung).

Kapazität des Elektrodensystems das Potential des Gitters durch die kapazitive Spannungsteilung angehoben wird; man benötigt also zur Verhinderung der Zündung des Rohres eine stärker negative Spannung als bei Verwendung von Gleichspannung. Auf eine derartige kapazitive Gitterspannungsanhebung sind wohl die bei B. Kirschstein [1] erwähnten Unstimmigkeiten zwischen Theorie und Experiment in erster Linie zurückzuführen.

In Bild 6 sind die gemessenen Anodenvorstromkennlinien $I_a (R_g)$ [A] in logarithmischer Abhängigkeit von der treibenden Spannung U_τ [V] mit den Gitterwiderständen $R_g = 0{,}1$ 1,0, etwa 30, etwa 100 MΩ als Parameter aufgetragen. Die Anodenspannung betrug 300 V, die Kathodentemperatur 1160° K. Die eingetragenen Meßpunkte sind Mittelwerte aus je 3 Messungen. Aus der Gleichung der Vorstromkennlinie bei kleinen I_a-Werten oder stark negativen Gitterspannungswerten (Hochvakuumkennlinie, s. auch S. 34) findet man für $B = 2{,}34$ V, und damit für den Gittereinfluß $\lambda = 0{,}23$. Aus der statischen Zündkennlinie ergab sich für den Durchgriff $D = 0{,}02$; also wird der Anodeneinfluß $\mu = \lambda \cdot D = 5 \cdot 10^{-3}$. Aus der Beziehung $\lambda + \mu + \nu = 1$ ergibt sich der Kathodeneinfluß zu $\nu = 0{,}76_5$. Extrapoliert man die

Anodenvorstromkurven etwas über den experimentellen Zündpunkt hinaus, bis eine zur Ordinate parallele Tangente möglich ist[1]), so verläuft die Verbindungslinie der Zündpunkte parallel zur Hochvakuum-Vorstromlinie, wie es die Theorie verlangt (s. S. 34). Der in Ordinatenrichtung gemessene Abstand der beiden Parallelen beträgt 2,65, kommt also dem theoretischen Wert von $e = 2,72$ sehr nahe. Die zu den Gitterwiderständen 0,1 und 1,0 MΩ gehörigen Anodenvorstromkennlinien fallen nahezu zusammen, d. h. eine merkliche Kennlinienverschiebung tritt in unserem Falle erst bei Gitterwiderständen auf, die wesentlich größer als 1 MΩ sind. Wir werden also nach Gl. (11) erwarten dürfen, daß der innere Gitterwiderstand ebenfalls in der

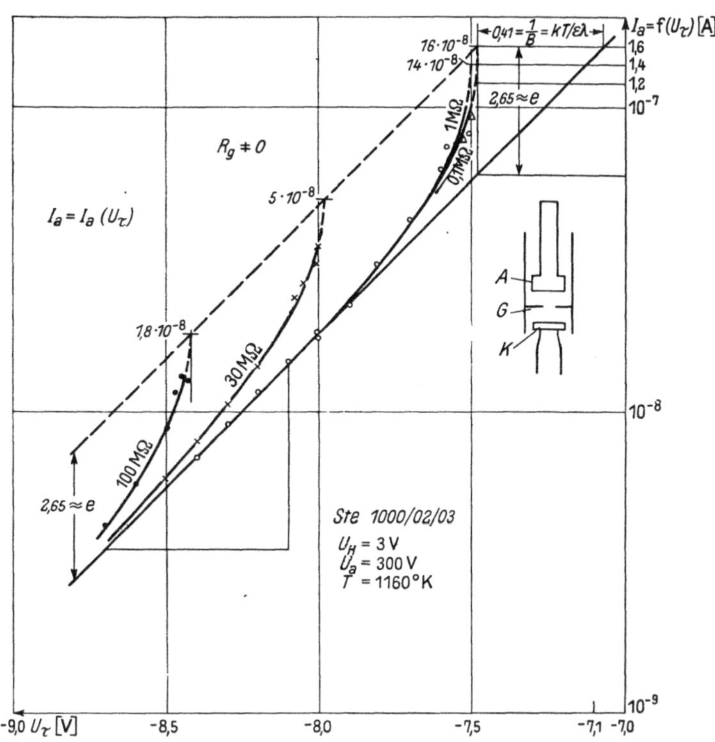

Bild 6. Abhängigkeit der Anodenvorströme I_a von der treibenden Gitterspannung U_τ.
Parameter: Gitterwiderstand $R_g \neq 0$.

Größenordnung von MΩ liegt. Die Bestimmung von R_{ig} ist denkbar einfach. Da die Anodenvorstromkurven mit den Parametern $R_g = 0$ und $R_g = 0,1$ MΩ praktisch zusammenfallen, ist $I_{az}(0) = 16 \cdot 10^{-8}$ A zu setzen (Bild 6) und man erhält $A = \dfrac{1}{I_{az}(0)}$ $= \dfrac{10^8}{16} = 6{,}25 \cdot 10^6$ [A^{-1}]. Aus dem Versuch ergab sich der Proportionalitätsfaktor F zu 0,235 (s. auch Zeile 4 der nachstehenden Zahlentafel), so daß man mittels Gl. (8a) erhält: $R_{ig} = 11{,}6$ MΩ. Die Kennlinienverschiebung wird also erst merkliche Werte für Gitterwiderstände von der Größenordnung Zehner-MΩ annehmen (vgl. untere Kurve in Bild 5).

Die zum Vergleich mit den theoretisch abgeleiteten Beziehungen notwendigen experimentellen Werte sind in untenstehender Zahlentafel zusammengestellt. Die in Zeile 7 der Zahlentafel einander gegenübergestellten experimentell und nach

---

[1]) Die „extrapolierten" Gitterzündspannungen sind nur um max. 0,02 V stärker positiv als die experimentell gefundenen.

Gl. (13a) gewonnenen Werte für die Kennlinienverschiebung sind untereinander durchaus vergleichbar; bei 100 MΩ Gitterwiderstand beträgt die Kennlinienverschiebung absolut genommen bloß rund 1 V. — Ein Vergleich der Zeilen 7 und 8 zeigt, daß die Kennlinienverschiebung stets größer ausfällt, als dem Spannungsabfall des Gittervorstromes am Gitterwiderstand entspricht (s. S. 36).

Zahlentafel.

1	R_g [MΩ]	0,1 = 0,00	1,0	≈ 28	≈ 98	Bemerkung
2	$I_{az}(R_g)\,[10^{-8}\,\mathrm{A}]$	$16 \equiv I_{az}(0)$	14	5	1,8	extrapoliert
3	$U_{\tau z}(R_g)\,[\mathrm{V}]$	$-7,48 \equiv U_{gz}(0)$	$-7,50$	$-7,98$	$-8,42$	
4	F (aus Bild 6)	0,23 (direkt gemess.)	0,23	0,24	0,235	(0,235 Mittel)
5	$I_{gz}(R_g)\,[10^{-9}\,\mathrm{A}]$	$37,5 \equiv I_{gz}(0)$	33	11,7	4,2	
6	$U_{gz}(R_g)\,[\mathrm{V}]$	$-7,47$	$-7,47$	$-7,65$	$-8,01$	
7	Kennlinienverschiebung [V]	0 0	(—0,02) —0,034	—0,50 —0,63	—0,94 —1,35	experimentell nach Gl. (13a)
8	Spannungsabfall an R_g [V]	$(3,7 \cdot 10^{-3} \equiv 0)$	$3,3 \cdot 10^{-2}$	0,33	0,41	
9	Durchgriff D [%]			2 %		

V. Abhängigkeit der Kennlinienverschiebung von der Anodenspannung.

Die durch Gl. (11) $|AU| = \frac{1}{B}\ln\left\{1 + \frac{R_g}{R_{ig}}\right\}$ gegebene Kennlinienverschiebung ist nur soweit von der Anodenspannung U_a unabhängig, als der innere Gitterwiderstand R_{ig} der Röhre sich damit nicht ändert. Wie auf S. 31 bereits kurz erwähnt wurde, ist dies nicht exakt erfüllt, denn der Einfluß von U_a geht über die mittlere Laufzeit ϑ der Ionen zwischen Gitter und Kathode in R_{ig} ein. Da $\vartheta \sim \frac{1}{\sqrt{U_a}}$ ist, also mit wachsender Anodenspannung abnimmt, nimmt auch R_{ig} mit wachsendem U_a ab, d. h. nach Gl. (11): Die Kennlinienverschiebung $|AU|$ nimmt mit wachsender Anodenspannung zu. Diese Zunahme ist gegenüber dem Betrag der Verschiebung selbst nur gering, da U_a mit der Potenz $^1/_2$ und R_{ig} wiederum nur logarithmisch in $|AU|$ eingeht. Die mit $R_g = 30\,\mathrm{M}\Omega$ bei $U_a = 400\,\mathrm{V}$ gemessene Verschiebung war gegenüber der bei $U_a = 300\,\mathrm{V}$ festgestellten um rund 15 % höher. Zusammenfassend kann man also sagen, daß die in Abhängigkeit von der Anodenspannnng aufgetragenen nahezu exakt geradlinigen Zündkennlinien mit R_g als Parameter nach höheren U_a-Werten hin leicht divergieren und so eine scheinbare Erhöhung des Durchgriffs vortäuschen. Dies gilt natürlich nur unter den eingangs gemachten Voraussetzungen über die Anodenspannungen, d. h. nicht mehr für niedrige U_a-Werte von der Größenordnung der Ionisierungsspannung des Gases. Das in der Arbeit von Kirschstein angegebene starke Auseinanderlaufen der Kennlinien dürfte wohl ebenso wie die größenordnungsmäßig stärkere Kennlinienverschiebung auf die kapazitive Spannungsanhebung des Gitters bei Verwendung von Anodenwechselspannung zurückzuführen sein (s. S. 36).

Zusammenfassung.

Mit Hilfe des allgemeinen Penningschen Stabilitätskriteriums wird die Zündbedingung eines Glühkathodenstromrichters mit einem Gitter und negativer Kennlinie hergeleitet für den Fall, daß sich in der Gitterzuleitung ein äußerer, ohmscher Gitterwiderstand befindet. Es ergibt sich, daß Zündung dann erfolgt, wenn die Widerstandsgerade die Gittervorstromcharakteristik berührt oder als äquivalente Aussage; dann, wenn der Vorstrom in Abhängigkeit von der treibenden Gitterspannung $U_\tau \infty$ steil ansteigt: $dI_a/dU_\tau = dI_g/dU_\tau = \infty$.

Für den Spezialfall, daß der äußere Gitterwiderstand Null ist, erhält man daraus die bekannte Zündbedingung $dI_a/dU_g = dI_g/dU_g = \infty$, wobei U_g die am Gitter selbst liegende Spannung bedeutet.

Durch Einführung eines inneren Gitterwiderstandes R_{ig}, der eine charakteristische Röhrenkonstante darstellt, lassen sich die Gleichungen für die Vorströme und die Zündkennlinie in sehr übersichtlicher Form schreiben. Es wird gezeigt, daß die durch den äußeren Gitterwiderstand R_g bewirkte Kennlinienverschiebung $|\Delta U|$ für alle endlichen Widerstände R_g stets größer ausfallen muß als der durch den Gittervorstrom an R_g hervorgerufene Spannungsabfall ΔU_{R_g}. Es besteht die einfache Beziehung

$$\Delta U = \frac{1}{B}\ln\{1 - B\,\Delta U_{R_g}\},$$

wobei $B = \varepsilon \lambda / kT$ ist.

Die an einer edelgasgefüllten Triode mit nahezu ebenem Elektrodensystem angestellten Messungen bestätigen die Theorie und erklären die in früheren Arbeiten aufgetretenen Unstimmigkeiten zwischen Theorie und Experiment durch den Hinweis, daß die Verwendung von Gleichspannung bei der Ausführung der Messungen prinzipiell notwendig ist. Die Abhängigkeit der Zündkennlinienverschiebung von der Anodenspannung ist gering und wächst mit steigenden U_a-Werten.

Schrifttum.

1. B. Kirschstein: Die Zündkennlinie von Stromrichtern und der Einfluß des Gitterwiderstandes auf diese. Wiss. Veröff. Siemens-Werken **XVIII**, 3 (1939) S. 82···93.

2. H. Klemperer u. M. Steenbeck: Zündvorgang und Gitterleistung bei Glühkathodenstromrichtern. Z. techn. Phys. **14** (1933) S. 341.

A. v. Engel u. M. Steenbeck: Elektrische Gasentladungen II. Berlin 1934.

3. F. M. Penning: Zweierlei negative Charakteristiken bei selbständigen Gasentladungen. Z. techn. Phys. **13** (1932) S. 577; Phys. Z. **33** (1932) S. 816.

4. W. Koch: Über den Zündvorgang von Entladungen mit Glühkathode bei niedrigen Gasdrucken. Phys. Z. **33** (1932) S. 934.

Berechnung der Randschichtkapazitäten im Rahmen der Raumladungstheorie der Trockengleichrichter.

Von **Eberhard Spenke.** Mit einer Einleitung von **Walter Schottky.**

Mit 5 Bildern.

Mitteilung aus dem Zentrallaboratorium für Nachrichtentechnik und der Zentralabteilung der Siemens & Halske AG zu Siemensstadt.

Eingegangen am 2. September 1940.

Einleitung.

In der ersten ausführlichen Darstellung der Raumladungstheorie der Trockengleichrichter und Kristalldetektoren [1][1]) wurde eine Reihe von weiteren Veröffentlichungen zu diesem Thema angekündigt. Die erste vor Jahresfrist in dieser Zeitschrift erschienene Arbeit [2] aus dieser Reihe befaßte sich mit den Gleichstromeigenschaften dieser zusammenfassend als „Kristallgleichrichter" bezeichneten Gleichrichteranordnungen. Gegenstand der hiermit vorgelegten zweiten Arbeit ist das Verhalten derartiger Gleichrichter bei Wechselstrom. Die Untersuchung dieses Verhaltens ist sowohl vom Standpunkt der Forschung, wie von dem der technischen Anwendung interessant. Beim technischen Kupferoxydul- und Selengleichrichter machen sich die frequenzabhängigen Eigenschaften bei den üblichen Netzfrequenzen allerdings erst schwach bemerkbar; hier interessiert hauptsächlich das Gebiet der höheren Frequenzen, die bei gewissen Anwendungen für Meß- und Signalzwecke eine Rolle spielen. Kennt man, wenn auch nur in großen Zügen, die physikalischen Elementarvorgänge, die für die scheinbare Kapazität eines Trockengleichrichters bestimmend sind, so besteht die Aussicht, eine Verbesserung dieser Eigenschaft zu erreichen, mindestens aber die Grenzen des technisch Möglichen erkennen zu können. Ähnliches gilt für die Spitzendetektoren, nur in einem um viele Zehnerpotenzen höheren Frequenzgebiet.

Für die Forschung, die die physikalischen Grundvorgänge bei den Kristallgleichrichtern aufzuklären hat, besteht jedoch auch jenseits der direkten technischen Anwendung ein besonderes Interesse am Wechselstromverhalten dieser Gleichrichter. Durch Wechselstrommessungen gelang es zuerst, die wirksame Dicke der damals als Sperrschicht bezeichneten Schicht hohen Widerstandes an der Grenze zwischen Kupferoxydul und Mutterkupfer beim Cu_2O-Gleichrichter festzustellen [3]; dadurch und durch entsprechende Untersuchungen am Selengleichrichter [4] konnten die an sich recht einleuchtenden wellenmechanischen Potentialbergtheorien widerlegt und der jetzigen klassisch-raumladungsmäßigen Behandlung der Boden bereitet werden. Heute, da die Raumladungstheorie in ihren Voraussetzungen geklärt und für den Gleichstromfall soweit durchgerechnet ist, daß bereits feinere Einzel-

---

[1]) Die eingeklammerten schrägen Zahlen beziehen sich auf das Schrifttum am Ende der Arbeit.

heiten der Beobachtungen durch Vergleich mit der Theorie ihre Deutung finden konnten, genügen jedoch so grobe Mittelwertbegriffe wie der einer kapazitativ wirksamen Schichtdicke nicht mehr, um aus den Wechselstrombeobachtungen alles herauszulesen, was wir über die physikalischen Eigenschaften der Randschicht wissen möchten. Nachdem die Gleichstromtheorie gezeigt hat, daß man es bei den Kristallgleichrichtern mit einer raumladungsmäßig bestimmten Randschicht stetig variierenden Elektronengehalts zu tun hat, in der überdies Diffusionseffekte eine maßgebende Rolle spielen, ist es vielmehr von vornherein klar, daß auch das Wechselstromproblem im Prinzip in derselben Weise wie das Gleichstromproblem, nämlich durch Aufstellung von Differentialgleichungen für die ganze Randschicht und die Bestimmung der beiden Komponenten des Scheinwiderstandes auf dieser Basis, ohne zusätzliche Einführung irgendwelcher Ersatzschaltbilder gelöst werden muß.

Bei der Durchführung dieses Programms wird man sich allerdings, nicht nur aus rechnerischen Gründen, sondern auch im Interesse einer einfachen Auswertung im Vergleich mit den Beobachtungen auf die Behandlung der einfachsten Grenzfälle beschränken dürfen; frequenzmäßig bedeutet das für die folgende Untersuchung die Beschränkung auf kleine Frequenzen, wobei sich glücklicherweise ein einfaches Ersatzschaltbild a posteriori ergibt. Amplitudenmäßig ist die Beschränkung auf kleine Aussteuerungen, bei denen noch kein merklicher Klirrfaktor auftritt, zweckmäßig und notwendig. Dagegen würde eine Beschränkung der Untersuchung auf die Vorspannung 0 den Verzicht auf Stellungnahme zu dem interessantesten Ergebnis der Wechselstrombeobachtungen, nämlich der größenordnungsmäßigen Zunahme der kapazitativ wirksamen Schichtdicke beim Übergang vom Flußgebiet in das Sperrgebiet, bedeuten. Es wird deshalb neben dem Fall der Vorspannung 0 auch der Fall hoher Sperrspannungen behandelt. Im übrigen sind die vereinfachenden Annahmen dieselben wie in [2]: ebenes Problem, ortsunabhängige Störstellendichte (keine „chemische Sperrschicht"), reine Überschuß- oder reine Defektleitung, Vernachlässigung der Feldemissionseffekte und einseitige Randschicht (2. Elektrode sperrfrei).

Alle diese Vereinfachungen, die durch die Aufgabe der Theorie, einfachste Typenfälle zu konstruieren, legitimiert sind, kommen natürlich der Rechnung zugute; gleichwohl hat sich ergeben, daß noch eine ungewöhnlich große Rechenarbeit zu leisten war, ehe die verhältnismäßig einfachen Endergebnisse auch einschließlich ihrer Zahlenfaktoren als gesichert gelten konnten. Die Ergebnisse werden im folgenden unter Beiseitelassen aller Zwischenrechnungen, jedoch immerhin mit einer Vollständigkeit mitgeteilt, die den Fachgenossen eine Nachprüfung des Weges, auf dem die Resultate gewonnen wurden, ermöglichen wird. Die Arbeit gliedert sich in 3 Teile; in Teil I wird das allgemeine Verfahren für die Berechnung des Scheinwiderstandes entwickelt, Teil II enthält die Ergebnisse für den Grenzfall hoher Sperrspannungen, Teil III für die Vorspannung 0. Die Anwendung der gewonnenen Resultate zur Auswertung vorliegender Beobachtungen an Cu_2O- und Se-Gleichrichtern muß einer späteren Veröffentlichung vorbehalten bleiben.

I. Allgemeines Verfahren zur Berechnung des Scheinwiderstandes.

In diesem Teil I soll unabhängig von irgendwelchen Voraussetzungen über die Größe und Richtung der Gleichstromvorbelastung das allgemeine Verfahren entwickelt werden, nach dem die Berechnung des Scheinwiderstandes einer Halbleiterschicht mit Randverarmung zu erfolgen hat. Wir beginnen dabei in Abschnitt 1 mit der Zusammenstellung und mathematischen Formulierung der Grundlagen der Raumladungstheorie. Hierauf aufbauend werden die Vorschriften abgeleitet, nach denen zunächst die Berechnung des Konzentrationsverlaufs der freien Elektronen (Abschnitt 2) und weiter die Berechnung der Klemmenspannung und des Zusatzwiderstandes (Abschnitt 3) vorgenommen wird. Schon in Abschnitt 2 wird der Fall der Gleichstromvorbelastung mit einer überlagerten kleinen Wechselbelastung zugrunde gelegt. Von Abschnitt 3 ab beschränken wir uns auf tiefe Frequenzen. Es kann dann ein Ersatzschaltbild für die Halbleiterschicht angegeben und die von der Randverarmung herrührende Zusatzkapazität berechnet werden.

Zunächst stellen wir noch einige Bezeichnungen zusammen, die größtenteils schon in [2] bei der Behandlung der Gleichstromprobleme verwendet wurden.

L Abstand der beiden ebenen (seitlich unendlich ausgedehnten) Elektroden I und II.

x Koordinate senkrecht zu den beiden Elektroden. $x = 0$ an der linken Elektrode I.

t Zeit.

$n = n(x, t)$ Elektronenkonzentration am Orte x zur Zeit t.

$\mathfrak{E} = \mathfrak{E}(x, t)$ Feldstärke, positiv gerechnet in Richtung der positiven x-Achse.

$i = i(t)$ Gesamtstromdichte, positiv gerechnet in Richtung der positiven x-Achse.

$e = +4{,}77 \cdot 10^{-10}$ ESE   Absolutbetrag der Elementarladung des Elektrons.

b Beweglichkeit der Leitungselektronen des Halbleiters.

$\varkappa = e\, b\, n$ Leitfähigkeit des Halbleiters.

$k = 1{,}372 \cdot 10^{-16} \dfrac{\text{erg}}{\text{grad}}$ Boltzmannsche Konstante.

$\mathfrak{B} = \dfrac{k\, T}{e}$ Voltäquivalent der absoluten Temperatur T des Halbleiters.

ε Dielektrizitätskonstante des Halbleiters.

$p = \dfrac{n}{n_H}$ Relative Elektronendichte.

$\mathcal{P}$ spezifische Amplitude der Konzentrationsschwankungen (s. Abschnitt 2).

$x_0 = \sqrt{\dfrac{\varepsilon\, b\, \mathfrak{B}}{4\, \pi\, \varkappa_H}}$ Eine für den Halbleiter charakteristische Normallänge.

$i_0 = \varkappa_H \dfrac{\mathfrak{B}}{x_0}$,,   ,,   ,,   ,,   ,.   Normalstromdichte.

$t_0 = \dfrac{\varepsilon}{4\, \pi\, \varkappa_H}$ Relaxationszeit des Halbleiters.

$\xi = \dfrac{x}{x_0}$ Dimensionsloses Maß für die Ortskoordinate x.

$\gamma = \dfrac{i}{i_0}$,,   ,,   ,,   ,, Gesamtstromdichte i.

$\tau = \dfrac{t}{t_0}$,,   ,,   ,,   ,, Zeit t.

$\mathcal{E} = \dfrac{\mathfrak{E}}{\mathfrak{B}/x_0}$,,   ,,   ,,   ,, Feldstärke $\mathfrak{E}$.

$\mathfrak{f}$ Haftkonstante (s. [2], § 4, Absatz c und b).

1. Zusammenstellung und mathematische Formulierung der Grundlagen der Raumladungstheorie.

Die Raumladungstheorie der Kristallgleichrichter beruht auf 3 voneinander unabhängigen physikalischen Tatsachen, die in [1] und [2] auseinandergesetzt und mathematisch formuliert worden sind. Wir bringen zunächst eine kurze wiederholende Zusammenstellung.

1. Dem Halbleiter wird an seinen Rändern I bzw. II von den Metallelektroden eine Elektronendichte n_{RI} bzw. n_{RII} aufgeprägt, die von der Neutraldichte n_H der mittleren Schichten größenordnungsmäßig abweichen kann. Physikalisch inter-

essante und beobachtbare Effekte treten im allgemeinen nur dann auf, wenn mindestens eine der beiden Randdichten n_{RI} oder n_{RII} sehr viel kleiner als die „Halbleiterdichte n_H" ist, wenn also wenigstens an einem Rande des Halbleiters eine Elektronenverarmung vorliegt. Treten bei den in Frage kommenden Spannungen noch keine Feldemissionseffekte[1]) an den Grenzen Halbleiter-Metall auf und liegt das ebene Problem vor, so besteht die mathematische Formulierung dieses ersten Punktes einfach in den beiden Randbedingungen

$$p = p_{RI} \quad \text{für} \quad \xi = 0 \text{ und alle Zeiten } \tau, \tag{1,01}$$

$$p = p_{RII} \quad \text{für} \quad \xi = \varXi \text{ und alle Zeiten } \tau. \tag{1,02}$$

Hierbei sind an Stelle der n, x und t sofort die reduzierten Größen p, ξ und τ verwendet worden.

2. Der Übergang von der Randdichte n_R zu der quasineutralen Halbleiterdichte n_H vollzieht sich nicht etwa sprunghaft, sondern es bildet sich ein räumlich mehr oder weniger weit ausgedehnter Übergang von n_R auf n_H aus. Der genauere Verlauf dieses Überganges, insbesondere also die wirksame Länge der Randverarmungszone, wird einerseits durch die Raumladungen bestimmt, die infolge der Abweichungen von der Quasineutralität entstehen, andererseits durch die Forderung, daß die Summe von Leitungs-, Verschiebungs- und Diffusionsstrom in jedem Punkt der Schicht gleich dem ortsunabhängigen Gesamtstrom sein muß.

Bei der mathematischen Formulierung dieses zweiten Punktes nehmen wir zu den schon unter 1 gemachten Annahmen die weitere Voraussetzung hinzu, daß die Störstellenverteilung im Halbleiter homogen ist. Wir schließen also chemische „Sperrschichten" aus der Betrachtung aus und bewegen uns im speziellen Rahmen der „Randschichttheorie"[2]). Fügen wir schließlich noch hinzu, daß bei den stärksten in Frage kommenden Elektronenverarmungen, also bei den kleinsten auftretenden p-Werten, noch keine Inversionseffekte[3]) merkbar werden sollen, dann wird der Einfluß der Raumladungen auf die Konzentrations- und die Feldstärkenverteilung durch die Gleichung

$$\frac{\partial \mathscr{E}}{\partial \xi} = +f(p) \tag{1,03}$$

mit

$$f(p) = \mathrm{f}\left[\frac{1}{p+p_3} - \frac{p}{1+p_3}\right] \tag{1,04}$$

dargestellt[4]). Bezüglich der genaueren Bedeutung der „Haftkonstanten f" und der „Grenze p_3 zwischen Reserve- und Erschöpfungsgebiet" muß auf [2], § 4, Absatz c bzw. Absatz b verwiesen werden. Die Aufteilung des Gesamtstromes γ in Leitungs-, Diffusions- und Verschiebungsstrom und ihren Einfluß auf die Konzentrations- und Feldstärkenverteilung bringt schließlich die Gleichung

$$p\,\mathscr{E} + \frac{\partial p}{\partial \xi} + \frac{\partial \mathscr{E}}{\partial \tau} = \gamma \tag{1,05}$$

---

[1]) Siehe [2] S. 15 Mitte und [1] S. 394, Voraussetzung 7a und 7b.
[2]) Siehe [1], Abschnitt 6, namentlich Voraussetzung 8 und Schluß.
[3]) Siehe [2] § 2 Absatz c Schluß und § 6 Schluß.
[4]) Siehe [2] (5,11) bzw. (6,11) sowie (3,01) und S. 27 Fußnote 1. Bei den Gl. (5,11) bzw. (6,11) nehmen wir die für Überschußleitung gültigen Vorzeichen, was auch in allen künftigen Fällen, in denen bei Überschuß- und Defektleitung Vorzeichenunterschiede bestehen, geschehen soll. In [2] § 8 und § 14 S. 35 war ja ausführlich klargestellt worden, daß die Ergebnisse beim Wechsel des Leitungscharakters sich nur insofern ändern, als Fluß- und Sperrichtung vertauscht sind.

zum Ausdruck[1]), wobei die Gesamtstromdichte γ wegen ihrer Divergenzfreiheit räumlich konstant[2]) ist, also höchstens noch von der Zeit τ abhängig sein kann.

3. Die Randverarmungszonen haben wegen der dortigen geringen Elektronendichte eine verringerte Leitfähigkeit und rufen deshalb einen besonderen Zusatzwiderstand hervor. Da die Konzentrationsverteilung nach (1, 05) von der Gesamtstromdichte γ abhängig ist, wird die Länge der Randverarmungszone und damit der von ihr bewirkte Zusatzwiderstand stromabhängig. Das bedeutet Abweichungen vom Ohmschen Gesetz.

Bei der mathematischen Formulierung dieses dritten Punktes können wir nicht wie bei Punkt 1 und 2 einfach auf die entsprechenden Gleichungen von [2], § 7 zurückgreifen, da diese von vornherein auf den Gleichstromfall zugeschnitten sind. Die notwendigen Verallgemeinerungen gehen so vor sich, daß zunächst an die Stelle der Summe

$$i \cdot \int\limits_{x=0}^{x=L} \frac{dx}{e\,b\,n(x)} - \mathfrak{B} \ln \frac{n_{R\,II}}{n_{R\,I}}$$

von „Ohmscher und Diffusionsspannung" wieder das Linienintegral der Feldstärke eingesetzt wird, daß also die auf Gl. (7, 02) in [2] basierenden Umformungen wieder rückgängig gemacht werden[3]). Man erhält dann für die zwischen den Enden des Halbleiters aufrecht erhaltene Klemmenspannung U den Ausdruck

$$U = \int\limits_{x=0}^{x=L} \mathfrak{E}\,dx + \mathfrak{B} \ln \frac{n_{R\,II}^0}{n_{R\,I}^0} + [\{(V_{RM})_I - (V_{RM}^0)_I\} - \{(V_{RM})_{II} - (V_{RM}^0)_{II}\}] \qquad (1, 06)$$

an Stelle der Gl. (7, 10) in [2]. Da wir bereits bei der Behandlung des Punktes 1 Feldemissionseffekte an den Rändern des Halbleiters ausgeschlossen haben, ist

$$n_{R\,I}^0 = n_{R\,I} = \text{const.} \quad \text{und} \quad n_{R\,II}^0 = n_{R\,II} = \text{const.}$$

Fügen wir jetzt die weitere Einschränkung hinzu, daß die an den Rändern I und II evtl. befindlichen Doppelschichten durch die in Frage kommenden Randfeldstärken noch nicht polarisiert werden, so ist auch

$$(V_{RM})_I = (V_{RM}^0)_I \quad \text{und} \quad (V_{RM})_{II} = (V_{RM}^0)_{II}$$

und (1, 06) vereinfacht sich zu

$$U = \int\limits_{x=0}^{x=L} \mathfrak{E}\,dx + \mathfrak{B} \ln \frac{n_{R\,II}}{n_{R\,I}}. \qquad (1, 07)$$

Diese Formulierung des Punktes 3 bringt den Zusammenhang zwischen Randverarmungszonen und Zusatzspannungen und die dadurch bedingten Abweichungen vom Ohmschen Gesetz noch nicht sehr deutlich zum Ausdruck, namentlich im Vergleich mit der Prägnanz und Durchsichtigkeit der mathematischen Formulierungen der Punkte 1 und 2. Ein Fortschritt in dieser Richtung läßt sich aber erst erzielen, wenn in allen bisher aufgestellten Gleichungen eine Trennung der Gleich- und Wechselglieder vorgenommen worden ist, was in den nächsten Abschnitten geschehen soll.

---

[1]) Siehe [2] (5, 10) bzw. (6, 12) und (6, 13).

[2]) Es liegt das ebene Problem vor!

[3]) Die Gl. (7, 02) in [2] setzt nämlich den Gesamtstrom nur aus Leitungs- und Diffusionsstrom zusammen, enthält also nicht den Verschiebungsstrom und gilt deshalb nur im Gleichstromfall.

2. Der Konzentrationsverlauf beim Wechselstromproblem.

Eine Gleichstrombelastung mit kleiner überlagerter Wechselbelastung bedingt für die Stromdichte $i\,(t)$ den Ansatz

$$i(t) = i + i_{\sim}\,e^{j\omega t} \qquad (2,01)$$

bzw. unter Verwendung reduzierter Größen

$$\gamma(\tau) = \gamma + \gamma_{\sim}\,e^{j\eta\tau}, \qquad (2,02)$$

wobei

$$\tau = \frac{t}{t_0} = t \cdot \frac{4\pi\,\varkappa_H}{\varepsilon} \qquad (2,031)$$

eine reduzierte Zeit und

$$\eta = \omega\,t_0 = \omega\,\frac{\varepsilon}{4\,\pi\,\varkappa_H} \qquad (2,032)$$

eine reduzierte Frequenz ist. $i_{\sim}$ bzw. $\gamma_{\sim}$ sind als kleine Größen erster Ordnung zu behandeln:

$$\frac{i_{\sim}}{i_0} = \gamma_{\sim} \ll 1.$$

Es sollen also immer nur die jeweils niedrigsten Potenzen von $\gamma_{\sim}$ berücksichtigt werden. Eine Einströmung von der Form (2, 02) zieht nun für p und $\mathcal{C}$ folgende Ansätze[1]) nach sich:

$$p(\xi, \tau) = p(\xi) + p_{\sim}(\xi;\eta)\,e^{j\eta\tau}. \qquad (2,04)$$

$$p_{\sim} \ll 1. \qquad (2,05)$$

$$\mathcal{C}(\xi, \tau) = \mathcal{C}(\xi) + \mathcal{C}_{\sim}(\xi;\eta)\,e^{j\eta\tau}. \qquad (2,06)$$

$$\mathcal{C}_{\sim} \ll 1. \qquad (2,07)$$

Gehen wir mit den Ansätzen (2, 02), (2, 04) und (2, 06) in die Gl. (1, 01), (1, 02), (1, 03) und (1, 05) ein und spalten wir diese Gleichungen in üblicher Weise in Beziehungen für zeitunabhängige und zeitabhängige Größen auf, so erhalten wir

$$p(0) = p_{RI}. \qquad (2,08) \qquad\qquad p_{\sim}(0) = 0. \qquad (2,09)$$

$$p(\varXi) = p_{RII}. \qquad (2,10) \qquad\qquad p_{\sim}(\varXi) = 0. \qquad (2,11)$$

$$\frac{d}{d\xi}\,\mathcal{C}(\xi) = f(p(\xi)). \quad (2,12) \qquad \frac{d}{d\xi}\,\mathcal{C}_{\sim}(\xi;\eta) = \left(\frac{d}{dp}\,f(p(\xi))\right)\cdot p_{\sim}(\xi;\eta). \quad (2,13)$$

$$\gamma = p(\xi)\,\mathcal{C}(\xi) + \frac{d}{d\xi}\,p(\xi). \qquad (2,14)$$

$$\gamma_{\sim} = p(\xi)\cdot\mathcal{C}_{\sim}(\xi;\eta) + \mathcal{C}(\xi)\cdot p_{\sim}(\xi;\eta) + \frac{d}{d\xi}\,p_{\sim}(\xi;\eta) + j\,\eta\,\mathcal{C}_{\sim}(\xi;\eta). \qquad (2,15)$$

Erläuternd sei hierzu bemerkt, daß in (1, 03) auf der rechten Seite eine Taylor-Entwicklung vorgenommen wurde, die wegen (2, 05) nach dem Gliede mit $(p_{\sim})^1$ abgebrochen werden konnte. Von den 8 Gleichungen (2, 08) $\cdots$ (2, 15) sind nun gegenüber [2] lediglich die auf die Wechselamplituden $p_{\sim}$ und $\mathcal{C}_{\sim}$ bezüglichen Gl. (2, 09), (2, 11), (2, 13) und (2, 15) neu und interessant. Es handelt sich bei ihnen

---

[1]) Wir bemerken hierzu, daß wir als unabhängige Variable nach wie vor ξ und τ betrachten wollen, während wir der Frequenz η die Rolle eines Parameters zuschreiben. Um dies anzudeuten, trennen wir in $p(\xi;\eta)$ und $\mathcal{C}(\xi;\eta)$ die Argumente ξ und η nicht durch ein Komma, sondern durch ein Semikolon und bezeichnen Differentialquotienten dieser Größen nach ξ mit totalen Differentialoperatoren. Möglich und zulässig ist diese Auffassung deshalb, weil in den Grundgleichungen des Abschnitts 1 Differentiationen nach der Frequenz η gar nicht auftreten können, da diese Grundgleichungen ja auch für viel allgemeinere Zeitabhängigkeiten als sin-Schwingungen gelten und somit in diesen Grundgleichungen von einer „Frequenz" noch gar nicht die Rede sein kann.

um zwei gewöhnliche lineare Differentialgleichungen erster Ordnung für die beiden Unbekannten $p_\sim(\xi;\eta)$ und $\mathcal{E}_\sim(\xi;\eta)$, bei deren Integration zwei willkürliche Konstanten auftreten, zu deren Festlegung die Randbedingungen (2, 09) und (2, 11) zur Verfügung stehen.

Bei der konkreten Durchrechnung des Problems wird man zunächst durch Elimination von $\mathcal{E}_\sim(\xi;\eta)$ zu einer Differentialgleichung zweiter Ordnung übergehen, wobei man, da durch die Beschränkung auf kleine Wechselamplituden das ganze Problem linear geworden ist, zweckmäßigerweise

$$p_\sim(\xi;\eta) = \gamma_\sim\, \mathcal{P}(\xi;\eta) \tag{2, 16}[1]$$

setzt. Es ergibt sich also aus (2, 15)

$$\mathcal{E}_\sim(\xi;\eta) = \gamma_\sim\, \frac{1 - \mathcal{E}(\xi)\,\mathcal{P}(\xi;\eta) - \dfrac{d}{d\xi}\,\mathcal{P}(\xi;\eta)}{p(\xi) + j\eta}, \tag{2, 17}$$

was mit (2, 16) zusammen in (2, 13) eingesetzt wird:

$$\frac{d}{d\xi}\left\{\frac{1}{p(\xi)+j\eta}\left[1 - \mathcal{E}(\xi)\,\mathcal{P}(\xi;\eta) - \frac{d}{d\xi}\,\mathcal{P}(\xi;\eta)\right]\right\} = \left(\frac{d}{dp}\,f(p(\xi))\right)\cdot\mathcal{P}(\xi;\eta). \tag{2, 18}$$

Wir führen ähnlich wie in [2] vermittels der dortigen Gl. (8, 01), (8, 02) und (5, 12) an Stelle von ξ die Gleichkonzentration p als unabhängige Variable ein und erhalten nach leichten Umformungen[2]

$$\frac{d}{dp}\left\{\frac{1}{p+j\eta}\left[1 - \left(\frac{\gamma}{p} - q(p)\right)\mathcal{P}(p;\eta) - p\cdot q(p)\,\mathcal{P}'(p;\eta)\right]\right\} = \frac{f'(p)}{p\cdot q(p)}\cdot\mathcal{P}(p;\eta). \tag{2, 19}$$

$q(p) = \dfrac{1}{p}\dfrac{dp}{d\xi} = \dfrac{1}{p}\dfrac{1}{d\xi/dp}$ ist dabei als eine Funktion anzusehen, die von der Behandlung der Gleichstromprobleme [2] bekannt ist. (2, 19) ist also die gewünschte gewöhnliche lineare Differentialgleichung zweiter Ordnung für die Unbekannte $\mathcal{P}(p;\eta)$. Die zugehörigen Randbedingungen

$$\mathcal{P}(p_{RI};\eta) = 0\,, \tag{2, 20}$$

$$\mathcal{P}(p_{RII};\eta) = 0 \tag{2, 21}$$

ergeben sich ohne weiteres aus (2, 08) und (2, 09) bzw. (2, 10) und (2, 11) in Verbindung mit (2, 16).

3. Klemmenspannung, Zusatzwiderstand und Ersatzschaltbild des Halbleiters.

Wir haben nun die Mittel zur Hand, die physikalisch nicht sehr aufschlußreiche Gl. (1,07) für die Klemmenspannung U umzuformen. Zunächst nehmen wir auch hier durch den Ansatz

$$U(t) = U + \mathfrak{U}_\sim\, e^{j\omega t}$$

eine Aufspaltung vor. In Verbindung mit (2, 06) ergibt sich

$$U = \int\limits_{x=0}^{x=L}\mathfrak{E}\,dx + \mathfrak{V}\ln\frac{n_{R\,II}}{n_{R\,I}}, \tag{3, 01}$$

$$\mathfrak{U}_\sim = \int\limits_{x=0}^{x=L}\mathfrak{E}_\sim\,dx = \mathfrak{V}\int\limits_{\xi=0}^{\xi=\Xi}\mathcal{E}_\sim(\xi;\eta)\,d\xi. \tag{3, 02}$$

---

[1] $\mathcal{P}(\xi;\eta)$ wird im folgenden als die „spezifische" Amplitude der Konzentrationsschwankungen bezeichnet werden.

[2] Differentiation nach der jetzigen unabhängigen Variablen p bezeichnen wir von nun an mit einem Indexstrich. Differentiationen nach τ kommen nicht mehr vor. η spielt nach wie vor die Rolle eines Parameters.

Uns interessiert natürlich wieder hauptsächlich (3, 02), wo (2, 17) eingesetzt wird, um einen Zusammenhang zwischen dem Spannungsabfall und der Konzentrationsverteilung herzustellen

$$\mathfrak{U}_\sim = \mathfrak{B} \cdot \gamma_\sim \int\limits_{\xi=0}^{\xi=\varXi} \frac{1 - \mathcal{C}(\xi)\,\mathcal{P}(\xi;\eta) - \dfrac{d}{d\xi}\,\mathcal{P}(\xi;\eta)}{p(\xi) + j\eta}\, d\xi . \qquad (3, 03)$$

Berücksichtigen wir noch $\gamma_\sim = \dfrac{i_\sim}{i_0} = \dfrac{i_\sim}{\dfrac{\mathfrak{B}}{x_0}\varkappa_H}$, so erhalten wir für den Scheinwider

stand[1] $\mathfrak{R} = \mathfrak{U}_\sim / i_\sim$ folgenden Ausdruck:

$$\mathfrak{R} = \frac{x_0}{\varkappa_H} \int\limits_{\xi=0}^{\xi=\varXi} \frac{1 - \mathcal{C}(\xi)\,\mathcal{P}(\xi;\eta) - \dfrac{d}{d\xi}\,\mathcal{P}(\xi;\eta)}{p(\xi) + j\eta}\, d\xi . \qquad (3, 04)$$

Um den Einfluß der Randverarmungszone besonders deutlich hervortreten zu lassen, subtrahieren wir den Bahnwiderstand $\mathfrak{R}^{(b)}$, den die ganze Halbleiterschicht ohne die Erscheinung der Randverarmung aufweisen würde.

$$\mathfrak{R}^{(z)} = \mathfrak{R} - \mathfrak{R}^{(b)} . \qquad (3, 05)$$

Der Bahnwiderstand $\mathfrak{R}^{(b)}$ berechnet sich dabei als Parallelschaltung des Ohmschen Bahnwiderstandes $R^{(b)} = L/\varkappa_H$ und der Bahnkapazität $C^{(b)} = \varepsilon/4\pi L$

$$\mathfrak{R}^{(b)} = \frac{1}{\dfrac{1}{R^{(b)}} + j\omega C^{(b)}} = R^{(b)} \frac{1}{1 + j\omega R^{(b)} C^{(b)}} = \frac{L}{\varkappa_H} \frac{1}{1 + j\omega \dfrac{L}{\varkappa_H} \cdot \dfrac{\varepsilon}{4\pi L}} = \frac{x_0}{\varkappa_H} \cdot \varXi \cdot \frac{1}{1 + j\eta},$$

$$\mathfrak{R}^{(b)} = \frac{x_0}{\varkappa_H} \int\limits_{\xi=0}^{\xi=\varXi} \frac{1}{1 + j\eta}\, d\xi . \qquad (3, 06)\,[2]$$

Aus (3,04), (3, 05) und (3, 06) ergibt sich für den mit dem Bahnwiderstand in Reihe liegenden Zusatzwiderstand $\mathfrak{R}^{(z)}$ der Randverarmungszone

$$\mathfrak{R}^{(z)} = \frac{x_0}{\varkappa_H} \int\limits_{\xi=0}^{\xi=\varXi} \left[\frac{1 - \mathcal{C}(\xi) \cdot \mathcal{P}(\xi;\eta) - \dfrac{d}{d\xi}\,\mathcal{P}(\xi;\eta)}{p(\xi) + j\eta} - \frac{1}{1 + j\eta} \right] d\xi .$$

In dieser Gleichung kommt der ursächliche Zusammenhang zwischen Randverarmung und Zusatzwiderstand besonders deutlich zum Ausdruck; denn in Gebieten mit normaler Elektronenkonzentration $n = n_H$ (also $p = 1$ und $\mathcal{P} = 0$) verschwindet der Integrand. Alle quasineutralen Zonen des Halbleiters liefern also zum Zusatzwiderstand keinen Beitrag.

Für die spätere Durchführung der Rechnung erweist es sich als zweckmäßig, p an Stelle von ξ als Integrationsvariable einzuführen, was mit Hilfe der Glei-

---

[1] Es handelt sich dabei, genauer gesagt, um den Widerstand einer Halbleiterschicht mit dem Querschnitt 1 cm². Wir glauben nach dieser einmaligen Erwähnung auf die dauernde schwerfällige Wiederholung des Zusatzes „pro Flächeneinheit“ verzichten zu dürfen.

[2] Zur Kontrolle überzeugt man sich leicht, daß dieser Ausdruck aus (3,04) für verschwindende Randverarmung [$p(\xi) \equiv 1$, $\mathcal{P}(\xi;\eta) \equiv 0$] folgt. Im übrigen sei darauf hingewiesen, daß unser Vorgehen in genauer Analogie zur Behandlung der entsprechenden Fragen beim Gleichstromfall erfolgt. Siehe [2] § 7 S. 20.

chungen (8, 01), (8, 02) und (5, 12) der Arbeit [2] geschieht:

$$\Re^{(z)} = \frac{x_0}{\varkappa_H} \int_{p=p_{RI}}^{p=p_{RII}} \left[\frac{1 - \frac{\gamma}{p}\, \mathcal{P}(p;\eta) + q(p)\, \mathcal{P}(p;\eta) - p \cdot q(p) \cdot \mathcal{P}'(p;\eta)}{p + j\eta} - \frac{1}{1 + j\eta} \right] \frac{dp}{p \cdot q(p)}. \qquad (3,07)$$

Damit ist ein gewisser Abschluß in der Berechnung des komplexen Scheinwiderstandes erreicht. Die Sachlage ist nämlich bis jetzt die folgende: Aus der Differentialgleichung (2, 19) ist unter Berücksichtigung der Randbedingungen (2, 20) und (2, 21) die spezifische Amplitude $\mathcal{P}(p;\eta)$ zu ermitteln und in (3, 07) einzusetzen. Durch Ausführung der Integration erhält man den Gang des komplexen Zusatzwiderstandes als Funktion der reduzierten Frequenz η. Die Durchführung dieses Rechnungsganges würde natürlich hoffnungslos an mathematischen Schwierigkeiten scheitern, falls nicht weitere vereinfachende Einschränkungen vorgenommen werden. Es liegt am nächsten, sich zunächst einmal auf tiefe Frequenzen zu beschränken; denn eine Überschlagsrechnung über die Größenordnung der reduzierten Frequenz

$$\eta = \omega\, t_0 = 2\pi f \frac{\varepsilon}{4\pi\varkappa_H} = \frac{1}{2} f \frac{\varepsilon}{\varkappa_H} \qquad (2,03)$$

kann beim Cu_2O mit $\varepsilon = 12$ rechnen, während für $\varkappa_H$ Werte zwischen $3 \cdot 10^{-5}\ \Omega^{-1}\,\mathrm{cm}^{-1}$ und $3 \cdot 10^{-7}\ \Omega^{-1}\,\mathrm{cm}^{-1}$ anzusetzen sind[1]). (In elektrostatischen Einheiten sind die Zahlenwerte also $9 \cdot 10^{11} \cdot 3 \cdot 10^{-5}$ bis $9 \cdot 10^{11} \cdot 3 \cdot 10^{-7}$.) Man erhält demnach für

$$\eta = \frac{12}{2 \cdot 9 \cdot 10^{11} \cdot 3 \cdot 10^{-6}\,\mathrm{s}^{-1}} f = \frac{1}{4{,}5 \cdot 10^5} \cdot \frac{f}{\mathrm{Hz}},$$

so daß unbedenklich bis zu 10^5 Hz

$$\eta \ll 1 \qquad (3,08)$$

angenommen werden darf[2]). Wir entwickeln also die spezifische Amplitude $\mathcal{P}(p;\eta)$ der Konzentrationsschwankungen in eine Reihe nach Potenzen des Parameters $j\eta$ und brechen nach dem zweiten Gliede ab:

$$\mathcal{P}(p;\eta) = P_0(p) + j\eta\, \mathcal{P}_1(p). \qquad (3,09)$$

Die Randbedingungen (2, 20) und (2, 21) haben dann

$$\left.\begin{aligned} P_0 &= 0 \quad \text{für} \quad p = p_{RI} \quad \text{und ebenso für} \quad p = p_{RII}, \\ \mathcal{P}_1 &= 0 \quad \text{für} \quad p = p_{RI} \quad \text{und ebenso für} \quad p = p_{RII} \end{aligned}\right\} \qquad (3,10)$$

zur Folge. Mit (3, 08) und (3, 09) ergibt sich aus (3, 07) nach einigen Umformungen, bei denen immer (3, 08) zu beachten ist

$$\Re^{(z)} = \left\{ \begin{aligned} & \frac{x_0}{\varkappa_H} \int_{p=p_{RI}}^{p=p_{RII}} \left\{ \frac{1}{p} - 1 - \frac{\gamma}{p^2} P_0(p) \right\} \frac{dp}{p\,q(p)} + \frac{x_0}{\varkappa_H} \int_{p=p_{RI}}^{p=p_{RII}} \left\{ \frac{1}{p^2} P_0(p) - \frac{1}{p} P_0'(p) \right\} dp \\[2mm] & - j\eta\, \frac{x_0}{\varkappa_H} \int_{p=p_{RI}}^{p=p_{RII}} \left\{ \frac{1}{p^2} - 1 - \frac{\gamma}{p^3} P_0(p) + \frac{q(p)}{p^2} P_0(p) - \frac{q(p)}{p} P_0'(p) + \frac{\gamma}{p^2} \mathcal{P}_1(p) \right\} \frac{dp}{p\,q(p)} \\[2mm] & - j\eta\, \frac{x_0}{\varkappa_H} \int_{p=p_{RI}}^{p=p_{RII}} \left\{ -\frac{1}{p^2} \mathcal{P}_1(p) + \frac{1}{p} \mathcal{P}_1'(p) \right\} dp. \end{aligned} \right. \qquad (3,11)$$

---

[1]) Siehe [2] S. 54.
[2]) Siehe jedoch S. 53 der vorliegenden Arbeit.

Das zweite Integral im Realteil kann geschlossen ausgewertet werden und ergibt unter Berücksichtigung von (3, 10)

$$\left[-\frac{1}{p}\,P_0(p)\right]_{p=p_{RI}}^{p=p_{RII}} = 0\,.$$

Entsprechend ergibt sich das Verschwinden des zweiten Integrals im Imaginärteil, während sich im ersten Integral des Imaginärteils die Summe des dritten und vierten Gliedes durch

$$-\frac{q(p)}{p^2}\,P_0(p)$$

ersetzen läßt, was man ebenfalls durch Ausintegrieren und Benutzung von (3, 10) bestätigt. Wir erhalten dann schließlich

$$\mathfrak{R}^{(z)} = \left\{ \begin{aligned} &\frac{x_0}{\varkappa_H}\int\limits_{p=p_{RI}}^{p=p_{RII}}\left\{\frac{1}{p}-1-\frac{\gamma}{p^2}\,P_0(p)\right\}\frac{dp}{p\cdot q(p)} \\[2ex] &-j\,\eta\,\frac{x_0}{\varkappa_H}\int\limits_{p=p_{RI}}^{p=p_{RII}}\left\{\frac{1}{p^2}-1-\frac{\gamma}{p^3}\,P_0(p)-\frac{q(p)}{p^2}\,P_0(p)+\frac{\gamma}{p^2}\,\mathscr{P}_1(p)\right\}\frac{dp}{p\cdot q(p)}\,. \end{aligned} \right\} \qquad (3,\,12)$$

Den bisherigen Untersuchungen liegt eine Halbleiterprobe endlicher Dicke zugrunde, die an dem einen Ende durch die Metallelektrode I eine Randdichte p_{RI}, an dem anderen Ende durch die Metallelektrode II eine Randdichte p_{RII} aufgeprägt erhält. In einem solchen Fall überlagern sich die Wirkungen der beiden gegeneinandergeschalteten Randverarmungsschichten; eine Gleichstromvorbelastung z. B. wirkt für die eine Randverarmungsschicht als Vorbelastung in Sperrichtung, für die andere als Vorbelastung in Flußrichtung. Typische und übersichtliche Ergebnisse wird man nur erhalten, wenn es gelingt, die Wirkungen einer unabhängigen Randschicht herauszuschälen. Zu diesem Zwecke liegt es am nächsten, wie in [2], S. 15 und S. 20/21, den unendlich ausgedehnten Halbleiter zu behandeln ($\varXi \rightarrow \infty$, $p_{RII} \rightarrow 1$). Das ist bei Ermittlung der spezifischen Amplitude $\mathscr{P}$ noch ohne weiteres möglich, führt dann aber bei dem Versuch, die Reihenentwicklung (3, 09) vorzunehmen, auf Schwierigkeiten, falls man verlangt, daß (3, 09) bis $p = 1$ gelten soll. Diese Forderung ist aber nur dann nötig, wenn man die Integration (3, 12) bis $p = 1$ führen würde, also auch hier den Grenzübergang $p_{RII} \rightarrow 1$ vornehmen würde. Namhafte Beiträge zum Zusatzwiderstand liefern aber nur diejenigen Schichten des Halbleiters, in denen wirklich eine beträchtliche Elektronenverarmung $p \ll 1$ vorliegt. Das physikalisch Wesentliche erfaßt man also, wenn die Integrationen in (3, 12) bis zu einem Werte von p dicht unterhalb 1 geführt werden, sagen wir bis $p = 0{,}9$. Daß es auf diesen Wert nicht genau ankommt, werden wir weiter unten sehen.

Der Realteil des komplexen Zusatzwiderstandes (3, 12) ist übrigens, da in ihm wegen der Reihenentwicklung (3, 09) keine Abhängigkeit von der Frequenz η mehr enthalten ist, mit dem differentiellen Gleichstromwiderstand an der betreffenden, durch γ gekennzeichneten Stelle der statischen Kennlinie identisch. Da die statischen Kennlinien schon in [2] berechnet wurden, kann der Realteil von dort durch Differentiation der Kennliniengleichung übernommen werden, was einfacher als die Auswertung des Integrals ist. Um dies anzudeuten, schreiben wir als Realteil nicht mehr das Integral, sondern $r_{\mathrm{diff}}^{(z)}(\gamma)$. Den Imaginärteil zerlegen wir in drei Teile:

$$\int\limits_{p=p_R}^{p=0,9} \left\{\frac{1}{p^2} - 1\right\} \frac{dp}{p \cdot q(p)} = I_{FS}. \qquad (3,13)$$

$$-\int\limits_{p=p_R}^{p=0,9} \left\{\frac{q(p)}{p^2} + \frac{\gamma}{p^3}\right\} P_0(p) \frac{dp}{p \cdot q(p)} = I_{D_0}. \qquad (3,14)$$

$$+\int\limits_{p=p_R}^{0=0,9} \frac{\gamma}{p^2}\, \mathscr{P}_1(p) \frac{dp}{p \cdot q(p)} = I_{D_1}. \qquad (3,15)$$

Das erste Integral hängt nur von der durch die Gleichstromvorbelastung bedingten Konzentrationsverteilung ab. Wäre es allein vorhanden, so würde das heißen, daß sich die Randschicht gegenüber kleinen Wechselbelastungen wie eine unveränderliche Schicht mit fester, gleichsam eingefrorener Konzentrationsverteilung verhalten würde. Deshalb bezeichnen wir dieses Integral als „Festschichtintegral", was durch die Indizes FS angedeutet wird. In Wirklichkeit pulsiert aber die Konzentrationsverteilung in der Randschicht unter der Wirkung der überlagerten Wechselbelastung, und dies ist der physikalische Grund für das Auftreten der Integrale I_{D_0} und I_{D_1}, deren „dynamischer" Charakter durch den Index D betont werden soll. Das „dynamische Integral nullter Ordnung I_{D_0}" ist dabei auf die quasistatischen Amplituden P_0 der Konzentration p zurückzuführen, die bei beliebig langsamer Wechselbelastung auftreten, während das „dynamische Integral 1. Ordnung I_{D_1}" das nächste Glied $\mathscr{P}_1$ der Reihenentwicklung (3, 09) der Konzentrationsamplitude $\mathscr{P}$ nach der Frequenz enthält.

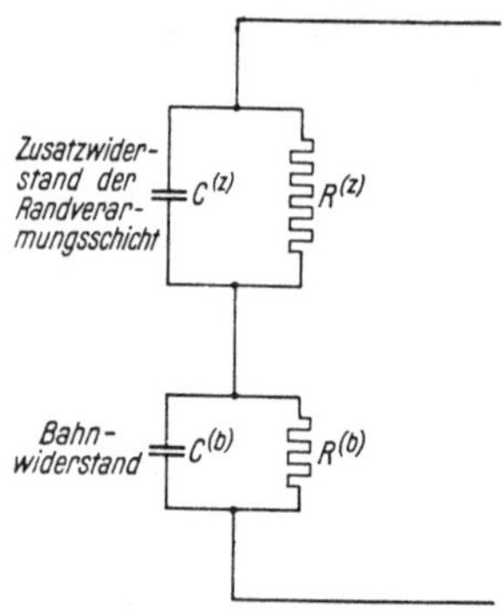

Bild 1. Ersatzschaltung für den Halbleiter mit Randverarmungsschicht.

Mit diesen Bezeichnungen erhalten wir dann also für den komplexen Zusatzwiderstand einer unabhängigen Randschicht

$$\mathfrak{R}^{(z)} = \frac{x_0}{\varkappa_H}\left\{r_{\mathrm{diff}}^{(z)}(\gamma) - j\eta\left[I_{FS} + I_{D_0} + I_{D_1}\right]\right\}. \qquad (3,16)$$

Dieses Ergebnis läßt sich noch auf eine anschaulichere Form bringen. Es liegt ja gefühlsmäßig nahe, den Zusatzwiderstand der Randschicht als Parallelschaltung eines Ohmschen Anteiles und einer Kapazität aufzufassen. Etwas Derartiges läßt sich rein formal natürlich immer durchführen, nur wird die auf diese Weise berechnete Kapazität in denjenigen Fällen, in denen eine solche Deutung physikalisch nicht angebracht ist, infolge eines nicht „passenden" Frequenzganges von $\mathfrak{R}^{(z)}$ frequenzabhängig werden. Es wird sich jedoch sofort zeigen, daß so etwas im vorliegenden Falle nicht passiert, solange wir uns auf die tiefen Frequenzen $\eta \ll 1$ beschränken. Hier gilt also für den ganzen Halbleiter eine Ersatzschaltung nach Bild 1.

Als Ohmscher Widerstand der Randschicht ist natürlich $\frac{x_0}{\varkappa_H} r_{\mathrm{diff}}^{(z)}$ anzusetzen. Unbekannt ist lediglich die Zusatzkapazität $C^{(z)}$. Das Ersatzschaltbild der Parallelschaltung von $\frac{x_0}{\varkappa_H} r_{\mathrm{diff}}^{(z)}$ und $C^{(z)}$ ergibt

$$\mathfrak{R}^{(z)} = \frac{1}{\left(\frac{x_0}{\varkappa_H} r_{\mathrm{diff}}^{(z)}\right)^{-1} + j\omega C^{(z)}} = \frac{\frac{x_0}{\varkappa_H} r_{\mathrm{diff}}^{(z)}}{1 + j\omega \frac{x_0}{\varkappa_H} r_{\mathrm{diff}}^{(z)} \cdot C^{(z)}}.$$

Bei Beschränkung auf tiefe Frequenzen ω kommt

$$\Re^{(z)} = \frac{x_0}{\varkappa_H}\, r^{(z)}_{\mathrm{diff}} - j\,\omega\left(\frac{x_0}{\varkappa_H}\, r^{(z)}_{\mathrm{diff}}\right)^2 C^{(z)}.$$

Vergleich mit (3, 16) ergibt

$$\frac{x_0}{\varkappa_H}\,\eta\,[I_{FS} + I_{D_0} + I_{D_1}] = \omega\left(\frac{x_0}{\varkappa_H}\right)^2 (r^{(z)}_{\mathrm{diff}})^2 C^{(z)}. \tag{3, 17}$$

Unter Berücksichtigung von (2, 03) erhalten wir also für die Zusatzkapazität pro Flächeneinheit

$$C^{(z)} = \frac{\varepsilon}{4\,\pi\,x_0}\,\frac{1}{(r^{(z)}_{\mathrm{diff}})^{+2}}\,[I_{FS} + I_{D_0} + I_{D_1}]. \tag{3, 18}$$

Eine solche Kapazität pro Flächeneinheit wird am besten durch eine effektive Kapazitätslänge l_C repräsentiert, die durch die Gleichung

$$C^{(z)} = \frac{\varepsilon}{4\,\pi\,l_C} \tag{3, 19}$$

definiert ist. Wir erhalten also für die effektive Kapazitätslänge der Randschicht den Ausdruck

$$l_C = \frac{(r^{(z)}_{\mathrm{diff}})^{+2}}{I_{FS} + I_{D_0} + I_{D_1}}\cdot x_0. \tag{3, 20}$$

l_C ist von der Frequenz unabhängig; damit ist die Verwendung der Ersatzschaltung nach Bild 1 bei Beschränkung auf tiefe Frequenzen gerechtfertigt.

Hiermit ist das Schlußergebnis von Teil I erzielt. (3, 20) in Verbindung mit (3, 13) $\cdots$ (3, 15) führt die Berechnung der effektiven Kapazitätslänge auf die Ermittlung der spezifischen Amplitude $\mathcal{P}(p;\eta)$ der Konzentrationsschwankungen zurück, die sich ihrerseits wieder durch Integration der Differentialgleichung (2, 19) unter Berücksichtigung der Randbedingungen

$$\mathcal{P} = 0 \quad\text{für}\quad p = p_R, \tag{3, 21}$$

$$\mathcal{P} = 0 \quad\text{für}\quad p = 1 \tag{3, 22}$$

ergibt. Wegen der Beschränkung auf tiefe Frequenzen ist aber die vollständige Ermittlung von $\mathcal{P}(p;\eta)$ gar nicht nötig, sondern gebraucht werden nur die spezifische Konzentrationsänderung $P_0(p)$ bei einer beliebig langsamen, also quasistatischen Belastungsänderung und das nächste Glied $j\eta\,\mathcal{P}_1(p)$ in einer Reihenentwicklung von $\mathcal{P}(p;\eta)$ nach Potenzen von $j\eta$. Der in (3, 20) noch auftretende differentielle Gleichstromwiderstand $r^{(z)}_{\mathrm{diff}}(\gamma)$ kann den in [2] berechneten Gleichungen für die statische Kennlinie durch Differentiation entnommen werden. Ebenso ist dort die in (3, 13) $\cdots$ (3, 15) und in (2, 19) auftretende Funktion $q(p)$ für die einzelnen Belastungsfälle berechnet worden.

II. Große Gleichstromvorbelastungen in Sperrichtung.

Der in Teil I nur allgemein skizzierte Rechnungsgang soll jetzt wirklich durchgeführt werden, und zwar für den Fall einer starken Gleichstromvorbelastung in Sperrichtung. Demgemäß werden in Abschnitt 4 bei der Integration der Differentialgleichung (2, 19) nur Glieder der Ordnung $\gamma^0 = 1$ berücksichtigt, Glieder der Ordnung γ^{-2} dagegen bereits weggelassen. Mit Hilfe der gewonnenen Ausdrücke für die spezifische Amplitude $\mathcal{P}$ der Konzentrationsschwankungen können in Abschnitt 5 das Festschichtintegral I_{FS} und die dynamischen Integrale I_{D_0} und I_{D_1} und damit auch die Kapazitätslänge berechnet werden.

4*

4. Die Ermittlung der spezifischen Amplitude $\mathcal{P}$ der Konzentrationsschwankungen.

Große Belastungen in Sperrichtung sind durch eine absolut genommen große, aber negative[1]) Stromdichte gekennzeichnet.

$$|\gamma| \gg 1, \qquad \gamma < 0.$$

Nach (17, 01) und (17, 04) in [2] ist in diesem Falle für die Funktion $q(p)$ in nullter Näherung, d. h. unter Vernachlässigung der höheren Potenzen von $1/\gamma$

$$q(p) = \frac{1}{\gamma}\, b_0(p) = -\frac{1}{\gamma}\, pf(p) = +\frac{1}{|\gamma|}\, pf(p) \tag{4, 01}$$

anzusetzen. Die Differentialgleichung (2, 19) für die spezifische Amplitude $\mathcal{P}(p;\eta)$ nimmt dann die Gestalt

$$\frac{d}{dp}\left\{\frac{1}{p+j\eta}\left[1+\frac{|\gamma|}{p}\mathcal{P}(p;\eta)+\frac{1}{|\gamma|}pf(p)\mathcal{P}(p;\eta)-\frac{1}{|\gamma|}p^2f(p)\mathcal{P}'(p;\eta)\right]\right\}=|\gamma|\frac{1}{p^2}\frac{f'(p)}{f(p)}\mathcal{P}(p;\eta) \tag{4, 02}$$

an. Es wird sich nun zeigen, daß $\mathcal{P}(p;\eta)$ proportional $1/\gamma$ wird. Daher sind die beiden letzten Glieder in der eckigen Klammer der linken Seite von der Ordnung γ^{-2}, während die übrigen Glieder von der Ordnung $\gamma^0 = 1$ sind und deshalb allein berücksichtigt zu werden brauchen. (4, 02) vereinfacht sich also zu

$$\frac{d}{dp}\left\{\frac{1}{p+j\eta}\left[1+\frac{|\gamma|}{p}\mathcal{P}(p;\eta)\right]\right\} = |\gamma|\frac{1}{p^2}\frac{f'(p)}{f(p)}\mathcal{P}(p;\eta). \tag{4, 03}$$

Durch diese Maßnahme ist die Bestimmungsgleichung für $\mathcal{P}$ eine Differentialgleichung erster Ordnung geworden. Bei ihrer Integration kann deshalb auch nur eine Randbedingung von den an und für sich vorgeschriebenen zwei Randbedingungen (3, 21) und (3, 22) berücksichtigt werden. Zur Rechtfertigung der beim Übergang von (4, 02) auf (4, 03) getroffenen Vernachlässigung muß also nachgewiesen werden, daß die zweite, nicht berücksichtigte Randbedingung automatisch, wenigstens bis auf Glieder der vernachlässigten Größenordnung γ^{-2}, erfüllt ist. Wir kommen auf diesen Punkt sogleich wieder zu sprechen, nachdem (4, 03) integriert worden ist. Über diese Integration ist weiter nicht viel zu sagen, da es sich um eine gewöhnliche lineare Differentialgleichung erster Ordnung handelt; für diesen einfachen Typ liegen aber die bekannten Formeln für das allgemeine Integral fertig vor ([5], Band III, S. 293). Nach einigen Umformungen erhält man

$$\mathcal{P}(p;\eta) = \frac{1}{|\gamma|}\, p^2 f(p)\left(1+j\frac{\eta}{p}\right)\cdot e^{j\eta\int_{p}^{1}\frac{d\ln f(p)}{dp}dp}\cdot\int_{p=p_R}^{p}\frac{1}{p^2}\frac{1}{f(p)}\frac{1}{\left(1+j\frac{\eta}{p}\right)^2}e^{-j\eta\int_{p}^{1}\frac{d\ln f(p)}{dp}dp}dp. \tag{4, 04}$$

Hierbei ist, wie man ohne weiteres sieht, die Randbedingung

$$\mathcal{P} = 0 \quad \text{für} \quad p = p_R \tag{3, 21}$$

erfüllt worden. Die andere Randbedingung

$$\mathcal{P} = 0 \quad \text{für} \quad p = 1 \tag{3, 22}$$

wird tatsächlich automatisch erfüllt[2]), d. h. ohne bei der Integration berücksichtigt

---

[1]) Siehe [2] S. 40, § 17 Anfang. Siehe auch S. 35. Nach der Fußnote 4 der S. 43 der vorliegenden Arbeit haben wir die für einen Überschußhalbleiter gültige Vorzeichenwahl getroffen.

[2]) Dieser „merkwürdige Zufall" ist natürlich darauf zurückzuführen, daß man überhaupt nur bei Behandlung einer unabhängigen Randschicht von einer Sperrichtung und damit auch von einer starken Gleichstromvorbelastung in Sperrichtung sprechen kann, wie schon auf S. 49 ausgeführt wurde. Nur bei einer unabhängigen Randschicht, für die als zweite Randbedingung eben $\mathcal{P} = 0$ für $p = 1$ anzusetzen ist, sind also die am Anfang des vorliegenden Abschnitts 4 vorgenommenen Vereinfachungen zulässig, die die Ordnung der Differentialgleichung auf den Wert 1 herabsetzen.

werden zu können. Dies gilt sogar ohne jede Vernachlässigung. Der Beweis dafür kann nur kurz angedeutet werden. Man schätzt nicht etwa $\mathcal{P}$ selbst, sondern seinen absoluten Betrag ab. Dadurch vereinfacht sich die komplizierte Formel (4, 04) erheblich, besonders wenn auf das Integral $\int\limits_{p=p_R}^{p} \ldots dp$ die bekannte Regel

$$\left| \int\limits_a^b g(x)\,dx \right| \leq \int\limits_a^b |g(x)| \cdot dx \qquad (b > a) \qquad (4, 05)$$

angewendet wird. Das Integral über den Absolutbetrag des Integranden wird nämlich rein rational und kann deshalb ohne weiteres geschlossen ausgewertet werden. Man sieht dann, daß das Integral $\int\limits_{p=p_R}^{p} | \ldots |\,dp$ für $p \to 1$ zwar logarithmisch unendlich wird. Dies wird jedoch durch das lineare Verschwinden des Faktors $f(p)$ vor dem Integral überkompensiert, so daß $\lim\limits_{p \to 1} |\mathcal{P}| = 0$ und damit auch $\lim\limits_{p \to 1} \mathcal{P} = 0$ folgt.

Die somit als brauchbar nachgewiesene Lösung (4, 04) ist jetzt in eine Reihe nach Potenzen von $j\eta$ zu entwickeln, was uns $P_0(p)$ und $\mathcal{P}_1(p)$ liefern soll. Man sieht, daß für das Abbrechen dieser Reihe nach dem zweiten Gliede nicht mehr die Bedingung $\eta \ll 1$ allein genügt. Vielmehr ist wegen der Klammer $\left(1 + j\,\dfrac{\eta}{p}\right)$

$$\frac{\eta}{p} \ll 1 \qquad (4, 06)$$

zu fordern. Außerdem muß wegen der Exponentialfunktion die Annahme

$$\eta \int \frac{1}{p}\,\frac{d \ln f(p)}{dp}\,dp \ll 1 \qquad (4, 07)$$

zulässig sein. Die eine dieser beiden neuen Forderungen, nämlich (4, 06), ist für die kleinsten p-Werte am einschneidendsten. Sie verlangt in diesem p-Bereich

$$\eta \ll p_R \qquad (4, 08)$$

und bedeutet also gegenüber $\eta \ll 1$ eine Verschärfung um den Faktor p_R[1]). Mit den Daten, die bei der Diskussion von (3, 08) auf S. 48 verwendet wurden, und die für den hochsperrenden Cu_2O-Gleichrichter gelten, ist jetzt also nicht nur $f \ll 4{,}5 \cdot 10^5$ Hz, sondern $f \ll 4{,}5 \cdot 10^5 p_R$ Hz zu fordern. Für p_R hatte sich beim hochsperrenden Cu_2O-Gleichrichter der Wert $1/1500$ ergeben ([2] S. 53), so daß also (4, 06) auf $f \ll 300$ Hz hinausläuft.

Für die Diskussion der anderen Forderung (4, 07) bemerken wir zunächst, daß bei dem Ansatz (1, 04) für die Funktion $f(p)$

$$\int \frac{1}{p}\,\frac{d \ln f(p)}{dp}\,dp = \frac{1}{p_3}\left\{\ln\left(1 + \frac{p_3}{p}\right) - \frac{p_3^2}{1+p_3}\ln p + p_3 \ln(1-p) - \frac{p_3}{1+p_3}\ln(1 + p_3 + p)\right\} \qquad (4, 09)$$

wird, was ohne weiteres durch Differentiation bestätigt werden kann. Für die kleinsten p-Werte $p = p_R \ll 1$ führt also (4, 07) im Falle $p_R > p_3$ (Randdichte noch im Reservegebiet) auf

$$\frac{\eta}{p_R} \ll 1,$$

wird also mit (4, 06) bzw. (4, 08) identisch.

---

[1]) Die frühere Bedingung $\eta \ll 1$ bedeutete, daß die Kreisfrequenz ω klein gegen die reziproke Relaxationszeit $(1/t_0) = (4\,\pi\,\varkappa_H/\varepsilon)$ sein muß. Durch die Verschärfung dieser Forderung um den Faktor p_R tritt wegen $p_R \cdot \varkappa_H = \varkappa_R$ an die Stelle der Relaxationszeit des Halbleiterinnern die Relaxationszeit des Halbleiterrandes.

Liegt dagegen die Randdichte p_R im Erschöpfungsgebiet ($p_R < p_3$), so fordert (4, 07) sogar nur

$$\frac{\eta}{p_3}\ln\frac{p_3}{p_R} = \frac{\eta}{p_R}\,\frac{\ln(p_3/p_R)}{(p_3/p_R)} \ll 1$$

oder

$$\frac{\eta}{p_R} \ll \frac{p_3/p_R}{\ln(p_3/p_R)}\,.$$

(4, 07) ist also jetzt um den Faktor $\dfrac{p_3/p_R}{\ln(p_3/p_R)}$ schwächer als (4, 06) bzw. (4, 08); der erwähnte Faktor ist nämlich wegen $p_3 > p_R$ stets größer als 1.

Im Gegensatz zu (4, 06), wo nur die kleinsten p-Werte gefährlich sind, liefert aber (4, 07) auch für die p-Werte dicht bei 1 eine Forderung. Sie lautet nach (4, 09)

$$|\eta\ln(1-p)| \ll 1\,. \tag{4, 10}$$

Diese Forderung ließe sich für $p \to 1$ auch nicht durch noch so niedrige Frequenzwerte η erfüllen[1]). Auf S. 49 ist aber dargelegt worden, daß die Durchführbarkeit der Reihenentwicklung (3, 09) nur bis $p = 0{,}9$ gesichert zu werden braucht. Dann wird aus (4, 10)

$$|\eta\ln 0{,}1| = 2{,}303\,\eta \ll 1\,.$$

Das ist eine gegenüber (4, 06) bzw. (4, 08) sehr schwache Forderung.

Die somit für genügend tiefe Frequenzen sicher zulässige Reihenentwicklung von (4, 04) nach Potenzen von $j\eta$ ergibt zunächst

$$\left.\begin{aligned}
\mathcal{P}(p;\eta) &= \frac{1}{|\gamma|}\,p^2 f(p)\left(1 + j\,\frac{\eta}{p}\right)\left(1 + j\,\eta\int\frac{1}{p}\,\frac{d\ln f(p)}{dp}\,dp\right) \times \\
&\quad \times \int\limits_{p=p_R}^{p}\frac{1}{p^2}\,\frac{1}{f(p)}\left(1 - 2j\,\frac{\eta}{p}\right)\left(1 - j\eta\int\frac{1}{p}\,\frac{d\ln f(p)}{dp}\,dp\right)dp
\end{aligned}\right\} \tag{4, 11}$$

und nach einigen weiteren Umformungen

$$\mathcal{P}(p;\eta) = P_0(p) + j\eta\,\mathcal{P}_1(p)\,, \tag{4, 12}$$

mit

$$P_0(p) = \frac{1}{|\gamma|}\,p^2 f(p)\int\limits_{p=p_R}^{p}\frac{1}{p^2 f(p)}\,dp \tag{4, 13}$$

und

$$\left.\begin{aligned}
\mathcal{P}_1(p) &= \frac{1}{|\gamma|}\,p^2 f(p)\left[\left(\frac{1}{p} + \int\frac{1}{p}\,\frac{d\ln f(p)}{dp}\,dp\right)\cdot\int\limits_{p=p_R}^{p}\frac{1}{p^2}\,\frac{1}{f(p)}\,dp\right. \\
&\quad \left. - \int\limits_{p=p_R}^{p}\frac{1}{p^2 f(p)}\left(+\frac{2}{p} + \int\frac{1}{p}\,\frac{d\ln f(p)}{dp}\,dp\right)dp\right]\,.
\end{aligned}\right\} \tag{4, 14}$$

Ein Teil der in (4, 13) und (4, 14) vorkommenden Integrationen läßt sich ohne weiteres durchführen, da die Integranden wegen der rationalen Form (1, 04) von $f(p)$ ebenfalls noch rational sind. Bei den weiteren Integrationen käme man evtl.

---

[1]) Der physikalische Grund hierfür ist darin zu erblicken, daß in dem Gebiet $p \approx 1$ Konzentrationswellen mit einer reduzierten Wellenlänge $\lambda = \dfrac{\gamma}{\mathfrak{f}}\,\dfrac{\pi}{\eta}$ entstehen. Das Entwickeln der spezifischen Konzentrationsamplitude $\mathcal{P}$ nach Potenzen von $j\eta$ und Abbrechen nach den ersten beiden Gliedern bedeutet anschaulich, daß die Wellenlänge λ durch niedrige η-Werte groß gegen das betrachtete Stück das Halbleiters gemacht wird und daß dieses Halbleiterstück in erster Näherung als conphas schwingend behandelt werden kann. Das geht natürlich aber nur bei endlicher Länge des betrachteten Halbleiterstücks, während $p_{R\,II} \to 1$ ja den Übergang zu einem unendlich ausgedehnten Halbleiter bedeutet.

schon mit Einführung der bereits in [2], Gl. (16, 03) auf S. 37 verwendeten transzendenten Funktion

$$G(u_R) = \int\limits_{u=u_R}^{u=1} \frac{1}{1-u} \cdot \ln \frac{1}{u} \cdot du$$

zum Ziele. Aber auf jeden Fall werden bei einem solchen Vorgehen die Formeln viel zu lang und deshalb vollkommen unübersichtlich, wobei noch zu beachten ist, daß ein großer Teil der dabei auftretenden Glieder lediglich im weggelassenen Gebiet $1 > p > 0{,}9$ von Einfluß wird. Deshalb wurde auf eine exakte Auswertung der Gl. (4, 13) und (4, 14) verzichtet.

Um die volle Berechtigung des im weiteren eingeschlagenen Weges einzusehen, empfiehlt sich ein Blick auf Bild 3. Hier ist das angestrebte Endziel, nämlich die Abhängigkeit der Kapazitätslänge l_C von der Randverarmung p_R dargestellt. Die Kurve zeigt sowohl im Reserve- wie im Erschöpfungsgebiet sehr bald so einfache Gänge, daß man fast mit Sicherheit erwarten kann, die größten und wesentlichsten Teile des ganzen Kurvenverlaufs schon mit den Annahmen

$$1 \gg p_R \gg p_3 \quad \text{(asymptotische Verhältnisse im Reservegebiet)}$$

bzw.

$$p_3 \gg p_R \qquad (\quad ,, \qquad\qquad ,, \qquad ,, \text{ Erschöpfungsgebiet})$$

zu erfassen. Durch einige numerisch errechnete Punkte kann man hinterher den Kurvenverlauf bei den schwachen Randverarmungen $1 > p_R > 10^{-2}$ und im Übergangsgebiet $p_R \approx p_3$ kontrollieren.

Wir ersetzen also zur Ermittlung des asymptotischen Ganges im Reservegebiet die Formel (1, 04) durch

$$f(p) = \mathfrak{f} \frac{1}{p} \quad \text{für} \quad 1 \gg p_R \gg p_3 \tag{4, 15}$$

und entsprechend im Erschöpfungsgebiet durch

$$f(p) = \mathfrak{f} \frac{1}{p_3} \quad \text{für} \quad p_3 \gg p_R . \tag{4, 16}$$

Hiermit lassen sich (4, 13) und (4, 14) ohne weiteres auswerten. Man erhält im Reservegebiet $1 \gg p\, (> p_R) \gg p_3$

$$\frac{|\gamma|}{p^2 f(p)} P_0(p) = \frac{1}{\mathfrak{f}} \ln \frac{p}{p_R}, \tag{4, 17}$$

$$\frac{|\gamma|}{p^2 f(p)} \mathscr{P}_1(p) = \frac{1}{\mathfrak{f}} \left[\frac{2}{p} \ln \frac{p}{p_R} + 3 \left(\frac{1}{p} - \frac{1}{p_R} \right) \right] \tag{4, 18}$$

und im Erschöpfungsgebiet $p_3 \gg p\, (> p_R)$

$$\frac{|\gamma|}{p^2 f(p)} P_0(p) = \frac{1}{\mathfrak{f}} \, p_3 \left(\frac{1}{p_R} - \frac{1}{p} \right), \tag{4, 19}$$

$$\frac{|\gamma|}{p^2 f(p)} \mathscr{P}_1(p) = \frac{1}{\mathfrak{f}} \, \frac{p_3}{p_R} \left(\frac{1}{p} - \frac{1}{p_R} \right). \tag{4, 20}$$

Damit haben wir für $P_0(p)$ und $\mathscr{P}_1(p)$ leicht handliche Ausdrücke erhalten, die zwar nicht in dem ganzen Integrationsbereich $p = p_R$ bis $p = 0{,}9$ der Integrale I_{D_0} (3, 14) und I_{D_1} (3, 15) gelten, wohl aber in den unteren Teilen $p \approx p_R$ dieses Bereichs, wo die Integranden die ausschlaggebenden Anteile liefern. Davon werden wir uns sogleich in dem nächsten Abschnitt 5 überzeugen, wo es sich darum handeln wird, zunächst diese Integrale und dann die effektive Kapazitätslänge l_C selbst zu berechnen.

5. Festschichtintegral I_{FS}, dynamische Integrale I_{D_0} und I_{D_1} und effektive Kapazitäts-länge l_C im Falle starker Belastungen in Sperrichtung.

Wir beginnen mit dem dynamischen Integral I_{D_1}, das nach (3, 15) durch

$$I_{D_1} = + \int\limits_{p=p_R}^{p=0,9} \frac{\gamma}{p^2}\, \mathscr{P}_1(p)\, \frac{dp}{p \cdot q(p)} \tag{5, 01}$$

definiert ist. Im Falle der starken Belastungen in Sperrichtung $|\gamma| \gg 1$, $\gamma < 0$ ist nach (4, 01)

$$q(p) = + \frac{1}{|\gamma|}\, p\, f(p) \tag{4, 01}$$

anzusetzen, so daß

$$I_{D_1} = -|\gamma| \int\limits_{p=p_R}^{p=0,9} \frac{|\gamma|}{p^2 f(p)}\, \mathscr{P}_1(p)\, \frac{dp}{p^2} \tag{5, 02}$$

wird. Für den Fall, daß die Randdichte p_R im Reservegebiet liegt, also für $p_R \gg p_3$, ergibt sich für den Integranden nach (4, 18)

$$\frac{|\gamma|}{p^2 f(p)}\, \mathscr{P}_1(p)\, \frac{1}{p^2} = \frac{1}{f}\left[\frac{2}{p}\ln\frac{p}{p_R} + 3\left(\frac{1}{p} - \frac{1}{p_R}\right)\right]\frac{1}{p^2}. \tag{5, 03}$$

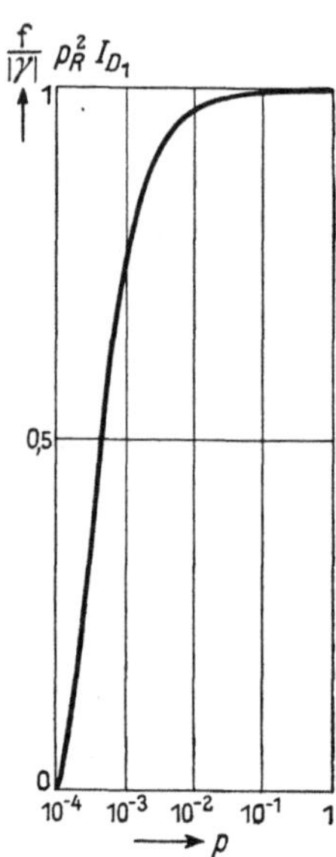

Bild 2. Abhängigkeit des dynamischen Integrals I_{D_1} von der oberen Grenze p.

Das Integral I_{D_1} läßt sich dann geschlossen auswerten; es ergibt sich, wenn wir den Wert der oberen Grenze zunächst noch offen lassen, also dafür noch nicht $p = 0,9$ einsetzen:

$$I_{D_1} = + \frac{|\gamma|}{f}\frac{1}{p_R^2}\left[1 - 3\frac{p_R}{p} + \left(\frac{p_R}{p}\right)^2\left(2 - \ln\frac{p_R}{p}\right)\right]. \tag{5, 04}$$

Der Verlauf in Abhängigkeit von der oberen Grenze p ist in Bild 2 für den Fall $p_R = 10^{-4}$ aufgetragen. Man sieht, daß von $p = 10^{-2}$ ab keine wesentlichen Beiträge mehr hinzukommen, so daß es auf den genauen Wert der oberen Grenze gar nicht mehr ankommt, wie wir schon auf S. 49 und am Schluß des vorigen Abschnitts ankündigten. Man kann demnach die eckige Klammer in (5, 04) einfach durch 1 ersetzen und erhält

$$I_{D_1} = + \frac{|\gamma|}{f}\frac{1}{p_R^2}. \tag{5, 05}$$

In entsprechender Weise kann I_{D_0} und I_{FS} ermittelt werden. Es ergibt sich

$$I_{D_0} = + \frac{|\gamma|}{f}\frac{1}{4\,p_R^2} \tag{5, 06}$$

und

$$I_{FS} = + \frac{|\gamma|}{f}\frac{1}{2\,p_R^2}. \tag{5, 07}$$

Zur Ermittlung von $r_{\text{diff}}^{(z)}(\gamma)$ differenzieren wir die statische Kennliniengleichung, die im Falle starker Belastung in Sperrichtung

$$\frac{U^{(z)}}{\mathfrak{B}} = -B_0\gamma^2 - B_1$$

mit

$$\gamma = \frac{i}{i_0} = \frac{i}{\varkappa_H(\mathfrak{B}/x_0)}$$

lautet ([2] Gl. (17, 06), (5, 08) und (5, 09)). Man erhält

$$r_{\text{diff}}^{(z)}(\gamma) = \frac{1}{(x_0/\varkappa_H)}\frac{dU^{(z)}}{di} = \frac{d(U^{(z)}/\mathfrak{B})}{d\left(\dfrac{i}{\varkappa_H(\mathfrak{B}/x_0)}\right)} = \frac{d(U^{(z)}/\mathfrak{B})}{d\gamma} = -2B_0\gamma = +2B_0\cdot|\gamma|. \tag{5, 08}$$

Als asymptotischer Gang im Reservegebiet ergibt sich nach Bild 14 in [2]

$$r_{\text{diff}}^{(z)}(\gamma) = + \frac{|\gamma|}{\mathfrak{f}} \frac{2}{p_R}. \tag{5,09}$$

Mit Hilfe von (5, 05) bis (5, 07) und (5, 09) kann jetzt die Gl. (3, 20) für die effektive Kapazitätslänge l_C ausgewertet werden. Es ergibt sich

$$l_C = \frac{|\gamma|}{\mathfrak{f}} \frac{16}{7} x_0. \tag{5,10}$$

Demnach ist bei starken Randverarmungen ($p_R \ll 1$), bei denen aber noch nicht mit Donatorenerschöpfung zu rechnen ist ($p_R \gg p_3$) die effektive Kapazitätslänge praktisch überhaupt nicht von dem speziellen Wert der Randverarmung p_R abhängig.

Ist dagegen die Randverarmung schon so stark, daß mit vollkommener Donatorenerschöpfung gerechnet werden muß ($p_R \ll p_3$), so ergibt sich eine Abhängigkeit

$$l_C = \frac{|\gamma|}{\mathfrak{f}} \frac{p_3}{p_R} x_0, \tag{5,11}$$

was in ganz entsprechender Weise wie (5, 10) hergeleitet wird. Wir führen dies nicht im einzelnen aus, sondern geben nur die Zwischenergebnisse

$$r_{\text{diff}}^{(z)}(\gamma) = \frac{|\gamma|}{\mathfrak{f}} \frac{p_3}{p_R^2}, \tag{5,12}$$

$$I_{FS} = \frac{|\gamma|}{\mathfrak{f}} \frac{1}{3} \frac{p_3}{p_R^3}, \tag{5,13}$$

$$I_{D_0} = \frac{|\gamma|}{\mathfrak{f}} \frac{1}{6} \frac{p_3}{p_R^3}, \tag{5,14}$$

an.
$$I_{D_1} = \frac{|\gamma|}{\mathfrak{f}} \frac{1}{2} \frac{p_3}{p_R^3} \tag{5,15}$$

In Bild 3 wird der ganze Verlauf von l_C in Abhängigkeit von der Randverarmung p_R gezeigt. Als Grenze p_3 der Donatorenerschöpfung ist dabei $p_3 = 10^{-6}$ zugrunde gelegt. Der Übergang zwischen den beiden asymptotischen Gängen im Reserve- und im Erschöpfungsgebiet wurde durch einige numerisch berechnete Punkte gewonnen, wobei natürlich auf die Vereinfachungen (4, 15) und (4, 16) verzichtet werden mußte. Auch der Punkt bei $p_R = 10^{-2}$, von dem ab die Kurve gezeichnet worden ist, wurde numerisch kontrolliert. Es zeigte sich, daß die tatsächliche Kurve hier ungefähr 10 % tiefer als die asymptotische Kurve liegt. Der Kurvenverlauf zwischen $p_R = 10^{\circ}$ und $p_R = 10^{-2}$ wurde nicht weiter diskutiert. Er bietet ja auch wenig Interesse, denn zum Hervortreten des hier allein betrachteten Zusatzwiderstandes der Randschicht gegenüber dem Bahnwiderstand der ganzen Probe sind schon kräftige Randverarmungen ($p_R \ll 1$) erforderlich [1]. Weiter zeigt Bild 3 die Dicke ξ_3

---

[1] Bei dieser Gelegenheit soll darauf hingewiesen werden, daß in [2] auf S. 32 bei den dortigen Ausführungen über die Richtkonstante α_1 bzw. die Abklingspannung $\mathfrak{U}$ dieser Umstand nicht genügend hervorgehoben worden ist. Es wird dort die Erwartung ausgesprochen, daß sich $\mathfrak{U} \geqq \mathfrak{W}$ ergeben müßte, und dann behauptet, daß diese Erwartung durch die Rechnung bestätigt würde. Ein Blick auf Bild 8 in [2] zeigt nun, daß für die schwachen Randverarmungen ($10^{\circ} > p_R > 10^{-1}$) durchaus $\mathfrak{U} < \mathfrak{W}$ wird, ja daß sogar mit $p_R \to 1$ $\mathfrak{U} \to 0$ geht. Das würde übrigens bei dem dort behaupteten Zusammenhang $\alpha_1 = (1/\mathfrak{U})$ die absurde Folge haben, daß die Richtkonstante α_1 für verschwindende Randverarmung unendlich groß würde. Die Aufklärung ergibt sich natürlich daraus, daß bei den dortigen Betrachtungen der Bahnwiderstand neben dem Zusatzwiderstand vernachlässigt worden ist, was bei den schwachen Randverarmungen leicht zu Mißverständnissen führen kann. In Bild 8 der Arbeit [2] ist eben die Abklingspannung $\mathfrak{U}$ des Zusatzwiderstandes der Randschicht berechnet worden und das ist auch ganz korrekt geschehen. Dagegen gelten die Behauptung $\mathfrak{U} \geqq \mathfrak{W}$ und der Zusammenhang $\alpha_1 = 1/\mathfrak{U}$ nur solange, wie der Bahnwiderstand neben dem Zusatzwiderstand vernachlässigt werden darf.

der Erschöpfungsschicht[1]), in der die Elektronenkonzentration vom Wert p_R bis auf den Wert p_3 ansteigt und in der also Donatorenerschöpfung herrscht. Wenn die Randdichte p_R schon größer als p_3 ist, tritt eine derartige Zone natürlich gar nicht auf, deshalb beginnt die ξ_3-Kurve bei $p = p_3$ mit dem Werte 0, um dann nach raschem Anstieg sehr bald mit der effektiven Kapazitätslänge praktisch zusammen zu fallen.

Dieses Ergebnis wird an Hand folgender Überlegungen sehr gut verständlich. Die Größe der Raumladung in einer bestimmten Schicht des Halbleiters wird nur zu einem verschwindend geringen Anteil direkt von der eigenen negativen Ladung der Elektronen beeinflußt, ausschlaggebend ist vielmehr die positive Ladung der dissoziierten Donatoren[2]). Sind in der betreffenden Schicht praktisch schon alle Donatoren dissoziiert (Donatorenerschöpfung, $p \ll p_3$), so liegt damit die Raumladung an dieser Stelle im wesentlichen fest, und sie ändert sich so gut wie gar nicht

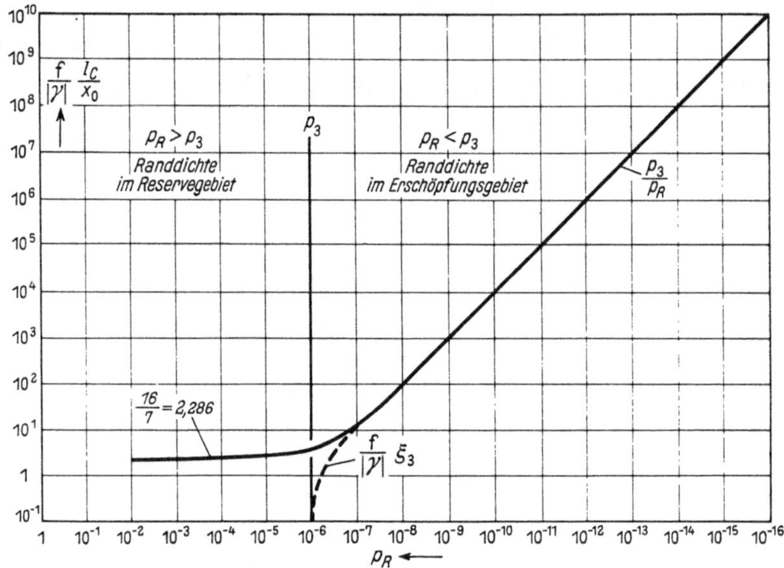

Bild 3. Abhängigkeit der effektiven Kapazitätslänge von der Randverarmung. Fall der starken Vorbelastung in Sperrichtung.

mehr, wenn unter dem Einfluß eines Wechselfeldes Elektronen in diese Schicht hinein- und wieder hinausströmen. Beträchtliche Ladungsschwankungen treten also einerseits nur in der metallischen Elektrode und dann erst wieder jenseits der Erschöpfungszone in solchen Gebieten auf, in denen noch nicht alle Donatoren erschöpft sind und die Elektronen daher auf dem Umwege über das thermische Gleichgewicht mit den Donatoren die Raumladung wieder in genügend starkem

---

[1]) Die Länge ξ_3 wird nach [2] § 18 als $\xi(p_3; p_R) = \xi(p_3) - \xi(p_R)$ berechnet.

[2]) Die Raumladungsdichte wird als Funktion der Elektronenkonzentration durch

$$f(p) = f\left[\frac{1}{p + p_3} - \frac{p}{1 + p_3}\right]$$

dargestellt. Das erste, positive Glied rührt von der positiven Raumladung der dissoziierten Donatoren her, das zweite negative Glied von der negativen Ladung der Elektronen. Man sieht, daß schon bei so schwachen Randverarmungen wie $p = 10^{-1}$ das Donatorenglied rund 100 mal größer als das Elektronenglied ist.

Maße beeinflussen können. Die Länge der Erschöpfungszone muß also als effektive Kapazitätslänge in Erscheinung treten.

III. Fehlende Gleichstromvorbelastung.

Der in Teil I entwickelte Rechnungsgang soll jetzt für den Fall fehlender Gleichstromvorbelastung ($\gamma = 0$) durchgeführt werden. Im Abschnitt 6 wird zunächst nachgewiesen, daß in diesem Fall ($\gamma = 0$) nur die quasistatische Konzentrationsamplitude P_0 benötigt wird, so daß bei der Integration der Differentialgleichung (2, 19) nicht nur $\gamma = 0$, sondern auch $\eta = 0$ gesetzt werden darf. Mit Hilfe der gewonnenen Ausdrücke für P_0, die durch Beschränkung auf die asymptotischen Verhältnisse im Reserve- und im Erschöpfungsgebiet vereinfacht werden, kann in Abschnitt 7 die effektive Kapazitätslänge l_C berechnet werden.

Der in der Bezeichnung der effektiven Kapazitätslänge jetzt hinzugefügte obere Index 0 soll auf die fehlende Gleichstromvorbelastung hindeuten.

6. Die spezifische Amplitude $\mathscr{P}(p;\eta) = P_0(p) + j\eta\,\mathscr{P}_1(p)$ der Konzentrationsschwankungen.

Obwohl im vorliegenden Teil III der Fall fehlender Gleichstromvorbelastung behandelt werden soll, wollen wir vorsichtigerweise in der Differentialgleichung

$$\frac{d}{dp}\left\{\frac{1}{p+j\eta}\left[1 - \left(\frac{\gamma}{p} - q(p)\right)\mathscr{P}(p;\eta) - p\cdot q(p)\,\mathscr{P}'(p;\eta)\right]\right\} = \frac{f'(p)}{p\cdot q(p)}\cdot\mathscr{P}(p;\eta) \quad (2,19)$$

nicht von vornherein $\gamma = 0$ setzen, sondern zunächst nur

$$\gamma \ll 1 \quad\quad\quad (6,01)$$

annehmen. Dann ist nach [2] (9, 01) für die Funktion $q(p) = \dfrac{d\ln p}{d\xi}$

$$q(p) = a_0(p) + \gamma\,a_1(p) \quad\quad\quad (6,02)$$

anzusetzen, wobei $a_0(p)$ und $a_1(p)$ zwei durch die Gl. (9, 06) und (9, 07) der Arbeit [2] beschriebene Funktionen von p sind. Setzt man (6, 02) in (2, 19) ein und berücksichtigt (6, 01), so erhält man einige von γ freie Hauptglieder und ein γ-proportionales und deshalb als Korrektur zu betrachtendes Störungsglied. Wir brauchen das im einzelnen nicht durchzuführen; denn daraus geht schon in Verbindung mit der Tatsache, daß (2, 19) eine lineare Differentialgleichung ist, hervor, daß die spezifische Wechselamplitude $P(p;\eta)$ aus einem von γ freien Hauptgliede und einer γ proportionalen Korrektur besteht. Entwickeln wir nun $P(p;\eta)$ nach Potenzen des Parameters $j\eta$ und brechen nach dem zweiten Gliede ab

$$\mathscr{P}(p;\eta) = P_0(p) + j\eta\,\mathscr{P}_1(p), \quad\quad\quad (6,03)$$

so gilt für $P_0(p)$ und $\mathscr{P}_1(p)$ dasselbe. Von den drei bei der Berechnung der effektiven Kapazitätslänge nach (3, 20) zu addierenden Integralen I_{FS}, I_{D_0} und I_{D_1} werden also I_{FS} und I_{D_0} nach (3, 13) und (3, 14) in nullter Näherung unabhängig von γ, I_{D_1} dagegen proportional γ, so daß bei Beschränkung auf den Fall völlig fehlender Gleichstromvorbelastung ($\gamma = 0$) das Integral I_{D_1} gänzlich wegfällt.

Wir brauchen also $\mathscr{P}_1(p)$ gar nicht explizit zu ermitteln, sondern können uns mit $P_0(p)$ begnügen. D. h. aber, daß im Fall fehlender Gleichstromvorbelastung ($\gamma = 0$) in (2, 19) nicht nur $\gamma = 0$, sondern auch $\eta = 0$ gesetzt werden darf:

$$\frac{d}{dp}\left\{\frac{1}{p}\left[1 + a_0(p)\,P_0(p) - p\,a_0(p)\,P_0'(p)\right]\right\} = \frac{f'(p)}{p\,a_0(p)}P_0(p). \quad\quad\quad (6,04)$$

Die uns interessierende Lösung dieser Differentialgleichung lautet:

$$P_0(p) = p\,a_0(p) \int\limits_{p=p_R}^{p} \frac{a_1(p)}{p\,a_0^2(p)}\,d p, \tag{6, 05}$$

denn (6, 05) befriedigt nicht nur die Differentialgleichung (6, 04), was man durch Ausdifferenzieren und Einsetzen verifizieren kann, sondern erfüllt auch die beiden Randbedingungen

und

$$P_0(p_R) = 0 \tag{3, 21}$$

$$P_0(1) = 0. \tag{3, 22}$$

Daß nämlich (3, 21) erfüllt ist, ist unmittelbar aus (6, 05) ersichtlich wegen des Gleichwerdens der beiden Integrationsgrenzen. Zur Nachprüfung von (3, 22) bemerken wir zunächst, daß aus den Gl. (10, 02) und (10, 04) der Arbeit [2] für $p \to 1$

und

$$a_0(p) \to \sqrt{2\,\mathsf{f}}\,(1 - p)$$

$$a_1(p) \to \tfrac{1}{2}\,(1 - p)$$

folgt. Der Integrand in (6, 05) verhält sich also für $p \to 1$ wie $\dfrac{1}{1 - p}$, das Integral selbst wird demnach für $p \to 1$ logarithmisch unendlich; das wird aber durch das lineare Verschwinden des Faktors $a_0(p)$ vor dem Integral überkompensiert, so daß damit auch die Erfüllung von (3, 22) sichergestellt ist.

Mit (6, 05) ist die Aufgabe des vorliegenden Abschnitts 6 eigentlich gelöst. Es handelt sich im weiteren nur noch um die Auswertung und Umformung von (6, 05). Ähnlich wie in Teil II werden wir dabei aber nur die asymptotischen Verhältnisse im Reserve- bzw. im Erschöpfungsgebiet untersuchen. Für das Reservegebiet haben wir

$$1 \gg p(>p_R) \gg p_3 \tag{6, 06}$$

anzusetzen. Dann gilt nach den Gl. (10, 02) und (10, 04) der Arbeit [2]

$$a_0(p) \approx \sqrt{2\,\mathsf{f}}\,\frac{1}{\sqrt{p}}, \tag{6, 07}$$

$$a_1(p) \approx \frac{2}{3}\,\frac{1}{p}, \tag{6, 08}$$

womit sich

$$P_0(p) = p\,\sqrt{2\,\mathsf{f}}\,\frac{1}{\sqrt{p}} \int\limits_{p=p_R}^{p} \frac{(2/3)\,(1/p)}{p \cdot 2\,\mathsf{f} \cdot 1/p}\,d p = \frac{1}{3}\sqrt{\frac{2}{\mathsf{f}}}\,\sqrt{p}\,\ln\frac{p}{p_R} \tag{6, 09}$$

ergibt. Für die asymptotischen Verhältnisse im Erschöpfungsgebiet ist die Annahme

$$p_3 \gg p(>p_R) \tag{6, 10}$$

zu machen; trotzdem wollen wir für $a_0(p)$ und $a_1(p)$ aus [2] die vollen Ausdrücke (10, 03) bzw. (10, 07) übernehmen, die nicht nur bis p_3, sondern sogar bis $p_3^* = 10^2 p_3$ gelten:

$$a_0(p) = \sqrt{\frac{2\,\mathsf{f}}{p_3}}\,\sqrt{\ln\left(1 + \frac{p_3}{p}\right)}, \tag{10, 03 \; Arbeit [2]}$$

$$a_1(p) = \frac{1}{p_3}\left[1 + \frac{p_3}{p} - \frac{\psi\left(\sqrt{\ln\left(1 + \frac{p_3}{p}\right)}\right)}{\sqrt{\ln\left(1 + \frac{p_3}{p}\right)}}\right]. \tag{10, 07 \; Arbeit [2]}$$

Hierbei ist $\psi(z)$ die in [6], [7], [8] und [9] behandelte, tabulierte und gezeichnete transzendente Funktion

$$\psi(z) = \int_{t=0}^{t=z} e^{+t^2}\, dt\,. \qquad (6,11)$$

Der Grund für diese vom soeben beschriebenen Vorgehen im Reservegebiet abweichende Maßnahme ist darin zu erblicken, daß sich ganz zum Schluß bei der Berechnung der effektiven Kapazitätslänge die Hauptglieder der Integrale I_{FS} und I_{D_0} gegenseitig wegheben werden, und daß wir deshalb gezwungen sind, bei Behandlung der asymptotischen Verhältnisse im Erschöpfungsgebiet außer den Hauptgliedern noch eine weitere Größenordnung zu berücksichtigen. Zunächst ergibt sich noch ohne weitere Vernachlässigungen

$$P_0(p) = \sqrt{\frac{2\,\mathfrak{f}}{p_3}}\, p\, \sqrt{\ln\left(1 + \frac{p_3}{p}\right)} \cdot \frac{1}{2\,\mathfrak{f}} \int_{p=p_R}^{p} \frac{1 + \dfrac{p_3}{p} - \dfrac{\psi\left(\sqrt{\ln\left(1 + \frac{p_3}{p}\right)}\right)}{\sqrt{\ln\left(1 + \frac{p_3}{p}\right)}}}{p \cdot \ln\left(1 + \frac{p_3}{p}\right)} \cdot dp\,. \qquad (6,12)$$

Betrachten wir den Zähler des Integranden etwas genauer. Für die Funktion $\psi(z)$ gilt nach [8] für große Werte des Arguments z die Näherungsgleichung

$$\psi(z) = \frac{e^{z^2}}{2\,z}\,. \qquad (6,13)$$

Also ist wegen (6, 10)

$$\frac{\psi\left(\sqrt{\ln\left(1 + \frac{p_3}{p}\right)}\right)}{\sqrt{\ln\left(1 + \frac{p_3}{p}\right)}} \approx \frac{\dfrac{p_3}{p}}{2\ln\dfrac{p_3}{p}}\,. \qquad (6,14)$$

Der dritte Summand ist also gegenüber dem zweiten Summanden p_3/p bereits um den Faktor $1\big/\left(2 \cdot \ln\frac{p_3}{p}\right)$ kleiner, so daß er schon eine Korrektur darstellt, die selbst nicht genauer ermittelt zu werden braucht. Im ganzen findet man für das Integral

$$\left.\begin{aligned}
\int_{p=p_R}^{p} \ldots\, dp &= \int_{p=p_R}^{p} \frac{1}{\left(\frac{p}{p_3}\right)^2 \cdot \ln\frac{p_3}{p}}\left[1 - \frac{1}{2\ln\frac{p_3}{p}}\right] d\left(\frac{p}{p_3}\right)\\[2ex]
&= \int_{p=p_R}^{p}\left[\left(\frac{p_3}{p}\right)^2 \frac{1}{\ln\frac{p_3}{p}} - \frac{1}{2}\left(\frac{p_3}{p}\right)^2 \frac{1}{\left(\ln\frac{p_3}{p}\right)^2}\right] d\left(\frac{p}{p_3}\right)\cdot
\end{aligned}\right\} \qquad (6,15)$$

Die Integrationen lassen sich mit Hilfe des Integrallogarithmus (siehe z. B. [6], S. 78 $\cdots$ 82)

$$\mathrm{li}\,x = \int_{u=0}^{u=x} \frac{du}{\ln u}$$

ausführen:

$$\int_{p=p_R}^{p} \ldots\, dp = \left[\left(-\,\mathrm{li}\,\frac{p_3}{p}\right) - \frac{1}{2}\left(\frac{p_3}{p}\,\frac{1}{\ln\frac{p_3}{p}} - \mathrm{li}\,\frac{p_3}{p}\right)\right]_{p=p_R}^{p}\,, \qquad (6,16)$$

was durch Ausdifferenzieren bestätigt werden kann. Für den Integrallogarithmus $\mathrm{li}\,x$ gilt nach [6] bei großen Werten des Arguments x die asymptotische Näherungsformel

$$\mathrm{li}\,x = \frac{x}{\ln x} + \frac{x}{(\ln x)^2},$$

womit sich dann aus (6, 16)

$$\int\limits_{p=p_R}^{p} \ldots\, dp = \left[-\frac{\dfrac{p_3}{p}}{\ln \dfrac{p_3}{p}} - \frac{1}{2}\frac{\dfrac{p_3}{p}}{\left(\ln \dfrac{p_3}{p}\right)^2} \right]_{p=p_R}^{p} \tag{6, 17}$$

ergibt. Mit Benutzung dieses Wertes (6, 17) erhalten wir schließlich aus (6, 12) den gesuchten Näherungsausdruck für $P_0(p)$

$$P_0(p) = \sqrt{\frac{p_3}{2\,\mathfrak{f}}\frac{p}{p_3}}\sqrt{\ln \frac{p_3}{p}}\left[+\frac{p_3}{p_R}\frac{1}{\ln \dfrac{p_3}{p_R}} - \frac{p_3}{p}\frac{1}{\ln \dfrac{p_3}{p}} + \frac{1}{2}\frac{p_3}{p_R}\frac{1}{\left(\ln \dfrac{p_3}{p_R}\right)^2} - \frac{1}{2}\frac{p_3}{p}\frac{1}{\left(\ln \dfrac{p_3}{p}\right)^2} \right]. \tag{6, 18}$$

Wir konnten bei dieser Ermittlung des asymptotischen Verhaltens von $P_0(p)$ im Erschöpfungsgebiet natürlich nicht zu ausführlich werden. Zur Erläuterung sei nur bemerkt, daß eine ganze Reihe von Gliedern weggelassen worden sind, die im Gegensatz zu den beibehaltenen Korrekturgliedern nicht nur um den Faktor $\frac{1}{2}\big/\!\left(\ln \dfrac{p_3}{p}\right)$, sondern um Faktoren $1\big/\!\left(\ln \dfrac{p_3}{p}\right)^2$ oder gar $\dfrac{p}{p_3}\big/\ln \dfrac{p_3}{p}$ kleiner als die Hauptglieder sind. Mit den Ausdrücken (6, 09) bzw. (6, 18) für das asymptotische Verhalten von $P_0(p)$ im Reserve- bzw. Erschöpfungsgebiet ist das Ziel des Abschnittes 6 erreicht und wir können nun im Abschnitt 7 die Integrale I_{FS} und I_{D_0} und damit schließlich die effektive Kapazitätslänge berechnen.

7. Berechnung der effektiven Kapazitätslänge.

Zu Beginn des Abschnitts 6 hatten wir festgestellt, daß für den hier behandelten Fall fehlender Gleichstromvorbelastung ($\gamma = 0$) das dynamische Integral I_{D_1} verschwindet. Wir brauchen daher außer dem Festschichtintegral I_{FS} nur das dynamische Integral

$$I_{D_0} = -\int\limits_{p=p_R}^{p=0,9} \left\{\frac{q(p)}{p^2} + \frac{\gamma}{p^3}\right\} P_0(p)\,\frac{dp}{p\,q(p)} \tag{3, 14}$$

zu berechnen. Im Fall fehlender Gleichstromvorbelastung $\gamma = 0$ vereinfacht es sich zu

$$I_{D_0} = -\int\limits_{p=p_R}^{p=0,9} \frac{1}{p^3}\,P_0(p)\,dp. \tag{7, 01}$$

Das asymptotische Verhalten im Reservegebiet $p_3 \ll p_R \ll 1$ ist mit Hilfe von (6, 09) leicht zu ermitteln. Es ergibt sich

$$I_{D_0} = -\frac{1}{3}\sqrt{\frac{2}{\mathfrak{f}}}\int\limits_{p=p_R}^{p=0,9} \frac{1}{p^{\frac{5}{2}}}\ln \frac{p}{p_R}\,dp = -\frac{1}{3}\sqrt{\frac{2}{\mathfrak{f}}}\left[-\frac{2}{3}\,p^{-\frac{3}{2}}\left(\ln \frac{p}{p_R} + \frac{2}{3}\right) \right]_{p=p_R}^{p=0,9}.$$

Da es sich nur um die Untersuchung des asymptotischen Verhaltens handelt, braucht der Beitrag der oberen Grenze nicht beachtet zu werden. Man erhält also schließlich

$$I_{D_0} = -\frac{4}{27}\sqrt{\frac{2}{\mathfrak{f}}}\,p_R^{-\frac{3}{2}}. \tag{7, 02}$$

Zur Ermittlung des asymptotischen Verhaltens im Erschöpfungsgebiet ist in (7, 01) für $P_0(p)$ der Ausdruck (6, 18) einzusetzen:

$$I_{D_0} = -\frac{1}{p_3^2}\sqrt{\frac{p_3}{2\mathfrak{f}}}\int_{p=p_R}^{p=0,9}\frac{1}{\left(\frac{p}{p_3}\right)^3}\frac{p}{p_3}\sqrt{\ln\frac{p_3}{p}}\left[\frac{p_3}{p_R}\frac{1}{\ln\frac{p_3}{p_R}}-\frac{p_3}{p}\frac{1}{\ln\frac{p_3}{p}}+\frac{1}{2}\frac{p_3}{p_R}\frac{1}{\left(\ln\frac{p_3}{p_R}\right)^2}-\frac{1}{2}\frac{p_3}{p}\frac{1}{\left(\ln\frac{p_3}{p}\right)^2}\right]d\frac{p}{p_3},$$

$$I_{D_0} = -\frac{1}{\sqrt{2\mathfrak{f}}}p_3^{-\frac{3}{2}}\int_{x=\frac{p_R}{p_3}}^{x=\frac{0,9}{p_3}}\frac{1}{x^2}\sqrt{\ln\frac{1}{x}}\left[\frac{p_3}{p_R}\frac{1}{\ln\frac{p_3}{p_R}}-\frac{1}{x}\frac{1}{\ln\frac{1}{x}}+\frac{1}{2}\frac{p_3}{p_R}\frac{1}{\left(\ln\frac{p_3}{p_R}\right)^2}-\frac{1}{2}\frac{1}{x}\frac{1}{\left(\ln\frac{1}{x}\right)^2}\right]dx$$

$$= -\frac{1}{\sqrt{2\mathfrak{f}}}p_3^{-\frac{3}{2}}\left[\begin{aligned}&+\frac{p_3}{p_R}\frac{1}{\ln\frac{p_3}{p_R}}\left(-\psi\left(\sqrt{\ln\frac{1}{x}}\right)-\frac{1}{x}\sqrt{\ln\frac{1}{x}}\right)-\left(-\sqrt{2}\,\psi\left(\sqrt{2}\sqrt{\ln\frac{1}{x}}\right)\right)\\&+\frac{1}{2}\frac{p_3}{p_R}\frac{1}{\left(\ln\frac{p_3}{p_R}\right)^2}\left(+\psi\left(\sqrt{\ln\frac{1}{x}}\right)-\frac{1}{x}\sqrt{\ln\frac{1}{x}}\right)-\frac{1}{2}\left(\frac{2}{x^2}\frac{1}{\sqrt{\ln\frac{1}{x}}}-4\sqrt{2}\,\psi\left(\sqrt{2}\sqrt{\ln\frac{1}{x}}\right)\right)\end{aligned}\right]_{x=\frac{p_R}{p_3}}^{x=\frac{0,9}{p_3}}$$

Wieder ist für das asymptotische Verhalten nur der Beitrag an der unteren Grenze wesentlich

$$= -\frac{1}{\sqrt{2\mathfrak{f}}}p_3^{-\frac{3}{2}}\left[\begin{aligned}&+\frac{p_3}{p_R}\frac{1}{\ln\frac{p_3}{p_R}}\left(-\psi\left(\sqrt{\ln\frac{p_3}{p_R}}\right)+\frac{p_3}{p_R}\sqrt{\ln\frac{p_3}{p_R}}\right)-\left(+\sqrt{2}\,\psi\left(\sqrt{2}\sqrt{\ln\frac{p_3}{p_R}}\right)\right)\\&+\frac{1}{2}\frac{p_3}{p_R}\frac{1}{\left(\ln\frac{p_3}{p_R}\right)^2}\left(-\psi\left(\sqrt{\ln\frac{p_3}{p_R}}\right)+\frac{p_3}{p_R}\sqrt{\ln\frac{p_3}{p_R}}\right)-\frac{1}{2}\left(-2\left(\frac{p_3}{p_R}\right)^2\frac{1}{\sqrt{\ln\frac{p_3}{p_R}}}+4\sqrt{2}\,\psi\left(\sqrt{2}\sqrt{\ln\frac{p_3}{p_R}}\right)\right)\end{aligned}\right]$$

Untersucht man die Größenordnung der einzelnen Glieder vermittels der Näherungsformel (6, 13) für die Funktion $\psi(z)$, so sieht man, daß die Hauptglieder von der Ordnung

$$\left(\frac{p_3}{p_R}\right)^2\frac{1}{\sqrt{\ln\frac{p_3}{p_R}}}$$

und die Korrekturglieder von der Ordnung

$$\left(\frac{p_3}{p_R}\right)^2\frac{1}{\sqrt{\ln\frac{p_3}{p_R}}^{\,3}}$$

sind.

Da außer den Hauptgliedern noch die ersten Korrekturen berechnet werden müssen, müssen die Glieder der niedrigeren Ordnung $(\cdots)^2\frac{1}{\sqrt{\cdots}^{\,3}}$ konsequent an allen Stellen berücksichtigt werden. Dazu reicht aber die Näherungsformel (6, 13) nicht immer aus. In der zweiten und in der vierten Klammer muß vielmehr die vervollständigte Näherungsformel[1]

$$\psi(z) \to \frac{\mathrm{e}^{z^2}}{2z}+\frac{\mathrm{e}^{z^2}}{4z^3} \tag{7, 04}$$

---

[1] Diese Näherungsformel läßt sich den Ausführungen von W. O. Schumann [8] entnehmen.

benutzt werden. Es ergibt sich dann schließlich als asymptotischer Gang im Erschöpfungsgebiet

$$I_{D_0} = -\frac{1}{\sqrt{2}\,\mathfrak{f}}\,p_3^{-\frac{3}{2}}\left[+\frac{1}{2}\left(\frac{p_3}{p_R}\right)^2\frac{1}{\sqrt{\ln\frac{p_3}{p_R}}} - \frac{3}{8}\left(\frac{p_3}{p_R}\right)^2\frac{1}{\sqrt{\ln\frac{p_3}{p_R}}^3}\right]. \qquad (7,05)$$

Die Berechnung des Festschichtintegrals I_{FS} bietet nichts Neues. Auch hier muß im Erschöpfungsgebiet für die Funktion $\psi(z)$ einmal die vervollständigte Näherungsformel (7, 04) verwendet werden. Wir teilen im folgenden nur einige Zwischenergebnisse und die beiden Endresultate mit:

Im Reservegebiet $p_3 \ll p_R$ ist nach (10, 02) Arbeit [2]

$$q(p) = a_0(p) = \sqrt{2}\,\mathfrak{f}\,\frac{1-p}{p}$$

zu setzen. Das Festschichtintegral (3, 13) wird

$$I_{FS} = \frac{1}{\sqrt{2}\,\mathfrak{f}}\int\limits_{p=p_R}^{p=0,9} p^{-\frac{5}{2}}(1+p)\,dp \approx \frac{1}{3}\sqrt{\frac{2}{\mathfrak{f}}}\,\frac{1}{p_R^{3/2}}. \qquad (7,06)$$

Im Erschöpfungsgebiet ist nach (10, 03) Arbeit [2]

$$q(p) = a_0(p) = \sqrt{\frac{2\,\mathfrak{f}}{p_3}}\,\sqrt{\ln\left(1+\frac{p_3}{p}\right)}$$

zu setzen. Bei der Ermittlung des asymptotischen Verlaufs von I_{FS} müssen außer dem Hauptglied wieder solche Korrekturglieder berücksichtigt werden, die nur um einen Faktor der Ordnung $1\big/\ln\frac{p_3}{p_R}$ kleiner als das Hauptglied sind. Es wird also

$$I_{FS} = \sqrt{\frac{p_3}{2\,\mathfrak{f}}}\int\limits_{p=p_R}^{p=0,9}\frac{1}{p^3}\frac{dp}{\sqrt{\ln\frac{p_3}{p}}}, \qquad (7,07)$$

denn die dabei gemachten Vernachlässigungen haben nur den Wegfall von Korrekturen der Ordnung $1\big/\frac{p_3}{p_R}$ oder sogar $1\big/\frac{p_3}{p_R}\cdot\ln\frac{p_3}{p_R}$ gegenüber 1 zur Folge.

Es wird also

$$I_{FS} = \frac{1}{\sqrt{2}\,\mathfrak{f}}\,p_3^{-\frac{3}{2}}\left(+\sqrt{2}\,\psi\left(\sqrt{2}\,\ln\sqrt{\frac{p_3}{p_R}}\right)\right) \qquad (7,08)$$

und mit Hilfe der vervollständigten Näherungsformel (7, 04)

$$I_{FS} = \frac{1}{\sqrt{2}\,\mathfrak{f}}\,p_3^{-\frac{3}{2}}\left[+\frac{1}{2}\left(\frac{p_3}{p_R}\right)^2\cdot\frac{1}{\sqrt{\ln\frac{p_3}{p_R}}} + \frac{1}{8}\left(\frac{p_3}{p_R}\right)^2\frac{1}{\sqrt{\ln\frac{p_3}{p_R}}^3}\right]. \qquad (7,09)$$

Die asymptotischen Gänge von $r_{\text{diff}}^{(z)}(\gamma)$

$$r_{\text{diff}}^{(z)} = \sqrt{\frac{2}{\mathfrak{f}}}\,\frac{1}{\sqrt{p_R}} \quad \text{im Reservegebiet } 1 \gg p_R \gg p_3, \qquad (7,10)$$

$$r_{\text{diff}}^{(z)} = \sqrt{\frac{2}{\mathfrak{f}\,p_3}}\,\frac{p_3/p_R}{2\sqrt{\ln\frac{p_3}{p_R}}} \quad \text{im Erschöpfungsgebiet } p_3 \gg p_R \qquad (7,11)$$

entnehmen wir dem Bild 7 der Arbeit [2]. Damit sind alle Angaben zur Berechnung der effektiven Kapazitätslänge

$$\frac{l_C^0}{x_0} = \frac{(r_{\mathrm{diff}}^{(z)})^2}{I_{FS} + I_{D_0} + I_{D_1}} \tag{3, 20}$$

zusammengetragen.

Im Reservegebiet $p_3 \ll p_R \ll 1$ ergibt sich mit den Werten (7, 10), (7, 06) und (7, 02)

$$\frac{l_C^0}{x_0} = \frac{(2/\mathfrak{f})\,(1/p_R)}{\sqrt{\dfrac{2}{\mathfrak{f}}}\,\dfrac{1}{p_3^{\frac{3}{2}}}\left(\dfrac{1}{3} - \dfrac{4}{27} + 0\right)} = \sqrt{\frac{2}{\mathfrak{f}}}\,\frac{27}{5}\,\sqrt{p_R}\,. \tag{7, 12}$$

Im Erschöpfungsgebiet $p_R \ll p_3$ ergibt sich mit den Werten (7, 11), (7, 09) und (7, 05)

$$\frac{l_C^0}{x_0} = \frac{\dfrac{2}{\mathfrak{f}p_3}\,\dfrac{(p_3/p_R)^2}{4\ln\dfrac{p_3}{p_R}}}{\dfrac{1}{\sqrt{2\mathfrak{f}}}\,p_3^{-\frac{3}{2}}\left\{\dfrac{1}{2}\left(\dfrac{p_3}{p_R}\right)^2\dfrac{1}{\sqrt{\ln\dfrac{p_3}{p_R}}}\,[+1-1+0] + \dfrac{1}{8}\left(\dfrac{p_3}{p_R}\right)^2\dfrac{1}{\sqrt{\ln\dfrac{p_3}{p_R}}^3}\,[+1+3+0]\right\}}\,. \tag{7, 13}$$

Man sieht, daß sich die Hauptglieder von I_{FS} und I_{D_0} tatsächlich gegenseitig kompensieren, wie schon in Abschnitt 6 angekündigt worden ist. Deshalb mußten ja hier im Erschöpfungsgebiet auch überall die ersten Korrekturen mitgeschleppt werden. Es ergibt sich endgültig

$$\frac{l_C^0}{x_0} = \sqrt{\frac{2}{\mathfrak{f}}}\,\sqrt{p_3}\,\sqrt{\ln\frac{p_3}{p_R}}\,. \tag{7, 14}$$

Die Gänge (7, 12) und (7, 14) sind im Bild 4 dargestellt. Außerdem ist wie in Bild 3 die Dicke ξ_3 der Erschöpfungsschicht eingezeichnet. Diese Kurve zeigt ab $p_R = 10^{-8}$ praktisch denselben Gang wie (7, 14), unterscheidet sich aber um einen konstanten Betrag $0{,}720 \cdot 10^{-3}$. Da l_C^0/x_0 lt. (7, 14) für beliebig starke Randverarmung logarithmisch unendlich wird, ist für $1/p_R \to \infty$ diese konstante Differenz zu vernachlässigen. Also werden auch im Falle der fehlenden Vorbelastung genau wie im Falle der starken Vorbelastung in Sperrichtung Kapazitätslänge und Dicke der Erschöpfungszone identisch. Die physikalischen Gründe dafür sind natürlich hier

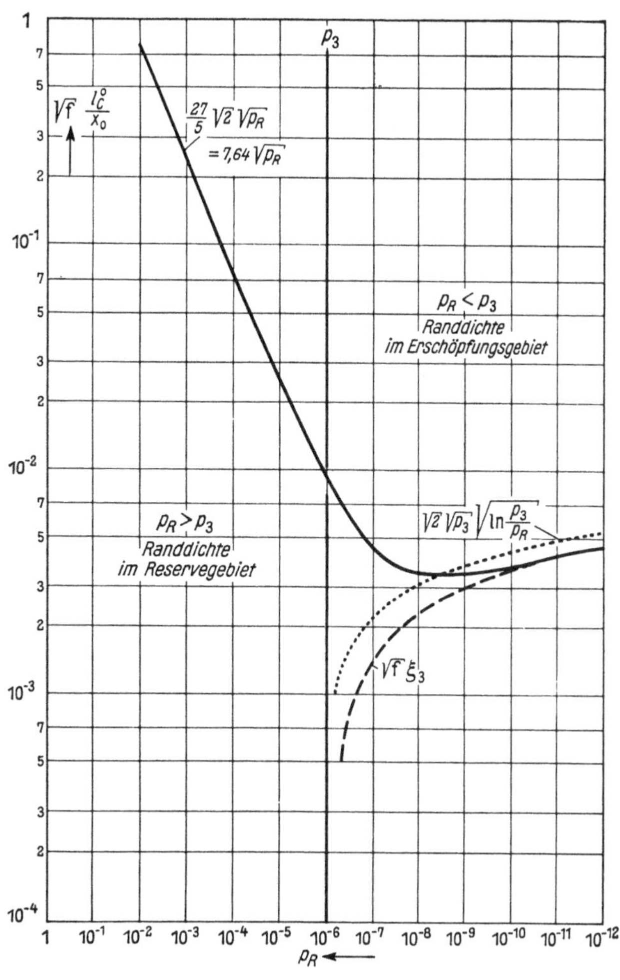

Bild 4. Abhängigkeit der effektiven Kapazitätslänge von der Randverarmung. Fall der fehlenden Gleichstromvorbelastung.

5

wie dort dieselben. Sie sprechen übrigens dafür, daß die Übereinstimmung von l_C^0/x_0 und ξ_3 recht bald nach Überschreiten der Grenze $p_R = p_3$ sehr gut wird und deshalb liegt die Vermutung nahe, daß die Kurve für ξ_3 den tatsächlichen Verlauf von l_C^0/x_0 kurz hinter $p_R = p_3$ besser wiedergibt als der von uns berechnete asymptotische Verlauf, der dann erst bei sehr starken Randverarmungen einigermaßen mit dem tatsächlichen Kurvenverlauf zusammenfallen würde.

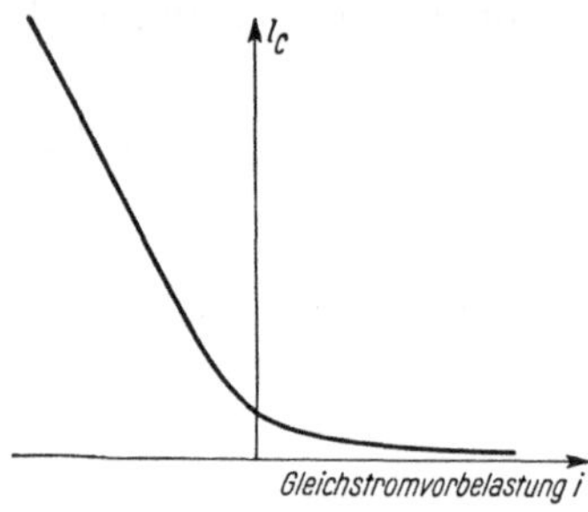

Bild 5. Abhängigkeit der effektiven Kapazitätslänge von der Gleichstromvorbelastung. (Schematisch!)

Genauigkeitsabschätzungen der im Übergangsgebiet $p_R \approx p_3$ numerisch berechneten Zwischenpunkte ergaben, daß die Kurve für l_C^0/x_0 bestimmt nicht höher als gezeichnet liegen kann, an einigen Stellen dagegen bis zu 5 % tiefer. Damit ist sichergestellt, daß sich bald hinter $p_R = p_3$ die Kurven für ξ_3 und l_C^0/x_0 vereinigen und dann erst gemeinsam bei sehr starken Randverarmungen in den asymptotischen (l_C^0/x_0)-Verlauf einmünden.

Zusammenfassung.

Um weitere Prüfungsmöglichkeiten für die Raumladungstheorie der Trockengleichrichter zu gewinnen, wird in einem einfachen Typenfall (s. Einleitung) der Scheinwiderstand eines Halbleiters mit Randverarmungsschicht untersucht. Teil I bringt eine Ersatzschaltung, bei der in Reihe mit dem Bahnwiderstand der von der Randverarmung herrührende Zusatzwiderstand liegt. Der Bahnwiderstand besteht aus einer Parallelschaltung des Ohmschen Bahnwiderstandes und der Bahnkapazität und berechnet sich so, als ob in allen Schichten des Halbleiters die Elektronenkonzentration und damit die Leitfähigkeit des quasineutralen Halbleiterinnern vorhanden wäre. Es zeigt sich, daß der Zusatzwiderstand ebenfalls als Parallelschaltung eines Ohmschen und eines kapazitiven Anteiles aufzufassen ist, wenigstens für solche Frequenzen, die klein gegen das $1/2\pi$fache der reziproken Relaxationszeit des Halbleiterrandes sind. Während der Ohmsche Anteil des Zusatzwiderstandes schon in [2] untersucht wurde, ist die Kapazität der Randschicht das eigentliche Thema dieser Arbeit. Teil I entwickelt neben der Begründung des geschilderten Ersatzschaltbildes das allgemeine Verfahren, nach dem die Berechnung der Randschichtkapazität zu erfolgen hat. Dieses Verfahren wird in Teil II für starke Gleichstromvorbelastungen in Sperrichtung und in Teil III für fehlende Gleichstromvorbelastung durchgeführt.

Zur Darstellung der Ergebnisse bedienen wir uns einer effektiven Kapazitätslänge l_C, die durch den Ansatz $\frac{\varepsilon}{4\pi l_C}$ für die Randschichtkapazität pro Quadratzentimeter definiert ist. Trägt man l_C gegen die Gleichstrombelastung auf, so ist wegen der Zusammenziehung bzw. Verbreiterung der Randverarmungsschicht bei Belastungen in Fluß- bzw. in Sperrichtung von vornherein zu erwarten, daß l_C von sehr niedrigen Werten im Flußgebiet zu sehr großen Werten im Sperrgebiet ansteigt (s. Bild 5). Dieses Bild konnte durch die vorgenommenen Untersuchungen etwas präzisiert werden. Es zeigte sich, daß bei genügend großen Belastungen in Sperrichtung l_C proportional der ersten Potenz der Stromdichte i ist. Solange keine

Donatorenerschöpfung auftritt, lautet das vollständige Ergebnis:

$$l_C = \frac{1}{\mathsf{f}} \frac{16}{7} x_0 \frac{i}{i_0} .$$

Bei Donatorenerschöpfung dagegen

$$l_C = \frac{1}{\mathsf{f}} \frac{p_3}{p_R} x_0 \frac{i}{i_0} .$$

Hierbei ist $x_0 = \sqrt{\dfrac{\varepsilon b}{4\pi \varkappa_H}}$ bzw. $i_0 = \varkappa_H \dfrac{\mathfrak{B}}{x_0}$ eine Normallänge bzw. Normalstromdichte, die sich aus den Eigenschaften des quasineutralen Halbleiters (Leitfähigkeit $\varkappa_H$, Dielektrizitätskonstante ε, Elektronenbeweglichkeit b, Voltäquivalent $\mathfrak{B} = \dfrac{kT}{e}$ der Halbleitertemperatur T) berechnen läßt. Bezüglich der genaueren Bedeutung der „Haftkonstante f", der „Randverarmung p_R" und der „Grenze p_3 zwischen Reserve- und Erschöpfungsgebiet" muß auf [2] verwiesen werden.

Eine weitere Präzisierung des Bildes 5 besteht in der Angabe des Punktes, in dem die l_C-Kurve die Ordinatenachse schneidet. Hier, also bei der Gleichstromvorbelastung 0, gilt

$$l_C^0 = \frac{1}{\sqrt{\mathsf{f}}} \frac{27\sqrt{2}}{5} \sqrt{p_R}\, x_0 , \quad \text{solange keine Donatorenerschöpfung herrscht,}$$

$$l_C^0 = \frac{1}{\sqrt{\mathsf{f}}} \sqrt{2}\, \sqrt{p_3}\, \sqrt{\ln \frac{p_3}{p_R}}\, x_0 \quad \text{bei Donatorenerschöpfung.}$$

Als physikalisch gut verständliches Ergebnis sei noch erwähnt, daß sowohl im Sperrgebiet wie bei fehlender Gleichstromvorbelastung die Kapazitätslänge l_C bei Donatorenerschöpfung mit der Dicke der Erschöpfungszone identisch ist.

Ein Vergleich dieser Ergebnisse mit vorliegenden Messungen wird an anderer Stelle von Herrn W. Schottky durchgeführt werden [10], [11].

Schrifttum.

1. W. Schottky: Zur Halbleitertheorie der Sperrschicht- und Spitzengleichrichter. Z. Phys. **113** (1939) S. 367 $\cdots$ 414.
Voraus ging eine vorläufige Mitteilung in den „Naturwissenschaften": W. Schottky: Halbleitertheorie der Sperrschicht. Naturwiss. **26** (1938) S. 843.
2. W. Schottky u. E. Spenke: Zur quantitativen Durchführung der Raumladungs- und Randschichttheorie der Kristallgleichrichter. Wiss. Veröff. Siemens-Werken **XVIII**, 3 (1939) S. 1 $\cdots$ 67.
3. W. Schottky u. W. Deutschmann: Zum Mechanismus der Richtwirkung in Kupferoxydulgleichrichtern. Phys. Z. **30** (1929) S. 839 $\cdots$ 846.
4. Annemarie Schmidt: Dissertation Prag, im Erscheinen.
5. H. Geiger u. Karl Scheel: Handbuch der Physik III S. 293.
6. E. Jahnke u. F. Emde: Funktionentafeln. 2. Aufl. S. 106. Leipzig u. Berlin (1933).
7. H. G. Dawson: On the Numerical Value of $\int_0^h e^{x^2} dx$. Proc. Lond. math. Soc. 29 II (1897/98) S. 519 $\cdots$ 522.
8. W. O. Schumann: Elektrische Durchbruchsfeldstärke von Gasen. Berlin (1923) S. 238f.
9. M. Knoll, F. Ollendorff u. R. Rompe: Gasentladungstabellen. Berlin (1935) S. 167.
10. W. Schottky: Abweichungen vom Ohmschen Gesetz in Halbleitern. Vortrag Physikertagung 1940. Phys. Z. **41** (1940) S. 570 $\cdots$ 573 und Z. f. techn. Phys. **21** (1940) S. 322 $\cdots$ 325.
11. W. Schottky: eine Arbeit erscheint 1941 im Schweizer Arch. angew. Wiss. Techn.

5*

Beitrag zur Kenntnis der Reibung.

Von **Ragnar Holm**.

Mit 4 Bildern.

Mitteilung aus dem Forschungslaboratorium I der Siemens-Werke zu Siemensstadt.

Eingegangen am 18. Dezember 1940.

Ausgehend von neuen Messungen werden im folgenden Überlegungen durchgeführt, die einige aktuelle Fragen der Reibungslehre betreffen. Die Versuche sind von dreierlei Art: I. mit Platten- bzw. Kreuzdrahtkontakten in Luft, II. mit einer Graphitbürste gegen einen rotierenden Graphitring und III. mit einem Hohlzylinder als Läufer auf einem das Loch durchsetzenden ausgespannten Draht, beide ausgeglüht und im Hochvakuum.

Bezeichnungen mit für die Formeln geltenden Einheiten.

A Reibungsarbeit in g cm
B Eindrucksbreite im Schienendraht in cm $\}$ siehe Bild 1.
β „   „ Läuferdraht in cm
E Elastizitätsmodul in g/cm²
F Wirkliche Berührungsfläche in cm²
$\boldsymbol{F}$ Scheinbare Berührungsfläche
G Läufergewicht in g
H Härte in g/cm²
P Kontaktlast in g
$p = P/F$ mittlerer Kontaktdruck in g/cm²
P_b Reibungskraft bei Bewegung in g
P_r Maximale Reibungskraft bei Ruhe in g
R Drahthalbmesser in cm, manchmal auch Kontaktwider-[stand in Ω
s Gleitweg in cm
Z Zerreißfestigkeit in g/cm²
μ_b Reibungszahl bei Bewegung
μ_r Maximale Reibungszahl bei Ruhe
Θ Neigungswinkel der schiefen Ebene
σ Mittlere Länge einer verbreiterten Stelle der Läuferdrähte in cm
σ Hautwiderstand $\Omega \cdot$ cm²
$\Psi_b = P_b/F = \mu_b \cdot p$ Spezifische Reibungskraft bei Bewegung in g/cm²
$\Psi_r = P_r/F = \mu_r \cdot p$ Maximale spezifische Reibungskraft bei Ruhe in g/cm².

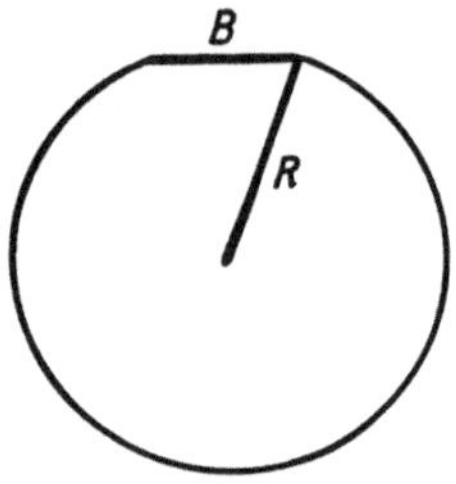

Bild 1. Abplattung der Schienendrähte.

Es folgen jetzt Beschreibungen der verschiedenen Messungen. Die wichtigsten Meßergebnisse sind in der Zahlentafel 3 zusammengestellt und werden nicht immer schon bei der Versuchsbeschreibung angeführt. Erst im Anschluß an die Zahlentafel 3 werden die Ergebnisse theoretisch diskutiert.

I. Versuche mit Platten- und Kreuzdrahtkontakten in Luft.

A. Reibungsmessungen an Kreuzdrahtkontakten.

Schon vor einigen Jahren hat Verfasser Versuche mit Kreuzdrahtkontakten beschrieben [6][1]. Sie wurden in folgender Weise ausgeführt. Zur Messung der Rei-

---

[1] Die eingeklammerten schrägen Zahlen beziehen sich auf das Schrifttum am Schluß der Arbeit.

bungszahl μ wurde die Methode der schiefen Ebene verwendet. Entlang einer Platte waren zwei Metalldrähte gespannt, welche so einen Schienenweg, die schiefe Ebene, bildeten. Der Läufer trug auf seiner unteren ebenen Fläche auch zwei ausgespannte ebensolche Drähte. Er wurde mit seinen Drähten senkrecht zu den „Schienen" gelegt. Dann wurde diejenige Neigung Θ des Schienenstranges ausprobiert, bei der der Läufer anfing, sich zu bewegen, Ruhereibung; oder bei der der Läufer in Bewegung blieb, wenn er sachte aus der Ruhe gebracht wurde, Bewegungsreibung. Die Reibungszahl μ errechnet sich jedes Mal als:

$$\mu = \operatorname{tg}\Theta.$$

Die erstmalig verwendeten Drähte sanken etwas ineinander ein. Bei Ruhe entstanden mikroskopisch meßbare kreisförmige Eindrücke. Nach einmaligem Gleiten waren die Schienendrähte an der Berührungsstelle in mikroskopisch bestimmbarem Maß abgeflacht. Hierdurch wurde eine obere Grenze derjenigen Verformungsarbeit berechenbar, welche durch Atomverschiebungen senkrecht zur Kontaktebene ausgeführt wird. Diese Versuche werden jetzt ergänzt.

Ein besonderer Vorteil des Meßverfahrens liegt darin, daß die wirkliche Berührungsfläche und, wie gesagt, eine obere Grenze einer definierbaren Verformungsarbeit bestimmbar sind. Die augenblickliche Eindrucksbreite ist in beiden sich berührenden Drähten etwa B. Weil der Läufer seine Anliegestelle beim Gleiten nicht genau behält, verbreitert sich auf ihm der nachträglich sichtbare Eindruck bis auf β. Die aus vier Einzelflächen bestehende Berührungsfläche ist:

$$F = 4\pi\left(\frac{B}{2}\right)^2 = \pi B^2. \tag{1}$$

Der mittlere Kontaktdruck ist also:

$$p = \frac{P}{F} = \frac{P}{\pi B^2}. \tag{2}$$

Im ruhenden Kontakt erhält man 4 kreisförmige Eindrucksstellen, aus denen die Drahthärte H bestimmt werden kann. Tatsächlich wurde diese aber immer mit Hilfe einer besonderen Vorrichtung an einem einzigen Kreuzdrahtkontakt gemessen.

Die Reibungsarbeit längs des Weges s auf den Schienen ist:

$$A(s) = G \cdot s \cdot \sin\Theta, \tag{3}$$

und die Verformungsarbeit infolge der Verschiebungen senkrecht zur Kontaktfläche ist, wie R. Holm [6] bereits früher bewiesen hat, höchstens:

$$A_v(s) = G \cdot \frac{B^2 s + \beta^2 \sigma}{4R(B+\beta)}. \tag{4}$$

Die Drähte wurden in verschiedenen Reinheitsgraden verwendet:

1. Gereinigt. Die ganze, vorher mit Alkohol abgeriebene Apparatur hatte eine Zeit, z. B. einen Tag lang, in einem größeren, mit reinem Benzol gefüllten Gefäß gelegen.

2. Mit normaler Schmierölhaut. Dies bedeutet nicht, daß die Drähte eine sichtbare Ölhaut besaßen. Sie wurden sogar vor dem Versuch immer mittels eines in Alkohol getauchten Wattebausches abgerieben, waren also ziemlich rein. Sie waren ursprünglich fettig vom Ziehen. Von ihrer Fettigkeit geht aber bei dem beschriebenen Abreiben zwar das meiste, jedoch nicht alles verloren. Eine sehr dünne und offenbar gut reproduzierbare Haut bleibt zurück. Wir werden finden, daß an jedem Kontaktglied in der Kontaktfläche wahrscheinlich eine einmolekulare Haut, Epilamen, zurückblieb, vgl. IX.

3. Mit besonderer Schmierölhaut. Ähnlich wie 2., nur daß die Drähte ursprünglich mit einem besonderen zu prüfenden Öl geschmiert waren.

4. Stark gefettet oder geölt, mit sichtbarer Schmierschicht, von welcher in den Kontaktstellen vermutlich nur das Epilamen zurückblieb.

Die ausgeführten Messungen nebst Berechnungen nach den Gl. (2), (3) und (4) sind in der Zahlentafel 3 zusammengestellt.

Bild 2. Eindruck des quer gelegten Drahtes in einem Kupferdraht.

Bild 2 zeigt vergrößert den zur Härtemessung dienenden Eindruck in einem Kupferdraht. Man sieht, wie der quer gelegte Draht seine längs gehenden Furchen in dem Eindruck abgebildet hat, ein Zeichen dafür, daß die ganze Eindruckfläche Berührung gehabt hat und überall „geflossen" ist.

Auf dem Bild 3 sind vergrößerte Aufnahmen zu sehen, nämlich in 3a ein noch nicht verwendeter Draht, in 3b ein unter dem Läufergewicht von 6,24 kg bei einmaligem Gleiten verformter Kupferdraht, in 3c ein ähnlich verformter Stahldraht.

B. Platten-Kontaktversuche.

Bei den Platten-Kontaktversuchen berührten sich der Läufer und die schiefe Ebene mit praktisch ebenen Oberflächen, die teils gereinigt, teils nach der obigen Definition mit Schmierölhaut geprüft wurden. Gut gereinigte Metallflächen in Zimmerluft ergaben μ zwischen 0,4 und 0,6. Mit Schmierölhaut erhielt man an Kupfer $\mu = 0,11$ und an Stahl $\mu = 0,11 \cdots 0,15$. In feuchter Luft (90%) und ohne Schmiermittel wurde an Stahl $\mu = 0,33$ gefunden, ein so großer Wert, daß man wohl behaupten darf, daß das Wasser am Stahl nicht eigentlich schmiert. Die wirkliche Berührungsfläche ist bei diesen Versuchen nicht sicher bekannt, jedoch kann man durch Vergleich mit gewissen früheren Messungen [6] auf eine Berührungsfläche F von einer solchen Größe schließen, daß sich der Druck $p = P/F = 0,3\,H \cdots 0,6\,H$ ergibt.

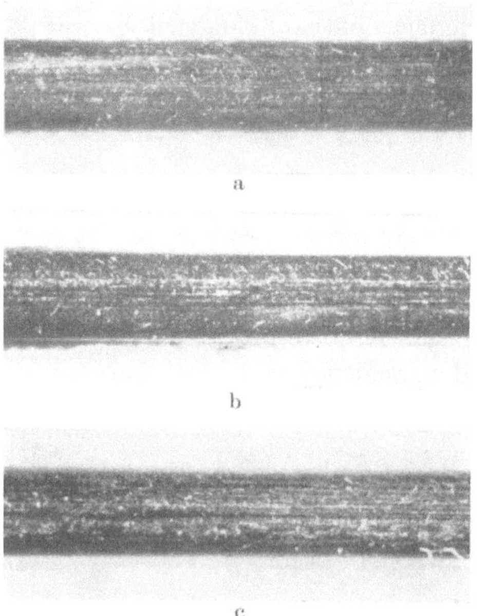

Bild 3a···c. Abflachung der Schienendrähte unter dem Druck des sie überfahrenden Läufers.

Mit einer vor der Kontaktbildung ziemlich dicken, fast sichtbaren Schmierölhaut wurde gelegentlich an Stahl μ bis hinauf zu 0,2 gemessen, also recht hoch. Dies ist ein Anzeichen unter anderen dafür, daß das Epilamen sich nicht besonders gut aus einer dicken Schmiermittelmenge ausscheidet.

Vor 30 Jahren machte Ch. Jakob [16] einige Messungen über die Reibung zwischen glatten, in Luft weitgehend gereinigten Flächen. Die betreffenden Metallflächen waren mit Schmirgel und Pariser Rot poliert und schließlich mit sterilisiertem Mull abgerieben. Schon mit sehr kleiner Reibungskraft ($\mu \approx 0,07$) geriet der Läufer mit einer kleinen Geschwindigkeit (0,002 ··· 1 mm/s) in Bewegung, die nicht beschleunigt war. Mit wachsender Zugkraft erhöhte sich diese Geschwindigkeit, bis schließlich mit $\mu \approx 0,15$ eine normale, beschleunigte Gleitbewegung auftrat. Verfasser hat diese Beobachtung an einigen Kontakten gut bestätigen können. Sie dürften alle eine dünnste Schmierhaut, Epilamen[1]), getragen haben. Vermutlich war das-

----
[1]) s. Abschnitt IX.

selbe mit Ch. Jakobs Kontakten der Fall. Das von ihr verwendete Reinigungs-
verfahren bietet nämlich keine Gewähr gegen die Ausbildung einer Fremdhaut.
Eine solche ist mit Sicherheit nur im Vakuum durch Ausglühen zu beseitigen. Die
sonst in dieser Abhandlung angeführten μ-Werte beziehen sich alle auf eine jedenfalls stellenweise beschleunigte Bewegung.

C. Messung der Leitfähigkeit eines geölten Kreuzdrahtkontaktes.

Bei einem Kreuzdrahtversuch mit Kupferdrähten waren diese von der Platte
der schiefen Ebene sowie vom Läufer isoliert, so daß nach der altbewährten Methode[1])
der Kontaktwiderstand gemessen werden konnte. Die betreffenden Kupferdrähte
waren ursprünglich verzinnt und wurden unter Benzol geschmirgelt, bis das reine
Kupfer übrigblieb, dann unmittelbar eingefettet und einen Tag später für die
Messung verwendet. Es ergaben sich bei einer maximalen Kontaktlast an der untersuchten Kreuzung von 430 g Ruhewiderstände je Einzelkreuzung von etwa $1,6 \cdot 10^{-4}\,\Omega$
und Widerstände bei Bewegung, die im allgemeinen nicht einmal 50 % größer waren.
Andere Versuche wurden an ruhenden Kreuzdrahtkontakten ausgeführt, und zwar
mit Kupfer- und Nickeldrähten. Mit Kupfer wurde bei $P = 250$ g ein Kontakt-
widerstand $R = 2,6 \cdot 10^{-4}\,\Omega$, mit Nickel bei $P = 80$ g $R = 5,2 \cdot 10^{-3}\,\Omega$ gemessen. Die
Berührungsfläche πa^2 erhält man gut annähernd im Falle des Kupfers aus der
Gleichung $H \cdot \pi a^2 = P$, im Falle des Nickels aus $\frac{1}{2} H \cdot \pi a^2 = P$. Der Engewiderstand
ist jedesmal annähernd $\varrho/2a$. Der Hautwiderstand der Schmierschicht beträgt also
$R_h = R - \varrho/2a$. Schließlich berechnet sich der auf das cm² Kontaktfläche bezogene
Hautwiderstand σ nach der Gleichung:

$$\frac{\sigma}{\pi a^2} = R_h.$$

Es ergibt sich für Kupfer:

$$\sigma = 2,6 \cdot 10^{-9}\,\Omega\,\mathrm{cm}^2$$

und für Nickel:

$$\sigma = 29 \cdot 10^{-9}\,\Omega\,\mathrm{cm}^2.$$

Beide Male ist der Hautwiderstand so klein, wie man ihn nach dem Tunneleffekt
für einatomare Schmierschichten berechnet, vgl. Abschnitt VII, und zwar unter der
Voraussetzung, daß die Haut ganz die Kontaktfläche bedeckt.

II. Versuche mit einer Graphitbürste gegen einen rotierenden Graphitring.

Der für diese Reibungsmessung verwendete Apparat ist bereits früher im Prinzip
abgebildet worden[2]). Zwei Messungen sind verwertet worden. Die erste geschah
einige Stunden, nachdem die durch Schmirgeln und Abwischen angepaßte Bürste
angefangen hatte zu gleiten. Die zweite geschah, nachdem sich der Kontakt ein halbes
Jahr lang dauernd mit der Gleitgeschwindigkeit von etwa 10 m/s eingeschliffen hatte.
Merkwürdigerweise sank der Kontaktwiderstand mit weiterem Einschleifen nicht
dauernd, sondern er erreichte ein Minimum und stieg danach wieder an, bis der
Kontakt eines Tages etwas ratterte. Nachher war der Widerstand bedeutend (auf $^1/_3$)
verkleinert. Wir nehmen an, daß eine Graphitschuppenhaut die Erhöhung des
Widerstandes bewirkte, und daß diese Haut beim Rattern abgeworfen wurde, ohne

---

[1]) s. R. Holm [1], Bild (9a).
[2]) s. R. Holm, H. P. Fink, F. Güldenpfennig u. H. Körner [8]: Bild (2a).

daß der gute Einschleifzustand der Bürste verlorenging. Die wirkliche Berührungsfläche war bei diesem Versuch nicht exakt bekannt. Es wurden 10 Teilflächen angenommen, und nachher wurde so wie in [7] gerechnet, um zu p zu gelangen.

III. Messungen mit einem Hohlzylinder als Läufer auf einem ihn durch-setzenden, ausgespannten Draht, alles ausgeglüht und im Hochvakuum.

A. Reibungsmessungen.

Die früher von R. Holm und B. Kirschstein [4] und [5] durchgeführten Messungen sind jetzt durch neue mit einem schwereren Läufer (167 g) ergänzt worden.
Der Läufer bestand seinem hauptsächlichen Gewicht nach aus einem hohlen Eisen-
zylinder. In dessen Loch war eine ziemlich eng gewickelte Nickelwendel hinein-
gepreßt. Der Gleitkontakt fand zwischen zwei oder drei Punkten der Nickelwendel und dem die „schiefe Ebene" ersetzenden ausgespannten Nickeldraht statt.
Um eine Bestimmung der Berührungsfläche zu ermöglichen, bekam der Gleiter 2
(biegsame) Zuführungsdrähte, so daß der Kontaktwiderstand zwischen Läufer und
Nickeldraht gemessen werden konnte. Es ergab sich:

$$\mu = 1{,}55 \pm 0{,}04 \; .$$

Es ist der mittlere Fehler des Mittelwertes, der hier angegeben ist. Die mittlere
Abweichung der Einzelmessung betrug 0,14. Demgemäß war die Streuung im Vergleich zu den früheren Messungen mit kleinem P äußerst klein.

B. Der Kontaktwiderstand zwischen dem Läufer von 167 g und dem tragenden Draht.

Dieser Widerstand R wurde als Quotient zwischen Kontaktspannung und Strom
bestimmt. Es ergab sich $R = 6{,}5 \cdot 10^{-4}\,\Omega$ bei einer mittleren quadratischen Abweichung der Einzelmessung von $1{,}2 \cdot 10^{-4}\,\Omega$. Unter der annähernden Annahme
von zwei gleichen kreisförmigen Berührungsflächen mit dem Radius a, also $R = \frac{1}{2} \cdot \frac{\varrho}{2a}$,
ergibt sich mit $\varrho = 8 \cdot 10^{-6}\,\Omega$ cm der Halbmesser $a = 3{,}08 \cdot 10^{-3}$ cm, also eine gesamte Berührungsfläche $2\pi a^2 = 5{,}97 \cdot 10^{-5}$ cm². Der Kontaktdruck p_1 berechnet
sich zu:

$$p_1 = \frac{P}{2\pi a^2} = \frac{167}{5{,}97 \cdot 10^{-5}}\,\text{g/cm}^2 = 2{,}8\,\text{t/cm}^2 \; .$$

Eine ähnliche Rechnung mit drei Teilflächen führt zu $p_2 = 4{,}25$ t/cm². Wahrscheinlich waren 3 Teilflächen vorhanden, aber nicht alle gleich groß. Der wahrscheinlichste Druck ist deshalb wohl etwa $\frac{1}{2}(p_1 + p_2) = 3{,}5$ t/cm². Das betreffende Nickel
hatte die Härte $H = 7$ t/cm². Also war:

$$p = 0{,}5\,H \; . \tag{6}$$

C. Vergleich mit früheren Druckbestimmungen in Kontakten.

Verfasser hat vor einigen Jahren die Anzahl Teilflächen eines Kontaktes Elektro-
graphitbürste gegen Kupferring bzw. Silberring und anschließend daran den dortigen
Druck p_g bestimmt [7]. Die p_g-Berechnung beruht zum Teil auf der Bestimmung
eines Kontaktwiderstandes. Es ergab sich, wenn H_g die Härte des Elektrographits
bedeutet:

$$p_g \approx 0{,}6\,H_g \; . \tag{7}$$

Nach Gl. (6) und (7) würde der Nickelkontakt in höherem Maß als der Graphit-
Kupferkontakt elastisch beansprucht sein (kleinerer Faktor vor H). Dies ist an und

für sich nicht unwahrscheinlich, weil im einmetallischen Nickelkontakt beide Kontaktglieder elastisch nachgeben, während im Kupfer-Graphitkontakt das Kupfer im Verhältnis zum Graphit fast gar nicht nachgibt; es hat einen etwa 12 mal größeren Elastizitätskoeffizienten als Graphit. Immerhin hält Verfasser es nicht für unmöglich, daß die damalige Widerstandsbestimmung durch Fremdschichten so gestört worden ist, daß p_g um 20 % zu groß ausfiel, so daß Gl. (6) auch für p_g gelten könnte, d. h. es würde sein:

$$p_g = 0,5\, H_g \,. \tag{8}$$

Anschließend diskutieren wir den Kontaktdruck bei der früheren Reibungsmessung im Vakuum mit leichtem Läufer ($P = 8$ g). Es ist bekannt, daß der Kontaktdruck, wenn die Kontaktlast klein wird, die tragende Fläche immer mehr elastisch und weniger plastisch beansprucht. Eine P-Senkung von 167 auf 8 g kann sehr wohl p auf die Hälfte bringen, vgl. R. Holm [15], Diskussion der Tafel (14, 04).

IV. Verschleißmessungen.

An einem Gleitkontakt Graphit gegen Graphit ist schon vor Jahren der Verschleiß gemessen worden[1]. Er zeigte sich so klein, daß ein Oberflächenatom 30000 mal vom Läufer berührt und überfahren wird, bis es mitgerissen wird.

In [8], § 4 I, sind Verschleißmessungen an einem Eisendraht beschrieben worden. Der Draht war um 4 an einer Scheibe fest sitzende Stifte gelegt und schliff, während die Scheibe sich drehte, mit den gebogenen Knien intermittierend gegen eine Eisenplatte, wobei die Kontaktlast 100 g betrug. Die Versuche wurden jetzt mit folgenden Abänderungen weitergeführt. Einmal schliff der Eisendraht in trockener Luft, ein zweites Mal in mit Feuchtigkeit gesättigter Luft gegen Lagermetall WM 80; ein drittes Mal schliff er gegen Eisen aber unter Öl, und zwar mit der langsamen Gleitgeschwindigkeit von 3 cm/s, wodurch garantiert werden sollte, daß keine hydrodynamische Schmierung zur Ausbildung kam. Infolge der Intermittenz hatte die Ölhaut Gelegenheit, sich zwischen 2 Schleifungen zu erholen. Die beobachtete Abnutzung kann demgemäß als Beispiel des Verschleißes bei einmolekularer Ölhaut betrachtet werden. Der gemessene Verschleiß G je km Schleifweg bei $P = 100$ g ist in der folgenden Zahlentafel 1 eingetragen, welche außerdem eine Größe M enthält, die aus der Gl. (9) berechnet wird. Gleichungen dieser Art hat Verfasser früher benutzt, um den Verschleiß von Schleifbürsten auf gewisse Normalzustände zu reduzieren[2]. Jetzt berechnen wir die Größe M, um den Vergleich mit früheren Messungen zu erleichtern.

$$G = M \cdot \frac{s}{\mathrm{km}} \cdot \frac{P}{0,5\ \mathrm{kg}} \,. \tag{9}$$

Zahlentafel 1.

Kontaktglied	Atmosphäre	$G/10^{-6}$ cm³	$M/10^{-6}$ cm³
WM 80 . . .	trocken	400	2000
gegen Fe . .		36	180
WM 80 . . .	normal	400	2000
gegen Fe . .		12	60
WM 80 . . .	gesättigt feucht	400	2000
gegen Fe . .		8	40
Fe gegen Fe .	in Öl	1,1	5,5

Sehr anschaulich ist es, den Verschleiß in Atomschichten zu messen. Man denkt sich die je Läuferpassage abgeriebene Stoffmenge gleichmäßig über die wirkliche augenblickliche Berührungsfläche verbreitet und mißt ihre Dicke in Atomschichten.

---

[1] R. Holm, H. P. Fink, F. Güldenpfennig u. H. Körner [8], § 4 II, sowie Tafel (13a).
[2] R. Holm u. Mitarbeiter [8], Gl. (4b). Man erhält da die Erklärung für die Wahl der Einheiten.

Die Breite der Berührungsfläche wird so wie früher [8] für Fe gegen Fe mit 0,01 cm und für Fe gegen Weißmetall mit 0,015 cm angesetzt. Der Verschleiß wird auf $P = 500$ g bezogen. Die Zahl für Fe gegen Fe in Trockenheit ist den früheren Messungen (etwas korrigiert) entnommen.

Zahlentafel 2.

	Fe gegen Fe trockene Atm.	Fe gegen Fe geölt	Fe gegen WM 80 trockene Atm.		Fe gegen WM 80 feuchte Atm.	
Atomschichten .	800	0,15	3	35	1	35

Die Zahlentafeln 1 und 2 demonstrieren, warum das Lagermetall so vorteilhaft ist. Der Verschleiß des Eisens gegen Weißmetall wird ja in Trockenheit um mehr als zwei, in normaler und besonders feuchter Luft um drei Zehnerpotenzen kleiner als an Eisen gegen Eisen. Der Grund dafür liegt in der Weichheit und dem niedrigen Schmelzpunkt des Weißmetalls. Es kommt gar nicht dazu, daß ganze Körner aus dem Eisen herausgerissen werden, so daß nachher Verhakungen den Verschleiß vergrößern können; und recht wahrscheinlich ist, daß das Eisen sozusagen auf dem Weißmetall etwas Schlittschuh läuft, indem das Weißmetall im Kontakt infolge der Reibungswärme teilweise schmilzt und den Kontakt schmiert. Der wirklich, jedoch nicht hydrodynamisch geschmierte Kontakt hat einen noch viel kleineren Verschleiß, nämlich etwa so groß wie zwischen Metallgraphitbürste und Kupferring. Wenn die Geschwindigkeit für hydrodynamische Schmierung ausreicht, würde vermutlich der Verschleiß ganz verschwinden.

Der starke Verschleiß von Eisen gegen Eisen bei Trockenheit mit 800 Atomschichten bedeutet, daß das starke gegenseitige Haften der Kontaktglieder zum Losreißen von ganzen Körnern und dann zu Verhakungen führt. Hier dürfte auch eine Reiboxydation mitgewirkt haben, vgl. Zahlentafel 3 und die an sie anschließende Diskussion.

V. Übersicht über die Meßergebnisse.

Die folgende Zahlentafel 3 stellt die zu verwertenden Meßergebnisse zusammen. Außerdem enthält sie die Größe Ψ, zu deren Erklärung wir jetzt etwas weiter ausholen müssen. Wir erinnern daran, daß definitionsgemäß

$$\mu_r = \frac{P_r}{P} \quad \text{und} \quad \mu_b = \frac{P_b}{P} \tag{10}$$

ist. Soweit wir die wirkliche Berührungsfläche F kennen, können wir nicht nur die Druckkraft je cm², d. h. p, siehe Gl. (2), sondern auch die Reibungskraft je cm², d. h. die spezifische Reibungskraft Ψ berechnen:

$$\left. \begin{aligned} \Psi_b &= \frac{P_b}{F} \\ \text{und also im Falle der gekreuzten Drähte} \quad \Psi_b &= \frac{P_b}{\pi B^2} \quad \text{bzw.} \\ \Psi_r &= \frac{P_r}{F}. \end{aligned} \right\} \tag{11}$$

Aus Gl. (10) folgt:
$$\left. \begin{aligned} \mu_b &= \frac{P_b}{P} = \frac{P_b/F}{P/F} = \frac{\Psi_b}{p} \\ \text{und ebenso} \quad \mu_r &= \frac{\Psi_r}{p}. \end{aligned} \right\} \tag{12}$$

Bemerkung 1. F ist im allgemeinen bei der Messung von Ψ_b nicht dasselbe wie bei Ψ_r, sondern im letzten Fall infolge des allmählichen Einsinkens während der Ruhe etwas größer.

Bemerkung 2. Es ist zu erwarten, daß die Größe Ψ besonders geeignet ist, um die Reibung zu kennzeichnen.

Zahlentafel 3.

Nr.	G	Reibungszahl[1] μ	Eindrucks- Breite B	β	Länge σ	Reibungsarbeit A	Verformungsarbeit[2] A_v	Härte H	Druck p	Spez. Reibungszahl Ψ
	kg		cm	cm	cm	g cm je cm	g cm je cm	t/cm²	t/cm²	t/cm²
	Kupferdraht mit normaler Schmierölhaut
1	1,24	0,125	—	—	—	—	—	—	—	—
2	3,24	0,133	0,0135	0,0165	0,023	426	<102	(3,6)	5,7	0,76
3	6,24	0,16	0,021	0,023	0,028	985	<320	4,5	4,5	0,72
4	1,24	r 0,18	—	—	—	—	—	—	—	—
5	6,24	r 0,18	—	—	—	—	—	—	—	—
	Kupferdraht mit Schmierhaut aus synthetischem Öl[3]
6	1,24	0,23	unmittelbar nach Schmierung				—	—	—	—
7	1,24	0,21	2 h später				—	—	—	—
8	1,24	0,19	2 Tage später				—	—	—	—
	Kupferdraht mit Schmierhaut aus Ölsäure
9	1,24	0,125	unmittelbar nach Schmierung				—	—	—	—
10	1,24	0,112	2 h später				—	—	—	—
11	1,24	0,08	2 Tage später				—	—	—	—
	Kupferdraht gereinigt
12	1,24	0,35	—	—	—	—	—	—	—	—
13	1,24	r 0,38 ··· 0,5	—	—	—	—	—	—	—	—
	Aluminiumdraht mit normaler Schmierölhaut
14	1,24	0,118	0,01	0,012	0,015	145	< 28	3,0	4,0	0,47
15	1,24	r 0,18	—	—	—	—	—	—	—	—
	Aluminiumdraht stark gefettet
16	1,24	0,10	—	—	—	—	—	—	—	—
17	3,24	0,106	—	—	—	—	—	—	—	—
18	1,24	r 0,14	—	—	—	—	—	—	—	—
19	3,24	r 0,17	—	—	—	—	—	—	—	—
	Stahldraht mit normaler Schmierölhaut
20	1,24	0,122	—	—	—	—	—	—	—	—
21	6,24	0,123	0,0075	0,008	0,01	760	< 86	43,5	36	4,4
22	6,24	r 0,135 ··· 0,15	—	—	—	—	—	—	—	—
	Ausgeglühter Stahldraht mit normaler Schmierölhaut
23	1,24	0,15	—	—	—	—	—	—	—	—
24	6,24	0,15	0,0103	0,011	0,015	923	<160	18,5	19	2,9
25	6,24	r 0,18 ··· 0,26	—	—	—	—	—	—	—	—
	Nickeldraht mit normaler Schmierölhaut
26	1,24	0,16	—	—	—	—	—	—	—	—
27	6,24	0,16	0,012	0,013	0,018	1070	<185	14	14	2,2
28	1,24	r 0,20	—	—	—	—	—	—	—	—
29	6,24	r 0,19	—	—	—	—	—	—	—	—

[1] r vor einer Zahl bedeutet, daß es sich um μ_r handelt.

[2] Diese Spalte enthält Maximalwerte der Verformungsarbeit. Wie in [6] experimentell begründet wird, kann die wirkliche Verformungsarbeit bis zu 50% kleiner sein.

[3] Synthetisches Öl, das in Lagern sehr schlecht schmiert.

Zahlentafel 3 (Fortsetzung).

Nr.	G	Reibungszahl[1] μ	Eindrucks-Breite B	β	Länge σ	Reibungs-arbeit A	Ver-formungs-arbeit Av	Härte H	Druck p	Spez. Reibungs-zahl ψ
	kg		cm	cm	cm	g cm je cm	g cm je cm	t/cm²	t/cm²	t/cm²
					Nickeldraht stark gefettet					
30	1,24	0,14	—	—	—	—	—	14	—	—
					Platindraht mit Schmierhaut aus Ölsäure nach 1 Tag					
31	1,24	0,31…0,35	—	—	—	—	—	7,5	—	—
					Kupferplatten mit normaler Schmierölhaut[2]					
32	0,1…2	0,12…(0,2)	—	—	—	—	—	7,5	5,2	0,5…1
					Graphitbürste gegen Graphitring, ziemlich rein, junger Kontakt					
33	0,5	0,13	—	—	—	—	—	2,6	1,6	0,21
					Graphitbürste gegen Graphitring, ziemlich rein, eingelaufen					
34	0,5	0,61	—	—	—	—	—	2,6	0,35	0,21
					Nickel gegen Nickel ausgeglüht im Vakuum[3]					
35	0,008	2…6	—	—	—	—	—	7	≈1,8	3,5…10
36	0,008	r 2…6	—	—	—	—	—	7	≈1,8	3,5…10
37	0,167	1,55	—	—	—	—	—	7	3,5	5,5
38	0,167	r 1,6	—	—	—	—	—	7	3,5	5,6

Aus der Zahlentafel 3 lesen wir unmittelbar heraus:

1. Innerhalb der Grenzen der Wiederholbarkeit ist an bewegten Gleitkontakten von Kupfer, Aluminium und Stahl mit Schmierölhaut dasselbe μ, nämlich $\mu_b = 0,12$ gemessen worden. Starkes Fetten senkt μ nur um 10 ··· 20 %. Etwas höher, aber noch in derselben Größenordnung, liegen die μ-Werte im Falle von Nickel und ausgeglühtem Stahl mit Ölhaut.

2. Fast ebenso wie das normale Schmieröl wirkt Ölsäure, wogegen das synthetische schlecht schmierende Öl ein verhältnismäßig hohes μ ergibt, nämlich $\mu = 0,24$.

3. Die für die Reibung maßgebende dünnste Fremdhaut entwickelt langsam ihre Eigenschaften. Die Ölsäurehaut hat sich noch tagelang weiter verändert, nachdem der Draht geschmiert wurde.

4. Das Verhältnis μ_r/μ_b ist größer an den weichen Metallen Kupfer und Aluminium, als am harten Stahl und Nickel.

5. Edelheit des Metalles, so bei Platin und schon etwas bei Ni, bewirkt eine Vergrößerung von μ.

6. Das Reinigen in Benzol wirkt in der zu erwartenden Richtung, nämlich so, daß μ wächst.

7. Die Differenz zusammengehöriger p- und H-Werte bei den Kreuzdrahtversuchen reicht kaum außerhalb der Unsicherheit der Meßmethode, abgesehen wohl von der Messung am harten Stahl. Es hatte im Mikroskop den Anschein, vgl. Bild 3, daß die Abflachung am Stahl nicht vollständig war, sondern daß die sichtbaren Ritzen zum Teil auch eine nur elastisch beanspruchte Fläche auszeichneten. Darauf mag wohl beruhen, daß p (= 36) deutlich kleiner als H (= 43,5) ausfällt. Man be-

---

[1] Siehe Fußnote 1, S. 75.   [2] Vgl. [6], Zahlentafel 3.
[3] Siehe [6], Zahlentafel 3. p ist gegenüber den früheren Angaben korrigiert; vgl. obigen Text.

achte, daß $p > H$ durchaus zu erwarten war, weil der Eindruck für p ohne und der Eindruck für die H-Messung mit 1 min Wartezeit zustande kommt, und das Einsinken ja immer eine gewisse Zeit dauert.

VI. Diskussion der Reibungsmessungen im Vakuum.

Die spezifische Reibungskraft Ψ liegt im Mittel etwa bei $\Psi = 0,8\,H$, allerdings mit großen Streuungen bei kleinem P. Verfasser wagt dazu die Hypothese zu machen, daß die großen Abweichungen vom Mittelwert einfach auf einer unrichtigen Schätzung der Berührungsfläche beruhen. Nun ist bekanntlich die makroskopische Zerreißfestigkeit Z ungefähr gleich $0,4\,H$. Ψ liegt zwischen Z und H und deutet damit an, daß die Kontaktglieder in der Berührungsfläche so fest verbunden sind, als ob sie durch die Berührungsfläche hindurch solide zusammenhingen. Offenbar genügt es (jedenfalls bei kubisch kristallisierenden Metallen und etwa Zimmertemperatur oder mehr), Atome in unmittelbare Berührung zu bringen, damit sie einander ebensofest binden wie im soliden Metall. Wir kommen auf diese Erscheinung im Abschnitt X zurück.

VII. Diskussion der Erfahrungen an Kontakten mit Schmierölhaut.

Die Schmierölhaut auf unedlen Metallen bringt μ auf etwa die Größe $\mu = 0,12$, d. h. auf etwa den 13. Teil des μ-Betrages im Vakuum. Dies ist schon ein Zeichen dafür, daß die Schmierhaut zumindest einen großen Teil der Kontaktfläche bedeckt, sogar ein Zeichen dafür, daß die Schmierhaut selbst für die Reibungszahl μ verantwortlich ist. Würden nämlich Risse in der Haut zu metallischen Berührungsstellen führen, so müßten diese bei Kreuzdrahtversuchen anders ausfallen als bei Plattenversuchen, und ihr Einfluß auf die Reibung müßte eine große Streuung aufweisen. Die Messungen zeigen aber eine sehr kleine Streuung. Die Verschleißsenkung von 800 auf 0,15 Atomschichten bildet auch einen kräftigen Beleg dafür, daß die Schmierhäute wirklich den Kontakt im allgemeinen voll bedecken. Um so merkwürdiger ist die große Leitfähigkeit dieser Häute. Sie ist, wie gesagt, nur mit Hilfe des Tunneleffektes zu erklären. Zusammen mit B. Kirschstein hat Verfasser über diesen Effekt Berechnungen ausgeführt [3], deren Ergebnisse übersichtlich in dem Diagramm (21,02) bei R. Holm [15] dargestellt sind. Dies Diagramm veranschaulicht die Beziehung zwischen dem Hautwiderstand σ je cm², der Schichtdicke y und der Austrittsarbeit $\varphi_\ominus$ der Elektronen aus dem Metall in die Haut. Aus den Experimenten berechnet sich ein Hautwiderstand bei den Kreuzdrahtversuchen von etwa $\sigma = 3 \cdot 10^{-9}$ Ω cm² an Kupfer und $29 \cdot 10^{-9}$ Ω cm² an Nickel. Die betreffende Austrittsarbeit der Elektronen liegt kaum tiefer als $0,5 \ldots 0,3$ eV, vgl. R. Holm [15], § 22. Gehen wir mit diesen Daten in das genannte Diagramm (21,02), so ergibt sich eine gesamte Hautdicke zwischen den Kontaktgliedern von 22 bis höchstens 40 Å, also kaum die Gesamtlänge von 2 Ölmolekülen. Es sieht demgemäß so aus, als ob die Ölhäute der beiden Kontaktglieder nicht mit ihrer normalen Dicke additiv eingehen, sondern als ob ihre Moleküle zwischeneinander geschoben wären, so wie die Borsten, wenn man zwei Bürsten mit den Borstenseiten aufeinanderlegt. Diese Vorstellung wird sich bald als bedeutungsvoll erweisen.

Ist nun der Rückschluß auf den Tunneleffekt bindend? Auf Grund der einfachen, erwähnten Widerstandsmessung allein wäre er es vielleicht nicht. Wir haben ihn aber durch besondere Messungen gestärkt. Teils wurde bestätigt, daß der Hautwiderstand σ schon von den kleinsten Spannungen aufwärts ohmisch ist. Spannungen zwischen $2 \cdot 10^{-5}$ und $0,01$ V wurden geprüft. Weil also keine Schwellspannung auftritt, scheiden erregte Effekte in den Schmiermolekülen aus. Außerdem wurde bestätigt, daß σ durch die Abkühlung des Kontaktes auf die Temperatur der festen Kohlensäure ($-80°$ C) nicht verändert wird. Sicher traten keine größeren Änderungen als um 20 % auf, und ihre Richtung war nicht eindeutig. Also ist jede Halbleiterleitung ausgeschlossen. Hiermit wird auch ein Beleg gegen einen bedeutenden Einfluß von metallischen Berührungsstellen geliefert, denn solche Stellen hätten bei der Abkühlung ihre Leitfähigkeit etwa verdoppeln müssen. Somit haben wir jetzt den Tunneleffekt mit denselben Kriterien festgestellt wie seinerzeit R. Holm und W. Meissner in Arbeiten, die bei R. Holm [15], § 20 geschildert werden.

Zur Orientierung über die Größenordnung der metallischen Berührungsstellen, welche zu der gemessenen Leitfähigkeit und zu dem gemessenen μ hätten führen können, sei angeführt, daß zwei ellipsenförmige Risse quer über die Berührungsfläche mit je einer Breite von $1/7,5$ des Durchmessers der Berührungsfläche die richtige Leitfähigkeit und das richtige μ ergeben würden[1]). Es ist, wie gesagt, unwahrscheinlich, daß die metallischen Berührungsstellen immer eine ähnlich streng definierte Größe erhalten.

Wir haben ausdrücklich die obigen Resultate den Schmierschichten auf unedlen Metallen zugeordnet. An dem edlen Platin haftet das Schmieröl vermutlich verhältnismäßig schlecht, und wahrscheinlich beruhte es darauf, daß die Reibungszahl μ so groß wie $0,31 \cdots 0,35$ und mit großer Streuung ausfiel. Schon das halbedle Nickel gibt verhältnismäßig große μ-Werte, $\mu = 0,16$. Ausführliche Versuche sind geplant, aber jetzt sollte in dieser Hinsicht nur eine Andeutung der betreffenden Gesetzmäßigkeiten gemacht werden.

Die Zahlentafel 3 enthält Werte der ganzen Reibungsarbeit A und der Arbeit A_v der Verformung durch Atomverschiebungen senkrecht zur Gleitebene. A_v ist durchweg klein gegen A. Noch kleiner ist die Verschleißarbeit, wie die folgende Berechnung zeigt. Wir betrachten einen Kreuzdrahtversuch mit Kupferdrähten. Es sei $P = 6,24$ kg und $s = 1$ cm $= 10^{-5}$ km. Der Verschleiß berechnet sich dann laut Gl. (9) zu $G = 5,5 \cdot 10^{-5} \cdot \dfrac{6,24}{0,5} \cdot 10^{-6}$ cm³, d. h. $6,1 \cdot 10^{-9}$ g. Die zum Verschleiß dieser Menge erforderliche Arbeit ist höchstens so groß wie ihre Verdampfungswärme, die sich zu $6,1 \cdot 10^{-9} \cdot 1180$ cal $= 0,31$ cmg berechnet, ein winziger Betrag, verglichen mit der ganzen Reibungsarbeit je cm Weg, deren Größenordnung 800 cmg ist.

Wir sehen also: Die Kreuzdrahtversuche sind Beispiele von sogenannter fester Reibung, bei der die Reibungsarbeit nur unwesentlich für Formänderungen und Verschleiß verwendet wird und hauptsächlich eine Folge von tangential tätigen Haftkräften in der Berührungsfläche sein muß.

VIII. Diskussion der Reibungsmessungen mit dem Kontakt Graphit gegen Graphit.

Der Versuch Nr. 34 in der Zahlentafel 3 ist von besonderer Wichtigkeit. Er ergab nämlich die ersten genauen Messungen mit berechenbarer wirklicher Berührungs-

---

[1]) Berechnungen nach R. Holm [15], § 3.

fläche an einem so gut eingeschliffenen Kontakt, daß infolge der Anpassung p viel kleiner als H wurde, nämlich $p = 0,35$ t/cm² gegenüber $H = 2,6$ t/cm². Bei dem Versuch Nr. 33 sind alle sonstigen Umstände dieselben, nur ist die wirkliche Berührungsfläche F kleiner und demgemäß p größer, nämlich $p = 1,6$ t/cm². Beide Male war aber Ψ dasselbe, $\Psi = 0,21$. Hier kennzeichnet also Ψ unabhängig von p und F die Reibung. Obwohl zur Zeit dieses Beispiel in seiner Art allein dasteht, drückt es doch wahrscheinlich ein allgemeines Gesetz aus: Ψ ist eindeutig durch die Beschaffenheit einer festen Berührungsfläche bestimmt.

Die Versuche Nr. 33 und 34 sind auch in einer weiteren Hinsicht lehrreich. Obwohl der Kontakt Graphit gegen Graphit sicherlich nicht ganz ohne Fremdschicht gewesen ist, so ist es doch wahrscheinlich, daß dies für die Größe des Reibungskoeffizienten nicht ausschlaggebend war. Wir betrachten deshalb diese Versuche als Beispiele vom Gleiten zwischen festen Körpern ohne wesentlichen Einfluß einer Fremdschicht, und diese Beispiele sind auch dadurch interessant, daß die Bewegung fast ohne Verformung oder Verschleiß geschah. Ebenso wie bei den Kreuzdrähten ist es einleuchtend, daß die Reibung auf tangential wirkenden Haftkräften beruhen muß, wobei es sich diesmal um Kräfte direkt zwischen den festen Kontaktgliedern handelt.

IX. Der Begriff „Epilamen"[1]).

Ehe wir zu einer atomtheoretischen Behandlung der Reibung bei den Kreuzdrahtversuchen gehen, müssen wir den Begriff Epilamen definieren und beschreiben. Mit Epilamen bezeichnen wir eine einmolekulare Haut von Schmierölmolekülen auf der Oberfläche eines festen Körpers. Es ist ja bekannt, vgl. [13], daß ein guter Schmierstoff Moleküle enthalten muß, die eine metallaffine Gruppe, meistens COOH, enthalten. Mit ihrer Hilfe können die Schmierstoffe außerordentlich fest am Metall haften, jedenfalls wenn dieses oxydationsfähig ist. Sie setzen sich, wenn sie nur zahlreich genug vorhanden sind, dicht nebeneinander mit ihrer Längsrichtung senkrecht zur Metalloberfläche (Länge der Schmiermoleküle etwa 20 Å, Breite 5 Å) und bilden so das Epilamen. Der starken Haftkraft zufolge verhält sich das Epilamen gewissermaßen wie ein fester Körper. Es wurde ja bei den betreffenden Kreuzdrahtversuchen nicht weggedrückt oder merkbar verletzt, trotzdem unter ihm das Metall sich verformte. Eine 2. Molekülllage kann sich auf die 1. setzen; sogar eine 3., 4. usw. können sich aufbauen. Sie werden aber wahrscheinlich alle bis auf das Epilamen aus den eigentlichen Kontaktstellen weggequetscht.

Die beiden gegeneinander gedrückten Epilamen dringen etwas ineinander ein, so daß eine Gesamtdicke von weniger als der doppelten einfachen Hautdicke entsteht. Dies haben wir schon, ausgehend von der Leitfähigkeit des Epilamens, mit Hilfe der Tunneleffektformeln plausibel gemacht.

X. Atomtheoretische Erklärung einer trockenen Reibung
ohne wesentliche Verformung und Verschleiß.

Der Gleitkontakt Graphit gegen Graphit zeichnet sich durch eine Reibungsarbeit aus, die so gut wie gar nicht auf Verhakungen oder Verformung beruht. Nur Haft-

---

[1]) P. Woog [14] hat die Benennung Epilamen für die am Metall haftenden Schmierhäute überhaupt verwendet. Hier wird der Begriff dahin verschärft, daß die Benennung nur auf die erste einmolekulare Haut begrenzt wird.

kräfte zwischen den Atomen der aufeinander gleitenden Oberflächen kommen in Frage. Wenn dieser reine Fall hier auch allein dasteht, ist er jedoch theoretisch wichtig. Die betreffende Art Reibung dürfte nämlich auch in verschiedenen nicht reinen Fällen eine Hauptrolle spielen.

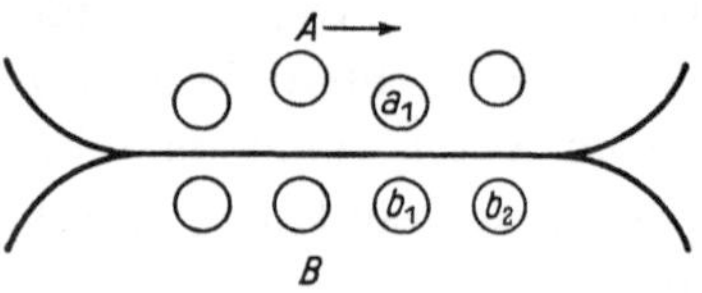

Bild 4. Sich „berührende" Metallatome im trockenen Gleitkontakt.

Die Erklärung, die wir suchen, muß darin bestehen, ein passendes atomtheoretisches Modell zu skizzieren. Das Bild 4 zeigt Oberflächenatome der Kontaktglieder A und B. Die Atome a_1 und b_1 sowie links ein anderes Paar berühren sich gerade. Wir prüfen zuerst die Annahme, daß die Lage der Atome in jedem Körper unverrückbar sei. Während A nach rechts gleitet, wird a_1 aus dem Potentialfeld von b_1 gezogen. Das kostet eine gewisse Arbeit. Diese Arbeit wird aber wieder gewonnen, wenn a_1 zur nämlichen Lage gegenüber b_2 sich durch dessen Potentialfeld begibt. Einen bleibenden Energieverlust würden die Haftkräfte hier also nicht ergeben. Das Modell taugt demnach nicht, um die Reibungsarbeit zu erklären.

Darum prüfen wir ein zweites Modell gemäß der Annahme, daß die Atome aus ihrer Gleichgewichtslage beim Reiben abgelenkt werden; a_1 zieht also b_1 ein Stück mit sich. Es entsteht die folgende Konfiguration: $b_1 \quad {}^{a_1} b_2$, und das Kraftfeld von b_2 konkurriert mit demjenigen von b_1. Im nächsten Augenblick überwiegt es; b_1 löst sich von a_1, welches von nun ab eine kurze Zeit eine Verbindung mit b_2 erlebt. b_1 pendelt in seine Gleichgewichtslage zurück, wobei seine Verzerrungsenergie in Wärme umgesetzt wird. Diese Wärme ist die Reibungsarbeit[1]).

Die Reibungskraft wird proportional zur Anzahl der b-Atome, mit denen a_1 in Berührung kommt, und also proportional zum Gleitweg. Wir setzen ein kubisch kristallisierendes Metall voraus. Dessen Atome haben (anders als z. B. die C-Atome im Graphit) ein ziemlich kugelsymmetrisches Kraftfeld, so daß einfach der Abstand zweier Atome dafür maßgebend ist, wie stark die beiden aneinander haften. Für Ψ ergibt sich dann folgendes: Atome in Berührung wie a_1 und b_1 auf dem Bild 4 haften in derselben Weise, als ob sie zu einem soliden Stück gehörten. Infolgedessen wird die Scherkraft Ψ so groß wie diejenige Scherkraft je cm², die in dem Metall das Gleiten von Atomebenen hervorbringt. Man kommt dazu, daß Ψ von derselben Größenordnung wie H und Z sein muß. Die Messungen ergeben ja auch $\Psi \approx 0{,}8\,H$.

Wir sehen, das Modell ist brauchbar, sowohl überhaupt um die Reibung wie auch besonders um die Größenordnung von Ψ zwischen reinen Metalloberflächen zu erklären. Zunächst ist es allerdings nur einer Reibung ohne Verschleiß angepaßt. Es braucht aber wegen des Verschleißes nur etwas ergänzt zu werden. Im Falle der Abnutzung geschieht ja die Trennung nicht mehr in der alten Berührungsfläche, sondern in danebenliegenden Flächen, eventuell in mehreren hintereinander: Zermalmen. Im Mittel verlangen diese Flächen dieselben Scherkräfte wie die Berührungsfläche, und der gesamte Gleitweg ist gleich dem Gleitweg des Läufers A. Somit ergibt sich etwa dieselbe Reibungsarbeit mit und ohne Verschleiß.

XI. Atomtheoretische Erklärung der Epilamenreibung.

Wir haben schon erwähnt, daß Dickenberechnungen, ausgehend von der Leitfähigkeitsmessung, es wahrscheinlich machen, daß die beiden Epilamen wie die

<hr>

[1]) Mit ähnlichen Annahmen haben schon L. Prandtl [9], besonders S. 106, und G. A. Tomlinson [10] operiert.

Borsten aufeinandergelegter Bürsten etwas zwischeneinandergreifen. Leider geben uns die bisherigen Befunde nicht eine genügend genaue Auskunft, um festzustellen, ob bei höherem Druck p die „Borsten" tiefer zwischeneinander einsinken. Wenn die Austrittsarbeit der Elektronen $\varphi_\ominus$ an Kupfer und Nickel dieselbe gewesen wäre, so hätte der größere Druck p im Nickelkontakt zu dem kleineren σ führen müssen. Wir haben aber an Nickel den größeren Hautwiderstand σ gemessen. Das dürfte wohl auf $\varphi_\ominus$ beruhen, das wir ja leider nur roh schätzen können. Vorläufig müssen wir uns mit der unbewiesenen Hypothese begnügen, daß das Einsinken sich nach dem Druck p richtet, und wir nehmen außerdem an, daß die Reibung zustande kommt, indem die Borsten, d. h. die Epilamenmoleküle, einander beiseiteschieben. Die Reibung wird um so größer, je tiefer die Epilamen ineinander geschoben sind, d. h. je größer p ist. Wenn in dieser Weise Ψ etwa proportional zu p wird, was ja durchaus wahrscheinlich ist, so haben wir die Erklärung der Epilamenreibung in der folgenden Form:

Das Epilamen ist auf allen unedlen Metallen gleichartig. Je härter das Metall aber ist, desto kleiner ist die Berührungsfläche bei den Kreuzdrahtversuchen; denn p bleibt ja ungefähr gleich H. Da nun Ψ proportional zu p ist, so wird Ψ proportional zu H; und ist der Proportionalitätsfaktor 0,12, dann wird $\mu = \dfrac{\Psi}{p} = \dfrac{0{,}12\,p}{p} = 0{,}12$, wie wir es gefunden haben. Die aus der Zahlentafel 3 abzulesenden Eigenheiten der Epilamenreibung sind somit erklärt.

Wir haben unter I B. die Epilamenreibung an Platten beschrieben. Es kam etwa $\mu = 0{,}12$ heraus. Auch dieser Befund erklärt sich zwanglos laut Gl. (12), p mag sein wie es will, wenn nur $\Psi = 0{,}12\,p$ ist, so wie es zur Epilamenreibung gehört.

Die geschilderte Theorie betrifft den Fall, wo die Schmiermoleküle stark am Metall haften. Wir haben schon Anzeichen dafür gesehen, daß die Haftkraft am Edelmetall verhältnismäßig klein ist, s. Zahlentafel 3, Nr. 31. Eine entsprechende Änderung der Theorie für den Fall des Edelmetalles wird späteren Untersuchungen vorbehalten.

Hier ist eine Bemerkung am Platze, welche die bekannte Welligkeit der wirklichen Oberflächen betrifft. Wie sich an den typischen Werten von $\mu\,(= 0{,}12 \cdots 0{,}18)$ zeigt, beherrschte das Epilamen durchaus die Reibung sowohl bei Bewegung wie bei Ruhe, und zwar obwohl der Draht sich deutlich verformte. Das Epilamen wurde also bei der Verformung nicht aus dem Kontakt weggequetscht. Dort aber, wo das Metall auseinanderfloß, müssen natürlich Risse im Epilamen entstanden sein. Daß trotzdem metallische Stellen nicht störend mitspielten, dürfte den folgenden Grund haben. Die Metalloberflächen sind ja nie ganz eben. Sie haben Mulden und Poren, in denen Schmierflüssigkeit stecken kann. In dem sich gerade ausbildenden Kontakt wird Flüssigkeit aus solchen Schlupfwinkeln mit großer Gewalt herausgequetscht. Sie gelangt auch zu Stellen, wo das Metall gerade auseinanderfließt, und, das müssen wir eben annehmen, dort heilt sie Epilamenrisse aus. Sobald der Kontakt fertig ist, fließt das Metall nicht mehr, und das Epilamen zerreißt nicht mehr. In dem ruhenden Kontakt hält sich das Epilamen jedenfalls tagelang unverändert.

XII. Die Coulombsche Regel.

Die Coulombsche Regel besagt, daß μ unabhängig von der Kontaktlast P und von der scheinbaren Berührungsfläche F ist. Sie findet durch die vorangehenden

Ergebnisse ihre Erklärung. Dabei erhellt auch, unter welchen Bedingungen sie gültig bleibt. Am genauesten ist sie für verschiedene Fälle von Epilamenreibung zwischen praktisch ebenen Flächen bestätigt worden; das ist nämlich die Art Reibung, die bei praktischen Versuchen in Luft meistens verwirklicht ist. Die betreffenden Schmiermoleküle stammen offenbar aus in der Luft herumschwebenden Stoffen, denn Metalloberflächen, die der Luft lange ausgesetzt gewesen sind, ergeben gerade ein μ von der Größenordnung $0{,}12 \cdots 0{,}2$.

Wegen der Oberflächenwelligkeit sind die wirklichen Berührungsflächen immer sehr klein, so daß, auch wenn praktisch ebene Flächen gegeneinander gelegt werden, p in die Größenordnung $H/2$ fällt[1]). Der Druck ändert sich also von Fall zu Fall wenig, er ist fast unabhängig von der scheinbaren Berührungsfläche und von der Kontaktlast P. Nun haben wir gefunden, daß Ψ beim Epilamen annähernd proportional zu p ist. Die zurückbleibende Variation des Verhältnisses Ψ/p ist natürlich um so kleiner, je weniger p variiert. Der Proportionalitätsfaktor ist gerade unser μ, vgl. Gl. (12). So sehen wir, wie die verschiedenen Umstände zusammenwirken, um μ annähernd konstant zu machen, so wie es die Coulombsche Regel besagt.

XIII. Die Grenzreibung[2]).

Wenn bei hydrodynamischer Schmierung die Gleitgeschwindigkeit v vermindert wird, so geht μ durch ein Minimum von der Größenordnung $0{,}005$ und steigt nachher bis zu einem Endwert $\mu = 0{,}1 \cdots 0{,}15$ für $v = 0$. Man nennt die durch diesen Endwert gekennzeichnete Reibung „Grenzreibung“. Es ist, wie die μ-Werte zeigen, nichts anderes als Epilamenreibung. Im Gebiet zwischen der Grenzreibung und dem μ-Minimum hat man eine „Mischreibung“ angenommen, die so zu verstehen wäre, daß hier die hydrodynamische Schmierung sich nicht an allen tragenden Stellen auszubilden vermag, sondern hier und da durch trockene metallische Reibung ersetzt wird. Es ist nach unseren gegenwärtigen Kenntnissen wahrscheinlicher, daß die nicht hydrodynamisch geschmierten Stellen eine Epilamenreibung besitzen. Als einen Beweis der metallischen Berührung faßte man die gute Leitfähigkeit auf [11]. Der Beweis ist aber nicht bindend, nachdem wir gefunden haben, daß das Epilamen dem elektrischen Strom keinen großen Widerstand entgegensetzt.

XIV. Die Reibung zwischen nichtmetallischen amorphen Stoffen.

Bisher haben wir ausschließlich die Reibung zwischen Kontaktgliedern aus Metall oder Graphit behandelt, also zwischen kristallinen Stoffen ohne eigentliche Hygroskopizität. Um das Bild der Reibung zu vervollständigen, wurden einige weitere Versuche mit Kontakten aus Bleiglas, Porzellan, Fiber und Hartgummi ausgeführt. Diese Stoffe sind hygroskopisch, Glas sehr, die anderen weniger.

Die Anordnung war die folgende: Ein Hohlzylinder konnte auf einem ihn durchsetzenden Stab aus demselben Stoff gleiten. Diese Vorrichtung befand sich in einem evakuierbaren Gefäß. Der Reibungskoeffizient wurde mittels der Neigungsmethode bestimmt, vgl. I. Jedesmal wurde anfangs die mit Alkohol gesäuberte Vorrichtung bei stundenlang erhöhter Temperatur evakuiert. Diese Temperatur betrug bei Glas $500°$ C, bei Porzellan $300°$ C, bei Fiber und Hartgummi etwa $50°$ C. Es wurde mit Quecksilberdampfstrahlpumpen unter Zwischenschaltung einer Falle mit

---

1) Vgl. R. Holm [15], § 14 sowie die obigen Gl. (6), (7) und (8).　　　　2) G. Vogelpohl [12].

flüssiger Luft gepumpt. Mit Glas wurde ein Vakuum von 10^{-4} Torr, mit den übrigen Stoffen ein weniger hohes, aber immer noch ein Röntgenvakuum erreicht.

Der Reibungskoeffizient μ wurde gemessen: 1. im Vakuum, 2. 15 min nach Lufteinlaß, 3. 1 h nach Einlassen von etwas destilliertem Wasser in das Gefäß, wodurch die dortige Luft sehr feucht wurde, 4. nochmals in Zimmerluft.

In der feuchten Luft wuchs die Haftfähigkeit des Glases so an, daß die Neigungsmethode versagte. Der Läufer blieb kleben, und der Stab konnte senkrecht gestellt werden, ohne daß der Läufer abglitt. Durch Vergleich mit früher beschriebenen Versuchen an Nickel [4] und [5] schätzen wir das betreffende μ auf $5 \cdots 10$. Die sonstigen Messungen sind in der Zahlentafel 4 zusammengestellt.

Die hohe Haftfähigkeit des feuchten Glases bleibt (jedenfalls monatelang) bestehen, wenn das Gefäß kurz nach dem Einlassen des Wassers zugeschmolzen wird. Läßt man es aber in Verbindung mit der Außenluft, so tritt nicht nur eine Veränderung infolge des Trockenwerdens ein, sondern erneute Einführung von Feuchtigkeit vermag dann nicht mehr dem Glase die hohe Haftfähigkeit beizubringen. Offenbar hat sich aus der Luft eine Fremdschicht auf dem Glase abgesetzt, welche die Ausbildung einer effektiven Wasserhaut verhindert.

Wir machen eine Schätzung des jeweiligen mittleren Druckes p, um auch zu einer Bestimmung von Ψ zu gelangen. Die Berührungsfläche war sicherlich jedesmal wesentlich elastisch beansprucht, so wie in den Versuchen mit Nickelläufer auf Nickeldraht. Am Nickel wurde mit dem leichten Läufer $p = 1,8 \,\mathrm{t/cm^2}$, mit dem schweren Läufer $p = 3,5 \,\mathrm{t/cm^2}$ bestimmt, siehe Zahlentafel 3. Die jetzt in Frage kommenden Stoffe haben einen kleineren Elastizitätsmodul als Nickel und erhalten darum bei gegebener Kontaktlast größere Berührungsflächen. Nach Formeln von H. Hertz[1] ist im Falle einer kreisförmigen Berührungsfläche diese proportional zu $(Pr/E)^{\frac{2}{3}}$, wo P die Kontaktlast, E den Elastizitätsmodul und r den relativen Krümmungsradius der in Kontakt gebrachten Flächen vor der Berührung bedeuten. Bei unseren Versuchen kennzeichnet r nicht einfach den Stabradius, sondern eher die Krümmung von Unebenheiten. Das maßgebende r ist nur annähernd bekannt. Wir nehmen für alle Stäbe dasselbe r und gleich viele einzelne Berührungsflächen an. Dann ist die ganze Berührungsfläche einfach proportional zu $(P/E)^{\frac{2}{3}}$, und der mittlere Druck p ist proportional zu $P(E/P)^{\frac{2}{3}} = P^{\frac{1}{3}} E^{\frac{2}{3}}$. Demgemäß ist p in der Zahlentafel 4 ausgehend von Nickelwerten berechnet worden; Ψ ergibt sich schließlich aus Gl. (12). Die für

Zahlentafel 4. Läufergewicht bei Glas 6 g, bei den übrigen Stoffen 44 g.

Kontaktstoff	p t/cm²		Vakuum	Zimmerluft $f < 40\%$	Feuchte Luft	
Glas	0,7	μ	$0,5\cdots0,55$	0,36	$5\cdots10$	
		Ψ	0,37	0,25	5	t/cm²
Porzellan . . .	2,2	μ	0,44	0,32	0,38	
		Ψ	1,0	0,7	0,8	t/cm²
Fiber	0,25	μ	0,35	0,34	0,51	
		Ψ	0,1	0,1	0,13	t/cm²
Hartgummi . .	0,1	μ	0,28	0,28	0,41	
		Ψ	0,03	0,03	0,04	t/cm²

---

[1] R. Holm [15], Gl. (13, 04).

6*

die Berechnungen verwendeten E-Werte wurden durch Biegungsversuche gewonnen und sind in der Zahlentafel 5 zusammengestellt.

Zahlentafel 5. Elastizitätsmodule.

Für den Werkstoff	Glas	Porzellan	Fiber	Hartgummi	Ni
E in 10^8 g/cm²	5,8	8,5	1,1	0,27	21

Es ist bemerkenswert, daß Ψ am feuchten Glas etwa die Höhe der Glasfestigkeit erreicht. Bei den übrigen wenig hygroskopischen Stoffen macht die Feuchtigkeit wenig aus.

Zusammenfassung.

Es werden Messungen über Reibung, Verschleiß und elektrische Leitfähigkeit in Gleitkontakten beschrieben, vor allen Dingen Versuche nach der Kreuzdrahtmethode. Namentlich bei diesen wurde die wirkliche Berührungsfläche ermittelt, so daß die Reibungskraft Ψ je cm² berechnet werden konnte. Sie stimmt am reinen Metallkontakt etwa mit der makroskopischen Festigkeit des Metalles überein. Einmolekulare Schmiermittelhäute, Epilamen, bestimmen die Ruhereibung sowie die Reibung bei langsamer Bewegung von geschmierten Kontakten zwischen unedlen Metallen. Die Dicke der Epilamen wird auf Grund von elektrischen Leitfähigkeitsmessungen an den Kontakten geschätzt. Es ist wahrscheinlich, daß die Epilamen der beiden Kontaktglieder je nach dem Druck mehr oder weniger tief ineinander hineindringen. Es entsteht eine dem Druck p annähernd proportionale Kraft Ψ. Der Proportionalitätsfaktor ist die Reibungszahl μ. Im Mittel wird dies $\mu = 0,12$. Diese Gesetzmäßigkeiten und auch die Coulombsche Regel werden theoretisch begreiflich gemacht.

Schrifttum.

1. R. Holm: Über metallische Kontaktwiderstände und Charakteristiken von Kontaktwiderständen. Wiss. Veröff. Siemens-Werken **VII**, 2 (1929) S. 217.

2. R. Holm u. W. Meissner: Kontaktwiderstand zwischen Supraleitern und Nichtsupraleitern. Messungen mit Hilfe von flüssigem Helium. Z. Phys. **74** (1932) S. 715.

3. R. Holm u. B. Kirschstein: Über den Widerstand dünnster Fremdschichten in Metallkontakten. Z. techn. Phys. **16** (1935) S. 488.

4. R. Holm u. B. Kirschstein: Über das Haften zweier Metallflächen aneinander im Vakuum und die Herabsetzung des Haftens durch gewisse Gase. Wiss. Veröff. Siemens-Werken **XV**, 1 (1936) S. 122.

5. R. Holm u. B. Kirschstein: Die Reibung von Nickel auf Nickel im Vakuum. Wiss. Veröff. Siemens-Werken **XVIII** (1939) S. 193.

6. R. Holm: Über die auf die wirkliche Berührungsfläche bezogene Reibungskraft. Wiss. Veröff. Siemens-Werken **XVII** (1938) S. 400.

7. R. Holm: Eine Bestimmung der wirklichen Berührungsfläche eines Bürstenkontaktes. Wiss. Veröff. Siemens-Werken **XVII** (1938) S. 405.

8. R. Holm, H. P. Fink, F. Güldenpfennig u. H. Körner: Über Verschleiß und Reibung in Schleifkontakten, besonders zwischen Kohlebürsten und Kupferringen. Wiss. Veröff. Siemens-Werken **XVIII** (1939) S. 73.

9. L. Prandtl: Ein Gedankenmodell zur kinetischen Theorie der festen Körper. Z. angew. Math. Mech. **8** (1928) S. 85.

10. G. A. Tomlinson: A molecular theory of friction. Phil. Mag. **7** (1929) S. 905.

11. V. Vieweg: Stand der Forschung über Schmierfähigkeit. Öl u. Kohle **2** (1934) S. 494.

12. G. Vogelpohl: Zur Klärung des Gleitreibungsvorganges. Öl u. Kohle **37** (1939) S. 720.

13. K. L. Wolf: Molekularphysikalische Probleme der Schmierung. Z. VDI **83** (1939) S. 781.

14. P. Woog: Contribution à l'étude du graissage. Paris: Delagrave (1926).

15. R. Holm: Die technische Physik der elektrischen Kontakte. Berlin: Julius Springer (1941).

16. Ch. Jakob: Über gleitende Reibung. Ann. Phys., Lpz. **38** (1912) S. 126.

Flächenkontakte unter hoher Druckkraft.

Von **Dietrich Müller-Hillebrand**.

Mit 16 Bildern.

Mitteilung aus dem Schaltwerk der Siemens-Schuckertwerke AG
zu Siemensstadt.

Eingegangen am 17. März 1941.

1. Kontaktwiderstand oxydierter Metalloberflächen unter hoher Druckkraft.

Reinigt man die Oberfläche eines Stabes z. B. aus Kupfer, Aluminium oder Zink und legt den Stab in Luft von Zimmertemperatur, so überzieht er sich augenblicklich mit einer Oxydschicht. In kurzer Zeit, meist in weniger als 1 s, hat die Dicke der Schicht die Größe eines Raumgitters (einige 10^{-7} mm) angenommen. In einigen Minuten sind die Schichten auf Dicken in der Größenordnung von angenähert $1 \cdot 10^{-6}$ mm gewachsen. Der Widerstand dieser Schichten ist je nach ihrem Aufbau sehr verschieden, er ist stets um Größenordnungen größer als der des Trägermetalles [1][1].

An einem Versuch mit 2 Metallstäben (Bild 1) soll die im folgenden behandelte Frage erläutert werden: Die Stäbe haben einen rechteckigen Querschnitt. Ihre Oberflächen wurden gereinigt und durch Bürsten mittels einer Stahlbürste aufgerauht. Die Stäbe wurden nach der Reinigung eine gewisse Zeit der Luft ausgesetzt und dann rechtwinklig gekreuzt übereinandergelegt. Die Überlappungsfläche wurde durch verhältnismäßig

Bild 1. Anordnung der gekreuzten Metallstäbe zur Messung des Spannungsabfalles.

hohe Druckkraft belastet. Der Kontaktwiderstand wurde durch Strom- und Spannungsmessung ermittelt. Der Kontaktwiderstand ist nun sehr verschieden je nach Art des Metalles und je nach den Bedingungen, unter denen das Metall gelagert wurde.

Als Beispiel zeigen die Bilder 2 und 3 den Kontaktwiderstand bei einer Druckkraft von 250 kg auf Stäben von $15 \cdot 3$ mm² Querschnitt, deren Oberfläche durch Bürsten mittels Stahlbürste aufgerauht wurde. Die Stäbe hingen in Raumtemperatur (im Mittel etwa 25°, Raumfeuchtigkeit etwa $75 \cdots 85\%$) (Bild 2) und in einem Wärme-

---

[1]) Die eingeklammerten schrägen Zahlen beziehen sich auf das Schrifttum am Schluß der Arbeit.

ofen (etwa 125°) (Bild 3). Der Kontaktwiderstand wurde jeweils an neuen Stellen der Stäbe gemessen. In den Bildern 2 und 3 ist der Abszissenmaßstab auf logarithmischer Basis so festgelegt worden, daß die Zunahme angenähert linear erscheint und einen bequemen Überblick sowohl über das rasche Emporklettern des Widerstandes beim Beginn, als auch über das langsame weitere Wachsen nach längerer Versuchsdauer gestattet. Der Kontaktwiderstand ist praktisch ohmisch, auch bei einem Widerstandswert von $2000 \cdot 10^{-6}\,\Omega$.

Der Kontaktwiderstand ist metallisch [2]. Er nimmt zu, weil der Querschnitt und die Anzahl der an der Stromleitung beteiligten Flächen abnimmt. Einzelwerte streuen sehr stark; das ist nicht verwunderlich, denn nicht nur Aufbau und Dicke der Oxydschichten können recht verschieden sein; auch die Anzahl, Größe und Anordnung der Stromübergänge werden wohl ein recht buntes und mannigfaches Bild

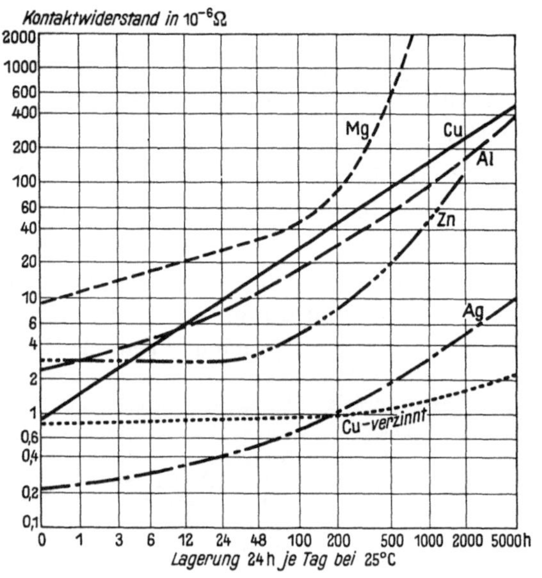

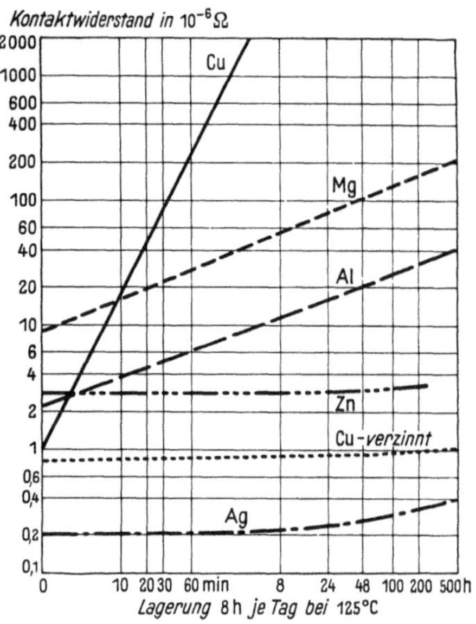

Bild 2. Lagerung bei Raumtemperatur (rd. 25°) in einem Raum mit 75 ··· 85% Luftfeuchtigkeit.

Bild 3. Lagerung in einem Wärmeofen bei 125°.

Bild 2 und 3. Zunahme des Kontaktwiderstandes von offen gelagerten Metallschienen (Querschnitt $15 \cdot 3\ \text{mm}^2$). Messung des Widerstandes bei einer Kontaktkraft von 250 kg.

aufweisen. Die Mittelwerte lassen infolgedessen nur die Größenordnungen der Widerstände erkennen.

Die Oxydschichten wirken bei hoher Druckkraft auf den Kontaktwiderstand so verschieden, daß unter den untersuchten Metallen 2 Gruppen unterschieden werden können (Bild 3):

1. Metalle, deren Kontaktwiderstand anfänglich schnell, dann langsam zunimmt, z. B. Kupfer und Aluminium. Hierzu gehört auch mit gewisser Einschränkung Magnesium. (Logarithmischen Maßstab beachten!)

2. Metalle, deren Kontaktwiderstand innerhalb der untersuchten Zeitdauer praktisch konstant bleibt oder nur unbedeutend zunimmt: Zink (99,99), Zinn (Kupfer mit verzinnter Oberfläche wurde untersucht) und Silber.

Diese Feststellungen gelten mit folgender Einschränkung: Die Versuche bei Raumtemperatur (Bild 2) waren unter den Bedingungen vorgenommen worden, denen Kontaktflächen bei Lagerung in „normal trockenen" Räumen ausgesetzt sind. Die Luftfeuchtigkeit spielt hier schon eine Rolle, insbesondere bei Zink und Magnesium, bei denen die Dicke der Fremdschichten bei Anwesenheit von Feuchtigkeit außerordentlich schnell zunimmt. Bei den Versuchen im Wärmeofen (125°) ist ein Einfluß der Luftfeuchtigkeit weniger erkennbar. Man kann dies durch einen Vergleich der bei Raumtemperatur und bei 125° gewonnenen Ergebnisse (Bild 2 und 3) beweisen: Bei Aluminium, Magnesium und Zinn steigt der Widerstand nach 200 h, bei Zink nach 48 h Lagerung bei Raumtemperatur stärker an als nach Lagerung bei 125°. Der Unterschied ist besonders auffällig bei Zink und Magnesium; hier bilden sich Hydroxyde stärker als bei den anderen Metallen. Die Fremdschichten bilden sich auf Metallen bei Anwesenheit von Feuchtigkeit ja ganz anders als in trockener Luft [3]. Die Konstanz des Kontaktwiderstandes offen lagernder Zink- oder Zinnschienen kann infolgedessen nur bei trockener Luft beobachtet werden.

Es soll nun im folgenden die Größe des Widerstandes von Flächenkontakten untersucht werden, die unter hoher Druckkraft zusammengepreßt werden. Eine Oxydschicht mag hierbei teilweise verschoben und in das Metall gedrückt sein.

An vielen Stellen der Oberflächen kommt es dann zu einer leitenden Berührung. Der Stromübergang wird also durch die Anwesenheit der schlecht leitenden Oxydschichten behindert, die Stromfäden schnüren sich an den leitenden Stellen zu „Engen" zusammen, die über die ganze Oberfläche vorwiegend in den Rissen der Oxydschicht verteilt sind.

2. Widerstand von Flächenkontakten.

Wie wir sahen, fließt der Strom von der Oberfläche des einen Kontaktes zu der des anderen nur über die leitenden Berührungsstellen. Handelt es sich um Metalle mit Oxydschichten, so werden diese Berührungsstellen durch die Risse in der schlecht leitenden Oxydschicht freigegeben. Die Risse entstehen bei Belastung der Kontakt- oberfläche als Folge ihrer plastischen Verformung.

Der „Enge"-Widerstand einer schmalen Ellipse von der Länge l und der Breite b beträgt unter der Annahme, daß $l \gg b$ ist, und daß die Ausbreitung der Stromlinien in beiden Elektroden, z. B. durch benachbarte Stromdurchgangsstellen, nicht beeinflußt wird:

$$R = \frac{2}{\pi} \cdot \frac{\varrho}{l} \cdot \ln \frac{4l}{b}. \tag{1}$$

ϱ = spezifischer Widerstand.

Für die folgende mathematische Behandlung spielt es keine wesentliche Rolle, ob der Strom durch „Risse", d. h. also durch längliche elliptische Gebilde oder durch kreisrunde Flächen von dem einen Kontakt zum anderen übertritt. Wir stellen uns daher vor, der Enge-Widerstand sei nicht durch einen Riß in der Oxydschicht gegeben, sondern durch eine kreisförmige Durchtrittsfläche mit dem Radius r_0. Der Widerstand dieser kreisrunden Stromenge ist:

$$R = \frac{1}{2} \cdot \frac{\varrho}{r_0}. \tag{2}$$

Der Halbmesser dieser idealisierten Stromenge ist demnach, wie sich durch einen Vergleich von Gl. (1) und (2) ergibt,

$$r_0 = \frac{\pi}{4} \frac{l}{\ln \frac{4l}{b}}. \tag{3}$$

                    Dietrich Müller-Hillebrand.

Ist z. B. die Breite des Risses 10% von der Länge, so wird der Radius der Ersatzenge

$$r_0 = \frac{\pi}{4}\,\frac{l}{\ln 40} = 0,213\,l.$$

Wir betrachten die kreisförmigen Stromdurchtrittsflächen von einer mittleren Größe. Sie mögen gleiche Radien r_0 haben und in gleichmäßigen gegenseitigen Abständen über die Kreisfläche verteilt sein. Wir erhalten dann eine Stromverteilung gemäß Bild 4. Gleichen Teilen der Fläche fließen demnach gleiche Teilströme zu.

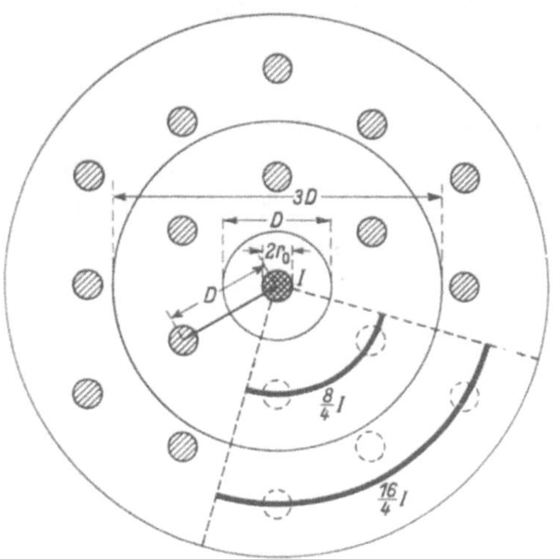

Bild 4. Idealisierte Stromverteilung in kreisförmigen Stromdurchtrittsflächen mittlerer Größe.

Der Abstand zwischen der Enge, deren Widerstand im folgenden berechnet werden soll, und den erstbenachbarten Engen betrage D.

Durch eine Enge fließe der Teilstrom I. Die Teilfläche ist $D^2 \cdot \pi/4$. Die diesen Teilflächen benachbarte Ringfläche, der die erstbenachbarten Teilströme zufließen, hat einen Durchmesser $3\,D$, die zweitbenachbarte Ringfläche einen Durchmesser $5\,D$ und so fort. Das Verhältnis dieser Teilflächen zur Bezugsfläche und damit das Verhältnis der Teilströme ist:

$$f_1 = \frac{(3\,D)^2 - D^2}{D^2} = 8. \qquad (4)$$

$$f_2 = \frac{(5\,D)^2 - (3\,D)^2}{D^2} = 16. \qquad (4\,\mathrm{a})$$

$$\vdots \qquad\qquad \vdots$$

$$f_n = (2n+1)^2 - (2n-1)^2 = 8n. \qquad (4\,\mathrm{b})$$

Die Teilströme des erstbenachbarten Ringes betragen daher $8\,I$, des n-Ringes $8\,n\,I$.

In diesem Strömungsfeld sei nun die Spannung zwischen der betrachteten Stromenge und dem im Abstand H gemäß Bild 5 befindlichen Punkt 1 näher untersucht.

Diese Spannung U_{01} ergibt sich aus der Summe zweier Potentialdifferenzen:

$$U_{01} = (\varphi_{e0} - \varphi_{e1}) + (\varphi_{f0} - \varphi_{f1}). \qquad (5)$$

Sie setzt sich zusammen aus der Differenz der Eigenpotentiale $(\varphi_{e0} - \varphi_{e1})$, hervorgerufen durch den die Kreisfläche durchfließenden Teilstrom I und der Fremdpotentiale $(\varphi_{f0} - \varphi_{f1})$, die von den in den Abständen D, $2D$, ... nD fließenden Teilströmen herrühren und deren Ergiebigkeit wir in Gl. (4) bis Gl. (4 b) kennengelernt haben.

Das Eigenpotential φ_{e0}, bezogen auf die betrachtete Stromenge 0, ergibt sich als Produkt aus Teilstrom I und Widerstand der Strombahn von der Durchtritts-

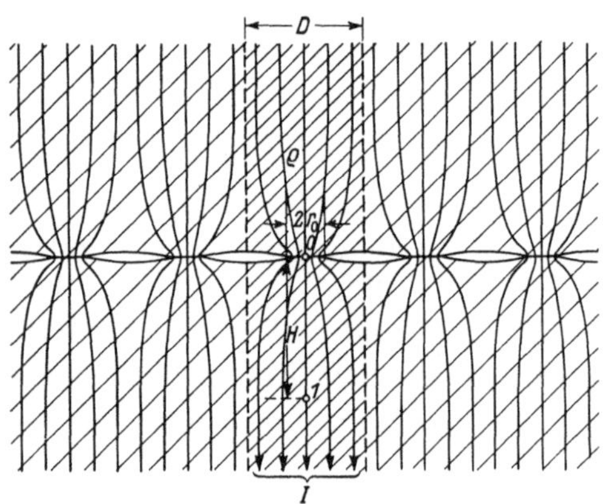

Bild 5. Strömungsfeld der Stromverteilung nach Bild 4.

fläche bis zu einem Bezugspunkt, der im Unendlichen liege. Das entsprechende Potential des Punktes 1 im Abstand $r = H$ ergibt sich analog und wir erhalten unter Benutzung von Gl. (2):

$$\varphi_{e0} - \varphi_{e1} = I \cdot \frac{\varrho}{4}\left[\frac{1}{r_0} - \frac{2}{\pi H}\right]. \qquad (6)$$

Zur Bestimmung des **Fremdpotentials** φ_f, das von einer benachbarten Kreisfläche herrührt, gehen wir von der Feldstärke $\mathfrak{E}$ aus. Entlang der Oberfläche, ausgehend von dem Rand der Kreisfläche, ist:

$$\mathfrak{E}_r = \frac{I}{2\pi} \cdot \frac{\varrho}{r} \frac{1}{\sqrt{r^2 - r_0^2}} \qquad\qquad \text{für}\quad r > r_0. \tag{7}$$

Das Potential im Abstand r ist

$$\varphi_{fr} = \int\limits_r^\infty \mathfrak{E}_r \, dr. \tag{8}$$

$$\varphi_{fr} = \frac{I\varrho}{2\pi} \cdot \frac{1}{r_0} \cdot \arcsin\left(\frac{r_0}{r}\right). \tag{8a}$$

$$\varphi_{fr} = \frac{I\varrho}{2\pi} \cdot \frac{1}{r_0}\left[\frac{r_0}{r} + \frac{1}{6}\left(\frac{r_0}{r}\right)^3 + \frac{3}{40}\left(\frac{r_0}{r}\right)^5 + \cdots\right]. \tag{8b}$$

Bei einer Bestimmung des Fremdpotentials mit 2% Genauigkeit kann die Reihe nach dem ersten Glied abgebrochen werden, wenn $r \geqq 3\,r_0$ ist, so daß das Fremdpotential mit

$$\varphi_{fr} = \frac{I\varrho}{2\pi} \cdot \frac{1}{r} \tag{8c}$$

das gleiche ist, das von einer Punktquelle ausgeht. Die benachbarten Teilströme wirken also so, als gingen sie nicht von Kreis- oder Ringflächen, sondern von Punkt- oder Linienquellen aus (Bild 4). Diese bequeme Einschränkung ist auch deswegen erforderlich, weil das Potential der Stromenge sich nach Gl. (5) nur dann aus dem Eigenpotential und dem Fremdpotential zusammensetzt, wenn der Abstand der fremden Quellen genügend groß von der Stromenge ist: Infolge der räumlichen Ausdehnung der Durchtrittsflächen ist das von den fremden Quellen herrührende Fremdpotential am Rand größer als in der Mitte. Dies hat zur Folge, daß die Stromdichten am Rand der Durchtrittsflächen herabgesetzt werden, der Widerstand also erhöht wird. Dieser Einfluß ist praktisch vernachlässigbar, wenn $r \gg r_0$ ist, für uns im folgenden $r \geqq 3\,r_0$.

Das Fremdpotential des ersten Ringes im Abstand D mit einem Teilstrom $8\,I$ gemäß Gl. (4) ist:

$$\varphi_{f1} = \frac{8\,I\varrho}{2\pi} \cdot \frac{1}{D} \tag{9}$$

und des n-Ringes mit dem gleichen Betrag:

$$\varphi_{fn} = \frac{8\,n\,I\varrho}{2\pi} \cdot \frac{1}{n\,D} = \varphi_{f1}. \tag{9a}$$

Hieraus folgt für das von allen Teilströmen herrührende Fremdpotential am Punkt 0 die Summe aller Fremdpotentiale

$$\varphi_{f0} = \frac{8\,I\varrho}{2\pi} \cdot \frac{n}{D}. \qquad\qquad n \to \infty \tag{10}$$

Das Fremdpotential φ_{f1} im Abstand H, herrührend von den Teilströmen der benachbarten Durchtrittsstellen, wird in der gleichen Weise hergeleitet. Auch hier gilt für den Abstand H eine ähnliche Beschränkung wie für D: Es muß H größer als $4\,r_0$ sein, wenn der Fehler kleiner als 2% sein soll.

$$\varphi_{f1} = \frac{I\varrho}{2\pi}\left(\frac{8}{\sqrt{H^2 + D^2}} + \frac{16}{\sqrt{H^2 + (2D)^2}} + \cdots\right). \tag{11}$$

Wir setzen

$$D = p \cdot r_0. \qquad (p > 3) \quad (12) \qquad\qquad H = q \cdot r_0. \qquad (q > 4) \quad (12a)$$

$$\frac{H}{D} = \frac{q}{p} = a. \tag{13}$$

Es folgt dann:

$$\varphi_{f1} = \frac{I\varrho}{2\pi r_0}\left(\frac{8}{p}\sum\frac{1}{\sqrt{(a/n)^2+1}}\right). \qquad n\to\infty \qquad (14)$$

Die Spannung U_{01} nach Gl. (5) ergibt sich schließlich aus Gl. (6), (10) und (14):

$$U_{01} = \frac{I\varrho}{2\pi r_0}\left(\frac{\pi}{2} + \frac{1}{p}\left[8\left(n - \sum\frac{1}{\sqrt{(a/n)^2+1}}\right) - \frac{1}{a}\right]\right). \qquad n\to\infty \quad (15)$$

$$U_{01} = \frac{I\varrho}{2\pi r_0}\left(\frac{\pi}{2} + \frac{1}{p}\left[8f(a) - \frac{1}{a}\right]\right). \qquad (15\,\mathrm{a})$$

$$U_{01} = \frac{I\varrho}{2\pi r_0}\left(\frac{\pi}{2} + \frac{1}{p}\cdot F(a)\right). \qquad (15\,\mathrm{b})$$

Die Funktion

$$f(a) = n - \sum\frac{1}{\sqrt{(a/n)^2+1}}$$

errechnet sich aus der Entwicklung zur binomischen Reihe:

$$\left.\begin{aligned}
\frac{1}{\sqrt{(a/n)^2+1}} &= 1\cdot a^0(1+1+1+\cdots) &&= n\\
&\quad -\frac{1}{2}a^2\left(1+\frac{1}{2^2}+\frac{1}{3^2}+\cdots\right) &&= -\frac{1}{2}\cdot 1{,}645\,a^2\\
&\quad +\frac{3}{8}a^4\left(1+\frac{1}{2^4}+\frac{1}{3^4}+\cdots\right) &&= +\frac{3}{8}\cdot 1{,}082\,a^4\\
&\quad -\frac{5}{16}a^6\left(1+\frac{1}{2^6}+\frac{1}{3^6}+\cdots\right) &&= -\frac{5}{16}\cdot 1{,}0172\,a^6\\
&\quad +\cdots &&\quad +\cdots
\end{aligned}\right\} \qquad (16)$$

Für Werte $a>1$ entwickelt man die Wurzel erst für Werte $a/n<1$. Man erhält dann, gültig für Werte bis $a=3$:

$$\left.\begin{aligned}
f(a) = n - \sum\frac{1}{\sqrt{(a/n)^2+1}} &= 3 - \left(\frac{1}{\sqrt{a^2+1}} + \frac{1}{\sqrt{(a/2)^2+1}} + \frac{1}{\sqrt{(a/3)^2+1}} + \right.\\
&\quad \left. + a'a^2 - b'a^4 + c'a^6 - d'a^8 + \cdots\right)
\end{aligned}\right\} \qquad (17)$$

mit den Werten:

$$\begin{aligned}
a' &= 1{,}4191\cdot 10^{-1},\\
b' &= 2{,}801\ \ \cdot 10^{-3},\\
c' &= 1{,}28\ \ \ \ \cdot 10^{-4},\\
d' &= 5{,}21\ \ \ \ \cdot 10^{-6}.
\end{aligned}$$

Es ist ferner:

$$F(a) = 8\,f(a) - 1/a.$$

Zahlenwerte der Funktionen $f(a)$ und $F(a)$ sind in der Zahlentafel 1 wiedergegeben, in Bild 7 außerdem $F(a)$ als Funktion von (a).

Der Enge-Widerstand zwischen zwei Punkten, die sich spiegelbildlich in einem Abstand $H = q\cdot r_0 = r_0\cdot a\cdot p$ von der Oberfläche entfernt befinden, beträgt:

$$R_e = \frac{\varrho}{\pi r_0}\left[\frac{\pi}{2} + \frac{1}{p}\cdot F(a)\right] \qquad (18)$$

wobei gemäß den Einschränkungen $p>3$ sein muß, a jedoch jeden beliebigen Wert annehmen kann.

Der Kontaktwiderstand ist die Differenz zwischen dem Enge-Widerstand und dem Widerstand des betrachteten Gebildes ohne Zusammenschnürung der Strombahnen, d. h. ohne Stromenge:

$$R_k = R_e - R_0. \qquad (19)$$

Da wir hier den Widerstand eines Zylinders der Höhe $2H$ und der Grundfläche $D^2\pi$ betrachten, wird

$$R_0 = \varrho \cdot \frac{4 \cdot 2H}{D^2 \cdot \pi} = \frac{\varrho}{\pi \cdot r_0} \cdot 8\,\frac{a}{p}. \tag{20}$$

Hieraus folgt:

$$R_k = \frac{\varrho}{\pi\,r_0}\left(\frac{\pi}{2} + \frac{1}{p}\,[F(a) - 8a]\right). \tag{21}$$

$$R_k = \frac{\varrho}{\pi\,r_0}\left[\frac{\pi}{2} - \frac{1}{p}\,\Phi(a)\right]. \tag{22}$$

Die Zahlwerte $\Phi(a)$ sind in Zahlentafel 1 und in Bild 7 zusammengestellt.

Für große Werte a nähert sich $\Phi(a)$ dem Wert 4,0; man kann hiermit für Werte $e > 2,6$ rechnen, so daß wir für den Kontaktwiderstand eines einzelnen Teilstromes arhalten:

$$R_k = \frac{\varrho}{\pi\,r_0}\left[\frac{\pi}{2} - \frac{4,0}{p}\right]. \tag{23}$$

Die Anzahl der leitenden Kontaktstellen je Flächeneinheit sei z, die Gesamtzahl $z \cdot F = Z$. Das Verhältnis der stromleitenden Flächen zur gesamten Kontaktfläche sei β:

$$\beta = \frac{Z \cdot r_0^2\,\pi}{F} = 4\,\frac{r_0^2}{D^2} = \frac{4}{p^2}. \tag{24}$$

Hieraus folgt:

$$p = \frac{2}{\sqrt{\beta}} \tag{25}$$

und

$$Z = \beta \cdot \frac{F}{r_0^3\,\pi}. \tag{26}$$

Zahlentafel 1.

a	$f(a)$	$F(a)$	$\Phi(a)$
0,2	0,0323	$-4{,}742$	6,342
0,4	0,1223	$-1{,}521$	4,721
0,6	0,2548	$+0{,}373$	4,427
0,8	0,414	$+2{,}063$	4,337
1,0	0,591	$+3{,}73$	4,27
1,2	0,778	5,39	4,21
1,4	0,967	7,02	4,18
1,6	1,158	8,64	4,16
1,8	1,351	10,25	4,15
2,0	1,545	11,86	4,14
2,2	1,740	13,47	4,13
2,4	1,937	15,08	4,12
2,6	2,134	16,69	4,11
2,8	2,33	18,30	4,10
3,0	2,53	19,90	4,10

Der gesamte Engewiderstand R_E und Kontaktwiderstand R_K als der Z. Teil des Kontaktwiderstandes eines Teilstromes ist demnach:

$$\boxed{\begin{aligned}
R_E &= \frac{\varrho\,r_0}{\beta \cdot F}\left[\frac{\pi}{2} + 0{,}5 \cdot \sqrt{\beta} \cdot F(a)\right], \\
R_K &= \frac{\varrho\,r_0}{\beta \cdot F}\left[\frac{\pi}{2} - 2{,}0\,\sqrt{\beta}\right].
\end{aligned}} \tag{27}$$

Die in den Gl. (23) und (27) benutzten Zeichen stellen wir noch einmal zusammen. Es bedeuten:

ϱ Spezifischer Widerstand.

r_0 Mittlerer Radius einer einzelnen Stromdurchtrittsstelle.

p Gegenseitiger Abstand dieser Stellen in Vielfachen des mittleren Radius r_0, $p > 3$.

a Verhältnis q/p, q Abstand des Bezugspunktes von der Kontaktoberfläche in Vielfachen r_0.

F Überlappungsfläche des Kontaktes.

β Bedeckung der Kontaktfläche mit stromleitenden Flächen, d. i. Anteil der stromleitenden Flächen an der Überlappungsfläche.

Gemäß der Einschränkung $p > 3$ muß $\beta < (2/3)^2$, d. h. $\beta < 44{,}4\%$ sein.

Der Zahlenwert des Klammerausdruckes liegt also zwischen $\pi/2 = 1{,}57$ für kleine Werte der Bedeckung β und 0,205 für den größten Wert $\beta = 44{,}4\%$.

Die Gl. (27) zeigt: der Kontaktwiderstand ist dem mittleren Radius r_0 der Stromdurchtrittsstellen proportional. Selbst wenn die Bedeckung der Kontaktflächen mit stromleitenden Flächen sehr klein ist, wenn also nur ein ganz geringer Anteil der Kontaktflächen an der Stromleitung teilnimmt ($\beta \to 0$), so kann der Kontaktwiderstand doch sehr klein sein, wenn nur der Radius der Stromdurchtrittsflächen genügend klein ist ($r_0 \to 0$) und wenn dann gemäß Gl. (26) die Zahl der Kontaktstellen genügend groß ist.

Wir wollen z. B. annehmen, daß die Kontaktfläche fast ganz mit nicht leitendem Oxyd bedeckt ist und nur $^1/_{10}\,\%$ der Kontaktfläche an der Stromleitung beteiligt ist ($\beta = 0{,}001$). Ein sehr niedriger Kontaktwiderstand von $1 \cdot 10^{-6}\,\Omega$ ergibt sich dann bei Stäben von $15 \cdot 15\,\text{mm}^2$ Überlappungsfläche (s. z. B. Bild 1) entsprechend den Beziehungen Gl. (27) für einen mittleren Radius r_0 der stromleitenden Flächen von $2{,}3\,\mu$. Nehmen wir stromleitende Risse in der Oxydschicht an, deren Länge 10mal größer als die Breite ist, so würde nach Gl. (3) die Länge rund $10\,\mu$, die Breite $1\,\mu$ betragen. Die mittlere Anzahl der auf $1\,\text{mm}^2$ Kontaktfläche entfallenden Stromübergangsstellen beträgt nach Gl. (26) 60, ihr gegenseitiger Abstand nach Gl. (25) $146\,\mu$. Diese Zahlen ergeben sich aus der zunächst ganz willkürlichen Annahme einer Bedeckung β von $^1/_{10}\,\%$.

Man kann dementsprechend aus der Gl. (27) eine Erklärung ableiten, warum der Kontaktwiderstand von reinem Zink und von Zinn (Kupfer verzinnt) trotz Oxydation — diese tritt zweifellos auf — kaum zunimmt: Bei der plastischen Verformung der Kontaktoberfläche, die unter der hohen Kontaktkraft an vielen Stellen eintritt, zerbricht die an sich nicht sehr dicke Oxydschicht sehr viel leichter, und es entstehen sehr viel mehr Risse, über die eine metallische Stromleitung erfolgen kann, als wenn andere mit zähen Fremdschichten überzogene Metalle, z. B. Kupfer, Magnesium oder Aluminium, plastisch verformt werden. Aluminiumoxyd haftet ja bekanntlich so außerordentlich fest und ist so schmiegsam, daß es trotz sorgfältiger Reinigung und trotz starker plastischer Verformung der Kontaktflächen nur schwer entfernt werden kann. Es bereitet immer eine gewisse Schwierigkeit, bei Aluminium einwandfreie und genügend niedrige Widerstände an Schraubkontakten zu erzielen.

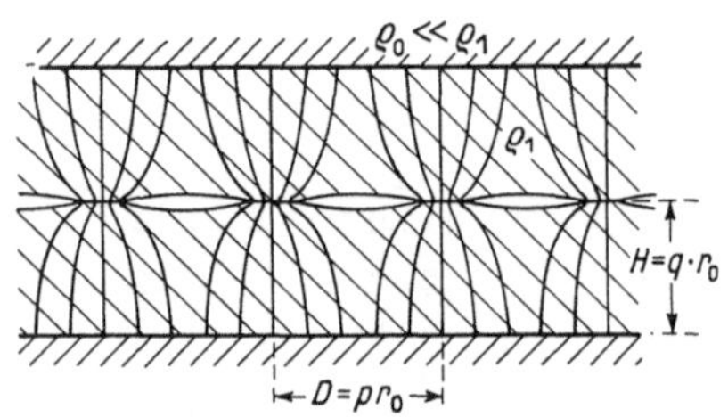

Bild 6. Strömungsfeld von Kohleplatten mit gut leitenden Unterlagen.

Zur Ergänzung seien noch die Ergebnisse einer Berechnung des Kontaktwiderstandes von Platten zusammengestellt [4], deren Dicke $H = q \cdot r_0$ betrage, und die mit einer sehr viel besser leitenden Unterlage leitend verbunden sind. Bild 6 zeigt die Anordnung. Es sind der Engewiderstand R_E und der Kontaktwiderstand R_K:

$$R_E = \frac{\varrho_1 \cdot r_0}{\beta \cdot F}\left[\frac{\pi}{2} - \frac{1}{q}\ln 2 + 0{,}5\,\sqrt{\beta} \cdot F'(a)\right], \qquad (28)$$

$$R_K = \frac{\varrho_1 \cdot r_0}{\beta \cdot F}\left[\frac{\pi}{2} - \frac{1}{q}\ln 2 - 0{,}5\,\sqrt{\beta} \cdot \Phi'(a)\right], \qquad (29)$$

wobei

$$q = H/r_0$$

nach unserer Voraussetzung größer als 4 sein soll;

$$a = \frac{H}{D} = \frac{q}{p} = 0{,}5\,q \cdot \sqrt{\beta}.$$

Die Werte $F'(a)$ und $\Phi'(a)$ sind in der Zahlentafel 2 und in Bild 7 zusammengestellt.

Zahlentafel 2.

$1/a$	$F'(a)$	$\Phi'(a)$
0,2	36,0	3,95
0,4	16,2	3,90
0,6	9,60	3,73
0,8	6,37	3,62
1,2	3,23	3,43
1,6	1,78	3,22
2,0	1,00	3,00
2,4	0,573	2,76
2,8	0,326	2,53
3,2	0,185	2,31
4,0	0,0584	1,94
5,0	0,0136	1,54
6,0	0,00312	1,33

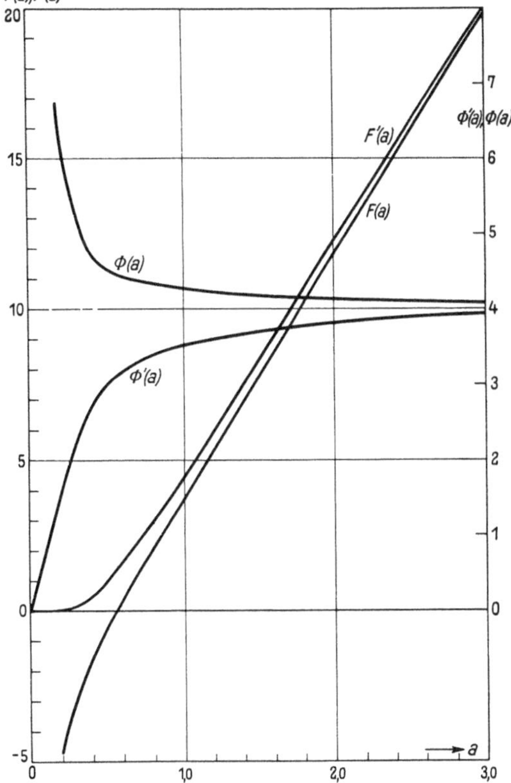

Bild 7. Werte $F(a)$, $F'(a)$ und $\Phi(a)$, $\Phi'(a)$ zur Berechnung des Kontaktwiderstandes von Platten.

3. Kontaktwiderstand, abhängig von der Druckkraft.

Als Maß für die Tragfähigkeit sei die Härte H des Körpers (Dimension kg/mm²) angesehen. Bei Z tragenden Stellen, die unter einer Druckkraft P plastisch verformt sein mögen, ist die Druckkraft

$$P = H \cdot Z \cdot r_1^2 \, \pi, \tag{30}$$

wenn r_1 der mittlere Radius der tragenden Einzelfläche ist. Wir setzen voraus, daß die tragende Fläche ein vielfaches f der leitenden Fläche ist. Dies ist z. B. der Fall, wenn die berührende Fläche mit Oxyd überzogen ist und jeweils nur ein Riß die metallische Berührung vermittelt. Bei einem mittleren Radius der leitenden Stromdurchtrittsfläche r_0 ist:

$$r_1^2 \pi = r_0^2 \pi \cdot f. \tag{31}$$

Aus Gl. (30), (31) und (24) folgt:

$$\beta \cdot F = \frac{P}{f \cdot H}, \tag{32}$$

und demgemäß:

$$R_K = \varrho \cdot \frac{r_0 \cdot f \cdot H}{P} \left[\frac{\pi}{2} - 2 \right] \sqrt{\frac{P}{f \cdot H \cdot F}}. \tag{33}$$

Wir haben hier mit einer konstanten Härte H gerechnet. Man kann vermuten, daß die Härte von der Oberflächendeformation abhängt, wie weiter unten etwas ausführlicher behandelt wird. Die elastische Deformation wurde vernachlässigt. Bei den Metallen ist sie, wie eine Nachrechnung zeigt, ohne weiteres vernachlässigbar. Bei den Kohlen mit einem Elastizitätsmodul, der praktisch eine Größenordnung kleiner als bei den Metallen ist, könnte die elastische Deformation und die dadurch bedingte Vergrößerung der Stromdurchtrittsstellen einen Einfluß haben. Auch dieser Einfluß ist jedoch hier vernachlässigt worden.

Betrachten wir nun Gl. (33) etwas genauer:

Der Kontaktwiderstand R_K ist dem Druck P umgekehrt proportional, wenn alle übrigen Glieder der Gleichung konstant bleiben. Bei sehr hohen Druckkräften wird der Einfluß des zweiten Gliedes der Klammer bemerkbar, der Kontaktwiderstand nimmt etwas stärker ab.

Unter der Voraussetzung, daß $f = 1$ ist, d. h. daß die ganze „tragende" Fläche elektrisch leitet, kann aus Gl. (33) über die Abhängigkeit des Kontaktwiderstandes folgendes abgeleitet werden, zunächst mit der Einschränkung, daß der Druck P/F im Vergleich zur Härte H sehr klein ist:

1. Der Kontaktwiderstand nimmt umgekehrt proportional mit der Druckkraft ab, wenn die Größe (= Radius) der tragenden Flächen im Mittel konstant bleibt. Die Zahl der tragenden und elektrisch leitenden Flächen nimmt dann nach Gl. (30) mit dem Druck zu.

2. Der Kontaktwiderstand nimmt umgekehrt proportional mit der Wurzel aus der Druckkraft ab, wenn die Gesamtzahl der tragenden und elektrisch leitenden Flächen konstant bleibt. Denn nach Gl. (30) und (31) ist

$$Z = z \cdot F = \left[\left(\frac{P}{r_0^2} \right) \cdot \frac{1}{\pi H} \right] = \text{konst.} \qquad (30\,\text{a})$$

und hieraus r_0 in Gl. (31) eingesetzt:

$$R_K = \frac{\varrho}{\sqrt{\pi \cdot z \cdot F}} \cdot \sqrt{\frac{H}{F}} \left[\frac{\pi}{2} - \sqrt{\frac{P}{H \cdot F}} \right]. \qquad (33\,\text{a})$$

Ist der Druck P/F nicht mehr sehr klein gegenüber der Härte, ist also auch eine stärkere Oberflächendeformation zu erwarten, so wird

3. der Kontaktwiderstand stärker abnehmen, entsprechend der Abnahme des Klammerausdruckes.

4. Bei stärkerer Oberflächendeformation werden die „Gebirge" zusammengedrückt, mit Vergrößerung der tragenden Fläche kann auch die Tragfähigkeit zunehmen. Hierauf kommen wir noch ausführlicher zurück. Diese zunehmende „Härte" wirkt der eben geschilderten Abnahme des Kontaktwiderstandes entgegen, sie kann diese sogar so weit überwiegen, daß mit zunehmender Druckkraft der Kontaktwiderstand weniger als bisher angegeben abnimmt.

4. Der Kontaktwiderstand oxydfreier Oberflächen.

Messungen wurden an rechtwinklig übereinandergelegten Stäben durchgeführt. Die Stäbe bestanden aus verschiedenen Kohlesorten (Zahlentafel 3), deren Ober-

Zahlentafel 3.

Bezeich-nung	Nähere Angaben	Querschnitt mm²	Spez. Widerstand Ω cm $\cdot 10^4$	Kugeldruck-härte kg/mm²	Druckfestigkeit kg/mm²
A	Naturgraphit, sehr weich	$7 \cdot 6$	14	< 5 (4,5)	1,5
B	Kohle mit Naturgraphit	$10 \cdot 10$	28	62	15,3
C	Elektrographit, sehr fein	$19,5 \cdot 8$	10	11,5	2,8
D	Elektrographit, gröbere Struktur	$19,5 \cdot 8$	6,2	13,8	6,0
E	Elektrographit	$10 \cdot 10$	39	36	7,2

fläche glatt war[1]), und aus Silber, Kupfer und Zink (Legierung ZnAl 4) (Zahlentafel 4), deren ganz ebene Oberfläche bei Silber durch Schlichtfeilen, bei Kupfer und Zink durch Bürsten mittels Stahlbürste oder durch Sandstrahlen unmittelbar vor der Messung von Oxyden „befreit" war. Zahlentafel 4 ist ergänzt durch Angaben der Metalle, deren Meßergebnisse in Bild 2 und 3 wiedergegeben sind.

Zahlentafel 4.

Metall	Querschnitt mm²	Spez. Widerstand Ω cm · 10⁶	Härte kg/mm²
Silber . . . . {	15 · 1,8	1,62	44
	9,1 · 5,4	1,62	80
Kupfer . . . . {	10 · 10	1,78	95
	9,1 · 5,4	1,78	76
Aluminium	10 · 10	2,85	34
Zink (ZnAl 4)	10 · 10	6,42	50 (130)
Reinstzink (99,99)	15 · 3	5,96	(37)
Magnesium (AM 503) . . .	15 · 3	5,76	47
Aluminium	15 · 3	2,85	28
Kupfer	15 · 3	1,78	85

Die Härte wurde nach dem Kugeldruckverfahren sowohl aus dem Durchmesser der Kalotte, als auch aus der Tiefe der Eindrückung bestimmt; die an den Kohlen festgestellten Werte wichen zum Teil stark voneinander ab, denn der Durchmesser der bleibenden Eindrückung war bei einigen Stäben nicht genau bestimmbar und das Verfahren der Tiefenmessung liefert bekanntlich nur ungenaue absolute Werte. Zum Vergleich sind deswegen noch Werte der Druckfestigkeit angegeben.

Die Kontaktstelle wurde über eine Hebelübertragung erschütterungsfrei durch Gewichte belastet[2]). Die Bestimmung des Widerstandes geschah bei 10 A durch Messung des Spannungsabfalles an den nicht vom Strom durchflossenen Enden der Stäbe. Der Kontaktwiderstand wurde entsprechend Gl. (19) aus der Differenz des gemessenen Widerstandes und des aus einem Stück bestehenden Widerstandes der untersuchten Eckenanordnung [5] errechnet, eine Korrektur, die bei Druckkräften über 10 kg schon erheblich ins Gewicht fallen kann.

Die Messungen an den Kohlestäben (Bild 8) zeigen, daß der Kontaktwiderstand umgekehrt der 0,73···0,79fachen Potenz der Druckkraft abnimmt. Die sehr weiche Kohle A (Naturgraphit) weicht hiervon etwas ab. Anfänglich

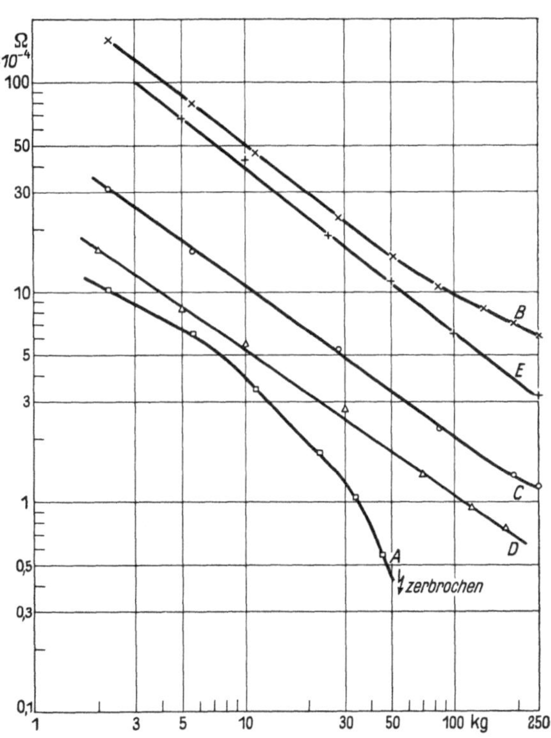

Bild 8. Kontaktwiderstand der Kohlensorten nach Zahlentafel 3 in Abhängigkeit von der Kontaktkraft.

---

[1]) Die Kohlenstäbe wurden freundlichst von Herrn Dr. P. Conrath (Siemens-Plania-Werke, AG für Kohlefabrikate, Berlin) zur Verfügung gestellt. Die Härtemessungen führte Herr Dr. F. Hoffmann (Siemens-Plania-Werke) aus.

[2]) Die Versuche wurden von den Herren J. Wagner und W. Schoen ausgeführt.

nimmt der Widerstand weniger, und zwar mit der 0,5fachen Potenz der Druckkraft ab, dann stärker, bis bei einer Last von 50 kg die Kohle zersprang.

Bei einigen Stäben aus Silber und Kupfer mit geschlichteter, gebürsteter und gesandstrahlter Oberfläche nimmt der Kontaktwiderstand umgekehrt der 0,91···0,97-fachen Potenz, aus Zink bis 30 kg Druckkraft umgekehrt der 0,97fachen, bei höheren

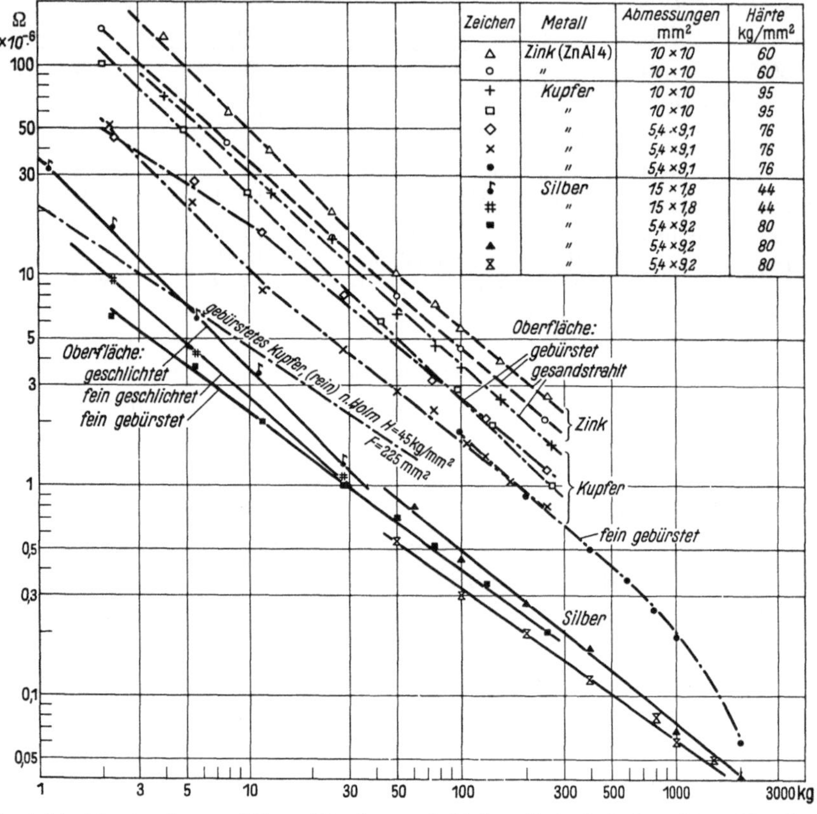

Zeichen	Metall	Abmessungen mm²	Härte kg/mm²
△	Zink (ZnAl4)	10 × 10	60
○	"	10 × 10	60
+	Kupfer	10 × 10	95
□	"	10 × 10	95
◇	"	5,4 × 9,1	76
×	"	5,4 × 9,1	76
●	"	5,4 × 9,1	76
♪	Silber	15 × 1,8	44
#	"	15 × 1,8	44
■	"	5,4 × 9,2	80
▲	"	5,4 × 9,2	80
✕	"	5,4 × 9,2	80

Bild 9.   Kontaktwiderstand von Silber, Kupfer und Zink mit technisch reinen Oberflächen bei verschiedener Oberflächenbehandlung in Abhängigkeit von der Kontaktkraft.

Drücken umgekehrt der 0,85fachen Potenz der Druckkraft ab (Bild 9)[1]. Bei Silber mit fein geschlichteter Oberfläche beträgt der Exponent −0,87. Die Rauhigkeit der Oberfläche, ob fein geschlichtet oder geschlichtet oder ob mit Stahlbürste gebürstet oder ob mittels Quarzsand grob gesandstrahlt (Bild 10), hat einen zwar nicht sehr großen, aber doch gut meßbaren Einfluß auf den Kontaktwiderstand in dem zu erwartenden Sinn, daß bei größerer Rauhigkeit der Kontaktwiderstand größer ist.

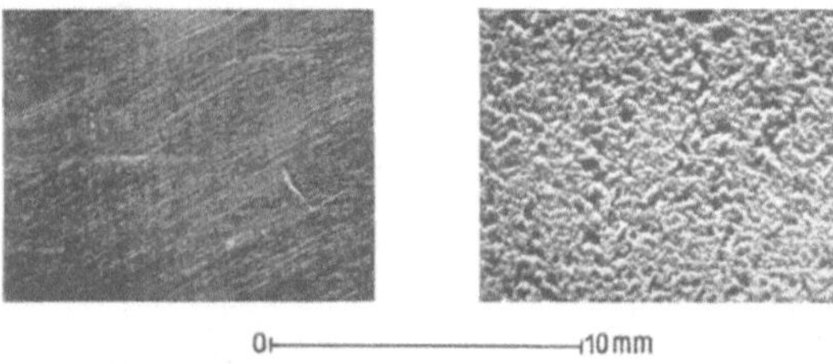

Bild 10.   Rauhigkeit untersuchter Kontaktflächen. Links: Stahlgebürstet, Unebenheiten 3 ··· 10 μ; rechts: Gesandstrahlt, Unebenheiten 30 ··· 150 μ.

---

[1]) Diese Messungen sind lediglich eine Bestätigung der von R. Holm in größerem Zusammenhang gezeigten Gesetzmäßigkeiten. Siehe z. B. R. Holm: Über metallische Kontaktwiderstände. Wiss. Veröff. Siemens-Werken **X**, 2 (1929) S. 217. Messungen an gereinigten Flächenkontakten aus Silber, Gold, Kupfer und Nickel. Druckkräfte etwa 10 g bis etwa 5···10 kg. Druckfläche 31,3 mm² und 3,3 mm².

Bei diesen untersuchten Metallen war die Oberfläche „technisch oxydfrei"
Der Einfluß der durch die Reinigung neu entstehenden dünnen Oxydschicht ist aber
doch noch ein so großer, daß die Messungen in gewisser Hinsicht gefälscht werden[1]).

Es wurden z. B. Stäbe aus Kupfer und aus Silber mit einem Querschnitt von
$9{,}1 \cdot 5{,}4$ mm unter Benzol gefräst und erst kurz vor der Messung aus dem Benzolbad
genommen, mit einer feinen Stahldrahtbürste leicht abgebürstet, kreuzförmig übereinandergelegt und dann belastet. Die Widerstandskennlinie dieser Stäbe liegt beträchtlich tiefer. Es sind dies die in Bild 9 unter „feingebürstet" angegebenen Werte.
Vergleicht man sie mit Messungen von R. Holm an ganz oxydfreien Kupferstäben,
wobei die geringere Härte zu berücksichtigen ist, so erkennt man, daß auch bei
diesen Stäben die sich im Augenblick der Berührung mit Luft bildende Oxydschicht
bereits etwas störend bemerkbar macht. Der Exponent der Druckabhängigkeit
beträgt bei diesen besser von Oxyden gesäuberten Metallen:

Bei Silberkontakten 0,71, 0,74, 0,81

Bei Kupfer im Mittel 0,79

Bei den von R. Holm benutzten oxydfreien Kupferkontakten . . 0,67.

Zieht man die Messungen an den Kohlestäben zur Bestimmung des Exponenten mit
hinzu, so ergibt sich als wahrscheinlicher Wert von Kontakten mit oxydfreien Oberflächen etwa 0,7, entsprechend also
der Beziehung:

$$R_K = c \cdot P^{-0{,}7}.$$

Um diese Messungen auszuwerten,
ist in Bild 11 der Kontaktwiderstand entsprechend Gl. (27) auf den
spez. Widerstand 1 und auf die
Fläche von 1 cm² reduziert und in
Abhängigkeit vom mittleren Radius
der Stromdurchtrittsflächen für verschiedene Werte der Bedeckung β
(von 0,01 bis 30 %) dargestellt worden. In das Koordinatennetz wurden die Linien gleicher Anzahl z
der Stromdurchtrittsstellen je cm²
Kontaktfläche eingezeichnet (von
0,1 bis 10 000). An Hand der Angaben über die Härte wurden dann
die Werte der Bedeckung β nach
Gl. (32) berechnet; die reduzierten
Widerstandswerte sind in Bild 11 eingetragen worden: Bei den Kohlen und

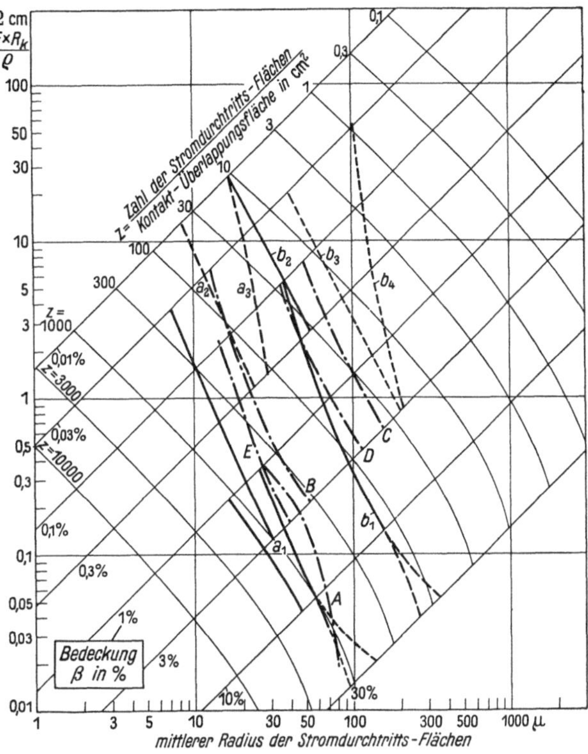

Bild 11. Reduzierter Kontaktwiderstand $\dfrac{F \cdot R_K}{\varrho}$ in Abhängigkeit vom mittleren Radius der Stromdurchtritts-
flächen für verschiedene Werte der Bedeckung β.

a_1 Silber fein gebürstet;	b_1 Kupfer gebürstet:
a_2 Silber fein geschlichtet (rein);	b_2 Kupfer gebürstet (rein);
a_3 Silber fein geschlichtet (unrein);	b_3 Kupfer gesandstrahlt (rein);
	b_4 Kupfer gesandstrahlt (unrein).

Kohlensorten A, B, C, D, E siehe Zahlentafel 3, S. 94.

---

[1]) Hierauf machte mich Herr Dr.
R. Holm freundlicherweise aufmerksam
und stellte mir noch nicht veröffentlichte
Messungen an Kupferkontakten, von denen
eine im Bild 9 wiedergegeben ist, zur Verfügung.

Metallen nimmt die Zahl der leitenden Flächen mit zunehmender Bedeckung β, d. h. also mit zunehmendem Druck langsam zu, in erster Annäherung etwa mit der 3. Wurzel aus dem Druck; ab etwa 1···3 % Bedeckung bleibt dann die Anzahl der Stromdurchtrittsflächen meist konstant. Da einige Messungen an Silber (feingeschlichtet) und Kupfer (gesandstrahlt) zweifellos durch Oxyd und Verunreinigungen der Oberflächen beeinflußt wurden, sind diese Werte nur gestrichelt in Bild 11 aufgenommen worden. Ebenfalls gestrichelt wurden dann die Werte eingezeichnet, die sich aus Analogie mit den reinen Metallen bzw. Kohlen ergeben und die einigermaßen richtige Aussagen über den mittleren Radius der Stromdurchtrittsfläche machen. Dieser mittlere Radius nimmt, wie die Auswertung des Bildes 12 ergibt, angenähert mit der 3. Wurzel aus dem Druck zu. Bei Bedeckungen von etwa 3 % an nimmt er bei einigen untersuchten Kontakten etwas stärker zu, angenähert mit der 2. Wurzel aus dem Druck.

Man kann 3 Gruppen unterscheiden:

1. Silber mit feingeschlichteter und feingebürsteter Oberfläche; die auf der Gesenkpresse unter hohem Druck hergestellten Kohlen A, B und E.

2. Mit im Mittel etwa 3 mal größerem Radius: Kupfer mit gebürsteter Oberfläche und Kohle D, die auf der Strangpresse hergestellt ist.

3. Mit weiterhin etwa doppelt so großem Radius: Kupfer mit gesandstrahlter Oberfläche. Die Werte der Kohle C, die ebenfalls auf der Strangpresse hergestellt ist, liegen zwischen den Gruppen 2 und 3. Die Auswertung dieser Messungen an den Kohlen ist jedoch unsicher mit Rücksicht auf die Schwierigkeit, die Härte und den im gewissen Umfang richtungsabhängigen spezifischen Widerstand richtig festzustellen.

Die auf diese Weise ermittelten Werte der Radien haben die gleiche Größenordnung, wie die von R. Holm durch unmittelbare Messung ermittelten Radien [6], die von ihm zu 35···60 μ festgestellt wurden. Die Wahl einer konstanten Härte ist eine Annahme, da wir über die Gestalt der Oberfläche an den Berührungsstellen

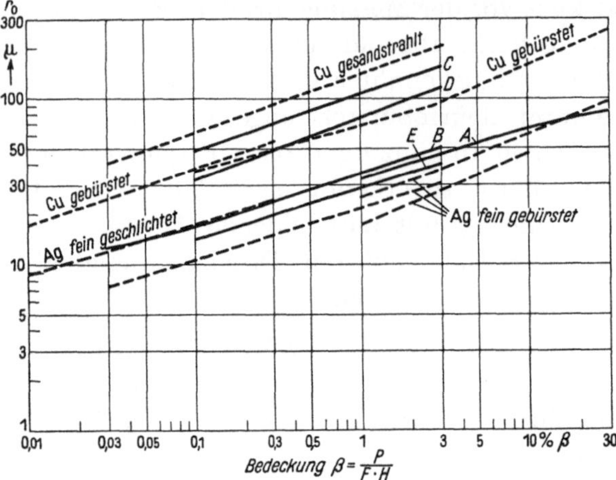

Bild 12. Mittlerer Radius der Stromdurchtrittsfläche in Abhängigkeit von der Bedeckung von Metallen mit reiner Oberfläche und von Kohlen (Sorten A, B, C, D, E siehe Zahlentafel 3, S. 94).

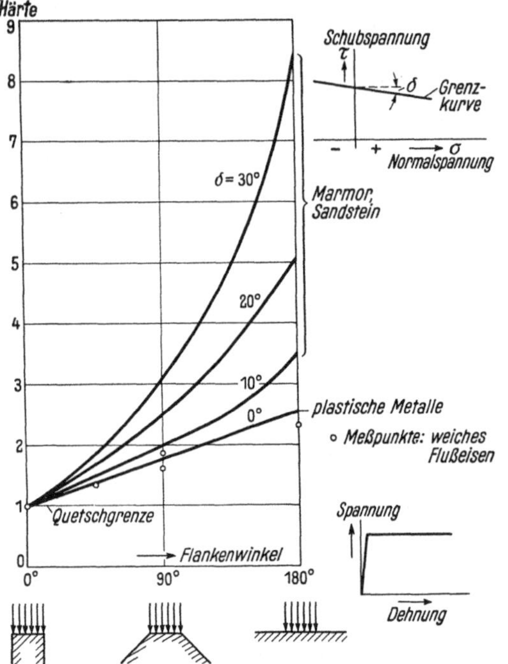

Bild 13. Einfluß des Flankenwinkels von Schneiden auf die Härte von plastischen Metallen, Marmor und Sandstein nach L. Prandtl.

keine Aussage machten. Bei den Kohlen bereitete schon die Ermittlung einigermaßen genauer Zahlen der Kugeldruckhärte Schwierigkeiten. Hier kann aber auch die Tragfähigkeit mit zunehmender Verflachung der belasteten Erhebungen stark zunehmen, wenn bestimmte mechanische Eigenschaften denen von Marmor und Sandstein ähnlich sind. Die Tragfähigkeit ist davon abhängig, ob und in welchem Umfang der Druck auf den Körper seitlich von den Berührungsflächen übertragen werden kann: Wird ein zylindrischer Körper auf der vollen Stirnseite druckbelastet, so ist die Tragfähigkeit kleiner, als wenn eine Fläche auf einen seitlich unbegrenzten Körper auf Druck beansprucht wird. Unter Annahme, daß der plastische Zustand nach Überwindung einer sehr kleinen elastischen Formänderung erreicht wird und daß mit zunehmender plastischer Formänderung eine Verfestigung nicht eintritt, d. h. also unter der Annahme eines Spannungs-Dehnungs-Schaubildes gemäß Bild 13 rechts unten, hat L. Prandtl [7] die Festigkeit von Schneiden als e b e n e s Problem berechnet. Die Ergebnisse sind in Bild 13 wiedergegeben, und zwar zunächst für plastische Metalle, bei denen die größtmögliche Schubspannung an der Fließgrenze konstant bleibt. Eine gewisse Bestätigung geben einige Messungen von E. Contius [8]. Außerdem ist die Tragfähigkeit für die Stoffe angegeben, wie z. B. für Marmor und Sandstein, bei denen die größtmögliche Schubspannung mit dem Druck ansteigt (Bild 13 rechts oben), vorausgesetzt, daß sie unter solchen mechanischen Bedingungen beansprucht werden, daß sich in ihnen plastische Formänderungen ausbilden können. Bild 13 zeigt, daß die Tragfähigkeit unter Umständen stark zunehmen kann.

5. Der metallische Kontaktwiderstand oxydierter Oberflächen.

Wir hatten bereits gesehen, daß der Widerstand von mit Oxyden bedeckten Kontakten selbst dann klein wird, wenn die Berührungsfläche z u m g r ö ß t e n T e i l mit nichtleitenden Fremdschichten bedeckt ist: es müssen nur genügend kleine und genügend zahlreiche Risse in der Oxydschicht die metallische Berührung vermitteln. Haftet eine zähe Oxydschicht fest, so sind schon erhebliche Deformationen der Oberfläche erforderlich, um den Stromdurchgang durch Risse zu ermöglichen. Bild 14 zeigt Meßergebnisse an A l u m i n i u m - Schienen, die unmittelbar vor der Untersuchung mittels Stahlbürste sorgfältig gereinigt oder unter dem Sandstrahlgebläse aufgerauht waren. Der Widerstand nimmt im Mittel mit der

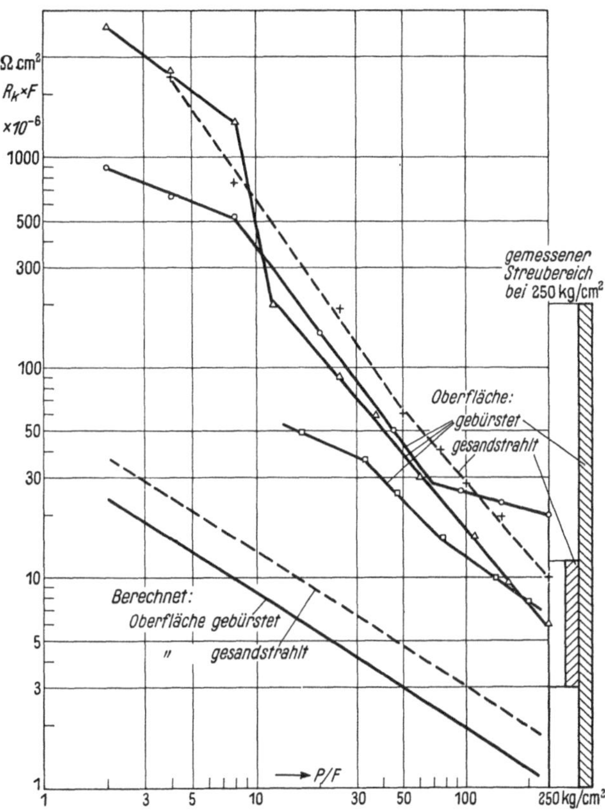

Bild 14. Kontaktwiderstand von Aluminium-Schienen in Abhängigkeit vom Kontaktdruck.

1,45fachen Potenz der Druckkraft ab, einzelne Sprünge zeigen wie der Widerstand sich durch Aufreißen der Oxydschicht und Zunahme der Zahl der Stromübergangsstellen sprunghaft erniedrigen kann. Zu ähnlichen Ergebnissen kommt man auch bei der Untersuchung von Magnesium.

Das Verhältnis der tragenden zur elektrisch leitenden Fläche f ergibt sich aus einem Vergleich der berechneten Widerstandskennlinie ($f = 1$) mit der experimentell ermittelten Kennlinie bei gleichen Werten der Druckkraft nach Gl. (33) und unter Berücksichtigung, daß der Radius r_0 mit der 3. Wurzel der Bedeckung β zunimmt:

$$f = \frac{R_{K1}}{R_{K2}} \cdot \frac{r_{0\,2}}{r_{0\,1}} = \frac{R_{K1}}{R_{K2}} \left(\frac{\beta_2}{\beta_1}\right)^{1/3} = \frac{R_{K1}}{R_{K2}} \cdot f^{1/3}. \tag{34}$$

$$f = \left(\frac{R_{K1}}{R_{K2}}\right)^{3/2}. \tag{34a}$$

In Bild 15 sind diese Werte zusammengestellt. Wir sehen, daß im Mittel nur $1/10 \cdots 1/2000$ der tragenden Fläche bei Aluminium elektrisch leitet, obwohl die Oberfläche des Aluminiums mit den üblichen technischen Mitteln auf das sorgfältigste gereinigt wurde! Werden die Kontaktflächen einige Zeit der Einwirkung der Luft ausgesetzt, so oxydieren sie stärker und der Kontaktwiderstand nimmt zu, so wie dies beispielsweise die Bilder 2 und 3 zeigen. Erreicht z. B. der Kontaktwiderstand von Aluminiumschienen den Wert $400 \cdot 10^{-6}\,\Omega$, so ist f ungefähr 500; also $1/500$ der tragenden Fläche leitet.

Wird Kupfer bei Druckbelastung nur wenig auf der Oberfläche verformt, dann macht sich auch bei sogenannten „oxydfreien" Kontakten die stets vorhandene Oxydschicht in ähnlicher Weise wie bei Aluminium bemerkbar; die Werte f haben dieselbe Größenordnung wie die von Aluminium, wie Bild 15 zeigt. Sie wurden auf Grund der Messungen von E. Contius [8] errechnet. E. Contius untersuchte feinstgeschliffene Kupferkontakte, deren Oberfläche auch bei mäßiger

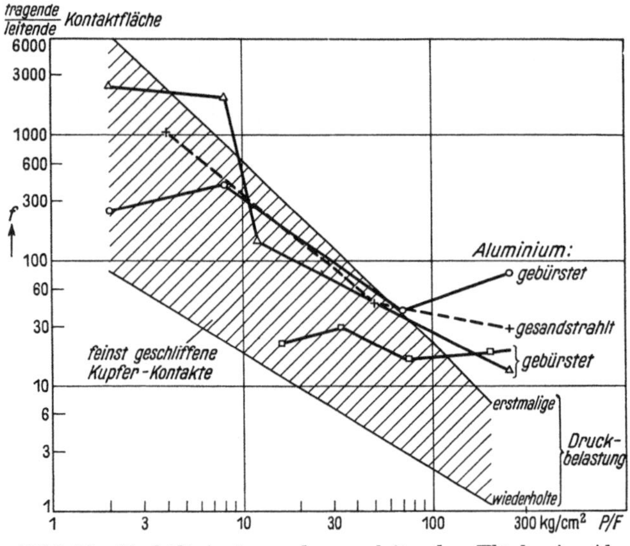

Bild 15. Verhältnis tragender zu leitender Fläche in Abhängigkeit vom Kontaktdruck bei gereinigtem Aluminium und feinst geschliffenem Kupfer.

Vergrößerung keine Riefen und Unebenheiten zeigte. Beim Schleifen von Kupfer entstehen durch Reiboxydation Fremdschichten. Da die Kontakte sich dank der sehr ebenen Oberfläche an vielen Stellen berühren, sind die auf eine Stelle entfallenden Deformationskräfte gering; erst mit zunehmenden Druckkräften reißt die Oxydschicht an immer zahlreicheren Stellen auf, der Kontaktwiderstand nimmt stark ab.

Es ist üblich und bequem, die Widerstand-Druckkraftkennlinie durch den einfachen Ausdruck

$$R_K = c \cdot P^{-n} \tag{35}$$

wiederzugeben, wobei der Exponent n bei oxydfreien Flächenkontakten 0,7, bei „technisch oxydfreien" Oberflächen $0,9 \cdots 1,0$ beträgt und bei oxydierten Oberflächen bis 2,0 ansteigen kann. Diesem exponentiellen Ausdruck fehlt zwar eine physikalische Berechtigung; da er aber die Zusammenhänge über mehrere Größenordnungen der Druckkräfte wiedergeben kann, soll abschließend der Zusammenhang zwischen der Formel Gl. (33) und dem Exponenten nach Gl. (35) gezeigt werden.

Aus gleichen Verhältnissen der Widerstände nach Gl. (33) und (35) für 2 Druckkräfte P_1 und P_2 ergibt sich der Exponent:

$$n = \frac{1}{2}\left(1 + \frac{\log \dfrac{f_1 Z_2}{f_2 Z_1}}{\log \dfrac{P_2}{P_1}}\right) \tag{36}$$

und wenn wir die Widerstandswerte bei einem Druckverhältnis $P_2/P_1 = 10$ betrachten:

$$n_1^{10} = \frac{1}{2}\left(1 + \log \frac{f_1 Z_2}{f_2 Z_1}\right). \tag{37}$$

Außerdem gilt:

$$\frac{f_2 Z_2}{f_1 Z_1} = \frac{P_2}{P_1}\left(\frac{r_{01}}{r_{02}}\right)^2, \tag{38}$$

wobei r_{01} der Radius der Stromdurchgangsstelle bei dem Druck P_1 und r_{02} beim Druck P_2 ist.

Als vom Druck veränderlich haben wir hier die Zahl Z der Stromübergangsstellen und das Verhältnis der tragenden zur leitenden Fläche f eingesetzt. Wir hätten auch als weitere veränderliche Größe die Tragfähigkeit einsetzen können; zu f_1 würde dann der Multiplikator H_1 hinzukommen. An Hand einer schematischen Darstellung lassen sich die Verhältnisse nun leicht übersehen (Bild 16).

Zunächst ergibt sich für unveränderte Anteile der tragenden zur leitenden Fläche, also z. B. wenn die Kontaktflächen oxydfrei sind, d. h. $f_1 = f_2 = 1$ ist, folgendes:

Bei einem Exponent $n = 0{,}7$ nimmt die Zahl der Stromübergänge um das 2,5fache zu; die mittleren Radien der Stromübergänge vergrößern sich auf das Doppelte. Bei $n = 0{,}5$ bleibt die Zahl der Stromübergänge konstant, die mittleren Radien vergrößern sich auf das 3,16fache.

Ändert sich das Verhältnis tragender zu leitender Fläche, z. B. dadurch,

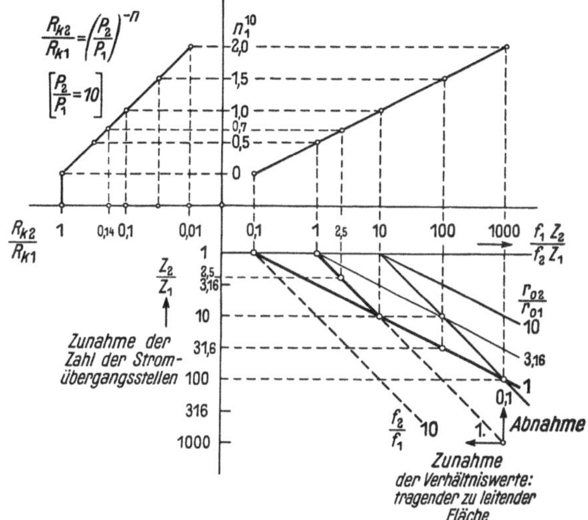

Bild 16. Schematische Darstellung des Zusammenhanges zwischen der Widerstands-Druck-Kennlinie und den physikalisch Veränderlichen.

daß bei größerem Druck neue Stromübergangsstellen im Oxyd aufbrechen und schon vorhandene Risse sich stärker erweitern als die tragende Teilfläche sich vergrößert, ist also $f_2/f_1 < 1$, so ergibt sich folgendes:

Bei einem Exponent 1,5 (s. z. B. Bild 13) nimmt die Zahl der Stromübergänge um das 10fache zu, wenn $f_2/f_1 = 0{,}1$ ist; hierbei nehmen die mittleren Radien der Stromübergänge um das 3,16fache zu; oder bei gleichbleibenden mittleren Radien nimmt die Zahl der Stromübergänge um das 31,6fache zu und der Verhältniswert tragender zu leitender Fläche auf das 0,316fache ab.

Bei einem Exponenten 2,0, der nach Bild 14 das Verhalten von feinstgeschliffenen Kupferkontakten wiedergibt, nimmt die Zahl der Stromübergänge um das 100fache zu, wenn die mittleren Radien der Stromübergänge konstant blieben. Bei einer Zunahme der Radien um das Doppelte nimmt die Stromübergangszahl um das 50fache zu, wobei $f_2/f_1 = 0,05$ ist.

Innerhalb einer Meßreihe kann man auch feststellen, daß trotz Steigerung der Druckkräfte um erhebliche Beträge der Kontaktwiderstand nur wenig oder gar nicht abnimmt; d. h. der Exponent n ist kleiner als 0,5 und nähert sich 0. Es ist leicht verständlich und auch aus Bild 15 abzulesen, daß bei gleichbleibendem mittlerem Radius der Stromübergänge ihre Anzahl unverändert bleibt und lediglich die tragende Fläche sich vergrößert.

Zusammenfassung.

Die auf den Metallen K u p f e r , A l u m i n i u m und M a g n e s i u m sowie S i l b e r , Z i n k und Z i n n entstehenden Oxydschichten wirken bei hohen Kontaktdruckkräften auf den Kontaktwiderstand verschieden. Bei den 3 erstgenannten Metallen nimmt der Kontaktwiderstand nach einigen 10 bis einigen 100 h Lagerung in einem Wärmeofen von 125° stark zu, bei den 3 letztgenannten nicht oder nur wenig, vorausgesetzt, daß Feuchtigkeit bei der Bildung der Fremdschichten nicht mitwirkt.

Es wird der Widerstand von Flächenkontakten mit vielen über die Kontaktfläche verstreuten Stromübergängen, die gegenseitig das Strömungsbild beeinflussen, berechnet. Unter der Annahme einer konstanten Tragfähigkeit (Härte) der Kontaktstoffe an den Berührungsstellen ist der Kontaktwiderstand umgekehrt proportional dem Kontaktdruck und direkt proportional dem mittleren Radius der Stromübergangsstellen. Die Kontaktflächen können zum größten Teil, z. B. zu 99,9 %, mit nichtleitenden Oxyden bedeckt sein, ohne daß ein merklicher Kontaktwiderstand festzustellen ist. Voraussetzung ist lediglich, daß die in den Oxydflächen entstehenden Risse, die eine metallische Berührung vermitteln, genügend fein und genügend zahlreich über die Kontaktfläche verstreut sind. Die gegenseitige Beeinflussung der Stromübergangsstellen wird erst merklich, wenn mehr als 3 % der Kontaktfläche mit Stromübergangsstellen bedeckt ist.

Die experimentelle Nachprüfung ergab, daß bei oxydfreien Oberflächen von Flächenkontakten (Kohle und Metalle) der Kontaktwiderstand ungefähr umgekehrt proportional der 0,7fachen Potenz der Druckkraft zunimmt. Der mittlere Radius der Stromübergangsstellen nimmt ungefähr mit der 3. Wurzel aus der Druckkraft zu. Er beträgt je nach Rauhigkeit der Kontaktoberfläche und nach Bedeckung etwa $10 \cdots 200\ \mu$.

Bei A l u m i n i u m und M a g n e s i u m entsteht während der Reinigung sofort eine zähe Oxydschicht, die die leitende Stromübergangsfläche trotz hoher Druckkräfte und starker Verformung der Kontaktoberfläche verkleinert. Im Mittel leitet, wie die Auswertung der Widerstandskurven zeigt, nur etwa $^1/_{10}$ bis etwa $^1/_{2000}$ der tragenden Fläche.

Feinstgeschliffene K u p f e r kontakte zeigen infolge der durch Reiboxydation entstehenden Fremdschicht ein ähnliches Verhalten, wie sich aus der Auswertung früherer Versuche von E. C o n t i u s ergibt.

Mit zunehmendem Druck reißt die Oxydschicht an zahlreichen Stellen auf, so daß der Kontaktwiderstand mit zunehmendem Druck sehr stark abnimmt.

Aus der gebräuchlichen und bequemen exponentiellen Beziehung zwischen dem Kontaktwiderstand R_K und der Druckkraft P: $R_K = c \cdot P^{-n}$, die keine physikalische Berechtigung hat, läßt sich der Zusammenhang zwischen dem Exponenten n und den physikalisch Veränderlichen: Zahl der Stromübergänge, Verhältnis tragender zu leitender Fläche und Veränderung des mittleren Radius der Stromübergänge ableiten.

Schrifttum.

1. R. Holm, F. Güldenpfennig, E. Holm u. R. Störmer: Untersuchungen über Kontakte mit Fremdschichten. Wiss. Veröff. Siemens-Werken **X**, 4 (1931) S. 20.

2. R. Holm: Über metallische Kontaktwiderstände. Wiss. Veröff. Siemens-Werken **X**, 2 (1929) S. 217.

3. K. Fischbeck: Über das Reaktionsvermögen der festen Stoffe. Sammelreferat. Z. Elektrochem. **39** (1933) S. 316.

4. D. Müller-Hillebrand: Funkenentladungen zwischen Widerstandsplatten. Arch. Elektrotechn. **29** (1935) S. 513.

5. D. Müller-Hillebrand: Zur Messung von Kontaktwiderständen bei großem Kontaktdruck. Wiss. Veröff. Siemens-Werken **XIX**, 3 (1940) S. 291.

6. R. Holm: Eine Bestimmung der wirklichen Berührungsfläche eines Bürstenkontaktes. Wiss. Veröff. Siemens-Werken **XVII**, 4 (1938) S. 405.

7. L. Prandtl: Über die Eindringungsfestigkeit plastischer Baustoffe und die Festigkeit von Schneiden. Z. angew. Math. Mech. **1** (1921) S. 15.

8. E. Contius: Der Einfluß der Größe des Druckes und der Fläche auf den Kontaktwiderstand. Diss. T. H. Dresden 1930.

Untersuchungen an elektrolytisch hergestellten schichtigen Eisen-Nickel-Blechen[1].

Von **Karl Heck**.

Mit 42 Bildern.

Mitteilung aus dem Zentrallaboratorium für Nachrichtentechnik der Siemens & Halske AG zu Siemensstadt.

Eingegangen am 18. März 1941.

Inhaltsübersicht.

1. Einleitung und Aufgabenstellung.

Fast auf allen Gebieten, wo die Fernmeldetechnik magnetisierbare Werkstoffe in Band- oder Blechform verwendet, sucht man heute diese Bleche und Bänder möglichst dünn herzustellen; denn bei starker Unterteilung eines Ferromagnetikums sinken bekanntlich die Wirbelstromverluste, die außer von dem spezifischen elektrischen Widerstand und der Permeabilität in hohem Maß von der Dicke der aus dem Werkstoff gefertigten Bleche oder Bänder abhängen [1][2]. Bei sehr hohen Frequenzen und größeren Blechdicken wird außerdem die wirksame Permeabilität niedriger [2].

Die meisten der in der Schwachstromtechnik gebräuchlichen magnetisch weichen Werkstoffe sind gut verformbar. Es hängt jedoch von der Walztechnik und der Wirtschaftlichkeit ab, ob es zweckmäßig ist, sie hinreichend dünn zu walzen. Wollte man z. B. Übertragerbleche von 0,01 mm Dicke durch Walzen herstellen, so würden die Kosten ein Vielfaches des Werkstoffwertes betragen, was in gewissen Fällen nicht zulässig ist; außerdem ist das Walzen so dünner Bleche heute technisch noch recht schwierig. Das gleiche gilt von den Blech- und Bandkernen für Pupinspulen und besonders für die dünnen und schmalen Bänder der Krarupbewicklungen.

---

[1] D 88. Von der Technischen Hochschule Dresden zur Erlangung des Grades eines Dr.-Ingenieurs genehmigte Dissertation.

[2] Die eingeklammerten schrägen Zahlen beziehen sich auf das Schrifttum am Schluß der Arbeit.

Gerade für den letzten Fall kann man sich die Bedeutung der Bearbeitungskosten leicht klarmachen. Zur Herstellung eines Krarupbandes mit einem Querschnitt von etwa $1,3 \cdot 0,04$ mm², wie es für ein modernes Trägerfrequenzkrarupkabel erforderlich ist, muß ein $100 \cdots 200$ mm starker Gußknüppel auf etwa 2 mm Dmr. gewalzt werden; der Querschnitt wird dann durch Ziehen des Werkstoffes auf etwa 0,35 mm Dmr. weiter verringert und schließlich durch Flachwalzen dieses Drahtes auf das Endmaß gebracht. 1 kg Band aus einer Eisen-Nickel-Legierung von dem erwähnten Querschnitt hat aber eine Länge von etwa 3000 m. Man sieht also, wieviel Arbeitszeit zur Herstellung eines solchen Bandes aufzuwenden ist.

Bei den elektrolytischen Verfahren ist es umgekehrt. Die Herstellung eines Bandes geht um so schneller vor sich, je dünner es sein soll. Vorteilhaft ist hierbei noch, daß sich das Band nahezu in beliebiger Breite herstellen läßt und dann in wirtschaftlicher Weise leicht auf die geforderte Breite geschnitten werden kann. Hinzu kommt noch, daß die Längsachse geschnittener Bänder praktisch nicht von einer Geraden abweicht und daß der Querschnitt rechteckig ist, was z. B. von den aus Drähten hergestellten Krarupbändern nicht immer gesagt werden kann.

Sehr dünne Bleche und Bänder lassen sich also am wirtschaftlichsten durch elektrolytische Abscheidung herstellen.

Für die Starkstromtechnik sind Eisenbleche nach diesem Verfahren schon hergestellt und untersucht worden [3]. Sie waren den erschmolzenen Werkstoffen in mancher Hinsicht überlegen.

Auch für die Anwendung in der Schwachstromtechnik, wie z. B. für induktive Kabelbelastung, Abschirmung oder für Übertrager wurden elektrolytisch hergestellte Bleche und Bänder schon vorgeschlagen [4]. Dabei wurde auch darauf hingewiesen, daß man z. B. zur Herstellung einer ferromagnetischen Belastungsschicht von Krarupleitern den Forderungen der modernen Technik nicht genügen kann, wenn man etwa unmittelbar auf dem blanken Kupferleiter ein Ferromagnetikum niederschlägt. Denn bei diesem Verfahren ist es noch nicht möglich, die Wirbelstromverluste in gewünschtem Maße zu verringern. Für die angeführten Verwendungsgebiete in der Schwachstromtechnik kann auch meist nicht das reine Eisen oder Nickel verwendet werden, da die hohe elektrische Leitfähigkeit der reinen Elemente die Wirbelstromverluste begünstigt, und da die weiteren Forderungen nach geringen Hysterese- und Nachwirkungsverlusten bei verhältnismäßig hoher Anfangspermeabilität bei ihnen nicht gleichzeitig erfüllt werden können.

Diesen Forderungen kann nur eine Legierung genügen. Frühere Versuche, Legierungen für magnetische Zwecke elektrolytisch herzustellen, haben keine befriedigenden Ergebnisse gebracht. Unsere Aufgabe bestand daher darin, die ferromagnetischen Eigenschaften einer auf diesem Weg hergestellten Legierung näher zu untersuchen und technisch brauchbare Werte anzustreben. Außerdem sollten auch die für die Praxis maßgebenden mechanischen und elektrischen Größen ermittelt und röntgenographische Meßreihen durchgeführt werden; nur dadurch konnte ein geschlossenes Bild der sich beim Glühen und Walzen der Proben abspielenden Vorgänge erzielt werden. Um so weit als möglich Vergleiche mit erschmolzenen Legierungen ziehen zu können, soll im folgenden von einer bekannten und technisch wichtigen Legierungsreihe ausgegangen werden.

Eine solche schon sehr eingehend untersuchte Legierungsreihe mit guten magnetischen Eigenschaften, von denen auch technisch häufig Gebrauch gemacht wird, ist die Reihe der Eisen-Nickel-Legierungen [5, 6, 7]. Ihr spezifischer elektrischer Widerstand ist am höchsten bei einem Nickelgehalt von 30 % (0,8 Ω mm²/m).

Das sogenannte „Permalloy" mit 78,5% Ni erreicht die höchste Anfangspermeabilität der Reihe, nämlich 8000 · · · 10 000 μ_0 [5] (s. Bild 1 und 2).

Für die folgenden Untersuchungen an elektrolytisch hergestellten Legierungsblechen wurde eine Fe-Ni-Legierung mit gleichen Teilen Fe und Ni gewählt. Drei Gründe waren für die Wahl dieser Zusammensetzung vor allem maßgebend: Erstens beeinflußt die Wärmebehandlung die Anfangspermeabilität und die Leitfähigkeit derartiger 50/50-Bleche nicht so stark wie die der meisten anderen Fe-Ni-Legierungen [8]. Legierungen mit mehr als 50% Ni sind nämlich gegen Abschrecken oder langsame Abkühlung sehr empfindlich. Beim 78-Permalloy, das in dieser Hinsicht am empfindlichsten ist, erhält man z. B. eine Anfangspermeabilität von 2000 oder 10 000, je nachdem ob man die Probe nach einer Glühung bei 900° C langsam oder rasch abkühlt [8]. Ähnlich liegen die Verhältnisse bei der elektrischen Leitfähigkeit; beim 73-Permalloy kann sie sich um 25% ändern. Dagegen beträgt bei der Legierung 50/50 diese Schwankung höchstens 5% [8, 9]. Zweitens liegt bei dieser Legierung die Anfangspermeabilität an sich schon verhältnismäßig hoch bei gleichzeitig niedrigen

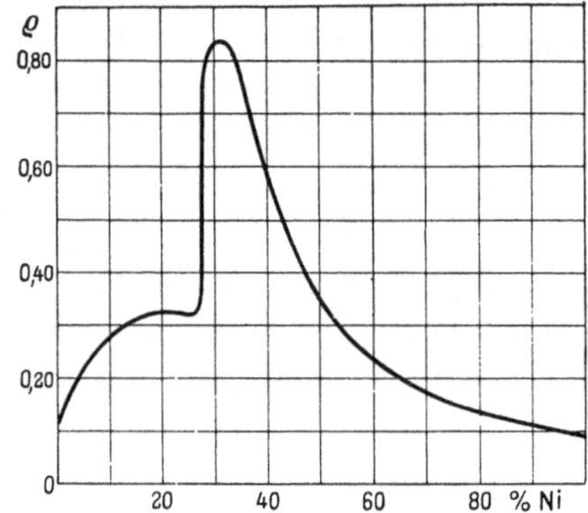

<table>
<tr><td>

Bild 1. Widerstand der Eisen-Nickellegierungen nach rascher Abkühlung (nach G. W. Elmen).

</td><td>

Bild 2. Anfangspermeabilität der Eisen-Nickellegierungen bei rascher Abkühlung (nach G. W. Elmen).

</td></tr>
</table>

Hystereseverlusten [10, 11]. Als Drittes kommt hinzu, daß gerade bei einer Eisenlegierung mit 50% Ni durch geringe Schwankungen des Nickelgehaltes, wie sie bei der Elektrolyse auftreten können, die Eigenschaften der Legierung nur wenig verändert werden.

Für die beabsichtigte prinzipielle Untersuchung ist also die 50/50-Legierung besonders geeignet, da ihre wichtigsten Eigenschaften ein übersichtliches Verhalten zeigen, so daß sich die einzelnen Vorgänge besser erkennen lassen. Doch ist für später beabsichtigt, auch andere Zusammensetzungen zu untersuchen, da hierbei weitere wichtige Ergebnisse zu erwarten sind.

2. Herstellung von Blechen durch elektrolytisches Niederschlagen.

Das Abscheiden von Metallen aus elektrolytischen Lösungen ist ein allgemein bekanntes Verfahren, von dem in der Elektrometallurgie in großem Maße Gebrauch gemacht wird. Auch das gleichzeitige Abscheiden von Eisen und Nickel aus einem einzigen Bad wurde schon häufig untersucht [12 · · · 15, 18]. Dabei wurde aber festgestellt, daß die gleichzeitige Abscheidung dieser Elemente viele Schwierigkeiten mit sich bringt. Besonders das Konstanthalten der Konzentration des kathodischen

Niederschlages macht viel Mühe, da schon geringe Änderungen der Elektrolysierbedingungen eine Konzentrationsänderung verursachen können. Die Niederschläge
selbst sind häufig schichtig und weisen auch in sich keine konstante Zusammensetzung auf. Genauere Verfahren erfordern einen umständlichen Aufbau, der die
technische Durchführung erschwert und verteuert [16].

Im vorliegenden Fall wurde ein einfaches und gut ausführbares Verfahren angewendet, das an sich schon bekannt ist [17]: Auf ein kathodisch geschaltetes Blech
aus V 2 A-Stahl wurden abwechselnd dünne Schichten von Fe und Ni niedergeschlagen, indem die Kathode abwechselnd in ein Eisen- und in ein Nickelbad
eingehängt wurde. Nachdem die gewünschte Blechdicke erreicht war, wurde der
Niederschlag von der Kathode abgezogen[1]). Die Niederschläge waren gleichmäßig
und in der Farbe etwa mattgrau. Die einzelnen Schichten hafteten fest aufeinander.
Die Verunreinigungen der Proben waren sehr gering. Eine Analyse ergab z. B.[2])

$$
\begin{array}{l}
50{,}72\,\%\ \text{Fe} \\
\underline{49{,}21\,\%\ \text{Ni}} \\
99{,}93\,\%\ \text{insgesamt.}
\end{array}
$$

Von den übrigen Elementen waren nur Spuren vorhanden und analytisch an den
verhältnismäßig kleinen Proben nicht bestimmbar. Es ist außerdem noch zu berücksichtigen, daß Analysen von Elektrolytmetallen wegen des eingebauten Wasser-
stoffes fast nie auf 100 % kommen[3]).

Die Versuchsbleche hatten ungefähr eine Fläche von 5 · 30 cm². Sie wurden in verschiedenen Dicken
von 0,02 bis 0,20 mm hergestellt. Die Dicke ein und desselben Bleches war in der Mitte meist etwas geringer als am Rand. Die Eisenkonzentration war in der Blechmitte um 1 · · · 2 % niedriger als am Rand.
Die nachstehende Zahlentafel gibt z. B. den Nickelgehalt von ≈ 8 mm breiten Blechstreifen an, die aus
einem solchen 50 mm breiten Blech in der Längsrichtung herausgeschnitten wurden; auch für die
übrigen Versuche wurden die Bleche in derartige Streifen unterteilt. Die im ursprünglichen Blech neben-
einanderliegenden Streifen wurden der Reihe nach mit a · · · f bezeichnet. Durch zweckmäßige Elektrodenanordnung und durch Verbessern des Streuvermögens der Bäder lassen sich derartige Schwankungen noch etwas verringern, wenn sie sich vielleicht auch nicht völlig vermeiden lassen, vor allem,
wenn solche Bleche in technischen Mengen hergestellt werden.

Streifen. . . .	a	b	c	d	e	f
% Ni	49,10	51,00	51,70	52,16	51,77	49,79

Die Streuung der im folgenden mitgeteilten Meßwerte wird zum Teil durch derartige Konzentrationsschwankungen verursacht.

3. Untersuchung der Eigenschaften der Bleche im ursprünglichen Zustand und nach verschiedenen Glühbehandlungen.

Die durch schichtweises Niederschlagen hergestellten Ni-Fe-Bleche sind mechanisch schwer zu verarbeiten, vor allem aber magnetisch kaum brauchbar Es war
also nötig, ihnen die bekannten guten Eigenschaften der Fe-Ni-Legierungen zu geben;
d. h. das schichtige Gefüge war homogen zu machen.

Es ist bekannt, daß man ein inhomogenes Metallgefüge unter gewissen Voraussetzungen durch eine Wärmebehandlung homogen machen kann. Von vornherein

---

[1]) Die so hergestellten schichtigen Bleche stellte in freundlicher Weise Herr Dr. H. Fischer
(Siemens & Halske AG Wernerwerk — Elektrochemie) für die Untersuchung zur Verfügung, wofür ihm
auch an dieser Stelle gedankt sei. — Die für Teilversuche nötigen Bleche aus nur einem Metall wurden
vom Verf. selbst hergestellt.

[2]) Die chemischen Analysen führte in dankenswerter Weise ebenfalls Siemens & Halske AG Wernerwerk — Elektrochemie durch.

[3]) S. a. [18] S. 169.

läßt sich aber nie absehen, welches die für eine bestimmte Probe günstigste Behandlungsart ist. So war auch im vorliegenden Fall nicht vorauszusagen, welche Temperatur notwendig und hinreichend ist, damit sich die Schichten legieren. Von besonderem Interesse war es, festzustellen, ob die Glühung bei technisch leicht erreichbaren Temperaturen in verhältnismäßig kurzer Zeit durchzuführen sei.

Die Proben wurden daher bei verschiedenen Temperaturen bis 1000° C (teilweise bis 1100° C) geglüht und die dadurch bedingten Eigenschaftsänderungen messend verfolgt. Die erhaltenen Ergebnisse sollen im folgenden erörtert werden.

a) Mechanische Eigenschaften.

Von den mechanischen Eigenschaften der elektrolytisch hergestellten Bänder interessiert vor allem die Zerreißfestigkeit und die Bruchdehnung, da das Belastungsband beim Bespinnen von Krarupleitern auf Dehnung beansprucht wird. Biegefestigkeit u. ä. spielen dagegen auch z. B. bei Übertragerblechen eine völlig untergeordnete Rolle, so daß auf derartige Versuche verzichtet wurde. Unter Umständen kann dagegen, wie in Abschnitt 4 gezeigt wird, noch die Walzbarkeit von Bedeutung sein, wenn besondere Hystereseeigenschaften erzielt werden sollen.

Im Ursprungszustand setzen die Bleche einer Walzverformung großen Widerstand entgegen. Um z. B. einen Verformungsgrad oder Walzgrad η von 45% zu erhalten[1]), mußte die Probe nicht weniger als zehnmal die Walze durchlaufen. Durch diese Behandlung wurde allerdings die Festigkeit des Werkstoffes etwas verbessert. Während nämlich im Anfangszustand die Zerreißfestigkeit im Mittel 72 kg/mm² betrug, war sie nach dem Walzen auf 94 kg/mm² gestiegen. Gleichzeitig hatte sich die Bruchdehnung von 1,2 auf 1,8 % erhöht. Das anfangs etwas spröde und porige Material war durch die Walzbehandlung also verdichtet worden.

Die Eigenschaften werden stark geändert, wenn man die Bleche 2 h lang bei 1000 ··· 1100° C glüht. Als Glühatmosphäre wurde hierbei Wasserstoff gewählt. Die langsam gekühlten Proben werden dann bedeutend weicher; sie haben eine Zerreißfestigkeit von rund 50 kg/mm² und eine Bruchdehnung von 13 %.

Eine derart geglühte Probe läßt sich sehr gut weiter verarbeiten. Dabei ändern sich im wesentlichen die magnetischen und elektrischen Eigenschaften, wogegen die Änderung der mechanischen Größen eine untergeordnete Rolle spielt.

b) Elektrische Eigenschaften.

Der Widerstandsmessung wurde eine Dichtezahl von 8,88 für Nickel und 7,88 für Eisen [*19, 20*] zugrunde gelegt. Damit läßt sich — unter Vernachlässigung des nichtlinearen Zusammenhanges zwischen Konzentration und Dichte — der Probenquerschnitt, der für die Messung gebraucht wird, durch Wägen und Längenmessung der Proben bestimmen. Dieses Verfahren ist nötig, da sich der Querschnitt vor allem der sehr dünnen Bänder, die immer etwas uneben und porig sind, mit der Mikrometerschraube nicht genau genug messen läßt. Das Widerstandsmeßverfahren bestand in einer Strom- und Spannungsmessung bei Gleichstrom. Die bei verschiedenen Strömen (30 ··· 100 mA) und verschiedenen Spannungen (0,5 ··· 2,0 mV) erhaltenen Werte wurden gemittelt. Die Blechstreifen waren bei der Messung unter Beachtung der nötigen Vorsichtsmaßnahmen in Messingbacken eingeklemmt.

Der Widerstand von Elektrolyteisen allein (gemessen an mehreren Proben von 0,3 und 0,07 mm Dicke) betrug $\varrho = 0,128\ \Omega\ \mathrm{mm^2/m}$. Der Wert liegt also höher, als er sonst hierfür angegeben wird. (Landolt-Börnstein gibt 0,100 $\Omega\ \mathrm{mm^2/m}$

---

[1]) Verformungsgrad $\eta = \dfrac{d_A - d_E}{d_A} \cdot 100\%$, wobei d_A die anfängliche Dicke ist und d_E die Dicke nach dem Walz- oder Reckvorgang.

an [21]). Wahrscheinlich ist abgeschiedener Wasserstoff an dieser Widerstandserhöhung schuld. Ebenso liegt der an Elektrolytnickel gemessene Wert mit $\varrho = 0,097\ \Omega$ mm²/m (gemessen an Proben von 0,05 und 0,08 mm Dicke) höher als der neuerdings von W. Köster [22] mit 0,085 Ω mm²/m angegebene Wert. Die im übrigen hierfür bekannten Werte streuen von 0,066 bis 0,120 Ω mm²/m [21]. Natürlich ist gerade für Elektrolytbleche eine exakte Angabe unmöglich, da die Herstellungsbedingungen der Probe eine beträchtliche Rolle spielen.

Ein Nebenversuch ergab z. B. für Elektrolytnickel $\varrho = 0,097\ \Omega$ mm²/m (an 10 Meßproben erhaltener Mittelwert), wenn bei 60° C elektrolysiert wurde. In demselben Bad konnte aber unter sonst gleichen Umständen allein durch Erhöhung der Temperatur auf 80° C ein Blech mit $\varrho = 0,102\ \Omega$ mm²/m (Mittelwert aus 9 Meßproben) hergestellt werden. Unsicher bleibt bei diesen Versuchen allerdings, ob dieser Widerstandsunterschied nicht durch einen Dichteunterschied vorgetäuscht wird. Da es im folgenden nur auf relative Werte ankommt, soll dieser Fall hier nicht weiter untersucht werden (s. a. Abschn. 3d).

Legen wir die gemessenen und oben angegebenen Widerstandswerte für Fe und Ni der Messung geschichteter Bleche zugrunde, so ist gemäß der Formel für parallele Widerstände: $w = w_1 \cdot w_2/(w_1 + w_2)$ ein Gesamtwiderstand von $\varrho = 0,110\ \Omega$ mm²/m zu erwarten. Der wirklich gemessene weicht von diesem Wert praktisch nicht ab. Im Mittel ergab sich $\varrho = (0,110 \pm 0,006)\ \Omega$ mm²/m.

Durch eine Walzverformung wurde der elektrische Widerstand kaum merklich beeinflußt. Das Verdichten des etwas porigen Materials müßte den Widerstand herabsetzen. Gleichzeitig aber wird der Widerstand wieder erhöht, da sich das Material infolge des Kaltwalzvorganges von neuem verfestigt. Das Endergebnis ist deshalb ein nahezu konstant bleibender Widerstand.

Durch längeres Glühen bei 1100° C erhöht sich der spez. Widerstand auf $\varrho = 0,37\ \Omega$ mm²/m. Aus der Widerstandskurve (Bild 1) können wir ablesen, daß dieser Wert dem von G. W. Elmen [5] gemessenen spez. Widerstand einer erschmolzenen 50 proz. Ni-Fe-Legierung ungefähr entspricht. (Der von T. D. Yensen [11] gemessene Wert liegt dagegen etwas höher, nämlich bei $\varrho = 0,45\ \Omega$ mm²/m.) Aus diesem Widerstandsanstieg muß also geschlossen werden, daß sich die beiden Komponenten durch gegenseitige Diffusion legiert haben.

Über die Frage, in welcher Richtung die Diffusion vorzugsweise stattfindet, vom Eisen zum Nickel oder vom Nickel zum Eisen, können wir wenigstens qualitative Aussagen machen, da die Widerstandskurve (Bild 1) stark unsymmetrisch ist. Von 0 bis 10% Ni steigt der Widerstand gleichmäßig an; dann bleibt er bis etwa 25% fast unverändert. Nach einem sehr scharfen und hohen Maximum bei etwa 30% fällt die Kurve wieder gleichmäßig ab. Aus der Art der beim Legierungsvorgang gemessenen Widerstandskurve kann man Schlüsse ziehen, ob die Kurve beim Entstehen der 50/50-Legierung von rechts (100% Ni) oder von links (100% Fe) durchlaufen wird.

Nimmt man als einen Extremfall an, Nickel diffundiere überhaupt nicht, und die Legierung käme nur durch die Diffusion des Eisens zustande, so müßte der Widerstand der parallelen Schichten erst langsam, dann steiler anwachsen: die Widerstandskurve wäre nach oben hohl.

Der zweite Extremfall ist der, daß nicht das Eisen, sondern allein das Nickel diffundiert. Man bekäme dann für den Widerstand eine Kurve, die nach unten hohl wäre und außerdem einen Knick oder eine Unregelmäßigkeitsstelle aufweisen müßte, und zwar an der Stelle, wo der legierte Anteil 72% Fe enthält.

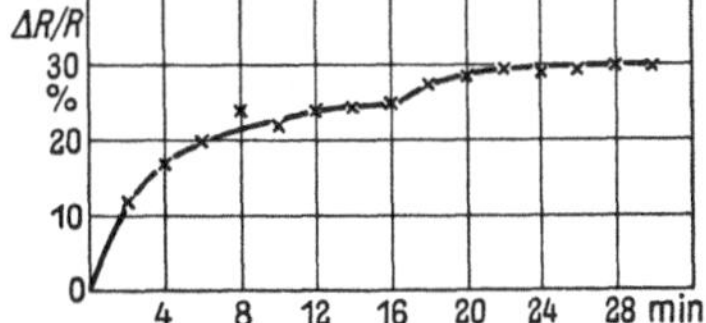

Bild 3. Widerstandsanstieg nach
Glühung bei 1000° C.

In Wirklichkeit ist natürlich keiner dieser Extremfälle zu erwarten, sondern irgendein dazwischen liegender Fall. Die Rechnung zeigt, daß die nach unten hohle Kurvenform auch erhalten bleibt, wenn man die Annahme zugrunde legt, daß beide Komponenten gleich schnell diffundieren.

Der Versuch ergab eine nach unten hohle Kurve (Bild 3). Das ist ein Beweis dafür, daß die Diffusionskonstante des Nickels etwa gleich groß oder größer ist als die des Eisens. Den Beweis hierfür mikroskopisch zu erbringen, gelang bisher nicht, da Eisen und Nickel eine lückenlose Mischkristallreihe bilden und im Schliffbild keine Unterschiede zu erkennen sind [23]. Die Widerstandsmessung, deren

Ergebnisse sich durch andere Messungen erhärten lassen (s. u.), gewährt also einen Einblick in den Diffusionsvorgang [24, 25, 26], wenn im vorliegenden Fall die Versuchsbedingungen auch nicht gestatten, die Diffusionskonstanten selbst zu bestimmen.

c) Magnetische Eigenschaften.

Die streifenförmigen Proben (6 · · · 8 mm breit, 300 mm lang) wurden mit Hilfe eines ballistischen Galvanometers von Siemens & Halske gemessen. Sie befanden sich dabei — umgeben von der Sekundärspule mit 50 000 Windungen — in der Mitte einer 700 mm langen Primärspule mit 5580 Windungen. Bei dieser Meßmethode muß der entmagnetisierende Einfluß der Probe auf das Meßfeld berücksichtigt werden. Da jedoch das Dimensionsverhältnis, d. h. das Verhältnis der Probenlänge zum Durchmesser des flächengleichen Kreisquerschnittes verhältnismäßig groß war (zwischen 520 und 600), so lag bei Proben mit niedriger Permeabilität der Korrekturwert innerhalb der Meßstreuung. Bei hohen Permeabilitäten erhielt man allerdings bedeutendere Abweichungen, die bei der Angabe der Ergebnisse berücksichtigt wurden. Die ebenfalls ballistisch bis zu einer Feldstärke von 230 Oe aufgenommenen Hystereseschleifen wurden in der üblichen Weise geschert. Auch die Koerzitivkraft H_c und der Hysteresebeiwert h wurden nach dem ballistischen Verfahren gemessen.

Nach E. Gumlich [27, 28] ist die Magnetisierungsschleife geeignet, Einblicke in den inneren Aufbau von ferromagnetischen Stoffen zu gewähren und durch ihre Gestaltänderung Vorgänge im Inneren des Stoffes anzuzeigen. Gumlich erkannte nämlich, daß man ganz verschiedene Schleifen erhält, wenn man z. B. einen Eisen- und einen Nickelstab parallel zueinander in eine Meßspule legt, als wenn man sie in der Spule hintereinander anordnet. Auf diesen Unterschied spricht außer anderen Größen vor allem die Koerzitivkraft H_c an. Bei parallelen Proben ist die gemessene Koerzitivkraft allerdings nur eine scheinbare, da in diesem Fall die Definition der Koerzitivkraft nicht ohne weiteres angewendet werden kann, wonach sie diejenige negative Feldstärke ist, die nach einer positiven vollständigen Magnetisierung der Probe nötig ist, um die Remanenz zum Verschwinden zu bringen. Liegen aber parallel zueinander in ein und derselben Meßspule ein Körper mit hoher neben einem solchen mit niedriger Koerzitivkraft, so kann die Induktion des magnetisch harten Stoffes noch positiv sein, während die Induktion des magnetisch weichen schon stark negativ ist. Das Verhältnis der beiden Induktionen ist dann maßgebend für den Durchgang der Gesamtinduktionslinie durch Null, also für die scheinbare Koerzitivkraft. Man kann aus den Induktionen der beiden Körper bei den verschiedenen Feldstärken nach Gumlich die resultierende Induktion errechnen, wenn die Querschnittsanteile der beiden Proben bekannt sind. Die so bestimmte Hystereseschleife zeichnet sich durch eine kleine Koerzitivkraft aus, die bei gleichen Anteilen der beiden Proben niedriger ist, als das arithmetische Mittel aus den beiden Koerzitivkräften. Außerdem hat die Schleife eine mehr oder weniger verzerrte Gestalt. Auffallend ist meist die Aufweitung in der Gegend des „Knies" und unter Umständen eine Durchbiegung zwischen Remanenz und Koerzitivkraft. Aus der Art dieser Verzerrung kann auf die Zusammensetzung einer Meßprobe geschlossen werden.

Solche Schleifenverzerrungen können aber, wie gesagt, nur an Proben beobachtet werden, deren Schichten parallel zum Magnetfeld verlaufen. Ist die Schichtung quer dazu, so behält die Hystereseschleife ihre bekannte gleichmäßige Gestalt. Was sich ändert, ist außer dem Sättigungswert die Koerzitivkraft. Sie läßt sich jedoch bei

Querschichtung nach der Mischungsregel berechnen [28]. Ist der Querschnittsanteil des einen Materials a und der des anderen b, so ist die Gesamtkoerzitivkraft:

$$H_c = a H_{c_1} + b H_{c_2}. \qquad (1)$$

Bei der Prüfung von Magnetstählen ist diese Beziehung sehr wichtig, da unter Umständen die Koerzitivkraft auffallend niedriger ist als erwartet wurde, ohne daß die Hystereseschleife eine Unregelmäßigkeit zeigt.

Diese Erfahrungen Gumlichs haben wir für die Untersuchung der schichtigen Fe-Ni-Bleche ausgenutzt. Bei ihnen war die Koerzitivkraft der Einzelschicht nicht bekannt. Aber die Messungen an dickeren auf gleiche Weise hergestellten Schichten aus Fe und Ni ergaben im Mittel Koerzitivkräfte von 8 bzw. 38 Oe. Durch eine Glühung bei 750° C wurde die Koerzitivkraft der Eisenprobe auf 1,9 Oe erniedrigt, und damit der Unterschied gegenüber dem H_c von Nickel noch

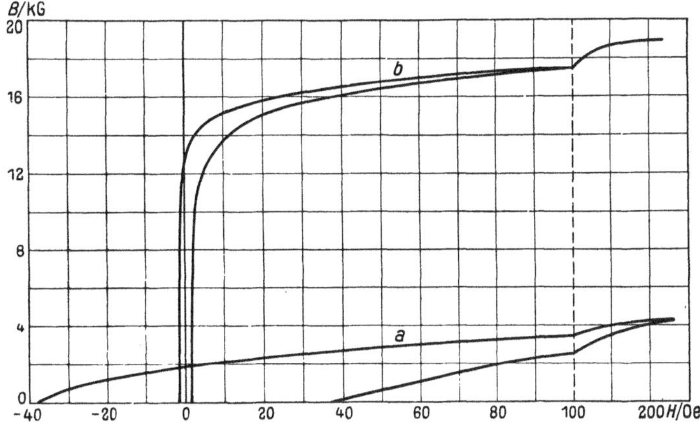

Bild 4. Hystereseschleifen von a) Elektrolytnickel ($q = 0,33$ mm²) und b) Elektrolyteisen ($q = 0,21$ mm²).

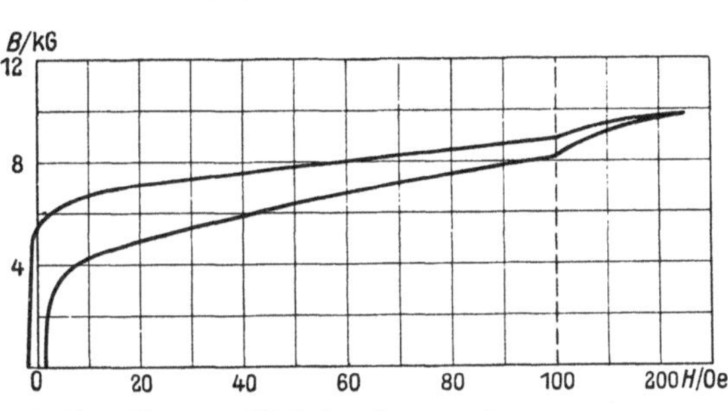

Bild 5. Eisen- u. Nickelprobe gemeinsam gemessen.

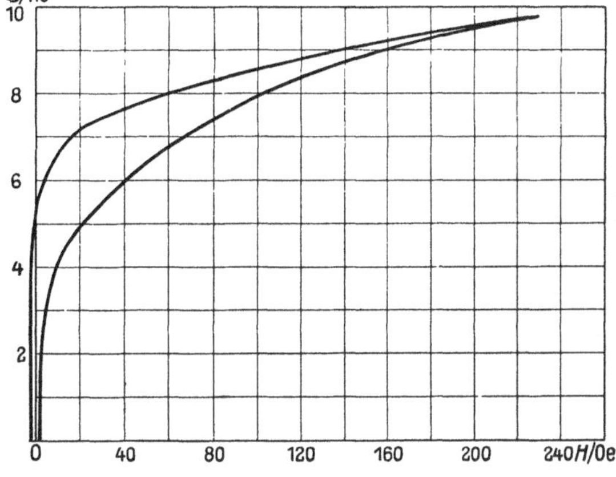

Bild 5a. Wie Bild 5, nur in anderem Maßstab.

vergrößert. Darauf wurden die beiden Fe- und Ni-Proben zunächst einzeln (Bild 4), dann gemeinsam (parallel zueinander und zum Feld) in einer Spule ballistisch gemessen (Bild 5). Die so bestimmte scheinbare Koerzitivkraft ist kaum größer als die des Eisens allein. Die Höhe der Induktionen dagegen entspricht den Querschnittsanteilen. Der Eisenquerschnitt betrug nämlich $q = 0,21$ mm², der Nickelquerschnitt 0,33 mm², ihr Verhältnis war also 39:61. Bei der Feldstärke von z. B. 100 Oe betrug die Eiseninduktion auf dem absteigenden Ast 17400, die Nickelinduktion 3400 G. Übereinstimmend mit der Messung (Bild 5) berechnet man eine Gesamtinduktion $B = 0,39 \cdot 17400 + 0,61 \cdot 3400 = 8900$ G. Außerdem zeigt die Schleife die bekannte Aufweitung am Knie. In etwas anderem Maßstab tritt diese noch deutlicher in Erscheinung (Bild 5a).

Mißt man nun nach diesem Vorversuch die schichtig hergestellten Proben, so erhält man eine andere Schleife, als sie nach dem Ergebnis

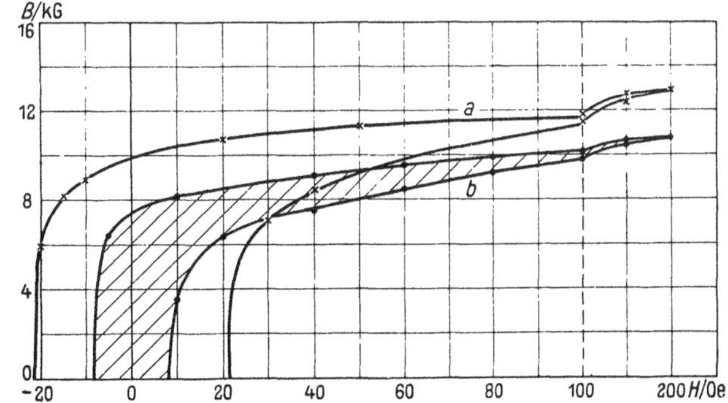

Bild 6. Schichtiges Fe-Ni-Blech ungeglüht. a) Gemessene Kurve, b) bei glatter Schichtung zu erwartende Kurve.

des Vorversuchs zu erwarten war (Bild 6). Vor allem ist die Koerzitivkraft unerwartet groß. Sie beträgt bei dieser Probe 21,2 Oe. Für ungeglühtes Elektrolyteisen und Elektrolytnickel wurden aber, wie erwähnt, Werte von 8 und 38 Oe gemessen. Nach Gl. (1) erhält man für hintereinandergeschaltete Proben gleichen Querschnitts eine Koerzitivkraft $H_c = 23$ Oe, einen Wert also, der mit dem gemessenen nahezu übereinstimmt. Die Probe verhält sich also magnetisch so, wie wenn

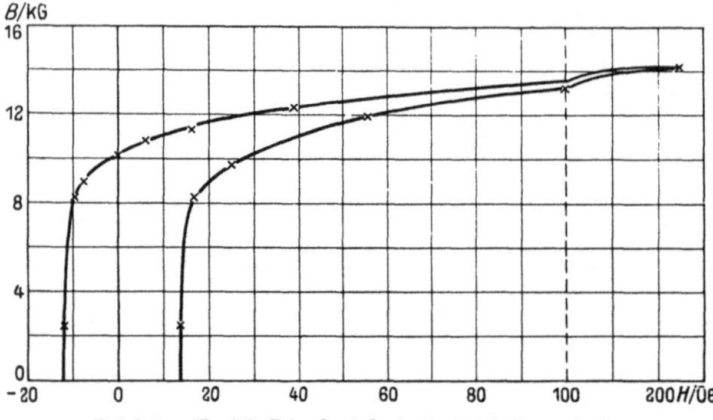
Bild 7. Fe-Ni-Blech 3 h bei 400° C geglüht.

in ihr die beiden Bestandteile, das Eisen und das Nickel, nicht parallel — wie es der Schichtung entspricht, sondern im wesentlichen hintereinander angeordnet wären. Dies ist jedoch auch verständlich; man muß sich nur klarmachen, daß beim elektrolytischen Niederschlagen keine glatten Schichten erhalten werden, die wie Blätter eines Buches eben aufeinanderliegen. Vielmehr wird jede Schicht beim Niederschlagen

stellenweise in Poren der darunterliegenden Schicht eindringen und selbst wieder Poren enthalten, in die Teilchen der nächsten Schicht eindringen können. Wie weit diese gegenseitige „Verzahnung" geht, richtet sich nach den Elektrolysierbedingungen, vor allem nach dem Streuvermögen und der Tiefenwirkung der verwendeten Bäder. Magnetisch kann sich dieser Effekt vor allem dann bemerkbar machen, wenn die „Zähne" lang sind gegenüber der Schichtdicke. Da im vorliegenden Fall die Einzelschichten sehr dünn sind, erhält man keine geschlossene einheitliche Fläche, sondern immer wieder Unterbrechungen durch die benachbarte Metallart.

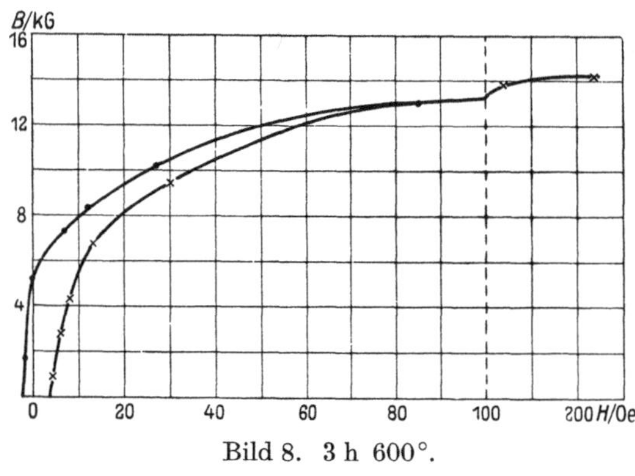
Bild 8. 3 h 600°.

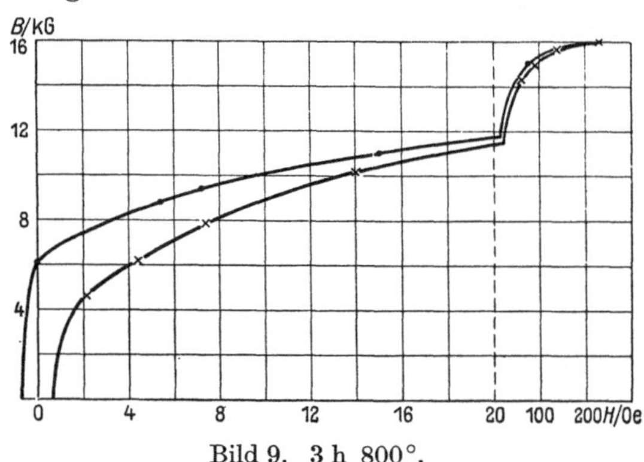
Bild 9. 3 h 800°.

Glüht man jetzt das betrachtete Probeblech bei verschiedenen Temperaturen, so bleibt bis 400° C die Gestalt der Hystereseschleife erhalten (Bild 7). Es ändert sich nur die Koerzitivkraft. Nach einer geringen Erhöhung bei 125° C fällt sie mit steigender Temperatur gleichmäßig und stetig bis zu dieser Temperatur von 400° C (Bild 11). Hier wird dann der Abfall plötzlich steiler, um bei höheren Temperaturen allmählich einen Grenzwert zu erreichen. Gleichzeitig ändert sich aber auch die Gestalt der Schleife. Zwischen 500 und 900° C erhält man eine deutlich erkennbare Ausweitung des Knies, wie es z. B. Bild 8 und 9 erläutern. Dies ist aber ein Kennzeichen für eine ausgeprägtere Schichtigkeit der Proben. Wir müssen also annehmen, daß bei beginnender Diffusion, vor allem bei Temperaturen über 400° C, die Teile, mit denen die Schichten ineinander verzahnt sind, in das Nachbarmetall diffundieren, so daß die Spitzen ausgeglichener werden. Auf diese Weise entsteht ein magnetisches Verhalten wie bei geschichteten Blechen. Die in Bild 5 bzw. 5a als typisch gezeigte Kurvenform tritt hier aber nicht ganz so deutlich in Erscheinung; das liegt einmal daran, daß die Verzahnungen nicht völlig verschwinden, dann aber auch daran, daß infolge der Diffusion ja nicht mehr nur zweierlei Schichten vorhanden sind, sondern außerdem eine Reihe von Übergangsschichten, die aus Eisen-Nickel-Legierungen bestehen. Durch Übergangsschichten wird aber die Verzerrung der Schleife vermindert [28].

Die Hystereseschleife, die man nach Glühung bei 1000° C und mehr erhält, ist wieder gleichmäßig und hat die gewohnte Gestalt (Bild 10): Der Diffusionsvorgang ist hier beendet, und das Blech hat das homogene Gefüge der 50/50 Fe-Ni-Legierung. Die Koerzitivkraft hat mit 0,19 Oe ihr Minimum erreicht, einen Wert, wie er für gute Fe-Ni-Legierungen dieser Zusammensetzung bekannt ist (s. u.).

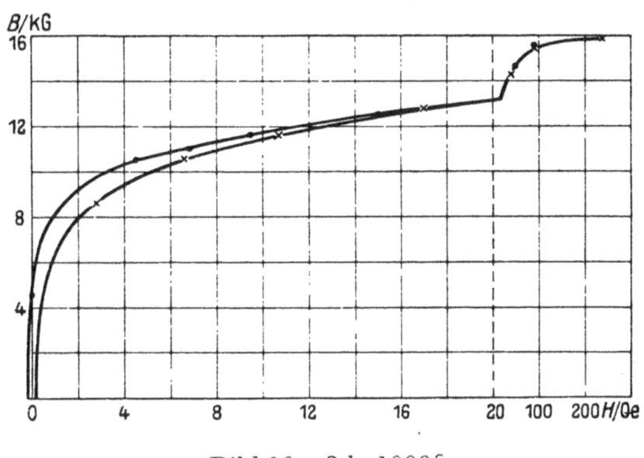

Bild 10. 3 h 1000°.

Bild 11. Koerzitivkraft nach 3 h Glühzeit bei verschiedenen Temperaturen.

Aus diesem Befund der magnetischen Analyse läßt sich bereits eine technische Folgerung ziehen: Da wir erkannt haben, daß sich beim Beginn der Diffusion vor allem die Verzahnungen benachbarter Schichten legieren, folgt für die Herstellung dieser Schichten, daß eine gewisse Unebenheit und Porigkeit nicht nur nicht nachteilig, sondern sogar förderlich ist, weil die für die Diffusion maßgebende Oberfläche größer wird. Die verwendeten Elektrolyte brauchen also keine glatten Niederschläge zu liefern. Sie müssen dafür aber gute Tiefenwirkung haben, damit sie eine möglichst ausgeprägte Verzahnung benachbarter Schichten hervorrufen.

Die Anfangspermeabilität der ungeglühten Bleche ist sehr niedrig, nämlich $\mu_A = 52\,\mu_0$ [1]). Der Hysteresebeiwert liegt bei $h = 117$ cm/kA (s. z. B. Messungen an verschiedenen Proben in Zahlentafel 1).

Zahlentafel 1.

Probe	$\dfrac{\mu_A}{\mu_0}$	h cm/kA
8	53	119
9	53	116
10	53	120
11	49	113

Diese Werte ändern sich nur wenig, wenn man das Material durch einen Walzvorgang verformt. Nach einem Walzgrad von 45% sinkt μ_A im Mittel auf 50,5 μ_0 und h auf 93 cm/kA. Die geringe Verbesserung des Hysteresebeiwertes steht in keinem

---

[1]) μ_0 = Induktionskonstante = $1.25606 \cdot 10^{-3}$ H/cm.

Verhältnis zu dem gemachten Aufwand, da, wie oben erwähnt, eine derartige Verformung um 45 % nur schwer zu erreichen ist.

Unverformte Proben wurden nun zur Homogenisierung in einem elektrisch geheizten Rohrofen im Wasserstoffstrom geglüht. Die Temperatur des Ofens war über eine große Strecke konstant und fiel in einer Länge von 30 cm an den Enden nur um 0,5 % ab. Lediglich bei den 1100°-Glühungen, die teilweise ebenfalls angewendet wurden, war die Differenz größer. Sie betrug −2 %. Die gewählte Temperatur wurde durch Temperaturregler automatisch festgehalten. Die Schaltschwankungen betrugen ± 4° C.

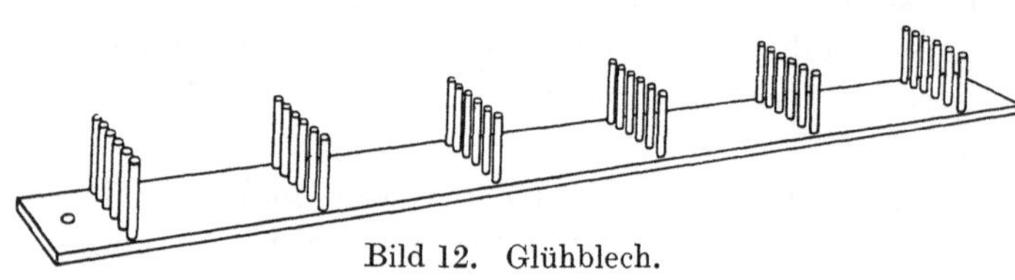

Bild 12. Glühblech.

Die etwa 250 mm langen Proben wurden auf einem Blech (Bild 12), das mit einigen kammartig angeordneten Stiftreihen versehen war, in den Ofen gebracht. Die Stifte hielten die Probe auf der schmalen Kante liegend, ließen ihr aber noch genügend Raum zur spannungsfreien Ausdehnung. Durch die Seitenlage der Probe war eine gleichmäßige Umspülung mit Wasserstoff gesichert. Sobald die Temperatur konstant geworden war, wurde der Ofen beschickt. Nach Ablauf der gewünschten Glühzeit wurde er abgeschaltet und die Probe zum langsamen Abkühlen im Ofen belassen. Erst unterhalb von 200° C wurde der Wasserstoff entfernt und die Probe herausgenommen. Danach wurden die magnetischen Messungen ausgeführt.

Die langsame Ofenabkühlung war ohne besonderen Grund gewählt worden. Ebensogut hätte eine rasche Abkühlung angewendet werden können, ohne daß hierdurch wesentliche Änderungen eingetreten wären. Man hätte dann nur etwas höhere Werte der Anfangspermeabilität erhalten, wie ein Versuch zeigte (Bild 13).

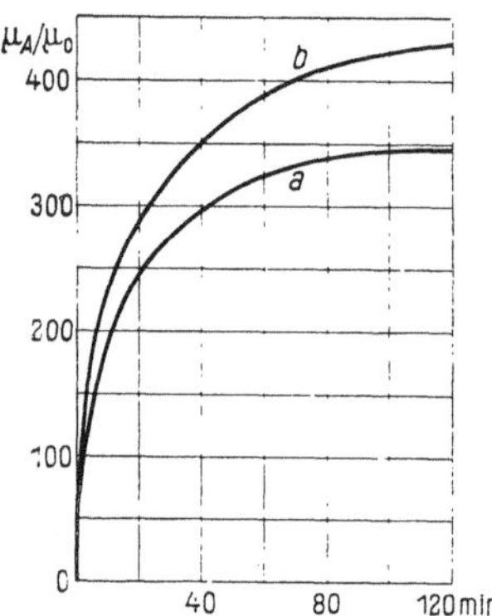

Bild 13. Anfangspermeabilität nach verschiedenen Glühzeiten (Mittelwert von 3 Proben). a) Langsame Ofenabkühlung. b) In Wasser abgeschreckt.

Werden die schichtigen Bleche einer erhöhten Temperatur ausgesetzt, so diffundieren, wie die angeführten Versuche bereits erkennen ließen, die beiden Elemente Fe und Ni ineinander. Da die beiden Komponenten eine lückenlose Mischkristallreihe bilden, kann ein Fe-Atom ein Ni-Atom im Kristallgitter ersetzen und umgekehrt (Substitutionsmischkristall!). Beim Eisen wie beim Nickel hat man es mit kubischen Elementargittern zu tun; nur besteht der Unterschied, daß Eisen bei Zimmertemperatur ein raumzentriertes (innenzentriertes) Gitter besitzt, während das des Nickels flächenzentriert ist (Bild 14).

Anfangs befinden sich nun an den Grenzflächen von Fe und Ni die beiden Gittertypen nebeneinander. Die Atome wechseln um so leichter ihre Plätze, je höher die Wärmeenergie ist. Da der Vorgang eine gewisse Zeit beansprucht, muß man also erwarten, daß der Diffusionsvorgang um so eher zu einer homogenen Legierung führt, je höher die Glühtemperatur gewählt wird. Als Kenngröße für den jeweils erreichten Diffusionszustand eignet sich außer der bereits erwähnten Magnetisierungsintensität und dem elektrischen Widerstand die Anfangspermeabilität.

Dabei macht man folgende Beobachtung (Bild 15): Nach Glühungen bei Tem-

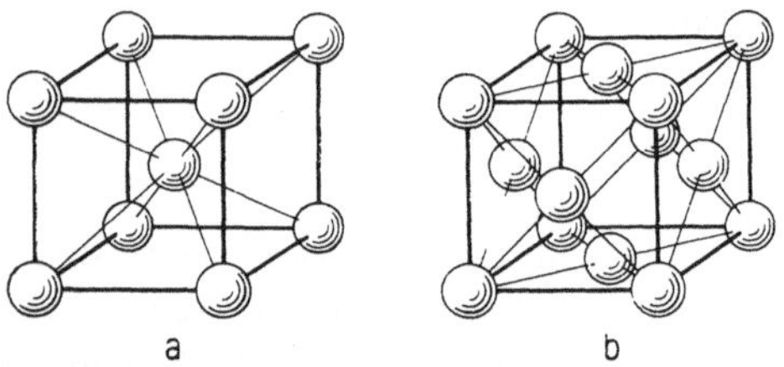

Bild 14. Kubische Raumgitter. a) Raumzentriert. b) Flächenzentriert.

peraturen von 600° C und mehr steigt die Permeabilität mit zunehmender Glühdauer stets an. Nach 2 h Glühung ist der steile Anstieg beendet. Die Permeabilität steigt nur äußerst langsam weiter, so daß man technisch von einem Grenzwert sprechen kann. Den Zusammenhang zwischen den in der angegebenen Glühzeit von 200 min erreichbaren Anfangspermeabilitäten und den Glühtemperaturen zeigt Bild 16. Beträgt die Glühtemperatur nur 400° C, so findet die Diffusion so langsam statt, daß nach 26 h Glühung die Anfangspermeabilität erst auf $120\ \mu_0$ gestiegen ist.

Allerdings könnte der bei dieser Temperatur beobachtete Permeabilitätsanstieg auch durch eine Spannungserholung erklärt werden. Elektrolytmetalle besitzen nämlich im Anfangszustand ziemlich große Spannungen. Da aber μ_A bekanntlich stark auf solche Spannungen im Material anspricht, bewirkt bereits die durch eine

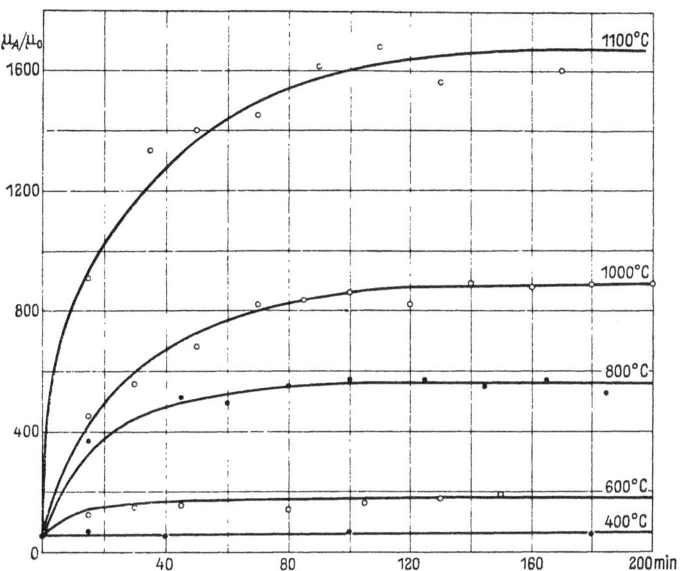

Bild 15. Abhängigkeit der Anfangspermeabilität μ_A/μ_0 von Glühzeit und Glühtemperatur. (Probe 22b: 1100°; 22c: 1000°; 22d: 800°; 22f: 600°; 22g: 400°.)

Glühung bei niedriger Temperatur hervorgerufene Erholung des Materials eine Permeabilitätserhöhung. Noch deutlicher als aus Bild 16, das an verschiedenen Proben gemessene Werte enthält, kann man aus Zahlentafel 2, der eine Messung an nur einer Probe zugrunde liegt, erkennen, daß die Permeabilität schon bei niedriger Temperatur ansteigt.

Zahlentafel 2. Messung der Probe Nr. 34a nach jeweils 3 h Glühung mit langsamer Ofenabkühlung (in H_2-Atmosphäre).

Temperaturen °C	H_c Oe	μ_A μ_0	μ_{max} μ_0
ungeglüht	21,2	50	—
75	21,0	50	250
120	21,5	62	250
180	19,2	68	250
240	16,8	72	380
300	14,8	84	440
400	12,5	116	450
500	6,6	175	565
600	3,7	230	830
700	1,7	300	1 630
800	0,7	406	3 800
900	0,33	660	8 500
1000	0,19	900	10 500

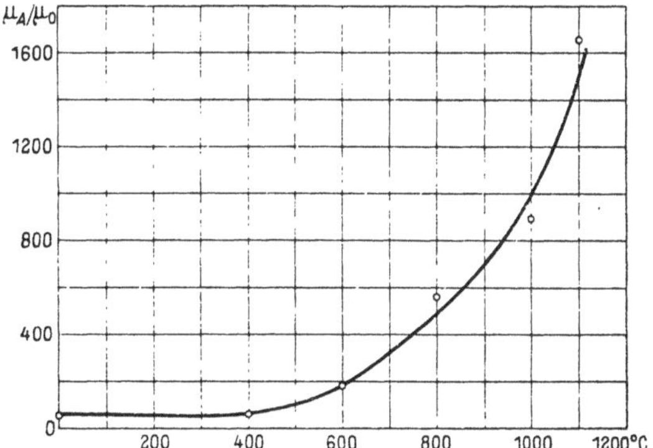

Bild 16. Die nach 200 min Glühung erzielbare Anfangspermeabilität in Abhängigkeit von der Glühtemperatur. (Proben wie Bild 15).

Aus dem Verlauf der Permeabilitätskurve geht andererseits aber auch hervor, daß es keinen kritischen Punkt der beginnenden Diffusion gibt. So konnte G. Masing [24] bereits im Jahre 1909 an einer Blei-Thallium-Legierung nachweisen, daß

8*

die Metalle unter Umständen bereits bei Zimmertemperatur diffundieren. Auch im vorliegenden Fall läßt sich die Frage eindeutig mit Hilfe einer Röntgenaufnahme entscheiden (s. u.). Sie ergab, daß Fe und Ni tatsächlich schon bei 400° C diffundieren. Es muß also angenommen werden, daß bei niedrigen Temperaturen sowohl Diffusion als auch Spannungserholung stattfindet.

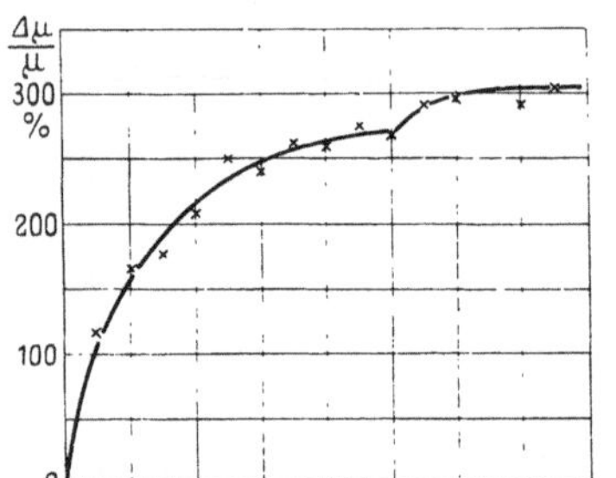

Bild 17. Anstieg der Anfangspermeabilität nach Kurzglühungen bei 1000° C. (Probe 16 b.)

Aus den Kurven in Bild 15 kann man wegen der verhältnismäßig großen Streuung der Werte keinen Zusammenhang mit der Permeabilitätskurve (Bild 2) erkennen. Kurzzeitige Glühungen bei 1000° C mit nachfolgender rascher Abkühlung an Luft ergeben jedoch ein ähnliches Bild, wie es die auf gleiche Weise erhaltenen Widerstandswerte ergaben. Wie Bild 17 erkennen läßt, tritt nach 20 min Glühzeit ein Knick in der Kurve auf. Ein Vergleich mit Bild 3 lehrt also, daß die Eisen- und die Nickelatome angenähert gleich schnell diffundieren.

Hysteresebeiwert h.

Wenn eine belastete Fernmeldeleitung eine hochwertige Übertragung gewährleisten soll, muß u. a. die Permeabilität des Belastungswerkstoffes möglichst wenig von der Amplitude des übertragenen Stromes abhängig sein. Auch von den Kernen der Schwachstromübertrager fordert man aus demselben Grund einen möglichst geringen Anstieg der Permeabilität mit der Feldstärke. Mit der Permeabilitätszunahme (im Bereich kleiner Felder) hängt der Hysteresebeiwert h in folgender Weise zusammen [29] [1]):

$$h = \frac{8\sqrt{2}}{3}\,\frac{\mu-\mu_A}{\mu_A H} = 4750\,\frac{\mu-\mu_A}{\mu_A}\,\frac{1}{H/\mathrm{Oe}}\,\frac{\mathrm{cm}}{\mathrm{kA}}\,, \tag{2}$$

(wobei μ die bei einem bestimmten Scheitelwert H der Feldstärke (z. B. 0,1 Oe) gemessene und μ_A die auf die Feldstärke 0 Oe extrapolierte Permeabilität, die „Anfangspermeabilität", bedeutet.

Der nach Gl. (2) aus dem „Anstieg" der Permeabilität μ berechnete h-Wert stimmt jedoch nicht immer mit dem aus dem Flächeninhalt der Rayleigh-Schleife ermittelten überein. Er ist daher etwas unsicher [29]. Dies zeigte sich auch bei Vergleichsmessungen nach einem anderen Verfahren: Die Gl. (2) läßt sich nämlich nach der bekannten Rayleighschen Beziehung

$$\mu = \mu_A + 2\nu H \tag{3}$$

auch in der Form schreiben:

$$h = \frac{16\sqrt{2}}{3}\,\frac{\nu}{\mu_A}\,. \tag{4}$$

Nun ist aber die Remanenz der Rayleigh-Schleife

$$B_r = \nu H^2\,, \tag{5}$$

für h erhalten wir also die Beziehung

$$h = \frac{16\sqrt{2}}{3}\,\frac{B}{\mu_A H^2} = 9500\,\frac{B/\mathrm{G}}{\dfrac{\mu_A}{\mu_0}\,\dfrac{H^2}{\mathrm{Oe}^2}}\,\frac{\mathrm{cm}}{\mathrm{kA}}\,. \tag{6}$$

Diese Gl. (6) wurde gelegentlich angewendet, um nach (2) erhaltene Werte zu kontrollieren.

Da der Anstieg der Permeabilität mit der Feldamplitude bei Wechselfeldern Oberfrequenzen hervorruft, kann der Hystereseverlust und somit auch der Hysteresebeiwert h schließlich auch noch durch Klirrfaktormessungen bestimmt werden. Davon wurde in dieser Arbeit jedoch kein Gebrauch gemacht.

Die h-Bestimmung nach (2) hat den Vorteil, gleichzeitig mit der Permeabilitätsmessung durchführbar zu sein.

Ist nun z. B. für einen Pupinspulenkern h bekannt, ist außerdem die Induktivität L, die Frequenz f und der Effektivwert der magnetischen Feldstärke $\mathfrak{H}$ gegeben, so ist der Hystereseverlustwiderstand [31, 32]:

$$R_h = h\,L\,|H|\,f = \frac{h}{\mathrm{cm/kA}}\cdot\frac{L}{\mathfrak{H}}\cdot\frac{|\mathbf{H}|}{\mathrm{A/cm}}\cdot\frac{f}{\mathrm{kHz}}\,\Omega\,. \tag{7}$$

Da R_h möglichst klein sein soll, muß auch h klein sein. In der Regel ist aber bei hoher Anfangspermeabilität auch h groß.

---

[1]) Neuerdings wird auch etwas anderes definiert; vgl. [30].

Magnetische Materialien, bei denen trotz hohem μ_A der Beiwert h klein ist, bilden die Ausnahme und erfordern besondere Herstellungs- und Verarbeitungsverfahren [33]. Die vorliegenden Versuche bestätigen das allgemeine Verhalten. Die Kurven der Bilder 18 und 19 sehen ähnlich aus wie die Permeabilitätskurven Bild 15 und 16. Durch die Erhöhung der Anfangspermeabilität hat sich also unerwünschterweise gleichzeitig der Hysteresebeiwert erhöht. Deswegen könnte es scheinen, als wäre eine Vergrößerung der Anfangspermeabilität über ein gewisses Maß hinaus unzweckmäßig. Dies ist jedoch nur bedingt richtig, da h und μ_A in die Leitungsgleichungen nicht linear eingehen. Für den erwähnten Pupinspulenkern oder für die Klirrdämpfung belasteter Kabel kommt es vielmehr auf das Verhältnis $h/\sqrt{\mu_A}$ an.

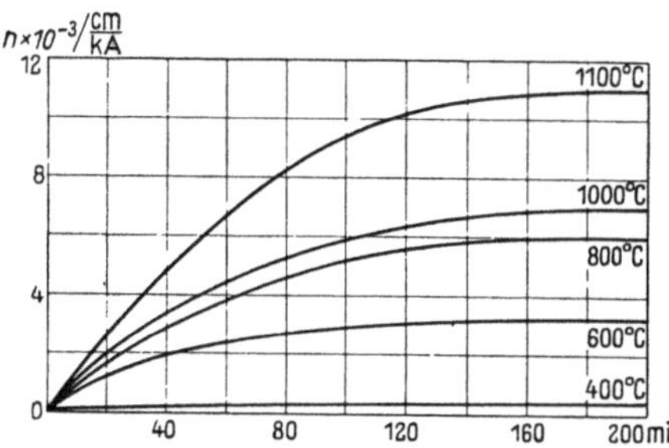

Bild 18. Abhängigkeit der Hysteresebeiwerte h von Glühzeit und Glühtemperatur. (Proben wie Bild 15.)

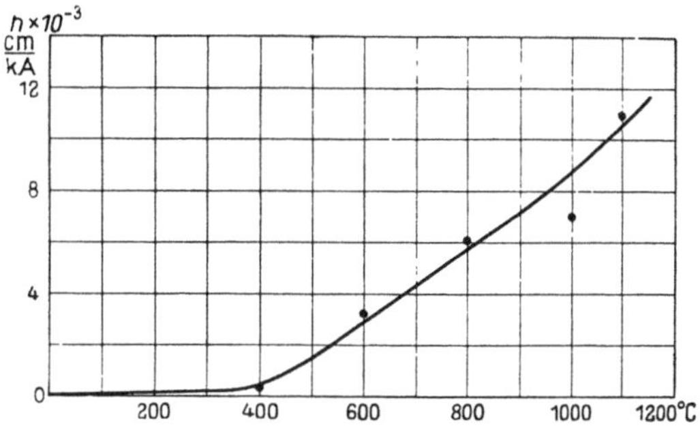

Bild 19. Hysteresehöchstwerte h nach 200 min Glühzeit bei verschiedenen Glühtemperaturen. (Proben wie Bild 15.)

In die Gl. (7) kann der in der Meßtechnik gebräuchliche Hysteresefaktor (Hysteresekonstante) F_h (nicht zu verwechseln mit dem Hysteresebeiwert h) eingeführt werden. Er ist definiert durch

$$F_h = \frac{R_h}{i \cdot f}, \tag{8}$$

wobei i der Effektivwert des Spulenstromes ist. Für einen Spulenkern mit dem Volumen V und der Induktivität L ist danach [31]:

$$F_h = \frac{h}{\sqrt{\mu_A}} \sqrt{\frac{L^3}{V}}. \tag{9}$$

W. Six, J. L. Snoek u. W. G. Burgers [34] benutzen zur Kennzeichnung der Güte von Pupinspulen einen ähnlichen „Hysteresewert" $p = h/\sqrt{L}$, der sich von unserem Hystereseverhältnis $h/\sqrt{\mu_A}$ dadurch unterscheidet, daß er noch die Abmessungen des Kernes enthält[1]).

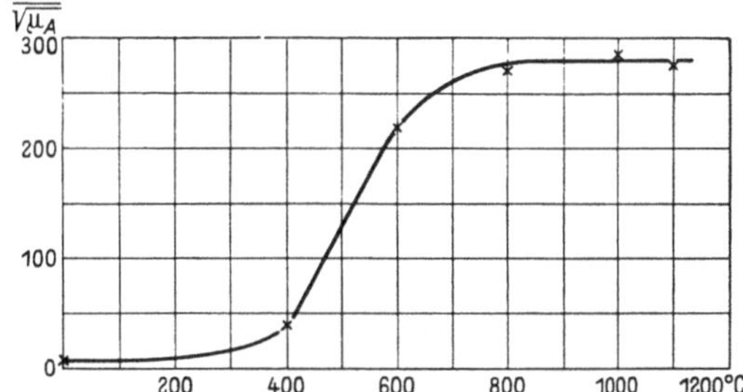

Das Hystereseverhältnis $h/\sqrt{\mu_A}$, wie es auf Grund der in Bild 16 und 19 dargestellten Ergebnisse errechnet wird, ist in Bild 20 dargestellt: Nach einer Glühung bei $300 \cdots 400°$ C fängt die Kurve an zu steigen bis zu einer Glühtemperatur von $800°$ C, um dann bei weiterer Temperatursteigerung konstant zu bleiben. Man sieht also, daß Glühun-

Bild 20. Hystereseverhältnis $h/\sqrt{\mu_A}$ über der Glühtemperatur. (Proben wie Bild 15.)

gen oberhalb einer bestimmten Temperatur nur noch die Permeabilität verbessern, ohne das Hystereseverhältnis im gleichen Maße zu erhöhen.

---

[1]) Es sei bemerkt, daß W. Six usw. ihren Wert h, wie es auch bei vielen anderen älteren Arbeiten geschieht, auf die Einheit cm/(800 A) beziehen, während h hier auf cm/kA bezogen ist.

Auf ein Verfahren zur Verbesserung der an sich noch hohen Werte $h/\sqrt{\overline{\mu_A}}$ wird im 4. Abschnitt dieser Arbeit eingegangen werden.

Die Permeabilität bei höheren Feldstärken, also auch die Maximalpermeabilität, ist in der Fernmeldetechnik von geringerer Bedeutung. Wie Bild 21 zeigt, kann man aber auch in diesem Feldstärkebereich deutlich den Einfluß der Diffusionsglühung erkennen: Mit zunehmendem Legierungsgrad steigt das Kurvenmaximum (Bild 22) und verschiebt sich außerdem nach niedrigeren Feldstärken. Letzteres besagt, daß die Magnetisierungsschleife schmaler, also die Koerzitivkraft geringer wird.

Die Absolutwerte der Maximalpermeabilität können noch wesentlich höher liegen als die hier gemessenen, wenn die Proben ohne Unterbrechung dieselbe Zeit geglüht werden, wie ein Vergleich mit Zahlentafel 2 deutlich zeigt.

Bei der Messung der Koerzitivkraft ist eine ähnliche, aber umgekehrt verlaufende Kurve zu erwarten wie bei μ_A und $\mu_{\max}$. Während die Permeabilitäten mit der Glühzeit ansteigen, fällt die Koerzitivkraft H_c. (Im folgenden ist unter H_c immer die Induktionskoerzitivkraft $_BH_c$ [35] gemeint. Da sie klein ist und da dasselbe für den Entmagnetisierungsfaktor gilt, weicht sie bei unseren Proben von der Magnetisierungskoerzitivkraft $_JH$ nur sehr wenig ab.) Die Koerzitivkraft wurde, wie erwähnt, ballistisch gemessen, und zwar nach einer Magnetisierung der Proben mit 230 Oe, was vor allem bei den geglühten Bändern der Feldstärke entspricht, bei der die magnetische Sättigung nahezu erreicht ist.

Im Ausgangszustand wurde im Mittel eine scheinbare Koerzitivkraft von $H_c = 21,5$ Oe gemessen. Bei einer Glühung bei 1000° C sinkt sie schon nach 2 min auf den zehnten Teil dieses Wertes und nähert sich bei längerer Glühdauer langsam einem Endwert (Bild 23). Bei niedrigerer Glühtemperatur sinkt H_c ebenfalls ab, nur etwas langsamer

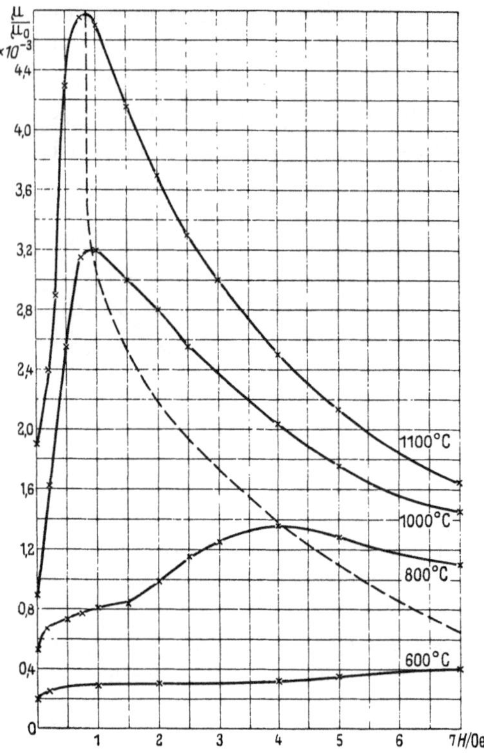

Bild 21. Permeabilitätskurven verschiedener Proben nach 200 min Glühzeit. (Proben wie Bild 15.)

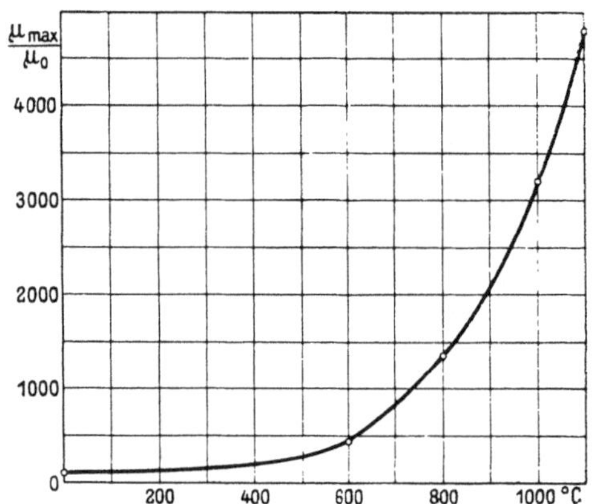

Bild 22. Die nach 200 min Glühung erzielbare Maximalpermeabilität in Abhängigkeit von der Glühtemperatur. (Proben wie Bild 15.)

und erreicht auch keinen so niedrigen Endwert. Dies ist wieder ein Zeichen für unvollständige Diffusion, d. h. für noch dispers vorhandene innere Spannungen, deren Dispersionsgrad von der Glühtemperatur abhängt. Bild 24 zeigt diesen Zusammenhang von Glühtemperatur und erzielbarer Koerzitivkraft für die gleichen Proben. Die Werte für eine weitere Probe, die in etwas anderer Weise geglüht wurde, gibt Zahlentafel 2 an bzw. Bild 11. Aus beiden Versuchsreihen geht hervor, daß erst die Glühung bei 1000 ⋯ 1100° C Werte ergibt, wie sie auch für erschmolzene Legierungen der Zusammensetzung 50/50 Fe-Ni erhalten wurden. Z. B. haben E. Gumlich und Mitarbeiter [36] etwa 0,3 ⋯ 0,5 Oe gemessen. Für die ununterbrochen 3 h geglühte Probe 34a (Zahlentafel 2) liegen die Meßwerte durchweg etwas tiefer. Aus der Gestalt unserer Kurven geht auch hervor, daß bei Glühungen über 1000 ⋯ 1100° C keine wesentliche Erniedrigung von H_c zu erwarten ist. Dagegen ist es möglich, durch langzeitiges Glühen in Wasserstoffatmosphäre die Koerzitivkraft noch weiter zu verringern. So wurde sie nach 45 h Glühung (Probe 22c) bei 1000° C in Wasserstoff von 0,5 auf 0,13 Oe erniedrigt. Dieser Wert ist also noch niedriger als der bei der Probe 34a. Damit wird auch der oben angegebene Wert von E. Gumlich unterboten und ebenso auch der von O. Dahl und J. Pfaffenberger [37] angegebene (0,25 und 0,28 Oe). Die sonst in der Literatur bekanntgewordenen noch besseren H_c-Werte sind nicht vergleichbar, da sie entweder eine Sonderbehandlung der Legierung voraussetzen [38][1]) oder besonders wertvolle Ausgangswerkstoffe benutzen, z. B. gesinterte Carbonyle von Fe und Ni [41]. Da die Koerzitivkraft eine Gittereigenschaft des Ferromagnetikums ist, und ihre Größe von Gitterstörungen und ihrer Verteilung [42] abhängt, deutet die gemessene verhältnismäßig niedrige Koerzitivkraft auf größere chemische Reinheit des Elektrolytwerkstoffes hin, als sie bei gewöhnlichen erschmolzenen Legierungen üblich ist.

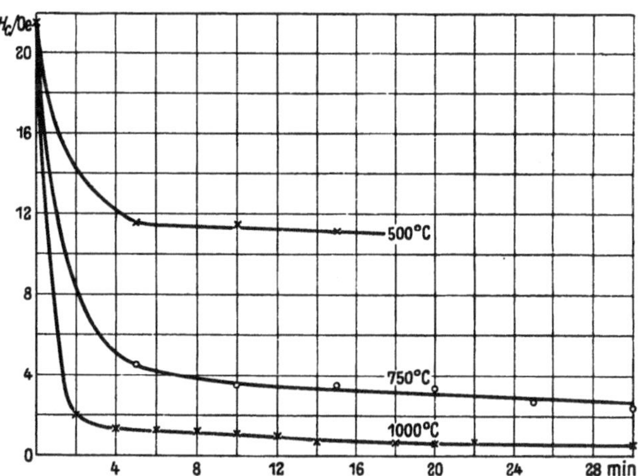

Bild 23. Die Koerzitivkraft nach verschiedenen Glühungen. (Probe 34b: 1000° C; 34c: 750° C; 34d: 500° C.)

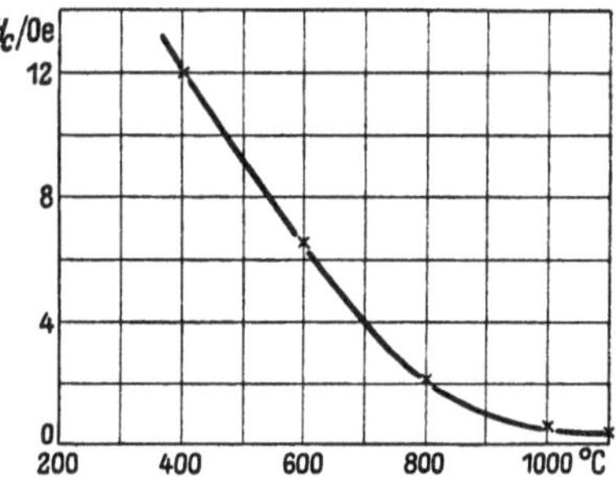

Bild 24. Abhängigkeit der Koerzitivkraft von der Glühtemperatur nach 200 min Glühzeit. (Proben wie Bild 15.)

d) Röntgenographische Untersuchung.

Oben wurde bereits die Tatsache gestreift, daß Eisen ein innenzentriertes (raumzentriertes) und Nickel ein flächenzentriertes kubisches Kristallgitter besitzt. Legierungen aus diesen Komponenten behalten bis zu einer Konzentration von etwa 28% Ni das Eisengitter bei (allerdings mit etwas vergrößerten Atomabständen und Gitterkonstanten); erst bei höherem Ni-Gehalt gehen sie in das kubisch flächenzentrierte Gitter über. Dabei ist etwas besonders Bemerkenswertes zu beobachten:

---

1) Yensen, T. D.: gibt [11] S. 340 ein $H_c = 0,05$ Oe an, auf das sich auch E. Gumlich [39] und M. Ballay [40] beziehen.

Bei 38% Ni erreicht das Gitter seine maximale Größe, dann aber verkleinert es sich wieder kontinuierlich bis zur Größe des Ni-Gitters [*43, 44, 45*]. Man darf also erwarten, daß sich im Röntgenbild nach Debye-Scherrer mit zunehmendem Legierungsgrad nicht nur die Linienzahl ändert, sondern auch die Linien verschieben. Bei der ungeglühten Probe erkennen wir deutlich (Bild 25a) neben den Linien des flächenzentrierten Ni-Gitters (111, 002, 022, 113) die Linien des raumzentrierten Fe-Gitters (011, 002, 112) [1].

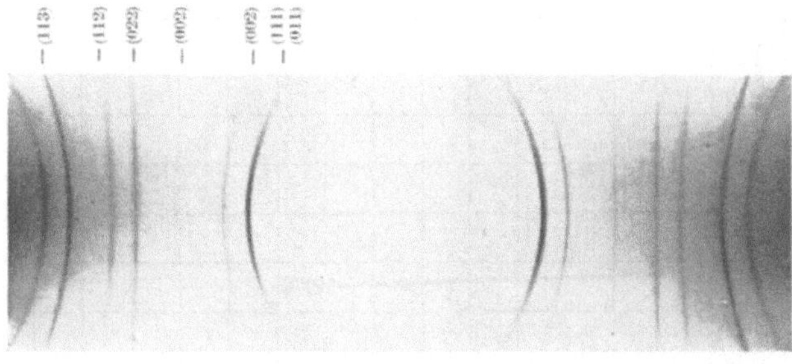

a) ungeglüht.

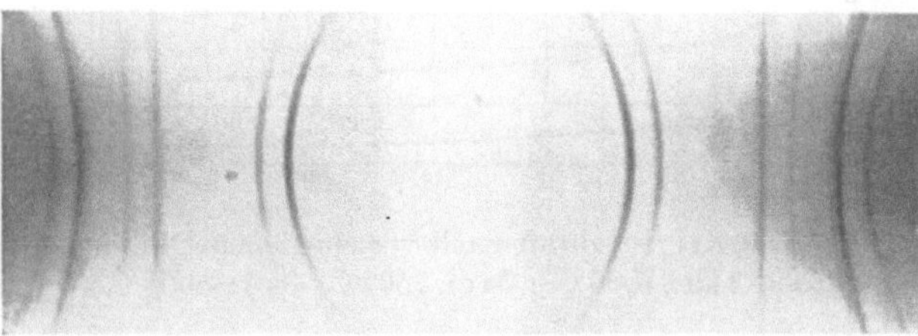

b) 26 h 400° C.

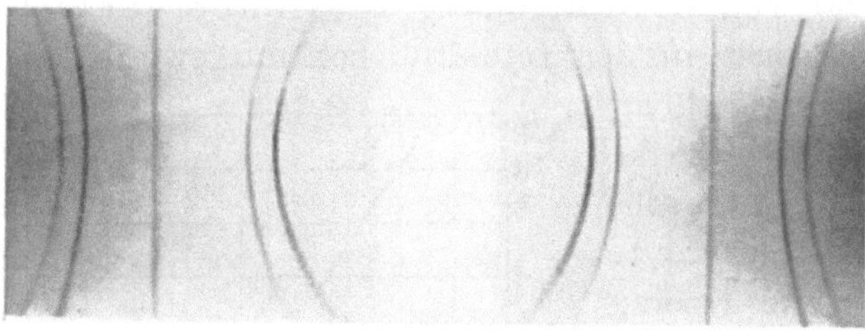

c) 2 h 1000° C.

Bild 25. Debye-Scherrer-Aufnahmen von Fe-Ni-Blechen vor und nach verschiedenen Glühbehandlungen.

Nach 26 h Glühung bei 400° C (Bild 25b) sind die Eisenlinien etwas schwächer geworden und haben sich auch etwas verschoben. Ebenso haben sich auch die Ni-Linien etwas verschoben. Wie die Widerstands- und Permeabilitätsmessungen vermuten ließen, beginnt also bereits die Diffusion. Die Schwächung z. B. der (112)-Linie bedeutet, daß der Bestandteil mit innenzentriertem Gitter mengenmäßig abnimmt, die Verschiebung der Linie deutet eine Änderung der Eisenkonzentration im Gitter an. Je höher die Glühtemperatur gewählt wird, um so schwächer werden die Reflexionen des raumzentrierten Gitters, bis sie schließlich ganz verschwinden (Bild 25c). Die Linien des flächenzentrierten Gitters behalten ihre Intensität bei; sie verschieben sich jedoch um ein beträchtliches Stück, das man schon mit einem gewöhnlichen Maßstab ausmessen kann. Von den oben erwähnten magnetisch und elektrisch untersuchten Proben wurden im Anschluß an die Versuchsreihen Debye-Scherrer-Aufnahmen gemacht und die (112)- bzw. (113)-Linien ausgewertet. Beim raumzentrierten Gitter gelingt das Ausmessen allerdings nur bei Proben, die bei weniger als 700° C geglüht wurden. Oberhalb dieser Temperatur lassen sich die Linien wegen ihrer geringen und mit steigender Temperatur immer mehr abnehmenden Intensität nicht mehr auswerten. Man erhält die in Zahlentafel 3 aufgeführten Werte (die 3. Dezimale ist unsicher).

Zahlentafel 3. Gitterkonstanten vor und nach 3 h Glühung.

Glühtemperatur ° C	Gitterkonstante a in Å	
	raumzentriert	flächenzentriert
ungeglüht	$2{,}86_2$	$3{,}51_7$
400	$2{,}86_4$	$3{,}54_3$
600	$2{,}87_0$	$3{,}56_3$
700	$2{,}90_2$	$3{,}56_0$
800	—	$3{,}56_7$
900	—	$3{,}56_8$
1000	—	$3{,}57_7$

[1] Bei den Aufnahmen wurde ein Röntgenrohr mit Co-Anode benutzt.

Das flächenzentrierte Gitter wächst nahezu linear mit der Glühtemperatur; das raumzentrierte nimmt unterhalb von 400° C langsamer zu als das flächenzentrierte. Erst oberhalb von 600° C ist auch hier der Anstieg der Gitterkonstante beträchtlich.

Die Streuung der für die Gitterkonstante angegebenen Werte läßt sich leicht erklären. Die Niederschläge sind ja nicht ideal verteilt; es können vielmehr örtliche Konzentrationsschwankungen vorkommen (was auch die Untersuchung der Magnetisierungsschleife erkennen ließ). Da von dem Röntgenstrahl nur ein verhältnismäßig kleines Gebiet getroffen wird, bildet er nur die Reflexe an den Gitterebenen dieses besonderen Teiles ab. An verschiedenen Stellen der Proben vorgenommene Debye-Scherrer-Aufnahmen geben daher ein Bild der inneren Ungleichmäßigkeit der elektrolytischen Niederschläge. Das läßt sich auch aus den angeführten Meßwerten erkennen.

Da man auf Grund der Versuchsbedingungen annehmen darf, daß der Diffusionszustand den für die betreffende Temperatur möglichen „technischen Grenzwert" erreicht hat, kann man aus der Gitterkonstante mit Hilfe einer entsprechenden Eichkurve, etwa der von A. J. Bradley [43] (Bild 26) die Konzentration des Nickelmischkristalls bestimmen. Man erhält dann den in Bild 27 gezeichneten Verlauf. Da vor der Röntgenaufnahme die Proben etwa 3 h geglüht wurden, muß man folgern, daß man zur Erzielung einer homogenen Legierung in verhältnismäßig kurzer Zeit mindestens bei 1000° C glühen muß. Daß sich durch Verlängern der Glühzeit nur sehr langsame Veränderungen erzielen lassen, ging bereits aus den magnetischen Messungen hervor. Dies zeigt aber auch folgender röntgenographischer Versuch:

Teile einer Probe (Nr. 34a) wurden 4, 10, 15 und 30 min lang bei 1000° C geglüht. Nach jeder Glühung ließ man den Ofen sich langsam abkühlen; dann wurde eine Debye-Scherrer-Aufnahme gemacht und wieder aus den (112)- bzw. (113)-Linien die Gitterkonstante ermittelt (s. Zahlentafel 4 und Bild 28). Daraus geht hervor, daß sich die Gitter sehr rasch vergrößern, daß also die Diffusionsgeschwindigkeit bei dieser Temperatur (1000° C) sehr groß ist.

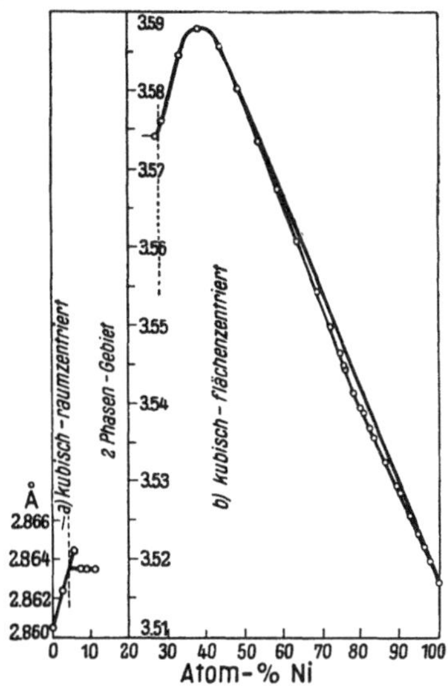

Bild 26. Gitterkonstanten der Fe-Ni-Legierungen (nach Bradley u. a.).

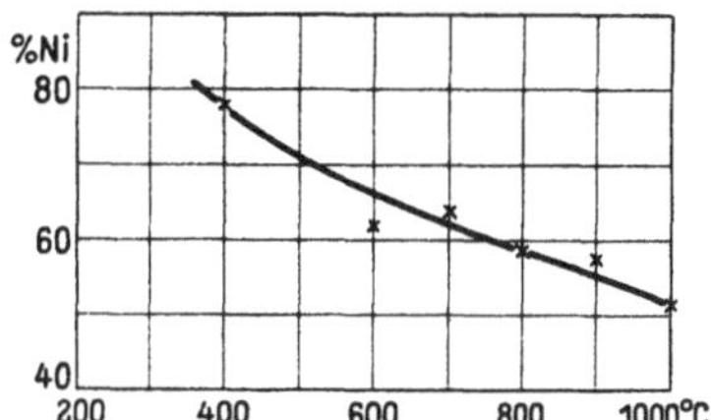

Bild 27. Konzentration des Ni-Mischkristalls nach 200 min Glühzeit bei verschiedenen Temperaturen.

Zahlentafel 4. Gitterkonstanten nach einer Glühung bei 1000° C (Probe Nr. 34a).

Glühzeit min	Gitterkonstante a in Å	
	flächenzentriert	raumzentriert
ungeglüht	$3,52_1$	$2,86_4$
4	$3,54_7$	$2,87_8$
10	$3,58_9$	$2,91_1$
15	$3,58_4$	$2,97_0$
30	$3,58_1$	$2,92_4$

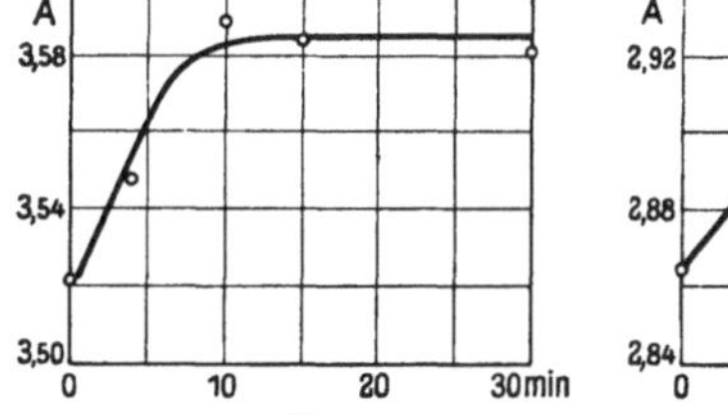
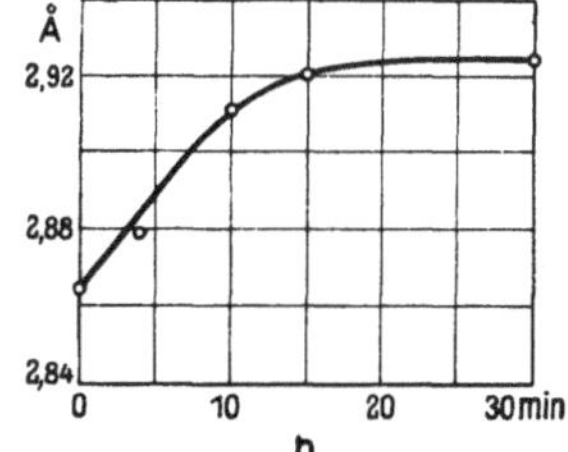

Bild 28. Gitterkonstanten nach verschiedenen Glühzeiten bei 1000° C Glühtemperatur. a) Flächenzentriertes, b) raumzentriertes Gitter.

Schon nach 15 ⋯ 20 min Glühzeit scheinen sich die Metalle nahezu vollständig legiert zu haben, da das flächenzentrierte Gitter von hier ab nicht mehr zunimmt.

Ein geringer eisenreicher Rest mit der Gitterkonstante $a = 2,92_4$ Å läßt sich selbst nach $^1/_2$ h Glühung noch nachweisen; doch ist hier die Intensität der (112)-Linie äußerst gering. Nach 2 h Glühung ist die Linie völlig verschwunden.

Außerdem geht aus diesem Versuch hervor, daß bei 1000° C die Diffusionsgeschwindigkeiten der beiden Metalle nicht sehr verschieden voneinander sein können, da die beiden Gittertypen fast gleich schnell gewachsen sind. Damit werden auch die oben angeführten Ergebnisse der Widerstands- und Permeabilitätsmessung bestätigt.

Die bei der Widerstandsmessung angeschnittene Frage (Abschn. 3b), ob der hohe Probenwiderstand, der nach einer Wägung bestimmt wurde, nicht durch eine Dichteabweichung vorgetäuscht würde, kann nun an Hand der Gittermessung entschieden werden. Ist nämlich N die Zahl der Atome im Elementargitter (bei Ni ist $N = 4$; bei Fe ist $N = 2$), A das Atomgewicht (für Ni ist $A = 58,69$; für Fe ist $A = 55,85$) [46], $m_H = 1,650 \cdot 10^{-24}$ g die Masse des Wasserstoffatoms und $V = a^3$ das Volumen der kubischen Elementarzelle, so kann die Dichte nach der Formel

$$s = \frac{N \cdot A \cdot m_H}{V}$$

berechnet werden. Setzt man für das ungeglühte Eisen $a = 2,86_2$ Å und für ungeglühtes Nickel $a = 3,51_7$ Å (s. Zahlentafel 3), so ergibt sich

$$s_{\mathrm{Ni}} = 8,90 \text{ g/cm}^3, \qquad\qquad s_{\mathrm{Fe}} = 7,86 \text{ g/cm}^3.$$

Wie man sieht, ist der Unterschied gegenüber den oben angenommenen Werten der Dichte zu gering, als daß damit die beobachtete Widerstandsdifferenz erklärt werden könnte. Die gemessenen Widerstandswerte müssen also der Wirklichkeit entsprechen.

e) Textur der Bleche.

Aus röntgenographischen Untersuchungen ist bekannt, daß die aus elektrolytischen Lösungen erhaltenen Metallniederschläge häufig ein Kristallgefüge aufweisen, dessen Kristallite nicht beliebig angeordnet sind, sondern eine Vorzugsrichtung besitzen. Man spricht dann von einer Fasertextur der Elektrolytmetalle. Eine ganz bestimmte Kristallachse bildet die Achse einer solchen Faser, während die übrigen Symmetrieachsen des Kristalls nicht festgelegt sind. Nach R. Glocker und E. Kaupp [47] ist die Richtung der größten Wachstumsgeschwindigkeit der Kristalle, also die Richtung der Stromlinien im Elektrolyten, stets die Faserachse. Die Lagerung der Kristalle relativ zur Faserachse hängt von den Eigenschaften des Elektrolyten ab und ist von Metall zu Metall verschieden.

Die Fasertextur tritt besonders stark bei den Metallen der Eisengruppe und vor allem beim Eisen und Nickel in Erscheinung [48]. Während bei Nickel die Angaben über die Orientierung der Kristalle auseinandergehen (man erhält je nach Konzentration und p_H-Wert des Elektrolyten keine Orientierung [48] oder die (100)-Richtung [47, 49] oder die (211)-Richtung [48] als Faserachse — auch die (110)-Richtung wurde beobachtet [49, 50, 51]), wird für Eisen fast ausnahmslos die (111)-Richtung als Faserachse angegeben[1] [48, 52]. Auch macht sich beim Eisen kein Einfluß des Glühens auf die Orientierung bemerkbar, während bei Nickel beobachtet wurde [52], daß die Faserachse beim Glühen aus der (110)-Richtung in die (100)-Richtung übergeht.

Wäre bei den hier untersuchten Niederschlägen der Fe-Ni-Bleche eine ausgeprägte Textur vorhanden, so müßte sie sich bei den angeführten Debye-Aufnahmen (Bild 25) deutlich bemerkbar machen. Die Interferenzringe müßten Schwärzungsmaxima aufweisen. Das ist jedoch bei keiner der zahlreichen Aufnahmen der Fall.

Mit diesem negativen röntgenographischen Ergebnis ist jedoch nicht gesagt, daß die Materialien auch hinsichtlich ihrer magnetischen Eigenschaften isotrop seien.

Von einem 30 μ dicken Blechstreifen wurden einige Scheibchen von 15 mm Dmr. ausgestanzt. Darauf wurden sie in ein starkes homogenes Magnetfeld gebracht und dort so angeordnet, daß die Normale der Scheibchen senkrecht zur Feldrichtung lag, die Probe also parallel zu ihrer Ebene vom Magnetfeld durchsetzt wurde. Die Vorrichtung ähnelte der von W. Six, J. L. Snoek und W. G. Burgers [53] be-

---

[1]) R. Glocker u. E. Kaupp ([47], S. 136 ··· 139) erhalten bei hoher Stromdichte, hoher Temperatur und unter Zusatz von Chlorcalcium abweichende Ergebnisse. S. a. [51] Bild 68.

schriebenen, braucht hier also nicht weiter erläutert zu werden. Ein Unterschied bestand nur darin, daß die Scheibchen nicht an einem Torsionsfaden aufgehängt, sondern in einem leicht gelagerten Rahmen aus Preßstoff angebracht waren.

Beim Einschalten des Magnetfeldes wird das Blech in Feldrichtung magnetisiert und müßte in Ruhe bleiben, wenn alle Durchmesserrichtungen des Kreisscheibchens magnetisch gleichberechtigt wären. Ist dies nicht der Fall, besteht also eine magnetische Vorzugsrichtung oder Anisotropie und bildet die Richtung leichtester Magnetisierbarkeit mit dem Feld einen Winkel, so entsteht ein Drehmoment, das die beiden Richtungen parallel zu richten strebt.

Der Versuch ergab nun in der Tat eine Drehung des Scheibchens. Damit ist erwiesen, daß die schichtigen Fe-Ni-Bleche eine Richtung leichtester Magnetisierbarkeit besitzen. Die Richtung ist so, daß sie bei der Herstellung des Bandes im Elektrolyten von oben nach unten verläuft.

Bei der Homogenisierungsglühung bleibt diese Anisotropie in ihrer Richtung erhalten, wird jedoch in ihrer Größe geschwächt.

Daß elektrolytisch hergestellte Fe- und Ni-Bleche unter Umständen keine kristallographische Textur aufweisen, wurde von W. Elenbaas [52] und R. M. Bozorth [48] nachgewiesen. Dies ist nämlich dann der Fall, wenn die Schichten dünner als etwa 3μ sind. Das Wachsen des Niederschlages im Elektrolyten haben wir uns nämlich so vorzustellen, daß zunächst im allgemeinen ein unregelmäßiger Niederschlag entsteht, und sich erst allmählich bei größerer Niederschlagsdicke eine bevorzugte Wachstumsrichtung der Kristallite herausbildet, die dann auch mit der Faserachse zusammenfällt.

In unserem Fall wurde das Wachsen des Bleches im Elektrolyten immer schon unterbrochen, ehe es den Charakter eines geordneten Wachsens annahm (Dicke der Einzelschicht etwa 3μ.). Da die nächste Schicht des anderen Metalles aber, wie erwähnt, bestrebt ist, eine andere Faserachse auszubilden, entsteht wieder ein anfangs ungeordneter Niederschlag. So kommt es, daß das ganze Blech texturlos bleibt.

Daß trotzdem eine „magnetische Textur" auftritt, ist ein neuer Beweis dafür, daß bei vielkristallinen Blechen kristallographische Textur und magnetische Anisotropie nicht notwendig Hand in Hand gehen [54, 55]. Die Anisotropie wird in diesem Fall nicht durch eine kristallographische Ausrichtung, sondern durch Spannungen im Material hervorgerufen, wie H. G. Müller bei gewalzten Blechen aus Fe-Ni-Cu nachgewiesen hat [56]. Bei den elektrolytisch hergestellten Metallen werden diese Spannungen nicht durch Verformung hervorgerufen, sondern durch den mit dem Metall zusammen abgeschiedenen Wasserstoff. Wie beträchtlich diese bei der elektrolytischen Abscheidung auftretenden Spannungen sein können, haben V. Kohlschütter und E. Vuilleumier [57] bei elektrolytisch abgeschiedenem Nickel nachgewiesen, indem sie eine biegsame Kathode aus Platinblech verwendeten. Dabei zeigte sich, daß sich der einseitige Niederschlag kurz nach seiner Entstehung stark zusammenzieht und damit eine meßbare Krümmung der Kathode hervorruft.

Wie jedoch die magnetisch orientierende Wirkung zustande kommt, ist vorläufig noch ebenso ungeklärt, wie das Zustandekommen der Fasertextur bei dickeren Niederschlägen, das R. M. Bozorth [48] ebenfalls auf die Wasserstoffabscheidung zurückführt.

f) Mikroskopische Untersuchung.

Nach der Herstellung haben die Bleche auf der Kathodenseite eine glänzend glatte, auf der dem Elektrolyten zugekehrten Seite eine mattgraue Oberfläche. Es wurde stets so verfahren, daß Nickel die oberste Schicht bildete, da Eisen sich bald oxydierte und der Oberfläche ein ungleichmäßiges rostbraunes Aussehen gab.

Nach der Homogenisierungsglühung war die Oberfläche etwas verändert und — vor allem bei sehr dünnen Proben — runzelig geworden. Man könnte daran denken, dies mit der bei der Diffusion stattfindenden Gitterumwandlung des Eisens in Zusammenhang zu bringen. Das entstehende kubisch flächenzentrierte Elementargitter ist nämlich von 4 Atomen besetzt, während vorher das raumzentrierte Gitter nur 2 Atome enthielt. Wenn die Abmessungen der Gitter in beiden Fällen gleich groß wären, müßte also der Eisenanteil linear im Verhältnis $\sqrt[3]{2}:\sqrt[3]{4}$ zusammenschrumpfen. In Wirklichkeit wird das Gitter aufgeweitet. War die Konstante des Fe-Gitters 2,8605 Å [43], so ist sie beim 50proz. Ni-Fe-Gitter 3,579 Å [43]. Im ganzen vergrößert sich also das Gitter im Verhältnis $\sqrt[3]{\dfrac{2}{4}} \cdot \dfrac{3,579}{2,8605} = 0,992$. Die Ni-Bestandteile dagegen vergrößern ihr Gitter, das ja erhalten bleibt, im Verhältnis $3,579:3,5169 = 1,01$ [43]. Die beiden Vorgänge gleichen sich also im ganzen gesehen gegenseitig fast aus. Es muß somit angenommen werden, daß die Runzeligkeit der Bänder nicht durch eine Schrumpfung eines Bestandteiles hervorgerufen wird, sondern dadurch, daß die Glühung einen inneren Spannungszustand aufhebt, indem die Poren durch die Rekristallisation aufgefüllt werden. Eine Schrumpfung der ganzen Probe konnte nicht beobachtet werden. Dagegen ergab ein Nebenversuch mit Elektrolyteisen und Elektrolytnickel allein, daß das Nickelblech bei der Glühung unter Umständen eine Ausdehnung erfahren kann.

Unter denselben Elektrolysierbedingungen, aber bei verschiedener Temperatur wurden 2 Blechstreifen a 6 (bei 60°) und A 6 (bei 80°) hergestellt. Vor und nach $1^1/_2$ h Glühung bei 1000° C in Wasserstoff wurde die Länge der Streifen gemessen. Die Probe a 6 war von 16,76 auf 16,80 cm gewachsen, Probe A 6 von 17,05 auf 17,20 cm. Im ersten Fall betrug die Längenänderung 0,24, im zweiten 0,88%. Eine Vergleichsprobe aus Eisen zeigte vor und nach der Glühung dieselbe Länge von 19,55 cm. Die Nickelprobe, die die stärkste Ausdehnung erfahren hat, zeigte nach der Glühung auch die stärkste Krümmung (der Rand rollte sich ein). Die andere Probe (a 6) war eben geblieben. Die Volumenänderung von Nickel hängt also in ihrer Größe vom Grad der inneren Spannungen ab. Durch Kaltwalzen um 90% fand H. G. Müller [58] bei Karbonylnickel Volumenvergrößerungen bis zu 10%, wenn in Wasserstoff geglüht wurde. Man kann also annehmen, daß auch bei Elektrolyt-Nickel unter Umständen eine noch größere Volumenveränderung zu beobachten sein wird. Doch wurden die Bedingungen hierfür in diesem Zusammenhang nicht weiter untersucht.

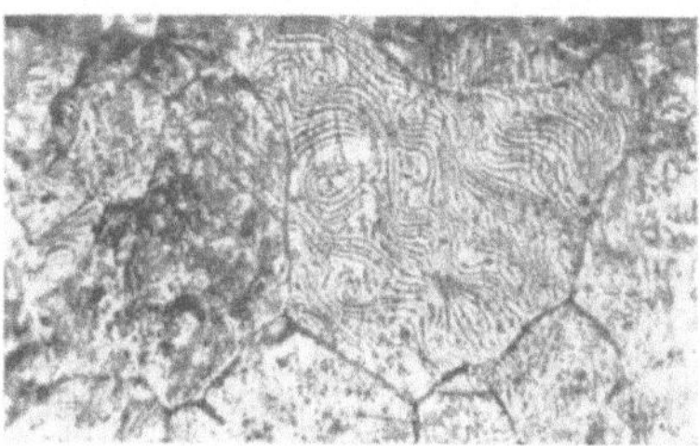

Bild 29. Oberfläche eines elektrolytisch hergestellten Fe-Ni-Bleches nach 50 h Glühung in Wasserstoff bei 1000° C ohne weitere Behandlung der Oberfläche (V = 240).

Wird die schichtige Fe-Ni-Probe längere Zeit bei genügend hoher Temperatur geglüht, so rekristallisiert sie. Es wurde bereits auf die im Innern von Elektrolytblechen vorhandenen Spannungen hingewiesen. Diese verspannten Stellen bilden beim Glühen die Rekristallisationskeime. Die Korngröße bleibt jedoch meist äußerst gering, wie das Röntgenbild (Bild 25c) erkennen läßt. Bei langem Glühen, etwa 50 h bei 1000° C, erhält man infolge Sammelkristallisation ein auch mit bloßem Auge sichtbares Korn. Glüht man in Wasserstoffatmosphäre, so werden die Korngrenzen sichtbar. Die Kristallkörner sehen aus wie von „Schichtlinien" durchzogen (Bild 29).

Wie die Bänder im Querschnitt aussehen, zeigt Bild 30 in einem Schliffbild. Man erhält ein ähnliches Bild, wie es F. Marschak u. a. [15] erhielten, wenn sie Fe und Ni gleichzeitig aus einem Elektrolyten niederschlugen. Die dunkelgeätzten Streifen entsprechen dem Fe, die hellen dem Ni. Die Schichtgrenzen der beiden Metalle bilden keine glatten und geraden Linien, wie bereits auf Grund der Messung der Magnetisierungsschleife vermutet wurde. (Bei den Ausfransungen der Schichten kann außerdem noch zusätzlich angenommen werden, daß es sich um Teilchen handelt, die bei der Herstellung des Schliffes in den Poren des Materials hängen geblieben sind.) Aus der Abbildung läßt sich eine Schichtdicke der einzelnen Komponenten von etwa 2 bis 5 μ ablesen.

Das Probeblech wurde nun folgendermaßen weiterbehandelt: In einem Rohrofen wurde ein Temperaturgefälle von 500 bis 1010° C hergestellt. In diesem Gebiet wurde das Blech 12 min in einer Wasserstoffatmosphäre geglüht und langsam abgekühlt. Nachher wurden aus den verschiedenen Temperaturgebieten des Bleches kurze Stücke herausgeschnitten, von denen Schliffe hergestellt wurden. Bild 31 zeigt z. B. den Querschnitt der Probe, der bei 650° C geglüht wurde. Ganz deutlich erkennt man beginnende Diffusion. Reines Eisen ist kaum noch zu erkennen. Man kann aber deutlich die eisenreichen (dunklen) von den eisenarmen (hellen) Zonen unterscheiden. Neben inselartigen Gebilden können durchgehende Streifen beobachtet werden.

Bei zunehmender Temperatur schreitet die Diffusion immer weiter fort. Bei 1000° C (Bild 32) hat man nur noch kleine, nicht diffundierte Reste und Lunker. Eine Schichtung kann auf keinen Fall mehr festgestellt werden. Erhöht man die Temperatur noch mehr, was bei einer anderen Probe gemacht wurde, so kann man im Schliffbild nur noch den reinen Mischkristall feststellen.

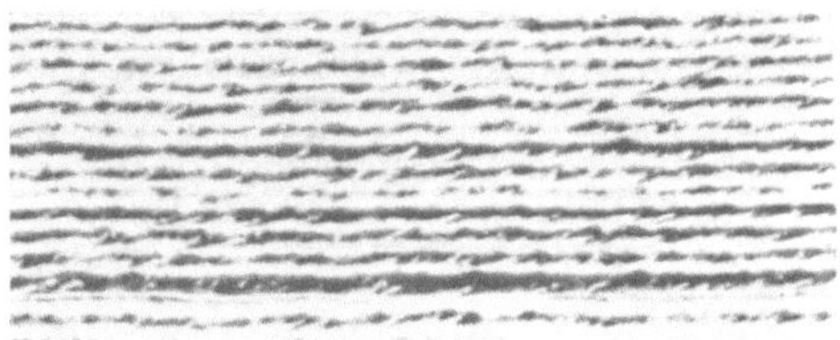

Bild 30. Querschliff eines Fe-Ni-Bleches vor der Homogenisierungsglühung (V = 280).

Bild 31. Querschliff eines Fe-Ni-Bleches nach einer Glühung von 12 min bei 650° C (V = 280).

Bild 32. Querschliff eines Fe-Ni-Bleches nach einer Glühung von 12 min bei 1000° C (V = 280).

Auf diese Weise erklären sich auch die oben gemachten Feststellungen, daß z. B. die höchsten μ_A-Werte erst oberhalb von 1000° C erreicht werden. Denn erst von hier ab diffundieren die Komponenten vollständig ineinander. Dies zeigte auch die Messung der Gitterkonstanten.

4. Verbesserung der Eigenschaften durch Walzen und Legierungszusätze.

Wie eingangs gezeigt wurde, sind elektrolytisch hergestellte Fe-Ni-Bleche aus magnetischen und mechanischen Gründen im Ausgangszustand nicht brauchbar. Erst durch eine Homogenisierungsglühung werden mechanische und magnetische Weichheit erzielt. Aber dann sind gleichzeitig der Hysteresebeiwert h und das Verhältnis $h/\sqrt{\mu_A}$ schlechter geworden, d. h. der magnetische Wert des Materials ist in mancher Hinsicht verringert.

Nun ist aber bekannt, daß man durch eine mechanische Verformung (Walzen, Recken) die magnetischen Werte unter Umständen in weiten Grenzen verschieben kann; insbesondere der Hysteresebeiwert h ist sehr empfindlich gegen eine derartige Behandlung.

Ein Probeblech (Nr. 32) wurde wieder 50 h bei 1000° C in Wasserstoffatmosphäre homogenisiert und langsam im Ofen abgekühlt. Danach wurde es in 6 Streifen a · · · f von je etwa 7 mm Breite zerteilt. Wie die Messung der Anfangspermeabilität zeigt, war das Blech nicht über die ganze Breite homogen, sondern zeigte von dem einen Rand zum anderen einen stetigen Anstieg der Anfangspermeabilität (s. Zahlentafel 5).

<table>
<tr><td colspan="2">Zahlentafel 5. Anfangspermeabilität nach 50 h Glühung bei 1000° C.</td></tr>
</table>

Probe Nr.	$\dfrac{\mu_A}{\mu_0}$
32 a	935
b	1040
c	1070
d	1125
e	1220
f	1330

Zahlentafel 6. Einfluß des Verformungsgrades auf μ_A und h.

Probe Nr.	η %	$\dfrac{\mu_A}{\mu_0}$	h cm/kA
32 a	24	105	1070
b	16	130	670
c	23	60	1150
d	36	45	700
e	4	820	9900
f	9	780	10200

Diese Proben wurden nun einer Walzverformung verschiedenen Grades unterworfen. Um aber die in Zahlentafel 5 gezeigten Unterschiede weniger stark zur Geltung zu bringen, wurde die Reihenfolge der Proben etwas anders gewählt (s. Zahlentafel 6).

Mit zunehmender Verformung erhält man eine Abnahme von μ_A und h (Zahlentafel 6 und Bild 33 und 34). Die Kurven haben einen ähnlichen Verlauf, wie ihn O. Dahl und J. Pfaffenberger [59] ebenfalls an gewalzten Proben, allerdings etwas anderer Zusammensetzung, erhielten.

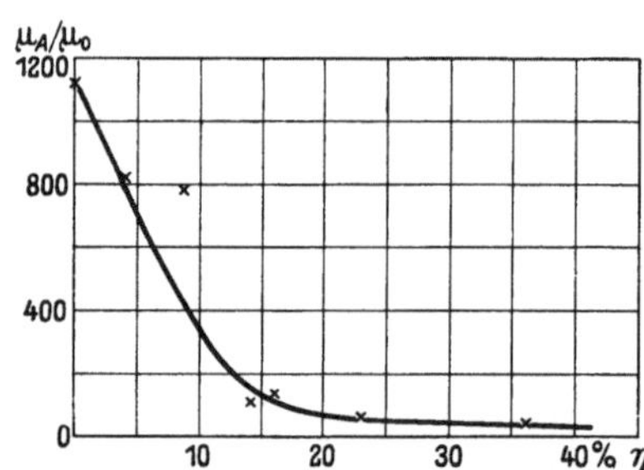

Bild 33. Anfangspermeabilität in Abhängigkeit vom Verformungsgrad. (Proben Nr. 32 a · · · f; s. Zahlentafel 6.)

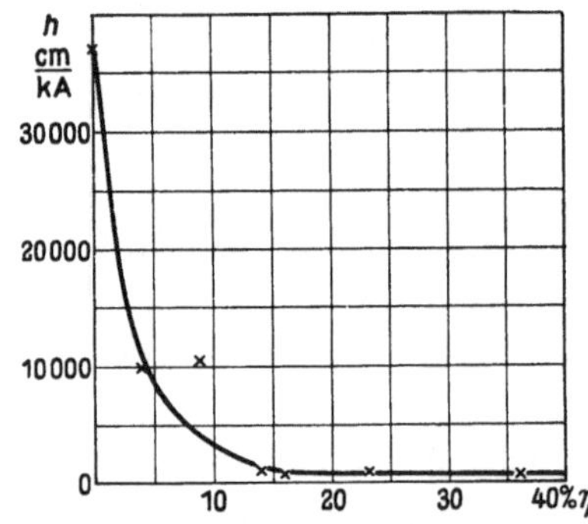

Bild 34. Hysteresebeiwert h in Abhängigkeit vom Verformungsgrad. (Proben Nr. 32 a · · · f; s. Zahlentafel 6.)

Die gewalzten Proben wurden nun zusammen jeweils 40 min bei verschiedenen Temperaturen in Wasserstoffatmosphäre angelassen und langsam im Ofen abgekühlt; hierauf wurden ballistisch h und μ_A gemessen. Dabei läßt sich ganz allgemein feststellen, wie auch zu erwarten war, daß mit steigender Temperatur das Material seine Spannungen verliert, sich erholt und, falls die Verformung einen kritischen Wert überschritten hat, rekristallisiert. Hierbei erhöht sich μ_A. Wie der

Permeabilitätsanstieg vor sich geht, zeigt z. B. Bild 35 in charakteristischer Weise für die mittleren Proben b, c, d der Versuchsreihe. Bei etwa 500° C Anlaßtemperatur ändert sich die Anfangspermeabilität noch nicht. Dann steigt sie langsam, aber immer steiler an. Der Steilanstieg beginnt bei um so niedrigerer Temperatur, je größer der Verformungsgrad war. Die um 36 % gewalzte Probe hat bereits bei etwa 650° C ihren steilsten Permeabilitätsanstieg, während die um nur 16 % verformte Probe erst bei einer etwa 200° C höheren Temperatur diesen Kurvenabschnitt erreicht. Wenn eine Anfangspermeabilität $\mu_A = 1300\ \mu_0$ erreicht ist, beginnen die Kurven wieder abzubiegen. Die Proben sind vollständig rekristallisiert.

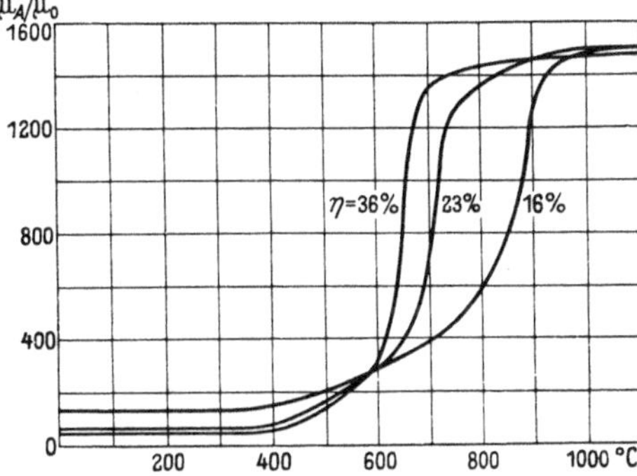

Bild 35. Anfangspermeabilität in Abhängigkeit vom Verformungsgrad und von der Anlaßtemperatur.

Das am Ende erreichte μ_A liegt bei allen drei gezeichneten Verformungsgraden etwa in der gleichen Höhe, und zwar bei etwa $1500\ \mu_0$. Verglichen mit dem Ergebnis der ersten Homogenisierungsglühung ist also die Anfangspermeabilität um $40 \cdots 50\ \%$ besser geworden.

Die Hysteresebeiwerte h zeigen einen etwas anderen Verlauf. Sie nehmen erst bis zu einem Minimum ab, das bei etwa 500 $\cdots$ 600° C liegt und steigen darauf stark an, ohne in dem untersuchten Bereich wieder umzukehren oder einen Grenzwert zu erreichen. In Bild 36 ist für die verschieden verformten Proben a $\cdots$ f das Verhältnis $h/\sqrt{\mu_A}$ über der Anlaßtemperatur aufgetragen, und zwar für Temperaturen von 200 bis 800° C. Bei den darüberliegenden Temperaturen steigt h schneller als μ_A, so daß hier das Verhältnis $h/\sqrt{\mu_A}$ sehr ungünstig wird.

In den Kurven erkennt man eine deutliche Abhängigkeit der $h/\sqrt{\mu_A}$-Werte vom Verformungsgrad. Bei geringer Verformung enthält die Kurve zwei Minima. Das zweite Minimum liegt etwas höher als das erste und verschwindet bei höherem Walz-

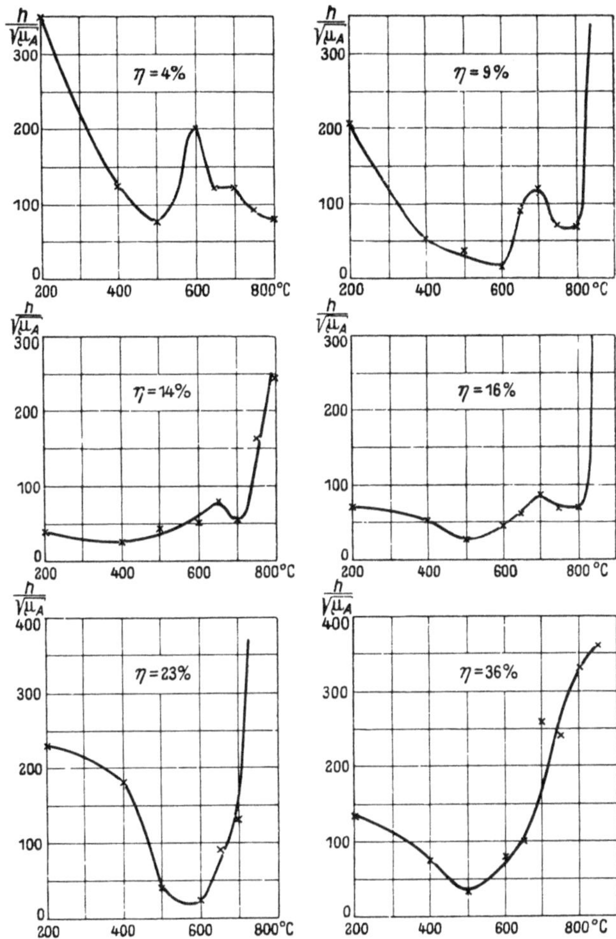

Bild 36. Hystereseverhältnis $h/\sqrt{\mu_A}$ über der Anlaßtemperatur bei verschiedenen Verformungsgraden.

grad. Bei $\eta = 23\%$ hat man nur noch ein Minimum; es liegt bei etwa $550°$ C und reicht verhältnismäßig tief herab. Da hierbei $\mu_A = 300\,\mu_0$ und $h = 400$ cm/kA beträgt, hat man also einen magnetisch wertvollen Zustand erreicht. Bei $\eta = 9\%$ wurde bei $600°$ C zwar noch ein günstigerer Punkt erhalten ($\mu_A = 290\,\mu_0$, $h = 290$ cm/kA). Dieser ist jedoch nicht so leicht zu reproduzieren, da sich das Minimum zwischen den Verformungsgraden von 4 und 14% stark verschiebt. Dagegen scheint das Minimum bei mehr als 23% Verformung stabiler zu liegen, und zwar bei $500 \cdots 550°$ C.

Aber nicht nur μ_A und h lassen sich verbessern, sondern auch die wichtige Größe ϱ, der spezifische elektrische Widerstand. Das einfachste Verfahren ist das Niederschlagen einer dritten Legierungskomponente während der elektrolytischen Herstellung des Ni-Fe-Bleches. Allerdings muß, wie früher schon erwähnt, von dieser Komponente verlangt werden, daß sie magnetisch günstig oder wenigstens nicht ungünstig wirkt und bei der Homogenisierungsglühung gut diffundiert.

Derartige Stoffe sind z. B. Mangan und Arsen. Beide lassen sich elektrolytisch niederschlagen. Abgesehen von der Schwierigkeit, gleichmäßige Niederschläge zu erhalten, war für die Manganbäder [*60, 61, 62, 63*] auch noch der Umstand nachteilig, daß sie eine sehr geringe Stromausbeute von nur 10 bis 20% lieferten. (Bei Fe- und Ni-Bädern kann mit einer Stromausbeute von nahezu 100% gerechnet werden.)

Statt dessen wurde daher die aussichtsreichere und auch technisch leicht durchführbare Abscheidung von Arsen [*17*] angewendet. Der Einfluß des As interessierte um so mehr, als sehr dünne As-Niederschläge auf dem Kathodenblech als Trennschicht zwischen Kathode und Niederschlag verwendbar sind, so daß die fertigen Bleche oder Bänder leicht von ihrer Unterlage gelöst werden können. Aus demselben Grund — nämlich weil es zwischen den Metallschichten trennend wirkt — kann As nur als äußerste Schicht des Bandes niedergeschlagen werden. Am zweckmäßigsten verwendet man es als unterste Trennschicht auf der Kathode.

Es wurden zweierlei Bleche hergestellt: mit 0,36 und mit $0,63\%$ As (lt. chemischer Analyse). Jede dieser Proben wurde in Meßstreifen $a \cdots g$ unterteilt und wie bei den vorhergehenden Versuchen bei verschiedener Temperatur im Wasserstoffstrom geglüht und langsam im Ofen abgekühlt. Dann wurden wieder μ_A und h ballistisch gemessen und der spezifische Widerstand ϱ durch eine Strom- und Spannungsmessung bestimmt.

Im Anfangszustand ist bei beiden Probereihen im Mittel $\varrho = 0,10\ \Omega\ \text{mm}^2/\text{m}$. Bei den verschiedenen Glühtemperaturen steigt der Widerstand verschieden schnell an und erreicht nach etwa 1 h Glühzeit Maximalwerte, die erstens durch Verlängerung der Glühzeit nur äußerst langsam weiter erhöht werden können und zweitens einen um so höheren „technischen Endwert" besitzen, je höher die angewandte Glühtemperatur gewesen ist (s. Bild 37 und 38). Die Glühkurve bei $500°$ C hat allerdings auch nach 200 min ihren Anstieg noch nicht beendet; der Widerstand hat sich in dieser Zeit nur etwa verdoppelt. Man muß also wie bei As-freiem Fe-Ni annehmen, daß bei dieser Temperatur die Diffusion nur in geringem Maße stattfindet. Man erkennt aus diesen Bildern außerdem, daß die höchsten Werte, die sich z. B. nach 200 min Glühzeit erzielen lassen, bei dem arsenreichen Blech höher liegen als bei dem arsenärmeren. Man erhält also in dem untersuchten Gebiet in Abhängigkeit vom As-Gehalt einen Widerstandsanstieg wie ihn Bild 40 zeigt. Zeichnet man die erzielten Widerstandswerte aus Bild 37 und 38 in Abhängigkeit von der Temperatur,

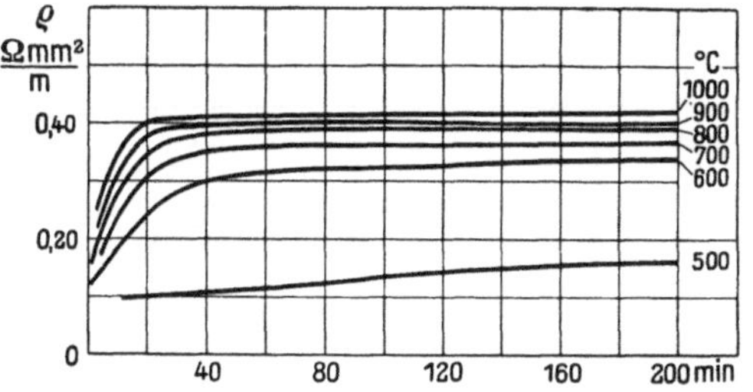

Bild 37. Widerstandskurven für eine Legierung mit 0,36% As. (Proben Nr. 39a · · · f.)

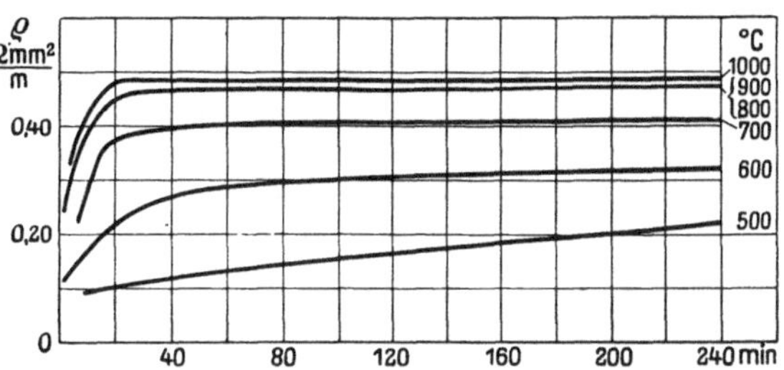

Bild 38. Widerstandskurven für eine Legierung mit 0,63% As. (Proben Nr. 43a · · · f.)

so sieht man (Bild 39), wie bei 400 · · · 450° C der Widerstand stark ansteigt, um nachher wieder umzubiegen und einem Grenzwert zuzustreben. Bei 1000° C ist dieser Sättigungswert nahezu erreicht.

In ähnlicher Weise wie die Widerstandskurve wurde auch die Permeabilitätskurve der geglühten Proben verfolgt. Die Kurven gleichen denen der reinen Fe-Ni-

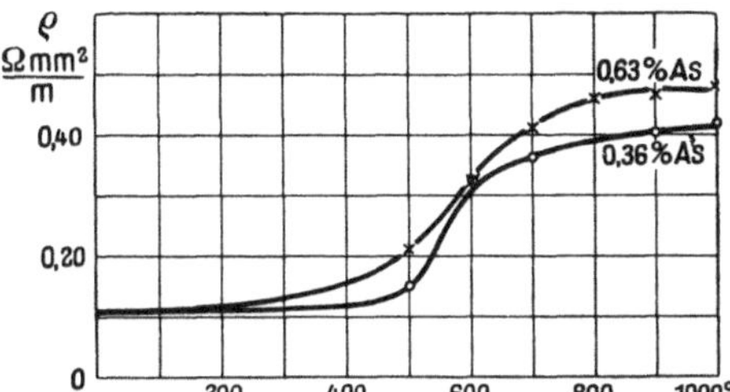

Bild 39. Spez. Widerstand in Abhängigkeit von der Glühtemperatur.

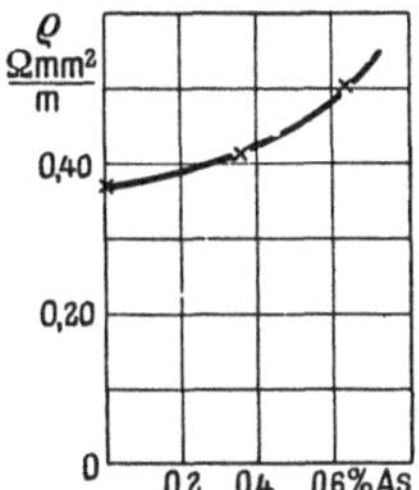

Bild 40. Spez. Widerstand in Abhängigkeit vom As-Gehalt.

Bleche (Bild 15), so daß sich eine ausführliche Wiedergabe erübrigt. Wesentlich — aber nicht überraschend — ist nur, daß die erzielten maximalen Anfangspermeabilitäten bei den arsenierten Proben niedriger liegen als bei den arsenfreien Blechen. Es seien die Endwerte der Anfangspermeabilität wiedergegeben, die bei den bei verschiedenen Temperaturen geglühten Proben nach 200 min Glühzeit erhalten wurden (Bild 41). Dieses Bild entspricht also dem Bild 16. Während dort jedoch selbst bei der 1100°-Glühung die Kurve ihren steilsten Anstieg nicht überschritten hat, fängt sie im vorliegenden Fall schon an, nach einem Grenzwert umzubiegen, der offenbar erst bei 1300 · · · 1400° C erreicht werden wird, und zwar um so früher erreicht werden wird, je höher der As-Gehalt ist. Ein Ver-

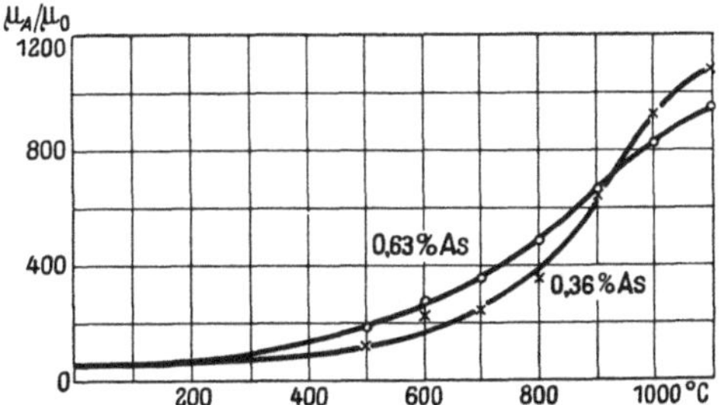

Bild 41. Anfangspermeabilität bei Proben mit 0,36 bzw. 0,63% As nach 200 min Glühzeit.

gleich von Bild 39 mit Bild 41 zeigt das überraschende Ergebnis, daß der Widerstand schneller seinen Höchstwert erreicht als die Permeabilität, daß also beide Vorgänge nicht Hand in Hand miteinander gehen, wie man doch annehmen müßte.

In ähnlicher Weise wie die Anfangspermeabilität steigt auch h mit zunehmender Glühzeit und Glühtemperatur. Die Hysteresebeiwerte nach 200 bzw. 300 min Glühzeit zeigt Zahlentafel 7:

Zahlentafel 7. Hysteresebeiwert arsenierter Fe-Ni-Proben.

Temperatur	h in cm/kA bei	
° C	0,36 % As	0,63 % As
800	2 900	2 500
900	4 500	4 200
1000	5 800	7 400
1100	10 500	11 900

Zahlentafel 8. Das Hystereseverhältnis $h/\sqrt{\mu_A}$ bei verschiedenen As-Gehalten in Abhängigkeit vom Diffusionszustand.

Temperatur	$h/\sqrt{\mu_A}$ in cm/(kA $\sqrt{\mu_0}$)		
° C	0% As	0,36 % As	0,63 % As
800	192	134	125
900	227	174	169
1000	250	220	236
1100	284	340	368

Größenordnungsgemäß zeigt sich zwischen den beiden Legierungen kein Unterschied. Man sieht jedoch, daß der Beiwert bei der höher arsenierten Probe anfangs niedriger ist und dann schneller ansteigt als bei der anderen Probe. Dies wird noch deutlicher, wenn wir wieder das Verhältnis $h/\sqrt{\mu_A}$ bilden und gleichzeitig die entsprechenden Werte aufzeichnen, die an arsenfreien Proben bei der entsprechenden Glühung erhalten wurden (Zahlentafel 8 und Bild 42).

Aus dem Bild 42 geht hervor, daß sich die Hysteresebeiwerte bei Glühtemperaturen unterhalb 1000° C durch Zulegieren von As zu dem reinen Fe-Ni-Blech verbessern lassen. Wird dagegen oberhalb 1000° C geglüht, so werden sie ungünstiger als bei As-freien Blechen. Doch bleibt auch hier immer noch der Vorteil des erhöhten spezifischen Widerstandes bestehen.

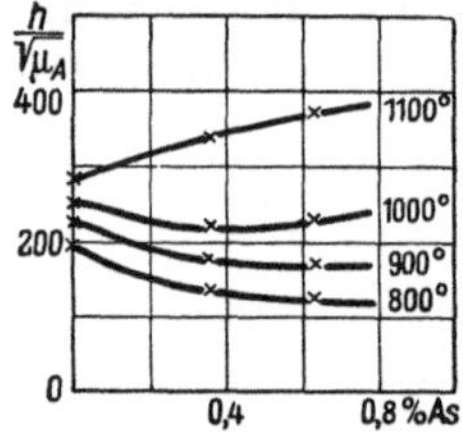

Bild 42. Hystereseverhältnis $h/\sqrt{\mu_A}$ bei verschiedenen Glühtemperaturen in Abhängigkeit vom As-Gehalt.

Die Verluste ferromagnetischer Werkstoffe werden nach H. Jordan [1] in drei Komponenten aufgeteilt, deren Proportionalitätsfaktoren mit $w =$ Wirbelstrombeiwert, $h =$ Hysteresebeiwert und $n =$ Nachwirkungsbeiwert bezeichnet werden. Für die Größe w sind die Probendicke, die Permeabilität und der spezifische Widerstand maßgebend; h, das mit dem Anstieg von μ zusammenhängt, haben wir bereits kennengelernt. Bleibt also noch n.

In der üblichen Weise wurden mit der Maxwell-Brücke die Verlustwiderstände für verschiedene Feldstärken und Frequenzen an einer Spule gemessen, die im Innern die bandförmige Meßprobe enthielt. Aus den erhaltenen Kurven lassen sich dann gleichzeitig w, h und n ermitteln [1]. Der Wirbelstrombeiwert kann auf anderem Wege nachgeprüft werden, da er aus der Anfangspermeabilität μ_A, der Blechdicke δ und dem spezifischen Widerstand ϱ nach der Gleichung [64]:

Zahlentafel 9. Die Nachwirkung n bei verschiedenem As-Gehalt bei homogenisierten Ni-Fe-Blechen.

As in %	n in ‰
0 ·	40
0,36	160
0,63	220

$$w = \frac{\pi^2}{3}\,\mu_A\,\frac{\delta^2}{\varrho} = 4{,}13\,\frac{(\delta/\text{mm})^2\,\mu_A}{\varrho/(\Omega\,\text{mm}^2/\text{m})\,\mu_0}\,\mu\text{s}$$

berechnet werden kann. Die berechneten Wirbelstrombeiwerte stimmen mit den gemessenen gut überein. Die Streuung der Werte war am geringsten bei den Proben, die bei hohen Temperaturen geglüht werden, so daß die verschiedenen Elemente gut ineinander diffundieren.

Die Messung arsenfreier und arsenierter Bleche ergab nun, daß n um so größer wird, je höher der As-Gehalt ist. In Zahlentafel 9 sind für Proben, die etwa 4 h bei 1100° C geglüht wurden, die Mittelwerte für n angegeben. Bei weniger vollkommener Diffusion (Glühung bei 500 ··· 1000° C) liegen die Werte zwar niedriger, aber immer noch höher als bei den arsenfreien Proben. Sie bestätigen also ebenfalls, daß zulegiertes As die Nachwirkung erhöht.

Bei der Arsenierung von Ni-Fe-Blechen der Zusammensetzung 50/50 hat man also stets den Vorteil erhöhten elektrischen Widerstandes. Bei nicht zu hoher Diffusionsglühung ist auch der Hysteresebeiwert günstiger, dagegen ist der Nachwirkungsbeiwert immer ungünstiger als bei As-freien Blechen.

Zusammenfassung.

Es wurden Bleche aus Fe und Ni hergestellt, indem etwa 0,003 mm dicke Schichten von Fe und Ni elektrolytisch so lange abwechselnd aufeinander niedergeschlagen wurden, bis die gewünschte Blechdicke erreicht war. Solche Bleche sind brüchig und hart und weisen keine technisch guten magnetischen Eigenschaften auf. Ihre Koerzitivkraft ist größer als man sie bei längsgeschichteten Blechen erwarten sollte. Man muß also auf starke „Verzahnung" der einzelnen Schichten schließen, was das mikroskopische Bild auch bestätigt.

Bei der Glühung der Bleche setzt die Diffusion schon bei niedrigen Temperaturen ein; sie vollzieht sich aber um so schneller, je höher die Glühtemperatur ist. Wird bei 1000° C geglüht, so ist der Legierungsvorgang im wesentlichen nach 20 min beendet, wie die Messung der Gitterkonstante zeigt. Auch die Koerzitivkraft H_c und der Widerstand ϱ haben nach dieser Zeit ihren Kleinst- bzw. Höchstwert erreicht. Die Anfangspermeabilität dagegen steigt noch weiter an und erreicht erst nach 2 h Glühzeit den für die benutzte Glühtemperatur erreichbaren „technischen Grenzwert". Da die Koerzitivkraft schon nach ganz kurzer Glühzeit stark abnimmt, können wir annehmen, daß zunächst die hohen Verspannungen des Gitters, wie sie bei Elektrolytmetallen vorhanden sind, verschwinden und unmittelbar danach die Diffusion einsetzt. Mit dieser Diffusion ist eine Rekristallisation verbunden. Da die ursprünglichen Spannungen außerordentlich hoch dispers vorhanden sind, geht die Rekristallisation von vielen Keimen aus, so daß das vollständig rekristallisierte und homogenisierte Blech ebenfalls sehr feinkörnig ist. Der Anstieg der Permeabilität nach einer Glühung bei 1000° C, die länger dauert als $^1/_2$ h, hängt vermutlich damit zusammen, daß dann Sammelkristallisation einsetzt, ebenso das noch weitere schwache Absinken der Koerzitivkraft. Hinzu kommt allerdings die reinigende Wirkung der Wasserstoffatmosphäre, in der geglüht wurde. Nach 50 h Glühung stellt man grobes Korn und eine sehr geringe Koerzitivkraft fest. Auf die Permeabilität ist dagegen eine Verlängerung der Glühzeit auf über 2 h ohne merklichen Einfluß.

Weiter wurde festgestellt, daß durch Walzverformung der homogenisierten Bleche und nachheriges Anlassen das technisch wichtige Verhältnis $h/\sqrt{\mu_A}$ wesentlich verbessert werden kann. Am günstigsten ist eine Kaltwalzung um 15 ··· 25 % und eine Anlaßtemperatur von etwa 550° C (bei 40 min Glühzeit). Durch Anlassen bei 1000° C wird μ_A um etwa 50 % gegenüber der nichtgewalzten, homogenisierten Probe erhöht.

Der Widerstand der Legierung läßt sich durch Zusatz von Arsen erhöhen, d. h. verbessern. Wendet man für die Homogenisierungsglühung keine zu hohe Glühtemperatur an, so erhält man niedrigere Hysteresebeiwerte h als bei der reinen

Fe-Ni-Legierung. Die Nachwirkungsbeiwerte n werden allerdings durch den As-Zusatz ungünstiger.

Aus der Untersuchung geht also hervor, daß man aus schichtigen Fe-Ni-Blechen, die elektrochemisch leicht herzustellen sind, durch Glühen bei der technisch ohne Schwierigkeiten erreichbaren Temperatur von 1000° C schon in verhältnismäßig kurzer Zeit (etwa 20 min) eine homogene Legierung erhält, die für magnetische Zwecke brauchbar ist. Dieses neue Verfahren, eine ferromagnetische Legierung herzustellen, wird um so wirtschaftlicher, je dünner das gewünschte Blech oder Band sein soll, da gerade in diesen Fällen das Herunterwalzen erschmolzener Legierungen sehr teuer wird. Wo man auf die Walzverformung wegen ihres günstigen Einflusses auf die Herabsetzung des Hysteresebeiwertes nicht verzichten will, genügt es, die homogenisierten Elektrolytbleche um etwa 25 % zu verformen, was bei dem weichen Material unschwer zu erreichen ist.

Schrifttum.

1. H. Jordan: Die ferromagnetischen Konstanten für schwache Wechselfelder. Elektr. Nachr.-Techn. **1** (1924) S. 7.

2. W. Wolman: Der Frequenzgang des Wirbelstromeinflusses bei Übertragerblechen Z. techn. Phys. **10** (1929) S. 597.

3. O. Dahl, F. Pawlek u. J. Pfaffenberger: Die magnetischen Eigenschaften elektrolytisch erzeugter Eisenbleche. Arch. Eisenhüttenw. **9** (1935) S. 103.

4. DRP. 666042 vom 6. 6. 1934: Verwendung von elektrolytisch abgeschiedenem kaltgewalzten Eisen oder Eisenlegierungen. (Siemens & Halske AG).

5. G. W. Elmen: Magnetic alloys of iron, nickel and cobalt. Electr. Engng. **54** (1935) S. 1292; 1295 ··· 97.

6. C. Chaston: Permalloy und ähnliche ferromagnetische Legierungen; ein Rückblick. Elektr. Nachr.-Wes. **15** (1936) S. 39.

7. T. D. Yensen: Magnetic and electric properties of iron-nickel alloys. Trans. Amer. Inst. electr. Engrs. **39** I (1920) S. 791.

8. A. Kussmann, B. Scharnow u. W. Steinhaus: Über das Permalloy-Problem. Heraeus Festschrift **1933**, Hanau: Albertis, S. 311 und 316.

9. O. Dahl: Zur Frage unterkühlbarer Zustandsänderungen in Eisen-Nickel-Legierungen. Z. Metallkde. **24** (1932) S. 107.

10. T. D. Yensen: Magnetism and magnetic materials the basis of the electrical industry. Electr. J. **27** (1930) S. 217.

11. T. D. Yensen: Magnetic properties of the fifty per cent iron-nickel alloy. J. Franklin Inst. **199** (1925) S. 335.

12. F. Foerster: Über die elektrolytische Abscheidung des Nickels aus den wässerigen Lösungen seines Sulfats oder Chlorides. Z. Elektrochem. **4** (1887) S. 160.

13. E. Stout u. J. Carol: Electrodeposition of iron-nickel alloys from cyanide solutions. Trans. electrochem. Soc. **58** (1930) S. 357—372.

14. E. Raub u. E. Walter: Galvanische Nickel-Eisen-Niederschläge. Mitt. d. Forsch.-Inst. u. Probieramt, Schwäb. Gmünd **9** (1935) S. 17.

15. F. Marschak, D. Stepanow u. C. Beljakowa: Zur Frage der elektrolytischen Abscheidung von Fe-Ni-Legierungen. Z. Elektrochem. **40** (1934) S. 341. S. dort auch weitere Literaturangaben.

16. H. Kersten u. Wm. T. Young: Improved method for electrodepositing alloys. Industr. Engng. Chem. **28** (1936) S. 1176; US.-Patent 1924439.

17. V. Engelhardt: Handbuch der techn. Elektrochemie Bd. 1, Tl. 3. Leipzig 1933, S. 367.

18. E. Raub u. E. Walter: Galvanische Niederschläge von Nickel-Eisen-Legierungen. Z. Elektrochem. **41** (1935) S. 139.

19. F. Hegg: Etude thermomagnétique sur les ferro-nickels. Arch. Sci. phys. nat. **30** (1910) S. 29.

20. A. Osawa: The relation between space-lattice constant and density of iron-nickel alloys. Sci. Rep. Tôhoku Univ. (1) **15** (1926) S. 392.

21. Landolt-Börnstein: Physikalisch-Chemische Tabellen II. Berlin (1923), S. 1047.

22. W. Köster: Über die Wirkung des Ausglühens auf Elektrolytnickel. Z. Metallkde. **31** (1939) S. 168.

23. W. Rädeker: Neuere Erfahrungen über die Eigenschaften und die Verarbeitungsmöglichkeiten plattierter Bleche. Z. Metallkde. **29** (1937) S. 4 u. 5.

24. G. Masing: Über die Bildung von Legierungen durch Druck und über die Reaktionsfähigkeit der Metalle im festen Zustande. Z. anorg. allg. Chem. **62** (1906) S. 304.

25. G. Bruni u. D. Meneghini: Bildung metallischer fester Lösungen durch Diffusion im festen Zustande. Int. Z. Metallogr. **2** (1912) S. 26—35.

26. S. Tanaka u. Ch. Matano: Studies on the diffusion of metals in the solide state. Mem. Coll. Sci. Kyoto A **14** (1931) S. 59. — W. Jost: Die Diffusionsgeschwindigkeit von Kupfer in Gold. Z. phys. Chem. Abt. B. **16** (1932) S. 123.

27. E. Gumlich: Die magnetischen Eigenschaften von ungleichmäßigem Werkstoff. Stahl u. Eisen **40** (1920) S. 1097—1105.

28. E. Gumlich: Die magnetischen Eigenschaften von ungleichmäßigem Material. Arch. Elektrotechn. **9** (1920) S. 153—166.

29. W. Deutschmann: Über Massekerne. Elektr. Nachr.-Techn. **9** (1932) S. 428/429.

30. J. Wallot: Einführung in die Theorie der Schwachstromtechnik. 2. Aufl. § 249.

31. W. Deutschmann: Über Massekerne. Elektr. Nachr.-Techn. **9** (1932) S. 427.

32. M. Kersten: Spulen mit Massekernen. ETZ **58** (1937) S. 1337.

33. G. Wassermann: Texturen metallischer Werkstoffe. Berlin: Julius Springer (1939), S. 175.

34. W. Six, J. L. Snoek u. W. S. Burgers: Een nieuw magnetisch materiaal voor de kernen van pupinspoelen. Ingenieur, Haag **49**, (1934) E 197.

35. H. Neumann: Messung der Koerzitivkraft H_c. Arch. techn. Messen (1939) V 957—1.

36. E. Gumlich, W. Steinhaus, A. Kussmann u. B. Scharnow: Über Materialien mit hoher Anfangspermeabilität. Elektr. Nachr.-Techn. **5** (1928) S. 90.

37. O. Dahl u. J. Pfaffenberger: Hysteresearme und stabile Werkstoffe für die Fernmeldetechnik (Isoperme). Z. techn. Phys. **15** (1934) S. 101.

38. B. Strauss, F. Stäblein u. H. H. Meyer: Magnetisch weiche Legierungen. Techn. Mitt. Krupp **2** (1934) S. 101.

39. E. Gumlich: Neuere Fortschritte in der Herstellung ferromagnetischer Stoffe. Z. techn. Phys. **6** (1925) S. 682.

40. M. M. Ballay: Les applications du nickel dans les industries électriques. Houille bl. **30** (1931) S. 170.

41. F. Duftschmidt, L. Schlecht u. W. Schubardt: Die technische Verarbeitung von pulverförmigem Carbonyleisen nach dem Sinterverfahren. Stahl u. Eisen **52** (1932) S. 849 geben ein $H_c = 0,037$ an.

42. M. Kersten: Über die physikalische Deutung der Magnetisierungsvorgänge in ferromagnetischen Werkstoffen. ETZ **60** (1939) S. 536.

43. A. J. Bradley, A. H. Jay u. A. Taylor: The lattice spacing of iron-nickel alloys. Phil. Mag. **23** (1937) S. 545.

44. E. A. Owen, E. L. Yates u. A. H. Sully: An X-ray investigation of pure iron-nickel alloys part 4: The variation of lattice parameter with composition. Proc. phys. Soc., Lond. **49** (1937) S. 307.

45. E. R. Jette u. Fr. Foote: X-ray study of iron-nickel alloys. Amer. Inst. of Mining and Mat. Engineers Techn. Public. (1936) Nr. 670.

46. Atomgewichte 1940: Z. Elektrochem. **46** (1940) S. 326.

47. R. Glocker u. E. Kaupp: Über die Faserstruktur elektrolytischer Metallniederschläge. Z. Phys. **24** (1924) S. 137.

48. R. M. Bozorth: Orientation of crystals in metal films. Phys. Rev. **26** (1925) S. 398.

49. G. L. Clark u. P. K. Frölich: Die kathodische Abscheidung von Metallen II. X-Strahlenuntersuchung am Elektrolytnickel. Z. Elektrochem. **31** (1925) S. 657.

50. W. G. Burgers u. W. Elenbaas: Zonenartige Struktur elektrolytisch hergestellter Nickelschichten. Naturwiss. **21** (1933) S. 465.

51. G. J. Finch, A. G. Quarrel u. H. Wilman: Electron diffraction and surface structure. Trans. Faraday Soc. **31** (2) (1935) S. 1076 und Bild 67.

52. W. Elenbaas: Magnetische Eigenschaften dünner Metallschichten. Z. Phys. **76** (1932) S. 829.

53. W. Six, J. L. Snoek u. W. G. Burgers: Een nieuw magnetisch materiaal voor de kernen van pupinspoelen. Ingenieur, Haag **49** (1934) S. E. 199.

54. K. J. Sixtus: Magnetic anisotropy in silicon steel. Physics **6** (1935) S. 111.

55. L. P. Tarasow: Quantitative measurements of texture by the magnetic torque method. J. appl. Phys. **9** (1938) S. 192.

56. H. G. Müller: Eine Dauermagnetlegierung mit anisotropen magnetischen Eigenschaften. Z. Elektrochem. **45** (1939) S. 677.

57. V. Kohlschütter u. E. Vuilleumier: Über Kathodenvorgänge bei der Metallabscheidung. Z. Elektrochem. **24** (1918) S. 300 $\cdots$ 321.

58. H. G. Müller: Über die Erholung und Rekristallisation von kaltbearbeitetem Nickel. Z. Metallkde. **31** (1939) S. 164.

59. O. Dahl u. J. Pfaffenberger: Hysteresearme und stabile Werkstoffe für die Fernmelde-technik (Isoperme). Z. techn. Phys. **15** (1934) S. 104.

60. H. H. Oaks u. W. E. Bradt: The electrodeposition of manganese from aqueous solutions I. Chloride electrolytes. Trans. electrochem. Soc. **69** (1936) S. 567.

61. W. E. Bradt u. H. H. Oaks: The electrodeposition of manganese from aqueous solutions II. Sulfate electrolytes. Trans. electrochem. Soc. **71** (1937) S. 279, 285.

62. C. G. Fink u. M. Kolodney: Electrodeposition of manganese using insoluble anodes. Trans. electrochem. Soc. **71**, (1937) S. 287.

63. W. E. Bradt u. L. R. Taylor: The electrodeposition of manganese from aqueous solutions III. A survey of several electrolytes. Trans. electrochem. Soc. **73** (1938) S. 328.

64. M. Kornetzki u. A. Weis: Die Wirbelstromverluste im Massekern. Wiss. Veröff. Siemens-Werken **XV** (1936) S. 101.

Außer diesen im Text angeführten Literaturstellen wurden noch die folgenden benutzt:

65. R. Becker: Die technische Magnetisierungskurve. Leipziger Vorträge 1933.

66. H. Geiger u. K. Scheel: Handbuch der Physik. Bd. 15. Berlin 1927.

67. R. Glocker: Materialprüfung mit Röntgenstrahlen. Berlin 1936.

68. Gmelins Handbuch der anorganischen Chemie. System Nr. 59. Eisen, Teil D. Berlin 1936.

69. E. Gumlich: Magnetische Messungen. Braunschweig 1918.

70. W. Jost: Diffusion und chemische Reaktion in festen Stoffen. Dresden-Leipzig 1937.

71. W. S. Messkin u. A. Kussmann: Die ferromagnetischen Legierungen und ihre gewerbliche Verwendung. Berlin 1932.

72. P. Benvenuti: Leghe di ferro e nichel deposite elettroliticamente. Atti dell Istituto Veneto **76** P. 2 (1916/17) S. 453.

73. R. M. Bozorth: Determination of ferromagnetic anisotropy in single cristals and in poly-crystalline sheets. Phys. Rev. **50** (1936) S. 1076.

74. R. M. Bozorth: The present status of ferromagnetic theory. Bell Syst. techn. J. **15** (1936) S. 63.

75. K. K. Darrow: Contemporary advances in physics. The theory of magnetism. Bell. Syst. techn. J. **15** (1936) S. 224.

76. K. R. Dixit: Magnetische Eigenschaften dünner aufgedampfter Eisenschichten. Phys. Z. **39** (1938) S. 580.

77. S. Glasstone u. T. E. Symes: The electro-deposition of iron-nickel alloys. Trans. Faraday Soc. **23** (1927) S. 213; **24** (1928) S. 370.

78. M. P. Jacquet: Sur la structure des dépôts électrolytiques. C. R. Acad. Sci., Paris **204** (1937) S. 670.

79. W. Kaufmann u. W. Meier: Magnetische Eigenschaften elektrolytischer Eisenschichten. Phys. Z. **12** (1911) S. 513.

80. J. Kramer: Über die Struktur dünner Metallschichten. Z. Phys. **106** (1937) S. 692.

81. R. Kremann, C. Th. Suchy u. R. Maas: Zur elektrolytischen Abscheidung von Legierungen und deren metallographische und mechanische Untersuchung. Mh. Chem. **34** (1913) S. 1757.

82. F. W. Küster: Über die gleichzeitige Abscheidung von Eisen und Nickel aus den gemischten Lösungen der Sulfate. Z. Elektrochem. **7** (1901) S. 688.

83. W. Seith u. E. A. Peretti: Diffusion in festen Metallen und deren Beziehungen zu anderen Eigenschaften. Z. Elektrochem. **42** (1936) S. 570.

84. H. W. Toepffer: Über galvanische Ausfällung von Legierungen des Eisens und verwandter Metalle. Z. Elektrochem. **6** (1899) S. 242.

Über die Anwendungsmöglichkeit der Kapillarkondensation in Adsorptions-Kältemaschinen[1].

Von **Ernst Sprengel.**

Mit 16 Bildern.

Mitteilung aus dem Elektromotorenwerk der Siemens-Schuckertwerke AG zu Siemensstadt.

Eingegangen am 6. Januar 1941.

Inhaltsübersicht.

1. Einleitung, Aufgabenstellung, Definitionen.

Die rechnerische Untersuchung der **Absorptions**kältemaschine bietet keine prinzipiellen Schwierigkeiten mehr. Systeme dieser Art haben ihre technische Bedeutung für bestimmte Gebiete, ihr Vorteil liegt vor allem in der Möglichkeit, im Bedarfsfall Wärme unmittelbar nutzbar zu machen zur Kälteleistung ohne den Umweg über die mechanische Energie (Abwärmenutzung, Gaskühlschrank) [1][2]. Für die Bestimmung der wichtigsten thermischen Daten sind elegante Verfahren an Hand des $\log p, \frac{1}{T}$-Diagramms bekannt [2, 3, 4].

Im Gegensatz hierzu ist die rechnerische Behandlung der **Adsorptions-Kälte**maschine noch nicht so weit vereinfacht.

Vielleicht ist das teilweise in der geringeren technischen Bedeutung dieser Systeme begründet [1]. Der Hauptgrund dürfte jedoch darin liegen, daß unter die in der Kältetechnik übliche Bezeichnung „Adsorption" verschiedene Bindungsarten „gasförmig an fest" zu rechnen sind. Man versteht nämlich im kältetechnischen Sprachgebrauch unter „Adsorption" alle Bindungsarten von Gasen und Dämpfen an feste

---

[1] **D 90.** Abhandlung zur Erlangung der Doktorwürde, eingereicht bei der Technischen Hochschule Karlsruhe.

[2] Die eingeklammerten schrägen Zahlen beziehen sich auf das Schrifttum am Schluß der Arbeit.

Stoffe außer der stöchiometrischen Bindung, die unter „Absorption" gerechnet wird (Beispiel für stöchiometrische Bindung: NH_3 an $CaCl_2$).

Nachstehend soll der Versuch unternommen werden, wenigstens für einen Teil der möglichen Bindungsarten „gasförmig an fest", und zwar für die „Kapillarkondensation", die Zusammenhänge so zu formulieren, daß eine einfache Berechnung der thermischen Daten der Adsorptions-Kältemaschine möglich wird.

In seiner bekannten Monographie bezeichnet E. Hückel [5] als zur Adsorption gehörend nur solche Bindungsarten, bei denen „lediglich eine Verdichtung des Dampfes oder Gases in der Nähe der Oberfläche des festen Körpers stattfindet, ohne daß Lösung oder chemische Reaktion und ohne daß Kapillaritätswirkungen mit ins Spiel treten". Eine Aufnahme von Gas oder Dampf durch feste Körper, bei der die Verhältnisse noch nicht geklärt sind, oder wo sich mehrere Bindungen überlagern, wird von E. Hückel als „Sorption" bezeichnet. Diese Festlegung wird nachstehend beibehalten mit der Maßgabe, daß die stöchiometrische Bindung ausgeschlossen sein soll. Damit deckt sich dieser Begriff mit dem kältetechnisch bisher üblichen Begriff der Adsorption.

Das „Sorbens" ist der feste Körper, der beladen wird. Unter „Sorptiv" ist der von dem Sorbens aufgenommene Dampf zu verstehen.

2. Einteilung der Sorption.

Die Gesetze, nach denen diese Sorption von Gas oder Dampf durch feste Körper erfolgt, sind verschieden nach dem Typus der Komponenten. Eine Übersicht gewinnt man aus den bekannten Monographien, z. B. E. Hückel [5], O. Blüh und N. Stark [6], A. Eucken und E. Jaquet [7], S. W. Mc Bain [8] und anderen [9]. Eine allseitig anerkannte, das ganze Gebiet überspannende Theorie gibt es noch nicht. Für die hier vorliegende Aufgabe engt sich der Kreis ein: Kältetechnisch bedeutsam sind nur solche Bindungen, bei denen eine gewichtsmäßig bedeutende Menge des Sorptivs vom Sorbens aufgenommen wird. Diese Einschränkung ergibt sich aus der technischen Aufgabenstellung: Die vielfach im direkten Wettbewerb stehende stöchiometrische Bindung gestattet schon bei dem technisch verbreiteten Stoffpaar $CaCl_2$—NH_3 die Aufnahme von 8 Mol Absorptiv im Absorbens, damit wird die mögliche Grenze nicht erreicht [1].

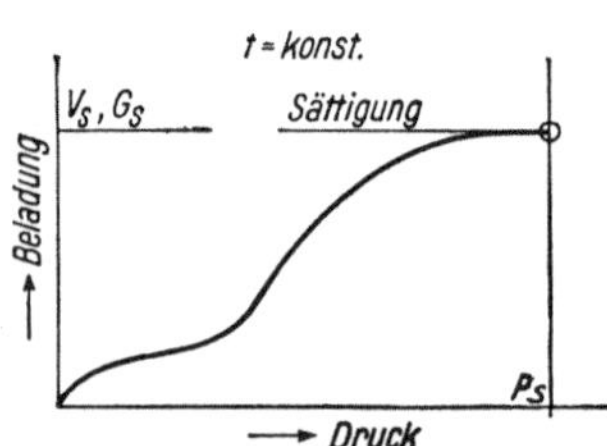

Bild 1. Beispiel einer Sorptionsisotherme.

Die bis heute bekannten Sorbentien für größere Mengen sind poröse Körper mit großer innerer Oberfläche und ausgedehnten Hohlräumen, nämlich aktive Kohle, Silika-Gel, Chabasit, Aluminiumoxydgel und ähnliche Stoffe [8 u. 9]. Derartige poröse Stoffe haben nach der Theorie von R. Zsigmondy die Fähigkeit der Kapillarkondensation [10, 12]. (Über die Einschränkungen durch Porengröße siehe später.) Die Erscheinung als solche wird wohl nicht mehr bestritten, jedoch gehen die Meinungen vor allem über den Bereich weit auseinander [5, 6, 13]. Zur sofortigen Erläuterung des Begriffs sei eine Beladungsisotherme betrachtet (siehe Bild 1).

Bei einer beliebigen Temperatur enthält das Sorbens keine Beladung, wenn es gelungen ist, den Druck der Gesamtatmosphäre auf $P = 0$ zu bringen. Dieser Zustand, oder wenigstens eine gute Annäherung, kann durch langdauernd aufgezwungenes Hochvakuum erreicht sein.

Das Sorbens werde nun bei konstanter Temperatur schrittweise einer Atmosphäre des Sorptivs ausgesetzt, wobei der Druck von Stufe zu Stufe gesteigert wird. Dabei tritt jedesmal ein „Gleichgewicht" ein, d. h. die Sorption hört auf und der Druck ändert sich nicht mehr. (Es sei noch darauf hingewiesen, daß die Aufrechterhaltung der konstanten Temperatur während jeder Sorption nur im Gedankenexperiment möglich ist, da die entstehende Sorptionswärme abzuführen ist.) Das Eintreten des Gleichgewichts ist dadurch gekennzeichnet, daß das Sorbens eine konstante Temperatur angenommen hat.

Führt man einen solchen Versuch mit verschiedenen Gleichgewichtsdrucken durch, so erhält man eine Reihe von zusammengehörigen Werten von Druck und Beladung, deren Verbindungslinie die Sorptionsisotherme darstellt (z. B. Bild 1). Diese Isotherme ist natürlich verschieden nach Art der benutzten Stoffe.

Besitzt der feste Körper Kapillaren, so wird nach der Theorie von R. Zsigmondy ein Teil des Sorptivs in den Kapillaren unter bestimmten Voraussetzungen verflüssigt. Die Verflüssigung tritt auf der Sorptionsisotherme bei einem bestimmten Druck ein und bleibt bei allen höheren Drucken bestehen.

Statt des absoluten Druckes rechnet man vielfach übersichtlicher mit dem Druckverhältnis. Man versteht darunter das Verhältnis des Sättigungsdruckes zu dem bei einem bestimmten Gleichgewicht bestehenden Druck. Der Sättigungsdruck ist der höchstmögliche Druck bei der betreffenden Temperatur, wie er der Siedelinie des Sorptivs entspricht.

Es ist ersichtlich, daß auch bei den porösen Körpern, die Kapillarkondensation zeigen, bei großen Druckverhältnissen noch mindestens eine andere Art der Sorption bestehen muß. Über die Lage des „Grenzdruckverhältnisses" wird später einiges ausgeführt. Hier soll nur vermerkt werden, daß das „Grenzdruckverhältnis" der Kapillarkondensation denjenigen Wert des Druckverhältnisses für ein Stoffpaar bezeichnen soll, bei dem die Kapillarkondensation auf der Sorptionsisotherme beginnt.

Die von uns benutzte Theorie von R. Zsigmondy wird von vielen Forschern nur für die Sorption von Dämpfen in Silika-Gel anerkannt [14, 15, 16]. Lange Zeit hindurch hat es Forscher gegeben, die sie überhaupt ablehnen wollten, ohne jedoch die Erscheinungen bei der Beladung von Silika-Gel in anderer Weise erklären zu können [15]. Hierzu geben die Kompendien [5] und [6] einen guten Überblick. Für die kältetechnische Verwendung ist jedenfalls gerade die Theorie der Kapillarkondensation besonders geeignet, wie nachstehend ausgeführt wird. Auf die Schwierigkeit der Entscheidung, ob eine Kapillarkondensation eintritt oder nicht, wird später noch eingegangen.

3. Die Porengleichung.

Auf der Oberfläche eines Flüssigkeitstropfens besteht ein anderer Dampfdruck als über einer ebenen Fläche, die als Tropfen mit unendlichem Radius angesehen werden kann. Der Einfluß des Tropfendurchmessers auf den Dampfdruck wurde erstmalig 1871 durch W. Thomson [17] angegeben, die Beziehung wurde von H. v. Helmholtz [18] modifiziert. Die meist verwendete Form kann durch einen Kreisprozeß thermodynamisch exakt abgeleitet werden und ist im Rahmen ihrer Voraussetzungen unbestritten. Die gelungene Anwendung dieser Beziehung auf das Drucktemperaturgleichgewicht bei der Sorption brachten die berühmten Versuche der Schule Zsigmondy an Silika-Gel [13, 19]. Hierbei wird die zunächst für den Tropfen, also den konvexen Meniskus, geltende Beziehung sinngemäß auf den konkaven Meniskus angewendet, wie er sich bei dem Aufsteigen einer benetzenden Flüssigkeit in einer Kapillare ergibt. Die Gleichung lautet in der von J. S. Anderson angegebenen Form [19]

$$r = \frac{2 \cdot \sigma \cdot \varrho_D}{p_s \, \varrho' \cdot \ln \frac{p_s}{p}} \, . \tag{1}$$

Setzt man die Gültigkeit der Zustandsgleichung idealer Gase voraus, so läßt sich die Beziehung offenbar auch so schreiben:

$$\ln \frac{p_s}{p} = \frac{2 \cdot M \cdot \sigma}{r \cdot \varrho' \cdot T \cdot R} = \frac{2 \cdot M \cdot \sigma}{D/2 \cdot \varrho' \cdot T \cdot R} \, . \tag{1a}$$

In Gl. (1) und (1a) bedeuten:

M Molmasse (g).
$r = D/2$ Krümmungsradius des Meniskus (cm).
R Die allgemeine Gaskonstante (erg/grd).
p_s Sättigungsdruck über der freien Oberfläche, entsprechend der Siedelinie des Sorptivs (dyn/cm²).
p Gleichgewichtsdruck über dem Meniskus in der Kapillare (dyn/cm²).
σ Oberflächenspannung (dyn/cm).
ϱ' Dichte der Flüssigkeit (g/cm³).
ϱ_D Dichte des Dampfes (g/cm³).

Die Benutzung des cgs-Systems ist wegen des bequemen Anschlusses an das Schrifttum zu empfehlen.

Man macht zahlenmäßig keinen Fehler, wenn man für ϱ_D/ϱ' den Quotienten $\frac{1/v}{\gamma'}$ einführt, worin $1/v$ die Wichte des Dampfes in g/cm³ und γ' die Wichte der Flüssigkeit (g/cm³) ist.

J. S. Anderson wies nach, daß die Gl. (1) auch für nicht ideale Gase gültig ist, wenn man den wahren Wert von $P_s \cdot v$ einsetzt. Die praktische Anwendung der Gleichung wird jedoch durch die Form (1a) so stark erleichtert, daß nachstehend nur mit Gl. (1a) weitergerechnet werden soll. Man überzeugt sich bald davon, daß die hiermit verbundene Ungenauigkeit gegenüber anderen Unsicherheitsfaktoren ganz zurücktritt. Die Gl. (1a) soll als „Porengleichung" bezeichnet werden, weil sie zur Bestimmung von Porenweiten verwendet wird. Die im Schrifttum benutzten Bezeichnungen sind nicht einheitlich, meist findet man (wohl mit Recht) die Bezeichnung „Helmholtzsche Gleichung", gelegentlich auch „Gleichung von Minkowski" [20].

4. Anwendungen der Gleichung und Einschränkungen.

Die Nachprüfung der Beziehung (1a) durch Versuch, bei dem die Poren noch meßbare Durchmesser haben, ist meines Wissens nur einmal unternommen worden [24]. Es ergab sich keine Übereinstimmung. Jedoch handelte es sich hier um Kondensation aus einer Lösung, daher sind die Verhältnisse etwas unübersichtlich. Eine Kontrolle dieser Versuche war im Schrifttum nicht auffindbar. Die glänzenden Anwendungen der Beziehung liegen im Bereich weit unterhalb der mikroskopischen Sichtbarkeit der Poren. Das klassische Beispiel sind die Arbeiten der Schule Zsigmondys, besonders die Messungen von J. S. Anderson [19]. Die quantitative Auswertung müßte eine Vorausberechnung der Sorptionsgleichgewichte für irgendeinen Dampf gestatten. Jedoch sind die hier auftretenden Schwierigkeiten keineswegs überwunden. Dafür bestehen folgende Gründe:

1. Wie bereits erwähnt, müssen sich mindestens im Bereich sehr kleiner Drucke neben der Kapillarkondensation andere Bindungen bemerkbar machen. Auch die weitestgehende Anwendung kann nicht darüber hinweghelfen, daß man in Bereiche des Druckverhältnisses kommen muß, bei denen sich nach der Porengleichung nur noch sehr wenige Moleküle in den errechneten Durchmessern unterbringen lassen.

2. Der nach Gl. (1a) errechnete Radius ist mit dem wirklichen Radius der Pore selbst bei ideal-kreisförmigen Querschnitten nicht identisch, sobald es sich um die Krümmung einer nicht voll benetzenden Flüssigkeit handelt. Aus diesem Grunde kann ein Korrekturfaktor unter Umständen gerechtfertigt werden.

3. Gerade das theoretisch und praktisch wichtigste Gebiet der kleinen Porendurchmesser (unter 2 mμ.) bringt die Schwierigkeit, daß ein Teil der Beladung als Film an der Wand der Kapillare haften muß. Die Stärke dieses Films muß um so mehr ins Gewicht fallen, je enger die Kapillare ist. Hierfür macht z. B. R. Zsigmondy [21] den einfachen Ansatz:

$$\frac{D'}{2} = \frac{D}{2} + \varepsilon,$$

d. h. zu dem durch Versuch bestimmten Krümmungsradius $D/2$ wird die Stärke der adsorbierten Schicht ε addiert, um den wahren Kapillarradius $D'/2$ zu erhalten.

Die unter 2 angegebene Einschränkung hat dazu geführt, daß meist zur Bestimmung der Porenweite die Sorption von Benzol verwendet wird. Benzol benetzt vollständig. Dies dürfte auch der Grund dafür gewesen sein, daß E. Wicke [22] ebenfalls Benzol benutzt hat zur Bestimmung der Porenweite. Die Einschränkung unter 1. besteht aber auch bei der Sorption von Benzol und dürfte Veranlassung gewesen sein für E. Wickes Bemerkung, daß man keine bessere Möglichkeit zur Bestimmung der Struktur von aktiven Stoffen besitzt.

5. Das einfachste Beladungsfeld und die Sorptions-Kältemaschine.

Aus den hier angegebenen Gründen ist zunächst ein Beladungsfeld nur für ein fiktives Sorbens möglich. Man kann mit der Porengleichung ein Diagramm entwickeln, das sich an die in der Technik der flüssig-gasförmigen Absorptionsmaschinen üblichen Lösungsfelder anschließt. Damit wird für den zunächst hypothetischen Fall die Berechnung möglich.

Gegeben sei ein poröser Körper, dessen Poren sämtlich zylindrisch sind und den gleichen Durchmesser haben. Der Körper könnte, wenn das technisch möglich wäre, durch Bohren vieler Löcher in einen kompakten Block entstanden sein. Es muß nun zunächst weiter angenommen werden, daß die Moleküle des Dampfes sich nicht durch Adsorption im eigentlichen Sinne, d. h. Bildung einer mono- oder polymolekularen Schicht an der Oberfläche verdichten. Dies bedeutet, daß die Moleküle des Dampfes nur van der Waalsschen Kräften der benachbarten Dampfmoleküle unterliegen. (Offenbar ist der Fehler dieser Annahme umso größer, je kleiner die Porenweite ist.) Damit sind also die chemischen und sonstigen spezifischen Eigenschaften des festen Körpers außer Betrachtung. Nun findet in den Poren des Körpers eine Kondensation statt bei konkavem Meniskus. Der Druck, bei dem diese Kondensation eintritt, ist durch die Dampfeigenschaften einerseits

und die Porenweite andererseits nach der vorstehend mitgeteilten Gl. (1) bzw. (1a)
gegeben.

Man formt den Ausdruck Gl. (1a) zweckmäßig so um, daß diese Abhängigkeit
klar hervortritt. Dieses Verfahren wurde durch P. Kubelka erstmalig angewendet [23]. (Über Kubelkas zu weit gehende Schlüsse s. S. 153).

Somit ergibt sich:

$$\log \frac{p_s}{p} = K_t \cdot \frac{1}{D} \, . \tag{2}$$

Hierin soll D den Durchmesser der Pore bedeuten. Durch Vergleich mit Gl. (1a)
ergibt sich für K_t

$$K_t = C_1 \cdot \frac{M \cdot \sigma}{\gamma' \cdot T} \, , \tag{3}$$

K_t soll kurz Porenkonstante heißen.

C_1 ist eine allgemeine Konstante, die für alle Dämpfe und Temperaturen gültig
bleibt. Für die Rechnung führt man zweckmäßig D unmittelbar in mμ ein,
1 mμ $= 10^{-7}$ cm. Nach dieser Festlegung ergibt sich für C_1 der Zahlenwert 0,209
(P. Kubelka bestimmte seine Konstante, indem er die absolute Temperatur
$T = 293°$ K mit einbezog [23]. Darin liegt eine für die vorliegende Aufgabe un-
zweckmäßige Spezialisierung. Natürlich ergeben sich zahlenmäßig dieselben Werte.)
Der Index t bei K_t soll ausdrücklich darauf hinweisen, daß es sich um eine reine
Temperaturfunktion handelt. Die „Porenkonstante" ist also konstant nur für den-
selben Dampf bei derselben Temperatur, d. h. auf der Sorptionsisotherme.

Unter Anwendung der Beziehung Gl. (2) soll nun das einfachste mögliche „Beladungsfeld" gezeichnet werden. (Der Ausdruck „Beladungsfeld" soll die Analogie
zum Lösungsfeld ausdrücken.) Der obenerwähnte fiktive Körper besitzt nur den
Porendurchmesser D. Außerdem hat er ein bestimmtes Porenvolum. Der in
je 1 g des festen Körpers befindliche Porenraum V soll als „spezifisches Porenvolum" bezeichnet werden. Bei Berührung des Hohlkörpers mit einer Atmosphäre,
deren Druck schrittweise wächst, erfolgt die Kondensation plötzlich bei dem nach
Gl. (2) bestimmten Druck p. Der entsprechende Isothermenverlauf ist in Bild 2

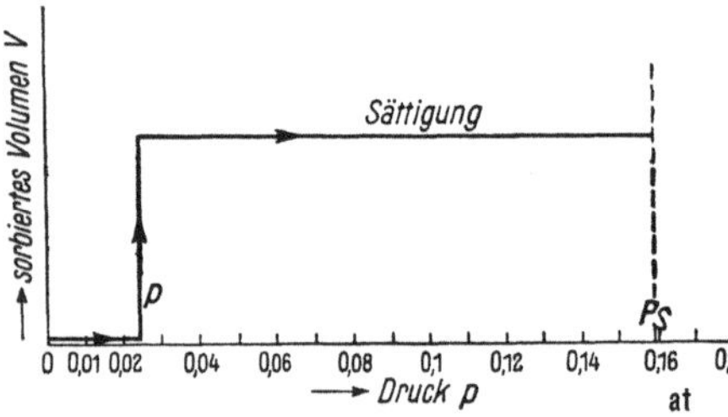

Bild 2. Die 30° C-Isotherme des Benzols bei Kapillarkondensation im fik-
tiven porösen Körper mit $D = 2,06$ mμ.

dargestellt. In diesem Beispiel wurde zur Fixie-
rung der Begriffe die Kondensation von Benzol bei $t = 30°$ C in einem porösen Körper mit
$D = 2,06$ mμ vorausgesetzt. (Dieser Zahlenwert
ist ein ganzzahliges Vielfaches des Moleküldurchmessers von Benzol, s. hierzu S. 142.)

Hat man für den betreffenden Dampf, z. B.
Benzol, den Wert von K_t zahlenmäßig für verschiedene Isothermen bestimmt, so ist das allgemeinere Diagramm Bild 3 zu zeichnen. Aus
diesem Diagramm kann die Isotherme Bild 2 als
Sonderfall entnommen werden. Die Sorption verläuft in der Richtung der eingezeichneten Pfeile. Es können auch andere Isothermen des Benzols für die gegebene
Porenweite entnommen werden. Ferner sieht man, ob bei vorgegebenen Werten
von Druck und Temperatur die Poren gefüllt oder leer sind. Dabei ist zu beachten,
daß diese Angaben sich auf das Gleichgewicht beziehen.

Über das Verhältnis des gesamten Hohlraums zum Volum oder Gewicht des
festen Körpers sagt das Diagramm noch nichts. Dies hat immerhin den Vorteil,

daß man von den Eigenschaften des festen Körpers unabhängig bleibt. Setzt man nun für das „spezifische Porenvolum" V einen Wert fest, so wird die $D = $ konst.-Linie eine Isotherme. (Eine Isotherme ist eine Linie gleicher Beladung.)

Das Diagramm Bild 3 stellt die Vorgänge in einer einfachsten Adsorptionsmaschine dar. Die Isostere entspricht den Zuständen des Sorbens, die Siedelinie den damit im Gleichgewicht befindlichen Zuständen des Sorptivs.

Für die Adsorptionsmaschine ist T_0 die Verdampfertemperatur, T_1 die Temperatur von Verflüssiger und Adsorber, T_2 die Temperatur des Austreibers.

Das Arbeitsverfahren der theoretischen Maschine entspricht dem der Absorptionsmaschine mit unendlich großem Lösungsumlauf. Das im Austreiber bei T_2 ausgetriebene Kältemittel kondensiert bei demselben Druck im Verflüssiger bei T_1 und expandiert verlustlos in dem Verdampfer (Schnittpunkt der Siedelinie mit der Linie der Verdampfertemperatur T_0). Das verdampfte

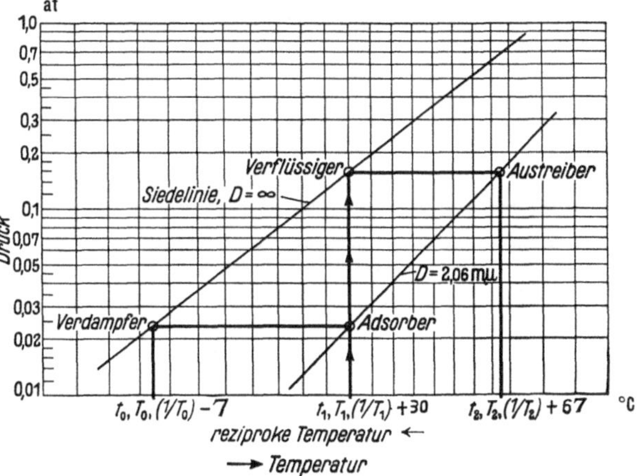

Bild 3. $\log p$, $1/T$-Diagramm der einfachsten Adsorptions-Kältemaschine mit Kapillarkondensation.

Kältemittel wird im Adsorber aufgenommen. Dann wiederholt sich das Spiel, nachdem bei dem praktisch unvermeidlichen periodischen Betrieb der Adsorber durch Aufheizen längs der Linie $D = $ konst. zum Austreiber geworden ist.

Für diese hypothetische Maschine ermöglicht das Diagramm die bequeme Bestimmung der Austreiberwärme und der Adsorberwärme, die durch die Neigung der Isostere gegeben sind. Damit ist auch die Bestimmung des Wärmeverhältnisses in einfacher Weise möglich. Das Wärmeverhältnis gibt grundsätzlich die theoretisch erreichbare Wirtschaftlichkeit an:

$$\zeta = \frac{Q_0}{Q_2} = \frac{1/T_1 - 1/T_2}{1/T_0 - 1/T_1} \quad \text{(Ableitung s. [3] u. [4]).} \tag{4}$$

6. Ein Hilfsdiagramm.

Stellt man nun solche Beladungsfelder für verschiedene Verhältnisse, z. B. verschiedene Porendurchmesser usw., auf, so zeigt sich, warum bis jetzt im Schrifttum stets lange Tabellen zur Auswertung von Versuchsergebnissen abgedruckt werden: Die Rechenarbeit ist sehr lästig, und die Rechnung ist sehr unübersichtlich. Die Zahlentafeln 1 und 2 enthalten die Rechnung schrittweise für die $D = $ konst.-Linie des Benzols. Hierbei geht man so vor, daß man zunächst die Werte der Porenkonstante nach Gl. (3) abhängig von der Temperatur bestimmt (Zahlentafel 1). Dann setzt man einige Werte der Porenweite ein und rechnet mit Gl. (7) die Zahlenwerte Zahlentafel 2 aus. Es wird dabei zweckmäßig der Ansatz $D = n \cdot \delta$ benutzt, wobei D der Porendurchmesser, δ der Moleküldurchmesser des Benzols und n die Anzahl der Moleküle im Meniskusmeridian ist. Die Zweckmäßigkeit dieses Ansatzes wird später erörtert.

Zahlentafel 1. Zahlenmäßige Rechnung des Benzol-Beladungsfeldes.

1. Porenkonstante K_t, berechnet nach Gl. (3).

t (°C)	−10	+10	+20	+45	+70
T (°K)	263	283	293	318	343
$1/T \cdot 10^3$	3,802	3,534	3,413	3,145	2,915
σ (dyn/cm)	(32,7)	29,2	28,9	25,6	22,5
σ/T	(0,128)	0,103	0,0986	0,0805	0,0655
γ' (g/cm³)	0,889	0,884	0,879	0,852	0,825
K_t	2,07	1,91	1,830	1,541	1,297
p_s (Atm.)	0,0205	0,060	0,100	0,295	0,721
p_s (at)	0,0212	0,062	0,1033	0,305	0,745

Zahlentafel 2.

2. Einzelwerte des Drucks für Benzol mit $\delta = 0,412$.

t (°C)	−10	+10	+20	+45	+70	
$n = 5$	1,005	0,926	0,893	0,751	0,629	$\log p_s/p$
$D = 2,06$	10,1	8,4	7,8	5,64	4,25	p_s/p
	0,00203	0,00714	0,0128	0,0524	0,1695	p (Atm.)
	0,00210	0,00736	0,0132	0,0540	0,1750	p (at $=$ kg/cm²)
$n = 7$	0,718	0,661	0,637	0,536	0,449	$\log p_s/p$
$D = 2,884$	5,21	4,57	4,33	3,43	2,81	p_s/p
	0,00393	0,0132	0,0231	0,0859	0,256	p (Atm.)
	0,00406	0,0135	0,0239	0,0886	0,267	p (at $=$ kg/cm²)
$n = 10$	0,503	0,463	0,446	0,3755	0,315	$\log p_s/p$
$D = 4,12$	3,18	2,90	2,79	2,37	2,06	p_s/p
	0,00644	0,0207	0,0358	0,1245	0,350	p (Atm.)
	0,00665	0,0214	0,0370	0,1227	0,362	p (at $=$ kg/cm²)
$n = 20$	0,2515	0,242	0,223	0,188	0,1576	$\log p_s/p$
$D = 8,24$	1,78	1,74	1,67	1,54	1,434	p_s/p
	0,0105	0,345	0,0599	0,192	0,501	p (Atm.)
	0,01085	0,356	0,0618	0,198	0,518	p (at $=$ kg/cm²)

Um diese trotz der Einführung der Porenkonstante noch immer sehr umständliche Rechenarbeit abzukürzen, wird nun ein Hilfsdiagramm eingeführt. Man stellt die Gl. (2) graphisch als Schar von Geraden dar (Bild 4). Über $1/D$ als Abszisse

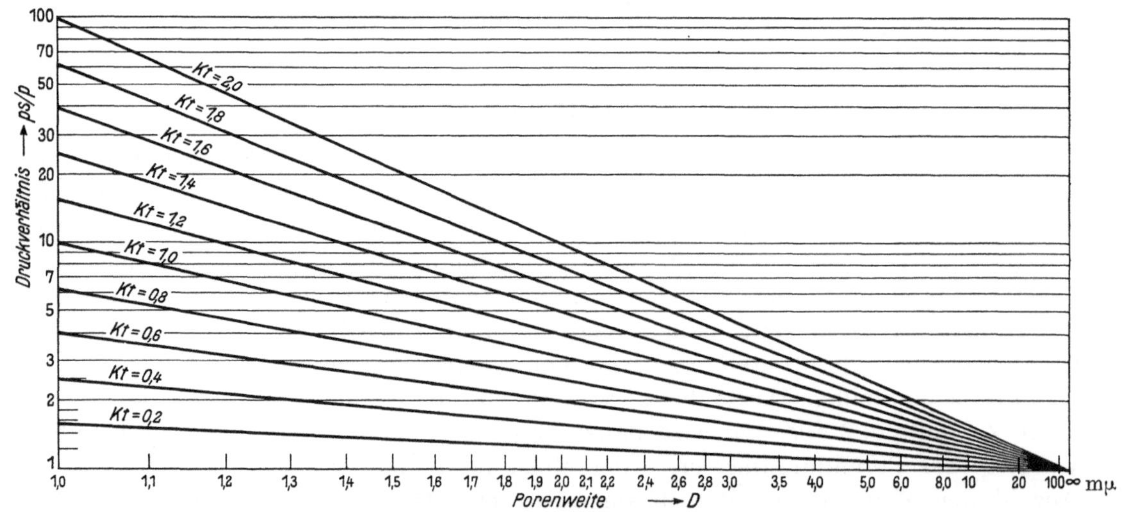

Bild 4. Hilfsdiagramm: $\log p_s/p = f (1/D, K_t)$.

wird $\log P_s/P$ als Ordinate aufgetragen mit K_t als Parameter. Dadurch wird die Rechenarbeit bei allen möglichen Fällen auf die Bestimmung des Zahlenwertes der Porenkonstante reduziert.

Gibt man nun für die Bestimmung des Beladungsfeldes die Porenweite vor, so kann man für jeden Dampf das Beladungsfeld zeichnen. Das Hilfsdiagramm gilt für alle Dämpfe.

7. Beladungsfelder mit D als Parameter.

Unter Anwendung dieses Hilfsdiagramms kann man das einfachste Beladungs-feld Bild 3 verallgemeinern, indem man D als Parameter benutzt. In den Bil-dern 5a $\cdots$ c sind einige derartige Beladungsfelder dargestellt. Auch in diesen Be-laadungsfeldern ist noch keinerlei Voraus-setzung über den Zusammenhang zwi-schen dem Porenvolum V und der Poren-weite D enthalten. Die Einführung die-ses Zusammenhanges bedeutet die Spe-zialisierung auf einen bestimmten festen Stoff. Wenn in einem festen Stoff reine Kapillarkondensation auftritt, so gibt das Beladungsfeld die Möglichkeit, den Zusammenhang zwischen allen Größen für den Gleichgewichtsfall zu übersehen. Dabei ist zu beachten, daß die $D=$konst.-Linien gleichzeitig auch $V=$ konst.-Linien sind, sobald eine Gesetzmäßigkeit $V=f(D)$ eingeführt ist.

In Zahlentafel 3 sind einige Zahlen-werte der Porenkonstanten für verschie-

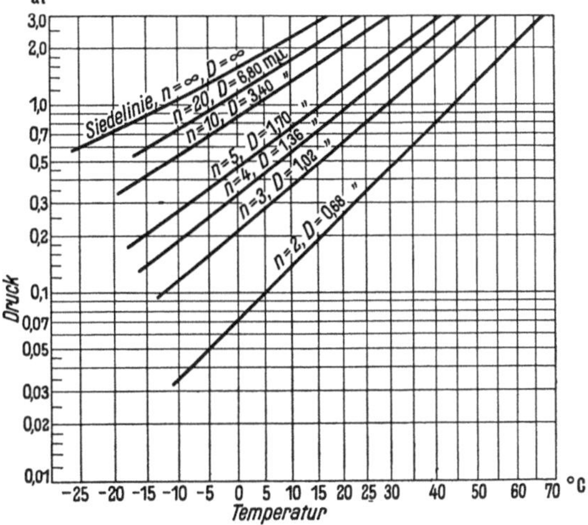

Bild 5. a) SO_2-Beladungsfeld der Kapillarkon-densation.

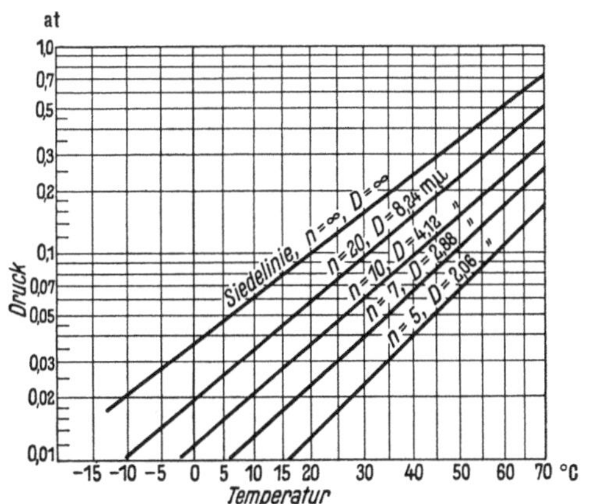

b) C_6H_6-Beladungsfeld der Kapillarkondensation.

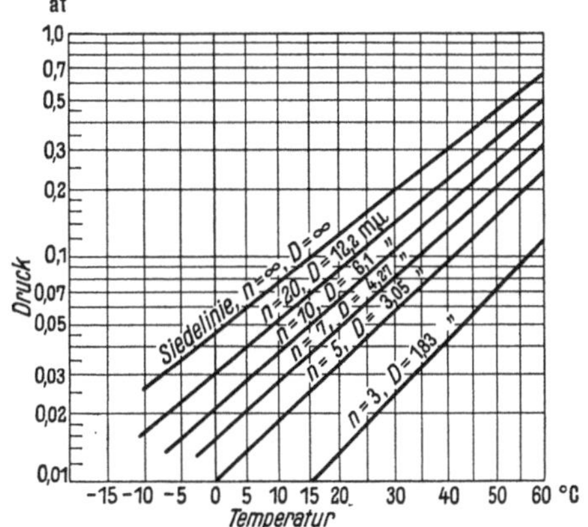

c) CCl_4-Beladungsfeld der Kapillarkondensation.

dene Stoffe aufgeführt, die nach dem Schema der Zahlentafel 1 berechnet wurden. Mit diesen Zahlen kann man an Hand des Diagramms Bild 4 Beladungsfelder aufstellen.

Bei der Berechnung dieser Zahlen ist der Wert für die Oberflächenspannung σ, soweit möglich, den „Wärmetechnischen Richtwerten" [38] entnommen. Im allgemeinen müssen die Werte für die Oberflächenspannung aus dem Schrifttum zusammengesucht werden. Eine Reihe von Zahlen enthalten die Arbeiten von F. M. Jaeger und W. Sugden [25, 26], wo auch Werte für die Dichten der Flüssigkeiten auffindbar sind.

Zahlentafel 3. Porenkonstanten.

Stoff	Temperatur (° C)					
	−10	0	+10	+20	+30	+70
SO_2	1,001	0,913	—	0,755	0,679	0,607
C_6H_6	(2,07)	—	1,91	1,84	1,72	1,61
					(+70)	1,297
CS_2	1,63	1,52	1,428	1,34	1,25	1,17
$CHCl_3$	—	1,76	1,658	1,54	1,43	1,335
CH_3NH_2 . . .	0,782	0,722	0,655	0,614	0,561	0,511
CCl_4	—	2,05	1,906	1,788	1,67	1,57
$HCONH_2$ . .	—	1,77	1,69	1,615	1,55	1,49
PCl_3	—	1,91	1,80	1,69	1,59	1,51
$(C_2H_5)_2O$ . .	—	—	—	1,27	—	—
CH_2Cl_2 . . .	—	—	—	1,20	—	—
$HCOOCH_3$ . .	—	—	—	1,10	—	—
$CH_3 \cdot COO \cdot CH_3$	—	—	—	1,20	—	—

Der Vollständigkeit halber sei noch darauf hingewiesen, daß natürlich für die Oberflächenspannung der gegen die Dampfatmosphäre des betreffenden Stoffes gemessene Wert zu setzen ist. Jedoch ist die Abweichung gegenüber dem gegen Luft oder Stickstoff gemessenen Wert für technische Genauigkeit unerheblich, zumal die Vernachlässigung, die durch die Zustandsgleichung idealer Gase entsteht, in der ganzen Rechnung enthalten ist.

8. Abhängigkeit der Porenkonstante von der Temperatur und dem Druckverhältnis, Einfluß des Moleküldurchmessers.

Es war bisher angenommen, daß die Porenkonstante bei konstanter Temperatur für verschiedene Drucke denselben Wert behält. Demnach müssen Oberflächenspannung und Flüssigkeitswichte reine Temperaturfunktionen sein. Für den gesamten technischen Bereich kann man das bei der Flüssigkeitswichte mit genügender Genauigkeit voraussetzen. Bei sehr hohen Drucken und in der Nähe des kritischen Punktes werden die Annahmen jedoch hinfällig, gerade hier trifft aber wegen der Beschränkung auf Anwendbarkeit der idealen Zustandsgleichung die Porengleichung sowieso nicht mehr zu.

Jedoch bleibt es fraglich, ob die Voraussetzung auch dann richtig bleibt, wenn im Meniskus nur noch wenige Moleküle enthalten sind. (Die Einschränkung durch den Einfluß der Wandkräfte ist schon früher erwähnt worden; es wird später versucht, durch den Begriff der Überlagerung zweier Bindungen hier weiter zu kommen.) Man muß sich nun vergegenwärtigen, daß gerade für die Kältetechnik die Überbrückung möglichst großer Temperaturdifferenzen erwünscht ist, was automatisch große Druckverhältnisse und enge Poren bedeutet. Die in den Bildern 5a · · · c dargestellten Beladungsfelder wurden unter Annahme folgender Werte für den Moleküldurchmesser gezeichnet:

Gas	SO_2 mμ	C_6H_6 mμ	CCl_4 mμ
Moleküldmr. δ	0,34	0,412	0,61

Es muß schon hier darauf hingewiesen werden, daß die Werte für δ immer etwas unsicher sind, weil man mit verschiedenen Rechenverfahren etwas abweichende Werte für δ erhält.

Ein Blick auf diese Beladungsfelder zeigt, daß große Temperaturdifferenzen erst bei kleinen Molekülzahlen erreicht werden. Dabei bleibt immer zu beachten, daß das Diagramm den Idealfall, d. h. die jeweils größtmögliche Überbrückung anzeigt.

Ganz allgemein ist zur Änderung von Wichte und Oberflächenspannung fest-zustellen, daß noch niemand eine Änderung dieser Größen bei kleinen Werten von n bewiesen hat. Vielmehr muß mit gutem Recht aus den Ergebnissen der Filmforschung der Schluß gezogen werden, daß diese Werte auch bei geringer Anzahl von Mole-külen im Meniskus erhalten bleiben. Hier sei nur an den klassischen Bericht von H. Devaux [27] erinnert. Das wichtigste Ergebnis bei den Untersuchungen an Filmen auf Flüssigkeiten war die Übereinstimmung der aus der Häutchenausdehnung bestimmten Molekülabmessungen mit den aus anderen Methoden bekannten Werten, woraus der Schluß gezogen werden mußte, daß die Dichte eines „flüssigen" Häut-chens unveränderlich bleibt, auch wenn das Häutchen nur noch die Stärke eines einzigen Moleküls besitzt. Der Analogieschluß zu den Verhältnissen bei reiner Kapillarkondensation ist mindestens naheliegend. Gegen die Änderung der Ober-flächenspannung spricht sich auch G. Bakker [28, 29] aus, der thermodynamisch den Nachweis erbrachte, daß bei einer bestimmten Temperatur die Oberflächen-spannung von der Krümmung der Kapillarschicht unabhängig ist. Allerdings ist hierbei immer der flüssige Zustand vorausgesetzt; außerhalb des flüssigen Zustandes, z. B. beim Übergang auf Filme, die adsorbiert sind und keine freie Beweglichkeit mehr besitzen, werden derartige Folgerungen hinfällig. Die Frage, bis zu welcher Porenweite herab sich der flüssige Zustand erstrecken kann, ist nur schwer zu be-antworten. Z. B. ist nach der Ansicht von M. Polanyi [14, 15] sogar dem mehr-fach molekularen Film bei Erreichung einer bestimmten Dichte (also im Sinne der hier verwendeten Terminologie: Beladung) noch der flüssige Zustand zuzusprechen. Jedenfalls bleibt gerade diese Frage zunächst offen.

Einen erheblichen Fortschritt zur Klärung der Grenze der Anwendbarkeit der Porengleichung brachten die schönen Arbeiten von D. Radulescu [30, 33]. Das für die hier vorliegende Aufgabenstellung wichtigste Ergebnis war die experimen-telle Bestimmung einer Unstetigkeit in der Sorptionsisotherme, die auf diskontinuier-lichen Menisken bei entweder 5 (unterste Grenze) oder 6 Molekülen im Meniskus beruhte. Demnach ist bei einem Porendurchmesser, der $n = 5$ entspricht, noch Kapillarkondensation aufgetreten.

Diese Ergebnisse sind der Grund dafür, daß für die vorstehend entwickelten Be-ladungsfelder als Parameter die Molekülzahl n gewählt wurde. Der Zusammenhang mit dem Durchmesser D besteht in der bereits erwähnten Beziehung:

$$D = n \cdot \delta. \tag{5}$$

Leider ist es keineswegs einfach, den richtigen Wert des Moleküldurchmessers an-zugeben. D. Radulescu [30] will sein Verfahren der Bestimmung von Druck-unterschieden bei der Sorption als so genau betrachten, daß sogar die Bestimmung des Moleküldurchmessers auf 3 Stellen gelingt. Tatsächlich ist der in seiner Arbeit ermittelte Wert von δ für Benzol der wahrscheinlichste auch nach anderen Meß-methoden.

Da nun leider dieser Zahlenwert meistens nur mangelhaft bekannt ist, so empfiehlt es sich im allgemeinen, mit den Porendurchmessern zu rechnen. Andererseits ermöglicht die Einführung des Moleküldurchmessers für einige Beziehungen eine starke Vereinfachung, wie noch gezeigt werden wird. — An sich müßte, falls sich die Wichte der Flüssigkeit gegenüber der freien Flüssigkeit nicht ändert, aus der Wichte unter Zugrundelegung der Vorstellung des Kugelhaufwerks [34] der Durchmesser bestimmt werden können nach folgender Gleichung:

$$\delta = 0{,}133 \cdot \sqrt[3]{M \cdot \frac{1}{\gamma'}} = 0{,}133 \cdot \sqrt[3]{M \cdot v'}. \qquad \text{nach } [34] \qquad (6)$$

Darin ist für v' das spezifische Volum der freien Flüssigkeit in cm³/g einzusetzen. Die Anwendung dieser Beziehung wird durch ein sehr einfaches Diagramm (Bild 6) weitgehend vereinfacht. Zur Bestimmung des wahren Wertes von δ müßte man eigentlich das Volum am absoluten Nullpunkt [34] einsetzen. Aber darauf kommt es hier nicht an, weil für die Flüssigkeit dieselbe Wichte wie bei der freien Flüssigkeit am wahrscheinlichsten ist. Man kann sich auch leicht davon überzeugen, daß wegen des Exponenten 1/3 diese Abweichung den Wert von δ wenig beeinflußt. Wollte man vom Nullpunktsvolum ausgehen, so würde dies die Annahme bedeuten, daß durch Kapillarkondensation eine Verdichtung der Moleküle auf kleinstmöglichen Raum eintritt.

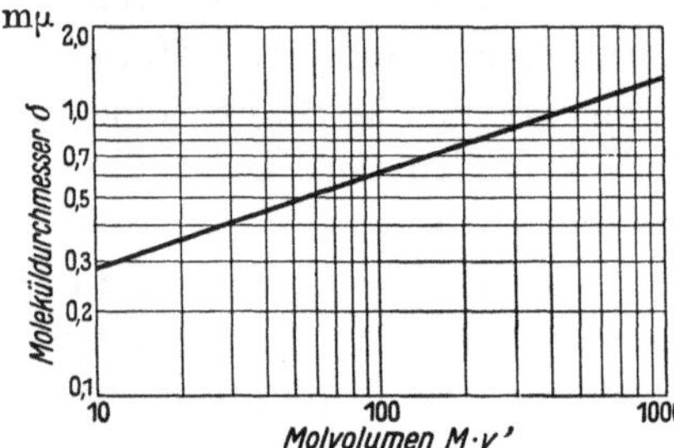

Bild 6. Molvolumen und Moleküldurchmesser.

Es wäre nun noch zu klären, ob der Einfluß der Temperatur auf die Porenkonstante vielleicht eine Vereinfachung zuläßt. Hierzu könnte man den Ausdruck σ/T isolieren und die Temperaturfunktion darstellen. W. Sugden [26] untersuchte die Änderung von σ mit der Temperatur und bildete aus der van der Waalsschen Beziehung den Ausdruck:

$$\sigma = \sigma_0 \left(1 - \frac{T}{T_K}\right)^{\frac{6}{5}}. \qquad (7)$$

Führt man dies ein, so bekommt man zwei neue Stoffkonstanten, die Rechnung wird dadurch an dieser Stelle nicht erleichtert.

9. Kältetechnische Folgerungen; Sorptionswärme, Temperaturdifferenz, Zusammenhänge dieser Größen.

I. Die Diagramme ermöglichen, wie bereits am Beispiel des einfachsten Diagramms ausgeführt, einen guten Überblick über die mit einem bestimmten Porendurchmesser erreichbare Temperaturdifferenz, ferner auch über die dabei abzuführenden Wärmemengen, wie nachstehend noch gezeigt wird. Der Prozeß einer Adsorptionsmaschine kann auch in das allgemeinere Beladungsfeld mit D als Parameter eingezeichnet werden. Es bestehen noch einige Zusammenhänge. — Zunächst ist zu klären, ob der dem Augenschein nach fast geradlinige Verlauf der $D = \text{konst.}$-Linien (in Bild 5a ··· c) notwendig oder zufällig ist. Hierzu wird Gl. (2) etwas umgeformt:

$$\log p = \log p_s - K_t \cdot \frac{1}{D}. \qquad (8)$$

Setzt man nun für $\log p_s$ mit der bekannten Annäherung ein:

$$\log p_s = A_1 - \frac{B_1}{T}\,, \tag{9}$$

und drückt K_t nach Gl. (3) aus, so kann $1/T$ ausgeklammert werden und man erhält:

$$\log p = A_1 - \frac{1}{T}\left(B_1 + C_1 \cdot \frac{M \cdot \sigma}{\gamma'} \cdot \frac{1}{D}\right). \tag{10}$$

Der Faktor von $1/T$ ist nur schwach mit der Temperatur veränderlich, sofern man nicht durch Annäherung an den kritischen Punkt in den Bereich stark anwachsender Flüssigkeitsvolume gerät. Damit ist jedenfalls für alle Bereiche bis zur Nähe der kritischen Temperatur nachgewiesen, daß die $D = $ konst.-Linien nur schwach von der Geraden abweichen. Aus den bereits erwähnten Gründen [Gültigkeit der Zustandsgleichung idealer Gase, Gl. (1a)] ist das Diagramm in der Nähe des kritischen Punktes nicht zu benutzen.

Die Wärmetönung L kann aus der Clausius-Clapeyronschen Gleichung unter Zuhilfenahme der Zustandsgleichung idealer Gase in bekannter Weise bestimmt werden:

$$L = A \cdot R \cdot \frac{d \log p}{d\,\frac{1}{T}} \cdot 2{,}303\,. \tag{11}$$

In Gl. (10) zeigt der Faktor $B_1 + C_1 \cdot \dfrac{M \cdot \sigma}{\gamma'} \cdot \dfrac{1}{D}$ den Einfluß des fallenden Porendurchmessers auf die Neigung der Isostere, die hier als Differentialquotient eingeführt wird. Mit wachsendem D nähert sich die Neigung der Neigung der Siedelinie an, die auch hier als Spezialfall mit dem Durchmesser „unendlich" aufzufassen ist.

II. Es war bereits darauf hingewiesen, daß nur mit kleinem n größere Temperaturdifferenzen erreichbar sind. Daher muß prinzipiell geklärt werden, ob es vielleicht einen Stoff geben kann, der als Kältemittel die Überbrückung einer größeren Temperaturdifferenz ermöglicht als etwa die in Bild 5a $\cdots$ c benutzten Dämpfe. Aus der Porengleichung wird eine allgemeine Beziehung dafür folgendermaßen abgeleitet: Die Siedelinie Gl. (19) ergibt für die Steigung zwischen T und T_s den Ausdruck:

$$B_1 = \frac{\log \dfrac{p_s}{p}}{\left(\dfrac{1}{T} - \dfrac{1}{T_s}\right)}\,. \tag{12}$$

Darin bedeuten also p_s und T_s die Werte von Druck und Temperatur der reinen Flüssigkeit und p ist der Druck über dem Meniskus, dem auf der Siedelinie des reinen Kältemittels die tiefere Temperatur T entspricht. Der Wert $\varDelta\left(\dfrac{1}{T}\right) = \left(\dfrac{1}{T} - \dfrac{1}{T_s}\right)$ kann durch die Temperaturdifferenz $\varDelta T$ und die Temperatur T, bei der die Sorption stattfindet, substituiert werden:

$$\varDelta T = \varDelta t = T^2 \cdot \frac{\varDelta\,\frac{1}{T}}{1 + T \cdot \varDelta\,\frac{1}{T}} \tag{13}$$

oder

$$\varDelta t = T^2 \cdot \frac{1}{T + \dfrac{1}{\varDelta\,\frac{1}{T}}}\,. \tag{14}$$

10*

Nun setzt man in Gl. (13) für $\Delta 1/T$ aus Gl. (12) ein und substituiert für den Logarithmus des Druckverhältnisses mit der Porengleichung [Gl. (2)]; dann ergibt sich:

$$\Delta t = \frac{T^2}{T + B_1 \cdot \dfrac{D}{K_t}} \, . \tag{15}$$

Damit ist eine Beziehung gegeben, die bei gegebener Temperatur des Sorbens T aus den Eigenschaften des Kältemittels (ausgedrückt durch K_t) und der Porenweite D die maximal erreichbare Temperaturdifferenz berechnen läßt. Das Ergebnis ist noch nicht befriedigend, weil die Eigenschaften des Kältemittels in zwei unübersichtlichen Werten erfaßt werden. Man kann den Ausdruck verändern durch Einführung des Begriffs der molekularen Oberflächenenergie:

$$\omega = \sigma \cdot (M \cdot v)^{2/3} . \tag{16}$$

Ferner kann nach Gl. (6) der Moleküldurchmesser eingeführt werden, der der dritten Wurzel des Molvolums proportional ist, und für D kann ebenfalls nach Gl. (5) der Moleküldurchmesser substituiert werden. Ferner kann man den ganzen Bruch durch T dividieren. Somit kommt schließlich heraus:

$$\Delta t = \frac{T}{1 + \dfrac{B_1 \cdot n}{C_3 \cdot \omega}} \, . \tag{17}$$

Darin ist:

B_1 Neigung der Siedelinie $= d\log P/d(1/T)$.
n Anzahl der Moleküle im Meniskus.
ω Molekulare Oberflächenenergie.
C_3 gleich C_1/C_2 [s. Gl. (3) und (6)] $= 1{,}57$.

Diese Beziehung ist nützlich, weil sie einen übersichtlichen Ausdruck aller wesentlichen Größen darstellt. Durch Umformung gewinnt man die Möglichkeit zur Aufstellung eines einfachen Diagramms:

$$\frac{1}{\Delta t} = \frac{1}{T} + \frac{1}{C_3 \cdot T} \cdot n \cdot \frac{B_1}{\omega} \, . \tag{18}$$

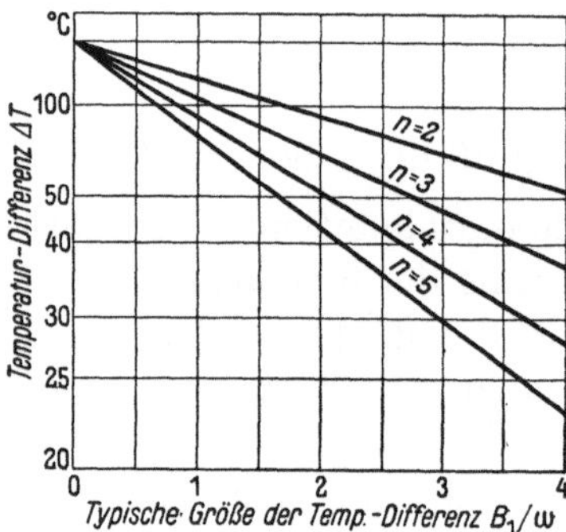

Bild 7. Abhängigkeit der größten erreichbaren Temperaturdifferenz vom Quotienten B_1/ω.

Hiernach ist $1/\Delta t$ linear von der für ein Kältemittel typischen Größe B_1/ω abhängig, sofern man von einer bestimmten Sorptionstemperatur ausgeht, also z. B. von einer für luftgekühlte Systeme üblichen Temperatur $T = 313^\circ$ K. Die Molekülzahl n dient als Parameter. Bild 7 zeigt das Diagramm.

Zahlentafel 4. B_1/ω-Werte einiger Kältemittel.

Stoff	B_1	ω	B_1/ω	Temperatur °C	
CH_2Cl_2 . . .	1578	420	3,75	20	
$HCOOCH_3$.	1542	390	3,96	20	
CCl_4	1782	538	3,21	20	
$CHCl_3$ . . .	1498	457	3,28	20	
$C_2H_5NH_2$ . .	1485	327	4,53	10	(Nähe des
CO_2	(866)	(8,61)	—	25	kritischen
CH_3Cl . . .	1147	247,5	4,64	20	Punktes)
CH_3OH . . .	2020	263	7,68	20	
SO_2	1291	294	4,39	20	
C_6H_6	1782	582	3,07	20	
H_2O	2318	495	4,68	20	

B_1 ist unter Annahme geradlinigen Verlaufs der Siedelinie im $\log P$, $1/T$-Diagramm zwischen den Werten für $-10°$ und $+40°$ C bzw. $0°$ und $+30°$ C bestimmt. Die Werte sind für ω, soweit möglich, den „wärmetechnischen Richtwerten" entnommen [38], sonst aus dem „Landolt-Börnstein". Gerade die Stoffe mit hohen Werten der molekularen Oberflächenenergie weisen auch eine stärkere Neigung der Siedelinie, ausgedrückt durch B_1, auf. Der innere Grund dafür liegt in dem Zusammenhang zwischen molekularer Oberflächenenergie und Verdampfungswärme. [B_1 ist nach Gl. (11) auch ein Maß für die Verdampfungswärme.] J. Eggerth [31] erwähnt, daß die Beziehung zwischen ω und der reduzierten Temperatur T/T_k, worin T_k die kritische Temperatur, nach der Regel von Eötvös analog für die Verdampfungswärme gelten müsse, aber noch nicht geprüft sei.

Daß in der Konstanten B_1 willkürlich Briggssche Logarithmen auftreten, ist nicht verwunderlich, weil die Konstante C_3 [nach Gl. (3) und (6)] ebenfalls Briggssche Logarithmen enthält. Bei natürlichen Logarithmen würde sich der Modul herausheben. Die Rechnung ist jedenfalls so am bequemsten.

Nach der hier entwickelten Abhängigkeit der Temperaturdifferenzen kann der folgende Satz ausgesprochen werden:

Ausschlaggebend für die Anwendung der Kapillarkondensation in der Adsorptionskältemaschine ist die Frage, bei welcher kleinsten Molekülzahl die Grenze der Kapillarkondensation liegt.

Zahlentafel 5 zeigt für einige Kältemittel die erreichbare Temperaturdifferenz, ermittelt nach Bild 7 und Zahlentafel 4.

Zahlentafel 5.

Stoff	B_1/ω	$\varDelta t$ (°C) für $n=5$	$\varDelta t$ (°C) für $n=3$
CH_2Cl_2 . . .	3,75	24	38
CCl_4	3,21	28	43
$C_2H_5NH_2$ . .	4,53	20,5	33
CH_3Cl . . .	4,64	20	32
SO_2	4,39	22	34
C_6H_6	3,07	29	46

III. Durch Kombinieren der unter I und II entwickelten Beziehungen kann man zu einem Ausdruck für die Abhängigkeit der Sorptionswärme von der überbrückten Temperaturdifferenz, d. h. Verdampfer- und Adsorbertemperatur, gelangen. Zunächst gilt Gl. (10) in einer etwas anderen Form:

$$\log p = A_1' - \frac{1}{T}\left(B_1 + T \cdot K_t \cdot \frac{1}{D}\right). \tag{10a}$$

Ferner gilt Gl. (16).

Bildet man nun das Verhältnis der Kapillarkondensationswärme zur Verdampfungswärme bei gleicher Temperatur, d. h. für $D =$ unendlich, so ergibt sich, wenn L die Sorptionswärme bezeichnet:

$$\frac{L}{r} = \frac{A \cdot R \cdot 2{,}303 \left(\dfrac{d \log p}{d (1/T)}\right)_{D=\text{const}}}{A \cdot R \cdot 2{,}303 \left(\dfrac{d \log p}{d (1/T)}\right)_{D=\infty}}. \tag{19}$$

Diese Gleichung sagt aus, daß das Verhältnis der Kapillarkondensationswärme zu Verdampfungswärme bei gleicher Temperatur durch das Verhältnis der Steigungen der Isostere und der Siedelinie dargestellt wird. Es folgt nun durch Einsetzen nach Gl. (10a):

$$\frac{L}{r} = \frac{1}{B_1}\left\{\frac{d}{d(1/T)}\left[\left(B_1 + T K_t \cdot \frac{1}{D}\right)\frac{1}{T}\right]\right\}. \tag{19a}$$

Daraus folgt

$$\frac{L}{r} = \frac{1}{B_1}\left\{\frac{1}{T} \cdot \frac{d}{d(1/T)}\left(B_1 + T \cdot K_t \cdot \frac{1}{D}\right) + B_1 + T \cdot K_t \cdot \frac{1}{D}\right\}. \tag{19b}$$

Dieser Ausdruck wird nun ausgerechnet und zusammengesetzt zu

$$\frac{L}{r} = 1 + \frac{1}{B_1 \cdot D} \cdot \frac{dK_t}{d(1/T)} \,. \tag{20}$$

Offenbar ist dieser ziemlich einfache Ausdruck nur dann zahlenmäßig auszunützen, wenn die Abhängigkeit der Porenkonstante von der Temperatur zahlenmäßig, d. h. in einem analytischen Ausdruck, angegeben werden kann.

Einen exakten Ausdruck für diese Abhängigkeit kann man zwar angeben bei Einführung vereinfachender Voraussetzungen [s. hierzu Gl. (7)], aber es sind so viele individuelle Konstanten enthalten, daß man mit einer empirischen Näherung besser zum Ziel kommt. Für nicht zu große Temperaturbereiche genügt folgende Annäherung:

$$K_t = U - \frac{W}{T} \,. \tag{21}$$

Darin sind U und W für einen Dampf typische Konstanten. Die Zahlentafel 6 zeigt den Grad der Annäherung für 3 verschiedene Dämpfe. Die zum Vergleich angegebenen „wahren" Werte der Porenkonstanten entsprechen der Zahlentafel 3.

Unter Benutzung des Wertes $W = 645$ nach Zahlentafel 6, der in Gl. (20) für $dK_t/d(1/T)$ bei Anwendung auf SO_2 einzusetzen ist, wurden nun die Sorptionswärmen für SO_2 bestimmt und zu einem von E. Hückel [5] durchgerechneten Versuchsergebnis von A. M. Williams [32] in Vergleich gestellt. Der Versuch von A. M. Williams wurde bei $-10°$ C durchgeführt; entsprechend ist für die molare Verdampfungs-

Zahlentafel 6. K_t-Werte nach Gl. (21).

Stoff	Konstante	K_t-Werte (Temperaturen der Sorption)						
		$-10°$ C	$0°$ C	$-10°$ C	$20°$ C	$30°$ C	$40°$ C	$70°$ C
SO_2	$U = 1{,}45,\ W = 645$							
	wahrer Wert von K_t ..	1,001	0,913	—	0,755	0,679	0,607	—
	berchnet nach Gl. (20) .	1,00	0,91	—	0,75	0,68	0,61	—
CH_3NH_2	$U = 0{,}955,\ W = 460$							
	wahrer Wert von K_t ..	0,782	0,722	0,645	0,614	0,561	0,511	—
	berechnet nach Gl. (20).	0,771	0,730	0,667	0,613	0,545	0,517	—
C_6H_6	$U = 1{,}46,\ W = 950$							
	wahrer Wert von K_t ..	(2,07)	(1,99)	1,91	1,84	1,72	1,61	1,297
	berechnet nach Gl. (20).	(2,16)	(2,02)	1,88	1,78	1,68	1,58	1,31

Zahlentafel 7. Sorptionswärmen, verglichen mit Ergebnissen von A. M. Williams und einer Rechnung von E. Hückel, gerechnet nach Gl. (20) in kcal/Mol.

D (mμ)	Rechnung von E. Hückel	Versuch A. M. Williams	Rechnung Gl. (20)
66,2	6318	6180	6025
17,42	6653	6400	6150
7,76	7381	6960	6370
4,58	7852	7390	6640
3,16	8396	7750	6940
2,28	8386	7980	7310

wärme [Gl. (20)] $r = 5980$ kcal gesetzt worden und nach Gl. (20) der Zahlenwert von L ermittelt. Daß die mit Gl. (20) erhaltenen Werte unter den Versuchsergebnissen liegen, ist darauf zurückzuführen, daß bei dem praktischen Versuch stets auch ein Anteil an Adsorptionswärme mitgemessen wird. Eine „reine" Kapillarkondensation tritt praktisch nie auf.

10. Beladungsfeld und Strukturkurve, Anwendung auf Kubelkas Verfahren.

Nach der Theorie der Kapillarkondensation erfolgt die Übertragung der mit einem bestimmten Dampf gemessenen Werte des Sorptionsvolums auf einen anderen Dampf ohne Messung, indem man zu einem bestimmten Porendurchmesser ein bestimmtes insgesamt aufgenommenes Volum zuordnet und diese Beladung als für alle Dämpfe gleich groß ansetzt. Im Rahmen theoretischer Voraussetzungen kann diese Methode nicht widerlegt werden. Es handelt sich lediglich für den praktischen Fall darum, ob der wirklich kapillar kondensierte Anteil der gesamten Beladung groß ist gegen den übrigen Anteil. Das Beladungsfeld erleichtert die Vorausberechnung an Hand eines vorgegebenen Gesetzes für die Abhängigkeit:

$$V = f(D) . \qquad (22)$$

Setzt man das insgesamt längs einer Isotherme beim Druck $P = $ konst. aufgenommene Volum ins Verhältnis zum Sättigungsvolum, so ergibt sich das sog. relative Volum:

$$V' = V/V_s . \qquad (23)$$

Besteht nun ein bekanntes Gesetz nach Gl. (22), so kann in jedes Beladungsfeld als Parameter neben D auch V bzw. V' eingetragen werden. Den Zusammenhang nach Gl. (22) bezeichnete P. Kubelka als Strukturkurve [23].

Eine befriedigende Übereinstimmung von derartigen Strukturkurven, die aus verschiedenen Isothermen verschiedener Dämpfe rechnerisch ermittelt waren, ergab sich nicht.

Als Erklärung dafür führt P. Kubelka die grundsätzlichen Schwierigkeiten einer quantitativen Bestimmung der Porenkonstante an, insbesondere den Einfluß unvollkommener Benetzung. Als Ausweg wird nun vorgeschlagen, die Porenkonstante irgendeines Dampfes willkürlich so zu verändern, daß die „richtige" Strukturkurve sich ergibt, wobei die Benzol-Isotherme bei 20° C als maßgebend für die richtige Strukturfunktion angesehen wird.

Wenn diese Überlegung zutreffen würde, wäre eine Vorausberechnung zwar unmöglich, weil man den Korrekturfaktor nicht von vornherein kennt, jedoch könnte nach Kenntnis nur eines einzigen gemessenen Wertes für das Gleichgewicht zwischen Druck, Temperatur und Beladung das ganze Beladungsfeld gezeichnet werden. Diese Möglichkeit ist für eine technische Rechnung verlockend. Ein Blick auf die von P. Kubelka bestimmten Strukturkurven zeigt, daß anscheinend ein recht gutes Ergebnis erzielt wird: Es ergeben sich S-förmige Linien, die sich recht gut decken. Trotzdem müssen grundsätzliche Einwände erhoben werden. Da das Verfahren ausschlaggebend sein kann für die Möglichkeit der Vorausberechnung eines Sorptionsgleichgewichtes, soll nachstehend ausführlich darauf eingegangen werden.

Die Messungen beginnen allgemein mit etwa 0,35 mμ, das ist ungefähr der Durchmesser eines Benzolmoleküls. Somit wird stillschweigend vorausgesetzt, daß noch mit einer einzigen Molekülschicht Kondensation eintritt. Es ist nicht einleuchtend, daß ein von festem Sorbens umgebenes Molekül in einer Pore, die man sich etwa als Zwischenraum in der Kristallstruktur selbst vorzustellen hat, keinen Kräften von den kleinsten Teilen des festen Körpers unterliegen soll.

Bei der willkürlichen Veränderung der Porenkonstante scheint ein rechnerischer Trugschluß, oder besser gesagt, eine zu weitgehende Verallgemeinerung einer einfachen mathematischen Beziehung vorzuliegen. Es ergaben sich nämlich für die Sorptionsisotherme überwiegend gerade Linien im $\log V$, $\log p$-Diagramm, d. h. es gilt die Gleichung:

$$\log V = A_2 + B_2 \cdot \log (p/p_s) . \qquad (24)$$

Darin ist:

V Beladung (cm³ Flüssigkeit/g Sorbens).
p Gleichgewichtsdruck.
p_s Sättigungsdruck der freien Flüssigkeit.
A_2, B_2 sind Konstanten.

Diese Beziehung stellt an sich lediglich die alte empirische Sorptionsisotherme dar, wie sie am meisten von H. Freundlich [40] verfochten wurde. Ohne auf die äußerst umstrittenen physikalischen Begründungen einzugehen [5], läßt sich immerhin nicht bestreiten, daß erfahrungsgemäß die Ergebnisse von Sorptionsversuchen in vielen Fällen ganz gut damit darzustellen sind. Dieser Fall lag auch hier vor bei den Messungen an aktiver Kohle. Interpretiert man nun diese Gleichung im Sinne der Strukturkurve, d. h. kombiniert man mit Gl. (2), so ergibt sich:

$$\log V = A_2 - B_2 \cdot K_t \cdot (1/D). \tag{25}$$

Um aus dieser die Strukturkurve zu bekommen, ist nach P. Kubelka [23] zu verfahren, wobei zu beachten ist, daß:

$$\log V_s = A_2. \tag{26}$$

Setzt man dies ein, so erhält man die Gleichung der Strukturkurve:

$$\log V' = - B_2 \cdot K_t (1/D). \tag{27}$$

Dies Ergebnis besagt: Wenn die Sorptionsisotherme im $\log V/\log p$-Diagramm geradlinig ist, so ergibt sich bei Voraussetzung reiner Kapillarkondensation eine gerade Linie durch den Koordinatenanfang für die Strukturkurve, wenn man $\log V'$ über $1/D$ aufträgt. Tatsächlich kann man sich überzeugen, daß die Strukturkurven P. Kubelkas, welche im $V'/\log D$-Diagramm S-förmig sind, in jenem Diagramm annähernd gerade Linien ergeben. In Bild 9 ist die von P. Kubelka angegebene Strukturkurve für Silika-Gel eingetragen, wobei man sieht, daß eine Abweichung von der Geraden im wesentlichen nur in der Nähe des Sättigungsdruckes auftritt. — Damit erscheint P. Kubelkas Verfahren der Korrektur durch Einführung eines „passend gewählten" Faktors zur Multiplikation der Porenkonstante in einem neuen Licht. Es bedeutet in Wahrheit nur eine willkürliche Umänderung der Neigung der gemessenen Isotherme, die in Gl. [27] durch B_2 ausgedrückt war. — Es spielt hierbei keine Rolle, daß die logarithmisch aufgetragene Isotherme nicht ganz geradlinig ist,

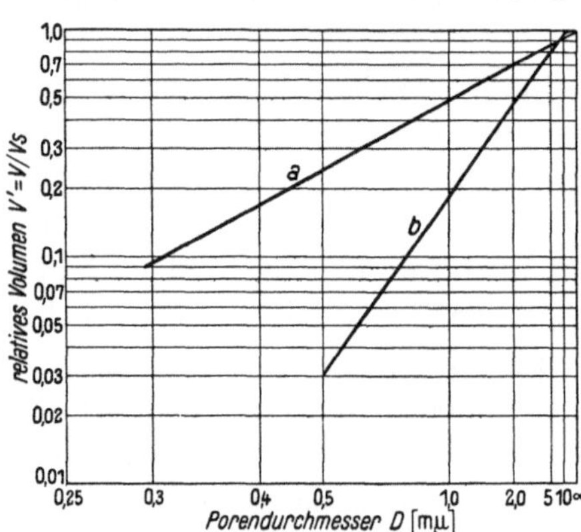

Bild 9. Strukturkurven im $V'/1/D$-Diagramm.
a: Aus Patricks 20° C-Isotherme berechnet.
b: Strukturkurve Kubelkas.

denn die Abweichungen liegen meist bei den verschiedenen Isothermen an der gleichen Stelle, nämlich in der Nähe des Sättigungsdruckes. — Man muß grundsätzlich unterscheiden zwischen dem kapillar-sorbierten Volum V_k und dem gesamten sorbierten Volum V. Beide können zur Ermittlung einer „Strukturkurve" auf ihren Sättigungswert bezogen werden, d. h. (Gl. 23) lautet sinngemäß für das kapillare Volum:

$$V_k' = \frac{V_k}{V_{k_s}}, \tag{23a}$$

wobei der Zeiger s wieder den Sättigungswert der betreffenden Isotherme bedeutet.

Andererseits widerlegt diese Betrachtung keineswegs das Vorhandensein der Kapillarkondensation überhaupt. Wenn nämlich die Isotherme des kapillar kondensierten Anteils im $\log V/\log p$-Diagramm ebenfalls geradlinig ist, und die Steigung dieser Isotherme zur Steigung der Isotherme des Gesamtvolumens in einem konstanten Verhältnis steht, so wird mit Hilfe des Korrekturfaktors tatsächlich die richtige Strukturkurve erhalten. Gemäß den vorstehenden Ableitungen gilt hierbei folgendes Gleichungsschema:

$$\log V_k' = B_k \cdot \log p, \tag{28}$$

$$\log V' = B_2 \cdot \log p, \tag{29}$$

daraus

$$\frac{\log V_k'}{\log V'} = \frac{B_k}{B_2}. \tag{30}$$

Somit gibt das Verhältnis der Steigungen eine Beziehung für das Verhältnis der relativen Volume. Das relative Volum der gesamten sorbierten Menge hat nunmehr nur noch rechnerische Bedeutung.

Zusammenfassend ist also festzustellen: Das Verfahren der willkürlichen Veränderung der Porenkonstante zur Erreichung übereinstimmender Strukturkurven bedeutet, wenn die Ergebnisse sich tatsächlich zur Deckung bringen lassen, daß die Ordinaten im $\log V/\log p$-Diagramm, also die Logarithmen des kapillarkondensierten Volums und des gesamten sorbierten Volums, in einem konstanten Verhältnis stehen.

Es wird nunmehr klar, warum P. Kubelka, wie er selbst sagt, befriedigende Ergebnisse nur mit aktiver Kohle erhielt, während er die Ergebnisse bei Silika-Gel selbst noch als verbesserungsfähig bezeichnet [23]. Dabei ist gerade Silika-Gel derjenige Körper, bei dem die Kapillarkondensation nach den klassischen Versuchen [19] als am besten erwiesen anzusehen ist. Jedenfalls kann die Nachprüfung von P. Kubelkas Ergebnissen an Hand der gerade für technische Rechnungen thermodynamischer Art besonders zweckmäßigen Diagramme nur den allgemeinen Ansatz bestätigen, daß mindestens im Bereiche kleiner Drucke eine Überlagerung von zwei Bindungsarten, nämlich von Kapillarkondensation und einer anderen Bindungsart, stattfindet. Ein Aufschluß darüber, bis zu welchen Druckverhältnissen Kapillarkondensation stattfindet, kann nicht gewonnen werden.

Bei der Diskussion dieser Ergebnisse hat sich nebenbei noch eine Folgerung ergeben, die nach dem vorliegenden Schrifttum keineswegs als allgemein bekannt anzusehen ist: Jede Form einer Sorptionsisotherme kann rein rechnerisch als Kapillarkondensation aufgefaßt werden, weil es immer möglich ist, eine Strukturkurve anzugeben, die diese Form der Isotherme bedingen würde. Die Entscheidung darüber, ob Kapillarkondensation vorliegt, ist also nicht an eine bestimmte Stelle stark wachsender Steigung der Sorptionsisotherme gebunden. Dieses Wachsen der Steigung muß nur dann auftreten, wenn eine bestimmte Porenweite überwiegt. — Ferner können auch mehrere Isothermen an demselben porösen Körper dieselbe Strukturkurve zur Voraussetzung haben, selbst dann, wenn auf Grund der Porengleichung und der Rechnung mit dem gesamten sorbierten Volum sich keine übereinstimmenden Strukturkurven ergeben. Es besteht also kein Grund für die Verfechter der Theorie der Kapillarkondensation, eine willkürliche Variation der Porenkonstante vorzunehmen. Es ist immer möglich, eine ,,unterkapillare" Bindung, über deren Charakter zunächst nichts vorausgesetzt sei, mit in Ansatz zu bringen, d. h.

von der gesamten sorbierten Menge für die „unterkapillar"-sorbierte Menge einen gewissen Betrag abzuziehen. Damit ist ein physikalisch begründetes Auswertungsverfahren gegeben.

Die entscheidende Schwierigkeit für die Beurteilung des Charakters der Bindung und damit für die Vorausbewertung der Sorption eines Stoffpaares liegt demnach darin, daß der Anfang der Kapillarkondensation auf der Sorptionsisotherme schwer festzustellen ist. Der Grund dafür ist die Verschiedenartigkeit der Bindung, die der Kapillarkondensation vorausgeht. Praktisch muß man in diesem Bereich je nach Art des Stoffpaares und Versuchsbedingungen mit verschiedenen Theorien arbeiten. Vorstehend und später werden alle diese sorptiven Bindungen, zu denen z. B. auch die Adsorption gehört, als „unterkapillar" im Gegensatz zur Kapillarkondensation bezeichnet.

11. Ergebnisse anderer Forscher.

Aus der langen Reihe der Arbeiten über Sorption an porösen Stoffen sollen zur weiteren Diskussion der vorstehend entwickelten Anschauung über die Überlagerung zweier Bindungen zunächst die Arbeiten aus der Schule des Amerikaners P. Patrick mit herangezogen werden, insbesondere die Sorption von SO_2 an Silika-Gel. — In der Zsigmondy-Festschrift [35] referiert P. Patrick über seine Arbeiten selbst und führt aus, daß die allgemeine Aufgabe der Vorausberechnung des Sorptionsgleichgewichtes auf Grund eines rechnerischen Zusammenhanges zwischen Sorptionsvolum und Porenweite nicht lösbar sei. Durch seine Versuche wurde er zu einer empirischen Gleichung geführt, die in der Form eine gewisse Ähnlichkeit mit der Porengleichung aufweist:

$$V = K \cdot (p/p_s \cdot \sigma)^{1/m}. \tag{31}$$

Darin ist:

    V sorbiertes Volumen (cm³/g Gel).
    p Gleichgewichtsdruck.
    p_s Sättigungsdruck.
    σ Oberflächenspannung (dyn/cm).
    K, m Konstanten.

Diese Gleichung gab die Versuchsergebnisse bei der Sorption recht gut wieder. Bei näherem Zusehen stellt sich heraus, daß die Beziehung nur eine Erweiterung der alten logarithmisch geradlinigen Adsorptionsisotherme darstellt. Es soll sich jedoch ausdrücklich um Kapillarkondensation handeln. Hierfür spricht insbesondere auch die Beobachtung, daß Umschlagserscheinungen aufgetreten sind [36], d. h. das Gel trübte sich zunächst und klärte sich dann wieder bei Sättigung, das Verhalten entspricht den klassischen Beobachtungen von W. Bachmann [13]. — Übrigens sei darauf hingewiesen, daß bei Annahme reiner Kapillarkondensation ohne Überlagerung einer anderen Bindung aus P. Patricks Gleichung durchaus eine Strukturkurve zu berechnen ist, wie sie in Bild 9 dargestellt ist. Um einen Überblick und einen übersichtlichen Vergleich mit dem Beladungsfeld von SO_2 zu geben, berechnet man aus der Gleichung ein Beladungsfeld gemäß folgender Ableitung:

Aus Gl. (31) durch Logarithmieren

$$\log V = \log K + \frac{1}{m} \cdot \log p - \frac{1}{m} \log p_s + \frac{1}{m} \cdot \log \sigma. \tag{32}$$

Daraus

$$\log p = \log p_s - (\log \sigma + m \cdot \log K - m \cdot \log V). \tag{33}$$

Wenn man nun V als Parameter wählt, so kann das $\log p\,(1/T)$-Diagramm gezeichnet werden, wobei die von W. A. Patrick angegebenen Konstanten (Bild 8) für SO_2

$$K = 0{,}104$$

$$1/m = 0{,}447$$

benutzt wurden. Bringt man das Diagramm mit dem Beladungsfeld für SO_2 (Bild 5a) zur Deckung, so scheint eine recht gute Deckung der $V =$ konst.-Linien mit den $D =$ konst.-Linien zu bestehen. Jedoch fallen die Maximalbeladungen mit steigender Temperatur, oder anders ausgedrückt, die $V =$ konst.-Linien schneiden sich mit der Siedelinie. Das liegt rein rechnerisch daran, daß σ mit der Temperatur fällt; die Versuche der meisten Forscher haben dasselbe ergeben.

Im Sinne der am Ende des Abschnitts über P. Kubelkas Messungen entwickelten Anschauung ist diese Differenz auch hier darauf zurückzuführen, daß eine überlagerte unterkapillare Bindung in Abzug zu bringen ist. Bemerkenswert ist noch das verhältnismäßig große sorbierte Volum im Bereich der kleinen Porenweiten, das von vornherein auf einen erheblichen Anteil der unterkapillaren Bindung hindeutet.

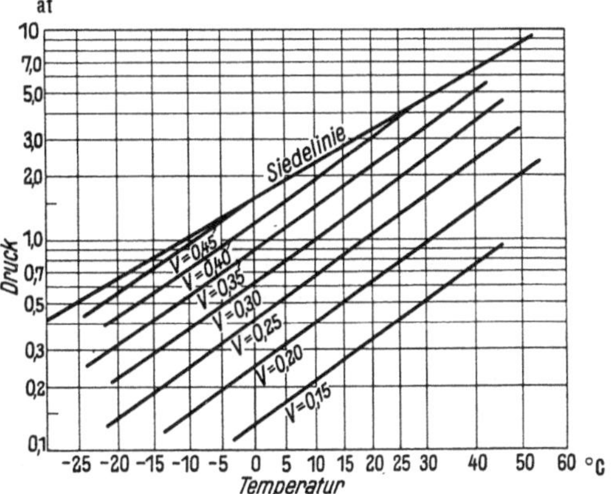

Bild 8. Beladungsfeld für SO_2, mit den empirischen Konstanten Patricks berechnet.

Es war bereits eingangs erwähnt worden, daß Gele, insbesondere Silika-Gel, die einzigen porösen Körper sind, bei denen Kapillarkondensation nicht mehr ernstlich bestritten wird. Durch die Arbeiten D. Radulescus [30, 33] dürfte inzwischen auch für aktive Kohle zum mindesten bei gewissen Dämpfen das Vorhandensein von Kapillarkondensation nachgewiesen worden sein. — Ein anderes, ebenfalls technisch mögliches Sorbens ist der Chabasit, bei dem nach den Arbeiten G. Hüttigs [39, 42] keine Kapillarkondensation, sondern ein lösungsähnlicher Vorgang vorliegt, den G. Hüttig übrigens auch an anderen Stoffpaaren beobachtet (Zeolithe) und der von ihm als „osmotische Bindung" bezeichnet wird. Im Sinne der vorstehend ausgeführten Bedeutung der Porenweite ist von besonderem Interesse die Feststellung G. Hüttigs, daß die Porenweiten von Chabasit bei rund 0,35 mμ liegen. Diese Beobachtung wurde durch O. Schmidt [41] bestätigt. Es gelang nämlich bei den Versuchen O. Schmidts nicht, Dämpfe zur Sorption zu bringen, deren Molvolum eine bestimmte Größe überschreitet. Nun ist das Molvolum bei Voraussetzung kugelförmiger Molekülgestalt ein Maß für den Moleküldurchmesser (s. Bild 6). Aus G. Hüttigs Übersicht ist im Zusammenhang mit dieser Arbeit seine Anschauung wichtig, daß auch bei Silika-Gel eine osmotische Bindung auftritt, und zwar in dem Druckbereich, der auf Grund der engen Poren der Kapillarkondensation nicht mehr zugänglich ist. Jedoch liegt auch hier keine definitive Feststellung vor, wo die Grenze der Kapillarkondensation zu suchen ist.

Da nun die Versuchsergebnisse von W. A. Patrick offenbar im $\log V$, $\log P$-Diagramm geradlinige Isothermen ergeben haben, und andererseits P. Kubelka gerade bei Silika-Gel zu keinem befriedigenden Schluß gelangte, so ist es naheliegend, hier experimentell einzusetzen und durch Aufnahme von Isothermen zu versuchen, einen Übergang oder einen Unterschied der Bindungsarten in dem in Frage kommenden Bereich festzustellen. Dabei liegen die Grenzen des fraglichen Bereichs von vornherein fest. Bei $n = 5$ konnte D. Radulescu noch eine Kapillarkondensation nachweisen; die äußersten Druckverhältnisse, bei denen bisher Kapillarkondensation angenommen wurde, entsprechen $n = 1$.

Die kältetechnische Bedeutung dieser Versuche muß darin liegen, festzustellen, ob man mit den Berechnungsmethoden, wie sie in dieser Arbeit entsprechend den Verfahren der technischen Thermodynamik abgeleitet wurden, brauchbare Ergebnisse auch bei technischen Stoffpaaren erhält. Alle im Schrifttum vorliegenden Versuche beziehen sich auf ein Silika-Gel, das durch besonderes Verfahren der Fällung, z. B. aus Wasserglas, in einen reproduzierbaren und möglichst chemisch definierten Zustand gebracht wurde. Demgegenüber kommt es nun darauf an, ob auch bei technischem Silika-Gel ein solcher Grad von Reinheit vorliegt, daß die Berechnungsmethoden auf Grund der Porengleichung noch angewendet werden können. Von entscheidender Bedeutung ist hierbei ferner die Frage, ein wie großer Anteil des gesamten Dampfes kapillar kondensiert ist, und schließlich das bereits oft erwähnte Problem, wie weit sich die durch Kapillarkondensation überbrückbare Temperaturdifferenz erstreckt.

12. Experimenteller Teil.

Aufbau. Aus Bild 10 geht der Aufbau des verwendeten Sorptionsapparates hervor. Es handelt sich um die Messung des Gleichgewichts, d. h. der Versuch wird ausgedehnt, bis Gewichtskonstanz der untersuchten Probe erreicht ist. Der Apparat besteht im wesentlichen aus der Federwaage a, die den zu prüfenden Stoff trägt, und der Einrichtung zur Zuführung des Dampfes bei konstanter Temperatur. Der auf der linken Seite erkennbare Quecksilberdoppelschenkel b sperrt das Vorratsgefäß c, indem sich die zu untersuchende Flüssigkeit d befindet, gegen den eigentlichen Sorptionsraum ab. Das Quecksilber wird durch Höhenverstellung des Niveaugefäßes l auf die gewünschte Höhe gebracht. Bei Sorption technischer Gase, z. B. SO_2, wird dieser Schenkel nicht benutzt. Es ist dann von der Zuleitung von der Flasche (e) her noch ein Reduzierventil eingebaut. Das Reduzierventil bzw. der Quecksilberdoppelschenkel ermöglichen die Regelung der zugeführten Dampfmenge. Die an einer Federwaage aufgehängte Probe wird durch das Wasserbad (f) auf konstanter Temperatur gehalten. Der hierbei unvermeidliche Wärmeübergangswiderstand wirkt sich praktisch so aus, daß man verhältnismäßig lange auf die Erreichung des Gleichgewichts warten muß. Die Atmosphäre über dem Wasserbad [innerhalb der gestrichelten Linie, die die Blechhaube (g) andeutet] wird in einfacher Weise durch Heizung mit einer für die betreffende Temperatur geeigneten Lampe auf der Temperatur des Wasserbades gehalten. Es gelingt mit zufriedenstellender Genauigkeit, die Glasleitungen h im oberen Teil des Apparates auf konstanter Temperatur zu halten, was durch Kontrollmessung mit Thermoelementen festgestellt wurde. Die Temperatur des Wasserbades wird durch einen Thermostaten i geregelt. Umrühren ist nicht erforderlich, da die eingebauten Heizpatronen k am Boden des Gefäßes liegen. Es ergaben sich Temperaturunterschiede zwischen dem tiefsten und höchsten Punkt des Bades von rund 1° C. Die Probe und die zu prüfende Flüssigkeit befinden sich in mittlerer Höhe des Bades. Die verwendeten Federn der Federwaage sollten aus Quarz gewickelt werden, da nach Angaben von Mc Bain [43] in diesem Falle eine ganz lineare

Charakteristik besteht. Wegen der erheblichen technischen Schwierigkeiten wurden Wolframfedern verwendet, die eine fast lineare Charakteristik besitzen. Insbesondere ergab sich, daß nach einer Vorbelastung von etwa 2,3 g (Gewicht von Probe und Probeträger) für den Bereich von weiteren 600 mg keine merkliche Abweichung von der linearen Charakteristik festzustellen war. Die Empfindlichkeit der Feder änderte sich über mehrere Monate nicht. Vorsichtshalber wurde gelegentlich nachgeeicht.

Die Ablesung geschah in einfacher Weise durch ein horizontales Mikroskop mit eingebauter Skala. Die Eichkurve wurde für einen bestimmten Abstand des in einer Parallelführung verschiebbaren Mikroskops aufgenommen, und zwar wurde unmittelbar der Anschlag auf der Skala in Abhängigkeit von der Belastung der Feder abgelesen. Eine Nacheichung zeigte, daß keine merklichen Abweichungen aufgetreten waren.

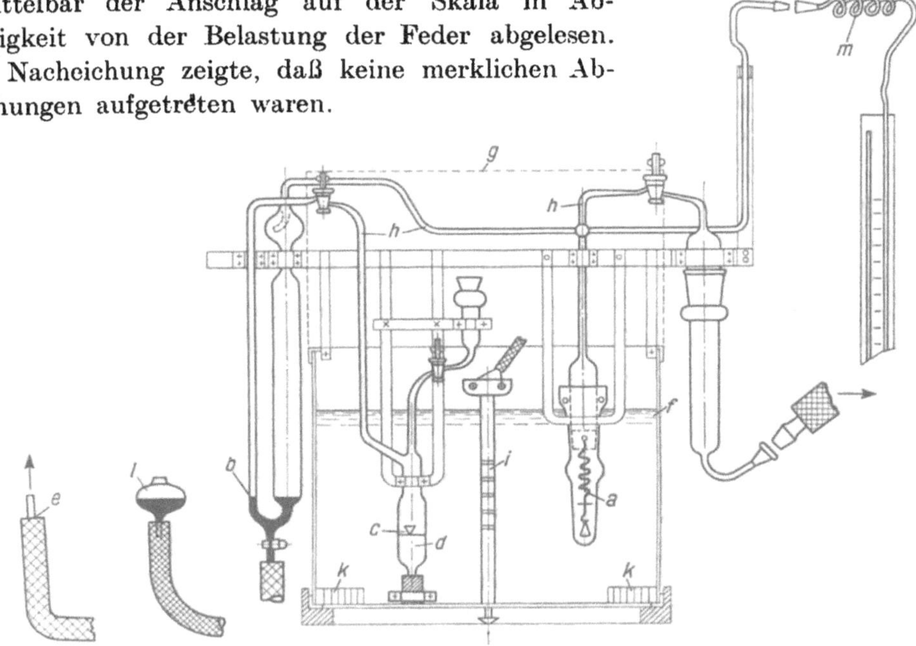

Bild 10. Versuchsaufbau.

Zur Evakuierung diente eine normale Siemens-Hochvakuum-Pumpe mit Schutzvorlage aus Silika-Gel. Als Hauptvorlage zur Kondensation der evakuierten Dämpfe diente flüssige Luft. Zur Schätzung des Vakuums war ein Mac-Leod-Manometer in die Vakuumleitung fest eingebaut. Es erwies sich als notwendig, die Vakuumleitung in Glas auszuführen, Verbindungsteile wurden gelegentlich erneuert. Die Drucke wurden an einem Quecksilbermanometer abgelesen, das mit einer biegsamen Glasleitung m an den Apparat angeschlossen wurde. Dies erwies sich als notwendig, weil der Apparat zum Einbau der Probe aus dem Wasserbad herausgehoben werden muß. Die unumgänglichen Hähne waren mit Quecksilberschliffen versehen, trotzdem mußte auch hier immer wieder kontrolliert werden. Im allgemeinen erwies sich spätestens nach 3 Tagen eine Kontrolle der Dichtungsstellen als erforderlich.

Verwendete Stoffe. Zur Sorption gelangten Dämpfe von handelsüblichen Stoffen. Das verwendete CH_2Cl_2 wurde von Fa. Schering und Kahlbaum bezogen (reinst). Die Dämpfe von NH_3, SO_2, CF_2Cl_2 wurden ohne jede Reinigung aus technischen Stahlflaschen entnommen. Dies geschah in voller Absicht, aus den bereits erwähnten Gründen. Nur an Hand technischer Dämpfe kann entschieden werden,

ob die Erscheinung der kapillaren Sorption noch deutlich und ausreichend genau
für eine technische Rechnung hervortritt. Aus demselben Grunde wurde auch das
Silika-Gel und ferner das zur Vergleichsmessung benutzte Chabasit nicht chemisch
vorbehandelt. bzw. an Ort und Stelle hergestellt. Dies bezieht sich allerdings nicht
auf die Aktivierung, die vor Einbringen in den Apparat stets vorgenommen wurde.
Das Silika-Gel war ein handelsübliches Produkt der Firma Dr. Fränkel und Dr. Lan-
dau, der Chabasit entstammt dem Fundort Rübendörfel in Böhmen.

Über die Bindung an Chabasit wurde bereits die Ansicht von G. Hüttig [*39*]
(s. oben) mitgeteilt. Das Mineral ist ein Gemisch von $CaAl_2Si_4O_{12} \cdot 6\,H_2O$ und
$Na_2Al_2Si_4O_{12} \cdot 5\,H_2O$. Wegen der stets haftenden Verunreinigungen muß man die
Gesteinsprobe vorsichtig mechanisch zerkleinern. Es gelingt jedoch in allen Fällen,
wenn das Probestück groß genug ist, ein klares Kristallstück ohne Beimengungen
zu erhalten.

Durchführung der Versuche. Nach Eichung der Federwaage und sorgfältiger
Trocknung des Apparates, die man zweckmäßig mit Äthylalkohol durchführt, kann
die Probe eingebracht werden. Die Probe selbst muß einer physikalischen Vor-
behandlung unterworfen werden. Es ist aus dem Schrifttum bekannt, daß Silika-Gel
Wasser außerordentlich hartnäckig zurückhält, die letzten Prozente Wasser sind
mit technischen Mitteln kaum zu entfernen. Bei den amerikanischen Versuchen
(W. A. Patrick) wurde der Einfluß des bei verschiedenen Versuchen leicht veränderten Wassergehalts schließlich durch verschiedene Konstanten für die empirische
Isotherme [Gl. (31)] berücksichtigt. Nur bei sorgfältiger Beobachtung bekommt
man die gleichen Ergebnisse. — Die Skala war nach der Eichung so eingestellt,
daß 6,4 Skalenteile einer Beladungsdifferenz von 100 mg entsprachen. Die Schätzung
der Zehntelwerte auf der Skala war so genau möglich, daß die Ablesung auf $^1/_4$ Skalenteil genau war, das entspricht also einer Genauigkeit von etwa $\pm\,2$ mg.

Der Versuch selbst läuft im allgemeinen über einen Tag. Abends und nachts
wird der Apparat mit Vakuumpumpe und Luftvorlage ausgepumpt. Das Vakuum
liegt dabei unter $^1/_{10}$ mm QS. Allerdings muß man manchmal ziemlich lange warten,
bis der Druck auf diesen Wert gefallen ist. Die Probe wird kurz vor dem Einbringen etwa 2 h lang bei 250° C erhitzt und dabei unter mäßigem Vakuum gehalten
(Wasserstrahlpumpe). Sofort nach Einbringung wird das Mikroskop eingestellt
und der Apparat befestigt. Nach erfolgter Evakuierung kontrolliert man die Gewichts-
abnahme durch Ablesung der Skala. Unter Umständen muß nun noch einmal neu
eingestellt werden, um den ganzen Meßbereich der Skala ausnutzen zu können.
Im allgemeinen ist es dann noch erforderlich, ganz kurz mit dem zu prüfenden Dampf
zu beladen und sofort abzusaugen.

Die Beladung wurde grundsätzlich aufsteigend ausgeführt, also schrittweise der
Druck von $^1/_{10}$ mm QS. bis Atomsphärendruck gesteigert. Die Erreichung des Gleichgewichts verfolgt man durch Ablesung des Druckes, dann durch Ablesung der Federwaage. Im allgemeinen reicht durchschnittlich ein Zeitraum von 2 h aus, bis die
Gewichtsänderung unmerklich wird, diese Werte schwanken jedoch nach Versuchsbedingungen. Die kleineren Anfangsbeladungen bei kleinen Gleichgewichtsdrucken
erreichen das Gleichgewicht meist schneller, so daß man praktisch 6 Punkte im
Laufe von 8 bis 9 h zufriedenstellend aufnehmen kann. Man darf sich nie damit
begnügen, eine Isotherme nur einmal zu messen, sondern muß sich durch Versuch
von der Reproduzierbarkeit möglichst derselben Punkte überzeugen.

Nach Beendigung der Beladung wird der Apparat aus dem Wasserbad genommen und der etwa noch an einer Atmosphäre fehlende Druck wird durch Luft ergänzt. Die beladene Probe muß nun herausgenommen werden und kommt sofort auf die Waage, um Störungen durch Desorption möglichst klein zu halten. — Es wurden auch einige Desorptionsversuche durchgeführt, wobei die Beladung nach erreichter Sättigung stufenweise wieder abgebaut wird. Auf die Auswertung dieser Versuche wird verzichtet. Die Ursache dafür liegt in dem verhältnismäßig kleinen Gewicht der untersuchten Probe. Außerdem besteht der schwerwiegende Nachteil, daß die Kontrollwägung nach Abschluß der Sättigung nicht möglich ist. Über die Frage der Hysterese (d. h. des verschiedenen Verlaufs der Isotherme bei „Auf"- und „Ab"-Ladung), die noch immer umstritten zu sein scheint, sei hier nur auf W. A. Patricks Mitteilung verwiesen, daß nach sorgfältigem Trocknen die Hysterese verschwindet.

Wichtige Einzelheiten. Um reproduzierbare Ergebnisse zu erhalten, müssen verschiedene Einzelheiten beachtet werden.

1. Die Aktivierung muß stets die gleiche sein. Es wurde im allgemeinen mit einer 2 h Erhitzung bei 250° C im Sandbad gearbeitet. Alle hier mitgeteilten Ergebnisse sind nach dieser Aktivierung gewonnen worden. Der Einfluß der Temperatur ist erheblich, bei abweichender Temperatur verschieben sich die Ergebnisse ganz bedeutend. Durch das Erhitzen wird an sich die Alterung des Gels beschleunigt, das bedeutet eine teilweise Zerstörung der Feinstruktur. Jedoch muß auch hier der technische Gesichtspunkt im Vordergrund stehen, daß die erreichbaren Ergebnisse technisch verwirklicht werden können. Aus diesem Grunde war ja auch ein handelsübliches Gel benutzt worden.

2. Das Auspumpen des Apparates muß längere Zeit hindurch fortgesetzt werden, die Vorlage mit flüssiger Luft ist unbedingt erforderlich. Es ist anzunehmen, daß auch nach dieser Behandlung durch Erhitzen und Auspumpen noch immer ein Wassergehalt im Gel verbleibt. Es ist daher unbedingt erforderlich, die Zeit des Evakuierens ein für allemal festzulegen. Es wurden 16 h Pumpdauer gewählt.

3. Auch nach dieser Prozedur treten noch irreversible Erscheinungen auf, die auf einer Lösung z. B. des NH_3 in dem Rest Wasser beruhen. Hier ließ sich durch das kurzzeitige Beladen und Absaugen mit dem zu prüfenden Dampf noch eine Besserung erzielen. Erst hiernach beginnt der eigentliche Versuch. Der Einfluß der verschiedenen Behandlungen geht aus der nachfolgenden Zahlentafel hervor (Beispiel):

Zustand des Gels	Gewicht
Nach der Wägung unter sofortiger Einbringung . . . . (die Wägung wurde außerhalb des Apparates mit Gewichten vorgenommen)	3,00 g
Nach der Evakuierung . . . . (durch optische Messung des Gewichtsunterschiedes)	2,92 g
Nach der ersten Beladung mit NH_3 . . . . (bei einem Gleichgewichtsdruck von 1,5 mm QS.)	2,89 g
Nach kurzzeitiger Evakuierung	2,88 g
Nach der zweiten kurzen Beladung	2,88 g
Nach der zweiten Evakuierung (kurzzeitig)	2,85 g

Dann trat keine Gewichtsänderung mehr ein.

Dieser scheinbare „Verdrängungseffekt" ist schwer erklärbar. Ob tatsächlich schon eine Strukturänderung eingetreten ist oder die unterkapillare Bindung durch Ortsveränderung in den Kristallecken sich ändert oder ob nur ein reiner Lösungsvorgang in dem enthaltenen Wasser vorliegt, ist schwer zu entscheiden. Jedenfalls hängt mit dieser Erscheinung der starke Einfluß des Wassergehalts auf das Sorptionsvermögen zusammen.

4. Die Kontrollwägung nach Abschluß des Versuches ist nützlich. Man kann nur dann tatsächlich entscheiden, ob die abgelesenen Werte der Wirklichkeit entsprechen. — Ferner muß man das Wasserbad auf konstante Temperatur beobachten und sicher sein, daß während des Versuchs keine Luft eingedrungen ist. Wie erwähnt, sind die Dichtungsstellen dauernd nachzuprüfen.

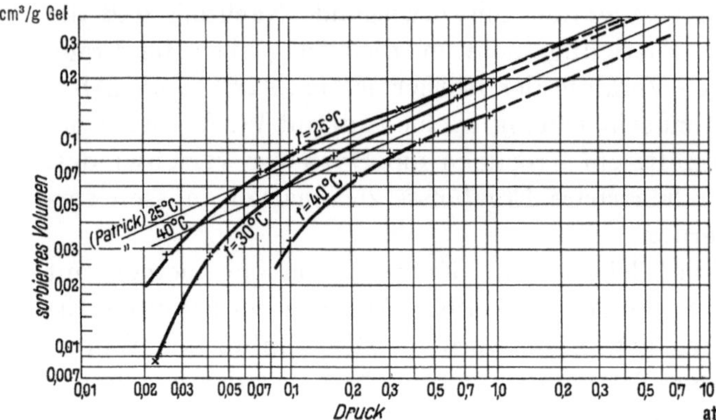

Bild 11. Sorption von SO$_2$ an Silika-Gel, Darstellung im log V, log p-Diagramm. Isothermen nach Patrick zum Vergleich eingezeichnet.

Abschließend läßt sich sagen, daß die Versuchsmethode ziemlich zeitraubend ist und kaum zur technischen Verwendung empfohlen werden kann. Dynamische Methoden mit indirekter Messung, wie sie D. Radulescu in der erwähnten Arbeit verwendete, dürften vorzuziehen sein.

Ergebnisse. Die folgenden Zahlentafeln 7 $\cdots$ 11 zeigen die Versuchsergebnisse. Diese Zahlenwerte wurden nun im log V, log p-Diagramm und im V, log p-Diagramm aufgetragen (Bild 11 $\cdots$ 14).

1. Bei der Betrachtung der Isothermen im log V/log p-Diagramm fällt sofort auf, daß die Geradlinigkeit, d. h. die Annäherung an die alte Isotherme [40] in gewissen Bereichen, ganz gut zutrifft. Damit bestätigt sich noch einmal die Vermutung über die zu weitgehende Verallgemeinerung P. Kubelkas bei seiner Methode der Veränderung der Porenkonstante durch einen willkürlichen Faktor.

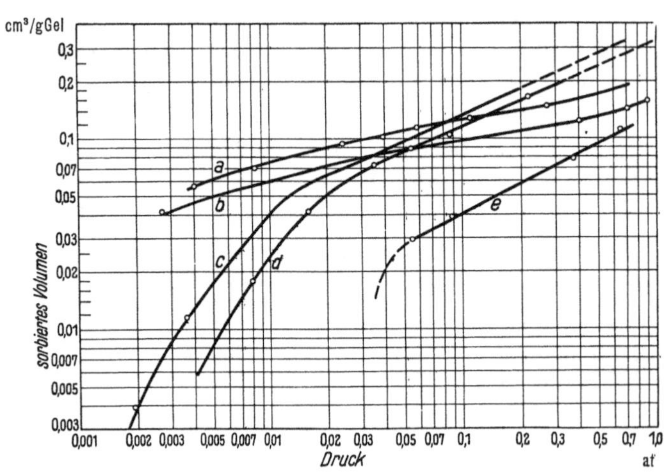

Bild 12. Sorption von NH$_3$, CH$_2$Cl$_2$, CF$_2$Cl$_2$ an Silika-Gel, Darstellung im log V, log p-Diagramm.
a: NH$_3$ bei 30°. b: NH$_3$ bei 40°. c: CH$_2$Cl$_2$ bei 30°. d: CH$_2$Cl$_2$ bei 40°. e: CF$_2$Cl$_2$ bei 30°.

2. Der Vergleich der SO$_2$-Isotherme mit der Isotherme W. A. Patricks, die für 25° und 40° in den beiden Diagrammen mit eingetragen ist, bestätigt die Patricksche empirische Gleichung mit einer gewissen Annäherung. Entscheidend ist der andersartige Verlauf im unteren Druckbereich.

Die 25°-Isotherme deckt sich im oberen Druckbereich auch quantitativ recht gut mit der von W. A. Patrick. Die quantitative Abweichung bei der 40°-Isotherme darf nicht überraschen, da das von W. A. Patrick benutzte Gel sich in seiner Aufbereitung von dem hier benutzten handelsüblichen naturgemäß unterscheidet.

In der verschiedenen Aufbereitung liegt überhaupt die größte Schwierigkeit, wenn man veröffentlichte Versuchsergebnisse über Sorption an Silika-Gel vergleichen will. Bemerkenswert vor allem ist auch das Übereinstimmen in der Steigung der Isotherme. Dies bedeutet: W. A. Patricks Gleichung gibt mit ihrer ausdrücklichen Bezugnahme auf Druckverhältnis und Oberflächenspannung den Einfluß des Druckes auf die kapillare Bindung gut wieder.

3. Vergleicht man die Isothermen des SO_2 an Silika-Gel mit den Isothermen von CH_2Cl_2 und NH_3, so ist am auffälligsten zunächst die Tatsache, daß bei demselben absoluten Druck, also bei größerem Druckverhältnis (der Sättigungsdruck des NH_3 ist höher als der des SO_2) die Sorption des Ammoniaks im unteren Druckbereich größer ist als die von SO_2. Hier zeigt sich ganz deutlich, daß nicht die Kapillarkondensation für die Sorption des NH_3 im untersuchten Druckbereich ausschlaggebend ist, sondern daß eine andere Bindung vorliegt.

Dies muß nach der Bestimmung der Porenweiten auch erwartet werden. Zwar ist die Porenkonstante des Ammoniaks für die untersuchten Temperaturen nicht genau angebbar, es fehlen die σ-Werte, aber eine ungefähre Extrapolation aus dem Wert $K_t = 41{,}2$ bei $-29°\,C$ zeigt doch, daß der untersuchte Druckbereich unter dem Gleichgewichtsdruck liegen muß, der dem Durchmesser eines NH_3-Moleküls entspricht. Es ist nun beachtlich, daß die Sorption trotzdem absolut gesehen so hohe Werte erreichte.

Die Isothermen des CH_2Cl_2 sind in ihrem Verlauf denen des SO_2 sehr ähnlich. Auch hier folgt auf einen gekrümmten Anfangsteil ein gerader Kurventeil im $\log V$, $\log p$-Diagramm, man hat es also auch hier mit zwei verschiedenen Bindungen zu tun.

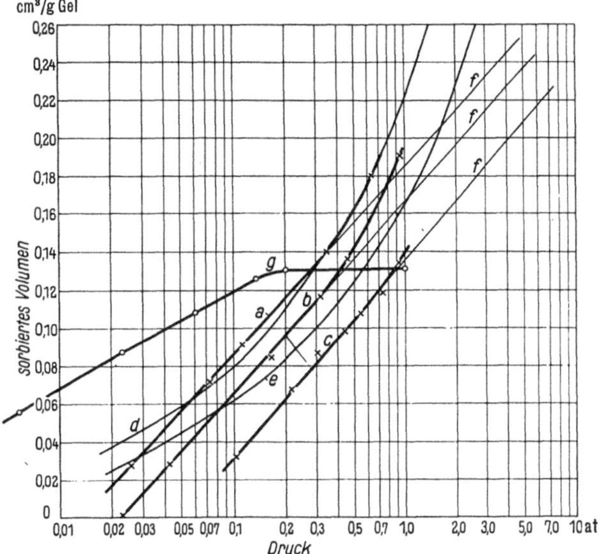

Bild 13. Sorption von SO_2 an Silika-Gel und Chabasit, Darstellung im V, $\log p$-Diagramm.

a: Silica-Gel bei 25°. *b*: Silica-Gel bei 30°. *c*: Silica-Gel bei 40°. *d*: Silica-Gel bei 25° (nach Patrick). *e*: Silica-Gel bei 40° (nach Patrick). *f*: Extrapolation der „unterkapillaren Bindung". *g*: Chabasit bei 40°.

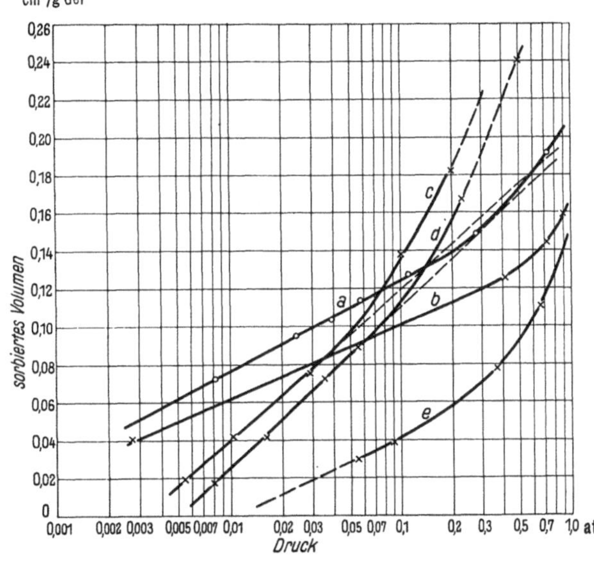

Bild 14. Sorption von NH_3, CH_2Cl_2, CF_2Cl_2 an Silika-Gel, Darstellung im V, $\log p$-Diagramm.

a: NH_3 bei 30°. *b*: NH_3 bei 40°. *c*: CH_2Cl_2 bei 30°. *d*: CH_2Cl_2 bei 40°. *e*: CF_2Cl_2 bei 30°.

4. Weiteren Aufschluß über den Bindungscharakter gibt das $V, \log p$-Diagramm. In diesem Diagramm erscheint der gekrümmte Kurventeil des $\log V, \log p$-Diagramms geradlinig und der gerade Kurventeil gekrümmt. Den entscheidenden Aufschluß

Zahlentafel 7. Sorption von SO_2 an Silika-Gel.

Temperatur °C	Sättigungsdruck Atm.	Absoluter Druck Atm.	Druckverhältnis	Porenweite mμ	Sorbiertes Volum (cm³/g Gel)
40	6,35	0,101	63	0,336	0,032
40	6,35	0,217	29,3	0,434	0,068
40	6,35	0,308	20,6	0,461	0,088
40	6,35	0,433	14,7	0,520	0,099
40	6,35	0,535	11,9	0,556	0,1082
40	6,35	0,797	8,50	0,651	0,1185
40	6,35	0,904	6,88	0,724	0,134
25	3,96	0,0258	154	0,329	0,028
25	3,96	0,0729	54,4	0,451	0,0714
25	3,96	0,112	35,4	0,542	0,091
25	3,96	0,348	11,4	0,624	0,142
25	3,96	0,629	6,3	0,900	0,180
30	4,67	0,0228	205	0,294	0,00894
30	4,67	0,0411	115,5	0,331	0,0270
30	4,67	0,0168	27,8	0,470	0,0845
30	4,67	0,396	14,8	0,580	0,116
30	4,67	0,660	7,09	0,771	0,160
30	4,67	0,960	4,86	0,982	0,191

über den Charakter der Bindung, die bei den großen Druckverhältnissen vorliegt, gibt der Vergleich mit dem zu diesem Zweck herangezogenen Chabasit. Die Sorption von SO_2 an Chabasit ist im $V, \log p$-Diagramm (Bild 13) mit eingetragen und zeigt, daß der Bindungstyp im wesentlichen mit dem Typus der unterkapillaren Bindung an Silika-Gel übereinstimmt. Man darf sich nicht dadurch beirren lassen,

Zahlentafel 8. Sorption von SO_2 an Chabasit.

Temperatur °C	Sättigungsdruck Atm.	Absoluter Druck Atm.	Druckverhältnis	Porenweite mμ	Sorbiertes Volum (cm³/g Gel)
40	6,35	0,00054	12700	—	0,0147
40	6,35	0,00596	1068	—	0,0561
40	6,35	0,0231	275	—	0,0872
40	6,35	0,0613	103	—	0,0108
40	6,35	0,1357	46,9	ca. 0,4	0,1254
40	6,35	0,201	30,6	ca. 0,43	0,130
40	6,35	1,0	6,35	ca. 0,8	0,130

daß die Sorption an Chabasit viel größer ist, der prinzipielle Verlauf ist bei niedrigen Drucken der gleiche. Weiter ist ein erstaunliches Ergebnis festzustellen. Die Sorption an Chabasit hört lange vor Erreichen des Sättigungsdruckes praktisch auf. Der Abschluß dieser Sorption liegt ungefähr in dem Bereich, der der Porenweite in Stärke von 1 bis 2 SO_2-Molekülen entspricht. Die Übergangspunkte, bei denen im $V, \log p$-Diagramm des SO_2 an Silika-Gel der Anfang der kapillaren Bindung zu liegen scheint, würden nach der Porengleichung ebenfalls einem Durchmesser entsprechen, der zwischen 1 $\cdots$ 2 Molekülen liegt. Eine genaue Angabe über die Molekülzahl n, bei der der Übergang von dem einen Bindungstypus zum andern erfolgt, soll nicht gemacht werden, weil es unmöglich ist, den Moleküldurchmesser genau anzugeben, wie oben ausgeführt wurde.

5. Vergleichsweise wurde die Sorption von CH_2Cl_2 und CF_2Cl_2 an Chabasit untersucht. Dabei wurde praktisch fast gar keine Sorption beobachtet. Eine gewisse Anreicherung an der äußeren Oberfläche und in den außen liegenden Spalten des

Zahlentafel 9. Sorption von CH_2Cl_2 an Silika-Gel.

Temperatur °C	Sättigungsdruck Atm.	Absoluter Druck Atm.	Druckverhältnis	Sorbiertes Volum (cm³/g Gel)
30	0,707	0,0018	372	0,0042
30	0,707	0,0052	156	0,0191
30	0,707	0,0102	69,4	0,0415
30	0,707	0,0292	24,2	0,0739
30	0,707	0,0999	7,10	0,137
30	0,707	0,198	3,57	0,182
40	1,01	0,00181	508	0,0175
40	1,01	0,0160	63,1	0,041
40	1,01	0,0352	28,7	0,0721
40	1,01	0,0555	18,2	0,0883
40	1,01	0,297	3,40	0,166
40	1,01	0,501	2,02	0,242

Zahlentafel 10. Sorption von NH_3 an Silika-Gel.

Temperatur °C	Sättigungsdruck Atm.	Absoluter Druck Atm.	Druckverhältnis	Sorbiertes Volum (cm³/g Gel)
40	15,85	0,00274	5860	0,0410
40	15,85	0,0555	285	0,0888
40	15,85	0,408	388	0,1243
40	15,85	0,717	22,1	0,143
40	15,85	0,915	17,3	0,1588
30	11,9	0,00275	4330	0,0434
30	11,9	0,00826	1440	0,0711
30	11,9	0,0243	490	0,0996
30	11,9	0,0392	304	0,103
30	11,9	0,0593	201	0,113
30	11,9	0,112	106	0,127
30	11,9	0,2795	42,6	0,149
30	11,9	0,745	16,0	0,192

Zahlentafel 11. Sorption von CF_2Cl_2 an Silika-Gel.

Temperatur °C	Sättigungsdruck Atm.	Absoluter Druck Atm.	Druckverhältnis	Sorbiertes Volum (cm³/g Gel)
30	7,59	0,0545	139	0,0295
30	7,59	0,090	84,2	0,0386
30	7,59	0,375	20,2	0,078
30	7,59	0,66	11,5	0,110

Kristalls hat zwar stattgefunden, jedoch waren die gemessenen Werte der Gewichtsänderung bei einem Gewicht der Probe von 3 g nur in der Größenordnung von 10 bis 12 mg bei CF_2Cl_2 und 30 mg bei CH_2Cl_2. Dieses Ergebnis bestätigt die Auffassung von O. Schmidt [41], daß der Chabasit sehr enge Poren hat mit dem Durchmesser von 0,35 mμ.

6. Um die Ergebnisse der SO_2-Sorption für die Aufstellung und Diskussion von Strukturkurven benutzen zu können, wurde im $\log V$, $\log p$-Diagramm (Bild 11) bis

11*

zum Sättigungsdruck extrapoliert. Hierfür liegt nach den Ergebnissen des Vergleichs mit der Patrickschen Gleichung eine gute Berechtigung vor. Für die Strukturkurve braucht man die Werte der Sättigungsvolume V_s, um das relative Volum bestimmen zu können (s. S. 167ff.).

7. Anschließend sind die aus den Diagrammen entnommenen Übergangspunkte für SO_2 mitgeteilt (Zahlentafel 12):

Zahlentafel 12.

Temperatur . (°C)	25	30	40
Druck . . . . Atm.	0,35	0,40	0,7
Porenweite . . mμ	0,68	0,65	0,64
1. Moleküldmr. mμ	0,48	0,483	0,49
Molekülzahl . (n)	1,42	1,35	1,31
2. Moleküldmr. mμ	0,34	0,34	0,34
Molekülzahl . (n)	2,0	1,91	1,88

Zu den 2 Angaben des Moleküldurchmessers ist zu bemerken, daß der größere Wert nach Gl. (16) berechnet wurde, während der kleinere Wert der wahre Durchmesser des SO_2-Moleküls nach der Meßmethode von W. Sutherland [34] ist.

Auswertung. 1. Durch die Analogie im Verlauf der Isothermen an Silika-Gel im unteren Druckbereich einerseits und Chabasit andererseits (Bild 13) ist der Schluß naheliegend, daß es sich auch bei der unterkapillaren Bindung an Silika-Gel um eine „osmotische" Bindung im Sinne G. Hüttigs [39] handelt. G. Hüttig selbst nimmt die unterkapillare Bindung an Silika-Gel auch ausdrücklich als „osmotische" Bindung in Anspruch. Die allgemeine Gleichung dieser Bindung lautet:

$$\log \frac{p_s}{p} = \frac{K}{c} . \tag{34}$$

Darin ist

p_s Sättigungsdruck.
p Gleichgewichtsdruck über dem Kristall.
c Konzentration (Mol Sorptiv/Mol Sorbens).
K Konstante.

Die Beziehung erwies sich bei der Nachprüfung an Isobaren als brauchbar. Das heißt, daß die Konstante K bei Druckänderung verändert werden muß. Die Übertragung auf die Isotherme ist also nicht ohne weiteres möglich. Die tatsächlich vorhandene Analogie im Verlauf der Isothermen muß für die Interpretation bis auf weiteres ausreichen. Eine weitere experimentelle Nachprüfung insbesondere des Befundes an Chabasit, wonach die Sorption aufhört, wenn man in den Bereich der mit der Porengleichung erfaßbaren Porenweiten gelangt, wäre sicher sehr wertvoll.

2. Nach der angegebenen Tabelle der „Übergangspunkte" und dem Vergleichsbefund an Chabasit, sowie durch den ähnlichen Isothermenverlauf des CH_2Cl_2 ist die Vermutung berechtigt, daß an den „Übergangspunkten" tatsächlich der erste Beginn der Kapillarkondensation liegt. Es fällt auf, daß dies bei so niedrigen Werten der Porenweite der Fall ist. Infolgedessen werden notwendigerweise Zweifel an der quantitativen Richtigkeit der Porengleichung laut. Jedoch ist, wie bereits ausgeführt, an der Unveränderlichkeit der Oberflächenspannung und der Wichte bei konstanter Temperatur, solange noch ein flüssiger Zustand vorliegt, nicht zu zweifeln. Daher scheint mir in diesem Gebiet eine Vermischung der beiden Bindungsarten das Wahrscheinlichste zu sein.

3. Für die Vorausberechnung der Sorption eines anderen Dampfes ist die Kenntnis der Strukturkurve erforderlich. Man gewinnt damit die Möglichkeit, für den kapillarkondensierten Teil der Gesamtbeladung von vornherein mit Hilfe der Poren-

gleichung und mit den im ersten Teil entwickelten Diagrammen die Sorptionsgleichgewichte zu berechnen. Allerdings kann nach den Versuchsergebnissen kein Zweifel sein, daß in allen Fällen nur ein Teil der Gesamtbeladung dieser Rechnung zugänglich ist. Man wird also auch in Zukunft bei der Prüfung eines Kältemittels oder eines Sorbens besonders für größere Temperaturdifferenzen nicht um den systematischen Versuch herumkommen können.

4. Im Bereich der kleinen überbrückbaren Temperaturdifferenzen, die mindestens $n = 5$ entsprechen,. wird man die angegebenen Rechenverfahren anwenden können. Ferner ist hier mit Sicherheit vorauszusagen, daß die Wärmeabfuhr, die für reine Kapillarkondensation allgemein im Verhältnis zur Verdampfungswärme mit einem einfachen Ausdruck angegeben werden konnte, wesentlich geringer ist als bei der gemischten Sorption bzw. der Adsorption. Das liegt physikalisch daran, daß die zur Bindung der Moleküle an die Wände der Poren erforderlichen Energieabfuhren [37] bei reiner Kapillarkondensation fortfallen. Hier liegt der Grund dafür, daß die Anwendung des Silika-Gels in der Kältetechnik (Eisenbahnwagenkühlung in Amerika) sich auf solche Gebiete beschränkt hat, bei denen keine größeren Temperaturdifferenzen als $30 \cdots 35°\,\mathrm{C}$ zu überbrücken sind.

5. Um eine Übersicht über die verschiedenen Möglichkeiten bei der Aufstellung von Strukturkurven und über die hier entwickelte Anschauung zu geben, die von der Anschauung P. Kubelkas abweicht, werden nun die drei möglichen Strukturkurven auf Grund der vorliegenden Messungen und mit der gerechtfertigten Extrapolation auf den Sättigungsdruck berechnet.

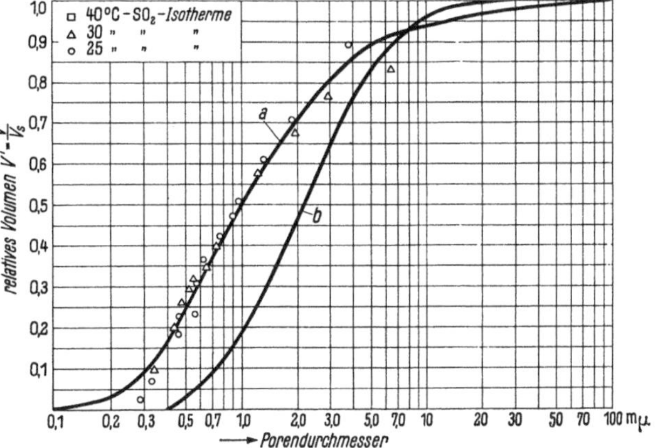

Bild 15.   Strukturkurven durch Auswertung nach P. Kubelka.
a: Strukturkurve aus Patricks 20°C-Isotherme berechnet.
b: Strukturkurve Kubelkas.

a) (Nach P. Kubelka.) Das ganze sorbierte Volum wird als kapillarverflüssigt aufgefaßt. — Die sich nach dieser Auffassung ergebenden Werte für das relative Volum $V' = V/V_s$ als Funktion von D sind in Bild 15 eingezeichnet. Man erkennt, daß eine gute Übereinstimmung vorliegt mit dem nach demselben Verfahren bestimmten Verlauf der Strukturkurve nach W. A. Patricks Erfahrungsgleichung. Dagegen besteht gegenüber P. Kubelkas Ergebnis eine erhebliche Abweichung. Gleichzeitig zeigen sich die unvermeidlichen Schwankungen der Versuchswerte. Die nach der Methode P. Kubelkas ermittelten Werte sind in Zahlentafel 13 unter a aufgeführt, und zwar getrennt für die 40°C-, 30°C-, 25°C-Isothermen.

b) Die unterkapillare Bindung gehorcht einem eigenen Gesetz, und zwar der linearen Abhängigkeit im $V, \log p$-Diagramm, bis zum Sättigungsdruck. Diese Auffassung findet ihre Berechtigung bis zu einem gewissen Grade darin, daß, wie gezeigt wurde, die Übereinstimmung der Strukturkurven P. Kubelkas bei verschiedenen Temperaturen auf eine bis zum Sättigungsdruck durchgehende unterkapillare Bindung schließen läßt. Die unterkapillare

Bindung müßte man sich als eine Adsorption vorstellen, die zu einer immer weiteren Verstärkung des adsorbierten Films führt, während gleichzeitig in den Poren des porösen Körpers eine davon unabhängige Kondensation stattfindet. Die sich daraus ergebende Bestimmung der Strukturkurve ist in Zahlentafel 13 unter b eingetragen. Die rechnerische Durchführung der Subtraktion führt zu sehr unübersichtlichen Ausdrücken. Einfacher ist die graphische Auswertung. Man entnimmt aus dem Diagramm mit Hilfe der Extrapolation des geraden Verlaufs im $V, \log p$-Diagramm die Werte für das unterkapillar „adsorbierte" Volum und subtrahiert vom Gesamtvolum. Das Restvolum ist dann der kapillar kondensierte Anteil. Dieser Anteil wird als relative Größe über dem Porendurchmesser aufgetragen (Bild 16, Kurve b).

   c) Die unterkapillare Bindung hört nach Überschreiten des „Übergangspunktes" auf. Diese Auffassung findet ihre Begründung in dem vorliegenden Versuchsergebnis über die Sorption an Chabasit. Es ist also ein konstanter Betrag von dem gesamten sorbierten Volum abzuziehen. Die Strukturkurve beginnt ebenso wie die Strukturkurve unter b bei dem „Übergangspunkt". Freilich ist es sehr fraglich und durchaus nicht gegeben, daß die unterkapillare Bindung am „Übergangspunkt" schlagartig aufhört. Aber ein Anhalt darüber, wie weit der vermutliche allmähliche Übergang sich erstreckt, kann aus den Versuchsergebnissen nicht gewonnen werden. Die rechnerische Verfolgung dieses Ansatzes würde lauten:

$$\log V = A_2 + B_2 \cdot \log\left(\frac{p}{p_s}\right) \quad \text{Gesamtsorption.} \quad (35)$$

$$V_k = V - V_{\text{unterkap.}} \quad (36)$$

$$V_k = 10^{A_2 + B_2 \cdot \log(p/p_s)} - V_{\text{unterkap.}} \quad (37)$$

$$V_{ks} = 10^{A_2} - V_{\text{unterkap.}} \quad \text{Sättigungskapillarenvolum.} \quad (38)$$

$$V_k' = \frac{V_k}{V_{ks}} = \frac{10^{A_2 + B_2 \cdot \log p/p_s} - V_u}{10^{A_2} - V_u} \quad \text{relatives Kapillarenvolum.} \quad (39)$$

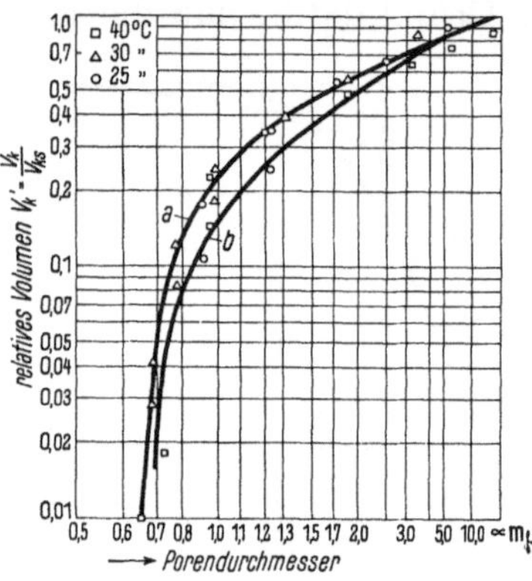

Bild 16. Strukturkurven; Auswertung durch Subtraktion der „unterkapillar" sorbierten Menge vom gesamten Sorptiv.

a: Das „unterkapillar" sorbierte Volum bleibt nach Beginn der Kapillarkondensation bis zur Sättigung unverändert (Zahlentafel 13 unter c).
b: Das „unterkapillar" sorbierte Volum steigt (im $V, \log p$-Diagramm linear) bis zur Sättigung (Zahlentafel 13 unter b).

Auch hier ist, wie ersichtlich, die Rechnung umständlich. Daher wurde ebenfalls aus dem Diagramm zahlenmäßig der Wert der Ordinate übernommen und in Zahlentafel 13 unter c mit eingetragen.

   Wie Bild 16, Kurve a zeigt, ergeben dabei die verschiedenen SO_2-Isothermen eine recht gut übereinstimmende Strukturkurve. Allerdings treten im Bereich in der Nähe der Sättigung noch immer Abweichungen auf, die wahrscheinlich darauf zurückzuführen sind, daß hier kleine Fehler bei der linearen Extrapolation des Gesamtvolums im $\log V, \log p$-Diagramm sich am stärksten auswirken.

   6. Läßt man den wärmewirtschaftlichen Gesichtspunkt außer acht, daß die Kapillarkondensation den geringsten Bedarf an Wärmezu- und -abfuhr erfordert, und sieht man ferner von dem Einfluß der Sorptionsgeschwindigkeit ab, so können nach den gemessenen Werten die für eine bestimmte Kälteleistung mit einem der vorgegebenen Kältemittel erforderlichen Mengen an Silika-Gel aus dem sorbierten Volum bestimmt werden. Dieser Vergleich ist zwar für die Praxis noch nicht ausreichend, aber er gibt doch größenordnungsmäßig das erforderliche Gewicht und

insbesondere die starken Unterschiede in der Leistungsfähigkeit der Kältemittel wieder.

Bezeichnet v' das spezifische Volum des Kältemittels (flüssig) bei der Temperatur T_0 (Verdampfung), r die Verdampfungswärme bei dieser Temperatur, so ist die im Idealfall bei einer Sorption erreichbare Kälteleistung (d. h. in einer Periode)

$$Q_0 = \frac{V \cdot r}{v'} \left(\frac{\text{kcal}}{\text{kg Sorbens}} \right). \tag{40}$$

Zahlentafel 13. Strukturkurven durch graphische Auswertung.

$t = 40°\,\text{C}, \; K_t = 0,606.$ Sättigungsvolum 0,340 cm³/g Gel.

Sättigungskapillarenvolum (b) 0,111 cm³/g Gel. Sättigungskapillarenvolum (c) 0,219 cm³/g Gel.

a) Druck . Atm.	0,101	0,217	0,308	0,433	0,535	0,747	0,934	1,5	2,0	3,0	4,0	5,0	6,0
Druckverh. . .	63	29,3	20,6	14,7	11,9	8,50	6,88	4,24	3,18	2,12	1,59	1,27	1,07
Dmr.	0,336	0,434	0,461	0,520	0,556	0,651	0,724	0,972	1,22	1,89	3,18	6,50	ca. 50
Gesamtvol. . .	0,032	0,068	0,078	0,099	0,108	0,115	0,134	0,170	0,196	0,230	0,260	0,282	0,309
V'	0,094	0,200	0,258	0,290	0,316	0,348	0,394	0,500	0,576	0,676	0,765	0,830	0,909
b) unterkap.Volum													
extrapoliert . .	0,032	0,068	0,0877	0,099	0,108	0,1185	0,132	0,154	0,167	0,185	0,198	0,208	0,207
kapill. Volum .	—	—	—	—	—	0	0,002	0,116	0,029	0,045	0,062	0,074	0,082
rel. kap. Volum	—	—	—	—	—	—	0,018	0,144	0,61	0,405	0,558	0,666	0,738
c) unterkap.Volum													
konstant . . .	0,032	0,068	0,0877	0,099	0,108	0,119	0,119	0,119	0,119	0,119	0,119	0,119	0,119
kapill. Volum .	—	—	—	—	—	—	0,113	0,049	0,075	0,109	0,139	0,161	0,188
rel..kap. Volum	—	—	—	—	—	—	0,059	0,224	0,342	0,498	0,635	0,735	0,858

$t = 30°\,\text{C}, \; K_t = 0,678.$ Sättigungsvolum 0,380 cm³/g Gel.

Sättigungskapillarenvolum (b) 0,144 cm³/g Gel. Sättigungskapillarenvolum (c) 0,250 cm³/g Gel.

a) Druck . Atm.	0,0228	0,0411	0,168	0,396	0,500	0,660	0,960	1,400	2,0	3,0
Druckverh. . .	205	113,5	27,8	14,8	9,34	7,18	4,87	3,34	2,35	1,56
Dmr.	0,294	0,331	0,470	0,580	0,695	0,771	0,982	1,31	1,89	3,46
Gesamtvol. . .	0,00984	0,0270	0,0845	0,116	0,142	0,160	0,191	0,229	0,268	0,340
V'	0,0236	0,071	0,222	0,305	0,374	0,421	0,505	0,603	0,705	0,895
b) unterkap.Volum										
extrapoliert . .	—	0,0270	0,0845	0,116	0,136	0,148	0,165	0,176	0,197	0,215
kapill. Volum .	—	—	—	—	0,006	0,012	0,026	0,051	0,07	0,125
rel. kap. Volum	—	—	—	—	0,042	0,0834	0,181	0,364	0,492	0,868
c) unterkap.Volum										
konstant . . .	—	0,0270	0,0845	0,116	0,130	0,130	0,130	0,130	0,130	0,130
kapill. Volum .	—	—	—	—	0,007	0,030	0,061	0,099	0,138	0,210
rel. kap. Volum	—	—	—	—	0,028	0,120	0,244	0,396	0,552	0,840

$t = 25°\,\text{C}, \; K_t = 0,270.$ Sättigungsvolum 0,385 cm³/g Gel.

Sättigungskapillarenvolum (b) 0,144 cm³/g Gel. Sättigungskapillarenvolum (c) 0,245 cm³/g Gel.

a) Druck . Atm.	0,0258	0,0729	0,112	0,348	0,629	1,0	1,5	2,0
Druckverh. . .	154	54,4	35,4	11,4	6,3	3,96	2,64	1,98
Dmr.	0,329	0,451	0,72	0,621	0,900	1,23	1,73	2,50
Gesamtvolum .	0,028	0,0714	0,091	0,140	0,180	0,20	0,270	0,300
V'	0,072	0,185	0,236	0,368	0,468	0,572	0,702	0,780
b) unterkap.Volum								
extrapoliert . .	0,028	0,0714	0,091	0,140	0,165	0,185	0,203	0,214
kapill. Volum V_k	—	—	—	0	0,015	0,035	0,067	0,086
rel. kap. Vol. V_k'	—	—	—	0	0,104	0,243	0,465	0,596
c) unterkap.Volum								
konstant . . .	0,028	0,0714	0,091	0,140	0,140	0,140	0,140	0,140
kapill. Volum V_k	—	—	—	0	0,040	0,080	0,130	0,160
rel. kap. Vol. V_k'	—	—	—	0	0,163	0,326	0,531	0,654

Dabei hängt V von T_0 durch das mit dem Sorptionsgleichgewicht bestimmte Druckverhältnis ab. Wollte man hypothetisch nur mit Kapillarkondensation arbeiten, so wäre nach dem vorstehenden experimentellen Befund von dem gesamten Sorptionsvolum der konstante Betrag des unterkapillaren Volums zu subtrahieren.

Zahlentafel 14 enthält eine Zusammenstellung dieser Werte für verschiedene Kältemittel.

Zahlentafel 14. Mögliche Kälteleistung bei Sorption in 1 kg technischem Silika-Gel nach den gemessenen Werten.

Beladung des leeren Sorbens bis zum Gleichgewichtsdruck.

Sorptiv	Verdampfertemperatur	NH_3	CF_2Cl_2	SO_2	CH_2Cl_2
Beladung V (flüssig) (cm^3/g Gel)	—10° C	0,32	0,204	0,205	0,140
	—15° C	0,280	0,185	0,181	0,128
	—20° C	0,238	0,164	0,159	0,102
Geleistete Kälte (kcal/kg Gel) bei einmaliger Beladung	—10° C	52,1	8,71	23,2	14,7
	—15° C	45,6	7,90	20,5	13,5
	—20° C	38,7	7,01	18,0	10,7

Sorptionstemperatur allgemein $+30°$ C.

Die Werte dieser Zahlentafel entsprechen dem hypothetischen Fall, daß das Sorbens völlig frei ist vom Sorptiv und bis zur Sättigung bei der vorgegebenen Verdampfertemperatur beladen wird. Dieser Fall wird praktisch nie verwirklicht, weil der Austreiber von T_2 (s. Bild 3) auf eine sehr hohe Temperatur erwärmt werden müßte. Dadurch fällt die Wirtschaftlichkeit sehr schnell [s. Gl. (9)]. Die Zahlen ermöglichen jedoch einen „Brutto"vergleich der verschiedenen Kältemittel hinsichtlich des erforderlichen Bedarfs an Sorbens. Man erkennt, daß NH_3 mit dem kleinsten Adsorber auskommt.

7. Der Einfluß der Sorptionsgeschwindigkeit wurde in der Arbeit nicht in Betracht gezogen. Alle Überlegungen beziehen sich auf den Idealfall des Gleichgewichts.

Wie die Arbeiten von E. Wicke [22, 44] zeigen, ist eine Klärung auf diesem Gebiet noch in der Entstehung begriffen. Daher muß der Kältetechniker noch immer den praktischen Versuch heranziehen. Die Kältemaschine von J. Amundsen (Oslo) [1] hat gezeigt, daß durch hohe Sorptionsgeschwindigkeiten, d. h. praktisch: viele Perioden/Tag, gute Leistungen erzielbar sind.

Die prinzipielle Beurteilung der Adsorptions-Kältemaschine dürfte aber nach den vorstehenden Überlegungen gegeben sein: Die wärmewirtschaftlich günstigste Art der Bindung — die Kapillarkondensation — kann nur begrenzte Temperaturdifferenzen überwinden, wie sie z. B. in der Klimatechnik vorliegen. Für diesen engen Bereich sind aber durch die Adsorptions-Kältemaschine gute Wärmeverhältnisse erreichbar.

Zusammenfassung.

Nach der Theorie der Kapillarkondensation in porösen Körpern werden „Beladungsfelder" der Adsorptionsmaschine für die Stoffpaare „fest-gasförmig" aufgestellt. Für die Aufstellung von Beladungsfeldern verschiedener Dämpfe werden einfache Rechenverfahren entwickelt.

Das Beladungsfeld gestattet zunächst für den hypothetischen Fall der „reinen" Kapillarkondensation die Anwendung ähnlich einfacher Gleichungen wie bei der

Absorptionsmaschine mit Lösungsfeld. — Die Grenzen der Anwendbarkeit dieser Gleichungen werden an Hand der Versuchsergebnisse einiger Forscher über Kapillarkondensation diskutiert.

Zur weiteren Klärung der zunächst wichtigsten offenen Frage nach der Grenze des überwindbaren Druckverhältnisses, d. h. der größten möglichen Temperaturdifferenz, werden Versuche mit technischen Stoffen durchgeführt. Nach den Versuchen tritt grundsätzlich in allen Fällen der Kapillarkondensation auch immer eine unterkapillare Bindung auf, die verschiedenen Charakter haben kann. Diese Bindung überlagert sich bei aktiver Kohle über den ganzen Druckbereich, bei Silika-Gel beschränkt sie sich überwiegend auf den Bereich, der auf der Sorptionsisotherme unter der Kapillarkondensation liegt.

In der gegenüber den verschiedenen Arten der Adsorption vergleichsweise bedeutend geringeren Bindungsenergie der Kapillarkondensation liegt ein entscheidender Grund für die Anwendung der Adsorptionsmaschine in solchen Fällen, wo die Kapillarkondensation überwiegt und keine große Temperaturdifferenz überwunden werden muß. In diesen Fällen kann von der richtigen Auswahl des Sorbens hinsichtlich der Porenweite (Entwicklung von aktiven Kohlen mit durchgehend engen Sorptionsporen, $1 \cdots 2\,m\mu$) nach den in der Arbeit entwickelten Diagrammen ein merklicher Vorteil für das Wärmeverhältnis erwartet werden.

Herrn Professor Dr.-Ing. R. Plank bin ich für sein förderndes Interesse und Herrn Direktor H. Benkert, Vorstandsmitglied der Siemens-Schuckertwerke AG., für die Erlaubnis zur Veröffentlichung von Versuchsergebnissen zu aufrichtigem Dank verpflichtet.

Schrifttum.

1. R. Plank u. J. Kuprianoff: Haushaltskältemaschinen und kleingewerbliche Kühlanlagen. Berlin: Julius Springer (1934).

2. K. Nesselmann: Die reziproke Temperaturskala. Z. ges. Kälteind. **44** (1937) S. 220.

3. K. Nesselmann: Der Einfluß thermischer Eigenschaften binärer Systeme auf das Verhalten von Absorptionsmaschinen. Z. ges. Kälteind. **41** (1934) S. 73.

4. K. Nesselmann: Die reziproke Temperaturskala. Z. ges. Kälteind. **44** (1937) S. 220.

5. E. Hückel: Adsorption und Kapillarkondensation. Leipzig (1928).

6. O. Glüh u. N. Stark: Die Adsorption. Braunschweig: Vieweg (1928).

7. A. Eucken u. E. Jaquet: Theorie der Adsorption von Gasen und Dämpfen. Berlin: Bornträger (1925).

8. J. W. McBain: The sorption of gases by solids. London: Routledge (1932).

9. The adsorption of gases by solids. A general discussion by the Faraday Society. London (1932).

10. O. Kausch: Das Kieselsäuregel und die Bleicherden. Berlin: Julius Springer (1927).

11. F. Krczil: Adsorptionstechnik. Leipzig: Steinkopff (1935).

12. R. Zsigmondy: Über die Struktur des Gels der Kieselsäure. Theorie der Entwässerung. Z. anorg. allg. Chem. **71** (1911) S. 356.

13. W. Bachmann: Über einige Bestimmungen des Hohlraumvolumens im Gel der Kieselsäure. Z. anorg. allg. Chem. **79** (1913) S. 202.

14. M. Polanyi u. K. Welke: Adsorption, Adsorptionswärme und Bindungscharakter von Schwefeldioxyd an Kohle bei geringen Belegungen. Z. phys. Chem. **132** (1928) S. 371.

15. M. Polanyi: Adsorption von Gasen (Dämpfen) durch ein festes nicht-flüchtiges Adsorbens. Verh. dtsch. phys. Ges. **18** (1916) S. 55.

16. A. Eucken: Über die Theorie der Adsorptionsvorgänge. Z. Elektrochem. **28** (1922) S. 6, 257.

17. W. Thomson (Lord Kelvin): On the equilibrium of vapour at a curved surface of liquid. Phil. Mag. (4) **42** (1871) S. 448.

18. H. v. Helmholtz: Untersuchungen über Dämpfe und Nebel, besonders über solche von Lösungen. Ann. Phys., Lpz. **27** (1886) S. 508.

19. J. S. Anderson: Die Struktur des Gels der Kieselsäure. Z. phys. Chem. **88** (1914) S. 191.

20. M. Rabinowitsch u. N. Fortunatow: Näherungsbestimmung der absoluten Größe von Poren in porösen Materialien. Z. angew. Chem. **41** (1928) S. 1222.

21. R. Zsigmondy: Über Kolloidchemie. Berlin: Julius Springer (1927).

22. E. Wicke: Empirische und theoretische Untersuchungen der Sorptionsgeschwindigkeit von Gasen in porösen Stoffen. I. Kolloid-Z. **86** (1939) S. 167.

23. P. Kubelka: Die Dampfdruckisotherme und die submikroskopische Struktur der aktiven Kohle. I. Kolloid-Z. **55** (1931) S. 129. — P. Kubelka u. M. Müller: Die Dampfdruckisotherme und die submikroskopische Struktur der aktiven Kohle. II. Kolloid-Z. **58** (1932) S. 189.

24. J. L. Shereshefsky: A study of vapor pressures in small capillaries Part I water vapor (A) lost glass capillaries I and II. J. Amer. chem. Soc. **50** (1928) S. 2966, 2980.

25. F. M. Jaeger: Über die Temperaturabhängigkeit der hochmolekularen freien Oberflächenenergie von Flüssigkeiten im Temperaturbereich von —80 bis +1650° C. Z. anorg. allg. Chem. **101** (1917) S. 1.

26. W. Sugden: Die Veränderung der Oberflächenspannung mit der Temperatur und einige verwandte Funktionen. J. chem. Soc. Lond. **125** (1924) S. 32.

27. H. Devaux: Dünne Lamellen und ihre physikalischen Eigenschaften. Kolloid-Z. **58** (1932) S. 129.

28. G. Bakker: Zur Theorie der gekrümmten Kapillarschicht. Z. phys. Chem. **80** (1912) S. 129.

29. G. Bakker: Theorie der Kapillarschicht einer Flüssigkeit in Berührung mit ihrem gesättigten Dampf. Z. phys. Chem. **104** (1923) S. 10.

30. D. Radulescu u. S. Tilenschi: Über eine diskontinuierliche stufenartige Anordnung des Dampfdruckes von kapillar adsorbierten Stoffen und über eine neue Methode der Messung des Molekulardruckmessers. Z. phys. Chem. **179** (1937) S. 210.

31. J. Eggerth u. L. Hock: Lehrbuch der physikalischen Chemie. Leipzig: Hirzel (1937) S. 292.

32. A. M. Williams: Die Adsorption des SO_2 durch Blutkohle bei —10°. Proc. roy. Soc., Edinb. **37** (1917) S. 161.

33. D. u. F. Radulescu: Über die Eigenschaften paucimolekularer Flüssigkeitsschichten. Kolloid-Z. **87** (1939) S. 241.

34. H. A. Stuart: Molekülstruktur. Berlin: Julius Springer (1934).

35. W. A. Patrick: Zsigmondy-Festschrift: Kapillare Adsorption. Kolloid-Z. **36** (1925) S. 272.

36. J. McGavack u. W. A. Patrick: Die Adsorption von Schwefeldioxyd durch das Gel der Kieselsäure. J. Amer. chem. Soc. **42** (1920) S. 946.

37. M. Polanyi u. K. Welke: Adsorption, Adsorptionswärme und Bindungscharakter von Schwefeldioxyd an Kohle bei geringen Belegungen. Z. phys. Chem Abt. A **132** (1928) S. 371.

38. F. Henning: Wärmetechnische Richtwerte. Im Auftrage der Physikalisch-Technischen Reichsanstalt. Berlin: VDI-Verlag (1939).

39. G. F. Hüttig: Die verschiedenartigen Bindungen des Wassers mit besonderer Berücksichtigung der osmotischen Bindung in Gelen (Oxydhydrate und aktive Oxyde). Kolloid-Z. **58** (1932) S. 44.

40. H. Freundlich: Kapillarchemie. 4. Aufl. Berlin: Akad. Verlagsges. (1932).

41. O. Schmidt: Experimentelle Beiträge zur Theorie der Sorption (2. Mittlg. über den Mechanismus der heterogenen Katalyse). Z. phys. Chem. **133** (1928) S. 263.

42. G. F. Hüttig u. K. Toischer: Beiträge zur Kenntnis der Oxydhydrate. XXIX. Vergleiche und gegenseitige Untersuchungen der nach den verschiedenen Methoden erhaltenen Angaben über den Wasserdampfdruck fester und flüssiger Bodenkörper. Kolloidchem. Beih. **31** (1930) S. 347.

43. J. W. McBain u. A. M. Bakr: A new sorption balance. J. Amer. chem. Soc. **48** (1926) S. 690.

44. E. Wicke: Empirische und theoretische Untersuchungen der Sorptionsgeschwindigkeit von Gasen in porösen Stoffen. II. Kolloid-Z. **86** (1939) S. 295.

Untersuchungen über den Werkstoffübergang im Schweißbogen.

Von **Horst Pflug** und **Rudolf Seeliger**.

Mit 14 Bildern.

Mitteilung aus dem Schweißlaboratorium der Abteilung Industrie der Siemens-Schuckertwerke AG zu Siemensstadt und dem Physikalischen Institut der Universität Greifswald.

Eingegangen am 21. Februar 1941.

Inhaltsübersicht.

I. Einleitung.

1. Das Verfahren der elektrischen Lichtbogenschweißung beruht bekanntlich darauf, daß durch einen Lichtbogen zwischen einer drahtförmigen „Elektrode" und dem „Werkstück" die Elektrode bis über den Schmelzpunkt erhitzt wird, Elektrodensubstanz auf das Werkstück übergeht und dort mit dem ebenfalls schmelzflüssigen Werkstückteil sich vermischt und gemeinsam erstarrt. Sehen wir ab von Fällen besonderer Art, wie sie z. B. beim Überkopfschweißen vorliegen, und von Komplikationen, wie sie wahrscheinlich bei ummantelten Elektroden eine Rolle spielen, beschränken wir uns also auf Anordnungen, bei denen das Werkstück unterhalb der Elektrode liegt, und auf blanke (nichtummantelte) Elektroden, so scheint die Sachlage, soweit es sich nur um den Vorgang des Werkstoffübergangs handelt, recht einfach zu sein: Wir werden uns vorzustellen haben, daß zwar ein Teil der die Elektrode verlassenden Substanz durch Verspritzen, Verdampfen oder Verbrennen verlorengeht, daß aber der Hauptteil in flüssiger Form ähnlich etwa wie von einer Siegellackstange auf das Werkstück herabfließt oder herabtropft.

Versuchen wir nun aber, diesen Vorgang genauer zu analysieren, d. h. ihn in seine Komponenten aufzulösen und dann Beziehungen herzustellen zu irgendwelchen physikalisch faßbaren Eigenschaften des Elektrodenmaterials oder zu Eigenschaften, die man in der Praxis als Schweißeigenschaften bezeichnet, so sehen wir uns sogleich vor eine ganze Reihe von Fragen gestellt, zu deren Beantwortung zunächst kaum Ansatzmöglichkeiten gegeben zu sein scheinen. Es ist sehr aufschlußreich und beleuchtet vielleicht am eindringlichsten die ganze Sachlage, daraufhin das Programm der „Grundlegenden Forschungsprobleme des Schweißens" anzusehen, das vom Fundamental Research Committee des American Bureau of Welding aufgestellt worden ist. Dieses Programm ist allerdings so umfangreich, daß an seine Erledigung in absehbarer Zeit kaum zu denken ist.

Unter diesen Umständen ist es unerläßlich, die Problemstellungen von vornherein bewußt zu vereinfachen und zu spezialisieren, wenn man überhaupt einen Fortschritt erzielen will. Wir wollen deshalb insbesondere alle Faktoren metallurgischer Art, die auf die Güte der Schweißung natürlich an sich von maßgebendem Einfluß sind, unbeachtet lassen und uns beschränken auf den sozusagen rein physikalischen Teil der Angelegenheit, bei dem es sich nur um Messungen über den Ablauf des Werkstoffübergangs selbst und um Folgerungen daraus handelt. Auch dann liegen die Dinge, wie wir sehen werden, noch reichlich kompliziert, aber wir haben es doch wenigstens mit einer festumrissenen Aufgabenstellung zu tun, und wir finden auch im Schrifttum sehr nützliche Vorarbeiten, an die wir unmittelbar anschließen können.

Von grundsätzlicher Bedeutung ist unter den hier bisher erarbeiteten Erkenntnissen [1][1]) die, daß der Werkstoffübergang in einzelnen, periodisch aufeinanderfolgenden Schüben erfolgt derart, daß die abfließende Elektrodensubstanz den Abstand zwischen Elektrode und Werkstück überbrückt und einen Kurzschluß verursacht, daß

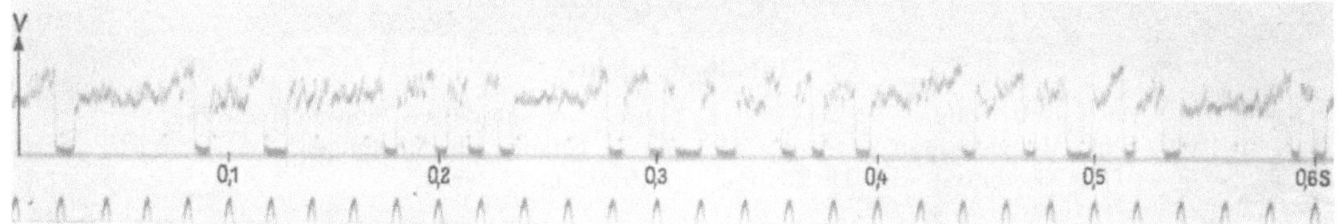

Bild 1. Ausschnitt aus einem Spannungsoszillogramm.

dann die Kurzschlußbrücke zerstört wird und der Bogen von neuem zündet, worauf das ganze Spiel sich wiederholt. Natürlich kann man bei den üblichen Schweißstromstärken, die zwischen etwa 50 und 300 A liegen, die Bogenlänge auch so groß wählen, daß freier Tropfenfall stattfindet. Unter den Bedingungen jedoch, die praktisch in Betracht kommen, d. h. die der Schweißer hinsichtlich der Bogenlänge innehalten muß zur Erzielung einer technisch brauchbaren Schweißung, erfolgt der Werkstoffübergang in der geschilderten Form. Bild 1 zeigt dies an einem Oszillogramm, das wir unter derartigen Bedingungen aufgenommen haben, und das sehr deutlich die einzelnen Kurzschlüsse erkennen läßt.

Ohne schon auf Einzelheiten einzugehen, übernehmen wir zunächst das folgende Bild, das lediglich beschreibend den Vorgang des Werkstoffübergangs wiedergeben soll[2]):

Die gesamte Schweißzeit setzt sich zusammen aus den einzelnen „Tropfenperioden", deren jede unmittelbar an die vorhergehende anschließt und in periodischer Wiederholung im Mittel die Dauer T hat. Diese „Periodendauer" T setzt sich zusammen aus einer „Heizzeit" t_h und aus einer „Kurzschlußzeit" t_k ($T = t_h + t_k$). Während der Heizzeit wird eine bestimmte Menge der Elektrodensubstanz aufgeschmolzen und es bildet sich ein hängender Tropfen von zunehmender Größe; am Ende der Heizzeit = Beginn der Kurzschlußzeit hat der Tropfen den Abstand zwischen Elektrode und Werkstück überbrückt, es findet ein Kurzschluß statt, worauf die Kurzschlußbrücke zerstört wird, der Bogen wieder zündet und der ganze Vorgang von neuem beginnt. $1/T = \delta$ ist also die Zahl der Kurzschlüsse bzw. Werkstoff-

---

[1]) Die eingeklammerten schrägen Zahlen beziehen sich auf das Schrifttum am Schluß der Arbeit.

[2]) Wir schließen uns dabei fast durchweg an die übliche Bezeichnungsweise an, übernehmen also insbesondere das Wort „Tropfen", obwohl es sich hier natürlich keineswegs um voll ausgebildete oder frei fallende Tropfen im Sinne der klassischen Kapillaritätstheorie handelt.

übergänge in 1 s („Tropfenfrequenz"); mit ε bezeichnen wir die relative Heizzeit t_h/T, mit ε' die relative Kurzschlußzeit t_k/T. Die sekundlich auf das Werkstück übergehende Elektrodenmenge (g/s) M — die später noch genauer definiert werden wird — nennen wir kurz die „Auftragsleistung"; die in einer Periode übergehende Menge $G = M/\delta = M \cdot T$ bezeichnen wir als „Tropfengewicht". Bemerkt sei noch, daß alle genannten Größen natürlich nur Mittelwerte sind, um die in einem zum Teil recht erheblichen Streubereich die Einzelwerte verteilt sind.

Es ist nun gelungen, mit dem eben gezeichneten Bild ebenso einfache wie anschauliche theoretische Vorstellungen zu verbinden [2]. Der Grundgedanke war dabei der, daß während der Heizzeit von der Stirnfläche der Elektrode aus eine Wärmewelle nach den Ansätzen der klassischen Wärmeleittheorie in die Elektrode eindringt, und daß jedesmal höchstens der Teil der Elektrode abschmelzen kann, dessen Temperatur bis zum Schmelzpunkt erhöht worden ist. Unter plausiblen Annahmen über die Rand- und Anfangsbedingungen des einschlägigen Wärmeleitproblems kann man dann die Auftragsleistung berechnen, d. h. man kann sie darstellen als eine Funktion von δ und ε. Insbesondere über die Größen δ und ε kann jedoch die Theorie, die rein thermisch ist, ohne weitere Zusatzhypothesen nichts aussagen. Diese beiden (oder mit ihnen äquivalente) Größen müssen also als bekannt vorausgesetzt werden; damit sind bereits die Grenzen aller Aussagen gekennzeichnet, die man aus dieser Theorie überhaupt ableiten kann.

2. Die einzelnen handelsüblichen Elektrodentypen weisen verschiedene „Schweißeigenschaften" auf. Sie unterscheiden sich im wesentlichen — wenn wir auch hier von ummantelten Elektroden mit ihren durch die Dicke und den Aufbau der Ummantelung ermöglichten vielfältigen Variationsmöglichkeiten absehen und uns auf blanke Elektroden beschränken — durch die Zusammensetzung der Elektrodensubstanz (Gehalt an Zusätzen zum Eisen) und durch die Art der Herstellung (z. B. blank gezogen oder gekalkt), die insbesondere eine verschiedene Oberflächenbeschaffenheit bedingt. Was jedoch unter den Schweißeigenschaften zu verstehen ist und wie sie überhaupt eindeutig faßbar festgelegt werden können, ist eine recht schwierige Frage. Denn man darf nicht vergessen, daß das Schweißen an sich stets eine mehr oder weniger subjektive Angelegenheit ist und Methoden zu einer objektiven Erfassung der Schweißeigenschaften vielfach noch fehlen. So z. B. ist es zur Zeit noch nicht möglich, Begriffe wie Kletterfähigkeit oder Eignung zum Überkopfschweißen zu beschreiben etwa durch die Angabe einer Kennzahl, wie dies bei physikalischen Eigenschaften der Fall ist.

Diesen „subjektiven" Schweißeigenschaften kann man jedoch andere gegenüberstellen, die man als „objektive" bezeichnen könnte, und vorläufig können naturgemäß allein derartige Eigenschaften Gegenstand physikalisch orientierter Messungen sein. Im Rahmen der in Abschnitt 1 entwickelten Vorstellungen kommen nun als kennzeichnend für eine Elektrode nur in Betracht die Tropfenfrequenz δ, die relative Heizzeit ε und die Auftragsleistung M bzw. das Tropfengewicht G. Ob und wieweit sie genügen, um die Elektrode zu charakterisieren, ist natürlich von vornherein nicht zu sagen; die wichtigste Aufgabe wird aber jedenfalls sein müssen, diese drei Größen quantitativ zu bestimmen.

Wir haben uns im folgenden beschränkt auf die Untersuchung von zwei handelsüblichen Elektroden, für die wir aus praktischen Erfahrungen von vornherein größere Unterschiede in den obengenannten drei Größen erwarten konnten.

II. Meßverfahren.

3. Ehe wir auf die Durchführung der Messungen selbst eingehen, müssen wir noch die Versuchsbedingungen festlegen, unter denen überhaupt vergleichbare Messungen der genannten Kenngrößen möglich sind. Gleiche Dicke der zu vergleichenden Elektroden vorausgesetzt, hängen δ, ε und M nämlich nicht nur von der Stromstärke, sondern noch von einer ganzen Reihe anderer Faktoren ab, von denen der wichtigste naturgemäß die „Bogenlänge" ist. Aber leider ist es nicht nur praktisch, sondern auch grundsätzlich kaum möglich, die „Bogenlänge" zu bestimmen. Wie schon die visuelle Betrachtung des stark vergrößerten Bildes eines Schweißbogens zeigt, spielen sich an der Elektrode und am schmelzflüssigen Teil des Werkstücks äußerst turbulente Vorgänge ab, so daß die Form der metallischen Oberflächen, zwischen denen der Werkstoffübergang stattfindet, sehr rasch und scheinbar regellos sich ändert. Zeitlupenaufnahmen und photographische Aufnahmen mit einer von G. Stolberg für diesen Zweck entwickelten Anordnung, die synchronisierte Bilder, d. h. Bilder jeweils zu bestimmten Zeiten nach dem Durchbrennen eines Kurzschlusses lieferte, ergeben derart unregelmäßige Formen des Elektrodenendes und der Oberfläche des auf dem Werkstück aufgeschmolzenen Bades, daß die Festlegung charakteristischer Abstände (z. B. als absolut kürzester Abstand oder als kürzester senkrechter Abstand) wenn überhaupt, so nur in sehr willkürlicher Weise möglich wäre.

Wir haben deshalb als eine mit der Bogenlänge äquivalente Vergleichsgröße stets die „Schweißspannung" E_s benutzt. Ihre physikalische Bedeutung ist die des zeitlichen Mittelwertes der am Bogen liegenden Spannung, und zwar gemittelt über die gesamte Versuchszeit, d. h. also einschließlich der Kurzschlußzeiten. Die mittlere „Bogenbrennspannung" E_b ist natürlich verschieden von E_s und stets größer (vgl. das schematische Bild 2). Der Zusammenhang zwischen den beiden Größen E_s und E_b ergibt sich aus folgender Überlegung: Ist die momentane am Bogen liegende Spannung e, so ist:

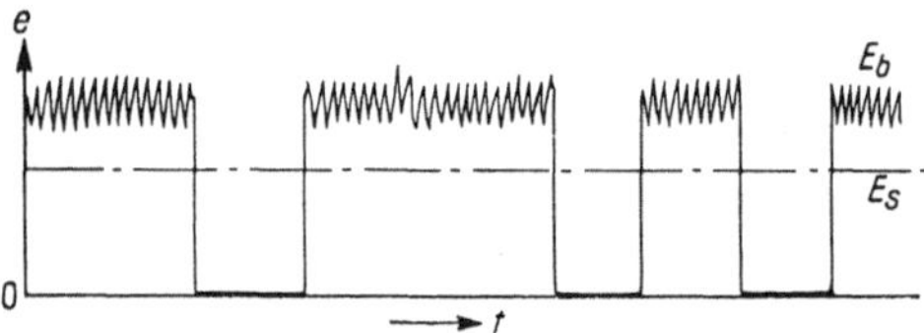

Bild 2. Zur Erklärung von Schweißspannung und mittlerer Bogenbrennspannung.

$$E_s = \frac{1}{T} \int\limits_0^T e\,dt\,.$$

$$E_b = \frac{1}{t_h} \int\limits_0^{t_h} e\,dt = \frac{1}{t_h} \int\limits_0^T e\,dt\,.$$

Daraus folgt

$$E_b = E_s\,\frac{T}{t_h} = \frac{E_s}{\varepsilon}\,.$$

Man kann also E_b errechnen aus den gemessenen E_s und ε. Bemerkt sei noch, daß die zwischen dem Elektrodenende und dem gegenüberliegenden Werkstückteil liegenden Spannungen E_s bzw. E_b, denen eine unmittelbare physikalische Bedeutung zukommt, etwas kleiner sind als die entsprechenden Spannungswerte zwischen den Anschlußklemmen, weil der ohmsche Spannungsabfall insbesondere in der Elektrode nicht zu vernachlässigen ist. Hierauf ist natürlich zu achten und an den gemessenen Spannungswerten gegebenenfalls eine Korrektion anzubringen.

Um vergleichbare Versuchsbedingungen bei der Untersuchung verschiedener Elektroden zu schaffen, muß man aber noch auf die Konstanthaltung einiger anderer Faktoren achten. Dazu gehört die sog. „Schweißgeschwindigkeit", d. h. die Geschwindigkeit, mit der die Elektrode über das Werkstück bewegt wird, und ferner nicht nur — was selbstverständlich ist — die Polung der Elektrode, sondern auch die Anordnung der Stromzuführung zur Elektrode und zum Werkstück. Hierauf ist zu achten, weil insbesondere die elektrodynamischen Blaswirkungen auf den Bogen davon abhängen. Wir haben deshalb stets die in Bild 3 schematisch gezeichnete Anordnung benutzt. Die Elektrode war immer Kathode (negative Polung), die mittlere Stromstärke wurde bei allen Messungen auf 160 A gehalten, die Schweißgeschwindigkeit betrug 15 cm/min = 0,25 cm/s. Es wurden Auftragsschweißungen vorgenommen auf Eisenblechstreifen von etwa 45 cm Länge, 5 cm Breite und 1 cm Dicke.

4. Vorbedingung für reproduzierbare und auswertbare Messungen an Schweißbogen ist die Automatisierung des Elektrodennachschubs. Sie läßt sich erzielen mit einem Schweißautomaten, der zugleich eine konstante Schweißgeschwindigkeit verbürgt. Den Reglerstellungen des Automaten sind eindeutig die Schweißspannungen zugeordnet, die mit einem Voltminutenzähler gemessen wurden. Zur Kontrolle der Angaben des Voltminutenzählers haben wir in Testversuchen graphisch die Schweißspannung aus Oszillogrammen bestimmt, die mit hinreichend großer Papiergeschwindigkeit aufgenommen wurden.

Die S. 173 erwähnte Auftragsleistung M (die mit dem Tropfengewicht G zusammenhängt durch $G = M/\delta$) geben wir an in g/s, und zwar bezogen nicht auf die Stromeinheit, sondern sogleich auf die stets benutzte Stromstärke von 160 A. Da die

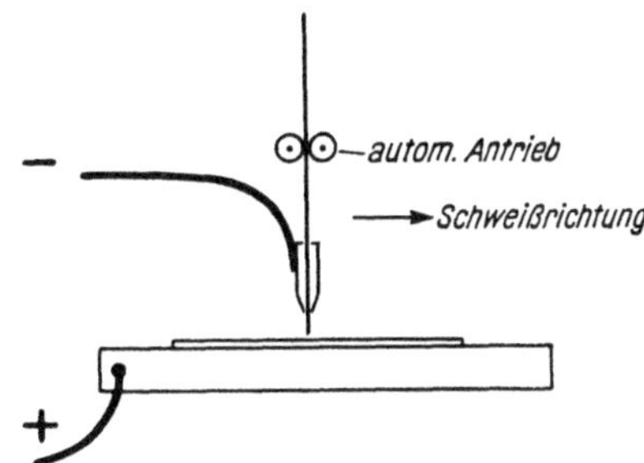

Bild 3. Versuchsanordnung.

Elektrode jedoch Substanz verliert nicht nur durch die uns hier allein interessierenden Tropfen oder genauer gesagt kompakten Materialübergänge während der Kurzschlußzeiten, sondern auch durch Verdampfen, Verspritzen und Verbrennen, kann man M nicht einfach erhalten durch eine Bestimmung ihres Brutto-Substanzverlustes. Bezeichnen wir diesen mit $\overline{M}$, so ist $\overline{M} = M + M_v$, wo M_v die genannten Verluste umfaßt und immerhin mit etwa 10% an $\overline{M}$ beteiligt ist. Wir sind zur Bestimmung von M so vorgegangen, daß wir den Blechstreifen, auf dem die Auftragsraupe entsteht, vor und nach dem Schweißversuch gewogen haben, nachdem alle Spritzer u. dgl. mit einer Drahtbürste vorsichtig entfernt worden waren. In M sind dann enthalten nur noch die Spritzer usw., die unmittelbar in den jeweils noch schmelzflüssigen Raupenteil hineingeschleudert worden sind, und diese können unbedenklich vernachlässigt werden. Man muß übrigens auch bei der Bestimmung von $\overline{M}$ vorsichtig sein, weil sich aus der Längenabnahme des Elektrodenstabes wegen der Unregelmäßigkeiten in der Dicke und im spezifischen Gewicht der handelsüblichen Elektroden keine genauen Werte entnehmen lassen. Wir haben deshalb auch $\overline{M}$ stets durch Wägungen vor und nach dem Schweißversuch bestimmt. Bild 4 zeigt die Streuung der $\overline{M}$- und M-Werte und den Verlauf der Ausgleichskurven. (Auf die Bedeutung der schraffierten „subjektiven Schweißspannungszone" kommen wir in Teil IV noch zurück.)

Die größten Schwierigkeiten bot naturgemäß die Bestimmung der Größen δ und ε' bzw. $\varepsilon = 1 - \varepsilon'$ und erforderte die Ausarbeitung neuer Methoden. Grundsätzlich kann man zwar aus einem Oszillogramm der bereits in Bild 1 gezeigten Art $\delta =$ Tropfenfrequenz und $\varepsilon' =$ relative Kurzschlußzeit entnehmen, aber praktisch ist dies nicht durchweg durchführbar, weil man bei jedem Versuch über Zeiten mitteln müßte, die sehr viele Kurzschlüsse enthalten. Wir haben deshalb zwei neuartige Meßgeräte zur Bestimmung von δ und ε' benutzt, die schon vor längerer Zeit von G. Stolberg für diesen Zweck entwickelt worden waren und a. a. O. beschrieben werden. Zur Kontrolle haben wir δ und ε' einerseits durch die Ausmessung von Oszillogrammen und andererseits mit Hilfe dieser Geräte bestimmt; es ergab sich dabei eine vorzügliche Übereinstimmung. Wie schon erwähnt, sind δ und ε' statistische Mittelwerte, die von den benutzten Geräten unmittelbar geliefert werden. Zur Veranschaulichung der Streu-

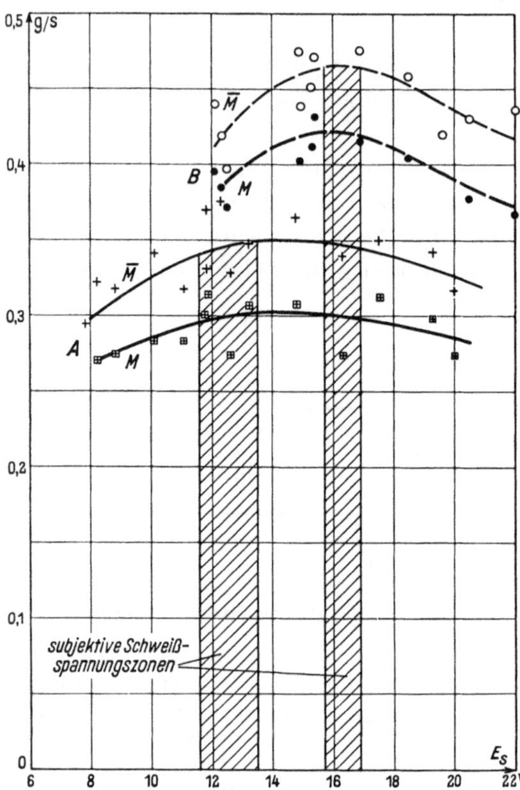

Bild 4. Streuung und Ausgleichskurven für die sekundlichen Abschmelzmengen $\overline{M}$ und Auftragsmengen M.

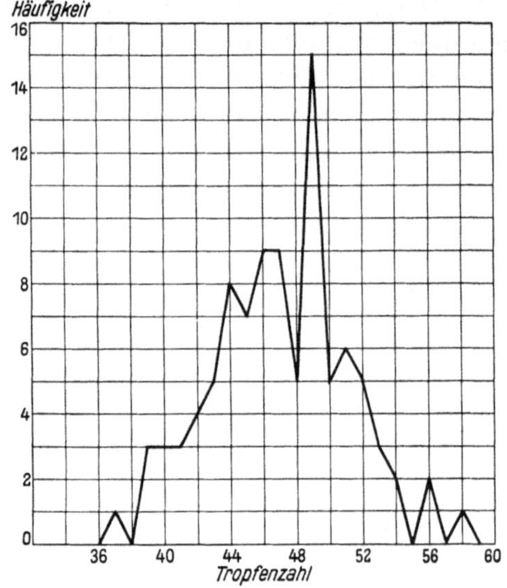

Bild 5. Verteilung der Tropfenzahlen (Auswertung eines Oszillogramms).

ung der Einzelwerte geben wir in Bild 5 noch die Auswertung eines Oszillogramms in der üblichen Darstellungsweise, und zwar für δ; analog liegen die Dinge natürlich für ε'. Es ist daran von Interesse die trotz der Verwendung des Schweißautomaten für den Elektrodennachschub sehr erhebliche Breite des Streubereiches, der sich immerhin über rund $\pm 25\%$ des Mittelwertes erstreckt.

III. Ergebnisse und Diskussion.

5. Wie bereits S. 173 erwähnt, haben wir zwei ausgewählte Elektroden untersucht, die mit A und B bezeichnet seien. Beide Elektroden hatten einen Durchmesser von 4 mm und wurden ohne jede Vorbereitung in der handelsüblichen Form verwendet. Die chemische Zusammensetzung der Elektroden ist laut Analysenbefund die folgende:

	% C	% Mn	% Si	% P bzw. S
Elektrode A =	0,05 ⋯ 0,07	0,4 ⋯ 0,5	0,00	< 0,03
Elektrode B =	0,09 ⋯ 0,13	0,6 ⋯ 0,75	0,02	< 0,03

Bemerkt sei dazu noch ergänzend, daß die Elektrode A nicht geglüht ist und eine glatte Oberfläche hat, während die Elektrode B nach dem Ziehen geglüht wurde.

Wir geben zunächst eine zusammenfassende Darstellung der Ergebnisse unserer Messungen in ausgeglichenen Schaulinien. Sie zeigen in den Bildern 6 ··· 10 die Größen δ, ε bzw. ε', T, t_h, t_k, G und E_b in Abhängigkeit von der Schweißspannung E_s. (Auch hier sind bereits die subjektiven Schweißspannungszonen eingetragen, auf deren Bedeutung wir erst in Teil IV eingehen werden.) Um die Übersicht zu erleichtern, erinnern wir nochmals an die Bedeutung der dargestellten Größen und an die zwischen ihnen bestehenden Beziehungen.

Durch die Messungen werden erhalten:

$$\delta = \text{Tropfenfrequenz (s}^{-1}),$$
$$\varepsilon = 1 - \varepsilon' = \text{relative Heizzeit,}$$
$$\varepsilon' = \text{relative Kurzschlußzeit,}$$
$$M = \text{Auftragsleistung (g/s).}$$

Errechnet werden daraus:

$$t_h = \text{Heizzeit} = \varepsilon/\delta \; \text{(s)},$$
$$t_k = \text{Kurzschlußzeit} = \frac{\varepsilon'}{\delta} = \frac{1-\varepsilon}{\delta} \; \text{(s)},$$
$$T = \text{Periodendauer} = t_h + t_k = 1/\delta \; \text{(s)},$$
$$G = \text{Tropfengewicht} = \frac{M}{\delta} \; \text{(g)},$$
$$E_b = \text{Bogenbrennspannung} = \left(\frac{E_s}{\varepsilon}\right) \text{(V)}.$$

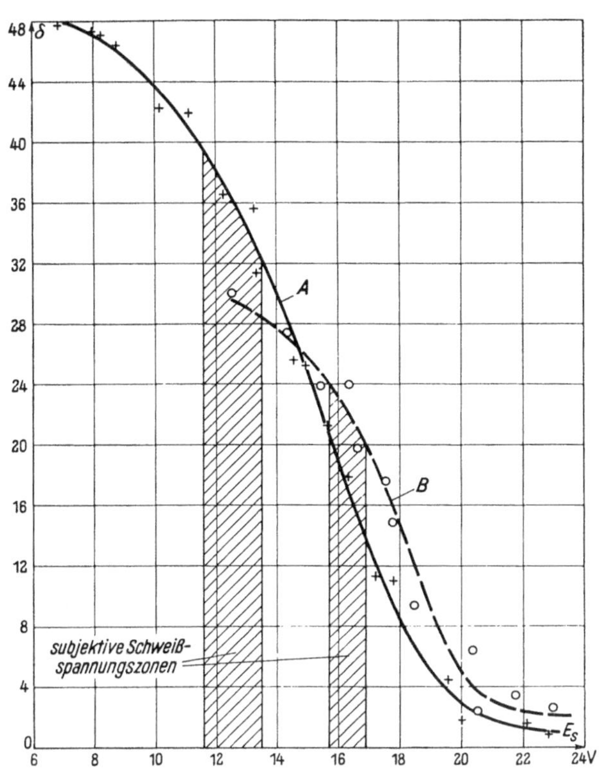

Bild 6. Sekundliche Tropfenzahlen δ in Abhängigkeit von der Schweißspannung E_s.

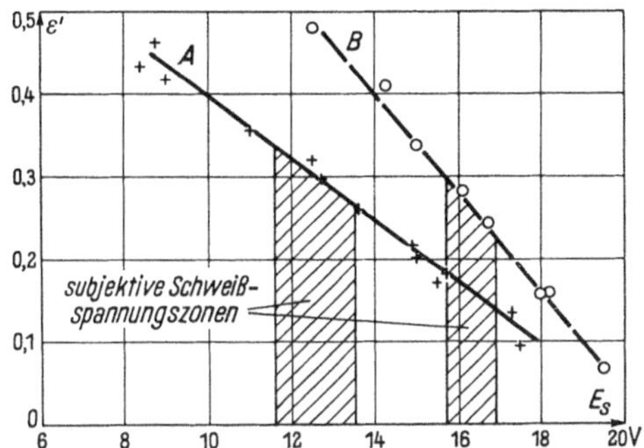

Bild 7. Rel. Kurzschlußzeit $= t_k/T = \varepsilon'$ in Abhängigkeit von der Schweißspannung E_s.

6. Aus den Schaubildern könnten wir unmittelbar die Bestätigung für die Richtigkeit einiger Folgerungen ableiten, die sich aus dem in Teil I skizzierten Bild vom Werkstoffübergang ergeben. Solche Folgerungen, wie z. B. die, daß mit abnehmendem E_s, also mit abnehmendem Abstand der Elektrode vom Werkstück, δ zunimmt u. dgl., hat schon A. v. Engel gezogen; es ist deshalb nicht nötig, im einzelnen darauf einzugehen. Da wir aus den S. 174 erwähnten Gründen den quantitativen Zusammenhang zwischen der Schweißspannung E_s und dem mittleren Abstand Elektrode—Werkstück nicht kennen, sondern nur wissen, daß mit zunehmendem E_s auch der letztere zunimmt, können die Folgerungen solcher Art allerdings nur qualitative sein. Zum Teil allerdings können wir uns von dieser Unbestimmtheit freimachen dadurch, daß wir als Bezugsgröße nicht E_s benutzen, sondern z. B. δ bzw. T, und dann könnten wir unsere so umgezeichneten Schaulinien zu einem unmittelbaren Vergleich mit den entsprechenden bei A. v. Engel heranziehen. Bei der breiten Variationsmöglichkeit der den Rechnungen von A. v. Engel zugrunde liegenden

Annahmen und ihrer weitgehenden Schematisierung werden wir aber nur eine Übereinstimmung in großen Zügen erwarten können. Es ist deshalb kaum von Interesse,
hierauf näher einzugehen. Lediglich auf
einen Punkt sei in diesem Zusammen-

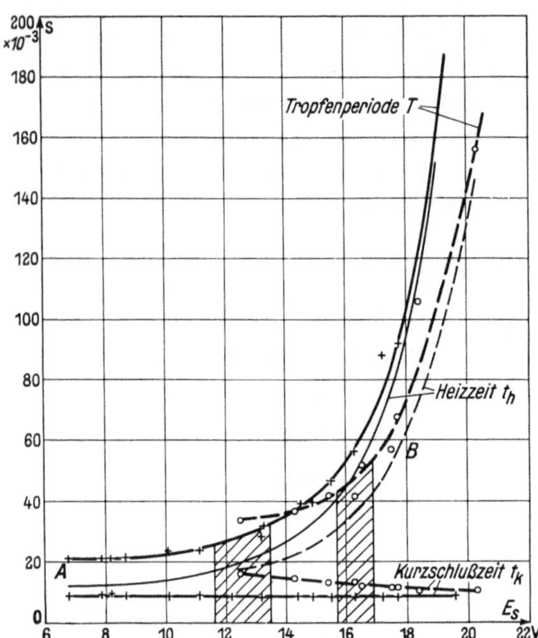

Bild 8. Dauer einer Tropfenperiode $T = 1/\delta$ und Kurz-
schlußzeit $t_k = T \cdot \varepsilon'$ und Heizzeit $t_h = T \cdot \varepsilon$ in Abhängigkeit von der Schweißspannung E_s.

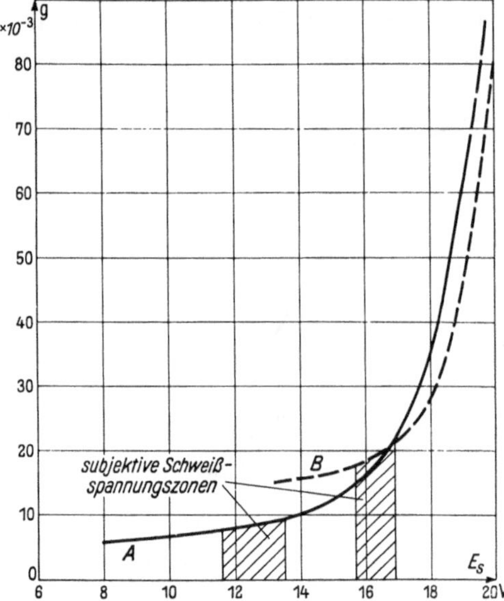

Bild 9. Tropfengewicht G in Abhängigkeit
von der Schweißspannung E_s.

hang hingewiesen. Wenn wir aus den Bildern 8 und 9 das Tropfengewicht G auf-
tragen in Abhängigkeit von der Heizzeit t_h, erhalten wir die in Bild 11 eingetragenen Kurven. Es steigt also G
mit t_h wesentlich steiler an, als es bei
einer Proportionalität mit $\sqrt{t_h}$ zu er-

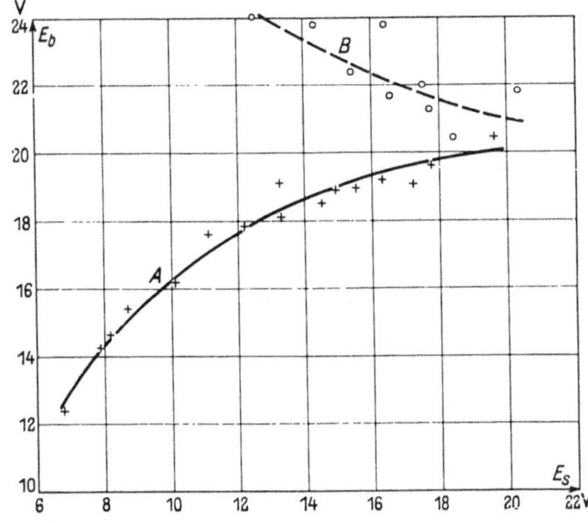

Bild 10. Bogenbrennspannungen E_b in Abhängigkeit von der Schweißspannung E_s.

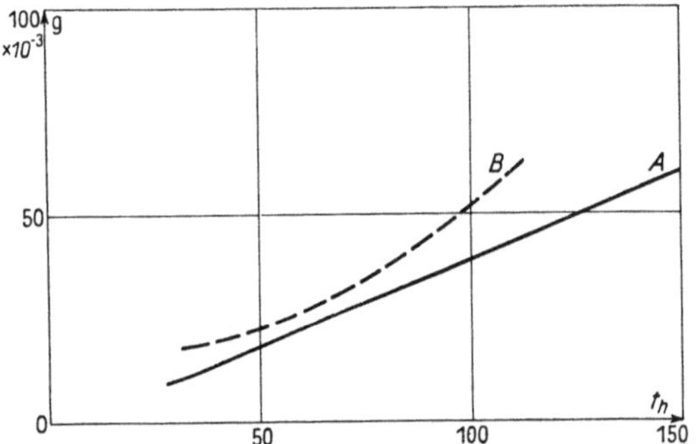

Bild 11. Tropfengewicht G in Abhängigkeit
von der Heizzeit t_h.

warten wäre, wie dies nach A. v. Engel für eine ebene Wärmewelle der Fall sein
sollte. Diese Diskrepanz zwischen Theorie und Meßergebnis ist natürlich an sich
nicht weiter verwunderlich; aber es ist bemerkenswert, daß G fast linear mit t_h selbst

ansteigt. Denn es liegt nun nahe, anzunehmen, daß eine fast gleichförmige Aufheizung des ganzen unteren Elektrodenendes durch den Bogen stattfindet, und daß dem ein Klettern der Bogenansatzstelle zugrunde liegt. Für die Bewertung der theoretischen Ansätze von A. v. Engel sind derartige Möglichkeiten natürlich wertvoll im Sinn einer (schon S. 177 angedeuteten) kritischen Betrachtungsweise. Sie eröffnen zudem Möglichkeiten zum Verständnis mancher Erfahrungen, die wir gelegentlich sammeln konnten. So haben z. B. wir gefunden, daß durch einen Kadmiumzusatz zu den Elektroden die G-Werte stark vergrößert, nämlich fast verdoppelt werden, und dies würde sich nun zwanglos durch ein stärkeres Klettern des Bogens an Cd-haltigen Elektroden verstehen lassen.

Wir können aber aus dem in den Schaubildern niedergelegten Material noch einige Schlüsse ziehen, die über bisher Bekanntes hinausgehen und geeignet sind, hypothetische Annahmen zu stützen, für die man vordem keine überzeugenden Beweisgründe hatte. Wie Bild 8 zeigt, ist die Kurzschlußzeit t_k im Gegensatz zur Heizzeit t_h nur sehr wenig abhängig von E_s (d. h. von der Bogenlänge); sie kann jedenfalls in erster Näherung als praktisch unabhängig von den Versuchsbedingungen (etwa um $2 \cdot 10^{-2}$ s liegend) angenommen werden. Wenn man aus diesem Ergebnis schließen darf, daß das Durchbrennen der Kurzschlußbrücke ein Vorgang ist, der vorwiegend bewirkt wird durch einen gewaltsamen äußeren Eingriff, so würde man damit eine Bestätigung für die übliche Annahme sehen können, die den Pinch-Effekt und die Joule-Wärme für das Durchbrennen der Kurzschlußbrücke verantwortlich macht.

Eine weitere Folgerung aus unseren Schaulinien ist vielleicht daraus zu entnehmen, daß G bzw. t_h und T mit abnehmendem E_s nicht gegen den Wert Null, sondern gegen einen konstanten Endwert zu streben scheinen. Dies kann darauf hindeuten, daß dem bisher von uns angenommenen Übergangsmechanismus bei kleinen Bogenlängen noch andere Effekte überlagert sind und zur Geltung kommen, wie z. B. eine Berührung und ein Abziehen des schmelzflüssigen Materials zwischen Elektrode und Werkstück infolge der Wallungen der Oberflächen u. dgl.

Eines besonderen Hinweises wert ist aber vor allem noch die folgende Überlegung, weil sie zu einer kritischen Beurteilung des Geltungsbereiches unserer Schaulinie führt. Es steigen nämlich nach Bild 9 die Tropfengewichte G mit zunehmendem E_s dauernd und sogar mit zunehmender Steilheit an, ohne irgendeine Andeutung dafür, daß sie sich einem oberen Grenzwert nähern. Andererseits jedoch muß man annehmen, daß man mit zunehmendem Abstand der Elektrode vom Werkstück in ein Gebiet kommt, in dem frei fallende Tropfen auftreten, daß endlich nur noch derartige Tropfen vorhanden sind, und daß G deren Gewichtswert jedenfalls nicht überschreiten kann. Wir werden deshalb zu der Vermutung gedrängt, daß unsere Schaulinien in Bild 9 — und Analoges gilt natürlich für die übrigen Schaulinien — jedenfalls nicht bis hinauf zu beliebig großen Schweißspannungen so gedeutet werden können, wie wir dies bisher getan haben. Zu beurteilen, bei welchem E_s die Grenze liegt, an die sich nach kleineren E_s-Werten hin dann natürlich noch ein „Mischgebiet" mit teils Kurzschlußübergängen und teils frei fallenden Tropfen anschließen wird, ist allerdings nicht einfach; wir werden darauf in Abschn. V, 10 noch zurückkommen.

12*

IV. Die subjektive Schweißspannung.

7. Aus den Bildern 6 $\cdots$ 10, in denen das gesamte uns zur Verfügung stehende experimentelle Material zusammengefaßt ist, konnten wir zwar bereits einige Folgerungen ziehen. Wir können aus ihnen aber noch keinen Hinweis entnehmen zur Beantwortung der uns eigentlich interessierenden Fragestellung, ob sich die praktisch festgestellte Verschiedenheit der beiden Elektroden A und B irgendwie widerspiegelt in den Größen δ, ε oder G, und diese deshalb als kennzeichnend für eine Elektrode angesehen werden können.

Die Lösung hat uns erst der Gedanke gebracht, daß zur Darstellung unserer Versuchsergebnisse als Vergleichsparameter zwar die Schweißspannung E_s benutzt werden konnte, daß wir aber von vornherein nicht sagen können, innerhalb welcher Grenzen für dieses E_s nun tatsächlich eine Elektrode praktisch verschweißt wird oder verschweißt werden kann. Hierüber kann natürlich nur ein rein praktisch orientierter Versuch Aufschluß geben; denn man darf nicht vergessen, daß das Schweißen eine sozusagen psychologische oder persönliche Angelegenheit ist, d. h. daß es eben praktisch gelehrt und gelernt werden muß. Wir sind deshalb so vorgegangen, daß eine Anzahl — es standen uns zur Zeit sechs zur Verfügung — gelernter normaler Schweißer die Aufgabe erhielt, mit den beiden Elektroden nach bestem Können einfache Auftragsschweißungen auszuführen, wobei gleichzeitig die Schweißspannung mit dem Voltminutenzähler gemessen wurde. Die Schweißungen wurden vorgenommen bei derselben Stromstärke von 160 A, und auch die Schweißgeschwindigkeiten erwiesen sich von derselben Größenordnung wie bei unseren früheren Messungen, so daß also die beiderseitigen Ergebnisse ohne Bedenken miteinander verglichen werden können. Die Ergebnisse sind in Bild 12 zusammengestellt, und zwar für alle Einzelversuche und für die sich hieraus ergebenden Mittelwerte. Für die so gefundenen mittleren „subjektiven" Schweißspannungen ergibt sich also eine ganz klare Sachlage. Sie liegen für die Elektrode A eindeutig tiefer (nämlich zwischen 11,6 und 13,5 V) als für die Elektrode B (nämlich zwischen 15,7 und 16,9 V).

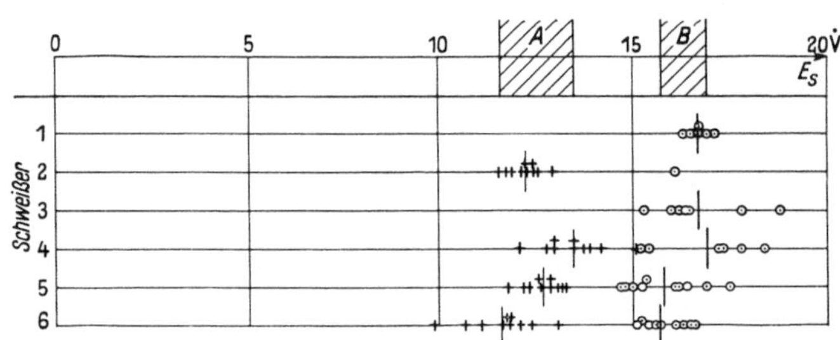

Bild 12. Bestimmung der subjektiven Schweißspannungen.

Zwischen diesen Grenzen liegt also für jede der beiden Elektroden eine „subjektive Schweißspannungszone", d. h. der praktische Schweißspannungsbereich, in dem die Elektrode tatsächlich verarbeitet wird. Wir hatten in unsere Schaubilder diese Zonen bereits eingetragen, deren Bedeutung damit erklärt ist. Dabei war noch zu beachten, daß bei den mit dem Automaten vorgenommenen Messungen die Elektroden kurz eingespannt waren, während bei den subjektiven Schweißversuchen sie in üblicher Weise in längeren Stücken in der Schweißzange gehalten wurden. Um in Übereinstimmung mit den E_s-Werten auf unseren früheren Schaubildern zu bleiben, mußte also noch der Spannungsabfall in den etwa 35 cm langen Elektrodenstücken berücksichtigt werden, der sich im Mittel zu rund 1 V ergab.

Betrachten wir nun nochmals die Schaubilder 6 und 9, so sehen wir, daß jetzt die δ- und G-Werte für die beiden Elektroden, die zu den subjektiven Schweißzonen gehören, deutlich und ohne Überlappung auseinanderfallen. Damit ist gezeigt, daß diese beiden elementaren Größen als kennzeichnend für die von uns untersuchten Elektroden gelten können, und es läßt sich abschließend behaupten: Die Elektrode (A) bildet zahlreichere und kleinere Tropfen als die Elektrode (B).

V. Ergänzende Versuche.

8. Die im vorhergehenden geschilderte Bestimmung der Größen M, δ und ε gibt uns nicht nur einen Einblick in die Bruttobilanz des Werkstoffübergangs, sondern auch in seinen zeitlichen Ablauf. Zusammen mit der Erkenntnis, daß es für jede Elektrodenart offenbar eine subjektive Schweißspannung gibt, ist damit eine zahlenmäßige Erfassung des Werkstoffübergangs gelungen, die auch praktisch aufschlußreich sein kann. Aber es handelt sich dabei zunächst um Ergebnisse, die immer noch im Rahmen einer — wenn nun auch quantitativen — „Beschreibung" bleiben, und wir dürfen uns nicht verhehlen, daß wir von einer physikalischen „Erklärung" noch weit entfernt sind. Von einer solchen würden wir zweierlei verlangen müssen; nämlich erstens, daß sie den Mechanismus des geschilderten Werkstoffübergangs nun im einzelnen klarlegt, d. h. ihn auflöst in physikalisch faßbare Komponenten, und zweitens, daß sie die festgestellten Unterschiede zwischen den beiden hier untersuchten Elektrodenarten physikalisch verständlich macht. Zu dem ersten Programmpunkt gibt es bereits eine Reihe von Untersuchungen, worauf wir noch zurückkommen werden; es handelt sich dabei vornehmlich um Spekulationen über die im Schweißbogen wirksamen Kräfte. Zu dem zweiten, eigentlich interessanteren, liegen unseres Wissens noch nicht einmal Ansatzpunkte vor. Auch wir können dazu noch keinen entscheidenden Beitrag liefern, wollen aber kurz über einige Versuche berichten, die in dieser Richtung verwertbares Material liefern sollten. Es sind hier auch negative Ergebnisse nützlich, weil sie Anregung zu weiteren Untersuchungen geben können.

Im Mechanismus des Werkstoffübergangs spielt die Oberflächenspannung des schmelzflüssigen Elektrodenmaterials sicher eine nicht unerhebliche Rolle [3]. Da nun bekannt ist, daß gerade die Oberflächenspannung unter Umständen sehr empfindlich ist gegen „Verunreinigungen", liegt natürlich der Gedanke nahe, auch für die gefundenen Verschiedenheiten der beiden Elektroden insbesondere verschiedene Oberflächenspannungswerte verantwortlich zu machen. Aber leider lassen sich unter den in einem Schweißbogen vorliegenden Verhältnissen Messungen der Oberflächenspannung nicht durchführen. Es ist auch wohl kaum möglich, diese Verhältnisse unter Versuchsbedingungen auch nur einigermaßen zu kopieren, unter denen die Oberflächenspannung gemessen werden könnte. Denn wir werden das daran Wesentliche darin zu sehen haben, daß zwar infolge des intensiven Abschmelzens eine rasche und dauernde Erneuerung der freien Oberflächen des Schmelzflusses stattfindet, daß aber zugleich diese hochtemperierten Oberflächen nur unvollkommen vor dem Zutritt der umgebenden Luft geschützt sind, so daß sich überhaupt nicht abschätzen läßt, wieweit während des Werkstoffübergangs eine Oxyd- oder Nitridbildung u. dgl. stattfinden. Wir können sogar nicht einmal übersehen, wie groß infolge der thermischen und chemischen Störeffekte der Streubereich der Oberflächenspannungswerte in einem Schweißbogen ist und ob es deshalb überhaupt sinnvoll ist, einem bestimmten

Elektrodenmaterial eine wirklich kennzeichnende Oberflächenspannung zuzuschreiben. Was zu tun möglich ist, ist daher nur, für die beiden untersuchten Elektroden unter verschiedenen praktikablen Bedingungen Oberflächenspannungswerte oder damit äquivalente Größen zu ermitteln.

Von den Methoden zur Bestimmung der Oberflächenspannung kommen für uns in Betracht nur die der „Tropfenform" und die des „Tropfengewichts". Bei der ersten findet man die Oberflächenspannung aus dem Bauchradius und der Kuppenhöhe liegender (oder hängender) Tropfen. Bei der letzten findet man sie aus dem Gewicht abfallender Tropfen, wobei darauf zu achten ist, daß die Tropfenbildungsgeschwindigkeit genügend klein ist, so daß der Vorgang quasistatisch entsprechend den Voraussetzungen der klassischen Kapillaritätstheorie erfolgt [4]. Wir haben nach beiden Methoden die Oberflächenspannung des Materials, aus dem die Elektroden bestehen, gemessen, und zwar nach der Methode der Tropfenform durch Aufschmelzen von liegenden Tropfen im Schwachstrombogen (etwa 15 A) auf den genau vertikal gestellten Elektroden, und nach der Methode des Tropfengewichts durch Abschmelzen sowohl im Schwachstrombogen wie in einem für diese Zwecke gebauten elektrischen Ofen (Kryptolofen).

Bei der Methode der Tropfenform wurde so vorgegangen, daß ein etwa 40 mal vergrößertes Bild des Tropfens (Schattenriß, erzeugt mit einer Wolframpunktlampe) unmittelbar nach dem Löschen des Bogens aufgenommen und dann ausgemessen wurde. Wieweit die Ergebnisse einwandfrei sind, ist jedoch schwer zu beurteilen, vor allem weil thermische Inhomogenitäten der Tropfenoberfläche sie fälschen können. Deshalb halten wir die Methode des Tropfengewichts für zuverlässiger; die mit ihr erhaltenen Resultate stimmen auch besser untereinander überein. Im Bogen wurden die Tropfen erzeugt zwischen unter $90°$ zueinander stehenden Elektroden. Bei richtiger Wahl der Bogenlänge und des Bogenstroms läßt sich dann erreichen, daß ohne Erlöschen des Bogens eine Serie von Tropfen frei abfällt, aus der durch Wägung jeweils das Mittelgewicht eines Tropfens bestimmt werden kann. Im Ofen wurde die Elektrode abgeschmolzen in einem Rohr aus K 3-Masse der Staatlichen Porzellan-Manufaktur, wobei darauf geachtet wurde, daß die Abschmelzstelle sich im heißesten Teil des Ofens befindet. In beiden Fällen betrug die Tropfenbildungsdauer etwa 10 s.

Wie sich zeigte, ist nicht nur die Streuung der Einzelwerte recht erheblich, sondern es weichen auch die Mittelwerte, die man im Bogen und im Ofen erhält, stark voneinander ab. Verständlich dürfte dies sein, wenn man an die sehr verschiedenen Bedingungen denkt, unter denen im einen und anderen Fall die Tropfenbildung erfolgt. Jedenfalls werden wir, wie aus der Übersicht über alle Meßergebnisse in Bild 13 hervorgeht, bei der Auswertung der hier erhaltenen Ergebnisse recht vorsichtig sein müssen. Wir werden aber immerhin folgern dürfen, daß die Tropfengewichte für die Elektrode A höher liegen als für die Elektrode B, und daß dementsprechend die Oberflächenspannung für A größer ist als für B. Die (mittleren) Oberflächenspannungswerte selbst anzugeben, ist kaum von Interesse. Um nämlich aus dem Tropfengewicht die Oberflächenspannung zu finden, müßte man das spezifische Gewicht der Tropfensubstanz kennen, und dadurch ist ein schwer abzuschätzender Unsicherheitsfaktor bedingt. Ein weiterer kommt dadurch herein, daß — wie Versuche mit Elektroden von 4 mm und von 2 mm Dmr. zeigten — die Tropfengewichte nur angenähert in der theoretisch zu erwartenden Weise vom Elektrodendurchmesser abhängen. Wir erwähnen dies, um generell auf Bedenken hinzuweisen, die gegen Oberflächenspannungsbestimmungen schmelzflüssiger Metalle aus dem Gewicht abgeschmolzener Tropfen sich nun erheben.

9. Es lassen sich noch andere Unterschiede zwischen den beiden Elektrodensubstanzen aus unseren Messungen an Schwachstrombogen entnehmen. Wir bezeichnen, stets bei derselben Stromstärke, wieder mit $\overline{M}$ den gesamten Gewichtsverlust der Elektrode in g/s und mit M den Gewichtsverlust nur durch Tropfen in g/s. Dann zeigt die folgende Zahlentafel, die sich auf eine Stromstärke von 15 A bezieht, daß bei der Elektrode A weniger Material (nämlich 15%) als bei der Elektrode B (nämlich 28%) durch Verspritzen und Verdampfen usw. verlorengeht.

	A	B
$100\,\overline{M}$	5,77	6,37
$100\,M$	4,90	4,56
$M/\overline{M}$	0,85	0,72

Es gibt ferner für jede Elektrode eine bestimmte Grenzstromstärke, unterhalb welcher überhaupt keine Tropfen mehr abfallen, sondern das aufgeschmolzene Material offenbar nur noch durch Verdampfen (oder Verbrennen in Oxydform) die Elektrode verläßt. Die Unterschiede in der Grenzstromstärke (die bei etwa 6 A liegt) sind zwischen A und B nur gering und liegen noch fast innerhalb der Meßfehlergrenzen. Auch unterhalb der Grenzstromstärke ist der Gewichtsverlust der Elektrode für A kleiner als für B; bemerkenswert ist, daß er nur für B einen ausgeprägten Polaritätseffekt zeigt in dem Sinn, daß er für kathodische Polung größer ist als für anodische. Im übrigen haben sich, so z. B. hinsichtlich der minimalen Brennspannung [5] oder der Form der statischen Charakteristik, bemerkenswerte Unterschiede zwischen den beiden Elektroden nicht ergeben.

Alle diese Ergebnisse können vorläufig lediglich als experimentelle Feststellungen bewertet werden, und es ist damit noch keinerlei theoretisches Bild oder ein Zusammenhang mit den Ergebnissen der δ- und ε-Messungen zu verbinden. Messungen der inneren Reibung der flüssigen Elektrodensubstanzen, die vielleicht weitere Aufschlüsse hätten liefern können, konnten leider nicht durchgeführt werden.

10. Wir hatten schon kurz darauf hingewiesen, daß bei den größeren Abständen zwischen der Elektrode und dem Werkstück der Werkstoffübergang, auch abgesehen von den Verdampfungs- und Spritzverlusten, nicht mehr ausschließlich in Form von Kurzschlußübergängen erfolgen kann, sondern daß man mit zunehmender Bogenlänge, vermutlich zunächst über ein Mischgebiet, in ein Gebiet kommen muß, in dem der Werkstofftransport nur noch durch freifallende Tropfen besorgt wird. Aber selbst zur Festlegung lediglich der unteren Grenze dieses Gebietes dürften wir nicht einfach etwa so vorgehen, daß wir z. B. aus Bild 13 das bei 0,5 · · · 0,8 g liegende „Tropfen“-gewicht entnehmen und mit diesem in unsere G,E_s-Schaulinien des Bildes 9 eingehen

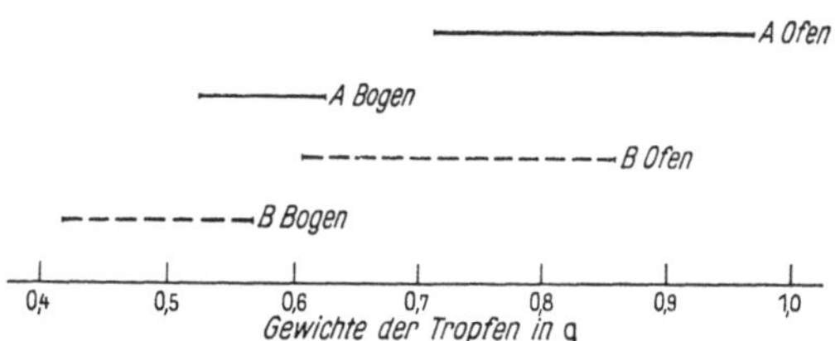

Bild 13. Tropfengewichte im Schwachstrombogen und im Kryptolofen.

(wenn diese so weit hinaufreichen würden). Denn es ist von vornherein sehr fraglich, ob die Tropfenbildungsbedingungen, unter denen die Werte in Bild 13 erhalten wurden, auch nur einigermaßen noch gelten unter den Bedingungen der Tropfenbildung in einem langen Schweißbogen.

Wir haben deshalb versucht, das Gewicht frei fallender Tropfen auch bei der Stromstärke von 160 A zu bestimmen, auf die sich unsere Messungen im Schweißbogen bezogen. Die Bogenlänge wurde so groß gewählt (etwa 15 mm, Bogenbrennspannung etwa 30 V), daß sicher nur frei fallende Tropfen gebildet wurden, die einzeln aufgefangen und gewogen werden konnten; die Tropfen wurden aufgefangen auf einer Kupferplatte, die gleichzeitig als Anode diente. In Bild 14 sind für die beiden Elektroden A und B alle gemessenen Tropfengewichte eingezeichnet. Man sieht sofort, daß von einem auch nur einigermaßen definierten Tropfengewicht keine Rede sein kann, sondern daß die Tropfengewichte ohne hervortretende Häufungsstelle über einen außerordentlich weiten Bereich ziemlich gleichmäßig verteilt sind. Die Folgerung, die man aus diesem Ergebnis ziehen kann, kann offenbar nur die sein: Wenn

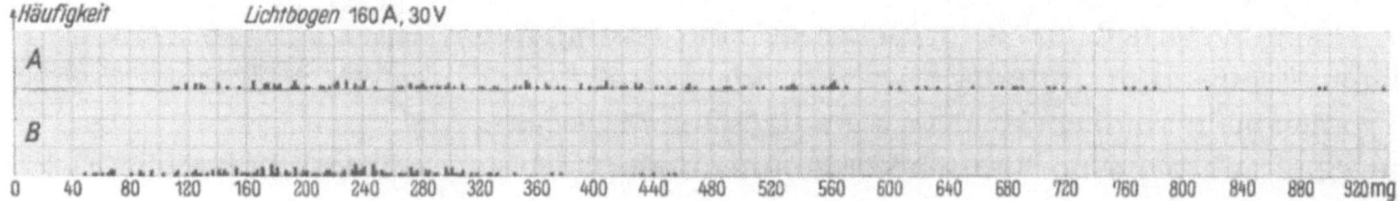

Bild 14. Tropfengewichte im Schweißbogen.

maßgebend für das Gewicht frei fallender Tropfen nur die Oberflächenspannung wäre, müßte sie bei allen Einzeltropfen in derselben Weise wirken, und man müßte Tropfengewichte in einem engen Streubereich erwarten. Es müssen also noch andere Faktoren bei der Ablösung der Tropfen maßgebend wirksam sein.

Ganz von selbst werden wir hierdurch geführt auf eine Diskussion der Kräfte, die bei der Bildung und Ablösung der Tropfen mitwirken. Im Schrifttum gibt es zwar schon eine ganze Reihe diesbezüglicher Untersuchungen und Überlegungen [6]; wir kommen auf Grund unserer Ergebnisse jedoch zu der Ansicht, daß man, auch wenn man zum Teil die Herkunft der einzelnen wirksamen Kräfte physikalisch schon richtig erkannt hat, sie nicht in so einfacher Weise in Ansatz bringen darf, wie dies bisher geschehen ist. Die außerordentlich große Streuung unserer Meßpunkte führt wohl zwangsläufig zu der Vermutung, daß Ansatzpunkt und Richtung der wirkenden Kräfte außerordentlich großen Schwankungen unterworfen sind, und daß sich deshalb die Sachlage nur durch eine statistische Betrachtungsweise erfassen lassen wird.

Die Untersuchungen wurden zum Teil im Physikalischen Institut der Universität Greifswald, zum Teil im Schweißlaboratorium der Abteilung Industrie der Siemens-Schuckertwerke AG in Siemensstadt durchgeführt. Die angewandten Meßverfahren und die verwendeten Geräte zur Bestimmung der Kenngrößen des Schweißvorganges sind von G. Stolberg entwickelt worden. Der experimentelle Teil wurde von den Herren Dr. O. Becken und K. Dohnke ausgeführt; an einigen Messungen haben sich die Herren Dr. K. Bock und H. Heider beteiligt.

Zusammenfassung.

Anschließend an gewisse einfache Vorstellungen über die Art des Werkstoffüberganges in einem Schweißbogen wurden an zwei ausgewählten Elektroden bei 160 A im Gebiet der reinen Kurzschlußübergänge folgende Größen quantitativ in Abhängigkeit von der Schweißspannung gemessen: die Tropfengewichté, die Tropfenfrequenzen und die relative Heizzeit. Unter Zuhilfenahme des Begriffes der „subjektiven Schweißspannung" ließen sich mit diesen Kenngrößen Unterschiede im Werkstoffübergang bei den beiden untersuchten Elektroden feststellen. Es zeigte sich jedoch, daß eine

Zurückführung dieser Befunde auf physikalisch spezifische Eigenschaften des Elektrodenmaterials noch nicht möglich ist, weil vor allem die wirkenden Kräfte nach Größe, Richtung und Ansatzpunkt wegen der Turbulenz der im Schweißbogen sich abspielenden Vorgänge nicht hinreichend erfaßt werden können. Die weitere Untersuchung wird deshalb nur auf vornehmlich statistischer Grundlage erfolgen können.

Schrifttum.

1. P. Flamm: Über die Vorgänge im elektrischen Metallichtbogen. Zbl. Hütten- u. Walzw. **46** (1927) S. 663 ··· 670; **47** (1927) S. 684 ··· 689; **25** (1928) S. 395 ··· 405. — A. Hilpert u. H. v. Conrady: Der Zeitlupenfilm als Untersuchungsverfahren des Schweiß- und Schneidvorganges. Techn. Zbl. prakt. Metallbearb. 5/6 (1933) S. 87 ··· 91. — H. Neese: Einiges über den Lichtbogen. Schmelzschweißg. **4** (1929) S. 79 ··· 81.

2. A. v. Engel: Über die Natur der Werkstoffwanderung im elektrischen Schweißlichtbogen. Wiss. Veröff. Siemens-Werken **XVI**, 3 (1937) S. 77 ··· 88.

3. P. Flamm: Die elektrische Lichtbogenschweißung als Kapillarvorgang. Schmelzschweißg. **5** (1929) S. 105 ··· 110; **7** (1929) S. 162 ··· 165. — G. E. Doan: Metall deposition in arc. Weld. Journ. Januar (1938) Anhg. S. 15 ··· 19. — (Vgl. dazu auch die unter 6. genannten Arbeiten.)

4. H. Neumann u. R. Seeliger: Abhängigkeit der Größe von Flüssigkeitstropfen von der Bildungsgeschwindigkeit. Z. Phys. **114** (1939) S. 571 ··· 578.

5. H. Fink: Untersuchungen über die Entstehung von Kontaktbögen. Wiss. Veröff. Siemens-Werken **XVII**, 3 (1938) S. 45 ··· 70. — P. Rossbach u. R. Seeliger: Bemerkungen über die sog. minimale Brennspannung. Z. Phys. **116** (1940) S. 68 ··· 72.

6. F. Creedy: Forces of electric origin in the iron arc. Quart. Trans. Amer. Inst. electr. Engrs. **2** (1932) S. 556 ··· 566. — F. Nieburg: Kräfte im Schweißlichtbogen. Elektroschweißg. 6 (1938) S. 101 ··· 106; **7** (1938) S. 127 ··· 129. — H. v. Conrady: Der Werkstoffübergang im Schweißlichtbogen. Elektroschweißg. **11** (1940) S. 109 ··· 114; Atomphysikalische Grundlagen der Vorgänge im Schweißlichtbogen. Elektroschweißg. **5** (1934) S. 21 ··· 25. — R. Seeliger: Bemerkungen zu der Arbeit von H. v. Conrady. Elektroschweißg. **5** (1934) S. 197 ··· 199. — J. Sack: Überkopfschweißung. Philips techn. Rdsch. **1** (1939) S. 18 ··· 24; Le transport du métal dans l'arc de „soudure". Rev. univ. Mines **14** (1938) S. 439 ··· 443.

Über die Behandlung der Stabilität mechanisch-elektrischer Regelsysteme[1].

Von **Wilhelm Artus**.

Mit 20 Bildern.

Mitteilung aus dem Zentrallaboratorium für Nachrichtentechnik der Siemens & Halske AG zu Siemensstadt.

Eingegangen am 25. April 1941.

Inhaltsübersicht.

I. Allgemeines.

Die Stabilität ist für eine selbsttätige Regeleinrichtung von großer Bedeutung. Zur Untersuchung der Stabilität sind sowohl für mechanische, als auch für elektrische Regeleinrichtungen Methoden bekannt geworden, die eine solche Nachprüfung gestatten. Bei der Behandlung der Stabilität mechanisch-elektrischer Regelsysteme treten im Regelkreis sowohl elektrische als auch mechanische Größen auf. Man hat deshalb versucht, die mechanischen Eigenschaften des Reglers durch elektrische Größen darzustellen [1][2]. Es wird hierzu von einem massefrei gedachten Regler ausgegangen und gezeigt, daß sich ein derartiger Regler, der nur Reibungsverluste hat, durch eine Kapazität und einen Widerstand darstellen läßt. Die Berücksichtigung der Masse führt jedoch auf Elemente, die nicht mehr realisierbar sind. Neuerdings wird auf die bekannten Entsprechungen zwischen mechanischen und elektrischen Größen hingewiesen [2]. Im folgenden wird das vollständige elektrische Ersatzbild einer mechanisch-elektrischen Regeleinrichtung hergeleitet. Aus der vierpolmäßigen Betrachtung der Übertragungsgröße des rein elektrischen Ersatzbildes können in einfacher Weise die Stabilität sowie Wege zur Stabilisierung angegeben werden.

---

[1] **D 83.** Arbeit zur Erlangung des Grades eines Dr.-Ingenieurs der Technischen Hochschule Berlin.
[2] Die eingeklammerten schrägen Zahlen beziehen sich auf das Schrifttum am Schluß der Arbeit.

Definition mechanisch-elektrischer Regelsysteme.

Bei mechanisch-elektrischen Regelsystemen treten im Regelkreis sowohl mechanische, als auch elektrische Größen auf, die den Regelvorgang beeinflussen. Mechanisch-elektrische Systeme werden sowohl zur Regelung mechanischer, als auch elektrischer Größen verwendet. Bei der Regelung mechanischer Systeme geht man häufig dann zu mechanisch-elektrischen Regelungen über, wenn die Genauigkeit der Regelung wesentlich vergrößert werden soll. Beispielsweise bei der Regelung einer Kraftmaschine, die einen Generator mit sehr konstanter Drehzahl (Frequenz) antreiben soll (Vergleich der Drehzahl mit der Eigenfrequenz eines Resonanzkreises). In der elektrischen Regeltechnik haben mechanisch-elektrische Regler insbesondere für die Regelung von Gleichspannung und Gleichstrom große Bedeutung erlangt infolge ihres einfachen Aufbaues und ihres betriebssicheren Arbeitens. Die bekanntesten dieser Regler sind die Kohledruckregler und die Wälzregler. Diese Regler sind gewöhnlich astatisch, d. h. die Regelgenauigkeit des Systems hängt nicht — wie beim statischen Regler — vom Regelzustand des Systems ab.
Da es rein elektrische astatische Regler bisher nicht gibt, hat auch diese Eigenschaft der Regler dazu beigetragen, neben den rein elektrischen Reglern mit Erfolg bestehen zu können.

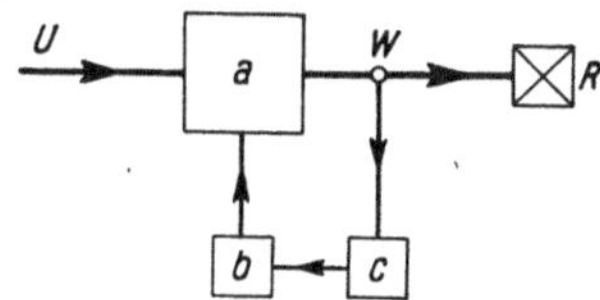

Bild 1. Grundsätzlicher Aufbau einer mechanisch-elektrischen Regeleinrichtung zur Regelung einer elektr. Größe. a = Stellglied, b = mechanisches System, c = elektrischer Antrieb, R = Verbraucher.

Bei der Vielzahl mechanisch-elektrischer Regler ist es in dieser Arbeit nicht möglich, für jeden Regler ganz allgemein gültige Beziehungen aufzustellen. Die Gedankengänge sollen deshalb am Beispiel des astatischen Kohledruckreglers durchgeführt werden. Im Bedarfsfalle können sie dann auf ein beliebiges mechanisch-elektrisches System übertragen werden. Ein derartiges mechanisch-elektrisches Regelsystem hat den in Bild 1 gezeigten grundsätzlichen Aufbau. Die elektrische Regelgröße W soll auf einen konstanten Sollwert W_s geregelt werden. Hierzu wird in die Regelstrecke ein Stellglied a eingeschaltet. Dieses Stellglied besteht im allgemeinen aus einem veränderlichen Widerstand und wird durch ein mechanisches System b beeinflußt, das bei Abweichungen der Regelgröße W vom Sollwert W_s elektrisch angetrieben wird (c). Wenn man nach der Art der Bewegung des mechanischen Systems unterscheidet, so kommen 2 Arten von Reglern vor. Bei dem einen Aufbau führt das mechanische System eine hin- und hergehende Bewegung aus, beim anderen eine Drehbewegung.

Der Regler spricht auf die Veränderung der Regelgröße W an. Um diese Veränderung festzustellen, vergleicht man die Regelgröße W laufend mit dem vom Sollwertgeber gelieferten Sollwert W_s. Bei den betrachteten astatischen mechanisch-elektrischen Regeleinrichtungen besteht der Sollwert in einem definierten Gleichgewichtszustand des mechanischen Systems. Dieses hat, wenn die Durchflutung (AW) der Antriebswicklung dem gewünschten Sollwert entspricht, eine von der Auslenkung (Hub x, Drehwinkel φ, Bild 2 und 3) unabhängige Gleichgewichtslage. Je nach der Bemessung der Wicklung der Antriebsspule bezeichnet man die Regler als Spannungs- oder Stromregler. Da der grundsätzliche Verlauf des Regelvorganges nicht von der Art der Regelgröße abhängt, genügt es im folgenden, einen Reglertyp zu behandeln. Hierzu wird der Spannungsregler gewählt.

Zur Behandlung der Stabilität mechanisch-elektrischer Regeleinrichtungen wird das System rechnerisch in ein einheitlich elektrisches System übergeführt.

II. Die Umwandlung mechanisch-elektrischer Systeme in rein elektrische Systeme bei Antrieb durch magnetische Feldkräfte[1]).

Das mechanisch-elektrische System kann in ein einheitlich mechanisches oder ein einheitlich elektrisches System umgebildet werden. Welche Art von Umbildung im einzelnen gewählt wird, ist gleichgültig. Im nachfolgenden soll jedoch nur die Umbildung des mechanischen Teiles des Regelsystems in ein entsprechendes elektrisches System näher behandelt werden. Die Veranlassung hierzu liegt darin, daß die Stabilitätskriterien zuerst für elektrische Systeme klarer erkannt und in einfacher Weise dargestellt worden sind. Der elektrische Antrieb der bekannten mechanisch-elektrischen Regeleinrichtungen erfolgt durch magnetische Feldkräfte. Damit ergibt sich eine eindeutige Umbildung der betrachteten Systeme. Die Umwandlung ist möglich für lineare Systeme, die keinen veränderlichen äußeren Feld- oder Beschleunigungskräften unterliegen. In linearen Systemen können sowohl Massenbeschleunigungskräfte, als auch elastische und Reibungskräfte wirken. Die Anwendung des Verfahrens auf nichtlineare Systeme ist möglich, sofern man die Betrachtung auf Teilgebiete, für die das System als linear bezeichnet werden kann, beschränkt.

Für die hin- und hergehende Bewegung sind Sätze zur Umbildung mechanischer Systeme in elektrische unter Berücksichtigung des Antriebes bekannt [3]. Die Ergebnisse sollen, auf die Drehbewegung erweitert, in Form von Zahlentafeln kurz angegeben werden. Außer den in Bild 2 und 3 gezeigten Anordnungen sind beliebig andere möglich. Die Umbildung dieser Systeme kann sinngemäß an Hand der Zahlentafeln erfolgen. Es ist dabei zu beachten, daß mechanischen Elementen, die sich mit gleicher Geschwindigkeit bewegen, im elektrischen Ersatzschaltbild Elemente entsprechen, die an gleicher Spannung liegen, also parallel geschaltet sind.

Umbildung bei hin- und hergehender Bewegung.

Die Gesichtspunkte für das Aufzeichnen des elektrischen Ersatzschaltbildes aus dem mechanischen System gehen aus Bild 2 hervor. Die Kraftquelle p wirkt auf die Feder mit der Nachgiebigkeit h, auf die Masse m und auf den Reibungswiderstand k. Die Punkte *1* sind fest, der Punkt *2* beweglich. Die Masse m wird im Ersatzbild stets zwischen den entsprechenden bewegten Punkt und den festen Punkt„ eingeschaltet". Infolge des elektrischen Antriebes (Magnetspule M in Bild 2) erzeugt der Strom I ein Magnetfeld, das auf das mechanische System die Kraft p überträgt:

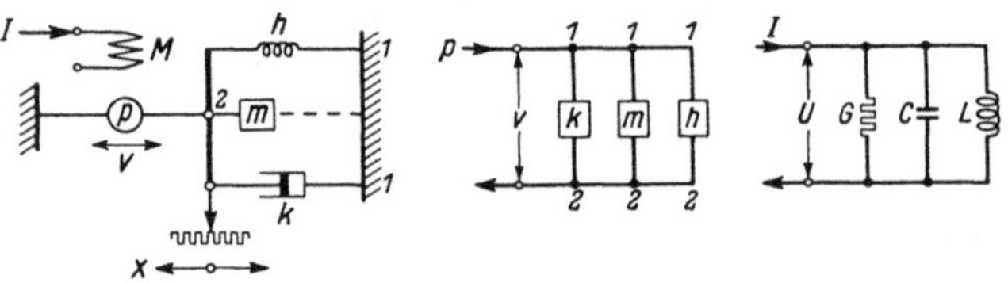

Bild 2. Umbildung des mechanischen Systems eines Reglers mit hin- und hergehender Bewegung und magnetischem Antrieb in ein elektrisches System. Links: Aufbau des Reglers; Mitte: mechanisches Ersatzbild, rechts: elektrisches Ersatzbild.

in Bild 2) erzeugt der Strom I ein Magnetfeld, das auf das mechanische System die Kraft p überträgt:

$$p = c \cdot I . \tag{1}$$

---

[1]) Sämtliche Gleichungen sind Größengleichungen.

Bewegt sich das System mit der Geschwindigkeit v im Magnetfeld, so wirkt es auf das elektrische System zurück und erzeugt die Spannung:

$$U = c \cdot v \, . \tag{2}$$

Für den magnetischen Antrieb besteht also zwischen den Strömen und den Kräften bzw. zwischen den Spannungen und den Geschwindigkeiten Proportionalität. Der Umrechnungsfaktor für die Widerstände ergibt sich aus der Beziehung:

$$\frac{p}{v} = c^2 \, \frac{I}{U} = c^2 \cdot G \, . \tag{3}$$

($c =$ Konstante, $G =$ Leitwert des elektrischen Widerstandes.)

Zwischen den mechanischen Größen h, m, k und den entsprechenden Größen L, C, G besteht der in der Zahlentafel 1 angegebene Zusammenhang.

Zahlentafel 1. Zusammenhang zwischen den mechanischen Größen und den entsprechenden elektrischen Größen für die geradlinige Bewegung.

Mechanische Größe	Benennung	Elektrische Entsprechung für magnetischen Antrieb		
		Benennung	Elektrische Größe	Umrechnung
$p = m \cdot \dfrac{dv}{dt}$	Kraft	Strom	$I = C \cdot \dfrac{dU}{dt}$	$I = \dfrac{p}{c}$
$v = h \cdot \dfrac{dp}{dt}$	Geschwindigkeit	Spannung	$U = L \cdot \dfrac{dI}{dt}$	$U = c\,v$
$k = \dfrac{p}{v}$	Bewegungswiderstand	Leitwert	$G = \dfrac{I}{U}$	$G = \dfrac{k}{c^2}$
m	Masse	Kapazität	C	$C = \dfrac{m}{c^2}$
h	Nachgiebigkeit	Induktivität	L	$L = h \cdot c^2$

Eine mechanische Hebelübersetzung kann durch eine elektrische Transformation dargestellt werden.

Umbildung bei Drehbewegung.

Bei der Drehbewegung tritt an die Stelle der Kraft p das Drehmoment M_d, an die Stelle der Geschwindigkeit v die mechanische Winkelgeschwindigkeit $\omega_m = 2\,\pi \cdot n$ ($n =$ Drehzahl). Der Masse m entspricht das Trägheitsmoment ϑ, der Nachgiebigkeit h die Torsionsfähigkeit τ, dem Reibungswiderstand k der hin- und hergehenden Bewegung ein Reibungswiderstand ϱ der Drehbewegung. Zur Aufzeichnung des mechanischen Schaltbildes geht man von der Welle aus, die das Drehmoment überträgt. Sie ist der eine Punkt (*2* in

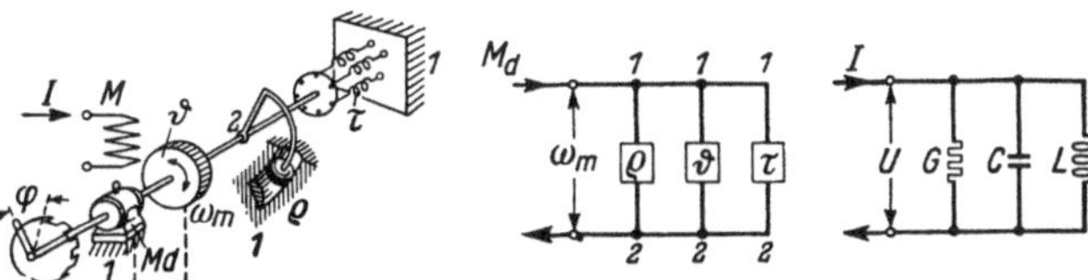

Bild 3. Umbildung des mechanischen Systems eines Reglers mit Drehbewegung und magnetischem Antrieb in ein elektrisches System. Links: grundsätzlicher Aufbau des Reglers, Mitte: mechanisches Ersatzbild, rechts: elektrisches Ersatzbild.

Bild 3), von dem aus die Drehmomente übertragen werden, gegenüber den ruhenden Punkten *1*, wobei zwischen dem Trägheitsmoment und seinem entsprechenden Ruhepunkt ebenfalls eine gedachte Verbindung besteht. Dem in Bild 3 gezeichneten elektrischen Ersatzschaltbild liegt auch hier der angedeutete Antrieb durch magnetische

Feldkräfte zugrunde. Zwischen dem Strom I, den der Motor aufnimmt und dem von seiner Welle abgegebenen Drehmoment M_d besteht der Zusammenhang:

$$M_d = c \cdot I \, . \tag{4}$$

Das mechanische System wirkt infolge Rotation mit der Winkelgeschwindigkeit ω_m auf das elektrische System zurück und erzeugt eine Gegenspannung:

$$U = c \cdot \omega_m \, . \tag{5}$$

Zur Umrechnung der Widerstände dient die Beziehung:

$$\frac{M_d}{\omega_m} = c^2 \cdot \frac{I}{U} = c^2 \cdot G \, . \tag{6}$$

Bei Drehbewegung und Antrieb durch magnetische Feldkräfte entspricht dem mechanischen Drehmoment der elektrische Strom und der mechanischen Winkelgeschwindigkeit ω_m die elektrische Spannung.

Der Zusammenhang zwischen den mechanischen Größen τ, ϑ, ϱ und den elektrischen Größen L, C, G ist in Zahlentafel 2 dargestellt.

Zahlentafel 2. Zusammenhang zwischen den mechanischen Größen und den entsprechenden elektrischen Größen für die Drehbewegung.

Mechanische Größe	Benennung	Elektrische Entsprechung für magnetischen Antrieb		
		Benennung	Elektrische Größe	Umrechnung
$M_d = \vartheta \dfrac{d\omega_m}{dt}$	Drehmoment	Strom	$I = C \cdot \dfrac{dU}{dt}$	$I = \dfrac{M_d}{c}$
$\omega_m = \tau \dfrac{dM_d}{dt}$	Mechan. Winkelgeschwindigk.	Spannung	$U = L \cdot \dfrac{dI}{dt}$	$U = c\,\omega_m$
$\varrho = \dfrac{M_d}{\omega_m}$	Bewegungswiderstand	Leitwert	$G = \dfrac{I}{U}$	$G = \dfrac{\varrho}{c^2}$
ϑ	Massen-Trägheitsmoment	Kapazität	C	$C = \dfrac{\vartheta}{c^2}$
τ	Torsionsfähigkeit	Induktivität	L	$L = \tau \cdot c^2$

Dem Einschalten von Getrieben zwischen 2 Wellen entspricht eine elektrische Transformation.

Die in Bild 2 und 3 gezeichneten Spulen M deuten an, daß die Kraft p bzw. das Drehmoment M_d durch den Strom I hervorgerufen wird. M entspricht beispielsweise bei dem mechanisch-elektrischen Spannungsregler der Fühlspannungswicklung. Im allgemeinen haben diese Spulen selbst Verluste; das äußert sich darin, daß von der angelegten Spannung U in Bild 4 ein Teil zur Deckung der ohmschen und induktiven Spannungsabfälle an R und L verloren geht. Für die Regelsysteme nach Bild 1 ergibt sich dieses allgemein gültige Ersatzbild. Hierin bedeutet U die an das Magnetsystem bzw. an den Motor angelegte Spannung, I den hierbei fließenden Strom. $\mathfrak{Z}_m$ ist der Scheinwiderstand des elektrischen Ersatzbildes für die mechanischen Teile des Systems, z. B. in Bild 2 und 3 der Scheinwiderstand der Parallelschaltung von G, C und L. Mit $\mathfrak{Z}$ ist der Eingangs-Scheinwiderstand der Ersatz-

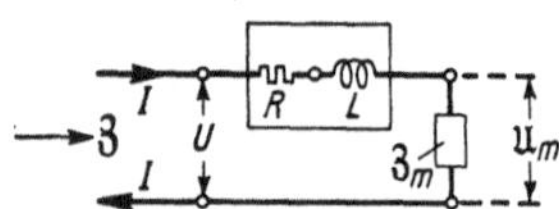

Bild 4. Berücksichtigung der Verluste des elektrischen Antriebes.

schaltung Bild 4 bezeichnet. Legt man an ein derartiges System eine Wechselspannung U, so steht nur der Betrag

$$\mathfrak{U}_m = U \cdot \frac{\mathfrak{Z}_m}{\mathfrak{Z}} \tag{7}$$

zur Auslenkung des Systems zur Verfügung.

In mechanisch-elektrischen Regelsystemen dient die Bewegung, die das mechanische System ausführt, dazu, einen in die Regelstrecke eingeschalteten Widerstand (das Stellglied) zu verändern. Da die von diesem Widerstand hervorgerufene Spannungsänderung über die Regelstrecke auch auf den elektrischen Teil der Regeleinrichtung zurückwirkt, soll sein Einfluß auf die Eigenschaften des Systems näher untersucht werden.

III. Die komplexe Darstellung des Stellgliedes.

Durch die Spannung $\mathfrak{U}_m$ [Gl. (7)] wird die Bewegung des Systems eingeleitet. Mit dieser Bewegung fest gekoppelt ist das Stellglied. Dann muß sich die Bewegung des Systems in einer charakteristischen Änderung des Stellwiderstandes ausdrücken. Für die Beeinflussung des Regelvorganges sind nur die Spanngrößen von Bedeutung. Es können also im Eingang der Regeleinrichtung (elektrischer Antrieb) an die Stelle der bisher auftretenden Größen $\mathfrak{U}$, $\mathfrak{U}_m$, die entsprechenden Spanngrößen $\varDelta\mathfrak{U}$, $\varDelta\mathfrak{U}_m$ treten. Im Normalzustand fließt unter dieser Bedingung dem Scheinwiderstand $\mathfrak{Z}$ ein Strom $\varDelta I = 0$ zu. Tritt am Verbraucherwiderstand R des Bildes 1, an dessen Klemmen die Spannung konstant gehalten werden soll, eine kleine Spannungsänderung auf,

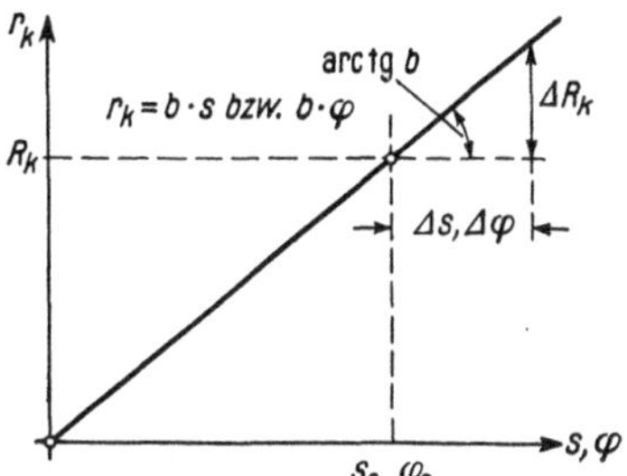

Bild 5. Statische Kennlinie des Stellgliedes.

so wird ein Regelvorgang eingeleitet, dessen Ablaufgeschwindigkeit der Größe der auftretenden Spannungsänderung proportional ist ($\varDelta\mathfrak{U}_m = c \cdot \varDelta v$ bzw. $c \cdot \varDelta \omega_m$). Dieser Art von mechanisch-elektrischen Reglern entsprechen die rein mechanischen Regler mit Stellgeschwindigkeitszuordnung.

Durch die feste Kopplung des Stellgliedes mit dem mechanischen System wird die Widerstandsänderung eine Funktion der Auslenkung. Für die weitere Behandlung wird zwischen der Änderung des Widerstandes und der Auslenkung des Stellgliedes eine lineare Abhängigkeit vorausgesetzt (Bild 5). Bei dem Sollwert der Eingangsgröße U, Bild 1, habe das mechanische System eine Auslenkung s_0 bzw. φ_0. Diesen Größen entspricht ein Stellwiderstand R_k. Um die Veränderung des Stellwiderstandes abhängig von der Spannungsänderung am Verbraucher festzustellen, trennt man den Regelkreis auf und versieht die entstehenden Enden mit den entsprechenden Abschlüssen.

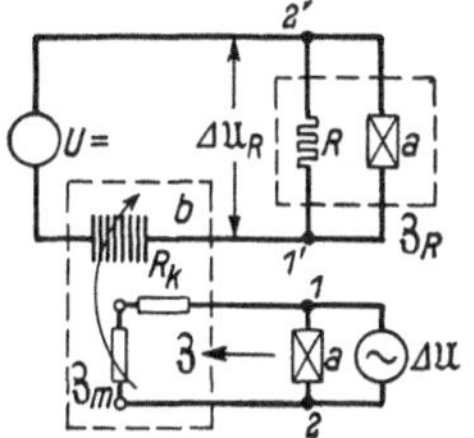

Bild 6. Der aufgetrennte Regelkreis eines Spannungsreglers.

a = Leitungsabschluß,
b = Regler.

In Bild 6 ist $1,2$ der Eingang des aufgetrennten Regelkreises. Die Punkte 1 und $1'$ bzw. 2 und $2'$ sind sonst miteinander verbunden. Das so betrachtete System ist ein Vierpol. Führt man nun von außen an Stelle der Spannungsänderung $\varDelta\mathfrak{U}_R$ eine Wechselspannung $\varDelta\mathfrak{U}$ zu, deren Frequenz einstellbar ist, so entsteht am mechanischen Ersatzbild der Spannungsabfall für die verschiedenen Frequenzen

$$\varDelta\mathfrak{U}_m = \varDelta\mathfrak{U} \cdot \frac{\mathfrak{Z}_m}{\mathfrak{Z}} . \tag{7}$$

Der Spannungsabfall $\Delta\mathfrak{U}_m$ ist der Ablaufgeschwindigkeit des mechanischen Einstellvorganges proportional (Zahlentafel 1 und 2). Es ist

$$\Delta\mathfrak{U}_m = c \cdot \Delta v \quad \text{bzw.} \quad c \cdot \Delta\omega_m.$$

Die unter dem Einfluß der Spannung hervorgerufene Auslenkung Δs bzw. $\Delta\varphi$ des mechanischen Systems ist

$$\Delta s \quad \text{bzw.} \quad \Delta\varphi = \frac{1}{c}\int \Delta\mathfrak{U}_m \cdot dt \tag{8}$$

und die hierdurch erzeugte Änderung ΔR_k des Stellwiderstandes mit den Bezeichnungen von Bild 5

$$\Delta R_k = \frac{b}{c}\int \Delta\mathfrak{U}_m \cdot dt. \tag{9}$$

Setzt man sinusförmigen Spannungsverlauf ($\Delta\mathfrak{U} = \Delta\mathfrak{U}_0 \cdot e^{j\omega t}$) voraus, so wird

$$\Delta\mathfrak{R}_k = -j\frac{b}{c\cdot\omega}\Delta\mathfrak{U}_m \tag{10}$$

ausgedrückt durch Gl. (7)

$$\Delta\mathfrak{R}_k = -j\frac{b}{c\cdot\omega}\cdot\frac{\mathfrak{Z}_m}{\mathfrak{Z}}\Delta\mathfrak{U}, \tag{11}$$

d. h. die Widerstandsänderung des Stellgliedes ist **komplex**, obwohl der Ableitung ein ohmscher Widerstand zugrunde gelegt wurde. Das komplexe Verhalten kommt durch die mit endlicher Geschwindigkeit erfolgende Bewegung des Widerstandes zustande.

Im stationären Zustand wird durch die Widerstandsänderung $\Delta\mathfrak{R}_k$ des Stellgliedes am Verbraucher eine Spannungsänderung $\Delta\mathfrak{U}_R$ erzeugt vom Betrage

$$\Delta\mathfrak{U}_R = j\frac{U_=}{Z_{g(\omega=0)}}\cdot\frac{\mathfrak{Z}_R}{\mathfrak{Z}_g}\cdot\frac{\mathfrak{Z}_m}{\mathfrak{Z}}\cdot\frac{b}{c\cdot\omega}\Delta\mathfrak{U}. \tag{12}$$

($\mathfrak{Z}_g$ ist der Scheinwiderstand der gesamten Regelstrecke einschließlich $\mathfrak{Z}_R$.)

Diese Gleichung gilt nur für kleine Schwingungsamplituden, also wenn $\Delta\mathfrak{R}_k \ll \mathfrak{Z}_g$ ist. Das Verhältnis

$$\frac{\Delta\mathfrak{U}_R}{\Delta\mathfrak{U}} = \mathfrak{k} = k \cdot e^{ja} \tag{13}$$

kennzeichnet die Übertragungseigenschaften der gesamten Regeleinrichtung. Mit Gl. (12) wird:

$$\mathfrak{k} = j\frac{b}{c\cdot\omega}\cdot\frac{U_=}{Z_{g(\omega=0)}}\cdot\frac{\mathfrak{Z}_R}{\mathfrak{Z}_g}\cdot\frac{\mathfrak{Z}_m}{\mathfrak{Z}}. \tag{14}$$

Der Übertragungsfaktor $\mathfrak{k}$ ist infolge der komplexen Eigenschaften des mechanischen und elektrischen Systems ebenfalls komplex.

Es soll nun noch untersucht werden, inwieweit weitere frequenzabhängige Übertragungselemente, die im Regelkreis zusätzlich eingeschaltet werden, auf die Übertragungseigenschaften der gesamten Regeleinrichtung einwirken.

IV. Der Einfluß zusätzlicher elektrischer oder mechanischer Elemente auf die Übertragungseigenschaften des Regelkreises.

Die bisherigen Betrachtungen, die zur Erklärung des dynamischen Verhaltens der Regeleinrichtung dienen sollen, haben gezeigt, daß zwischen der auszuregelnden Spannungsänderung und der durch die Regelung erzeugten Regelspannung infolge der Eigenschaften des mechanisch-elektrischen Systems ein komplexes Verhältnis besteht. Es interessiert in diesem Zusammenhang, wie andere Übertragungselemente, die sich zusätzlich im Regelkreis befinden, auf das dynamische Verhalten des Reglers einwirken. In Bild 7 ist in die Regelstrecke ein Vierpol eingeschaltet, der beispielsweise zur Unterdrückung von Oberwellen dienen kann. In derartigen Regelsystemen sind die Vierpole nur selten mit dem Wellenwiderstand abgeschlossen.

Dennoch liefert das vierpolmäßige Übertragungsmaß ein angenähertes, im allgemeinen sehr aufschlußreiches Ergebnis. Für die genaue Rechnung definiert man zweckmäßiger das Verhältnis

$$\mathfrak{k}_V = \frac{\Delta\mathfrak{u}_R}{\Delta\mathfrak{u}_1}, \qquad (15)$$

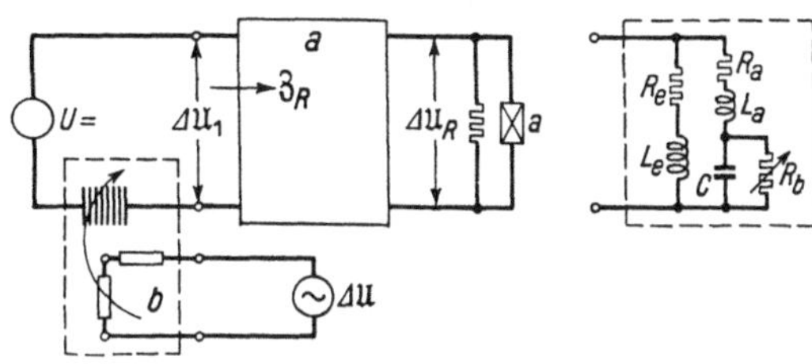

Bild 7. Regeleinrichtung mit zusätzlichen, frequenzabhängigen Elementen. a = Vierpol, b = Regler. Rechts: Ersatzschaltbild eines Nebenschlußmotors.

das sich aus der Spannungsteilung ergibt. Dieses Verhältnis ist im allgemeinen komplex. Berücksichtigt man die Übertragungseigenschaften des Vierpols, so setzen sie sich mit den Übertragungseigenschaften des Reglers $\mathfrak{k}_R = \frac{\Delta\mathfrak{u}_1}{\Delta\mathfrak{u}}$ multiplikativ zusammen:

$$\mathfrak{k} = \frac{\Delta\mathfrak{u}_R}{\Delta\mathfrak{u}} = \frac{\Delta\mathfrak{u}_R}{\Delta\mathfrak{u}_1} \cdot \frac{\Delta\mathfrak{u}_1}{\Delta\mathfrak{u}} = \mathfrak{k}_V \cdot \mathfrak{k}_R = k_V \cdot k_R \cdot e^{j(a_V + a_R)}. \qquad (16)$$

Zur Untersuchung des dynamischen Verhaltens der Regeleinrichtung genügt es also nicht, den Regler zu betrachten, sondern es müssen alle Elemente berücksichtigt werden, welche die Übertragungseigenschaften des Regelkreises beeinflussen. (Nur das resultierende Übertragungsmaß ist von Bedeutung.)

Die Übertragungseigenschaften des Systems können auch durch weitere mechanische Elemente verändert werden. Wird an Stelle des Verbraucherwiderstandes in Bild 7 ein Gleichstrommotor eingeschaltet, so kann dieser durch ein elektrisches Ersatzbild dargestellt werden. In Bild 7 rechts ist das Ersatzbild eines Nebenschlußmotors dargestellt. R_e bzw. R_a entspricht dem ohmschen Widerstand, L_e bzw. L_a der Induktivität der Erreger- bzw. Ankerwicklung, C dem Trägheitsmoment des Ankers, R_b der mechanischen Belastung. In diesem Falle sind insbesondere im Leerlauf $R_b \to \infty$ die frequenzabhängigen Eigenschaften dieses Motors von Bedeutung für das dynamische Verhalten der Regeleinrichtung. Auch hier wird die resultierende Übertragungsgröße zweckmäßig aus der Spannungsteilung berechnet.

Mechanisch-elektrische Regelsysteme werden manchmal auch zur Regelung von Wechselstromgrößen verwendet. Bei einem Teil der Regler muß jedoch die Meßgröße eine Gleichspannung oder ein Gleichstrom sein. Man richtet deshalb die Wechselgröße gleich, bevor sie der Antriebsspule des Reglers zugeführt wird. Im Regelkreis einer derartigen Regeleinrichtung wirken also Gleich- und Wechselgrößen. Zur Behandlung der Stabilität muß dieser gemischte Kreis auf einen Kreis mit einheitlicher Frequenz zurückgeführt werden.

V. Die Frequenztransformation im Regelkreis.

Wechselgrößen werden durch Gleichrichter in die entsprechenden Gleichgrößen umgeformt. Die mathematische Behandlung eines verlustfreien (Sperrwiderstand ∞, Durchlaßwiderstand 0) Vollweg-Gleichrichters führt auf unstetige Funktionen.

Andererseits ist es offenbar nicht statthaft, komplexe Widerstände von der Gleichstromseite unter Fortlassung des Gleichrichters auf die Wechselstromseite zu setzen, da sich beispielsweise eine Drosselspule auf der Gleichstromseite des Gleichrichters anders verhält, als wenn sie auf der Wechselstromseite eingeschaltet wird.

Um die bisherige komplexe Betrachtung des Regelkreises auch auf diese Systeme anwenden zu können, ist es notwendig festzustellen, unter welchen Voraussetzungen und wodurch die Eigenschaften des Gleichrichters ersetzt werden können.

Belastet man einen Vollweggleichrichter mit einem ohmschen Widerstand, so besteht zwischen dem Scheitelwert I_0 des zufließenden Wechselstromes und dem Gleichstrom $I_=$ bei sinusförmiger Spannungskurve die Beziehung

$$I_= = \frac{I_0 \cdot 2}{\pi}\left(1 - \frac{2}{3}\cos 2\omega_N t - \frac{2}{15}\cos 4\omega_N t - \cdots\right). \tag{17}$$

Der kommutierte Sinusstrom enthält außer dem Gleichstrom eine Summe von Wechselströmen. Um die Reihe [Gl. (17)] beim ersten Glied abbrechen zu können, wird für die weitere Betrachtung angenommen — was praktisch meistens zutrifft —, daß alle Oberwellen oberhalb der Netzfrequenz ω_N durch ein Filter unterdrückt werden, so daß im Ausgang des Gleichrichters ein reiner Gleichstrom fließt. Ein derartiger Gleichrichter kann als Frequenztransformator von der Netzfrequenz ω_N auf die Frequenz $\omega = 0$ aufgefaßt werden. Diese Transformation von ω_N auf $\omega = 0$ trifft für den statischen Zustand des Reglers zu.

Überlagert man der dem Gleichrichter zugeführten Wechselspannung eine Wechselspannung kleiner Amplitude und niedriger Frequenz ω_M gegen die Netzfrequenz, so überträgt der Gleichrichter diese Wechselspannung bildgetreu auf die Gleichstromseite. In diesem Falle wirkt der Gleichrichter als Frequenztransformator von der Netzfrequenz ω_N auf die Frequenz $0 < \omega_M < \omega_N$ der überlagerten Wechselspannung. Diese Transformation trifft für den dynamischen Zustand des Reglers zu.

Aus den beiden Betrachtungen folgt, daß für die hier vorliegenden Verhältnisse die Eigenschaften des beschriebenen Gleichrichters ersetzt werden können durch Frequenztransformation von der Frequenz ω_N auf die jeweiligen Frequenzen $0 < \omega_M < \omega_N$ (dynamischer Fall), die als Grenzfall auch die Transformation auf die Frequenz $\omega_M = 0$ (statischer Fall) mit einschließt.

Um Netzwerke von der Frequenz ω_N auf die Frequenz ω_M zu transformieren, gilt die allgemeine Transformationsbedingung [4], daß der Scheinwiderstand $\mathfrak{W}'$ bzw. der Scheinleitwert $\mathfrak{G}'$ bei der neuen Frequenz ω_M denselben Wert hat, als bei der ursprünglichen Frequenz ω_N.

$$\left.\begin{aligned}\mathfrak{W}'(\omega_M) &= \mathfrak{W}(\omega_N),\\ \mathfrak{G}'(\omega_M) &= \mathfrak{G}(\omega_N).\end{aligned}\right\} \tag{18}$$

Die Frequenzen ω_M sind dieselben, für welche die komplexen Übertragungseigenschaften des Regelkreises betrachtet werden. Sie sind bei mechanisch-elektrischen Regelsystemen praktisch immer niedrig gegen die Netzfrequenz. Die Frequenztransformation erstreckt sich also von der Netzfrequenz ω_N auf Frequenzen in der Umgebung der Frequenz Null. Erwünscht wäre, wenn durch e i n e Transformation die Bedingung für alle Frequenzen $0 \leqq \omega_M < \omega_N$ erfüllt werden könnte. Hierzu muß der Verlauf des Scheinwiderstandes $\mathfrak{W}'$ bzw. des Scheinleitwertes $\mathfrak{G}'$ in der Nähe der Frequenz 0 gleich sein dem Verlauf des Scheinwiderstandes $\mathfrak{W}$ bzw. des Scheinleitwertes $\mathfrak{G}$ in der Nähe der Frequenz ω_N, also näherungsweise

$$\left.\begin{aligned}\frac{d\mathfrak{W}'(\omega_M)}{d\omega} &= \frac{d\mathfrak{W}(\omega_N)}{d\omega}, \\[2mm] \frac{d\mathfrak{G}'(\omega_M)}{d\omega} &= \frac{d\mathfrak{G}(\omega_N)}{d\omega}.\end{aligned}\right\} \tag{19}$$

Der Gleichrichter transformiert nicht nur die Frequenz, sondern auch die Amplitude. Legt man an den Gleichrichter eine Wechselspannung U_{eff}, so ist der Betrag der entstehenden Gleichspannung

$$U_= = \sigma \cdot U_{\text{eff}}. \tag{20}$$

σ hängt von der Phasenzahl der Wechselspannung ab und ergibt sich beispielsweise für Einphasen aus Gl. (17) zu $\sigma = 0{,}9$. Entgegen der gewöhnlichen Transformation ergibt sich auch für die Ströme

$$I_= = \sigma \cdot I_{\text{eff}}. \tag{21}$$

Für den ohmschen Widerstand gilt also

$$R_= = \frac{U_=}{I_=} = \frac{U_{\text{eff}}}{I_{\text{eff}}} = R_\sim, \tag{22}$$

d. h. das Übersetzungsverhältnis für die Widerstände ist $1:1$.

Wendet man die Transformationssätze Gl. (18) und (19) auf verschiedene Netzwerke an, so erhält man den in Zahlentafel 3 aufgezeichneten Zusammenhang.

Zahlentafel 3. Transformation von Netzwerken von der Frequenz ω_N auf Frequenzen $\omega_M \approx 0$.

ω_N		$\omega_M \approx 0$	
R (Reihe)	R	R_1	$R_1 = R$
$L,\ C$ (Reihe)	$\left.\begin{array}{c}L\\C\end{array}\right\}\ \omega_N^2 LC = 1$	L_1	$L_1 = 2L$
$L,\ C$ (parallel)	$\left.\begin{array}{c}L\\C\end{array}\right\}\ \omega_N^2 LC = 1$	C_1	$C_1 = 2C$

Für den ohmschen Widerstand ist die Transformation trivial. Der Gleichstromwiderstand kann unter Fortfall des Gleichrichters als Widerstand des gleichen Betrages auf die Wechselstromseite eingeschaltet werden, wie auch aus Gl. (22) hervorgeht.

Der Scheinwiderstand eines Reihenresonanzkreises bei der Frequenz ω_N ist

$$\mathfrak{W}(\omega_N) = \omega_N L - \frac{1}{\omega_N C} = 0. \tag{23}$$

Geht man nach der Transformation von einem ähnlich aufgebauten Netzwerk aus, so muß nach Gl. (18) gelten:

$$\mathfrak{W}'(\omega_M) = \omega_M L_1 - \frac{1}{\omega_M C_1} = 0 = \mathfrak{W}(\omega_N). \tag{24}$$

13*

Damit in dieser Gleichung $\dfrac{1}{\omega_M C_1}$ für $\omega_M \to 0$ zu Null wird, muß $C_1 \to \infty$ gehen. Der unendlich große Kondensator hat bereits bei sehr tiefen Frequenzen den Widerstand Null. Er bedeutet einen Kurzschluß. Es verbleibt also nur noch die Induktivität L_1, die den Verlauf des Scheinwiderstandes bestimmt. Der Scheinwiderstand verläuft linear mit der Frequenz. Die Größe von L_1 ergibt sich aus Gl. (19)

mit
$$\frac{d\left(\omega_N L - \dfrac{1}{\omega_N C}\right)}{d\omega} = \frac{d(\omega_M L_1)}{d\omega} \tag{19}$$

zu
$$\frac{1}{\omega_N^2 C} = L \tag{23}$$

$$L_1 = 2L, \tag{25}$$

d. h. ein Reihenresonanzkreis auf der Wechselstromseite kann auf der Gleichstromseite durch eine Induktivität vom doppelten Betrage der Resonanzinduktivität ersetzt werden.

Analog erhält man für den Scheinleitwert des Parallelresonanzkreises bei der Frequenz ω_N

$$\mathfrak{G}(\omega_N) = \omega_N C - \frac{1}{\omega_N L} = 0. \tag{26}$$

Geht man nach der Transformation von einem ähnlich aufgebauten Netzwerk aus, so muß

$$\mathfrak{G}'(\omega_M) = \omega_M C_1 - \frac{1}{\omega_M L_1} = 0 = \mathfrak{G}(\omega_N) \tag{27}$$

sein; damit hierin der zweite Ausdruck verschwindet, muß $L_1 \to \infty$ gehen. Dann ist schon bei sehr tiefen Frequenzen die Leitfähigkeit Null, d. h. der Widerstand der Induktivität unendlich groß. Das bedeutet eine Unterbrechung. Der Verlauf des Scheinleitwertes ist nur noch durch die Kapazität C_1 bestimmt. Auch dieser Verlauf ist linear.

Mit Gl. (19)
$$\frac{d\left(\omega_N C - \dfrac{1}{\omega_N L}\right)}{d\omega} = \frac{d(\omega_M C_1)}{d\omega} \tag{19}$$

und
$$\frac{1}{\omega_N^2 L} = C \tag{26}$$

ergibt sich C_1 zu
$$C_1 = 2C, \tag{28}$$

d. h. ein Parallelresonanzkreis auf der Wechselstromseite kann auf der Gleichstromseite durch eine Kapazität vom doppelten Betrag der Resonanzkapazität ersetzt werden.

Diese Ergebnisse können auch aus einer Energiebetrachtung hergeleitet werden [5].

Eine Drossel oder eine Kapazität, also auch ein nicht abgestimmter Resonanzkreis auf der Wechselstromseite führt bei der Umbildung auf die Gleichstromseite auf nichtrealisierbare Elemente. Da alle auf der Gleichstromseite vorkommenden Elemente auf die Wechselstromseite abbildbar sind, transformiert man die Elemente der Gleichstromseite auf die Wechselstromseite. Hierdurch ergeben sich wegen der Verdoppelung der Elemente durch die Frequenztransformation meistens sehr komplizierte elektrische Systeme. Man begnügt sich deshalb häufig mit einer angenäherten Übertragung von der Wechselstromseite auf die Gleichstromseite.

Wie aus dem vollständigen Ersatzbild einer mechanisch-elektrischen Regeleinrichtung die Stabilität beurteilt werden kann, soll nunmehr gezeigt werden.

VI. Stabilität [6].

In den vorhergehenden Abschnitten wurde die Umbildung der mechanisch-elektrischen Regeleinrichtung in ein rein elektrisches System mit der resultierenden Übertragungsgröße $\mathfrak{k}$ gezeigt. Aus dem Verlauf der Übertragungsgröße in der komplexen $\mathfrak{k}$-Ebene (Bild 8) kann in einfacher Weise die Stabilität angegeben werden. Ergibt sich für $\mathfrak{k}_{(\omega)}$ kein geschlossener Kurvenzug, so werden die negativen Frequenzen für die Betrachtung hinzugezogen, die den konjugiert komplexen Verlauf für $\mathfrak{k}$ (in Bild 8 gestrichelt) ergeben. Liegt nun der Punkt $1+j0$, wenn man auf der Randkurve in Richtung wachsender ω fortschreitet, rechts von der Kurve, so ist das System unstabil. Entsprechend ist das System stabil, wenn der Punkt 1 links von der Kurve liegt. Die Begründung für diesen Satz geht darauf zurück, daß man für eine komplexe, analytische Funktion aus den Randwerten der Funktion $\mathfrak{k}_{(\omega)}$ die Singularitäten des umschlossenen Bereiches angeben kann:

$$\mathfrak{Re}\,\overline{\mathfrak{v}}\,p = -\frac{1}{2\pi j}\oint \mathfrak{k}_{(\omega)}\,d\omega; \qquad (p = \delta + j\omega).$$

Eine besonders einfach darstellbare Randkurve ergibt sich, wenn man als Randkurve in der Ebene der komplexen Frequenz p die imaginäre ω-Achse abbildet. Diese Abbildung führt auf die in der Elektrotechnik übliche Darstellung von Scheinwiderständen und Übertragungsgrößen, die

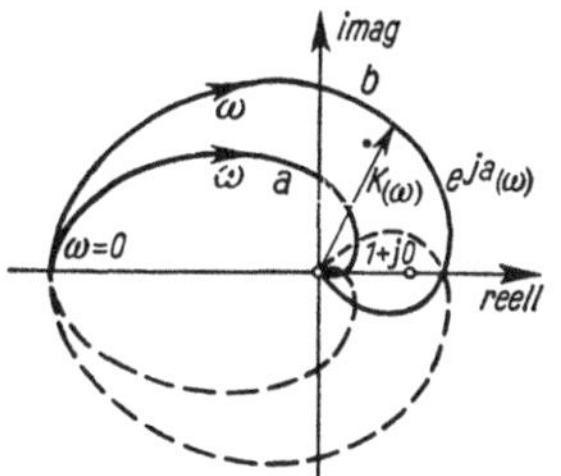

Bild 8. Die komplexe Übertragungsgröße $\mathfrak{k}$. $a = $ stabil, $b = $ unstabil.

sowohl der Rechnung, als auch der Messung in einfacher Weise zugänglich sind.

Im allgemeinen interessiert bei einer stabilen $\mathfrak{k}$-Kurve noch der Grad der Stabilität. Man kann ihn abschätzen durch Entwickeln der Funktion in der Nähe des Punktes 1. Das Entwickeln der Funktion entspricht dem Ersetzen der Kreisfrequenz ω durch die komplexe Frequenz $p = \delta + j\omega$. Die Werte für δ können hierbei angenähert aus der Frequenzteilung der Kurven für $\delta = 0$ entnommen werden, da die Abbildung der p-Ebene auf die $\mathfrak{k}$-Ebene konform ist. Aus den Werten für δ und ω, die durch den Punkt 1 gehen, ist eine angenäherte Berechnung des Regelvorganges möglich. Tatsächlich tragen zum Regelvorgang alle Frequenzen zwischen $-\infty$ und $+\infty$ bei. Den Hauptanteil liefern jedoch die Frequenzen in der Nähe der reellen Achse.

Der Verlauf der $\mathfrak{k}$-Kurve ($\delta = 0$) ist bedingt durch die Elemente des Regelkreises. Aus dem Verlauf einer unstabilen $\mathfrak{k}$-Kurve können Rückschlüsse gezogen werden, wie das System zu verändern ist, um seine Stabilisierung herbeizuführen. Diese Betrachtung führt auf die Stabilisierung von Regelsystemen.

VII. Methoden zur Stabilisierung.

Die grundsätzlichen Methoden zur Stabilisierung eines unstabilen Regelsystems, bei denen die Güte der Regelung nicht beeinflußt wird, sind:

Stabilisierung durch Erhöhen der Dämpfung.

Stabilisierung durch Phasenrückdrehung (z. B. Rückführung).

Stabilisierung durch Erhöhen der Dämpfung.

Die einzelnen Werte der $\mathfrak{k}$-Kurve (Bild 8) können in Polarkoordinaten dargestellt werden.

$$\mathfrak{k} = k_{(\omega)}\,e^{j\,a_{(\omega)}} = e^{\ln k_{(\omega)}}\,e^{j\,a_{(\omega)}}. \tag{29}$$

198   Wilhelm Artus.

ln $k_{(\omega)}$ bezeichnet man, je nachdem ob es größer oder kleiner als 0 ist, als Verstärkung oder Dämpfung. a gibt die Phasendrehung bei den verschiedenen Frequenzen an. Um die unstabile Kurve b des Bildes 8 zu stabilisieren, kann die Dämpfung des Systems erhöht werden, beispielsweise durch Einschalten eines dämpfenden Vierpoles. Mathematisch ist die Dämpfung durch Multiplikation mit dem Faktor $e^{-\vartheta}$ darstellbar. Die neue Übertragungsgröße $\mathfrak{k}_\vartheta$ wird dann

$$\mathfrak{k}_\vartheta = \mathfrak{k} \cdot e^{-\vartheta} = e^{\ln k - \vartheta}\, e^{j(a + a_\vartheta)}. \tag{30}$$

Durch die zusätzliche Dämpfung wird der Betrag $k_{(\omega)}$ der Vektoren verkleinert. ϑ kann reell oder komplex sein. Reelles ϑ hat eine Verschlechterung der Regelgenauigkeit zur Folge und scheidet daher für diese Betrachtung aus. Bei komplexem ϑ ändert sich nicht nur der Betrag, sondern auch die Phase. Da die Phase als Funktion der Frequenz nach dem Reaktanztheorem bei passiven Vierpolen im allgemeinen zunimmt, muß die Dämpfung durch solche Vierpole erfolgen, die ein Minimum (90°) an Phasendrehung ergeben. Die minimale Phase ist bei vorgegebenem Dämpfungsverlauf angebbar [7]. Es zeigt sich, daß, wie für den Durchlässigkeitsbereich von Filtern schon länger bekannt [8], zwischen Dämpfung und minimaler Phase ein allgemeiner Zusammenhang besteht. Trägt man das Phasenmaß a über der logarithmischen Frequenz auf, so ist die durch die Kurve und die Frequenzachse eingeschlossene (Phasen)-Fläche gleich dem Unterschied der Dämpfung b zwischen der Frequenz ∞ und 0:

$$\int\limits_{-\infty}^{\infty} a\, d\left(\log \frac{\omega}{\omega_0}\right) = \frac{\pi}{2}\,(b_\infty - b_0).$$

$(\omega_0 = \text{Bezugsfrequenz.})$

Netzwerke mit verschiedenem Phasenverlauf, jedoch gleicher Phasenfläche, haben also gleichen Dämpfungsunterschied.

Netzwerke mit minimaler Phase sind die schon früher bekannten RX-Glieder [9]. Diese Vierpole (Bild 9 links) bestehen aus einem ohmschen Widerstand und einer Reaktanz X. Strebt die Dämpfung dem Wert ∞ zu, so drehen diese Glieder die Phase um 90°. Verwendet man derartige Vierpole zur Stabilisierung, so kann der Widerstand R oder die Reaktanz X aus dem Verlauf der Größe $\mathfrak{k}$ bestimmt werden. In Bild 9 rechts sind auf der unstabilen $\mathfrak{k}$-Kurve die Frequenzen $\omega_{1\ldots 7}$ aufgetragen. Bei der Frequenz ω_1 hat das System die Übertragungsgröße k_1. Da das Filter um max. 90° weiterdreht, muß die Spannungsteilung des einzuschaltenden Filters bei der Frequenz ω_1

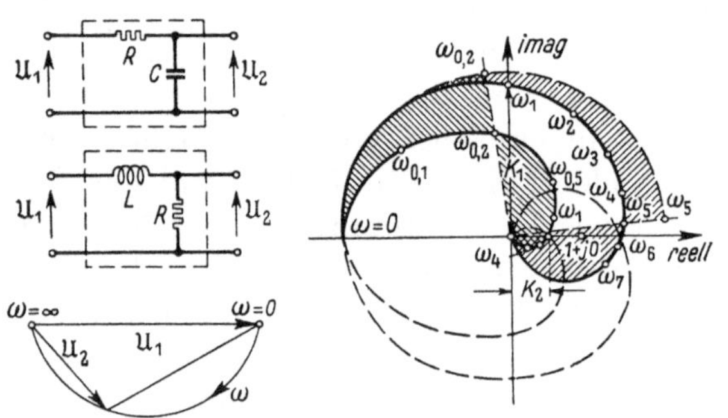

Bild 9. Vierpole minimaler Phase (links) zur Stabilisierung (rechts).

$$\left|\frac{\mathfrak{u}_2}{\mathfrak{u}_1}\right|_{\omega_1} = \frac{k_2}{k_1}, \qquad\qquad k_1 > 1 \tag{31}$$

sein. k_2 ist kleiner als 1 und stellt die zulässige reelle Übertragungsgröße dar. Nun ist für das RC-Glied:

$$\left.\begin{aligned}\left|\frac{\mathfrak{u}_2}{\mathfrak{u}_1}\right| &= \frac{\dfrac{1}{\omega C}}{\left|R + \dfrac{1}{j\,\omega C}\right|},\\[2ex]\left|\frac{\mathfrak{u}_2}{\mathfrak{u}_1}\right| &= \frac{R}{|R + j\,\omega L|}.\end{aligned}\right\} \tag{32}$$

und für das LR-Glied

Da stets eine der beiden Größen R und X durch den Abschluß des Vierpols festgelegt ist, ergibt sich die andere Größe aus den Beziehungen (31) und (32) für die kritische Frequenz ω_1, bei der k_1 geprüft werden muß.

Die Stabilisierung durch Dämpfungsglieder führt auf die Erniedrigung der Grenzfrequenz des Regelkreises. In Bild 9 rechts liegt die Grenzfrequenz des unstabilen Systems bei ω_5, die des stabilen bereits bei $\omega_{0,2}$. Diese Erniedrigung der Grenzfrequenz hat größere Übergangzeiten und damit auch größere Regelzeiten zur Folge. Nach den von K. Küpfmüller [10] aufgestellten Stabilitätsbedingungen entspricht die Dämpfungsstabilisierung dem Vergrößern der Übergangzeit gegenüber der Laufzeit. Durch das RX-Glied wird zwar auch die Laufzeit (Phasenmaß a) vergrößert — die Phasendrehung oberhalb ω_1 beträgt max. 90° —, jedoch wird die Grenzfrequenz mehr erniedrigt als die Laufzeit erhöht wird.

Bei der praktischen Ausführung derartiger Stabilisierungsglieder ergeben sich manchmal sehr große Elemente. Für diese Fälle ist es günstig, das Dämpfungsglied mechanisch auszuführen. Regeltechnisch steht dem nichts entgegen, da es gleichgültig ist, an welcher Stelle des Regelkreises das Filter eingeschaltet wird. Während man ein elektrisches Filter in die Reglerzuleitung aus Gründen des Aufwandes einschalten würde, schaltet man das mechanische Filter direkt in das mechanische System ein. Eine solche Lösung ist in Bild 10 wiedergegeben. Bild 10 links zeigt das elektrische Ersatzbild der Regeleinrichtung, dem zur Stabilisierung ein LR-Glied nachgeschaltet ist. In Bild 10 rechts sind die elektrischen Elemente auf die entsprechenden mechanischen Elemente übertragen. So entspricht der Induktivität L_2 eine Feder, dem Widerstand R_2 eine Dämpfung. Der sich aus Bild 10 rechts ergebende Aufbau des Reglers ist in Bild 10 unten dargestellt. Hierbei wird das mechanische System wie früher magnetisch angetrieben. Die Betätigung des Stellgliedes erfolgt jedoch in diesem Falle nicht mehr durch die Bewegung, die das System $R_1\,L_1\,C_1$ ausführt. Die Bewegung dieses Systems wird auf ein zweites mechanisches System $L_2\,R_2$ übertragen. Das Stellglied macht hierbei die Bewegung des Dämpfungskolbens R_2 mit. Diese Bewegung ist zeitlich gegenüber der Bewegung des Systems $L_1\,C_1\,R_1$ infolge der elastischen Ankopplung durch die Feder L_2 verschoben.

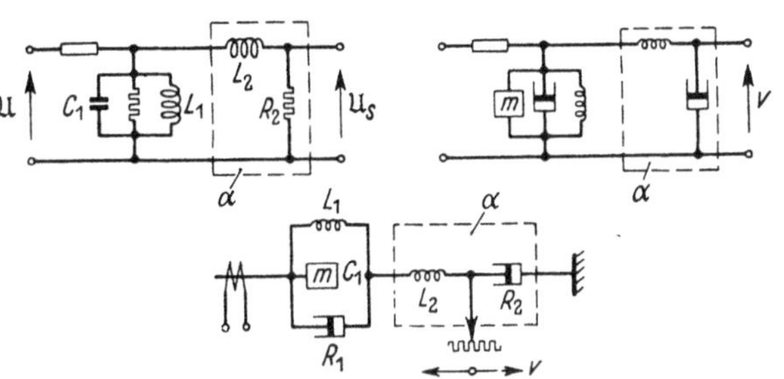

Bild 10. Stabilisierung durch mechanische Filter (a = Dämpfungsglied); oben links: elektrisches Ersatzbild, oben rechts: mechanisches Ersatzbild, unten: Aufbau des Reglers.

Der Vorteil, mechanische Filter zu verwenden, liegt darin, daß in den mechanischen Mitteln Elemente geringster Eigendämpfung zur Verfügung stehen. Verwendet man als L_2 eine genügend weiche Feder, so können hiermit beliebig große Induktivitäten mit vernachlässigbaren Eigenverlusten dargestellt werden. Durch Einsetzen verschieden weicher Federn kann also die „Induktivität" in weiten Grenzen variiert werden. Die Dämpfung des Kolbens ist ebenfalls durch eine verstellbare Düse für den Austritt des Dämpfungsmediums (Luft, Öl usw.) in weiten Grenzen einstellbar.

Bei mechanisch-elektrischen Regelsystemen stabilisiert man häufig in der Weise, daß man das schwingfähige mechanische System stark dämpft. Das entspricht dem eben behandelten Verfahren, wenn man die Induktivität L_2 zu 0 macht. Wie schon diese Überlegung zeigt, kann hiermit nicht unter allen Umständen stabilisiert werden.

Mit den angegebenen Mitteln ist es möglich, für beliebige Systeme eine Stabilisierung sicherzustellen. Sie läuft jedoch in allen Fällen auf eine Erniedrigung der Grenzfrequenz hinaus, also auf eine zum Teil wesentliche Erhöhung der Regelzeit. Aus diesem Grunde versucht man, zu anderen Methoden der Stabilisierung überzugehen, bei welchen die Stabilitätsbedingungen auch für kleinere Regelzeiten erfüllbar sind. Diese Methoden hängen davon ab, ob es möglich ist, die Phase der Übertragungsgröße $\mathfrak{k}$ zurückzudrehen.

Stabilisierung durch Phasenrückdrehung.

Nach dem Reaktanzsatz nimmt der Scheinwiderstand mit zunehmender Frequenz stets zu. Sofern man von Teilgebieten absieht, läßt sich dieser Satz auch auf die Phase der üblichen Netzwerke ausdehnen. Danach nimmt auch die Phase mit zunehmender Frequenz, von Teilgebieten abgesehen, stets zu [11]. Es bestehen also von dieser Seite her keine Aussichten, ein allgemeines Bildungsgesetz zum Aufbau phasenrückdrehender Netzwerke zu erhalten. Im folgenden wird zur Lösung dieser Frage ein anderer Weg beschritten:

Die Betrachtung wird an dem aufgetrennten Regelkreis, der zur Herleitung der Übertragungsgröße $\mathfrak{k}$ der Regeleinrichtung diente, durchgeführt. Gibt man auf den Eingang dieses Systems eine sinusförmige Spannung, so ergibt sich, wenn man den Versuch für verschiedene Frequenzen durchführt, die Ausgangsspannung nach Betrag und Phase durch Multiplizieren mit dem Faktor $\mathfrak{k}$, der als Übertragungsgröße definiert wurde. Die Betrachtung ist auch korrekt für jeden beliebigen Verlauf der Eingangsspannung, da man diese auf eine Reihe sinusförmiger Teilspannungen zurückführen kann, für welche die aufgestellten Bedingungen gültig sind.

Stabilisierung 1. Ordnung.

Es soll nun untersucht werden, welche resultierende Übertragungsgröße sich ergibt, wenn auf den Eingang des Regelkreises außer der Eingangsspannung $\varDelta \mathfrak{U}$ noch eine weitere Größe $\varDelta \mathfrak{U}' = \dfrac{d \varDelta \mathfrak{U}}{dt}$ wirkt, die der Änderung der Eingangsspannung proportional ist. (Differentialquotientenregelung; eine ähnliche Wirkung hat auch die starre Rückführung.) Ist m der Einflußfaktor, mit dem diese Größe zur Wirkung kommt, so kann man schreiben:

$$\varDelta \mathfrak{U}_R = \mathfrak{k}\, \varDelta \mathfrak{U} \pm \mathfrak{k}\, m \cdot \varDelta \mathfrak{U}'. \tag{33}$$

Führt man diese Betrachtung wieder mit sinusförmiger Spannung durch, so wird

$$\varDelta \mathfrak{U}' = j\,\omega\,\varDelta \mathfrak{U} \tag{34}$$

und eingesetzt in Gl. (33) erhält man

$$\varDelta \mathfrak{U}_R = \mathfrak{k}\, \varDelta \mathfrak{U}\,(1 \pm m\, j\,\omega). \tag{35}$$

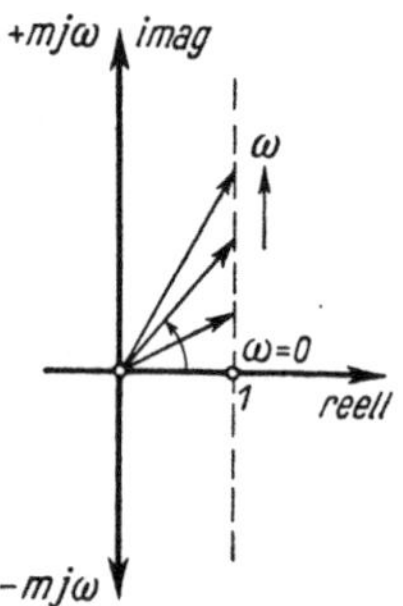

Bild 11. Der Faktor $1 \pm m\,j\,\omega$.

Das statische Verhalten dieses Reglers ($\omega = 0$) ist wie bei einem Regler, auf den nur die Eingangsspannung wirkt, da der Punkt für $\omega = 0$ unverändert bleibt. Das dynamische Verhalten des Regelsystems ist je nach Ankopplung der Größe $\varDelta \mathfrak{U}'$ verschieden. In Bild 11 ist der Ausdruck $1 \pm m \cdot j \cdot \omega$ dargestellt. Es ist zu erkennen, daß für positives $m \cdot j \cdot \omega$ der Winkel dieses Vektors mit der Frequenz zunimmt und für $\omega \to \infty$ dem Wert $90°$ zustrebt. Nun dreht der Vektor für $\mathfrak{k}$ mit zunehmendem ω in entgegengesetzter Richtung (Bild 8). Hieraus ergibt sich, daß durch die Einwirkung der Größe $\Delta \mathfrak{U}'$ eine Phasenrückdrehung von max $90°$ erzielbar ist. In Bild 12b ist dies dargestellt. Die unstabile Kennlinie des Bildes 12a ist durch diesen Einfluß stabil geworden. Diese Art der Stabilisierung wird als Stabilisierung 1. Ordnung bezeichnet.

Es soll nun untersucht werden, welcher Einfluß auf den Verlauf von $\mathfrak{k}$ erzielt wird, wenn die Ableitung der Größe $\Delta \mathfrak{U}$ von höherer Ordnung ist.

Stabilisierung 2. Ordnung.

Bei der Ableitung 2. Ordnung erhält man, wenn n den Einflußfaktor bezeichnet

$$\Delta \mathfrak{U}_R = \mathfrak{k} \cdot \Delta \mathfrak{U} \pm n \cdot \mathfrak{k} \cdot \Delta \mathfrak{U}'', \qquad (36)$$

für dieselben Annahmen wie vorher wird

$$\Delta \mathfrak{U}'' = -\omega^2 \Delta \mathfrak{U} \qquad (37)$$

eingesetzt, in Gl. (36) ergibt sich

$$\Delta \mathfrak{U}_R = \mathfrak{k} \cdot \Delta \mathfrak{U} (1 \mp n \cdot \omega^2). \qquad (38)$$

Man erhält das interessante Ergebnis, daß in diesem Falle bei einer konstanten Phase von $0°$ oder $180°$ lediglich eine frequenzabhängige Dämpfung auftritt. Dieser Einfluß entspricht dem umgekehrten Verhalten der bekannten Laufzeitglieder, die bei konstanter Dämpfung nur die Phase drehen. Die Wirkung der Stabilisierung 2. Ordnung ist in Bild 12c dargestellt. Bei geeigneter Bemessung des Faktors n kön-

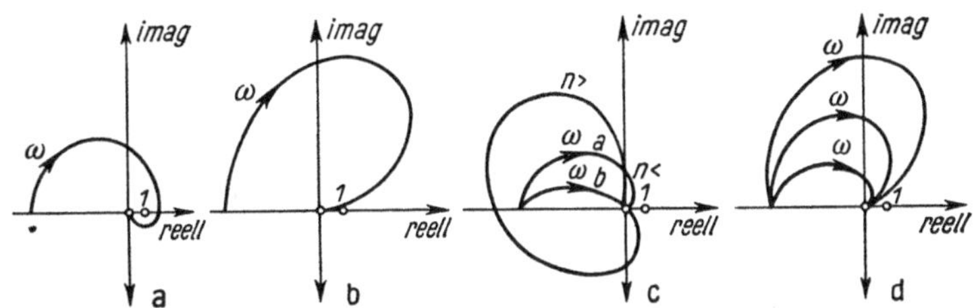

Bild 12. $\mathfrak{k}$-Ebene (a) bei Stabilisierung 1. Ordnung (b), 2. Ordnung (c) [Kurve a: n klein, Kurve b: n größer] und 1. + 2. Ordnung (d).

nen Kurven, wie in Bild 12c dargestellt, erhalten werden. In beiden Fällen tritt für das negative Vorzeichen von $n \cdot \omega^2$ eine stabilisierende Wirkung ein.

Es liegt nun nahe, die Stabilisierung 1. und 2. Ordnung gleichzeitig anzuwenden.

Stabilisierung 1. + 2. Ordnung.

Hierfür gilt

$$\Delta \mathfrak{U}_R = \mathfrak{k} \, \Delta \mathfrak{U} (1 \mp n \omega^2 \pm m j \omega). \qquad (39)$$

Geht man von der Kurve des Bildes 12b aus, so lassen sich hiermit Kurven, wie in Bild 12d gezeigt, erzielen. Zur phasenrückdrehenden Wirkung der Stabilisierung 1. Ordnung tritt die dämpfende der Stabilisierung 2. Ordnung. Ein derartiges System vereinigt die Vorzüge der beiden Stabilisierungsmethoden. Durch geeignete Wahl der Einflußfaktoren m und n kann die Wirkung der einen und anderen Methode hervorgehoben werden.

Stabilisierung 3. Ordnung.

Für die Stabilisierung 3. Ordnung gilt mit p als Einflußfaktor

$$\Delta \mathfrak{U}_R = \mathfrak{k} \, \Delta \mathfrak{U} (1 \mp p j \omega^3). \qquad (40)$$

Diese Methode entspricht der Stabilisierung 1. Ordnung. Der Unterschied gegenüber der Stabilisierung 1. Ordnung besteht darin, daß die Drehung schon bei tiefen Frequenzen (ω^3) wirksam wird. Diese Erscheinung ist nur selten von Wert. Außerdem ergibt die Stabilisierung 3. Ordnung bereits einen erheblichen Mehraufwand gegenüber der Stabilisierung 1. Ordnung. Eine ähnliche Wirkung wie die Stabilisierung 3. Ordnung hat auch die elastische Rückführung.

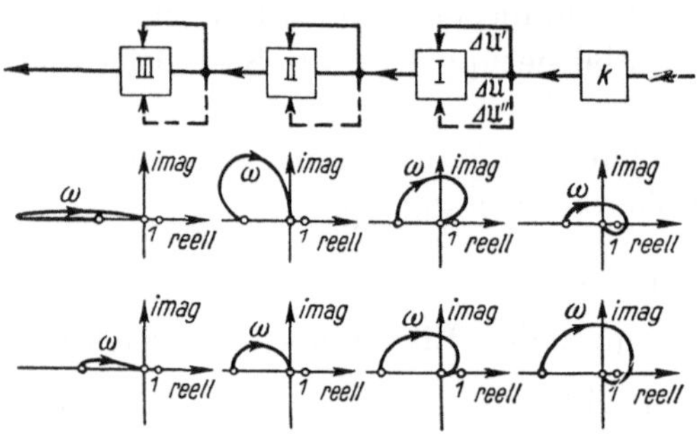

Bild 12. (e) Wiederholte Anwendung der Stabilisierung 1. und 1. + 2. Ordnung.

Stabilisierung 4. Ordnung.

Für die Stabilisierung 4. Ordnung gilt, wenn q der Einflußfaktor ist

$$\Delta \mathfrak{U}_R = \mathfrak{k}\, \Delta \mathfrak{U}(1 \pm q\, \omega^4). \tag{41}$$

Es ergeben sich die grundsätzlich ähnlichen Verhältnisse wie bei der Stabilisierung 2. Ordnung. Auch hier wird gegenüber der Stabilisierung 2. Ordnung die Wirkung bereits auf ein Gebiet niedrigerer Frequenzen verschoben.

Eine weitere Steigerung der Ordnung ergibt ein periodisches Wiederkehren der behandelten 4 Stabilisierungstypen mit wachsender Potenz von ω. Es zeigt sich, daß schon die Stabilisierung 3. und 4. Ordnung keine wesentliche Bedeutung erlangen. Für die Praxis wird man sich deshalb auf die Stabilisierung 1., 2. und 1. u. 2. Ordnung beschränken können.

Durch wiederholtes Anwenden der Stabilisierung 1. bzw. 1. u. 2. Ordnung kann die Phase theoretisch auf den Betrag bei $\omega = 0$ zurückgedreht werden. In Bild 12e ist unterhalb von k der Verlauf der komplexen Übertragungsgröße $\mathfrak{k}$ dargestellt. Schaltet man in das System die Stabilisierungseinrichtungen I, II, III ein, so ergibt sich je Stufe eine Phasenrückdrehung um 90°. Bei den in Bild 12e unten gezeigten Kurven ist der zusätzliche dämpfende Einfluß der Stabilisierung 2. Ordnung zu erkennen.

Die Differentiation bzw. wiederholte Differentiation kann sowohl elektrisch (Bild 13), als auch mechanisch erfolgen.

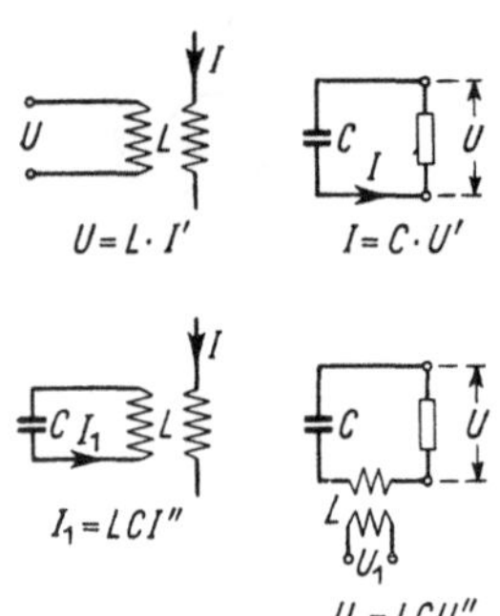

Bild 13. Links oben: elektrische Differentiation bei erzwungenem Strom; links unten: wiederholte Differentiation bei erzwungenem Strom; rechts oben: elektrische Differentiation bei erzwungener Spannung; rechts unten: wiederholte Differentiation bei erzwungener Spannung.

Der erzielte Erfolg liegt klar auf der Hand. Durch die Phasenrückdrehung erzielt man eine Verringerung der Laufzeit des Systems. Diese Stabilisierungsmethoden entsprechen der umgekehrten Interpretation des Stabilitätskriteriums nach K. Küpfmüller, die Laufzeit im Verhältnis zur Übergangszeit zu verkleinern.

Es ist also durch ein relativ einfaches Verfahren möglich, die Stabilität der Regeleinrichtung wesentlich zu erhöhen, ohne den Nachteil einer vergrößerten Regelzeit in Kauf nehmen zu müssen. Da die Forderung nach geringer Regelzeit heute häufig im Vordergrund steht, genießt die Stabilisierung durch Phasenrückdrehung (z. B. Rückführung) den entschiedenen Vorteil gegenüber der Stabilisierung durch Dämpfung.

VIII. Anhang.

Kohledruckregler.

Die Anwendung der aufgestellten Sätze wird am Beispiel des Kohledruckreglers gezeigt. Zur Verfügung stand ein Kohledruckregler für 212 V/1 A. Der Regler hat den grundsätzlichen Aufbau nach Bild 14. Hierfür ergibt sich das mechanische Ersatzbild nach Bild 3 Mitte und das entsprechende elektrische Ersatzbild des Bildes 3 rechts. Der Antrieb erfolgt durch magnetische Feldkräfte. Einschließlich der Verluste durch den Antrieb erhält man das vollständige Ersatzbild des Bildes 15. Darin bedeutet:

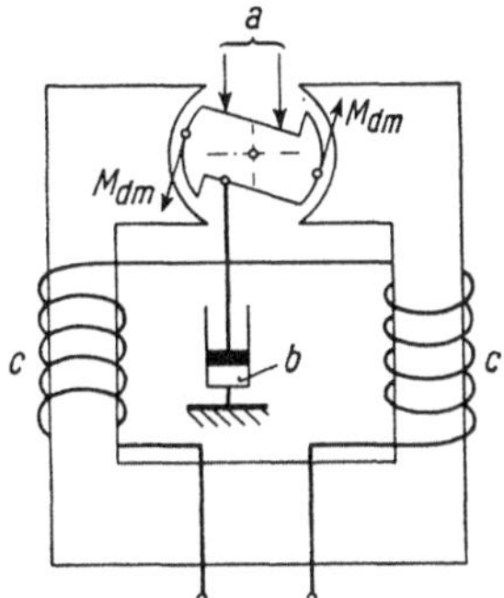

$R_1 =$ ohmscher Widerstand des Eingangskreises,
$L_1 =$ Streuinduktivität des Eingangskreises,
$C =$ elektrische Ersatzgröße für das Massenträgheitsmoment,
$L_2 =$ elektrische Ersatzgröße für die Torsionsfähigkeit,
$R_2 =$ elektrische Ersatzgröße für die Dämpfung.

Es wurde gemessen:

$R_1 = 1523\ \Omega,$
$L_1 = 3{,}14\ \text{H}.$

Bild 14. Aufbau eines Kohledruckreglers. $a =$ Kohlesäule + elastische Richtkraft, $b =$ Dämpfung, $c =$ Antriebswicklung, M_{dm}-Drehmoment der magnetischen Feldkräfte.

Die Umrechnungskonstante c [Gl. (4)] für die mechanischen Größen wurde aus der Abhängigkeit des Drehmomentes vom zufließenden Strom zu $c = 50{,}8$ kgcm/A bestimmt. Das Massenträgheitsmoment, die Torsionsfähigkeit und die mechanische Dämpfung wurde nach bekannten Methoden ermittelt und aus Zahlentafel 2 mit der angegebenen Konstante c umgerechnet zu

$C = 41\ \mu\text{F},$
$L_2 = 84\ \text{H},$
$R_2 = 284 \cdots 28400\ \Omega$ je nach Einstellung der Düse.

Der fabrikationsmäßig eingestellte Dämpfungswert entspricht etwa 600 Ω.

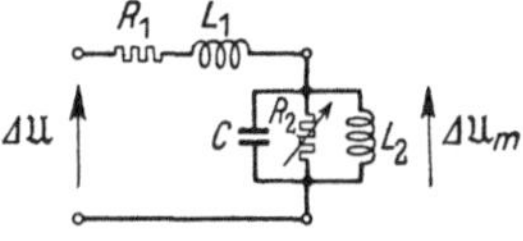

Bild 15. Elektrisches Ersatzschaltbild des Kohledruckreglers nach Bild 14.

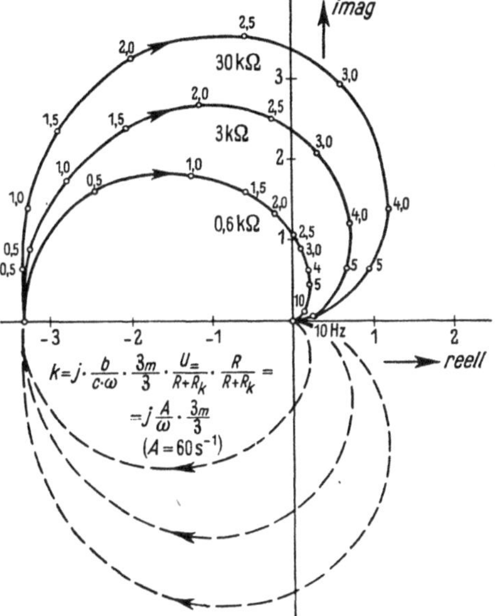

Bild 16. Kennlinien einer Regeleinrichtung nach Bild 6 mit einem Kohledruckregler für verschiedene Dämpfung (R_2) des mechanischen Systems des Kohledruckreglers (gerechnet).

In Bild 16 sind die Kurven für $j\,\dfrac{A}{\omega}\,\dfrac{3_m}{3}$ bei verschiedener Dämpfung des mechanischen Systems dargestellt. Das Regelsystem ist in hohem Maße nichtlinear. Die Werte entsprechen etwa der Mittelstellung des Reglers. Enthält der Regelkreis keine zusätzlichen phasendrehenden Glieder, so ist der Verlauf der Übertragungsgröße des Systems, abgesehen von einem konstanten Faktor ($A = 60\ \text{s}^{-1}$), derselbe. Die Frequenzen sind für die verschiedenen Punkte angegeben. Der Regler ist ein System mit niedriger Grenzfrequenz, d. h. der Regler kann von Natur aus nur langsam im Verhältnis zu rein elektrischen Reglern regeln. Der stabilisierende Einfluß der Dämpfung des mechanischen Systems ist deutlich zu erkennen.

Sind im Regelkreis zusätzliche phasendrehende Glieder enthalten, so besteht für den Regler die Gefahr, unstabil zu werden, da die Vektoren bei den höheren Frequenzen über die reelle Achse hinaus gedreht werden können. In Bild 17 sind Kurven für die Übertragungsgröße $\mathfrak{k}$ dargestellt für den Fall, daß in die Regelstrecke eine Drossel (32 *H*) eingeschaltet ist. Eine solche Induktivität erhält man beispielsweise, wenn man als Stromquelle ein Netzanschlußgerät verwendet, bei dem mittels

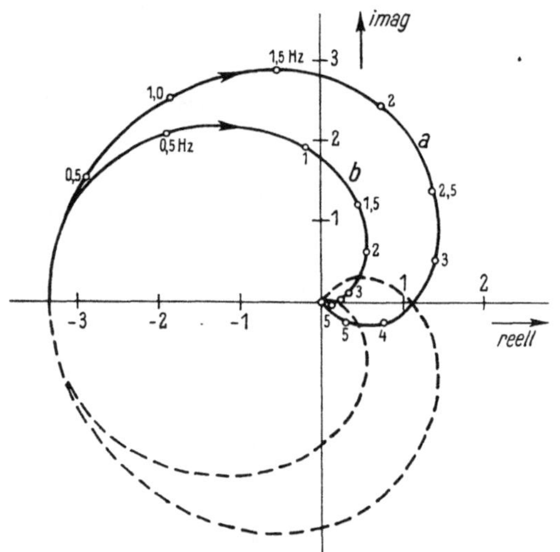

Bild 17. Übertragungsgröße $\mathfrak{k}$ der Regeleinrichtung nach Bild 18 (gerechnet). *a* = System entdämpft, *b* = betriebsmäßige Dämpfung.

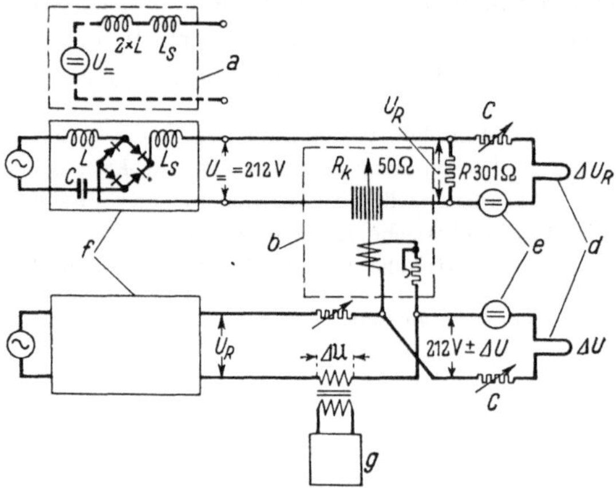

Bild 18. Schaltung zum Messen der Übertragungsgröße $\mathfrak{k}$ einer mechanisch-elektrischen Regeleinrichtung. *a* = Ersatzbild der Stromquelle, *b* = Regler, *c* = Einstellwiderstand, *d* = Oszillographenschleife, *e* = Kompensat. Spannung, *f* = Gleichrichtergerät, *g* = Tieftongenerator Siemens & Halske AG.

eines Resonanzkreises auf der Wechselstromseite der innere Widerstand des Trockengleichrichters ausgeglichen wird [*12*]. Der Resonanzkreis auf der Wechselstromseite läßt sich nach V. auf die Gleichstromseite transformieren als Induktivität des doppelten Betrages der Resonanzinduktivität. Die Kurven des Bildes 17 zeigen, daß das System bei Entdämpfung unstabil wird, was auch durch einen Versuch nachgewiesen werden kann.

Es wurde versucht, die gerechneten Werte des Bildes 17 durch Messung zu bestätigen. Die Meßschaltung ist in Bild 18 dargestellt. Als Meßstromquelle mit veränderlicher Frequenz wurde ein Tieftongenerator (0 ··· 100 Hz) der Siemens & Halske AG, Rel. sum. 2020a (Nr. 464 105), verwendet. Phase und Betrag wurde aus Oszillogrammen bestimmt. Die Messung ist mit großen Schwierigkeiten verbunden, da wegen der hohen Nichtlinearität des Regelkreises schon bei kleinen Meßamplituden erhebliche Oberwellen entstehen, welche die Phasenbestimmung erschweren. Beim Arbeiten mit noch kleineren Amplituden ergeben sich durch die Haftreibung erhebliche Fehler bei der Bestimmung des Betrages. Es wurde deshalb mit einer optimalen Meßamplitude, die aus verschiedenen Messungen bestimmt wurde, gearbeitet. Die sich ergebenden Meßpunkte sind in Bild 19 wiedergegeben. Es zeigt sich eine gute Übereinstimmung mit den gerechneten Kurven. Unter 1 Hz ist die abgebbare Leistung des Tieftongenerators gering, so daß eine Messung nicht mehr möglich ist.

In einem anderen praktischen Falle zeigte sich, daß bei einer Regelschaltung nach Bild 7, in der an der Stelle *a* ein Tiefpaß von 1 Hz Grenzfrequenz eingeschaltet ist, die Stabilität der Regeleinrichtung beim Vergrößern der Dämpfung des mechanischen Systems abnimmt. Bei Entdämpfung des mechanischen Systems wurde die Regeleinrichtung stabil. Dieses Verhalten wurde rechnerisch untersucht. Es ergeben sich die

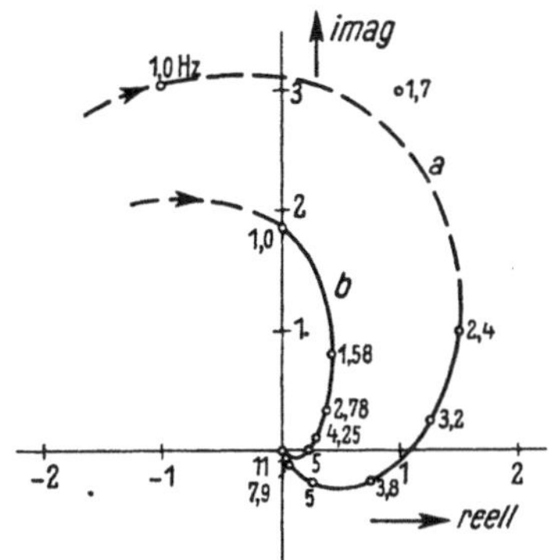

Bild 19. Meßkurven der Übertragungsgröße $\mathfrak{k}$ der Regeleinrichtung nach Bild 18. $a =$ System entdämpft, $b =$ betriebsmäßige Dämpfung.

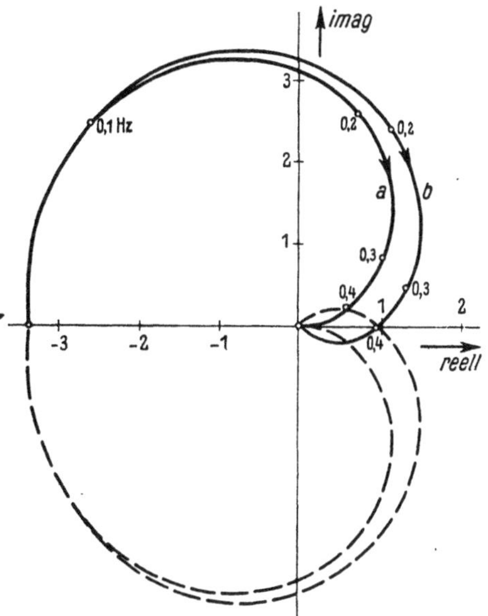

Bild 20. Übertragungsgröße $\mathfrak{k}$ der Regeleinrichtung nach Bild 7 mit Tiefpaß für 1 Hz Grenzfrequenz. $a =$ System entdämpft, $b =$ betriebsmäßige Dämpfung. Die Stabilität nimmt bei Dämpfung des Systems ab.

Kurven für die Übertragungsgröße des Systems nach Bild 20. Auch aus diesen Kurven geht hervor, daß das System bei Entdämpfung stabil ist, hingegen bei Dämpfung unstabil wird. Der Grund hierfür liegt darin, daß die tiefen Frequenzen (z. B. 0,5 Hz) durch die Dämpfung bereits eine Vorwärtsdrehung erfahren (Bild 16) und nunmehr durch das zusätzliche Filter bis über die reelle Achse weitergedreht werden.

Zusammenfassung.

Die Arbeit entstand aus der Notwendigkeit, einen tieferen Einblick in das Arbeiten mechanisch-elektrischer Regelsysteme zu erhalten. Diese Kenntnisse sind unerläßlich, um die Stabilität derartiger Systeme zu beherrschen. Es wurde hierzu das mechanisch-elektrische System in ein rein elektrisches System umgebildet. Auf dieses elektrische System sind die für elektrische Systeme aufgestellten einfachen Stabilitätskriterien anwendbar. Die Stabilität kann (bis auf die Bestimmung einiger Konstanten) rein rechnerisch untersucht werden. Gegenüber der experimentellen Bestimmung der Stabilität, die infolge der niedrigen Grenzfrequenz sowie wegen der hohen Nichtlinearität dieser Systeme sehr schwierig ist, bietet dieses Verfahren bemerkenswerte Vorteile. Die behandelten Stabilisierungsmethoden sind allgemein für die Regeltechnik gültig, sind also keinesfalls auf die mechanisch-elektrischen Regelsysteme beschränkt. Am Beispiel des Kohledruckreglers wird die Anwendung des Verfahrens gezeigt.

Schrifttum.

1. Th. Buchhold: Über das Regelproblem. Elektrotechn. u. Masch.-Bau **58** (1940) S. 1 ⋯ 10; S. 31 ⋯ 40.

2. A. Leonhard: Die selbsttätige Regelung in der Elektrotechnik. Berlin: Julius Springer 1940.

3. W. Hähnle: Die Darstellung elektromechanischer Gebilde durch rein elektrische Schaltbilder. Wiss. Veröff. Siemens-Werken **XI**, 1 (1932) S. 1···23.

4. T. Laurent: Die Berechnung von passiven linearen Impedanznetzen mittels Frequenzwandlung. Elektr. Nachr.-Techn. **13** (1936) S. 365···378.

5. E. Friedländer: Übertragung der Stabilitäts- und Schwingungsbedingungen von Gleichstromkreisen auf Wechselstromsysteme. ETZ **52** (1931) S. 1432···1438.

6. W. Artus: Über Regelmethoden in steuerbaren elektrischen Systemen und die Kriterien ihrer Stabilität. Elektr. Nachr.-Techn. **17** (1940) S. 231···244.

7. H. W. Bode: Relations between attenuation and phase in feedback amplifier design. Bell Syst. techn. J. **19** (1940) S. 421···454.

8. H. F. Mayer: Über die Dämpfung von Siebketten im Durchlässigkeitsbereich. Elektr. Nachr.-Techn. **2** (1925) S. 335···338.

9. K. H. Krambeer u. K. Erdniss: Die Übertragungseigenschaften eines Kreuzgliedes aus widerstandsreziproken Impedanzen unter besonderer Berücksichtigung der Laufzeit. Telegr.- u. Fernspr.-Techn. **28** (1939) S. 395···403.

10. K. Küpfmüller: Über die Dynamik der selbsttätigen Verstärkungsregler. Elektr. Nachr.-Techn. **5** (1928) S. 459···467.

11. W. Werrmann: Verfahren zur Stabilisierung negativ rückgekoppelter hochlinearer Verstärker. VDE-Fachber. **9** (1937) S. 220···222.

12. F. Harres: Über ein Gleichrichtergerät mit belastungsunabhängiger Verbraucherspannung. ETZ **60** (1939) S. 889···892.

Über die Dämpfung des Nutenquerfeldes bei Gleichstrommaschinen. II.

Von **Aladar Koos**.

Mit 6 Bildern.

Mitteilung aus dem Dynamowerk der Siemens-Schuckertwerke AG zu Siemensstadt.

Eingegangen am 25. März 1941.

Einleitung.

In einer früheren Arbeit[1]) wurde die Wirkungsweise der in die Nuten zur Dämpfung des Querfeldes bei Gleichstrommaschinen eingebauten Dämpferrahmen unter der Voraussetzung berechnet, daß in den Seiten der Rahmen, also in den in den Nuten liegenden Teilen, keine Wirbelströme entstehen können. Der wirkliche Rahmen wurde durch eine Drahtwindung von entsprechender Induktivität und Widerstand ersetzt. Obwohl die Herstellung solcher Rahmen, für welche dieser Ersatz vollkommen zulässig ist, keine Schwierigkeiten bereitet, nimmt man in der Wirklichkeit von der immerhin umständlichen und teuren Ausführung eines kompensierten Rahmens Abstand, nachdem die Erfahrung gezeigt hat, daß auch Dämpfer, welche wohl gegen Wirbelstrombildung durch das Nutenlängsfeld geschützt, aber in bezug auf das Querfeld als massiv zu betrachten sind, bei richtiger Wahl der Abmessungen nicht unzulässig warm werden. Dabei hat man noch den nicht geringen Vorteil, daß das zwischen Oberstabkante und Keil durchströmende Feld ebenfalls gedämpft wird, dieser Raum also nicht vollkommen als Verlust zu bewerten ist. Es ist nun zu vermuten, daß in bezug auf die Wirbelstrombildung in den massiven Wicklungsstäben selbst die beiden Ausführungsformen der Dämpfer bei gleicher Streuung und gleichem Widerstand mit vernachlässigbaren Unterschieden gleichwertig sind. Dagegen müssen die Rahmenverluste, aber auch der Dämpfungsgrad bei massiven Rahmen nicht unerheblich höher liegen, und die in der erwähnten ersten Arbeit durchgeführte Rechnung dürfte in diesen Punkten für den massiven Rahmen kaum als Näherung gelten können. Im folgenden wird nunmehr die Berechnung der Vorgänge auch für in bezug auf das Querfeld massive Rahmen, also für den in erster Linie interessierenden, in der Wirklichkeit meist vorkommenden Fall gezeigt. — Es handelt sich bei dem vorliegenden Problem gewissermaßen um ein Kompromiß zwischen Dämpfungsgrad und Verlusten, die möglichst genaue Kenntnis dieser Größen ist also ausschlaggebend. In welchem Maße die Dämpfung des Querfeldes bei großen Schnelläufern notwendig ist, soll hier nicht erörtert werden, jedenfalls dürfte aber eine schlecht kommutierende Gleichstrommaschine, zumal in angestrengtem Betrieb, trotz ihrer geringeren Verluste, auch die unwirtschaftlichere sein.

---

[1]) A. Koos: Über die Dämpfung des Nutenquerfeldes bei Gleichstrommaschinen. Wiss. Veröff. Siemens-Werken **XIX** (1940) S. 89.

1. Die Nutenquerfelder und Stromdichten.

Die jetzt vorliegende Aufgabe ist wesentlich verwickelter, als die in der ersten Arbeit behandelte. Es sind jetzt 4 Feldfunktionen zu berechnen (s. Bild 1), welche durch ihre Grenzwerte und durch die Spannungsgleichung des Rahmens zusammenhängen. Wir wählen die gleichen Bezeichnungen für die einzelnen Größen, wie in der ersten Arbeit:

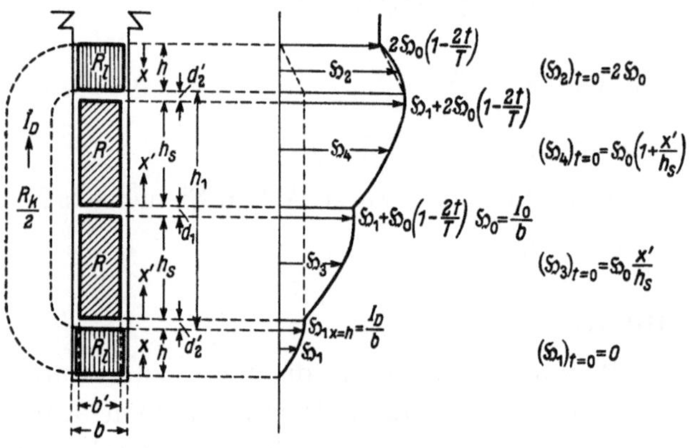

Bild 1. Nutenquerschnitt, Nutenquerfelder, Grenz- und Anfangsbedingungen.

$$\frac{h_1 - 2h_s}{h_s} = \beta, \qquad h_1 = (2 + \beta)\, h_s,$$
$$d_1 + 2d_2' = \beta h_s,$$

μ_0 Luftpermeabilität,

$\varkappa$ Leitwert des Kupfers,

T Stromwendezeit,

$$\frac{\varkappa \mu_0 h_s^2}{T} = \frac{\tau_s}{T} = \gamma_s,$$
$$\frac{\varkappa \mu_0 h^2}{T} = \frac{\tau}{T} = \gamma, \qquad \frac{l}{\varkappa b h_s} = R_s,$$
$$\frac{l}{\varkappa b h} = R_l, \qquad \frac{l}{\varkappa b' h} = R,$$

R_k Widerstand beider Rahmenköpfe.

Der Selbstinduktionsbeiwert des Rahmens mit der Kopfstreuung: σ

$$L = \sigma \mu_0 (2 + \beta)\, h_s \frac{l}{b} + \mu_0 \beta h_s \frac{l}{b} = [\sigma (2 + \beta) + \beta]\, \varkappa \mu_0 h_s^2 \frac{l}{\varkappa b h_s} = c\, \tau_s R_s, \qquad c = \sigma (2 + \beta) + \beta.$$

Das Feld in den Lücken zwischen den Stäben bei geradliniger Stromwendung:

$$\Phi = \mu_0 l (d_1 \mathfrak{H}_0 + d_2' 2 \mathfrak{H}_0) \left(1 - \frac{2t}{T}\right),$$
$$-\frac{d\Phi}{dt} = 2\beta \gamma_s \cdot I_0 R_s.$$

Wir führen wiederum bezogene Größen ein:

$$\frac{t}{T} = \vartheta, \qquad \frac{x}{h} = \xi, \qquad \frac{x'}{h_s} = \eta, \qquad \frac{R_l}{R_s} = \varrho_l, \qquad \frac{R_k}{R_s} = \varrho_k.$$

$$\frac{\mathfrak{H}_1}{\mathfrak{H}_0} = \mathfrak{h}_1 \ \text{usw.,} \qquad \frac{i_1}{i_{0,R}} = j_1 \ \text{usw.,} \qquad \frac{I_D}{I_0} = i, \qquad i_{0,R} = \frac{I_0}{b h} \ \text{für den Rahmen,}$$
$$i_0 = \frac{I_0}{b h_s} \ \text{für die Stäbe.}$$

Dann gilt:

Feldgleichungen: Grenzwerte:

$$\frac{\partial^2 \mathfrak{h}_1}{\partial \xi^2} = \gamma \frac{\partial \mathfrak{h}_1}{\partial \vartheta}, \qquad (\mathfrak{h}_1)_{\xi=0} = 0, \qquad\qquad (\mathfrak{h}_1)_{\xi=1} = i,$$

$$\frac{\partial^2 \mathfrak{h}_3}{\partial \eta^2} = \gamma_s \frac{\partial \mathfrak{h}_3}{\partial \vartheta}, \qquad (\mathfrak{h}_3)_{\eta=0} = (\mathfrak{h}_1)_{\xi=1} = i, \qquad (\mathfrak{h}_3)_{\eta=1} = i + 1 - 2\vartheta,$$

$$\frac{\partial^2 \mathfrak{h}_4}{\partial \eta^2} = \gamma_s \frac{\partial \mathfrak{h}_4}{\partial \vartheta}, \qquad (\mathfrak{h}_4)_{\eta=0} = i + 1 - 2\vartheta, \qquad (\mathfrak{h}_4)_{\eta=1} = i + 2(1 - 2\vartheta),$$

$$\frac{\partial^2 \mathfrak{h}_2}{\partial \xi^2} = \gamma \frac{\partial \mathfrak{h}_2}{\partial \vartheta}, \qquad (\mathfrak{h}_2)_{\xi=1} = i + 2(1 - 2\vartheta), \qquad (\mathfrak{h}_2)_{\xi=0} = 2(1 - 2\vartheta).$$

$$(1)$$

Hierbei ist im obersten Feld, in der oberen Seite des Rahmens, x bzw. ξ von der Oberkante gerechnet; deshalb gilt:

$$j_1 = \frac{\partial \mathfrak{h}_1}{\partial \xi} \ \text{usw.,} \quad \text{aber} \quad j_2 = -\frac{\partial \mathfrak{h}_2}{\partial \xi}. \tag{2}$$

Die Anfangsbedingungen lauten:

$$(\mathfrak{h}_1)_{\vartheta=0}=0\,,\quad (\mathfrak{h}_3)_{\vartheta=0}=\eta\,,\quad (\mathfrak{h}_4)_{\vartheta=0}=1+\eta\,,\quad (\mathfrak{h}_2)_{\vartheta=0}=2\,. \tag{3}$$

Die Spannungsgleichung für den Rahmen erhält man, wenn man sich eine in Höhe x in den Rahmenseiten entlang laufende, um den Rahmen gelegte Windung (Meßwindung) denkt und das Linienintegral der elektrischen Feldstärke im Rahmen und die in der obenerwähnten Windung induzierte Spannung gleichsetzt. Hierbei ist zu beachten, daß die Stromdichten durch das Koordinatensystem festgelegte Vorzeichen haben. Es wird

$$R_k I_D + \frac{l}{\varkappa}\,\mathfrak{i}_1 - \frac{l}{\varkappa}\,\mathfrak{i}_2 = 2\beta\gamma_s I_0 R_s - \frac{l}{\varkappa}\left[\left(\frac{\partial\mathfrak{H}_3}{\partial x'}\right)_{h_s} - \left(\frac{\partial\mathfrak{H}_3}{\partial x'}\right)_0\right] - \frac{l}{\varkappa}\left[\left(\frac{\partial\mathfrak{H}_4}{\partial x'}\right)_{h_s} - \left(\frac{\partial\mathfrak{H}_4}{\partial x'}\right)_0\right] -$$

$$- \frac{\partial}{\partial t}\,\mu_0\,l\int\limits_x^h \mathfrak{H}_1\,dx - \frac{\partial}{\partial t}\,\mu_0\,l\int\limits_x^h \mathfrak{H}_2\,dx - c\,\tau_s\,R_s\,\frac{d I_D}{dt}\,.$$

Durch Einführung der bezogenen Größen und mit Berücksichtigung der Gl. (1) und (2) erhalten wir

$$c\,\gamma_s\,\frac{di}{d\vartheta} + \varrho_k\,i + \varrho_l\left[\left(\frac{\partial\mathfrak{h}_1}{\partial\xi}\right)_1 + \left(\frac{\partial\mathfrak{h}_2}{\partial\xi}\right)_1\right] = 2\beta\gamma_s - \left[\left(\frac{\partial\mathfrak{h}_3}{\partial\eta}\right)_1 - \left(\frac{\partial\mathfrak{h}_3}{\partial\eta}\right)_0\right] - \left[\left(\frac{\partial\mathfrak{h}_4}{\partial\eta}\right)_1 - \left(\frac{\partial\mathfrak{h}_4}{\partial\eta}\right)_0\right] \tag{4}$$

unabhängig von ξ, wie es sein muß.

Die 4 Gleichungen (1) und Gl. (4) sind unter Berücksichtigung der Grenz- und Anfangsbedingungen zu lösen.

Während man bei der Lösung der in der ersten Arbeit gestellten Aufgabe auf Grund physikalischer Überlegungen für die Feldfunktion einen Ansatz so wählen konnte, daß sich die Lösung auf kürzestem Wege, mit geringster Rechenarbeit ergab, ist das in diesem Falle nicht mehr leicht möglich. Die Operatorenrechnung (LaplaceTransformation)[1] führt dagegen mit verhältnismäßig einfachen Rechnungen zum Ziel. Wir setzen also:

$$\mathfrak{L}\,\mathfrak{h}_1 = y_1\,,\quad \mathfrak{L}\,\mathfrak{h}_2 = y_2\,,\quad \mathfrak{L}\,\mathfrak{h}_3 = y_3\,.\quad \mathfrak{L}\,\mathfrak{h}_4 = y_4\,.$$

Dann wird

$$\left.\begin{aligned}
&\frac{d^2 y_1}{d\xi^2} = \gamma\,p\,y_1\,, && && \frac{d^2 y_1}{d\xi^2} = \gamma\,p\,y_1\,,\\[4pt]
&\frac{d^2 y_2}{d\xi^2} = \gamma\,p\,(y_2 - 2)\,, && y_2 - 2 = z_2\,, && \frac{d^2 z_2}{d\xi^2} = \gamma\,p\,z_2\,,\\[4pt]
&\frac{d^2 y_3}{d\eta^2} = \gamma_s\,p\,(y_3 - \eta)\,. && y_3 - \eta = z_3\,, && \frac{d^2 z_3}{d\eta^2} = \gamma_s\,p\,z_3\,,\\[4pt]
&\frac{d^2 y_4}{d\eta^2} = \gamma_s\,p\,[y_4 - (1+\eta)]\,, && y_4 - (1+\eta) = z_4\,, && \frac{d^2 z_4}{d\eta^2} = \gamma_s\,p\,z_4\,.
\end{aligned}\right\} \tag{5}$$

Die Transformation der Grenzbedingungen ergibt, da man sofort

$$y_1 = A\,\mathfrak{Sin}\sqrt{\gamma\,p}\,\xi$$

setzen kann,

---

[1] Aus dem umfangreichen Schrifttum über diesen Gegenstand sei hier nur erwähnt K. W. Wagner: Operatorenrechnung nebst Anwendungen in Physik und Technik. Leipzig (1940).

$$
\left.
\begin{aligned}
(y_2)_{\xi=0} &= 2 - \frac{4}{p}, & (z_2)_{\xi=0} &= -\frac{4}{p}, \\
(y_2)_{\xi=1} &= A \operatorname{\mathfrak{Sin}} \sqrt{\gamma\,p} + 2 - \frac{4}{p}, & (z_2)_{\xi=1} &= A \operatorname{\mathfrak{Sin}} \sqrt{\gamma\,p} - \frac{4}{p}, \\
(y_3)_{\eta=0} &= A \operatorname{\mathfrak{Sin}} \sqrt{\gamma\,p}, & (z_3)_{\eta=0} &= A \operatorname{\mathfrak{Sin}} \sqrt{\gamma\,p}, \\
(y_3)_{\eta=1} &= A \operatorname{\mathfrak{Sin}} \sqrt{\gamma\,p} + 1 - \frac{2}{p}, & (z_3)_{\eta=1} &= A \operatorname{\mathfrak{Sin}} \sqrt{\gamma\,p} - \frac{2}{p}, \\
(y_4)_{\eta=0} &= A \operatorname{\mathfrak{Sin}} \sqrt{\gamma\,p} + 1 - \frac{2}{p}, & (z_4)_{\eta=0} &= A \operatorname{\mathfrak{Sin}} \sqrt{\gamma\,p} - \frac{2}{p}, \\
(y_4)_{\eta=1} &= A \operatorname{\mathfrak{Sin}} \sqrt{\gamma\,p} + 2 - \frac{4}{p}, & (z_4)_{\eta=1} &= A \operatorname{\mathfrak{Sin}} \sqrt{\gamma\,p} - \frac{4}{p}.
\end{aligned}
\right\} \tag{6}
$$

Die Lösungen im Unterbereich

$$
\left.
\begin{aligned}
y_1 &= A \operatorname{\mathfrak{Sin}} \sqrt{\gamma\,p}\,\xi, \quad z_2 = B e^{\sqrt{\gamma\,p}\,\xi} + C e^{-\sqrt{\gamma\,p}\,\xi}, \quad z_3 = D e^{\sqrt{\gamma_s\,p}\,\eta} + E e^{-\sqrt{\gamma_s\,p}\,\eta}, \\
z_4 &= F e^{\sqrt{\gamma_s\,p}\,\eta} + G e^{-\sqrt{\gamma_s\,p}\,\eta}.
\end{aligned}
\right\} \tag{7}
$$

Wenn man vorläufig die Konstante A unberechnet läßt, ergeben sich die übrigen Konstanten aus den Gl. (6) einfach, und wir schreiben zunächst die Lösungen im Unterbereich an, ohne die Hauptkonstante A zu berechnen:

$$
\left.
\begin{aligned}
y_1 &= A \operatorname{\mathfrak{Sin}} \sqrt{\gamma\,p}\,\xi, \\
z_2 &= A \operatorname{\mathfrak{Sin}} \sqrt{\gamma\,p}\,\xi - \frac{4}{p} \frac{\operatorname{\mathfrak{Sin}} \sqrt{\gamma\,p}\,(1-\xi) + \operatorname{\mathfrak{Sin}} \sqrt{\gamma\,p}\,\xi}{\operatorname{\mathfrak{Sin}} \sqrt{\gamma\,p}}, \\
z_3 &= \frac{A \operatorname{\mathfrak{Sin}} \sqrt{\gamma\,p}\,[\operatorname{\mathfrak{Sin}} \sqrt{\gamma_s\,p}\,(1-\eta) + \operatorname{\mathfrak{Sin}} \sqrt{\gamma_s\,p}\,\eta]}{\operatorname{\mathfrak{Sin}} \sqrt{\gamma_s\,p}} - \frac{2}{p} \frac{\operatorname{\mathfrak{Sin}} \sqrt{\gamma_s\,p}\,\eta}{\operatorname{\mathfrak{Sin}} \sqrt{\gamma_s\,p}}, \\
z_4 &= \frac{A \operatorname{\mathfrak{Sin}} \sqrt{\gamma\,p}\,[\operatorname{\mathfrak{Sin}} \sqrt{\gamma_s\,p}\,(1-\eta) + \operatorname{\mathfrak{Sin}} \sqrt{\gamma_s\,p}\,\eta]}{\operatorname{\mathfrak{Sin}} \sqrt{\gamma_s\,p}} - \frac{2}{p} \frac{\operatorname{\mathfrak{Sin}} \sqrt{\gamma_s\,p}\,\eta}{\operatorname{\mathfrak{Sin}} \sqrt{\gamma_s\,p}} - \frac{2}{p} \frac{\operatorname{\mathfrak{Sin}} \sqrt{\gamma_s\,p}\,(1-\eta) + \operatorname{\mathfrak{Sin}} \sqrt{\gamma_s\,p}\,\eta}{\operatorname{\mathfrak{Sin}} \sqrt{\gamma_s\,p}}.
\end{aligned}
\right\} \tag{8}
$$

Bevor wir A berechnen, können wir die Gl. (8) folgendermaßen überprüfen:

Setzt man $\varrho_k \to \infty$, d. h. schneidet man den Dämpferrahmen auf, dann kann der Rahmen keinen Strom führen, also muß $y_1 = 0$, $A = 0$ werden, und die in den Gl. (8) A nicht enthaltenden Glieder müssen, in den Oberbereich transformiert, die bereits auf anderem Wege abgeleiteten[1]) Formeln für die Massivstabwicklung ohne Dämpferrahmen ergeben.

Wir transformieren zuerst den Ausdruck: $-\dfrac{2}{p} \dfrac{\operatorname{\mathfrak{Sin}} \sqrt{\gamma_s\,p}\,\eta}{\operatorname{\mathfrak{Sin}} \sqrt{\gamma_s\,p}}$.

Der Integrand im Integral

$$
-\frac{1}{2\pi i} \int_{-i\infty}^{+i\infty} \frac{2}{p^2} \cdot \frac{\operatorname{\mathfrak{Sin}} \sqrt{\gamma_s\,p}\,\eta}{\operatorname{\mathfrak{Sin}} \sqrt{\gamma_s\,p}}\, e^{p\,\vartheta}\, dp
$$

hat zunächst einen Pol bei $p = 0$. Um das Integral um diesen herum zu berechnen, entwickeln wir Zähler und Nenner des zweiten Bruches in Reihe nach $\sqrt{\gamma_s\,p}$ und führen die Division durch:

$$
\frac{\operatorname{\mathfrak{Sin}} \sqrt{\gamma_s\,p}\,\eta}{\operatorname{\mathfrak{Sin}} \sqrt{\gamma_s\,p}} = \eta - \frac{\gamma_s\,p}{3!}(\eta - \eta^3) + \frac{\gamma_s^2\,p^2}{5!} f(\eta) + \cdots
$$

also

$$
-\frac{1}{2\pi i} \oint_{\text{Nullpunkt}} \frac{2}{p^2} \frac{\operatorname{\mathfrak{Sin}} \sqrt{\gamma_s\,p}\,\eta}{\operatorname{\mathfrak{Sin}} \sqrt{\gamma_s\,p}}\, e^{p\,\vartheta}\, dp = -2\eta\,\vartheta + \frac{\gamma_s}{3}(\eta - \eta^3) + 0 + 0 + \cdots
$$

---

[1]) A. Koos: Nutenquerfeld und Stromverdrängung während der Stromwendung bei Gleichstrommaschinen. Arch. Elektrotechn. **30** (1936) S. 502 $\cdots$ 514.

Diese Rechnungsweise ist in der Umgebung des Nullpunktes unbedingt zulässig, da die $f(\eta)$ nie unendlich werden können. Um das Integral um die anderen Pole herum zu berechnen, setzen wir

$$\sqrt{\gamma_s\, p} = i\,\lambda, \qquad p = -\frac{\lambda^2}{\gamma_s}, \qquad dp = -\frac{2\lambda}{\gamma_s}\, d\lambda.$$

Die Pole liegen also noch bei $\lambda = n\pi$ [1]), es wird, da $\cos n\pi = -(-1)^{n+1}$:

$$\sum -\frac{1}{2\pi i}\oint_{n\pi}\frac{2}{\lambda^4/\gamma_s^2}\frac{\sin\lambda\,\eta}{\sin\lambda}\cdot\frac{-2\lambda}{\gamma_s}\,e^{-\frac{\lambda^2}{\gamma_s}\vartheta}\,d\lambda = -\frac{4\gamma_s}{\pi^3}\sum_1^\infty \frac{(-1)^{n+1}\sin n\pi\,\eta}{n^3}\,e^{-\frac{n^2\pi^2}{\gamma_s}\vartheta}.$$

Damit das Feld des Unterstabes ohne Dämpferrahmen: $\mathfrak{H}_{3\,(o.\,R.)}$

$$\mathfrak{H}_{3\,(o.\,R.)} = (1-2\vartheta)\,\eta + \frac{\gamma_s}{3}\,\eta(1-\eta^2) - \frac{4\gamma_s}{\pi^3}\sum_1^\infty\frac{(-1)^{n+1}\sin n\pi\,\eta}{n^3}\,e^{-\frac{n^2\pi^2}{\gamma_s}\vartheta},$$

die bekannte Formel.

Die Transformation des dritten Gliedes in z_4 [s. Gl. (8)] ergibt in ähnlicher Weise, da

$$\frac{\operatorname{Sin}\sqrt{\gamma_s\,p}\,(1-\eta) + \operatorname{Sin}\sqrt{\gamma_s\,p}\,\eta}{\operatorname{Sin}\sqrt{\gamma_s\,p}} = 1 - \frac{\gamma_s\,p}{2}\,\eta + \frac{\gamma_s\,p}{2}\,\eta^2 + \gamma_s^2\,p^2\,f(\eta) + \cdots$$

und für $\lambda = n\pi$

$$\sin\lambda(1-\eta) + \sin\lambda\,\eta = 2\sin\nu\pi\,\eta \qquad\qquad \nu = 1, 3, 5\ldots$$

$$\mathfrak{L}^{-1}\,\frac{2}{p}\,\frac{\operatorname{Sin}\sqrt{\gamma_s\,p}\,(1-\eta) + \operatorname{Sin}\sqrt{\gamma_s\,p}\,\eta}{\operatorname{Sin}\sqrt{\gamma_s\,p}} = -2\vartheta + \gamma_s\eta(1-\eta) - \frac{8\gamma_s}{\pi^3}\sum_1^\infty\frac{\sin\nu\pi\,\eta}{\nu^3}\,e^{-\frac{\nu^2\pi^2}{\gamma_s}}.$$

Demnach das Feld des Oberstabes ohne Rahmen [s. Gl. (8), letzte Gleichung]:

$$\mathfrak{H}_{4\,(o.\,R.)} = \mathfrak{H}_{3\,(o.\,R.)} + 1 - 2\vartheta + \gamma_s\eta(1-\eta) - \gamma_s\frac{8}{\pi^3}\sum_1^\infty\frac{\sin\nu\pi\,\eta}{\nu^3}\,e^{-\frac{\nu^2\pi^2}{\gamma_s}\vartheta},$$

wie bereits bekannt. Die rechte Seite von $\mathfrak{H}_{4\,(o.\,R.)}$ ohne $\mathfrak{H}_{3\,(o.\,R.)}$ ist das vom stromwendenden Unterstab im Oberstabgebiet erzeugte Feld. Daraus sehen wir, daß auch die zweite der Gl. (8) richtig ist, und daß das Glied ohne A das in der oberen Rahmenseite durch die beiden Stäbe erzeugte Feld darstellt, wenn der Rahmen aufgeschnitten ist. Es ist also

$$\mathfrak{H}_{2,\,R_k=\infty} = 2(1-2\vartheta) + 2\gamma\,\xi(1-\xi) - 2\gamma\frac{8}{\pi^3}\sum_1^\infty\frac{\sin\nu\,\xi\,\pi}{\nu^3}\,e^{-\frac{\nu^2\pi^2}{\gamma}\vartheta}.$$

Die eigentliche Aufgabe besteht aber nun in der Berechnung von A und in der Zurückführung der A enthaltenden Ausdrücke in den Oberbereich.

Aus der Spannungsgleichung des Rahmens [Gl. (4)] wird im Unterbereich mit den Gl. (8)

$$(c\,\gamma_s\,p + \varrho_k)\,A\,\operatorname{Sin}\sqrt{\gamma\,p} + 2\varrho_l\,A\,\sqrt{\gamma\,p}\,\operatorname{Cos}\sqrt{\gamma\,p} + \frac{4\varrho_l}{p}\sqrt{\gamma\,p}\,\frac{1-\operatorname{Cos}\sqrt{\gamma\,p}}{\operatorname{Sin}\sqrt{\gamma\,p}} =$$

$$= 2\beta\,\gamma_s + 4A\,\operatorname{Sin}\sqrt{\gamma\,p}\,\frac{\sqrt{\gamma_s\,p}\,(1-\operatorname{Cos}\sqrt{\gamma_s\,p})}{\operatorname{Sin}\sqrt{\gamma_s\,p}} - \frac{8}{p}\,\frac{\sqrt{\gamma_s\,p}\,(1-\operatorname{Cos}\sqrt{\gamma_s\,p})}{\operatorname{Sin}\sqrt{\gamma_s\,p}},$$

$$A(p) = \frac{2\beta\gamma_s p\,\operatorname{Sin}\sqrt{\gamma_s\,p}\,\operatorname{Sin}\sqrt{\gamma\,p} - 4\varrho_l\sqrt{\gamma\,p}\,(1-\operatorname{Cos}\sqrt{\gamma\,p})\,\operatorname{Sin}\sqrt{\gamma_s\,p} - 8\sqrt{\gamma_s\,p}\,(1-\operatorname{Cos}\sqrt{\gamma_s\,p})\,\operatorname{Sin}\sqrt{\gamma\,p}}{p\{(c\gamma_s p + \varrho_k)\,\operatorname{Sin}\sqrt{\gamma\,p}\,\operatorname{Sin}\sqrt{\gamma_s\,p} + 2\varrho_l\sqrt{\gamma\,p}\,\operatorname{Cos}\sqrt{\gamma\,p}\,\operatorname{Sin}\sqrt{\gamma_s\,p} - 4\operatorname{Sin}\sqrt{\gamma\,p}\,\sqrt{\gamma_s\,p}\,(1-\operatorname{Cos}\sqrt{\gamma_s\,p})\}\,\operatorname{Sin}\sqrt{\gamma\,p}}. \qquad (9)$$

---

[1]) Hierbei ist gleichgültig, ob $+n\pi$ oder $-n\pi$ genommen wird, da beide Werte das gleiche p ergeben.

Es ist also

$$\mathfrak{H}_1 = \frac{1}{2\pi i} \int_{-i\infty}^{+i\infty} \frac{A(p)\,\mathfrak{Sin}\,\sqrt{\gamma\,p}\,\xi}{p}\, e^{p\,\vartheta}\, dp.$$

Die Berechnung um den Nullpunkt geschieht in ähnlicher Weise, wie oben gezeigt wurde, denn auch $p\,A(p)\,\mathfrak{Sin}\,\sqrt{\gamma\,p}\,\xi$ ist eine ganze Funktion von p. Hierbei kann man aber ziemlich einfach verfahren. Enthält nämlich das erste Glied der Quotientenreihe p bereits in der ersten Potenz, dann ist eine weitere Rechnung nicht notwendig. Es sind also überhaupt höchstens zwei Glieder der Quotientenreihe zu berechnen. Die Glieder mit der kleinsten Potenz von $\sqrt{p}$ im Zähler und Nenner von $p\,A(p)\,\mathfrak{Sin}\,\sqrt{\gamma\,p}\,\xi$ sind aber leicht anzuschreiben:

$$\frac{\left(2\beta\gamma_s p\,\sqrt{\gamma_s p}\,\sqrt{\gamma p} + 2\varrho_l\sqrt{\gamma p}\,\gamma p\,\sqrt{\gamma_s p} + 4\sqrt{\gamma_s p}\,\gamma_s p\,\sqrt{\gamma p}\right)\sqrt{\gamma p}\,\xi + \cdots}{\left(\varrho_k\sqrt{\gamma p}\,\sqrt{\gamma_s p} + 2\varrho_l\sqrt{\gamma p}\,\sqrt{\gamma_s p}\right)\sqrt{\gamma p} + \cdots} = \frac{2(\beta+2)\gamma_s + 2\varrho_l\gamma}{\varrho_k + 2\varrho_l}\,\xi\,p + \cdots$$

Das Integral um den Nullpunkt gibt also

$$\frac{2(\beta+2)\gamma_s + 2\varrho_l\gamma}{\varrho_k + 2\varrho_l}\,\xi = k\,\xi.\ ^{1)}$$

Da wir $\sqrt{\gamma_s p} = i\lambda$ gesetzt haben, ist

$$p = -\frac{\lambda^2}{\gamma_s}, \quad \sqrt{\gamma p} = i\lambda\sqrt{\frac{\gamma}{\gamma_s}} = i\lambda\,\frac{h}{h_s} = i\,\delta\,\lambda, \quad \delta^2 = \frac{\gamma}{\gamma_s}.$$

Wie man aus Gl. (9) sieht, liegt eine Reihe von Polen bei

$$\delta\,\lambda = n\,\pi.\ ^{2)}$$

Damit erhalten wir

$$\frac{1}{2\pi i}\sum_{\delta\lambda = n\pi}\oint \frac{-4\varrho_l\,\delta\lambda\,(1-\cos\delta\lambda)\sin\delta\lambda\,\xi}{\dfrac{\lambda^4}{\gamma_s^2}\cdot 2\varrho_l\,\delta\lambda\cos\delta\lambda\cdot\sin\delta\lambda}\cdot\frac{-2\lambda}{\gamma_s}\,e^{-\frac{\lambda^2}{\gamma_s}\vartheta}\,d\lambda = \dotplus\gamma\,\frac{8}{\pi^3}\sum_{\substack{1 \\ \nu=1,3,5\ldots}}^{\infty}\frac{\sin\nu\pi\xi}{\nu^3}\,e^{-\frac{\nu^2\pi^2}{\gamma}\vartheta}$$

als nächstes Glied in $\mathfrak{H}_1$. Für $\vartheta = 0$ gibt die Reihe: $\gamma\,\xi(1-\xi)$.

Die zweite unendliche Reihe von Polen liegt bei den Wurzeln des Klammerausdruckes im Nenner von $A(p)$, also bei den Wurzeln der Gleichung

$$-\frac{c\,\lambda^2 - \varrho_k}{2\lambda} = -\varrho_l\,\delta\,\mathrm{ctg}\,\delta\lambda + 2\,\mathrm{tg}\,\frac{\lambda}{2}. \tag{10}$$

Gl. (10) ist die neue Stammgleichung$^{3)}$, ihre Wurzeln lassen sich mit Hilfe einer Zeichnung bestimmen (Bild 2).

Durch Anwendung des Entwicklungssatzes erhalten wir dann als letztes Glied für $\mathfrak{H}_1$:

$$-2\gamma_s\sum_1^\infty \frac{2\beta\lambda_\mu^2 + 4\varrho_l\,\delta\,\mathrm{tg}\,\dfrac{\delta\lambda_\mu}{2} + 8\lambda_\mu\,\mathrm{tg}\,\dfrac{\lambda_\mu}{2}}{\lambda_\mu^3\left[\dfrac{\lambda_\mu^2 + \varrho_k}{\lambda_\mu} + \dfrac{2\varrho_l\,\delta^2\lambda_\mu}{\sin^2\delta\lambda_\mu} + \dfrac{2\lambda_\mu}{\cos^2\dfrac{\lambda_\mu}{2}}\right]}\,\frac{\sin\delta\lambda_\mu\,\xi}{\sin\delta\lambda_\mu}\,e^{-\frac{\lambda_\mu^2}{\gamma_s}\vartheta}. \tag{11}$$

$^{1)}$ Denkt man sich, daß der Stromwendevorgang nicht nur bis $t = T$, sondern noch länger andauert, daß also ϑ große Werte annehmen kann, dann wird der Rahmenstrom konstant. Im Querschnitt der unteren Rahmenseite ist dieser Strom gleichmäßig verteilt. Dieser gleichmäßigen Stromverteilung entspricht das bekannte Dreieckfeld: $k\xi$.

$^{2)}$ Siehe Fußnote 1 S. 211.

$^{3)}$ Setzt man in dieser Gleichung $\delta = 0$, d. h. in $\delta = \dfrac{h}{h_s}$ $h = 0$, ohne daß sich ϱ_l ändert (Drahtrahmen), dann wird aus dem ersten Glied der rechten Seite: $-\dfrac{\varrho_l}{\lambda}$ und, da $\varrho_k + 2\varrho_l = \dfrac{R_D}{R_s}$ ist, geht Gl. (10) in die in der 1. Arbeit abgeleitete Stammgleichung über.

Mit $\vartheta = 0$ ist diese Reihe die Reihenentwicklung der Funktion $k\,\xi + \gamma\,\xi(1-\xi)$ nach $\sin\delta\lambda\,\xi$. Wir müssen jetzt noch berücksichtigen, daß die Glieder in $\mathfrak{h}_1$ mit großen Zeitkonstanten in dem relativen Zeitraum a (s. Bild 3) nicht vollständig abklingen (s. erste Arbeit), also auch $\mathfrak{h}_1$ bei $\vartheta = 0$ nicht den Wert Null hat. Das kann dadurch geschehen, daß jeder Beiwert der Kreisfunktionen-Reihen mit

$$F_\mu = -\ \frac{e^{\frac{\lambda_\mu^2}{\gamma_s}} - 1}{1 + e^{(a+1)\frac{\lambda_\mu^2}{\gamma_s}}}$$

erweitert wird. Ist $\lambda_\mu > 0{,}4$, also z. B. eine ganzzahlige Vielfache von π, dann kann F_μ vernachlässigt werden.

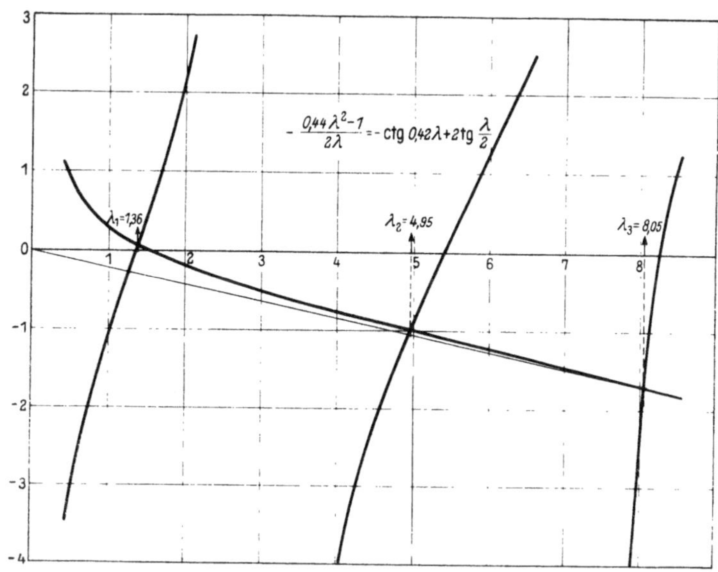

Bild 2. Zeichnerische Lösung der Stammgleichung.

Bezeichnen wir noch den ersten Bruch unter dem Summenzeichen in (11) mit D_μ, dann ist

$$0 \leqq \vartheta \leqq 1$$

$$\mathfrak{h}_1 = \frac{2(\beta + 2) + 2\varrho_l\gamma}{\varrho_k + 2\varrho_l}\,\xi - 2\gamma_s \sum D_\mu(1 + F_\mu)\,\frac{\sin\delta\lambda_\mu\xi}{\sin\delta\lambda_\mu}\,e^{-\frac{\lambda_\mu^2}{\gamma_s}\vartheta} + \gamma\,\frac{8}{\pi^3}\sum \frac{\sin\nu\pi\xi}{\nu^3}\,e^{-\frac{\nu^2\pi^2}{\gamma}\vartheta} \qquad (12)$$

und

$$0 \leqq \vartheta \leqq 1 \quad \mathfrak{h}_2 = \mathfrak{h}_1 + 2\left\{(1-2\vartheta) + \gamma\,\xi(1-\xi) - \gamma\,\frac{8}{\pi^3}\sum_1^\infty \frac{\sin\nu\pi\xi}{\nu^3}\,e^{-\frac{\nu^2\pi^2}{\gamma}\vartheta}\right\}. \quad \nu = 1,3,5\ldots \qquad (13)$$

(In $\mathfrak{h}_2$ ist ξ von der Oberkante des Stabes gerechnet.)

Um $\mathfrak{h}_1$ im relativen Zeitraum „a" zu berechnen, setzen wir in Gl. (12) $\vartheta = 0$ und $F_\mu = 0$. Da dann $(\mathfrak{h}_1)_{\vartheta=0} = 0$ ist, ergibt sich eine Reihenentwicklung für $k\,\xi$. Diese führen wir in (12) wieder ein und setzen $\vartheta = 1$. Dann ist die Feldfunktion bei $\vartheta = 1$ in eine reine Kreisfunktionenreihe entwickelt, so daß die Lösung für $0 \leqq \vartheta' \leqq a$ sofort angeschrieben werden kann:

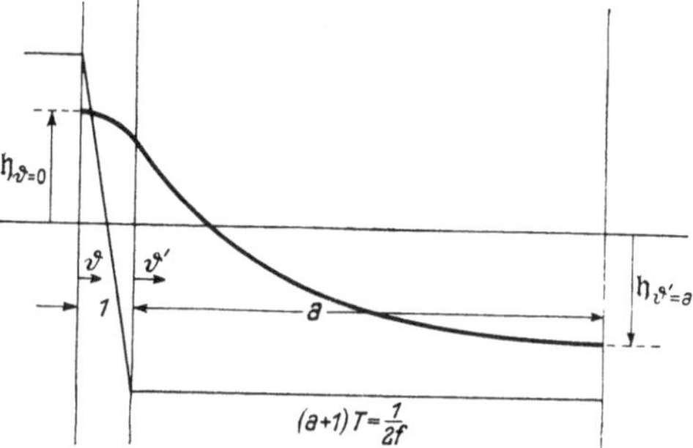

Bild 3. Feldänderung in der Nut während einer halben Periode. T Stromwendezeit, f Maschinenfrequenz,

$$\mathfrak{h}_1' = 2\gamma_s \sum_1^\infty D_\mu\left[1 - (1+F_\mu)\,e^{-\frac{\lambda_\mu^2}{\gamma_s}}\right]\frac{\sin\delta\lambda_\mu\xi}{\sin\delta\lambda_\mu}\,e^{-\frac{\lambda_\mu^2}{\gamma_s}\vartheta'} - \gamma\,\frac{8}{\pi^3}\sum_1^\infty \frac{\sin\nu\pi\xi}{\nu^3}\left(1 - e^{-\frac{\nu^2\pi^2}{\gamma}}\right)e^{-\frac{\nu^2\pi^2}{\gamma}\vartheta'}. \qquad (14)$$

$$\mathfrak{h}_2' = \mathfrak{h}_1' + 2\left\{-1 + \gamma\,\frac{8}{\pi^3}\sum_1^\infty \frac{\sin\nu\pi\xi}{\nu^3}\left(1 - e^{-\frac{\nu^2\pi^2}{\gamma}}\right)e^{-\frac{\nu^2\pi^2}{\gamma}\vartheta'}\right\}. \qquad (15)$$

$$D_\mu = \frac{2\beta\lambda_\mu^2 + 4\varrho_l\,\delta\,\mathrm{tg}\,\dfrac{\delta\lambda_\mu}{2} + 8\lambda_\mu\,\mathrm{tg}\,\dfrac{\lambda_\mu}{2}}{\lambda_\mu^3\left[\dfrac{\lambda_\mu^2+\varrho_k}{\lambda_\mu} + \dfrac{2\varrho_l\,\delta^2\,\lambda_u}{\sin^2\delta\lambda_u} + \dfrac{2\lambda_\mu}{\cos^2\dfrac{\lambda_\mu}{2}}\right]}\,. \tag{16}$$

Wir wollen noch zeigen, daß $\mathfrak{h}_1$ für $\varrho_k \to \infty$ tatsächlich verschwindet. Für $\varrho_k \to \infty$ ist entweder $\delta\lambda = n\pi$ oder $\lambda = n\pi$. Die Wurzeln sind also $\lambda = n\pi/\delta$ und $\lambda = n\pi$.

Erweitert man Zähler und Nenner von Gl. (16) mit $\sin^2\delta\lambda_\mu\cos^2\dfrac{\lambda_\mu}{2}$, dann sieht man, daß für $\lambda = \dfrac{n\pi}{\delta}$

$$-2\gamma_s D_\mu\frac{\sin\delta\xi}{\sin\delta\lambda}\,e^{-\frac{\lambda^2}{\gamma_s}\vartheta} = -2\gamma_s\frac{4\lambda\,2\sin^2\dfrac{\delta\lambda}{2}\cdot\sin\delta\lambda\,\xi}{\lambda^3\,2\delta\lambda}\,e^{-\frac{\lambda^2}{\gamma_s}\vartheta} = -\frac{8\gamma}{\pi^3}\frac{\sin\nu\pi\xi}{\nu^3}\,e^{-\frac{\nu^2\pi^2}{\gamma}\vartheta} \quad \text{wird.}$$
$$\nu = 1, 3, 5\ldots$$

F_μ ist jetzt zu vernachlässigen. Die beiden Reihen in Gl. (12) fallen also heraus, und das erste Glied verschwindet ebenfalls. Für $\lambda = n\pi$ wird $D_\mu = 0$.

Zur Berechnung von $\mathfrak{h}_3$ und $\mathfrak{h}_4$ müssen wir den Ausdruck

$$A(p)\,\frac{\mathfrak{Sin}\sqrt{\gamma p}}{\mathfrak{Sin}\sqrt{\gamma_s p}}\left[\mathfrak{Sin}\sqrt{\gamma_s p}\,\eta + \mathfrak{Sin}\sqrt{\gamma_s p}\,\eta\right]$$

in den Oberbereich überführen. Da

$$\frac{\mathfrak{Sin}\sqrt{\gamma_s p}\,(1-\eta) + \mathfrak{Sin}\sqrt{\gamma_s p}\,\eta}{\mathfrak{Sin}\sqrt{\gamma_s p}} = 1 - \frac{\gamma_s p}{2}\,\eta + \frac{\gamma_s p}{2}\,\eta^2 + \cdots$$

ist, ist das erste Glied der zu berechnenden Quotientenreihe:

$$\frac{2\beta\gamma_s p\sqrt{\gamma_s p}\sqrt{\gamma p} + 2\varrho_l\sqrt{\gamma p}\cdot\gamma p\cdot\sqrt{\gamma_s p} + 4\sqrt{\gamma_s p}\cdot\gamma_s p\cdot\sqrt{\gamma p}}{\varrho_k\sqrt{\gamma p}\cdot\sqrt{\gamma_s p} + 2\varrho_l\sqrt{\gamma p}\cdot\sqrt{\gamma_s p}} = \frac{2(\beta+2)\gamma_s + 2\varrho_l\gamma}{\varrho_k + 2\varrho_l}\,p.$$

Das erste Glied in $\mathfrak{h}_3$ und $\mathfrak{h}_4$ ist also die Konstante k.

Die erste Polreihe liegt jetzt, da jetzt $\sin\lambda = 0$ sein muß, bei $\lambda = n\pi$:

$$\frac{1}{2\pi i}\sum_{n\pi}\oint\frac{1}{\lambda^4/\gamma_s^3}\frac{-8\lambda(1-\cos\lambda)\cdot(1-\cos\lambda)\cdot\sin\lambda\,\eta}{-4\lambda(1-\cos\lambda)\cdot\sin\lambda}\cdot\frac{-2\lambda}{\gamma_s}\,e^{-\frac{\lambda^2}{\gamma_s}\vartheta}\,d\lambda = +\gamma_s\frac{8}{\pi^3}\sum_1^\infty\frac{\sin\nu\pi\eta}{\nu^3}\,e^{-\frac{\lambda^2}{\gamma_s}\vartheta}$$
$$\nu = 1, 3, 5\ldots$$

Das ist bei $\vartheta = 0$ die Parabel: $\gamma_s\eta(1-\eta)$.

Mit den Wurzeln der Stammgleichung ergeben sich die Reihenglieder, da

$$\frac{\sin\lambda(1-\eta) + \sin\lambda\,\eta}{\sin\lambda} = \frac{\cos\lambda\,(\eta-\frac{1}{2})}{\cos\dfrac{\lambda}{2}}$$

ist, zu:

$$-2\gamma_s D_\mu\frac{\cos\lambda_\mu\,(\eta-\frac{1}{2})}{\cos\dfrac{\lambda_\mu}{2}}\,e^{-\frac{\lambda_\mu^2}{\gamma_s}\vartheta}.$$

Das dritte Glied in $\mathfrak{h}_3$ und $\mathfrak{h}_4$ ist also die Summe dieser Glieder von 1 bis ∞.

Damit ist für $0 \leqq \vartheta \leqq 1$

$$\mathfrak{h}_3 = k + \gamma_s\frac{8}{\pi^3}\sum_1^\infty\frac{\sin\nu\pi\eta}{\nu^3}\,e^{-\frac{\nu^2\pi^2}{\gamma_s}\vartheta} - 2\gamma_s\sum_1^\infty D_\mu(1+F_\mu)\frac{\cos\lambda_\mu\,(\eta-\frac{1}{2})}{\cos\lambda_\mu/2}\,e^{-\frac{\lambda_\mu^2}{\gamma_s}\vartheta} + \mathfrak{h}_{3\,(\text{o. R.})}. \tag{17}$$

$$\mathfrak{H}_4 = k + \gamma_s \frac{8}{\pi^3} \sum_1^\infty \frac{\sin \nu \pi \eta}{\nu^3}\, e^{-\frac{\nu^2 \pi^2}{\gamma_s}\vartheta} - 2\gamma_s \sum_1^\infty D_\mu (1 + F_\mu) \frac{\cos \lambda_\mu (\eta - \frac{1}{2})}{\cos \lambda_\mu/2}\, e^{-\frac{\lambda_\mu^2}{\gamma_s}\vartheta} + \mathfrak{H}_{3\,(\mathrm{o.\,R.})} +$$

$$+\, 1 - 2\vartheta + \gamma_s(\eta - \eta^2) - \gamma_s \frac{8}{\pi^3} \sum_1^\infty \frac{\sin \nu \pi \eta}{\nu^3}\, e^{-\frac{\nu^2 \pi^2}{\gamma_s}\vartheta}. \qquad \nu = 1, 3, 5 \ldots \quad (18)$$

Die Reihen mit $\sin \nu \pi \eta$ fallen in Gl. (18) heraus, und wenn wir aus $\mathfrak{H}_{3\,(\mathrm{o.\,R.})}(1 - 2\vartheta)\eta$ mit $1 - 2\vartheta$ zusammenziehen, wird

$$\mathfrak{H}_4 = (1 - 2\vartheta)(1 + \eta) + k + \gamma_s \eta (1 - \eta) - \sum_1^\infty 2\gamma_s D_\mu (1 + F_\mu) \frac{\cos \lambda_\mu (\eta - \frac{1}{2})}{\cos \lambda_\mu/2}\, e^{-\frac{\lambda_\mu^2}{\gamma_s}\vartheta} +$$

$$+\, \gamma_s \left\{ \frac{\eta}{3}(1 - \eta^2) - \frac{4}{\pi^3} \sum_1^\infty \frac{(-1)^{n+1}}{n^3} \sin n \pi \eta \cdot e^{-\frac{n^2 \pi^2}{\gamma_s}\vartheta} \right\}. \qquad (19)$$

Das ist die gleiche Formel, welche für das Feld des Oberstabes bei einem kompensierten Rahmen in der ersten Arbeit abgeleitet wurde. Auch jetzt ist $k + \gamma_s \eta (1 - \eta)$ nach den Normalfunktionen $\cos \lambda_\mu (\eta - \frac{1}{2})$ entwickelt. Verschieden sind dagegen die Stammgleichung, ihre Wurzeln und damit auch die Reihenbeiwerte und die Zeitkonstanten. Sind die Abweichungen in den Wurzeln in beiden Fällen geringfügig, so können auch die Felder und auch alle anderen Ergebnisse der Rechnung mit kompensierten Rahmen von den Ergebnissen der Rechnung mit massiven Rahmen für die Wicklungsstäbe nur unwesentlich abweichen.

Bei der Rechnung in der ersten Arbeit mußten wir die Feldfunktion der Wicklung ohne Dämpfer zerlegen, um einen passenden Ansatz und eine passende Normalfunktion zu finden. Hier ergibt das alles die Rechnung selbst.

Wie bei $\mathfrak{H}_1$ und $\mathfrak{H}_2$ kann man auch für $\mathfrak{H}_3$ und $\mathfrak{H}_4$ die Formeln für den relativen Zeitabschnitt „a" leicht anschreiben, man kann auch die Formeln der ersten Arbeit verwenden, wenn man in ihnen C_μ durch $\dfrac{2\gamma_s D_\mu}{\cos \lambda_\mu/2}$ ersetzt.

Der bezogene Dämpferstrom ist: $(\mathfrak{H}_1)_{\xi=1}$, also

$$0 \leqq \vartheta \leqq 1 \qquad\qquad i = k - 2\gamma_s \sum_1^\infty D_\mu (1 + F_\mu)\, e^{-\frac{\lambda_\mu^2}{\gamma_s}\vartheta} \qquad\qquad (20)$$

und für den Zeitraum „a"

$$0 \leqq \vartheta' \leqq a \qquad\qquad i' = 2\gamma_s \sum_1^\infty D_\mu \left[1 - (1 + F_\mu)\, e^{-\frac{\lambda_\mu^2}{\gamma_s}} \right] e^{-\frac{\lambda_\mu^2}{\gamma_s}\vartheta'}. \qquad\qquad (21)$$

Die bezogenen Stromdichten ergeben sich aus den Feldformeln nach

$$j_1 = \frac{\partial \mathfrak{H}_1}{\partial \xi}, \qquad j_2 = -\frac{\partial \mathfrak{H}_2}{\partial \xi}, \qquad j_3 = \frac{\partial \mathfrak{H}_3}{\partial \eta}, \qquad j_4 = \frac{\partial \mathfrak{H}_4}{\partial \eta}.$$

Die wirklichen Stromdichten sind

$$\mathfrak{i}_1 = \frac{I_0}{b\,h}\, j_1, \qquad\qquad \mathfrak{i}_2 = \frac{I_0}{b\,h}\, j_2.$$

$$\mathfrak{i}_3 = \frac{I_0}{b\,h_s}\, j_3 \frac{b}{b'}, \qquad \mathfrak{i}_4 = \frac{I_0}{b\,h_s}\, j_4 \frac{b}{b'}.$$

Für den schwach isolierten Rahmen können wir nämlich $b' = b$ setzen.

2. Die Verluste in den Rahmenseiten.

Die Verluste in den Rahmenseiten berechnen wir wieder mit Hilfe des Poyntingschen Vektors (s. Bild 4). Für die untere Seite ist dann

$$dV_{\text{D. u.}} = (\mathfrak{H}_1)_h \cdot \frac{1}{\varkappa}\left(\frac{\partial \mathfrak{H}_1}{\partial x}\right)_h \cdot b\,l\,d\vartheta = I_0^2\,R\,(\mathfrak{h}_1)_1\,(j_1)_1\,\varrho_l\,\frac{b'}{b}\,d\vartheta,$$

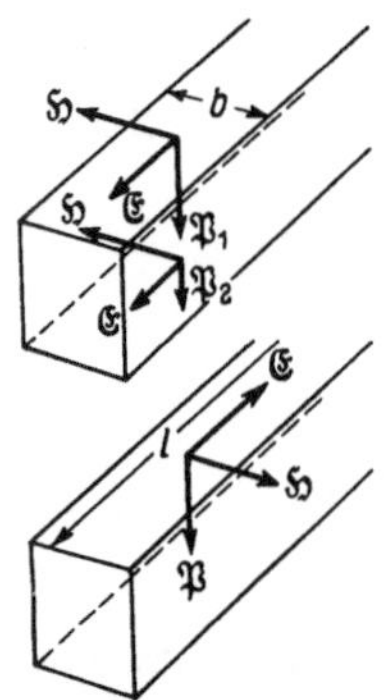

Bild 4. Energiestrom an den Rahmenseiten.

da $R = R_s\dfrac{b}{b'}$:

$$V_{\text{D. u.}} = \frac{I_0^2\,R}{1+a}\left\{\int_0^1 (\mathfrak{h}_1)_1\,(j_1)_1\,d\vartheta + \int_0^a (\mathfrak{h}_1')_1\,(j_1')_1\,d\vartheta'\right\}\varrho_l\,\frac{b'}{b}. \tag{22}$$

Für die obere Seite:

$$V_{\text{D. o.}} = \frac{I_0^2\,R}{1+a}\left\{\int_0^1 2(1-2\vartheta)\,[(j_2)_0 - (j_2)_1]\,d\vartheta + \right.$$

$$\left. + \int_0^a [-2[(j_2')_0 - (j_2')_1] - (j_2')_1\,(\mathfrak{h}_1')_1]\,d\vartheta'\right\}\varrho_l\,\frac{b'}{b}, \tag{23}$$

da $\;(\mathfrak{h}_2)_1 = 2(1-2\vartheta) + (\mathfrak{h}_1)_1\;$ und $\;(\mathfrak{h}_2')_1 = -2 + (\mathfrak{h}_1')_1\quad (\mathfrak{h}_2)_0 = 2(1-2\vartheta)\quad (\mathfrak{h}_2')_0 = -2.$

3. Die Stromwendespannung.

Das Feld in der oberen Rahmenseite induziert in der kurzgeschlossenen Windung die Spannung

$$-\frac{\partial}{\partial t}\,\mu_0\,l\int_0^h \mathfrak{H}_2\,dx = -\frac{I_0\,l}{b}\,\mu_0\int_0^1 \frac{1}{\varkappa\,\mu_0\,h^2}\,\frac{\partial^2 \mathfrak{h}_2}{\partial \xi^2}\,d\xi \cdot h = -[(j_2)_0 - (j_2)_1]\,I_0\,R_l$$

also, wenn $I_0\,R_s = e_0$ (s. Bild 1):

$$e_w = e_0\left\{\gamma_s\,\frac{2d_1 + 8d_2'}{h_s} - 2(j_4)_1 + (j_4)_0 - (j_3)_1 - 2[(j_2)_0 - (j_2)_1]\,\varrho_l - \gamma_s\,\frac{d_1 + 2d_2'}{h_s}\,\frac{di}{d\vartheta}\right\}. \tag{24}$$

Damit ist die Aufgabe gelöst.

4. Beispiel.

Wir wählen das in der ersten Arbeit durchgerechnete Beispiel für zwei Massivstäbe und geringen Rahmenwiderstand

$$h = 8,4\ \text{mm} = (\varDelta),\quad h_s = 20\ \text{mm},\quad a = 8,5,\quad \gamma_s = 20,\quad \gamma = 3,52,$$

$$\varrho_k = 1,\quad \varrho_l = 2,38,\quad \delta = 0,42,\quad \varrho_k + 2\varrho_l = \frac{R_D}{R_s} = 5,76,\quad \beta = 0,22,\quad \frac{b'}{b} = 0,8.$$

R_D/R_s ist etwas höher als in der ersten Arbeit, was beim Vergleich berücksichtigt werden kann. Die Stammgleichung lautet:

$$-\frac{0,44\,\lambda^2 - 1}{2\,\lambda} = -\operatorname{ctg}0,42\,\lambda + 2\operatorname{tg}\frac{\lambda}{2},\quad \text{da}\ \varrho_l\,\delta = 1.$$

Aus Bild 2

λ	1,36	4,95	8,05
λ^2/γ_s	0,0925	1,225	3,25
$2\gamma_s D$	$+18,20$	$+0,14$	$-0,08$

$$k = \frac{2\cdot 2,22\cdot 20 + 2\cdot 3,52\cdot 2,38}{5,76} = 18,30\quad (\varSigma\,2\gamma_s\,D = 18,26)\quad F_1 = 0,0287.$$

Dämpferstrom:

$$\frac{I_D}{I_0} = i = -0{,}52\,e^{-0{,}0925\,\vartheta} + 18{,}2\,(1 - e^{-0{,}0925\,\vartheta}) + 0{,}14\,(1 - e^{-1{,}225\,\vartheta})$$
$$- 0{,}08\,(1 - e^{-3{,}25\,\vartheta})$$

$$i \approx -0{,}52 + 1{,}73\,\vartheta - 0{,}08\,\vartheta^2$$

$$i' \approx 1{,}13\,e^{-0{,}0925\,\vartheta'}.$$

Der Dämpferstrom selbst ist von dem Strom des kompensierten Rahmens nur wenig verschieden, was auch für die Wurzeln der Stammgleichung gilt. Die Rechnungen wollen wir also im weiteren nur für den Dämpferrahmen durchführen und die Ergebnisse der ersten Arbeit für die Stäbe als ausreichende Näherung annehmen.

a) Verlust der unteren Rahmenseite.

Für die Stromdichte $\left(\dfrac{\partial\,\mathfrak{h}_1}{\partial\,\xi}\right)_{\xi=1}$ erhalten wir

$$(j_1)_1 = -0{,}462\,e^{-0{,}0925\,\vartheta} + 16{,}15\,(1 - e^{-0{,}0925\,\vartheta}) -$$
$$- 0{,}163\,(1 - e^{-1{,}225\,\vartheta}) - 1{,}192\,(1 - e^{-3{,}25\,\vartheta})$$
$$+ 2{,}85\,\big[1 - e^{-2{,}8\,\vartheta} + \tfrac{1}{9}\,(1 - e^{-25{,}2\,\vartheta}) + \cdots\big].$$

Hieraus

$$(j_1)_{1,\,\vartheta=0} = -0{,}462 \qquad \vartheta = \tfrac{1}{2} \quad = +1{,}825$$
$$\vartheta = 1 \quad = 2{,}841.$$

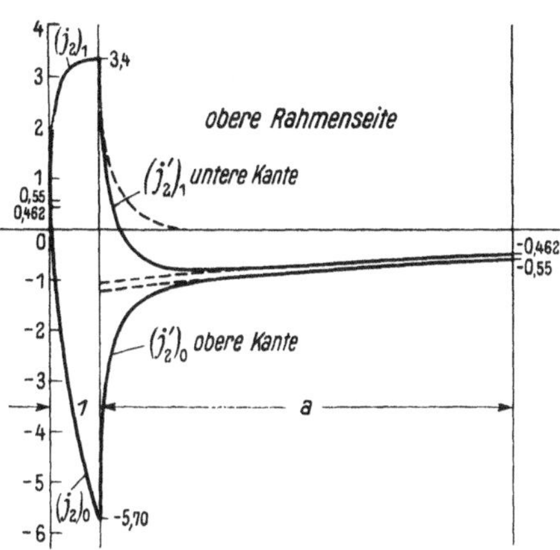

Der Verlauf dieser Stromdichte während einer halben Periode und der Verlauf von i, also der mittleren bezogenen Stromdichte, ist im Bild 5 unten dargestellt.

Auf Grund obiger Werte können wir für $0 \leqq \vartheta \leqq 1$ setzen:

$$(j_1)_1 = -0{,}462 + 3{,}31\,\vartheta^{0{,}474}.$$

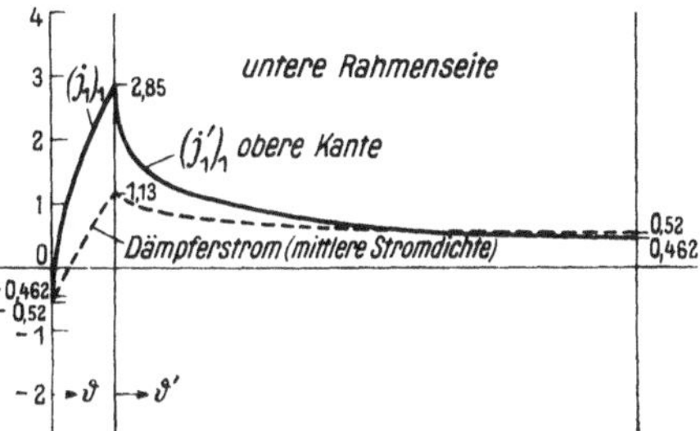

Bild 5. Zeitlicher Verlauf der Stromdichten in der Ober- und Unterkante der Rahmenseiten und des Dämpferstromes während einer halben Periode (im relativen Maß).

$$\int_0^1 (-0{,}52 + 1{,}73\,\vartheta - 0{,}08\,\vartheta^2)(-0{,}462 + 3{,}31\,\vartheta^{0{,}474})\,d\vartheta = 0{,}94.$$

$$(j_1')_1 = 1{,}006\,e^{-0{,}0925\,\vartheta'} - 0{,}135\,e^{-1{,}225\,\vartheta'} - 1{,}15\,e^{-3{,}25\,\vartheta'} + 2{,}68\,e^{-2{,}8\,\vartheta'} + \cdots$$

$$\int_0^{8{,}5} (j_1')_1 \cdot 1{,}13\,e^{-0{,}0925\,\vartheta'}\,d\vartheta' = 5{,}43.$$

$$V_{\text{D. u.}} = \frac{0{,}94 + 5{,}43}{9{,}5} \cdot 2{,}38 \cdot 0{,}8\,I_0^2 R = 1{,}27\,I_0^2 R.$$

Bei kompensiertem Rahmen und dem Widerstandsverhältnis $R_D/R_s = 5{,}76$ hätten wir einen Rahmenverlust von $2{,}62\,I_0^2 R$ erhalten, also für eine Seite:

$$\frac{2{,}62}{5{,}76} \cdot 2{,}38 = 1{,}08\,I_0^2 R.$$

Die Verluste der massiven unteren Seite liegen etwa 17 % höher. Für die obere Seite ist eine viel höhere Zahl zu erwarten.

b) Verlust der oberen Rahmenseite.

Die Stromdichte in der Oberkante:

$$(j_2)_{\xi=0} = +0{,}55\,e^{-0,0925\,\vartheta} - 19{,}2\,(1-e^{-0,0925\,\vartheta}) - 0{,}33\,(1-e^{-1,22\,\vartheta}) - 1{,}23\,(1-e^{-3,25\,\vartheta}) -$$
$$- 2{,}85\,[1 - e^{-2,8\,\vartheta} + \tfrac{1}{9}(1-e^{-25.2\,\vartheta}) + \cdots].$$

$$(j_2)_{\xi=1} = +0{,}462\,e^{-0,0925\,\vartheta} - 16{,}15\,(1-e^{-0,0925\,\vartheta}) + 0{,}191\,(1-e^{-1,22\,\vartheta}) + 1{,}192\,(1-e^{-3,25\,\vartheta}) +$$
$$+ 2{,}85\,[1 - e^{-2,8\,\vartheta} + \tfrac{1}{9}(1-e^{-25,2\,\vartheta}) + \cdots].$$

Die Stromdichten sind im Bild 5 oben aufgezeichnet.

Für $(j_2)_{\xi=1}$ können wir mit guter Näherung setzen:

$$(j_2)_{\xi=1} = 3{,}4\,\vartheta^{0,116},$$

und für die Differenz der Stromdichten:

$$(j_2)_{\xi=0} - (j_2)_{\xi=1} = -9{,}1\,\vartheta^{0,304}.$$

$$\int_0^1 -9{,}1\,\vartheta^{0,304} \cdot 2\,(1-2\,\vartheta)\,d\vartheta = 1{,}85.$$

$$-\int_0^1 (-0{,}52 + 1{,}73\,\vartheta - 0{,}08\,\vartheta^2)\,3{,}4\,\vartheta^{0,116}\,d\vartheta = -1{,}18.$$

$$\int_0^a [(j_2')_0 - (j_2')_1]\,(-2)\,d\vartheta' = \int_0^{8,5} [-0{,}188\,e^{-0,0925\,\vartheta'} - 0{,}37\,e^{-1,22\,\vartheta'} - 2{,}33\,e^{-3,25\,\vartheta'}$$
$$- 5{,}7\,(0{,}94\,e^{-2,8\,\vartheta'} + \cdots]\,(-2)\,d\vartheta' = 8{,}05.$$

$$-\int_0^a (j_2')_1\,(\mathfrak{h}_1')_1\,d\vartheta' = -\int_0^{8,5} \{-1{,}006\,e^{-0,0925\,\vartheta'} + 0{,}135\,e^{-1,22\,\vartheta'} + 1{,}15\,e^{-3,25\,\vartheta'}$$
$$+ 2{,}85\,[0{,}94\,e^{-2,8\,\vartheta'} + \cdots]\}\,1{,}13\,e^{-0,0925\,\vartheta'}\,d\vartheta' = 3{,}30.$$

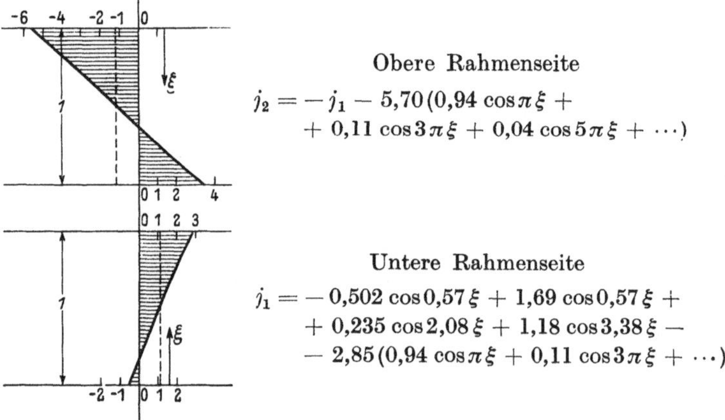

Bild 6. Stromdichten in der oberen und unteren Rahmenseite am Ende der Stromwendung.

Damit

$$V_{\mathrm{D.\,o.}} = \frac{1{,}85 - 1{,}18 + 8{,}05 + 3{,}30}{9{.}5} \cdot 2{,}38 \cdot 0{,}8\,I_0^2\,R = 2{,}4\,I_0^2\,R$$

gegen $1{,}08\,I_0^2\,R$ bei kompensiertem Rahmen. Die Gesamtverluste des massiven Rahmens sind demnach

$$V_D = (1{,}27 + 2{,}4 + 0{,}455)\,I_0^2\,R = 4{,}12\,I_0^2\,R,$$

also das 1,57fache des Verlustes des kompensierten Rahmens. Bild 6 zeigt noch die Stromdichten in den Rahmenseiten am Ende der Stromwendung.

c) Die Stromwendespannung.

Bei kompensierten Rahmen induziert das zwischen Oberstabkante und Keil durchströmende Feld die Spannung

$$\gamma_s \frac{8h}{h_s} e_0 = 67{,}2\, e_0.$$

Bei massiven Rahmen ist jetzt

$$-2\left[(j_2)_0 - (j_2)_1\right]\varrho_l = 2(5{,}73 + 3{,}4)\,2{,}38\, e_0 = 43{,}5\, e_0.$$

Die vom Feld des Dämpfers induzierte Gegenspannung ist jetzt, da $(di/d\vartheta)_1 = 1{,}57$,

$$(2{,}4 + 2) \cdot 1{,}57 = 6{,}9\, e_0.$$

Der Gewinn ist

$$\left[(67{,}2 - 20{,}3) - (43{,}5 - 6{,}9)\right] e_0 = 10{,}3\, e_0.$$

Es ist jetzt also

$$e_w = (85{,}9 - 10{,}3)\, e_0 = 75{,}6\, e_0.$$

und die bezogene Stromwendespannung

$$\frac{75{,}6}{127{,}6} = 0{,}59 \quad \text{gegen} \quad 0{,}67.$$

Die Ankerverluste bzw. das Verhältnis zwischen Ankerverlust und reinem Cu-Verlust des Ankers ergibt sich jetzt, da die Nutverluste $2{,}8 + 1{,}29 + 4{,}12 = 8{,}21\, I_0^2 R$ betragen, wenn die Cu-Verluste e i n e r Windung mit $5\, I_0^2 R$ eingesetzt werden,

$$\frac{V_{\mathrm{Cu}} + V_{\mathrm{Zus.}}}{V_{\mathrm{Cu}}} = 2{,}23$$

gegen 1,95 bei wirbelstromfreien Rahmen.

Die Rechnungen enthalten eine Vernachlässigung nach der ungünstigen Seite, indem in den Differentialgleichungen die Verschiedenheit der Stab- und Nutenbreite nicht berücksichtigt wurde. Durch die übliche einfache Berücksichtigung des vom Kupfer freien Nutenraumes erscheinen in den Gleichungen die γ-Werte mit b'/b erweitert. Man muß dann in den Zahlenrechnungen überall $\frac{b'}{b}\,\gamma$ statt γ einsetzen[1]), wodurch die Zusatzverluste ungefähr in demselben Verhältnis zurückgehen. Ist der Unterschied zwischen b und b' beträchtlich, dann liefert aber diese Rechnungsweise zu niedrige Werte.

Zusammenfassung.

Die Berechnung der Vorgänge in einer Nut, in welcher das Querfeld durch einen eingebauten Rahmen künstlich gedämpft wird, wird für solche Rahmen durchgeführt, welche in bezug auf das Querfeld als massiv anzusehen sind, also in ihren in den Nuten liegenden Teilen Wirbelstrombildung aufweisen. In einer früheren Arbeit wurde die Rechnung mit einem wirbelstromfreien Rahmen gezeigt. Die für die in beiden Fällen gleiche Wicklung durchgeführte Zahlenrechnung zeigt, daß bei massivem Rahmen die Dämpferverluste um etwa 50 %, die Ankerwicklungsverluste um 14 % höher, dafür aber die Stromwendespannung um 12 % niedriger liegen als bei wirbelstromfreiem Dämpfer, während die Verluste in den Wicklungsstäben praktisch unverändert bleiben.

---

[1]) Für δ ist einzusetzen, wenn die Rahmenbreite b'' ist:

$$\delta = \sqrt{\frac{b''}{b}\,\gamma} \Big/ \sqrt{\frac{b'}{b}\,\gamma_s} = \sqrt{\frac{b''}{b'}\,\frac{\gamma}{\gamma_s}} \quad \text{und} \quad \varrho_l\, \delta = \sqrt{\frac{b''}{b'}}, \quad \text{da} \quad \varrho_l \quad \frac{h_s}{h}.$$

Wissenschaftliche Veröffentlichungen aus den Siemens-Werken

XX. Band

Zweites Heft (abgeschlossen am 31. Oktober 1941)

Mit 1 Bildnis und 128 Bildern im Text

Unter Mitwirkung von

Hanns Benkert, Rudolf Bingel, Eelco Bisschop, Heinrich v. Buol,
Franz Dardin, Richard Elsner, August Engelhardt, Robert Fellinger,
Kurt Fistl, August Ganghofer, Hans Gerdien, Wilhelm Geyger,
Eugen Görk, Friedrich Heintzenberg, Gustav Hertz, Carl Knott,
Max Kornetzki, Otto Krenzien, Josef Krönert, Karl Küpfmüller,
Fritz Lüschen, Hans Mayer, Fritz Möhle, Kurt Nesselmann, Karl
Pohlhausen, Hans Poleck, Johannes Rasch, Manfred Schleicher,
Richard Schwenn, Hermann v. Siemens, Robert v. Siemens,
Julius Wallot, Paul Wiegand

herausgegeben von der

Zentralstelle für wissenschaftlich-technische Forschungsarbeiten der Siemens-Werke

Springer-Verlag Berlin Heidelberg GmbH

1942

ISBN 978-3-642-98835-6   ISBN 978-3-642-99650-4 (eBook)
DOI 10.1007/978-3-642-99650-4

Vorwort.

Mit dem vorliegenden Heft schließt der XX. Band der Wissenschaftlichen Veröffentlichungen ab.

Dem schweren Verlust, den das Haus Siemens durch das Hinscheiden seines Chefs, Dr. Carl Friedrich v. Siemens erfahren hat, ist der Nachruf von H. v. Siemens gewidmet.

Die ersten drei Aufsätze sind dem Arbeitsgebiet des Wernerwerks für Meßtechnik der Siemens & Halske AG. entnommen. H. Poleck bringt in der Arbeit „Ein Berechnungsdiagramm für induktiv gekoppelte Stromverzweigungen, insbesondere 90°-Kunstschaltungen" eine bequeme Möglichkeit, auf graphischem Wege induktiv gekoppelte Stromverzweigungen zu berechnen, ein Verfahren, das dem Praktiker sehr willkommen sein dürfte. H. Fistl hat in dem Aufsatz „Das Verhalten von Drehspulgalvanometern bei periodischen Strömen, insbesondere bei Einweg-Gleichrichtung" den Einfluß von Wechsel- bzw. Wellenströmen auf Drehspulgalvanometer untersucht. Damit wird ein Kriterium für die Genauigkeit der Messung von Wechselströmen mittels Gleichrichter, besonders phasengesteuerter Gleichrichter gegeben. Die Arbeit von W. Geyger „Experimentelle Untersuchungen an magnetischen Verstärkern für die Meß- und Regeltechnik" ist die Fortsetzung eines im XIX. Band erschienenen Aufsatzes des gleichen Verfassers. Bei dem Interesse, den der magnetische Verstärker in der Meß- und Regeltechnik gefunden hat, wird auch diese Arbeit sicher sehr willkommen sein.

Die folgenden beiden Aufsätze entstammen dem Arbeitsgebiet des Zentrallaboratoriums der Wernerwerke der Siemens & Halske AG. Die Magnetostriktion hat bereits eine Reihe wichtiger technischer Anwendungen gefunden. Ihrer bequemen Messung dient die Arbeit „Eine Anordnung zur schnellen photographischen Aufzeichnung von Magnetostriktionskurven" von M. Kornetzki. Grundsätzliche theoretische Untersuchungen über Modulationsprodukte mehrerer Frequenzen stellt J. Rasch in der Veröffentlichung „Über die Amplitudenmodulation bei Anwesenheit mehrerer Frequenzen" an.

Die beiden Arbeiten von R. Elsner „Der Temperaturanstieg durch dielektrische Verluste in dicken Isolierschichten" und „Die Berechnung der Spannungsverteilung an einem Mehrfachkettenleiter" behandeln Probleme aus dem Transformatorenwerk der Siemens-Schuckertwerke AG. Im erstgenannten Aufsatz wird eine theoretische Betrachtung über den Zusammenhang zwischen Temperaturverteilung und dielektrischem Verlust in Isolierschichten gegeben, ein Problem, das zur Vermeidung gefährlicher Temperaturerhöhungen in Transformatoren von Bedeutung ist. Die zweite Arbeit des gleichen Verfassers bietet Berechnungsgrundlagen für die Stoßspannungsverteilung in abgeschirmten Hochspannungsteilern und die Bedingungen für die Meßbarkeit steiler Stoßspannungen.

Aus dem Forschungslaboratorium II der Siemens-Werke gibt die Arbeit „Der Elementarvorgang bei der Sekundärelektronenemission polarer Kristalle" von

O. Krenzien experimentelle Ergebnisse über Elektronenstoßausbeute, Elektronenreflexion usw. von dünnen Aufdampfschichten verschiedener Alkalihalogenide auf Platin oder Kupfer.

Einen neuen Beitrag zur Systematik der Regeltechnik liefert E. Görk. Bei dem regen Interesse, das zur Zeit die planmäßige Erforschung der Regeltechnik in den verschiedensten Gebieten der Technik findet, dürfte auch diese Arbeit neue Anregungen bieten.

Die letzte Arbeit dieses Hefts „Eine Dampftabelle und eine Entropietafel für Toluol" von K. Nesselmann und F. Dardin zeigt erneut, daß auch nichtelektrische Probleme in das Forschungsgebiet der Siemens-Werke gehören können.

Berlin-Siemensstadt, im Februar 1942.

Zentralstelle für wissenschaftlich-technische
Forschungsarbeiten der Siemens-Werke.

Inhaltsübersicht.

Anfragen, die den Inhalt dieses Heftes betreffen, sind zu richten an die Zentralstelle für wissenschaftlich-technische Forschungsarbeiten der Siemens-Werke, Berlin-Siemensstadt, Verwaltungsgebäude.

Carl Friedrich von Siemens †.

Von **Hermann von Siemens.**

In der Nacht vom 9. zum 10. Juli starb Carl Friedrich von Siemens. Im vorigen Heft dieser Veröffentlichungen konnte nur kurz auf den schweren Verlust hingewiesen werden, den die Siemenswerke durch den Tod ihres Chefs erlitten haben. Die eingehende Würdigung seiner Persönlichkeit mußte diesem Heft vorbehalten bleiben.

Carl Friedrich Siemens wurde am 5. September 1872 geboren als jüngstes Kind Werner Siemens', aus seiner zweiten Ehe mit Antonie geb. Siemens, im 55. Lebensjahr seines großen Vaters, sechs Jahre nach der Aufstellung des dynamo-elektrischen Prinzips. Seine beiden Brüder Arnold (geb. 1853) und Wilhelm (geb. 1855), die ältesten Kinder aus erster Ehe, gingen ihm um mehr als ein halbes Menschenalter voran. Carl Friedrich war 17 Jahre alt, als der Vater sich von den Geschäften zurückzog, und 20 Jahre, als er starb. In seinem Geburtsjahr wurde der Trommelanker erfunden, im fünften Lebensjahr der Fernsprecher durch Graham Bell durchgebildet. Die erste elektrische Straßenbahn in Lichterfelde lief in seinem neunten Jahre an. Benzinauto, Gasglühlicht und elektrolytische Darstellung des Aluminiums gibt es seit seinem dreizehnten Jahre, Motorräder seit dem achtzehnten.

Er war einerseits verwurzelt in der Pionierzeit deutschen Unternehmertums durch das lebendige Beispiel seines Vaters, der ihr Symbol war; andererseits wirkte die „moderne" Zeit schon stark auf die Eindrucksfähigkeit seiner Jugendjahre und stempelte ihn zu ihrem Vertreter.

So wurde Carl Friedrich Siemens ein starkes Kopplungselement beider Epochen und war wie wenige andere ausersehen zu jener Synthese von Fortschritt und Tradition, die wir an ihm bewundert haben und die wesentlich zu der Sicherheit beitrug, mit der er in allen Lebenslagen fest auf den Füßen stand.

Die Bilder Carl Friedrichs aus den älteren Jahren zeigen eine ausgesprochene und zunehmende Ähnlichkeit mit Werner. Auch im Wesen hatte er vieles mit ihm gemein. Man kann natürlich nicht erwarten, daß die ganze Universalität der Begabungen eines ausgesprochen genialen Menschen auf seinen Sohn übergeht. Carl Friedrich ist nicht unter die Erfinder gegangen, er hat nicht durch eigenes Handanlegen die Technik um große Fortschritte bereichert, wenn er auch zweifellos eine gute Begabung in technischen Dingen hatte. Getreu der Überlieferung seines Vaters erblickte er im technisch-wissenschaftlichen Fortschritt die Voraussetzung für

die wirtschaftliche Entwicklung und war jederzeit bereit zu raten und zu helfen, wenn
es galt, den Fortschritt zu fördern. Er besaß darüber hinaus die Gabe, neue technische
Ergebnisse einzuordnen und ihnen im Rahmen des Hauses den richtigen Platz für ihre
weitere Entwicklung zuzuweisen. Er war der Wirtschaftsführer, Organisator, Men-
schenführer, und um das zu sein, bedurfte es der Vereinigung einer Reihe hervor-
ragender Persönlichkeitswerte, die wir schon bei seinem Vater vorfinden.

Zunächst nimmt uns sein universeller Weitblick gefangen, die Fähigkeit, große und
komplexe Gebilde zu überschauen, eine Eigenschaft, die sicher durch den bedeut-
samen Umgangskreis seines Elternhauses geweckt, durch Reisen in die weite Welt
gefördert und durch frühe Übernahme einer leitenden Stellung gefestigt wurde.

Unbeirrbar war die Ethik des eigenen Handelns, ausgesprochen unterstützt durch
den Sinn für Tradition und die wertvolle Überlieferung, die er vorfand, aber wesentlich doch ruhend in der Festigkeit des Willens und in der Art der Gesinnung, die ihm
seinen Mitmenschen gegenüber eigen waren. Mit der Härte des Leistungswillens für
sich und andere verband sich die Achtung vor allem anständigen Menschentum und
die Fähigkeit, die Menschen zu lieben, die in seiner Güte und Hilfsbereitschaft zum
Ausdruck kam, aber auch in dem Ernst, mit dem er die Verantwortung für andere
Menschen und für deren ihm anvertrautes Gut empfand. Das gilt sowohl für die Mitarbeiter seiner Werke wie auch für den großen Kreis seiner weiteren Familie, die in
ihm einen Chef verloren hat, wie man ihn jeder Familie wünschen möchte. Auch auf
die Geschöpfe der Natur dehnte er seine Liebe aus, auf die Hunde und Pferde, Ganter
und Eber und besonders auf die Hirsche und Gemsen in seinem schönen oberbayrischen
Jagdrevier, denen er immer ein mehr als waidgerechter Heger gewesen ist und deren
verschwiegenem Leben er so manches Mal mit Begeisterung zugeschaut hat.

Sein Erkenntnisvermögen stellt sich uns als unverbildeter gesunder Menschen-
verstand dar mit wenig Neigung zum Theoretisieren und Philosophieren, sondern fest
und sicher in der Welt der Erscheinungen stehend. Er drang mit scharfem Urteil in
die tieferen Zusammenhänge ein und richtete die Gedanken immer wieder über die
Forderung des Tages hinweg in die Zukunft. Seine Natürlichkeit bewahrte ihn vor
Trugschlüssen. Im Laufe seines ereignisreichen Lebens hat er sich eine große Men-
schenkenntnis angeeignet. Stets war er bemüht, Begabungen und Persönlichkeiten
herauszufinden und bis zur Ausfüllung ihrer Leistungsfähigkeit zu fördern. Sein
erster Eindruck haftete sehr stark, und es ist manchem schwer geworden, ihn abzu-
ändern, wenn er ungünstig gewesen war. Er hatte ein starkes Temperament, das ihm
die Initiative gab. Es mag im Sturm der Jugend gelegentlich mit ihm durchgegangen
sein. Später hat er es jedenfalls fest in der Hand gehabt.

Seine Jugend verlebte der Verstorbene in Charlottenburg. Nach Beendigung der
Schule trieb er an der Universität Straßburg — wo er auch den Wehrdienst bei den
15. Ulanen leistete — und an den Technischen Hochschulen München und Charlottenburg
naturwissenschaftliche und technische Studien. Er arbeitete sodann in einem physikalischen Laboratorium in London und trat anschließend eine längere Reise durch
Amerika an. Ohne den Abschluß des Studiums abzuwarten, wurde er im Jahre 1899
in die Firma Siemens & Halske gerufen. Nach zwei Jahren tritt er in das englische
Haus Siemens Brothers über und leitet bald das Electric Light and Power Depart-
ment, das später verselbständigt wird. Nach Berlin zurückgekehrt übernimmt er
1908 die Übersee-Abteilung der Siemens-Schuckertwerke und 1912 den Vorsitz im
Vorstand.

Der Weltkrieg sah ihn nach einer kurzen Episode im freiwilligen Automobilkorps auf seinem Posten in Siemensstadt. Es galt, die Fabriken auf die Bedürfnisse der Wehrmacht umzustellen und in dieser Hinsicht das Mögliche aus ihnen herauszuholen.

Seine Brüder starben bald nacheinander in den Jahren 1918 und 1919. Da nahm er im Alter von 48 Jahren die Zügel des Hauses Siemens in die Hand und wurde Vorsitzender der Aufsichtsräte der Gesellschaften Siemens & Halske und Siemens-Schuckertwerke. Er war von da an im wahren Sinne des Wortes der persönliche Führer der beiden Schwesterfirmen und der von ihnen ausgehenden Tochterunternehmungen und ist es geblieben, bis sein müde gewordenes Herz seinen letzten Schlag tat.

Die Lage, die er bei Übernahme des Vorsitzes in den Aufsichtsräten vorfand, war in jeder Beziehung gekennzeichnet durch den verlorenen Krieg mit seinen verhängnisvollen Folgen auf wirtschaftlichem und politischem Gebiet. Entsprechend waren auch die Aufgaben, die sofort an ihn herantraten, mannigfach und größtenteils ohne Vorbild. Die Häuser in Petersburg und London waren verloren. Die deutschen und österreichischen Werke mußten in die Arbeit des Friedenszustandes, gekennzeichnet durch erhebliche Mangellage und zerrüttete Staatsfinanzen, überführt werden. Alles wurde erschwert durch den inneren Umsturz. Persönlichkeiten kamen zum Einfluß, die teils demagogische Ziele verfolgten, teils gutgläubig einer wirklichkeitsfremden Ideologie anhingen. Hier galt es, einerseits zu widerstehen, andererseits in zäher Arbeit zu überzeugen, um Gefahren abzuwenden. Diese Dinge gingen nicht nur seine Betriebe an. Es war ein allgemeiner öffentlicher Notstand, dem nur durch öffentliches Auftreten und Zusammenstehen größerer Gruppen beizukommen war.

Es mußten Arbeitskämpfe ausgefochten werden, nötigenfalls mit Härte, ohne jedoch nachzulassen in der Liebe und Fürsorge für die Menschen, die ihm im Streit gegenüberstanden. Die Aushöhlung des Unternehmens durch Bezahlung früher vereinbarter Preise in seitdem entwertetem Gelde mußte beseitigt werden. Hierbei hat ihm sein Mitarbeiter, der Ingenieur Max Haller, Leiter der Finanzabteilung, unschätzbare Dienste geleistet, der als einer der ersten den Begriff des Wiederbeschaffungspreises aufstellte und im Geiste die Bilanz nicht in Geld, sondern in Gütern sah. Andererseits mußte auch materiell alle Kunst aufgeboten werden, um mit den geringsten Hilfsmitteln den größten Wert zu schaffen. Das hieß Rationalisierung, Typisierung und wirtschaftliche Fertigung. Über allem aber stand ihm die Sorge um die Aufrechterhaltung des technisch-wissenschaftlichen Niveaus. Der Staat war arm geworden und mußte seine wenigen Mittel primitiveren Lebenserfordernissen zuwenden. Für eine Unterstützung der Wissenschaften reichten sie nicht aus. Aber ohne Fortschritt des Wissens und ohne die Männer, die sich diesem seit Jahren gewidmet hatten, gab es auch keine Fortschritte der Technik. Das verarmte deutsche Volk jedoch, das Volk ohne Raum, konnte nur leben, wenn die Nachfrage der Welt nach deutschen Erzeugnissen wegen ihrer besonderen Güte aufrechterhalten wurde. So erwies sich die wissenschaftliche Forschung und Lehre auf lange Sicht ebenfalls als Urerfordernis des deutschen Lebens und mußte durch private Hilfe vor dem Schlimmsten bewahrt werden.

Alle diese Aufgaben fanden nun eine besondere seelische Atmosphäre vor. Die zurückgekehrten Feldsoldaten hatten sich gewöhnt, ihre Erfordernisse ohne lange Erörterung der Rechtsfrage zu beschaffen. Das Volk hatte sich im Willen zum Widerstand trotz Entbehrungen vier Jahre lang zusammengerafft. Jetzt, nach dem

1*

Zusammenbruch des Widerstandes, erfolgte die Erschlaffung, in der der Mensch seinen Trieben und den Einflüsterungen fremder Elemente, die ihm das moralische Rückgrat erweichen wollten, ohne Gegenwehr ausgesetzt war. So waren Verstöße gegen Recht und Sitte an der Tagesordnung und wurden in weiten Kreisen mit verzeihendem Verständnis geduldet. Es war für einen aufrechten Mann wohl der sauerste Teil der Pflichterfüllung, sich auch in dieser Umwelt bewegen zu müssen.

Um den Erfordernissen der Wirtschaft in dieser Zeit den Regierungsstellen gegenüber mehr Nachdruck verleihen zu können, hielt er es für notwendig, sich auch politisch zu betätigen, und war in den Jahren 1920 bis 1924 Mitglied des Reichstages. In der Jugendzeit hatte er, beeindruckt durch die Tyrannei der Maschine über den Menschen, die aus der ungebändigten Entfaltung der Wirtschaftskräfte hervorging, manche Versammlungen der Sozialdemokraten besucht, die sich den wirtschaftlich Schwachen als Führer in die Freiheit anboten. Hier hat er die Seele und Sprache des Arbeiters kennengelernt, was es ihm sicher später erleichterte, im Umgang mit ihnen und ihren Funktionären den richtigen Ton zu finden. Selbstverständlich durchschaute er bald die Hohlheit der Versprechungen und die Unaufrichtigkeit des Vorgehens. Während seines längeren Aufenthaltes in England befreundete er sich mit dem dortigen demokratischen Verfassungsleben, das er als Gast des Landes wohl in etwas verklärtem Licht sah. So zog er denn als Abgeordneter der Deutschen Demokratischen Partei in den Reichstag ein. Auch hier fand er bald heraus, daß die Aktionen seiner Partei nicht den Idealen entsprachen, die er sich gebildet hatte, und erkannte, daß das parlamentarische Leben überhaupt keinen brauchbaren Boden abgab für positive aufbauende Arbeit, da immer wieder Grundsätze dem taktischen Tageserfolg geopfert wurden und verantwortliche Entscheidungen in vielköpfigen Gremien zweifelhafter Idealisten nicht zustande kamen. Das gab ihm das Gefühl, daß ein weiterer Verbleib im Reichstag Zeitverschwendung sei, und er verzichtete.

So finden wir ihn dann an den verschiedensten Brennpunkten des öffentlichen Lebens wirkend. Er war Vorsitzender des Zentralverbands der Deutschen elektrotechnischen Industrie, Senator der Kaiser Wilhelm-Gesellschaft, Vorsitzender des Stifterverbands der Notgemeinschaft der deutschen Wissenschaft, Mitglied des Kuratoriums der Physikalisch-Technischen Reichsanstalt, Vorsitzender des Reichskuratoriums für Wirtschaftlichkeit, Präsident des Reichswirtschaftsrats und anderes mehr. Den Stifterverband hat er 14 Jahre lang geleitet.

Inzwischen hatte sich Carl Friedrich von Siemens so sehr das öffentliche Vertrauen erworben, daß ihm im Jahre 1924 eine ganz besonders heikle öffentliche Aufgabe angetragen wurde. Im Zuge der Kommerzialisierung der deutschen Kriegsschulden wurde die Deutsche Reichsbahn aus dem Reichseigentum herausgelöst und sollte als eigene Rechtspersönlichkeit den Gläubigerstaaten Sicherheit für die Erfüllung geben. Der Verwaltungsrat wurde zur Hälfte mit Ausländern besetzt. Zu seinem Präsidenten wurde Carl Friedrich von Siemens ernannt. Durch seine Zuverlässigkeit und sein Verständnis für ausländische Mentalität erreichte er, daß diese ausländischen Mitglieder keine Gelegenheit erhielten, eine eigene Initiative zu entwickeln. Wenn man bedenkt, daß eine Ausplünderung der Reichsbahn den gesamten Verkehr und damit das Wirtschaftsleben lahmgelegt hätte, kann man die Bedeutung seiner Tätigkeit ermessen. Sie hat wesentlich dazu beigetragen, dem Reiche sein reichstes Besitztum unversehrt zu erhalten. Der Führer hat ihm hierfür brieflich seinen Dank ausgesprochen. Aber nicht genug damit: Er hat sich so tief in das Eigenleben der Bahn eingearbeitet, daß sein Ausscheiden nach zehn Jahren, als die Bahn nach der Machtergreifung wieder in den unmittelbaren Reichsbesitz überführt werden konnte, von allen Reichsbahnern als Trennung von einem der Ihren empfunden wurde.

Alle diese Ämter — so wichtig und bedeutsam sie auch im einzelnen waren — konnte C. F. von Siemens nur neben seiner täglichen Arbeit in Siemensstadt erfüllen. Hier lag stets der Schwerpunkt seines Schaffens. Seine unermüdliche Arbeit am Ausbau der Firmen, der er sich bis zu seiner letzten Krankheit mit Liebe und getragen vom Bewußtsein einer großen Verantwortung auf das gewissenhafteste gewidmet hat, wird sichtbar in der Entwicklung des Hauses seit 1919. Seit dieser Zeit wurde kein wichtiger Entschluß ohne seine entscheidende Mitwirkung gefaßt.

Bereits das Jahr 1920 erforderte eine grundlegende Entscheidung über die Zukunft unseres Glühlampenwerkes. Dieses wurde mit dem der Allgemeinen Elektricitäts-Gesellschaft und dem der Auer-Gesellschaft zur Osram G. m. b. H. Kommanditgesellschaft vereinigt. Dadurch wurde für die ausgesprochene Massenbedarfsware der Glühlampe die nötige geschlossene Fertigungskapazität gegeben, um die Wirtschaftlichkeit der Erzeugung zur vollen Höhe zu entwickeln. Gleichzeitig wurde den großen ausländischen Glühlampenwerken ein ebenbürtiger deutscher Partner gegenübergestellt.

Im nächsten Jahre wurde die Siemens-Bauunion G. m. b. H. gegründet, welche die Tiefbauerfahrungen der damaligen Elektrischen Bahnabteilung von Siemens & Halske selbständig weiterpflegen sollte, ohne als Fremdkörper die elektrotechnische Ausrichtung des Stammhauses zu belasten. Beim Bau von Kraftwerken, besonders von Wasserkraftwerken, hat sich die nahe Verbindung der selbständigen Tiefbaugesellschaft mit der Elektrotechnik sehr bewährt. Aber auch bei der Bewältigung rein baulicher großer Aufgaben hat sich die Siemens-Bauunion einen guten Namen gemacht.

Im gleichen Jahr begann die Gemeinschaftsarbeit zwischen Carl Friedrich von Siemens und Hugo Stinnes in Durchführung einer Bestrebung des letzteren zur vertikalen Organisation in der Industrie, also zum Zusammenschluß von Werken verschiedener Erzeugungsstufen, die aufeinander angewiesen sind, angefangen von der Rohstoffherstellung bis zum Bau der letzten Fertigware.

So wurden die unter Stinnes' Leitung stehenden Gesellschaften, Deutsch-Luxemburgische Bergwerks- und Hütten-A.G. und Gelsenkirchener Bergwerks A.G., mit Siemens & Halske A.G. und der E.A. vormals Schuckert & Co. als Teilhaberin der Siemens-Schuckertwerke zusammengefaßt zur Siemens-Rheinelbe-Schuckert-Union, in deren Rahmen die Partner sehr enge Gemeinschaftsarbeit leisteten. Hierdurch sollte nicht nur eine besonders wirtschaftliche Arbeitsform gefunden werden, sondern in einer Zeit, von der niemand wußte, wohin sie sich entwickeln würde, entstand für die Teilnehmer eine größere Sicherheit durch Verteilung des Risikos auf mehrere Sparten, die auf die allgemeine Wirtschaftslage verschieden reagieren. Zur Abstimmung erfuhr das Gesellschaftskapital von Siemens & Halske eine kleine Erhöhung, und der gegenseitige Einfluß wurde durch Austausch neugeschaffener Vorzugsaktien sichergestellt.

Die Goldmarkeröffnungsbilanz zeigte das Kapital von Siemens & Halske im Verhältnis 10 zu 7 zusammengelegt, ein Zeichen, daß die Inflationszeit ungebrochen durchgestanden war. Die Interessengemeinschaft mit der Montangruppe wurde im Jahre 1926 wieder gelöst. Nach der Stabilisierung der Währung hatte sich für die Schwerindustrie eine so veränderte Lage eingestellt, daß nur durch organische Zusammenfassung großer Mengen gleicher Arbeit wirtschaftlich produziert werden konnte.

Das führte zur Gründung der Vereinigten Stahlwerke, an der sich unsere Partner beteiligten. Aus der früheren engen Beziehung zu ihnen entstand ein freundschaftliches Einvernehmen mit der neuen Gesellschaft, das heute noch besteht.

Dieselbe Tendenz, Betriebe zusammenzufassen, zeigte sich auch in der Autoindustrie. Auch hier führte der Wettbewerb vieler kleiner Betriebe zu Verlusten. Nun besaßen die Siemens-Schuckertwerke ein Autowerk, hervorgegangen aus der Protosgesellschaft, die vor dem Weltkrieg erworben war in der irrigen Hoffnung, durch kombinierten benzinelektrischen Antrieb einen Fortschritt im Kraftwagenbau zu erzielen. Die Motorenfertigung leitete sich von einem sehr betriebssicheren Ottomotor ab, der als Nebenprodukt bei Siemens & Halske für den Antrieb einer Stromreserve in Eisenbahn-Blockstationen entwickelt war. Die Frage, ob Aufbau des Werkes oder Verzicht, wurde in letzterem Sinne entschieden, um den finanziellen und technischen Schwerpunkt des Hauses nicht von der Elektrotechnik zu verschieben. Erzeugung und Warenzeichen gingen auf die Nationale Automobil-Gesellschaft A.G. über, aus der sich unser Haus allmählich zurückzog.

Der oben erwähnte, von Siemens & Halske entwickelte Ottomotor erhielt während des Weltkrieges noch einen weiteren Nachfolger, den luftgekühlten Flugmotor. Trotz mancher Opfer wurde auch nach dem Kriege dieser Arbeitszweig in mühevoller Entwicklung weitergeführt, um gegebenenfalls für den Neuaufbau eine Keimzelle im Lande zu haben. Nachdem sich der Erfolg zeigte und das Flugmotorenwerk wertvolle Beiträge zum heutigen Stand des Flugmotorenbaues geliefert hatte, wurde auch dieses Werk vor einigen Jahren auf eine bewährte Fachunternehmung übertragen, weil Umfang und technische Verantwortung dieser Fertigung sich nicht mehr in die elektrotechnische Einstellung des Hauses einfügen wollten.

Auf der anderen Seite wurden dem Hause im Laufe der Zeit auch manche Rohstoffbetriebe angegliedert, wie Papier, Porzellan erzeugende, Metalle erschmelzende und verarbeitende usw. Diese zuarbeitenden Werke haben die Aufgabe, Sondereigenschaften der Werkstoffe zu entwickeln, die nur in Verbindung mit der elektrotechnischen Verwendung wertvoll und notwendig sind. Sie müssen so groß sein, daß sie nicht unwirtschaftlich arbeiten und ihre Entwicklungsaufgabe tragen können. Sie sollen aber nicht den ganzen Bedarf der Hauptwerke decken, um die Verbindung mit freien Firmen nicht abreißen zu lassen, und sollen aus Rücksicht auf solche Geschäftsfreunde keine wesentliche Rolle auf dem freien Markt spielen.

Im Geschäftsjahr 28/29 wurden wieder Beziehungen zu dem ehemaligen englischen Tochterunternehmen aufgenommen, das uns durch den Weltkrieg verlorengegangen war, aber noch den Namen Siemens weiterführte, der Siemens Brothers & Co., Ltd. Es wurde eine geschäftliche Verständigung und eine gewisse gegenseitige Beteiligung zustande gebracht.

Es bleibt noch ein Wort zu sagen über die Geldbeschaffung. Als die Inflation ihren Höhepunkt erreicht hatte und durch die Rentenmark wieder eine feste Währung geschaffen war, mußte eine streng solide Geldwirtschaft betrieben werden, in der Geldmarkt und Gütermarkt aufeinander abgestimmt waren. — Da zeigte es sich bald, wie knapp die Umlaufmittel gehalten werden mußten, um dem neuen Geld seine Kaufkraft zu erhalten. Überall herrschte Mangel an Barmitteln für Löhne und Gehälter. Auch die Banken konnten keine genügenden Kredite geben. Eine in Deutschland angebotene Anleihe wäre erfolglos geblieben. So erwuchs die Frage, ob man sich zur ungestörten Fortsetzung des Betriebes an das Ausland wenden sollte. Das

Haus Siemens hatte immer ein bedeutendes Auslandsgeschäft. Es wurde daher für statthaft gehalten, eine amerikanische Anleihe aufzunehmen, die von einem Bruchteil der eingehenden Devisen verzinst und amortisiert werden konnte. So kam die Dollaranleihe von 1925 zustande, von der 5 Millionen Dollar drei und ebensoviel zehn Jahre laufen sollten. Die Anleihe hat ihren Zweck damals erfüllt und ist voll zurückgezahlt.

Infolge der zunehmenden Konjunktur führten die gleichen Gedanken im nächsten Jahr zu einer neuen Anleihe von 24 Millionen Dollar. Gleichzeitig konnte diesmal eine deutsche Anleihe von 25 Millionen Reichsmark untergebracht werden. Die deutsche Anleihe ist jetzt voll, die amerikanische bis auf 2,5 Millionen Dollar zurückgezahlt.

Als in den folgenden Jahren die Konjunktur ihren Höhepunkt erreichte, reiften Pläne über Betätigung im Ausland auf dem Gebiete der betriebsmäßigen Nachrichtenübermittlung, um die bei uns hergestellten Geräte in eigenem Gebrauch auf ihre Güte zu erproben. Solche ausländischen Konzessionen erforderten viel Kapital, das aus dem Deutschland der Reparationen nicht herauszuholen war. Auch hier öffnete sich der amerikanische Markt. Es entstand die ganz neuartige tausendjährige Anleihe zum Einzahlungskurs von 233 %, die eine von der Dividende abhängige Verzinsung hatte. Ihr Nominalwert betrug 14 Millionen Dollar. Da sie etwa die Mitte zwischen einer Anleihe und einer stimmlosen Vorzugsaktie hielt, sollte den Aktionären ein Bezugsrecht eingeräumt werden. Deshalb wurde ein deutscher Teil in Höhe von 10 Millionen Reichsmark ausgegeben, der den Aktionären für 175 % angeboten wurde. Als das Geschäft schließlich im Jahre 1930 zustande kam, zeigten sich schon die ersten Anzeichen der Weltwirtschaftskrise. Da war natürlich stärkste Vorsicht bei ausländischen Investierungen geboten, so daß die Anleihe ihrem Zweck nicht mehr zugeführt werden konnte. Auch wurde infolge der Devisengesetzgebung ihre Bedienung schwierig, und man mußte bestrebt sein, die Anleihe zurückzukaufen. Dies ist inzwischen weitgehend gelungen.

Die Wirtschaftskrise forderte Entschlüsse, die namentlich menschlich sehr schwer waren. Auf einen Schlag wurde einem Zehntel der Angestellten gekündigt und den Verbliebenen vom Direktor bis zum Tarifangestellten das Einkommen gekürzt. An vielen Stellen wurde kurz gearbeitet. Der Not gehorchend wurde dann der Abbau immer weitergetrieben und forderte schließlich Persönlichkeiten zum Opfer, deren Verlust recht schmerzlich empfunden wurde. Die Zahl der Werkstattarbeiter verminderte sich automatisch mit dem Absinken der Aufträge, sobald der Ausweg der Kurzarbeit erschöpft war. Dieser Eingriff in das Schicksal so vieler Volksgenossen wurde um so bitterer, je weiter die Zeit fortschritt und je sicherer der Entlassene keine andere Arbeit finden konnte. Carl Friedrich von Siemens, dessen Warmherzigkeit ja besonders hervorgehoben wurde, litt schwer unter dieser Verantwortung. Aber Weichheit hätte das Unglück nicht abgewendet, sondern am Ende nur vergrößert. Am meisten haben unter der Krise die Siemens-Schuckertwerke gelitten, deren Geschäft im Kreise der Privatkundschaft lag, während die Umsätze von Siemens & Halske, deren Waren zum erheblichen Teil dem öffentlichen Bedarf dienen, sich besser hielten. Manche stillen Reserven mußten in dieser Zeit vereinnahmt werden, aber dank des soliden Kaufmannsgeistes, der gewaltet hatte, reichten sie aus. So trat das Haus, magerer geworden, aber innerlich gesund geblieben, aus der Krise in die neue Ära des Dritten Reichs über, reicher geworden an Erfahrungen über die Vereinfachung von Verwaltungsarbeiten und vernünftige Begrenzung von Gemeinkosten aller Art. Noch heute ist trotz der völlig veränderten Lage die Auswirkung dieser Erfahrungen stark zu spüren.

Die neue Ära hatte im Gefolge ihres politischen Geschehens auch stärkste Rückwirkungen auf die Arbeit des Wirtschaftsführers. Der grundsätzliche Wandel von der kollegialen Verantwortlichkeit zum Führerprinzip im politischen Leben ergab eine von Versammlungsbeschlüssen ungehemmte Aktivität verantwortungsfreudiger Persönlichkeiten. Alle Probleme des öffentlichen Lebens wurden mit ungeahnter Energie und Geschwindigkeit angepackt. Die Disziplin unter der Führung vertrug sich nicht mit der gewohnten öffentlichen Kritik, und es mußten andere Wege begangen werden, um die Erfahrung des Fachmannes dem Tatwillen des Entscheidenden zur Verfügung zu stellen. Wirtschaftlich wurde nach dem Grundsatz verfahren, daß das Wohl des Volkes durch das Tempo der Neuerzeugung von Werten bedingt ist und nicht durch die Geldseite. Durch Staatsaufträge wurden die Menschen wieder an die Arbeit gebracht, und dabei wurde unter Übernahme der Schulden durch den Staat soviel Geld als Eigenbesitz in das Volk gepumpt, daß die übermäßige private Verschuldung aufhörte und der Mut zur wirtschaftlichen Initiative neu erstand. Bald war die Vollarbeit erreicht. Nun wurde die Arbeitsbeschaffung abgelöst durch planmäßige Arbeitslenkung zur Erfüllung öffentlicher Erfordernisse. Dabei gewann mehr und mehr die wirtschaftliche und rüstungsmäßige Bereitstellung für einen möglichen Krieg Bedeutung. Die Leistungsforderung stieg immer höher. Schon zeigte sich die Grenze der verfügbaren Menge an Werkstoffen. Ausländische Rohstoffe konnten nur durch deutschen Export bezahlt werden, dessen Aufnahme manche Völker aus politischen Gründen Widerstand entgegensetzten. Ein Teil dieser Rohstoffe konnte in einem Ernstfalle überhaupt gesperrt werden. Leistungsvolumen und Unabhängigkeit bedingten also einen weitgehenden Übergang zu deutschen Rohstoffen und forderten die Erschließung und den Ausbau ihrer Quellen.

Aber auch die Grenze der verfügbaren Arbeitskraft wurde spürbar. Der Wirkungsgrad der Arbeit mußte gesteigert werden durch Verbesserung von Methoden und Konstruktionen. Menschen mußten aus weniger lebenswichtigen Arbeiten herausgenommen und auf dringendere umgeschult werden. Die stillen Reserven des Arbeitsmarktes waren aufzuspüren und zu aktivieren. Man mußte die Arbeit aufs Land bringen und die bisherige Geschlossenheit der Betriebe mehr und mehr auflockern. Der Bau neuer Werke warf Finanzfragen auf, wobei die Pflicht gegen den Staat erfüllt, die Überspannung des langfristigen Wagnisses vermieden und die unbeschränkte Führung in den Stammgebieten des Hauses gewahrt werden sollte. Die Ausweitung der Betriebe zog Anpassungen der Organisation und Freimachung leitender Personen nach sich.

Eine Anforderung ergab die andere. Eine lange Kette weittragender Entschlüsse mußte schnell gefaßt werden, ohne die gründliche Durcharbeitung leiden zu lassen und ohne die Verantwortung leicht zu nehmen. Aber auch unter dieser zunehmenden Tagesgeschäftigkeit ging die große Linie in der Führung des Hauses nicht verloren. Zwei Ereignisse der letzten Zeit sind dafür Beispiele.

Die Siemens-Schuckertwerke waren entstanden aus der Fusion der Starkstrombetriebe von Siemens & Halske und denen der Elektrizitäts-Aktiengesellschaft vorm. Schuckert & Co., wobei letztere ihre Beteiligungen an Strom erzeugenden und verbrauchenden Unternehmen für sich behielt. So waren Siemens & Halske und die Siemens-Schuckertwerke durch kapitalmäßige Verschiedenheiten getrennt, auf die bei der Abgrenzung von Arbeitsgebieten und Zuständigkeiten sorgsam Rücksicht genom-

men werden mußte. Die Zusammenarbeit gestaltete sich dadurch umständlicher als
es der Zweckmäßigkeit und dem Leistungswillen beider Teile entsprach. Es war daher
schon lange ein Herzenswunsch von Carl Friedrich von Siemens, diesen Zwiespalt
durch enge Zusammenführung von Siemens & Halske und Schuckert zu beseitigen.
Dieser Gedanke fand auch in Nürnberg Verständnis und Widerhall, und so gelang es
schließlich, den Weg zu finden. Siemens & Halske nahm Schuckert in sich auf, wobei
die Schuckert-Aktionäre stimmlose Vorzugsaktien von Siemens & Halske erhielten
und die Beteiligungen, die für das Fertigungsgeschäft ein Fremdkörper waren, ab-
gestoßen wurden. Damit ist die volle Interesseneinheit beider Hauptfirmen hergestellt.
Dem Chef des Hauses bedeutete die so erreichte Geschlossenheit des Ganzen eine
Krönung seines bisherigen Werkes und neue feste Zuversicht für dessen Zukunft.

Ein zweites Beispiel ist die Verselbständigung des Hauses auf dem Gebiete der
drahtlosen Nachrichtenübermittlung. Auf Wunsch des Kaisers Wilhelm II., der der
Marconi-Gesellschaft einen ebenbürtigen deutschen Gegenspieler geben wollte, wurde
die funktechnische Abteilung von Siemens & Halske mit derjenigen der AEG zusammengelegt und aus ihnen die Telefunken-Gesellschaft gebildet, welche die ihr gestellten Aufgaben wirksam erfüllte. Es kamen internationale Verträge zustande, die
es in Deutschland wie anderswo ermöglichten, ohne Verletzung entgegenstehender
Schutzrechte drahtlose Anlagen nach dem neuesten Stand der Technik zu errichten,
Verträge, die auch durch den Weltkrieg zwar unterbrochen, aber nicht zerstört wurden.
Die Hochfrequenztechnik stellt von dem elektrodynamischen Erscheinungskomplex,
wie er durch die Maxwellschen Gleichungen beschrieben wird, einen anderen Grenzfall
dar als die übrige Elektrotechnik. Auf der einen Seite quasistationäre Betrachtung
von Stromkreisen mit konzentrierten Impedanzen, auf der anderen nichtstationäre
Kreise und verteilte Impedanzen. Hier sieht man einen Strom von Ladungen durch die
Leiter fließen, dort die Energie durch das Dielektrikum strömen. Auch die Aufgaben
waren verschieden. Die Drahttechnik hatte zwischen ortsfesten Geräten Verbindungen mit den strengen Bedingungen des Postbetriebs, wie Betriebssicherheit, Verständ-
lichkeit, Postgeheimnis usw., herzustellen. Die drahtlose Verbindung ermöglichte
bewegten Teilnehmern überhaupt erst einen Verkehr und begnügte sich dabei zunächst
mit dem erreichbaren Maß der Zuverlässigkeit. So konnte die neue Technik sich abseits der übrigen Elektrotechnik weiterentwickeln und in sich eine andere Art von
Begriffen und Gedankengängen bilden. In diesem Zustand war es lange Zeit möglich,
den drahtlosen Teil der Nachrichtentechnik in einem anderen Rahmen zu betreiben
als ihren Hauptteil. Heute haben sich die Verhältnisse geändert. Den ersten Einbruch
besorgte die Verstärkerröhre, geschaffen als Telephon-Relais, aber von revolutionärer
Bedeutung für die Funktechnik durch die sichere Erzeugung ungedämpfter Wellen
mit ihrer Hilfe. Die Röhre, deren vielseitige Leistung auf allen Frequenzen bei ähnlicher Beschaltung eintritt, vereinheitlicht die Methoden auf beiden Gebieten, und
die Bauelemente erweitern durch neue Gestaltung dauernd ihren brauchbaren Frequenzbereich. Auch die Aufgaben beider Arbeitsgebiete fließen immer mehr zusammen. Müssen doch Nachrichtenverbindungen aufgebaut werden, die bei voller Erfüllung der Postforderungen aus abwechselnden Draht- und Funkstrecken zusammen-
geschaltet werden. Da erschwert die Teilung der Verantwortung die Projektierung
und den Erfahrungsaustausch. Die Zeit zur Eingliederung der Funktechnik in die
Gesamtheit der Nachrichtentechnik ist gekommen. Wie früher das gemeinsame Vorgehen der Partner der Sache diente, tut es nun die Trennung. Als diese Gedanken

sich abgeklärt hatten, stand Carl Friedrich von Siemens vor einem ernsten und
schweren Entschluß. Er hat ihn in voller Erkenntnis des Wagnisses gefaßt. Mit der
AEG wurde der Übergang Telefunkens an sie im Ausgleich durch andere gemeinsame Beteiligungen verabredet, während Siemens & Halske ein selbständiges funk-
technisches Arbeitsgebiet aufbaut. Carl Friedrich von Siemens hat auch mit dieser
Unternehmung, die er noch in Gestalt wachsen sah, deren abschließenden Schritt er
aber nicht mehr erlebt hat, sein Haus auf dem Wege zu geschlossener Kraftentfaltung
auf seinem ureigensten Gebiet einen entscheidenden Schritt vorangeführt.

Wir dürfen das Lebenswerk Carl Friedrich von Siemens' nicht verlassen, ohne
seiner sozialen Arbeit zu gedenken. Auch in diesem Punkte begegnete sich seine persönliche Auffassung aufs glücklichste mit dem vom Vater eingeschlagenen und von
den Brüdern verfolgten Wege. Der Anstoß für die betriebliche soziale Tätigkeit ist
einerseits das gegenseitige Treueverhältnis zwischen Unternehmer und Gefolgschaft,
andererseits das, was Werner Siemens den gesunden Egoismus des Unternehmers
genannt hat. Das Ziel ist auf die Bildung einer Betriebsgemeinschaft, auf seelisches
und körperliches Wohlbefinden und Geborgenheit in dieser Gemeinschaft und auf
die Steigerung des freien Leistungswillens und der beruflichen Tüchtigkeit gerichtet,
wobei sich alle diese Bestrebungen gegenseitig bedingen und unterstützen.

Das Fundament jeder Sozialleistung eines Betriebes und zugleich seine höchste
Sozialleistung selber ist seine gesunde Wirtschaft. Kein Betrieb und keine Volks-
wirtschaft kann in größerem Umfange Sozialpolitik treiben, als Mittel und Kräfte
es zulassen. Das Ausmaß der sozialen Betätigung ist also durch die Wirtschaftskraft
des Unternehmens bedingt.

So war für Carl Friedrich von Siemens die Sozialarbeit stets die natürliche Auswirkung einer gesunden Entwicklung und Führung des Gesamthauses. Unvorein-
genommen durch Theorien sah er das jeweils Mögliche und genügte mit festem Tat-
sachensinn den Forderungen des Tages aus dem Geist und der Tradition des Hauses
heraus. Das Zugehörigkeitsgefühl zum Hause in der ganzen Gefolgschaft zu wecken,
war sein stetes Bemühen. Die Grundlage bildet die gerechte Entlohnung geleisteter
Arbeit. Im Willen zum Vorwärtskommen zu höherer Leistung und dadurch zu höherem
Lohn sah er eine der Grundlagen erfolgreicher gemeinsamer Arbeit. Der Leistungslohn
war ihm darum eine Selbstverständlichkeit. Dem Gedanken des Vaters, möglichst
viele Mitarbeiter am Erfolg des Unternehmens zu beteiligen, der sich inzwischen zur
festen Inventurprämie verflüchtigt hatte, gab er seinen ursprünglichen Sinn wieder
in der Form einer Abschlußprämie, die vom Geschäftsergebnis abhängig gemacht
wurde. Wer sein Leben ganz dem Hause widmete, dessen Lebensabend wurde durch
die Altersfürsorge des Hauses gesichert. Die hohe Zahl der Jubilare, die 25 Jahre im
Hause schafften, war sein Stolz. Ihr Kreis verkörpert sinnfällig den Geist des Hauses
und die Wurzel seiner Kraft gegenüber der ins unpersönlich Große wachsenden
Gefolgschaft.

Die Altersfürsorge des Hauses hat er in dem Sinne entwickelt, daß nicht nur die
Dienstjahre, sondern auch die besondere Leistung für das Haus Anerkennung fanden.
Er wehrte sich dagegen, aus der Altersfürsorge einen Rechtstitel machen zu lassen.
Langjährige Treue des Mitarbeiters betrachtete er als über die Pflicht hinausgehen-
den Ausfluß freien Willens, der nicht durch eine Verbindlichkeit des Unternehmens,
sondern nur durch eine Tat freiwilliger Treue und Dankbarkeit vergolten werden
kann.

Diese Achtung vor dem freien Willen als sicherster Grundlage der inneren Zugehörigkeit leitete ihn übrigens auch bei seiner Wohn- und Siedlungspolitik. In Siemensstadt und in anderen Teilen des Reiches schuf er ausgedehnte Siedlungen für die Werksangehörigen, vermied es aber, ihnen den Charakter von gebundenen Werkswohnungen zu geben.

Diese Siedlungen, ebenso wie der Bau der Stichbahn von Jungfernheide nach Siemensstadt und Gartenfeld, sollten helfen, Zufriedenheit dadurch zu schaffen, daß das Werk der Gefolgschaft vermeidbare Mühe abnahm.

Bei der stets wachsenden Größe der Betriebe konnte die Gemeinschaft nicht allein an der Arbeitsstelle entstehen; es mußten Querverbindungen zwischen den Werken gezogen werden. Das konnte nur bei der gemeinsamen Gestaltung der Freizeit zustandekommen. So wurden schon bestehende kameradschaftliche Vereinigungen gefördert und vermehrt. Sportplätze und Sportheime dienten gemeinschaftlichen Leibesübungen, eine Werkbücherei geistiger Anregung. Bei Spiel, Musik und ernster geistiger Arbeit finden sich die Mitarbeiter des Hauses im Kameradschaftsheim zusammen.

Auch bei den Lehrlingen förderte er die Bestrebungen zu freier Gemeinschaftsbildung, und als die Turnhalle in Siemensstadt erbaut wurde, erhielt sie eine hübsche Bühne, um der Spielfreude der Jungen Rahmen und Gelegenheit zu geben.

Ausdruck all dieser Bemühung zu echter natürlicher Gemeinschaftsbildung wurde auch die ursprünglich rein technisch-wirtschaftlich ausgerichtete Hauszeitschrift, die „Siemens-Mitteilungen". Indem sie von dem berichteten, was im Hause geschah, was in ihm geschafft und geleistet worden war, banden sie die Gefolgschaft zusammen und wirkten der Entpersönlichung des wachsenden Betriebes nach Kräften entgegen.

Ein weiterer wichtiger Teil der Sozialarbeit des Hauses, die er teils begründete, teils ausbaute, war die Sorge für die Gesundheit der Gefolgschaft. Schon früh erkannte er, daß Vorbeugen besser ist als Heilen, aber auch, daß die Fürsorge für den Mitarbeiter auch dessen Familie umfassen muß, weil hier der stärkste Quell seiner Sorgen zu suchen ist. Neben die Heime und Häuser für die Kranken stellte er darum die Heime für die Erholungsbedürftigen, neben diejenigen für die Gefolgschaftsmitglieder selber die Heime für die Kinder und für ihre Familien.

Die Lungenfürsorge und die Betreuung der Gefolgschaft durch Fabrikärzte ließ er vorbildlich ausbauen. Den Mitarbeitern, die Krankheit und Schicksalsschläge in Not und Sorge gebracht hatten, wurde die weitgehende Fürsorge des Hauses zuteil. Und als der Krieg ausbrach, sorgte er dafür, daß die Verbindung des Hauses mit den ins Feld gerückten Mitgliedern seiner Stammgefolgschaft nicht abriß und daß sie keine Sorge für ihre zurückgelassene Familie zu haben brauchen. Mancher Gruß aus dem Felde gibt der Dankbarkeit dafür beredten Ausdruck.

Ein Gebiet der sozialen Hilfe, das ihm sehr persönlich am Herzen lag, war die Förderung der Begabten unter dem Facharbeiternachwuchs, den das Haus in seinen Lehrstätten erzog. Wenn die jungen Menschen in ihrer Berufsausbildung gefördert wurden, in Ausnahmen bis zur Beendigung des akademischen Studiums, dann erwuchsen dem Werke künftige Mitarbeiter von besonderer Befähigung. Doch entsprach es seiner Sinnesart, daß er die Stipendien verliehen haben wollte ohne Bindung für die Zukunft. Er glaubte an die Höchstleistung, die er erstrebte, nur wenn sie aus freiem Entschluß kam.

So finden wir als Ziel seiner sozialen Bemühungen die Errichtung und Verankerung einer freien Leistungsgemeinschaft aller im Hause Siemens Arbeitenden zur Erfüllung der technischen Aufgabe des Hauses, aber auch zum menschlichen Wohle derer, die sich dieser Gemeinschaft anschließen.

Überblicken wir das Leben und Wirken Carl Friedrich von Siemens', das nun abgeschlossen vor uns liegt, so erkennen wir die überlegene Persönlichkeit, die Verstandeskraft, Herzenswärme und Pflichtgefühl als gleichberechtigte Teile in voller Harmonie zur höheren Einheit deutschen Mannestums verband, die Führernatur, der auch in schweren Zeiten zu folgen, Wohltat und inneren Gewinn bedeutete, und den Menschen, dessen Freundschaft und Wohlwollen eine feste und zuverlässige Stütze waren für den, der sie besaß. Alle, die ihm haben helfen dürfen, trauern über seinen Verlust, der nicht wieder ausgeglichen werden kann, aber sie danken für die Bereicherung ihres Lebens, die sie durch ihn gefunden haben. Nicht schöner können die Gefühle derer ausgedrückt werden, die von ihm haben Abschied nehmen müssen, als mit den letzten Worten seines Mitarbeiters Heinrich von Buol an seinem Sarge: „Wir haben Carl Friedrich von Siemens verehrt, aber wir haben mehr getan, wir haben ihn geliebt."

Ein Berechnungsdiagramm
für induktiv gekoppelte Stromverzweigungen, insbesondere 90°-Kunstschaltungen.

Von **Hans Poleck.**

Mit 5 Bildern.

Mitteilung aus dem Wernerwerk für Meßtechnik der Siemens & Halske AG.

Eingegangen am 6. Juni 1941.

In der Wechselstrom-Meßtechnik werden für Blindleistungs- oder Blindwider-stands-Meßwerke phasenabhängige Nullindikatoren oder komplexe Kompensatoren und andere Zwecke Phasenkunstschaltungen, insbesondere 90°-Schaltungen, ver-verwendet. Allgemein handelt es sich dabei darum, ein gewünschtes Verhältnis und eine bestimmte Phasenlage zwischen Spannungen oder Strömen im Ein- und Ausgang eines Netzwerkes zu erzielen, wobei die Eingangsgrößen U_2 oder I_2 und die Ausgangsgrößen U_1, I_1 und damit der Widerstand $\mathfrak{z}_M = \mathfrak{U}_1 : \mathfrak{J}_1$ des Meßkreises gegeben und die notwendigen Schaltelemente der Kunstschaltung ihrer Größe und Phase nach bei einem Mindestaufwand an Wirk- oder Scheinleistung der Schaltung gesucht sind.

Nachdem dieses Problem für die Niederfrequenz-Meßtechnik besondere Bedeutung hat, wollen wir hier als Schaltelemente Kondensatoren [1][1] ausschließen, da kleine kapazitive Widerstände praktisch nicht herzustellen sind und nur eine für Spannungs-und Stromspeisung allgemein anwendbare Schaltung behandelt werden soll. Diese Aufgabe läßt sich für einen großen Bereich des Verhältnisses zwischen den Ein- und Ausgangsspannungen oder -strömen bei geringstem Aufwand an Schaltelementen mit einem Dreipol lösen, der als Sternschaltung aus einer angezapften Drossel und einem Wirkwiderstand besteht.

Bild 2a zeigt die meist für Blindleistungs-Meßwerke angewendete 90°-Schaltung, die aus einer angezapften Eisendrossel mit dem Gesamtwiderstand: $r_0 + j\omega L_0$ und dem Nebenwiderstand R_3 besteht; der Strom im Meßwerk ($\mathfrak{z}_M$) soll um 90° gegenüber der Spannung $\mathfrak{U}$ (zwischen den Punkten A und B) phasenverschoben sein. Diese Schaltung wurde von A. Keiter [2] für den genannten Zweck angegeben und stellt eine Verbesserung der bekannten Hummelschaltung [3] mit zwei Drosseln wegen ihres geringeren Aufwandes und Verbrauches dar. Außerdem ermöglicht diese Schal-tung eine Phasenverschiebung von 90° auch zwischen den beiden Strömen $\mathfrak{J}_1$ und $\mathfrak{J}_2$, worauf bisher wohl noch nicht hingewiesen wurde.

Ersatzschaltbild einer angezapften Drossel mit Verlusten.

Bild 1a zeigt die näher zu betrachtende Drossel mit den drei Anschlußpunkten a, c, b, mit ihrer Gesamtwindungszahl n_0 und dem Gesamt-Scheinwiderstand: $\mathfrak{z}_0 = r_0 + j\omega L_0$. Die Wicklungsteile zwischen ac und cb mögen entsprechend dem

---

[1] Die eingeklammerten schrägen Zahlen beziehen sich auf das Schrifttum am Schluß der Arbeit.

Anzapfverhältnis α die Windungszahlen $\alpha \cdot n_0$ bzw. $(1 - \alpha)n_0$ besitzen. Da wir uns bei dem Schaltungsentwurf auf eine konstante Meßfrequenz beschränken wollen, sei ein Blindwiderstand ωL grundsätzlich mit x bezeichnet. Bild 1b zeigt die verlust-lose Drossel [4] im Ersatzschaltbild als Widerstandsstern: $(a', b', c; c'')$; die Eisen-verluste sind durch den Widerstand r_{12} zwischen a' und b', die Kupferverluste durch die Widerstände r_1' und r_2' dargestellt. Die erste Aufgabe ist nunmehr, die Schaltung 1b in einen geeigneten Widerstandsstern umzuwandeln.

Für einen bestimmten Drosseltyp sind der Blind- und Wirkwiderstand pro Win-dungszahl-Quadrat als Konstante vorauszusetzen, wenn Kernabmessungen, magne-tischer Werkstoff, Luftspalt und ausnutzbarer Wickelraum bekannt sind. Für jede Windungszahl n_0 sind also nach Bild 1: r_0 und x_0 sowie der Verlustfaktor $K = r_0 : x_0$ gegeben, wobei in r_0 die Kupfer- und Eisenverluste enthalten sind. Der meßbare Scheinwiderstand der Drossel (Bild 1a) ist also

$$\mathfrak{z}_0 = j\,x_0[1 - j\,K]. \tag{1}$$

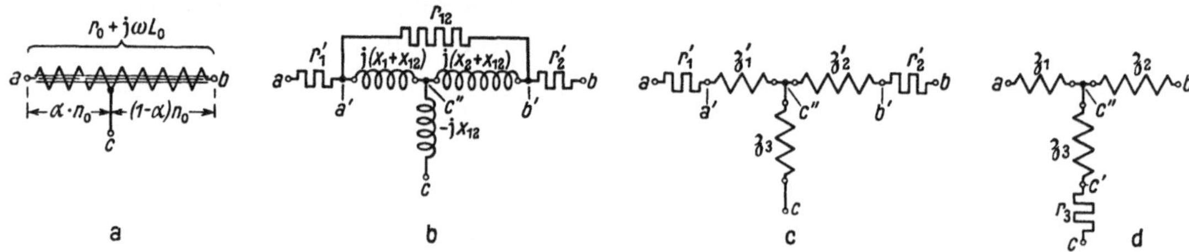

Bild 1. Entwicklung des Ersatzschaltbildes für eine angezapfte Drossel mit Eisen- und Kupferverlusten. a) Anschluß-Schaltbild einer Drossel mit Eisenkern; Meßwerte: r_0, ωL_0; Gesamtwindungszahl: n_0; An-zapfverhältnis: α. b) Ersatzstern: a', b', c; c'' für die Blindwiderstände; r' Kupferwiderstand, r_{12} Eisen-verlustwiderstand. c) Umwandlung des Dreiecks $a'c''b'$ in einen Stern: $\mathfrak{z}_1'$; $\mathfrak{z}_2'$; $\mathfrak{z}_3'$. d) Aufteilung von $\mathfrak{z}_3'$ in $\mathfrak{z}_3 + r_3$; die Widerstände $\mathfrak{z}$ besitzen den gleichen Phasenwinkel; r_3 angenähert nur von den Kupfer-verlusten abhängig.

Da sich der Wirkwiderstand der Wicklung getrennt messen läßt, kann K in K_1 (Eisen-verlust) und K_2 (Kupferverlust) aufgeteilt werden.

$$K = K_1 + K_2; \quad K = \mathrm{tg}\,\delta; \quad K_1 = \mathrm{tg}\,\delta_1; \quad K_2 = \mathrm{tg}\,\delta_2. \tag{2}$$

Nach Bild 1b ist der Gesamt-Blindwiderstand der verlustlosen Drossel:

$$x_0' = x_1 + x_2 + 2\,x_{12}, \tag{3}$$

wobei x_1 und x_2 die Selbst-Blindwiderstände der Wicklungsteile und x_{12} den Wechsel-Blindwiderstand bedeuten. Kopplungsgrad $\varkappa$ und Streufaktor σ sind definiert [4] durch:

$$\varkappa = x_{12} : \sqrt{x_1 \cdot x_2}; \quad \sigma = 1 - \varkappa^2. \tag{4}$$

Verwandeln wir nun das Dreieck: a', c'', b' in einen gleichwertigen Stern und be-zeichnen als „Eisenverlustfaktor":

$$K_1 = x_0' : r_{12}, \tag{5}$$

so ergeben sich mit den Gl. (4), (5) die Widerstandsgrößen $\mathfrak{z}'$ auf Bild 1c zu:

$$\left.\begin{aligned}
&\mathfrak{z}_1' = j\,\frac{(x_1 + x_2)(1 - j\,K_1)}{1 + K_1^2}; \quad \mathfrak{z}_2' = j\,\frac{(x_2 + x_{12})(1 - j\,K_1)}{1 + K_1^2}, \\[2ex]
&\mathfrak{z}_3' = -j\,x_{12}\,\frac{1 - K_1\,\dfrac{x_{12}}{r_{12}}\,\dfrac{\sigma}{\varkappa^2} - j\left(K_1 + \dfrac{x_{12}}{r_{12}}\,\dfrac{\sigma}{\varkappa^2}\right)}{1 + K_1^2}.
\end{aligned}\right\} \tag{6}$$

Der tatsächliche Gesamt-Blindwiderstand zwischen a', b', Bild 1c, ist also:

$$x_0 = (x_1 + x_2 + 2 x_{12}) : (1 + K_1^2) = x_0' : (1 + K_1^2). \tag{7}$$

Wir wollen jetzt eine Beziehung zwischen den Blindwiderständen $(x_1 + x_{12})$, $(x_2 + x_{12})$ und den zugeordneten Wicklungswiderständen r_1', r_2' annehmen und setzen:

$$r_1' = \frac{x_1 + x_{12}}{1 + K_1^2} \cdot K_2 \quad \text{und} \quad r_2' = \frac{x_2 + x_{12}}{1 + K_1^2} \cdot K_2, \tag{8}$$

wobei also K_2 der „Kupferverlustfaktor" ist.

Die Größen: x_1, x_2, x_{12} können wir als eine Funktion vom Gesamt-Blindwiderstand x_0', dem Anzapfverhältnis α und dem Streufaktor σ, den wir als klein gegen 1 voraussetzen wollen, folgendermaßen darstellen:

$$x_1 = \alpha^2 x_0'; \quad x_2 = (1 - \alpha)^2 x_0'; \quad x_{12} = \left(1 - \frac{\sigma}{2}\right) \alpha (1 - \alpha) x_0'. \tag{9}$$

Mit Einführung der Gl. (7), (9) ergeben sich:

$$\left.\begin{aligned}
\mathfrak{z}_1' &= j\, x_0\, \alpha\, [1 - (1 - \alpha)(0{,}5 - \alpha)\,\sigma] \cdot [1 - j\,K_1], \\
\mathfrak{z}_2' &= j\, x_0\, (1 - \alpha)\, [1 + \alpha\,(0{,}5 - \alpha)\,\sigma] \cdot [1 - j\,K_1].
\end{aligned}\right\} \tag{10}$$

$$\mathfrak{z}_3' = -j\, x_0\, \alpha\, (1 - \alpha)\, \{1 - [0{,}5 - \alpha\,(1 - \alpha)]\,\sigma\} \left\{1 - K_1\, \frac{x_{12}}{r_{12}}\,\sigma - j\left[K_1 + \frac{x_{12}}{r_{12}}\,\sigma\right]\right\}. \tag{11a}$$

Das in Gl. (11a) vorkommende Verhältnis $x_{12} : r_{12}$ läßt sich nach den Gl. (9), (5), wenn $\sigma \ll 1$ ist, als $\alpha\,(1 - \alpha) \cdot K_1$ schreiben; also ist:

$$\mathfrak{z}_3' = -j\, x_0\, \alpha\,(1 - \alpha)\, \{1 - \sigma\,[0{,}5 - \alpha\,(1 - \alpha)]\}\, \{1 - K_1^2\, \alpha\,(1 - \alpha)\,\sigma - j\,K_1\,[1 + \alpha\,(1 - \alpha)\,\sigma]\}. \tag{11b}$$

Da wir auch $K_1 \ll 1$ neben $\sigma \ll 1$ annehmen wollen, kann das Glied $K_1^2\,\alpha\,(1 - \alpha)\,\sigma$ gegen 1 in Gl. (11b) vernachlässigt werden. Die Widerstände $\mathfrak{z}_1$ und $\mathfrak{z}_2$ des endgültigen Ersatzbildes 1d können nun mit Einführung der Gl. (8) dargestellt werden als:

$$\left.\begin{aligned}
\mathfrak{z}_1 &= j\, \frac{x_1 + x_{12}}{1 + K_1^2}\, (1 - j\,K) = j\, x_0\, \alpha\, [1 - (1 - \alpha)(0{,}5 - \alpha)\,\sigma]\,[1 - j\,K], \\
\mathfrak{z}_2 &= j\, \frac{x_2 + x_{12}}{1 + K_1^2}\, (1 - j\,K) = j\, x_0\, (1 - \alpha)\, [1 + \alpha\,(0{,}5 - \alpha)\,\sigma]\,[1 - j\,K], \\
\mathfrak{z}_3 &= -j\, \frac{x_{12}}{1 + K_1^2}\, (1 - j\,K) = -j\, x_0\, \alpha\,(1 - \alpha)\, \{1 - [0{,}5 - \alpha\,(1 - \alpha)]\,\sigma\}\,\{1 - j\,K\}, \\
r_3 &= x_0\, \alpha\,(1 - \alpha)\, \{1 - [0{,}5 - \alpha\,(1 - \alpha)]\,\sigma\}\,\{K_2 - K_1\,\alpha\,(1 - \alpha)\,\sigma\}.
\end{aligned}\right\} \tag{12}$$

Die Widerstandsgröße r_3 wurde eingeführt, um das graphische Berechnungsverfahren zu erleichtern. Ist die Streuung vernachlässigbar klein, d. h. $\sigma = 0$, so ergeben sich:

$$\left.\begin{aligned}
\mathfrak{z}_1 &= j\, x_0\, \alpha\, [1 - j\,K]; \quad \mathfrak{z}_2 = j\, x_0\, (1 - \alpha)\, [1 - j\,K], \\
\mathfrak{z}_3 &= -j\, x_0\, \alpha\,(1 - \alpha)\, [1 - j\,K]; \quad r_3 = x_0\, \alpha\,(1 - \alpha)\, K_2.
\end{aligned}\right\} \tag{13}$$

In diesem Fall würden die Gl. (8) also übergehen in:

$$r_1' = x_0\, \alpha\, K_2; \qquad r_2' = x_0\,(1 - \alpha)\, K_2. \tag{14}$$

Verwendet man für die ganze Drosselspule die gleiche Drahtstärke, so lassen sich die Gl. (14) bei einer Scheibenwicklung genau erfüllen, wenn beide Wicklungsteile gleiche Innen- und Außendurchmesser besitzen. Bei der meistbenutzten Zylinderwicklung müßte dagegen das Verhältnis der radialen Wickelhöhe zum Windungsdurchmesser unendlich klein sein; andernfalls wäre für den äußeren Wicklungsteil eine größere Drahtstärke zu verwenden. Da diese aber nur mehr oder weniger grob gestuft erhältlich ist, können die Gl. (14) nur näherungsweise erfüllt werden. Der etwas willkürlich erscheinende Ansatz der Gl. (8) ist aber berechtigt, da bei kleiner

Streuung die Abweichungen zwischen den Gl. (8) und (14) sicher geringer sind als die Unterschiede zwischen den Gl. (14) und den praktisch herstellbaren Widerstandswerten r_1' und r_2'.

Die graphische Berechnung der 90°-Schaltung für Spannungsanschluß.

Entwurf des Diagramms Bild 3 nach Bild 2.

Gegeben sind: $\mathfrak{U} = \overline{AB}$; $\mathfrak{I}_1$; $\mathfrak{I}_1 \cdot \mathfrak{z}_M = \overline{AF}$; $K = \operatorname{tg}\delta$; $K_1 = \operatorname{tg}\delta_1$; $\sigma = 0$.

Gesucht sind: x_0; α; $\mathfrak{I}_2$; $\mathfrak{I}_3$; R_3.

Wir zeichnen horizontal $\mathfrak{U} = \overline{AB}$, tragen von A aus vertikal $\mathfrak{I}_1$ und $\mathfrak{U}_M = \mathfrak{I}_1 \cdot \mathfrak{z}_M = \overline{AF}$ unter dem Winkel φ_M mit den Komponenten $\overline{AF'}$ und $\overline{F'F}$ ab und verbinden F mit B. Dann ziehen wir durch F eine Horizontale (gestrichelt) und eine gegen diese um den Winkel δ geneigte Gerade, die die Vertikale $\overline{AF'}$ im Punkt H schneidet. Nunmehr wird nach Annahme eines Punktes C auf der geneigten Geraden durch die Punkte A, H, C ein Kreis mit dem Mittelpunkt M_1 gezogen, der die Verbindungsgerade $\overline{FB}$ im Punkt D schneidet. Dann ziehen wir die Verbindungsgeraden $\overline{DA}, \overline{DC}$

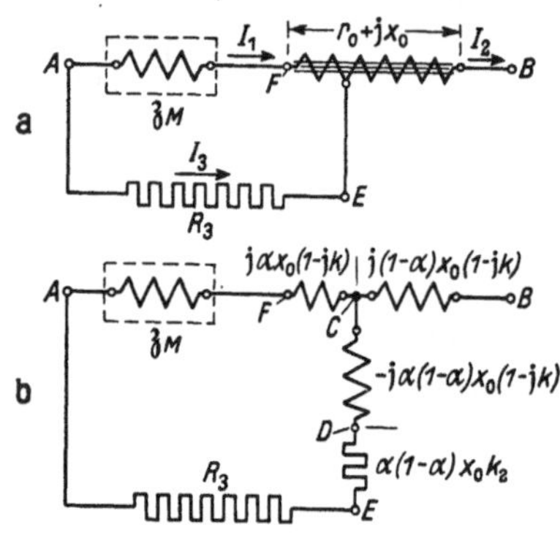

Bild 2. 90°-Schaltung für Spannungs- oder Stromspeisung. a) Meßwiderstand: $\mathfrak{z}_M$; $\mathfrak{I}_1 \perp \mathfrak{U}_{AB}$ oder $\mathfrak{I}_1 \perp \mathfrak{I}_2$; Drosselwiderstand: $r_0 + jx_0$; Nebenwiderstand: R_3. b) Ersatzschaltung für a; die Punkte F, B, E entsprechen a, b, c des Bildes 2b; $\sigma = 0$.

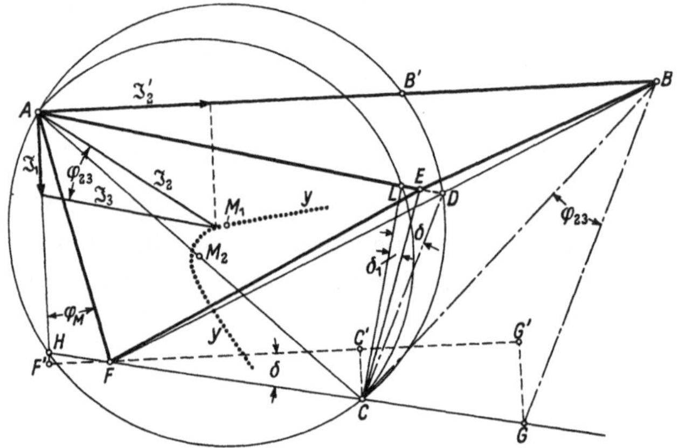

Bild 3. Berechnungsdiagramm für $\mathfrak{I}_1 \perp \mathfrak{U}_{AB}$; $\sigma = 0$. Spannungsdiagramm: A, F, E, B. Stromdiagramm: $\mathfrak{I}_1, \mathfrak{I}_2, \mathfrak{I}_3$. $K = \operatorname{tg}\delta = 0{,}2$; $K_1 = \operatorname{tg}\delta_1 = 0{,}09$; Kreismittelpunkte: M. $\alpha = 0{,}61$; Ortskurve y für $\mathfrak{I}_2$ bei Variation von α; obere Grenze: $\alpha = 0{,}79$, untere Grenze: $\alpha = 0{,}27$.

und $\overline{CB}$ und eine Parallele zu $\overline{CD}$ durch B, welche die geneigte Gerade im Punkt G schneidet. Nun können wir das Stromdiagramm ($\mathfrak{I}_1, \mathfrak{I}_2, \mathfrak{I}_3$) zeichnen, das dem Dreieck CGB ähnlich ist, indem die Strecke $\overline{CG}$ auf die Größe $\mathfrak{I}_1$ reduziert wird. Der Gesamtverbrauch der Schaltung ist entweder $I_2 \cdot U$ in VA oder $I_2' \cdot U$ in W. Durch Wiederholung dieser einfachen Konstruktion, d. h. nach Annahme anders gelegener Punkte C, erhalten wir leicht eine Ortskurve y für die Spitze des Stromvektors $\mathfrak{I}_2$ und damit auch die günstigste Bemessung der Kunstschaltung.

Ist der günstigste Punkt C ermittelt, so zeichnen wir über $\overline{AC}$ einen Halbkreis mit dem Mittelpunkt M_2, der die Gerade $\overline{AD}$ im Punkt L schneidet. Nachdem schließlich noch eine gegen $\overline{CL}$ um δ_1 geneigte Gerade durch C gezogen ist, die $\overline{AD}$ im Punkt E schneidet, haben wir $\overline{AE} = \mathfrak{I}_3 R_3$, $\overline{FG'} = \mathfrak{I}_1 jx_0$, wodurch R_3 und x_0 mit $\overline{FC} : \overline{FG} = \alpha$ bestimmt sind. Durch Zeichnen der Verbindungsgeraden $\overline{FE}$ und $\overline{EB}$ ist das Spannungsdiagramm vervollständigt, dessen Punkte A, F, C, E, B der Schaltung Bild 2 entsprechen.

Es ist leicht ersichtlich, daß sich die Aufgabe nur lösen läßt, wenn der Punkt B' links von B liegt, wobei im Grenzfall B' so weit nach links gerückt werden kann, bis C mit F zusammenfällt. Das Minimum für $U : U_M = \overline{AF} : \overline{AB}$ liegt bei $\sin\varphi_M + \operatorname{tg}\delta \cdot \cos\varphi_M$.

Beweis des Diagramms Bild 3 nach Bild 2 b. Bild 2b zeigt die Ersatzschaltung für Bild 2a, entsprechend den Gl. (13). Es müßte also

$$\overline{AF} = \mathfrak{J}_1 \cdot \mathfrak{z}_M; \quad \overline{FC} = \mathfrak{J}_1 j\,\alpha\,x_0(1 - jK); \quad \overline{CG} = \mathfrak{J}_1 j(1 - \alpha)\,x_0(1 - jK):$$

$$\overline{CD} = \mathfrak{J}_3 j\,\alpha(1 - \alpha)\,x_0(1 - jK); \quad \overline{GB} = j\,\mathfrak{J}_3(1 - \alpha)\,x_0(1 - jK)$$

sein und daher die Gleichung $\overline{GB} : \overline{FG} = \overline{CD} : \overline{FC}$ bestehen, was nach der Konstruktion auch der Fall ist. Somit liegt der Punkt D auf der Verbindungsgeraden $\overline{FB}$. Außerdem muß $\overline{CG} : \overline{GB} : \overline{CB} = \mathfrak{J}_1 : \mathfrak{J}_3 : \mathfrak{J}_2$ sein, da $\mathfrak{J}_2 = \mathfrak{J}_1 + \mathfrak{J}_3$ ist.

Weiterhin müssen nach den vorher angegebenen Spannungsgleichungen $\overline{DC}$ und $\overline{BG}$ gegen $\mathfrak{J}_3$ bzw. $\overline{AD}$ um $90° + \delta$ nacheilend phasenverschoben sein, wobei $\operatorname{tg}\delta = K$ ist.

Also liegt der Punkt D außerdem auf einem Kreis durch die Punkte A, H, C. da $\sphericalangle AHC = 90° + \delta$ ist und $\sphericalangle ADC = 90° - \delta$ sein soll. Nunmehr haben wir:

$$\overline{AE} = \mathfrak{J}_3 R_3; \quad \overline{ED} = \mathfrak{J}_3 \alpha(1 - \alpha)\,x_0 K_2; \quad \overline{DL} = -\mathfrak{J}_3 \alpha(1 - \alpha)\,x_0 K.$$

Man erkennt also, daß für die Ermittlung der günstigsten Bemessung der Schaltung die Kenntnis von K bzw. δ ausreicht, während K_1 bzw. δ_1 nur die Größe von R_3 beeinflußt.

Berücksichtigung der Streuung (σ). Auf Bild 4 ist die Konstruktion der Punkte D und G bei gleicher Lage des Punktes C im Vergleich zu Bild 3 wiederholt. Eine Parallele zu $\overline{CB}$ durch D ergibt auf $\overline{FG}$ den Schnittpunkt N und ein Halbkreis mit $\overline{NC}$ um C den Punkt P. Für $\sigma > 0$ erhalten wir nach Bild 2b, wenn die Sternwiderstände entsprechend den Gl. (12) eingesetzt werden:

$$\overline{FC} = \mathfrak{J}_1 j(x_1 + x_{12})(1 - jK) : (1 + K_1^2), \qquad \overline{CG} = \mathfrak{J}_1 j(x_2 + x_{12})(1 - jK) : (1 + K_1^2)$$

$$\overline{CD} = \mathfrak{J}_3 j\,x_{12}(1 - jK) : (1 + K_1^2).$$

Da $\overline{NC} : \overline{CD} = \overline{CC} : \overline{GB} = \mathfrak{J}_1 : \mathfrak{J}_3$ ist, muß

$$\overline{NC} = \overline{CP} = j\,\mathfrak{J}_1 x_{12}(1 - jK) : (1 + K_1^2).$$

$$\overline{FN} = j\,\mathfrak{J}_1 x_1(1 - jK) : (1 + K_1^2),$$

$$\overline{PG} = j\,\mathfrak{J}_1 x_2(1 - jK) : (1 + K_1^2)$$

sein. Eine Parallele zu $\overline{CG}$ durch D schneidet BG im Punkt S. Da

$$\overline{GB} = j\,\mathfrak{J}_3(x_2 + x_{12})(1 - jK) : (1 + K_1^2)$$

und $\overline{CD} = \overline{GS}$ ist, muß

$$\overline{GS} = \mathfrak{J}_3 j\,x_{12}(1 - jK) : (1 + K_1^2)$$

und $\quad \overline{SB} = \mathfrak{J}_3 j\,x_2(1 - jK) : (1 + K_1^2)$

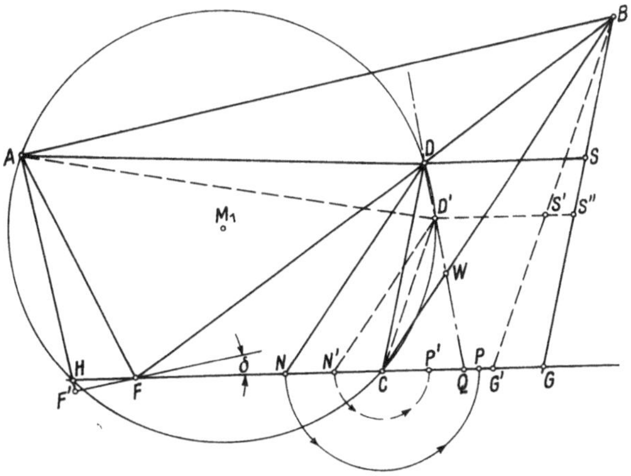

Bild 4. Erweiterung des Diagramms Bild 3 in Rücksicht auf die Streuung; Streufaktor $\sigma = 0{,}81$.

sein. Damit wird

$$\overline{FN} : \overline{NC} = x_{12} : x_1 \quad \text{und} \quad \overline{GS} : \overline{SB} = x_{12} : x_2. \tag{15}$$

Für $\sigma > 0$ rückt der Punkt D auf dem Kreis tiefer und liegt z. B. bei D'; die Punkte N, S, G gehen in N', S', G' über durch Ziehen von Parallelen zu $\overline{ND}$ und $\overline{DS}$ durch D'

und zur Verbindungsgeraden $\overline{CD'}$ durch B. Es ist dann:

$$\overline{FN'} : \overline{N'C} = x_{12} : x_1 \quad \text{und} \quad \overline{G'S'} : \overline{S'B} = x_{12} : x_2. \tag{16}$$

Die Verbindungsgerade durch D und D' schneidet $\overline{CB}$ im Punkt W und $\overline{CG}$ im Punkt Q. Dann bezeichnen wir:

$$\overline{NN'} : \overline{NC} = \varepsilon \quad \text{und} \quad \overline{SS''} : \overline{SG} = c\,\varepsilon, \tag{17}$$

wobei $\overline{BS'} : \overline{SG'} = \overline{BS''} : \overline{S''G}$ und $c = \overline{DW} : \overline{DQ}$ ist.

Bei einem Streufaktor von z. B. $\sigma = 0{,}81$ — der Deutlichkeit der Konstruktion wegen sehr groß gewählt — verschiebt sich auf Bild 4 der Punkt D nach D', und es wird nach den Gl. (16), (17): $x_{12} : x_1 = \overline{N'C} : \overline{FN'} = (\overline{NC})(1 - \varepsilon) : [\overline{FN} + \varepsilon(NC)]$ sowie $x_{12} : x_2 = (\overline{SG})(1 - c\varepsilon) : [\overline{SB} + (\overline{SG})c\varepsilon]$. Da nach Gl. (4) $\overline{FN} : \overline{NC} = \overline{GS} + \overline{SB}$ $= x_1 : x_{12} = x_{12} : x_2$ für $\sigma = 0$ ist, wird:

$$\varkappa^2 = 1 - \sigma^2 = \frac{1 - \varepsilon}{(\overline{FN} : \overline{NC}) + \varepsilon} \cdot \frac{1 - c\,\varepsilon}{(\overline{NC} : \overline{FN}) + c\,\varepsilon}. \tag{18}$$

$$\varepsilon = \sigma \frac{1 + c\,\varepsilon^2}{1 + c + (1 - \sigma)\,[(\overline{NC} : \overline{FN}) + c\,(\overline{FN} : \overline{NC})]}. \tag{19}$$

Oder einfacher, wenn $c\,\varepsilon \ll 1$ ist:

$$\varepsilon = \sigma : \left\{1 + c + (1 - \sigma)[(\overline{NC} : \overline{FN}) + c\,(\overline{FN} : \overline{NC})]\right\}. \tag{20}$$

Wollen wir die Streuung, die übrigens bei Mantelkernen für Meßzwecke klein ist, noch berücksichtigen, so entwerfen wir zunächst das Diagramm nach Bild 3 für $\sigma = 0$. Dann ziehen wir nach Bild 4 die Parallele $\overline{DN}$ (zu $\overline{BC}$) und zunächst die Kreistangente im Punkt D, womit wir näherungsweise den Punkt W erhalten. Nun entnehmen wir Bild 4 das Verhältnis $\overline{NC} : \overline{FN}$ und $\overline{DW} : \overline{DQ} = c$, setzen diese Werte in Gl. (20) ein und erhalten bei gegebenem Wert σ einen vorläufigen Wert ε und damit den Punkt D'. Dann erhalten wir durch die Gerade durch D und D' einen verbesserten Punkt W, einen verbesserten Wert c und berechnen nach Gl. (19) einen neuen Wert ε. Bei den normalen kleinen Werten von σ genügt die erste Annäherung vollkommen.

Der Drossel-Blindwiderstand x_0 ist aus der Projektion der Strecke $\overline{FG}$ auf die Horizontale zu ermitteln; das Anzapfverhältnis α ergibt sich aus dem Verhältnis: $\overline{FC} : \overline{CG} = \alpha[1 - (1 - \alpha)(0{,}5 - \alpha)\sigma] = \alpha'$ [vgl. Gl. (12)] durch $\alpha \approx \alpha'[1 + (1 - \alpha')(0{,}5 - \alpha')\sigma]$, wenn $\sigma \ll 1$ und dann in der eckigen Klammer $\alpha = \alpha'$ gesetzt werden kann. Schließlich wäre $\mathrm{tg}\,\delta_1 = K_1[1 + \alpha(1 - \alpha)\sigma]$ ähnlich Bild 3 einzutragen, um den Wert von R_3 bestimmen zu können.

Die graphische Berechnung der 90⁰-Schaltung für Stromspeisung.

Gegeben sind: $\mathfrak{I}_1$, $\mathfrak{I}_2$; $\mathfrak{I}_3$; $\mathfrak{z}_M$; K; K_1; $\sigma = 0$.

Gesucht sind: x_0; α; $\mathfrak{U}$; R_3.

Wir zeichnen zunächst nach Bild 5 das Stromdiagramm (oben), dann das Spannungsdiagramm bis zum Kreis (M_1) wie auf Bild 3. Jetzt ziehen wir durch A zu $\mathfrak{I}_3$ eine Parallele, die den Kreis im Punkt D schneidet, verbinden C mit D und errichten im Punkt C auf $\overline{HC}$ das Lot. Dieses schneidet eine Gerade durch F und D im gesuchten Punkt B. Die weiteren Punkte G, E, L ergeben sich weiterhin wie auf Bild 3. Die Streuung ist entsprechend Bild 4 ebenso leicht zu berücksichtigen.

Der Punkt D muß auch hier nach den früher angeführten Gründen auf dem Kreis (M_1) durch die Punkte A, H, C und der zu $\Im_3$ Parallelen durch A liegen. Außerdem muß $\overline{CB} \perp \overline{FC}$ sein, da $\overline{FC} = \Im_1 \, \mathrm{j}\, \alpha \, x_0 (1 - \mathrm{j}\,K)$ und $\overline{CB} = \Im_2 \, \mathrm{j}\, \alpha \, x_0 (1 - \mathrm{j}\,K)$ ist und $\Im_2 \perp \Im_1$ sein soll. Eine Ortskurve für den Spannungsvektor U hier besonders einfach zu zeichnen.

Schlußbemerkungen.

Natürlich kann das angegebene graphische Berechnungsverfahren für eine beliebig vorgegebene Phasenlage zwischen den Spannungen und Strömen benutzt werden und beansprucht viel weniger Zeit und Mühe als eine Lösung der Aufgabe auf rein analytischem Wege mit Hilfe der komplexen Rechnung. Es ist auch beim Entwurf sofort zu übersehen, ob sich eine bestimmte Aufgabe praktisch lösen läßt. Der Nachteil der minderen Genauigkeit einer graphischen Konstruktion hat keine praktische Bedeutung, da eine solche Schaltung schließlich doch genau abgeglichen werden kann.

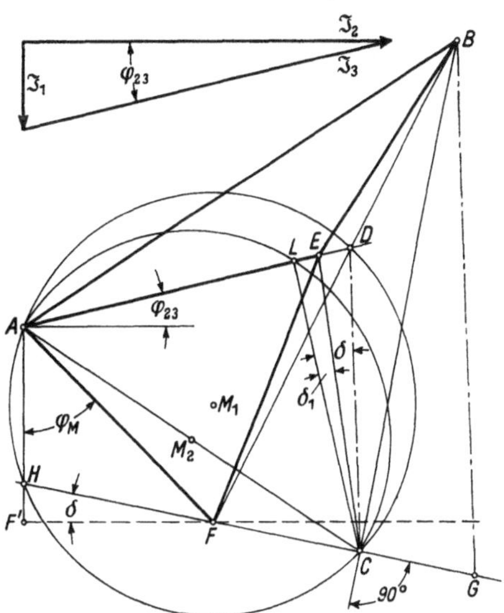

Bild 5. Berechnungsdiagramm für $\Im_1 \perp \Im_2$. Spannungsdiagramm: A, F, E, B. Stromdiagramm: $\Im_1$, $\Im_2$, $\Im_3$. $K = \mathrm{tg}\,\delta = 0{,}2$; $K_1 = \mathrm{tg}\,\delta_1 = 0{,}09$; Kreismittelpunkte: M. $\alpha = 0{,}56$.

Zusammenfassung.

Es wird ein graphisches Berechnungsverfahren für eine Sternschaltung mit induktiv gekoppelten Längswiderständen entwickelt und die geometrische Konstruktion und ihr Beweis am Beispiel einer 90°-Schaltung für Spannungs- und Stromspeisung gezeigt, wobei die Kupfer- und Eisenverluste der Drossel sowie ihre Streuung berücksichtigt werden können.

Schrifttum.

1. H. Poleck: Über neue Phasen-Kunstschaltungen für Meßzwecke mit Frequenz- und Temperaturkompensation. Wiss. Veröff. Siemens-Werken **XIX** (1940) S. 48 · · · 57.

2. A. Keiter: Blindleistungsmessung in Dreiphasenanlagen. Elektrotechn. u. Masch.-Bau **45** (1927) S. 437 · · · 440.

3. A. Fraenckel: Theorie der Wechselströme. 3. Aufl. S. 55. Berlin: Springer (1930).

4. K. Küpfmüller: Einführung in die theoretische Elektrotechnik. 2. Aufl. S. 231 und 233. Berlin: Springer (1939).

Das Verhalten von Drehspulgalvanometern bei periodischen Strömen, insbesondere bei Einweg-Gleichrichtung.

Von **Kurt Fistl**.

Mit 9 Bildern.

Mitteilung aus dem Wernerwerk für Meßtechnik der Siemens & Halske AG.

Eingegangen am 19. Juli 1941.

Inhaltsübersicht.

Einleitung.

Das Drehspulgalvanometer dient vorzugsweise dazu, konstante Gleichströme bzw. Gleichspannungen und ballistisch Strom- bzw. Spannungsintegrale, die sich über kurze Zeiten erstrecken, zu messen. In neuerer Zeit wird es jedoch auch vielfach zur Messung von Wechselströmen benutzt, wobei diese entweder durch Sperrschicht- oder mechanische Gleichrichter in pulsierenden Gleichstrom umgewandelt werden. Erwähnt sei auch das für die Fernmessung benutzte Impulsfrequenzverfahren, wo das Drehspulinstrument den der Impulsfrequenz proportionalen Mittelwert des periodischen Ladestromes mißt.

Während das Drehspulgalvanometer als Gleichstrom- bzw. als ballistisches Meßinstrument häufig und eingehend behandelt worden ist, ist über sein Verhalten in Kreisen mit periodischen Strömen wenig bekannt. Dies soll im Folgenden näher betrachtet werden.

Zunächst sei eine Aufstellung der vorkommenden Größen vorausgeschickt.

K Trägheitsmoment.

D Direktionskraft.

p Mechanische Dämpfungskonstante.

φ Zeigerausschlag.

$\overline{\varphi}$ Arithmetischer Mittelwert des Zeigerausschlages.

T_0 Volle Schwingungsdauer des dämpfungsfrei gedachten Systems.

$\omega_0 = \dfrac{2\pi}{T_0}$ Kreisfrequenz entsprechend T_0.

q Dynamische Galvanometerkonstante.

R Rähmchenwiderstand + Vorwiderstand.

α Dämpfungsgrad.

T Volle Schwingungsdauer des Wechselstromes.

τ Halbe Schwingungsdauer des Wechselstromes.

$\omega = \dfrac{2\pi}{T}$ Kreisfrequenz entsprechend T.

i Momentanwert des Stromes.

$\hat{i}$ Scheitelwert des Stromes.

$\mathfrak{Im}\{\mathfrak{r}\}$ Imaginärteil von $\mathfrak{r}$.

$\mathfrak{Re}\{\mathfrak{r}\}$ Realteil von $\mathfrak{r}$.

$\overline{i}$ Arithmetischer Mittelwert des Stromes.

l Induktivität des Rähmchens.

I. Berechnung des Ausschlages bei gegebenem Strom.

Die Periodizität des Stromes drückt sich folgendermaßen aus:

$$i(t + T) = i(t).$$

Es gilt die Differentialgleichung

$$K\ddot{\varphi} + p\dot{\varphi} + D\varphi = iq. \tag{1}$$

Im eingeschwungenen Zustand ist φ eine periodische Funktion mit der Periode T:

$$\varphi(t + T) = \varphi(t), \qquad \dot{\varphi}(t + T) = \dot{\varphi}(t). \tag{2}$$

Integriert man die Gl. (1) zwischen den Grenzen t und $t+T$, so erhält man:

$$K[\dot{\varphi}(t + T) - \dot{\varphi}(t)] + p[\varphi(t + T) - \varphi(t)] + \int_{t}^{t+T} D\varphi\, dt = \int_{t}^{t+T} iq\, dt.$$

Mit Rücksicht auf die Beziehungen (2) folgt:

$$\overline{\varphi} = \frac{1}{T}\int_{t}^{t+T} \varphi\, dt = \frac{q}{D}\, \overline{i}.$$

Im stationären Zustand ist also stets der Mittelwert des Ausschlags dem Mittelwert des Stromes proportional. Unter Wechselstrom versteht man einen solchen, dessen arithmetischer Mittelwert verschwindet. Demnach ist hier der Mittelwert des Ausschlags gleich Null.

Für sinusförmigen Strom

$$i = \hat{i}\sin\omega t = \hat{i}\cdot\frac{1}{j}\,\Im\{e^{j\omega t}\}$$

ist der Verlauf von φ gegeben durch [1][1])

$$\varphi(t) = \frac{1}{j}\,\Im\left\{\frac{\hat{i}q\,e^{j\omega t}}{-K\omega^2 + j\omega p + D}\right\} = \frac{\hat{i}q}{\sqrt{(K\omega^2 - D)^2 + p^2\omega^2}}\sin(\omega t - \delta), \tag{3}$$

wobei

$$\operatorname{tg}\delta = \frac{p\omega}{D - K\omega^2}\quad [2].$$

Führt man die Beziehungen $\alpha = p/\sqrt{4KD}$ und $\omega_0 = \sqrt{D/K}$ ein, so wird

$$\varphi_{\max} = \frac{\hat{i}q}{D}\cdot\frac{\omega_0^2/\omega^2}{\sqrt{\left(1 - \frac{\omega_0^2}{\omega^2}\right)^2 + 4\alpha^2\frac{\omega_0^2}{\omega^2}}}, \tag{4}$$

ist $\omega_0^2 \ll \omega^2$, so folgt

$$\varphi_{\max} = \frac{\hat{i}q}{D}\cdot\frac{\omega_0^2}{\omega^2} = \frac{\hat{i}q}{D}\cdot\frac{T^2}{T_0^2}. \tag{5}$$

Im Falle der Resonanz $\omega = \omega_0$ entsteht die Amplitude

$$\varphi_{\max} = \frac{\hat{i}q}{D}\cdot\frac{1}{2\alpha},$$

die bei kleinem Dämpfungsgrad α erhebliche Werte annehmen kann.

Bei nichtsinusförmigen Wechselströmen gilt für jede Teilschwingung eine der Gl. (4) entsprechende Gleichung. Jeder periodische Strom läßt sich in einen Gleichstromanteil $i_{Gl} = \overline{i}$ und einen Wechselstromanteil $i_\sim$ zerlegen. Um eine brauchbare Anzeige des Gleichstromanteils, d. h. des arithmetischen Mittelwertes, zu erhalten, dürfen die Wechselamplituden $\varphi_{\max}$ nicht zu groß werden. Man erkennt aus Gl. (5),

---

¹) Die eingeklammerten schrägen Zahlen beziehen sich auf das Schrifttum am Schluß der Arbeit.

daß die Schwingungsdauer T_0 des Galvanometers groß gegen die Periode T des Wechselstroms sein muß. Es sei hier darauf hingewiesen, daß durch Parallelschalten von Kondensatoren zum Rähmchen ω_0 sich verringern und demnach φ_{max} in weitem Maße herabdrücken läßt.

Beispiel.

Ein durch Sperrschicht-Gleichrichter in Vollwellenschaltung gleichgerichteter sinusförmiger 5-periodiger Wechselstrom fließt über ein wenig gedämpftes Galvanometer, dessen Schwingungsdauer 1 s beträgt. Die Schwankung ist im wesentlichen nach Gl. (5) durch die Grundwelle des Stromes (10 Hz) bedingt, so daß es genügt, diese zu berücksichtigen.

$$ i = \hat{i}\sin\omega t; \qquad i_{Gl} = \overline{i} = \hat{i}\,\frac{2}{\pi}. $$

Die Fourier-Zerlegung ergibt für die Amplitude der ersten Harmonischen des gleichgerichteten Stromes

$$ i = \frac{1}{\pi}\int\limits_0^{2\pi} \hat{i}\sin\frac{1}{2}x \cdot \cos x\, dx = -\frac{4}{3\pi}\,\hat{i}. $$

nach Gl. (4) ist dann die durch den Wechselstrom von 10 Hz bedingte Amplitude der Zeigerschwingung:

$$ \varphi_{\mathrm{max}} = \frac{4}{3\pi}\,\frac{\hat{i}\,q}{D}\cdot\frac{0{,}1^2}{1^2}, $$

während der dem Gleichstromanteil entsprechende Ausschlag

$$ \overline{\varphi} = \frac{2}{\pi}\,\frac{\hat{i}\,q}{D} $$

ist. Die relative Schwankung beträgt demnach:

$$ \frac{\varphi_{\mathrm{max}}}{\overline{\varphi}} = \pm\frac{2}{3}\,\%. $$

Diese Schwankung ist für exakte Messungen unzulässig hoch. Sie würde nach Gl. (5) auf $^1/_4 \cdot {}^2/_3\,\%$ zurückgehen, wenn man ein Galvanometer mit einer Schwingungsdauer von 2 s verwenden würde. Die verbleibende Schwankung von 0,17 % liegt innerhalb der Meßunsicherheit und stört deshalb nicht.

II. Der komplexe Widerstand des Galvanometers; Ersatzschaltbild.

Denkt man sich zunächst die Induktivität des Rahmens fort, so ist die an den Enden des Instruments auftretende Spannung [3]:

$$ e = iR + q\,\dot{\varphi}, $$

wobei $q\,\dot{\varphi}$ die durch die Bewegung des Rähmchens induzierte Spannung ist. Nach Gl. (3) ist

$$ \dot{\varphi} = \frac{1}{j}\,\Im\left\{\frac{\hat{i}\,q\,j\,\omega\,e^{j\omega t}}{-K\omega^2 + p\,j\,\omega + D}\right\}, $$

mithin

$$ e = \frac{1}{j}\,\Im\left\{\left(R + \frac{q^2 j\,\omega}{-K\omega^2 + p\,j\,\omega + D}\right)\hat{i}\,e^{j\omega t}\right\}. $$

Der komplexe Widerstand des Galvanometers [4] ist demnach

$$ \mathfrak{Z} = R\cdot\frac{-\omega^2 + \left(\dfrac{p}{K} + \dfrac{q^2}{RK}\right)j\,\omega + \dfrac{D}{K}}{-\omega^2 + \dfrac{p}{K}j\,\omega + \dfrac{D}{K}} = R\cdot\frac{\omega_0^2 - \omega^2 + 2\,j\,\omega_0\,\omega\,(\alpha_{\mathrm{mech}} + \alpha_{\mathrm{el}})}{\omega_0^2 - \omega^2 + 2\,j\,\omega_0\,\omega\,\alpha_{\mathrm{mech}}}. $$

Es läßt sich ein elektrisches Ersatzschaltbild angeben, das den „Widerstand" des Galvanometers völlig getreu wiedergibt (Bild 1). Der komplexe Widerstand dieser Schaltung ist

$$\mathfrak{Z} = R \cdot \frac{-\omega^2 + \left(\dfrac{1}{\varrho} + \dfrac{1}{R}\right)\dfrac{\mathrm{j}\,\omega}{C} + \dfrac{1}{LC}}{-\omega^2 + \dfrac{1}{\varrho}\dfrac{\mathrm{j}\,\omega}{C} + \dfrac{1}{LC}}.$$

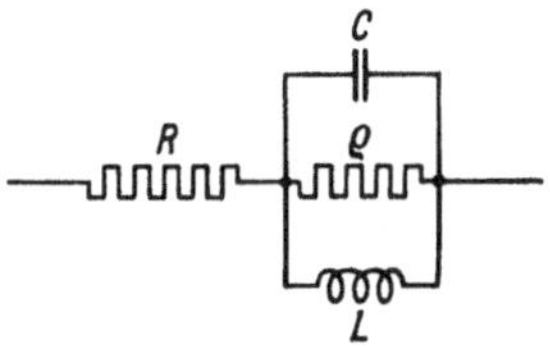

Durch Vergleich der beiden Ausdrücke für $\mathfrak{Z}$ erhält man die die Frequenz ω nicht enthaltenden Beziehungen

$$C = \frac{K}{q^2},$$

$$L = \frac{q^2}{D},$$

$$\varrho = \frac{q^2}{p}.$$

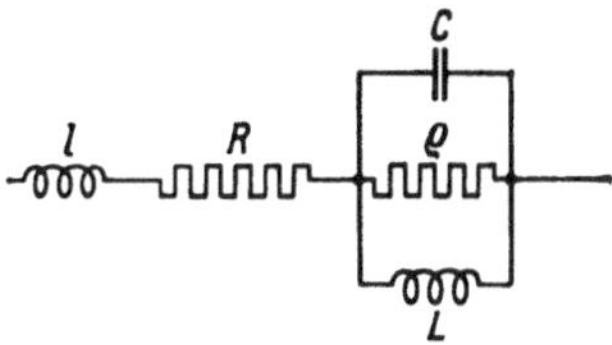

Bild 1. Ersatzschaltbild des Galvanometers bei Vernachlässigung der Rahmeninduktivität.

Die Eigenfrequenz des Schwingungskreises L, C entspricht der Eigenfrequenz des freien Rähmchens.

Für Gleichstrom $\omega = 0$ ist

$$\mathfrak{Z} = R,$$

für $\omega \ll \omega_0$ und $\alpha_{\text{mech}} \ll 1$ wird

Bild 2. Ersatzschaltbild des Galvanometers bei Berücksichtigung der Rahmeninduktivität.

$$\mathfrak{Z} = R\left(1 + 2\,\frac{\alpha_{\text{el}}}{\omega_0} \cdot \mathrm{j}\,\omega\right)$$

$$= R\left(1 + \frac{\mathrm{j}\,\omega L}{R}\right), \qquad \text{(induktiver Widerstand)}$$

für $\omega = \omega_0$ wird

$$\mathfrak{Z} = R\left(1 + \frac{\alpha_{\text{el}}}{\alpha_{\text{mech}}}\right)$$

$$= R\left(1 + \frac{\varrho}{R}\right) = R + \varrho, \qquad \text{(reeller Widerstand)}$$

für $\omega \gg \omega_0$ und $\alpha_{\text{mech}} \ll 1$ wird

$$\mathfrak{Z} = R\left(1 + \frac{2\,\alpha_{\text{el}}\,\omega_0}{\mathrm{j}\,\omega}\right)$$

$$\mathfrak{Z} = R\left(1 + \frac{1}{R\,\mathrm{j}\,\omega\,C}\right). \qquad \text{(kap. Widerstand)}$$

Das vollständige Ersatzbild, welches auch die Rahmeninduktivit l berücksichtigt, zeigt Bild 2.

Man erkennt, daß für hohe Frequenzen $\left(\omega^2 \gg 2\omega_0\dfrac{R}{l}\alpha_{\text{el}}\right)$ l und R allein maßgebend sind. Es besteht also die Möglichkeit, durch Brückenmessung bei höheren Frequenzen die Induktivität l zu bestimmen, ohne den Rahmen blockieren zu müssen.

Der Gedanke liegt nahe, den Zeiger durch Überlagerung eines Gleichstromes an den Anschlag gehen zu lassen und dadurch den Rahmen zu blockieren. Praktisch ist jedoch hier $\dot{\varphi}$ nicht Null, weil die Elastizität des Zeigers bzw. der Anschlagfedern immer noch eine Schwingung des Rahmens zulassen. Infolge der hohen zusätzlichen Direktionskraft ergibt sich ein hohes ω_0, so daß die kapazitiven Eigenschaften des Galvanometerwiderstandes stark hervortreten und die l-Messung fälschen.

Das angegebene Ersatzschaltbild gibt nicht nur den komplexen Widerstand des Galvanometers wieder, es bildet auch in einem Teilstrom, und zwar dem durch die Induktivität L fließenden Strom i_L, den Galvanometerausschlag genau ab. Die aus

Bild 1 folgende, den Gesamtstrom i und den Teilstrom i_L verknüpfende Differential-gleichung lautet nämlich:

$$LC \frac{d^2 i_L}{dt^2} + \frac{L}{\varrho} \frac{di_L}{dt} + i_L = i\,.$$

Ersetzt man mit den bereits gefundenen Beziehungen die elektrischen Größen L, C und ϱ durch die mechanischen Größen K, p und D, so folgt:

$$\frac{K}{D} \frac{d^2 i_L}{dt^2} + \frac{p}{D} \frac{di_L}{dt} + i_L = i\,.$$

Durch Vergleich mit der mechanischen Differentialgleichung

$$K\ddot{\varphi} + p\dot{\varphi} + D\varphi = i\,q$$

ergibt sich

$$\frac{q}{D}\, i_L = \varphi\,.$$

Die durch die Bewegung des Rähmchens induzierte Spannung ist

$$q\,\dot{\varphi} = \frac{q^2}{D} \frac{di_L}{dt} = L \frac{di_L}{dt}\,,$$

d. h. gleich der an dem Schwingungskreis L, C, ϱ liegenden Spannung.

Durch dieses Ersatzschaltbild sind die mechanischen Konstanten und der Aus-schlagswinkel φ auf die elektrischen Grundelemente und den Strom i_L zurückgeführt. Wenn auch dieses Abbild natürlich nichts Neues aussagt, so bedeutet es doch eine gewisse Vereinheitlichung einer ein Galvanometer enthaltenden Schaltung und gibt eine schnelle Übersicht über die Zusammenhänge zwischen den mechanischen und elektrischen Größen. Ein Blick auf das Ersatzbild läßt z. B. sofort die in Abschnitt I geschilderten Verhältnisse erkennen. Man sieht auch ohne weiteres, welchen Ein-fluß die Schließung des Galvanometers über den Widerstand R hat: Der Dämpfungs-leitwert $1/\varrho$ des Schwingungskreises erhöht sich auf $1/\varrho + 1/R$. Ebenfalls läßt sich schnell ablesen, welchen Einfluß ein Parallelkondensator [5] hat: Er legt sich par-allel zu C (wenn man von R absehen darf) und erhöht die Schwingungsdauer. Auf eine unmittelbar aus dem Ersatzbild entnehmbare Möglichkeit sei hier hingewiesen. Das Drehspulsystem ersetzt einen elektrischen Schwingungskreis, was vor allem im Gebiete sehr niedriger Frequenzen, wo die Herstellung der dann notwendigen großen Drosseln und Kondensatoren einen erheblichen Aufwand bedeutet, von großem Nutzen sein kann.

Das Drehspulsystem ist gleichsam ein Gegenstück zu dem im wesentlichen durch einen Reihenresonanzkreis darstellbaren schwingenden Quarz, bei dem die Resonanz im Gebiet hoher Frequenzen liegt.

Da die Oszillographenschleife und das Schleifenvibrationsgalvanometer im Prinzip wie das Drehspulgalvanometer aufgebaut sind, sind für diese die in Abschnitt I angegebenen bekannten Beziehungen ebenfalls gültig. Bei der Oszillographenschleife arbeitet man im Gebiet $\omega \ll \omega_0$, beim Vibrationsgalvanometer im Resonanzfall $\omega = \omega_0$. Selbstverständlich ist auch hier das angegebene Ersatzschaltbild anwend-bar, welches sich übrigens für alle mit induzierten Spannungen verknüpften mecha-nischen schwingenden Gebilde angeben läßt, so z. B. auch für das Nadelvibrations-galvanometer ($\omega = \omega_0$) und das polarisierte Relais ($\omega \ll \omega_0$), bei denen gegenüber dem Drehspulsystem die Funktionen von Magnet und Spule vertauscht sind. Aus dem Ersatzbild nach Bild 1 geht direkt hervor, daß der sog. Betriebswiderstand des Vibrationsgalvanometers

$$R + \varrho = R\left(1 + \frac{q^2/R}{p}\right) = R\left(1 + \frac{x_{\mathrm{el}}}{x_{\mathrm{mech}}}\right)$$

ist, weil im Resonanzfall die Parallelschaltung L, C den Widerstand ∞ besitzt. Die Größe $1 + \dfrac{q^2/R}{p}$ ist die sog. Rückwirkungskonstante [6].

Beispiel.

Es wurde ein kleines Zeigergalvanometer untersucht, dessen Rahmenwiderstand 83,5 Ω, dessen Stromkonstante 1,2 μA für ein Skalenteil (1 mm) und dessen Schwingungsdauer T_0 bei offenen Klemmen 1,72 s betrug.

Durch Beobachtung des Dämpfungsdekrements bei offenen Klemmen ergab sich [7]

$$\alpha_{\mathrm{mech}} = 0{,}060,$$

bei einem Kreiswiderstand von 400 Ω war

$$\alpha = 0{,}430,$$

hieraus ergibt sich für $R = 400\ \Omega$:

$$\frac{q^2}{400\ \Omega\,\sqrt{4\,K\,D}} = 0{,}430 - 0{,}060 = 0{,}370,$$

es wird also

$$\alpha_{\mathrm{el}} = \frac{q^2}{83{,}5\ \Omega\,\sqrt{4\,K\,D}} = 1{,}77.$$

Dies ist der Dämpfungsgrad bei kurzgeschlossenem Rähmchen. Um die Rechnung einfach zu gestalten, soll α_{mech} unberücksichtigt bleiben.

Bei einer Frequenz von 500 Hz wurde $l = 5{,}46 \cdot 10^{-3}$ H gemessen. Derselbe Wert ergab sich bei 1000 Hz. Für 50 Hz $(\omega \gg \omega_0)$ ist sehr angenähert:

$$\mathfrak{Z}' = \mathfrak{Z} + \mathrm{j}\,\omega\,l = \mathrm{j}\,\omega\,l + R\left(1 + \frac{2\,\alpha_{\mathrm{el}}\cdot\omega_0}{\mathrm{j}\,\omega}\right)$$
$$= 83{,}5 + 1{,}71\,\mathrm{j} - 3{,}44\,\mathrm{j}$$
$$= 83{,}5(1 - \mathrm{j}\,2{,}07\%).$$

Die Messung ergab einen resultierenden kapazitiven Fehlwinkel

$$\mathrm{tg}\,\delta = 1{,}98\%.$$

Nach der Theorie müßte sich 2,07 % ergeben; die Übereinstimmung ist recht befriedigend. Theoretisch müßte $\mathfrak{Z}$ bei 70,8 Hz reell sein; tatsächlich ergab sich ein reeller Widerstand bei 70 Hz.

III. Vollwellenschaltung mit phasengesteuerten Gleichrichtern.

Es möge die Schaltung nach Bild 3 vorliegen. Die mechanischen Gleichrichter I und IV öffnen bzw. schließen gleichzeitig dann ihre Kontakte, wenn die Gleichrichter II und III ihre Kontakte schließen bzw. öffnen. Die Schaltphase ist durch die Lage des mit der Spannung e synchronen Steuerstromes i_{St} zu e gegeben und kann beliebig gewählt werden [8].

Der das Instrument durchfließende Strom i wiederholt sich mit jeder Halbwelle. Es gilt

$$K\,\ddot\varphi + p\,\dot\varphi + D\,\varphi = i\,q$$
$$e = i\,R + q\,\dot\varphi,$$

wenn $R_1 + R_2 = R$ gesetzt wird.

$$K\ddot{\varphi} + \left(p + \frac{q^2}{R}\right)\dot{\varphi} + D\varphi = \frac{eq}{R}.$$

Wegen der Periodizität des Ausschlags mit $T/2$ ist

$$\overline{\varphi} = \frac{2}{T}\int\limits_0^{T/2}\varphi\,dt = \frac{2}{T}\frac{q}{RD}\int\limits_0^{T/2}e\,dt.$$

Ist e sinusförmig, so ist

$$\overline{\varphi} = \frac{2}{T}\frac{q}{RD}\int\limits_0^{T/2}\hat{e}\sin(\omega t + \psi)\,dt,$$

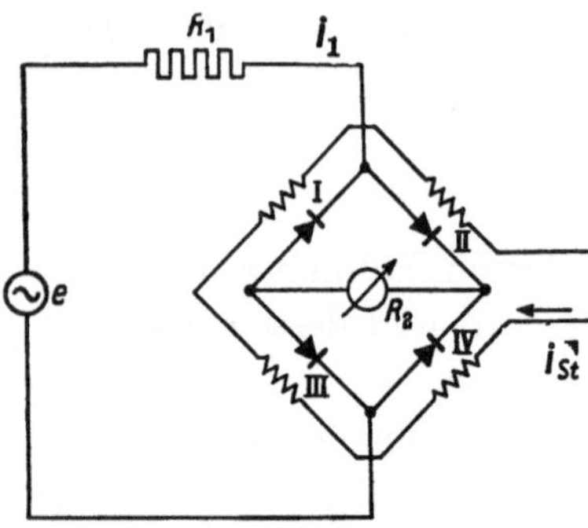

Bild 3. Vollwellenschaltung mit phasengesteuerten Gleichrichtern.

die Spannung e eilt der Öffnung bzw. Schließung der Kontakte um die Zeit ψ/ω nach. Der Mittelwert $\overline{\varphi}$ ist mit $1/R$ proportional dem durch die Gleichrichter herausgeschnittenen Spannungsintegral, er ist also im besonderen gleich Null, wenn $\psi = \pi/2$ ist.

Die Konstanten K und p des Instruments bestimmen den Mittelwert nicht.

Die an Galvanometer plus Vorwiderstand liegende Spannung hat in den besonderen Fällen $\psi = 0$ und $\psi = \pi/2$ die in Bild 4 und 5 gezeigte Form.

Da das Galvanometer nach II einen frequenzabhängigen Widerstand darstellt, wird der Strom i in gewissem von K, p, D und R abhängenden Maße gegenüber der gleichgerichteten Spannung verzerrt. Der Mittelwert $\overline{i}$ oder der Gleichstromanteil i_{Gl} ist jedoch stets proportional dem Mittelwert $\overline{e}$.

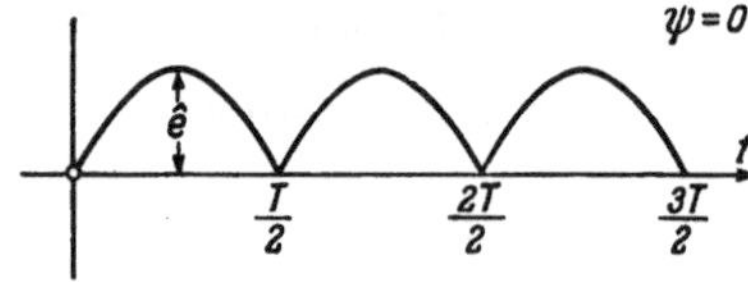

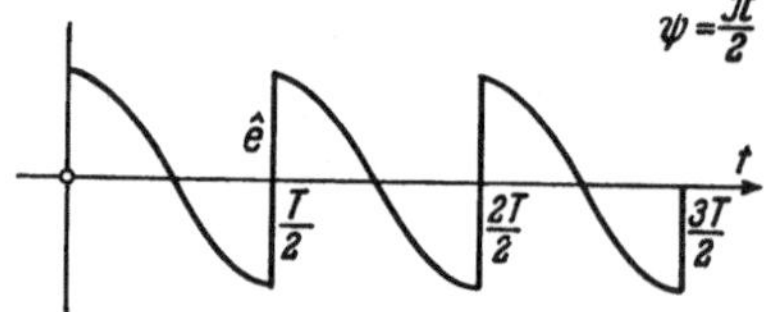

Bild 4. Spannung am Galvanometer für $\psi = 0$.   Bild 5. Spannung am Galvanometer für $\psi = \pi/2$; $\overline{e} = 0$.

Der Wechselstrom i_1, den man sich durch Umrichtung aus dem Galvanometerstrom gebildet denken kann, ist demnach auch verzerrt, wenn auch die Verzerrungen in den meisten Fällen sehr gering sein werden.

IV. Halbwellenschaltung mit phasengesteuertem Gleichrichter.

Während bei der unter III beschriebenen Vollwellenschaltung der Einfluß der Galvanometereigenschaften in einfacher Weise zu übersehen war, werden die Verhältnisse bei der Halbwellenschaltung nach Bild 6 komplizierter. Eine auffällige Erscheinung, die später ihre Erklärung finden wird, soll hier schon geschildert werden. Der Mittelwert $\overline{\varphi}$ verschwindet nämlich nicht zugleich mit $\overline{e}$ und ist vor allem bei kleinem $\overline{e}$ (ähnlich Bild 5) und kleinen Widerständen R keineswegs proportional mit $1/R$.

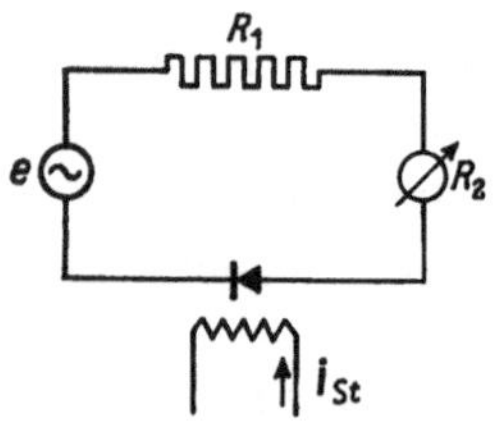

Bild 6. Halbwellenschaltung mit phasengesteuertem Gleichrichter.

Für die folgende Berechnung des Galvanometerausschlags $\overline{\varphi}$ sei angenommen, daß die Rahmeninduktivität l angenähert frequenzunabhängig in bekannter Weise durch eine Parallelschaltung von Widerstand und Kapazität kompensiert ist (Bild 7). Der komplexe Widerstand dieser Kombination ist

$$\mathfrak{Z} = r\,\frac{1 - \mathrm{j}\,\omega\,r\,C_2}{1 + r^2\,\omega^2\,C_2^2} + \mathrm{j}\,\omega\,l\,.$$

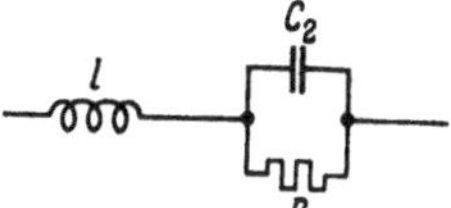

Macht man für alle in Betracht kommenden Frequenzen

$$r^2\,\omega^2\,C_2^2 \ll 1\,,$$

so ist

$$\mathfrak{Z} = r\,, \quad \text{wenn} \quad r^2\,C_2 = l\,.$$

Bild 7. Schaltung zur Kompensation der Rahmeninduktivität.

Dieser Widerstand r sei in R_1 mit einbezogen.

Es seien zwei aufeinanderfolgende Halbperioden der Länge $T/2 = \tau$ herausgegriffen und die erste dem Zeitraum I zugeordnet, wo der Gleichrichterkontakt geschlossen ist, die zweite dem Zeitraum II, wo der Gleichrichterkontakt geöffnet ist. Außerdem sei angenommen, daß der stationäre, d. h. periodisch mit T sich wiederholende Zustand eingetreten ist. Die Zeitzählung werde der Einfachheit halber in jedem Zeitraum neu begonnen. Es gelten dann für die beiden Zeiträume die Differentialgleichungen

$$K\,\ddot{\varphi}_I + \left(p + \frac{q^2}{R}\right)\dot{\varphi}_I + D\,\varphi_I = q\,\frac{e}{R}\,, \tag{6}$$

$$K\,\ddot{\varphi}_{II} + \quad p\,\dot{\varphi}_{II} \quad + D\,\varphi_{II} = 0\,. \tag{7}$$

Im Zeitraum I ist das System elektrisch über R gedämpft, im Zeitraum II schwingt es allein mechanisch gedämpft. Die Existenz von $\ddot{\varphi}$ und $\dot{\varphi}$ bedingt die Stetigkeit von $\dot{\varphi}$ und φ an den Grenzstellen. Berücksichtigt man noch außerdem die Periodizität des Vorganges, so folgt:

$$\left.\begin{aligned}
\varphi_I(0) &= \varphi_{II}(\tau)\,, \\
\dot{\varphi}_I(0) &= \dot{\varphi}_{II}(\tau)\,, \\
\varphi_I(\tau) &= \varphi_{II}(0)\,, \\
\dot{\varphi}_I(\tau) &= \dot{\varphi}_{II}(0)\,.
\end{aligned}\right\} \tag{8}$$

Die Lösung der Differentialgleichungen (6), (7) und ihre Ableitungen ergeben die folgenden vier linearen Beziehungen:

$$\left.\begin{aligned}
\varphi_I(\tau) = \varphi_{II}(0) &= f_I\{\varphi_I(0)\,;\ \dot{\varphi}_I(0)\}\,, \\
\dot{\varphi}_I(\tau) = \dot{\varphi}_{II}(0) &= g_I\{\varphi_I(0)\,;\ \dot{\varphi}_I(0)\}\,, \\
\varphi_{II}(\tau) = \varphi_I(0) &= f_{II}\{\varphi_{II}(0)\,;\ \dot{\varphi}_{II}(0)\}\,, \\
\dot{\varphi}_{II}(\tau) = \dot{\varphi}_I(0) &= g_{II}\{\varphi_{II}(0)\,;\ \dot{\varphi}_{II}(0)\}\,.
\end{aligned}\right\} \tag{9}$$

Aus den vier Gl. (9) sind die Größen $\varphi_I(0)$, $\dot{\varphi}_I(0)$, $\varphi_{II}(0)$, $\dot{\varphi}_{II}(0)$, d. h. die Anfangsbedingungen für die Differentialgleichungen (6) und (7) berechenbar und also der stationäre Verlauf des Ausschlags vollständig bestimmt.

Einen anderen, zweckmäßigeren Wert zur Berechnung des stationären Verlaufs gibt es wohl nicht. Die Zerlegung der Störungsfunktion $q\,e/R \ldots 0 \ldots q\,e/R \ldots$ in eine Fourier-Reihe nützt hier nichts, da die Dämpfungskonstante der Differentialgleichung an den Grenzstellen springt und deshalb eine geschlossene Lösung nicht möglich ist.

Integriert man die Gl. (6) und (7) zwischen den Grenzen 0 und τ und addiert sie, so ergibt sich unter Benutzung der Stetigkeits- bzw. Periodizitätsbedingungen

$$\int\limits_0^\tau D\,\varphi_I\,dt + \int\limits_0^\tau D\,\varphi_{II}\,dt = \int\limits_0^\tau q\,\frac{e}{R}\,dt - \frac{q^2}{R}\left\{\varphi_I(\tau) - \varphi_I(0)\right\},$$

d. h.

$$\overline{\varphi} = \frac{1}{2}\,\frac{q}{RD}\left\{\frac{1}{\tau}\int\limits_0^\tau e\,dt - \frac{q}{\tau}\left[\varphi_I(\tau) - \varphi_I(0)\right]\right\}.$$

Weil die Periode bei der Halbwellen-Gleichrichtung nicht τ, sondern 2τ ist, so ist hier im allgemeinen

$$\overline{\varphi} \neq \frac{1}{2}\,\frac{q}{RD}\,\frac{1}{\tau}\int\limits_0^\tau e\,dt;$$

wie man sieht, ist es zur Bestimmung von $\overline{\varphi}$ gar nicht nötig, den Verlauf von $\varphi(t)$ zu berechnen, sondern es genügt, die Differenz der Ausschläge an den Grenzstellen zu kennen.

Setzt man

$$e = \hat{e}\cos(\omega t + \psi) = \Re\{\hat{e}\,\mathrm{e}^{\mathrm{j}(\omega t + \psi)}\},$$

so heißen die Gl. (9) im einzelnen:

$$\left.\begin{aligned}
\varphi_{II}(0) &= \frac{\dot{\varphi}_I(0) - \mu_2\,\varphi_I(0)}{\mu_1 - \mu_2}\,\mathrm{e}^{\mu_1\tau} + \frac{\dot{\varphi}_I(0) - \mu_1\,\varphi_I(0)}{\mu_2 - \mu_1}\,\mathrm{e}^{\mu_2\tau} + A\,,\\[1mm]
\dot{\varphi}_{II}(0) &= \mu_1\,\frac{\dot{\varphi}_I(0) - \mu_2\,\varphi_I(0)}{\mu_1 - \mu_2}\,\mathrm{e}^{\mu_1\tau} + \mu_2\,\frac{\dot{\varphi}_I(0) - \mu_1\,\varphi_I(0)}{\mu_2 - \mu_1}\,\mathrm{e}^{\mu_2\tau} + B\,,\\[1mm]
\varphi_I(0) &= \frac{\dot{\varphi}_{II}(0) - \mu_4\,\varphi_{II}(0)}{\mu_3 - \mu_4}\,\mathrm{e}^{\mu_3\tau} + \frac{\dot{\varphi}_{II}(0) - \mu_3\,\varphi_{II}(0)}{\mu_4 - \mu_3}\,\mathrm{e}^{\mu_4\tau}\,,\\[1mm]
\dot{\varphi}_I(0) &= \mu_3\,\frac{\dot{\varphi}_{II}(0) - \mu_4\,\varphi_{II}(0)}{\mu_3 - \mu_4}\,\mathrm{e}^{\mu_3\tau} + \mu_4\,\frac{\dot{\varphi}_{II}(0) - \mu_3\,\varphi_{II}(0)}{\mu_4 - \mu_3}\,\mathrm{e}^{\mu_4\tau}\,.
\end{aligned}\right\} \tag{10}$$

Hierbei ist

$$\left.\begin{aligned}
\mu_1 &= -\frac{1}{2}\cdot\frac{p + \dfrac{q^2}{R}}{K} + \sqrt{\left(\frac{1}{2}\,\frac{p + \dfrac{q^2}{R}}{K}\right)^2 - \frac{D}{K}}\,,\\[2mm]
\mu_2 &= -\frac{1}{2}\cdot\frac{p + \dfrac{q^2}{R}}{K} + \sqrt{\left(\frac{1}{2}\,\frac{p + \dfrac{q^2}{R}}{K}\right)^2 - \frac{D}{K}}\,,\\[2mm]
\mu_3 &= -\frac{1}{2}\cdot\frac{p}{K} + \sqrt{\left(\frac{1}{2}\,\frac{p}{K}\right)^2 - \frac{D}{K}}\,,\\[2mm]
\mu_4 &= -\frac{1}{2}\cdot\frac{p}{K} - \sqrt{\left(\frac{1}{2}\,\frac{p}{K}\right)^2 - \frac{D}{K}}\,.
\end{aligned}\right\} \tag{11}$$

$$\left.\begin{aligned}
A &= \Re\left\{\frac{q\,\hat{e}\,\mathrm{e}^{\mathrm{j}\psi}}{R\left(-K\omega^2 + \mathrm{j}\,\omega\left(p + \dfrac{q^2}{R}\right) + D\right)}\left[-1 + \frac{\mu_2 - \mathrm{j}\,\omega}{\mu_1 - \mu_2}\,\mathrm{e}^{\mu_1\tau} + \frac{\mu_1 - \mathrm{j}\,\omega}{\mu_2 - \mu_1}\,\mathrm{e}^{\mu_2\tau}\right]\right\},\\[2mm]
B &= \Re\left\{\frac{q\,\hat{e}\,\mathrm{e}^{\mathrm{j}\psi}}{R\left(-K\omega^2 + \mathrm{j}\,\omega\left(p + \dfrac{q^2}{R}\right) + D\right)}\left[-\mathrm{j}\,\omega + \mu_1\,\frac{\mu_2 - \mathrm{j}\,\omega}{\mu_1 - \mu_2}\,\mathrm{e}^{\mu_1\tau} + \mu_2\,\frac{\mu_1 - \mathrm{j}\,\omega}{\mu_2 - \mu_1}\,\mathrm{e}^{\mu_2\tau}\right]\right\}.
\end{aligned}\right\} \tag{12}$$

Das lineare Gleichungssystem (10) hat folgende Gestalt:

$$\left.\begin{aligned}
k_1\,\varphi_I(0) + k_2\,\dot{\varphi}_I(0) + \varphi_{II}(0) &= A\,,\\
k_3\,\varphi_I(0) + k_4\,\dot{\varphi}_I(0) + \dot{\varphi}_{II}(0) &= B\,,\\
\varphi_I(0) + k_5\,\varphi_{II}(0) + k_6\,\dot{\varphi}_{II}(0) &= 0\,,\\
\dot{\varphi}_I(0) + k_7\,\varphi_{II}(0) + k_8\,\dot{\varphi}_{II}(0) &= 0\,.
\end{aligned}\right\} \tag{13}$$

Die Koeffizienten $k_1 \cdots k_8$ enthalten außer τ nur die Größen $\mu_1 \cdots \mu_4$. Aus dem Gleichungssystem (13) ergibt sich:

$$\varphi_I(0) - \varphi_{II}(0) = \frac{A\{k_4 k_8 (k_5+1) - k_4 k_6 k_7 + k_3 k_6 - k_5 - 1\} - B\{k_2 k_8 (k_5+1) - k_2 k_6 k_7 + (k_1+1) k_6\}}{k_1 k_4 k_5 k_8 - k_1 k_7 k_4 k_6 + k_2 k_3 k_6 k_7 - k_2 k_3 k_5 k_8 - k_1 k_5 - k_2 k_7 - k_3 k_6 - k_4 k_8 + 1} . \quad (14)$$

Es werde jetzt angenommen, daß die mechanische Dämpfung p verschwindet, daß also im Zeitraum I das Galvanometer allein elektrisch gedämpft ist und im Zeitraum II völlig frei schwingt. Damit wird:

$$\mu_1 = \omega_0\left(-\alpha + j\sqrt{1-\alpha^2}\right), \qquad \alpha = \frac{q^2/R}{\sqrt{4KD}} ,$$

$$\mu_2 = \omega_0\left(-\alpha - j\sqrt{1-\alpha^2}\right),$$

$$\mu_3 = j\,\omega_0 , \qquad\qquad \omega_0 = \sqrt{\frac{D}{K}} .$$

$$\mu_4 = -j\,\omega_0 ,$$

Bedenkt man weiterhin, daß für $\omega \gg \omega_0$

$$\omega_0\,\tau = \varepsilon_1 ,$$

$$\omega_0\,\tau\,\sqrt{1-\alpha^2} = \varepsilon_2 ,$$

$$\omega_0\,\tau\,\alpha = \varepsilon_3$$

gegen π kleine Größen sind, so kann man setzen:

$$\sin\omega_0\,\tau = \varepsilon_1 ,$$

$$\cos\omega_0\,\tau = 1 - \frac{\varepsilon_1^2}{2} ,$$

$$\sin\omega_0\,\tau\,\sqrt{1-\alpha^2} = \varepsilon_2 ,$$

$$\cos\omega_0\,\tau\,\sqrt{1-\alpha^2} = 1 - \frac{\varepsilon_2^2}{2} ,$$

$$e^{-\omega_0\,\tau\,\alpha} = 1 - \varepsilon_3 + \frac{\varepsilon_3^2}{2} .$$

Mit diesen Näherungen lauten die Koeffizienten:

$$k_1 = -1 + \frac{\varepsilon_2^2}{2} + \frac{\varepsilon_3^2}{2} , \qquad\qquad k_5 = -1 + \frac{\varepsilon_1^2}{2} ,$$

$$k_2 = -\tau\left(1 - \varepsilon_3 + \frac{\varepsilon_3^2}{2}\right), \qquad k_6 = -\tau ,$$

$$k_3 = \frac{\varepsilon_1^2}{\tau}\left(1 - \varepsilon_3 + \frac{\varepsilon_3^2}{2}\right), \qquad k_7 = \frac{\varepsilon_1^2}{\tau} ,$$

$$k_4 = -1 + 2\varepsilon_3 - \frac{3}{2}\varepsilon_3^2 + \frac{\varepsilon_2^2}{2} , \qquad k_8 = -1 + \frac{\varepsilon_1^2}{2} .$$

Setzt man diese Größen $k_1 \cdots k_8$ in Gl. (14) ein, so erhält man:

$$\varphi_I(0) - \varphi_{II}(0) = -\frac{A}{2} + \frac{B}{4}\,\tau , \qquad (15)$$

für die Größen A und B erhält man für $\psi = 0$:

$$A = \frac{q\,\hat{e}}{RD}\,\frac{\omega_0^2}{\omega^2}\left(2 - 2\pi\,\frac{\omega_0}{\omega}\,\alpha\right),$$

$$B = -\frac{q\,\hat{e}}{RD}\,\frac{\omega_0^2}{\omega^2}\cdot 4\omega_0\,\alpha .$$

Werden A und B in Gl. (15) eingeführt, so ergibt sich:

$$\varphi_I(0) - \varphi_{II}(0) = -\frac{q\,\hat{e}}{RD}\,\frac{\omega_0^2}{\omega^2} ,$$

für $\psi = 0$ ist $\int\limits_0^\tau e\,dt = 0$ und demnach:

$$\bar\varphi = \frac{1}{2}\,\frac{q}{RD}\cdot\frac{q}{\tau}\,(\varphi_I(0) - \varphi_{II}(0)),$$

$$= \frac{\alpha}{\pi}\,\frac{\omega}{\omega_0}\,(\varphi_I(0) - \varphi_{II}(0)).$$

Aus dieser Beziehung erkennt man, daß der Mittelwert $\bar\varphi$ für $\omega \gg \omega_0$ und $\psi = 0$ ein Vielfaches der Schwankung $\varphi_I(0) - \varphi_{II}(0)$, welche selbst dem Auge vielleicht kaum erkennbar ist, betragen kann. Man erhält schließlich:

$$\bar\varphi = -\frac{\omega_0}{\omega}\,\alpha\cdot\frac{\hat e\,q}{\pi R D}. \tag{16}$$

Für $\mathfrak{E} = E\sin\omega t$ ergibt sich der maximale Ausschlag. Angenähert ist:

$$\bar\varphi_{\mathrm{max}} = \frac{1}{2}\,\frac{q}{RD}\cdot\frac{1}{\tau}\int\limits_0^\tau e\,dt$$

$$= \frac{\hat e\,q}{\pi R D}.$$

Damit wird

$$\frac{\bar\varphi_{(\psi=0)}}{\bar\varphi_{\mathrm{max}}} = -\frac{\omega_0}{\omega}\,\alpha\,. \tag{17}$$

Das überraschende Ergebnis ist also folgendes: Trotzdem der Spannungsmittelwert Null ist, zeigt das Galvanometer einen Ausschlag. Das Verhältnis dieses Ausschlags zu dem, der sich bei maximalem Spannungsmittelwert einstellt, ist gleich dem Verhältnis von Eigenfrequenz zu Betriebsfrequenz, multipliziert mit dem Dämpfungsgrad α. Die Ausschlagsrichtung ist so, als ob die Spannung e um einen Winkel δ voreilte:

$$\mathrm{tg}\,\delta = \frac{\omega_0}{\omega}\,\alpha\,. \tag{18}$$

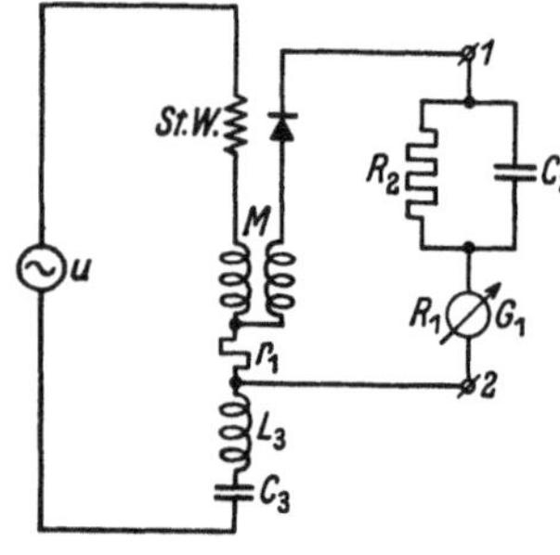

Bild 8. Schaltung zum Nachweis der scheinbaren Spannungsvoreilung bei Einweggleichrichtung.

Schreibt man in Gl. (16) für α wieder $\dfrac{q^2}{R}:\sqrt{4KD}$, so wird

$$\bar\varphi = -\frac{\omega_0}{\omega}\cdot\frac{q^2}{R\sqrt{4KD}}\cdot\frac{\hat e\,q}{\pi R D}.$$

Man erkennt, daß $\bar\varphi$ proportional mit $1/R^2$ ist. Die zu Beginn des Abschnitts IV erwähnte auffällige Erscheinung hat somit ihre Deutung erfahren.

Beispiel.

Es wurde ein praktischer Versuch angestellt, um die obigen Ergebnisse nachzuprüfen. Die Schaltung, die eigentlich zur Untersuchung mechanischer Gleichrichter auf ihren Nacheilwinkel hin gedacht war, geschah nach Bild 8. Die Steuerwicklung $St.W.$ des Gleichrichters liegt in Reihe mit der Primärseite der Gegeninduktivität M, dem Widerstand r_1 und dem zur Erzwingung eines sinusförmigen Stromes vorgesehenen Resonanzkreises $L_3\,C_3$ an der Wechselspannungsquelle u von 50 Hz. Die sehr geringe sekundäre Induktivität (0,45 mH) von M wird zugleich mit der Rahmeninduktivität (5,46 mH) durch den Widerstand $R_2 = 54,3\ \Omega$ und den Kondensator $C_2 = 2,024\ \mu\mathrm{F}$ ausgeglichen. An der Sekundärseite von M ($\omega M = 4,3\ \Omega$) entsteht eine dem Strom (30 mA eff.) um $90°$ voreilende Spannung.

Der Widerstand $r_1 = 0,18\,\Omega$ dient dazu, den unvermeidlichen Nacheilwinkel des Schaltvektors (etwa $2°$) zu kompensieren. Diese Kompensation geschah derart, daß zunächst zwischen 1 und 2 die in Bild 9 gezeigte Kombination gelegt wurde. G_2 ist hierin ein langsam schwingendes hochempfindliches Lichtmarkengalvanometer, das wegen des hohen Vorwiderstandes von $2000\,\Omega$ bei sehr kleinem Dämpfungsgrad arbeitet. Die mechanischen Eigenschaften ($\omega_0 \ll \omega$; $\alpha \ll 1$) dürfen hierbei also unberücksichtigt bleiben. r_1 wurde nun so geregelt, daß G_2 keinen Ausschlag zeigte. Dies ist das Kriterium dafür, daß die Sekundärspannung senkrecht zum Schaltvektor steht. Nun erst wurde die Schaltung nach Bild 8 hergestellt, in der G_1 das schon einmal erwähnte Galvanometer mit einer Stromkonstanten von $1,2\,\mu\mathrm{A}$ pro Skt. (1 mm), einem Rähmchenwiderstand von $83,5\,\Omega$ und einer Schwingungsdauer von $1,72$ s bedeutet. Nach Abschnitt II war bei kurzgeschlossenem Rähmchen $\alpha = 1,77$. Bei dem vorliegenden Kreiswiderstand von $137,8\,\Omega$ ist also der Dämpfungsgrad

$$\alpha = 1,77 \cdot \frac{83,5}{137,8} = 1,07.$$

Theoretisch müßte sich ergeben:

$$\mathrm{tg}\,\delta = \frac{\omega_0}{\omega}\,\alpha = \frac{1}{1,72 \cdot 50} \cdot 1,07 = 1,25\,\%.$$

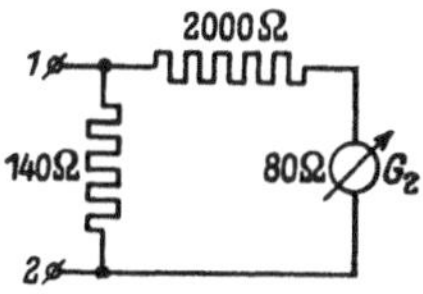

Bild 9. Galvanometer mit überwiegend durch Vor- und Nebenwiderstand bedingter elektrischer Dämpfung.

Der Mittelwert des Sekundärstromes für Koinzidenz von Schaltvektor und Sekundärspannung wäre

$$\frac{1}{2} \cdot \frac{\omega M \cdot \bar{i}}{R} = \frac{1}{2} \cdot \frac{4,3 \cdot 30 \cdot 10^{-3} \cdot \dfrac{2\sqrt{2}}{\pi}}{137,8}\,\mathrm{A} = 422 \cdot 10^{-6}\,\mathrm{A}.$$

Hier müßte sich ein Strommittelwert von

$$422 \cdot 10^{-6}\,\mathrm{A} \cdot \mathrm{tg}\,\delta = 5,3\,\mu\mathrm{A}$$

einstellen, was einem Ausschlag von 4,4 Skt. entspricht.

Tatsächlich ergeben sich etwa $5 \cdots 6$ Skt. Eine weitere Bestätigung für die Richtigkeit der Theorie ist, daß der Galvanometerausschlag auf $^1/_4$ zurückgeht, wenn der Kreiswiderstand verdoppelt wird. Der Ausschlagssinn wurde folgendermaßen geprüft: Die Gegeninduktivität M wurde zusätzlich mit einem Widerstand geringfügig belastet. Hierdurch dreht sich die Spannung um einen kleinen Winkel zurück. Nach der Theorie ergibt sich ein der Spannung voreilender Sekundärstrom. Durch die Zurückdrehung der Spannung müßte der Fehlausschlag kleiner werden, was sich bei Ausführung dieses Versuchs tatsächlich zeigte.

Zum Schluß soll bemerkt werden, daß in praktischen Schaltungen aus den dargelegten Gründen der Vollwellen-Gleichrichtung der Vorzug gegenüber der Einweg-Gleichrichtung zu geben ist. Läßt sich diese jedoch nicht umgehen, wie beispielsweise bei der Prüfung des Gleichrichters selbst, so soll ein langsam schwingendes Instrument bei unmittelbar im Stromkreis liegendem Rähmchen in möglichst ungedämpfter Schaltung verwendet werden, um den geschilderten Effekt klein zu halten. Mit Rücksicht auf kurze Einstellzeit betreibt man jedoch ein Galvanometer nicht ungedämpft, sondern in der Nähe des aperiodischen Grenzzustandes. Dann soll die Dämpfung des Galvanometers überwiegend durch dieses selbst — d. h. durch die zugehörigen Vor- und Nebenwiderstände — und nur in verschwindendem Maße durch die den Gleichrichterkontakt enthaltende äußere Schaltung bestimmt sein.

Zusammenfassung.

Das Drehspulgalvanometer wurde auf sein Verhalten bei periodischen Strömen untersucht, vor allem solchen, deren Frequenz groß gegen die Eigenfrequenz des Drehspulsystems ist, und es wurden Gesichtspunkte angegeben, die für die Brauchbarkeit des Galvanometers zur Messung gleichgerichteter Wechselströme maßgebend sind. Der Zusammenhang von Strom und Klemmenspannung führte auf den komplexen Widerstand des Galvanometers und ein Ersatzbild, in dem die mechanischen Konstanten Trägheitsmoment, Dämpfungskonstante, Direktionskraft und dynamische Konstante auf die elektrischen Grundelemente Widerstand, Induktivität und Kapazität zurückgeführt sind. Dieses Ersatzbild gibt nicht nur die äußeren elektrischen Verhältnisse richtig wieder, sondern läßt auch den Ausschlagwinkel als Teilstrom erscheinen; es gilt für alle periodischen sowie auch für Einschwingvorgänge.

Nach einer kurzen Betrachtung der Vollwellenschaltung mit phasengesteuerten Gleichrichtern folgt die Behandlung der Einweggleichrichtung, bei der infolge der Rückwirkung des Galvanometers auf den Strom der Mittelwert des Ausschlagwinkels nicht zugleich mit dem Mittelwert der gleichgerichteten Spannung verschwindet. Es wurde eine gute Übereinstimmung der Theorie mit den Ergebnissen eines angestellten Versuchs gefunden und die Bedingungen angegeben, unter denen das Galvanometer bei Einweggleichrichtung den Mittelwert der gleichgerichteten Spannung genau anzeigt.

In einer großen Zahl praktisch vorliegender Fälle lassen sich diese Bedingungen ohne weiteres erfüllen, so daß also dann die Verwendung des Schwinggleichrichters in Einweg-Schaltung ganz unbedenklich ist.

Schrifttum.

1. H. Zöllich: Mechanische Resonanzschwingungen in der Meßtechnik. Wiss. Veröff. Siemens-Werken **II** (1922) S. 384.

2. H. Zöllich: Mechanische Resonanzschwingungen in der Meßtechnik. Wiss. Veröff. Siemens-Werken **II** (1922) S. 380.

3. F. Kohlrausch: Lehrbuch der praktischen Physik (1930) S. 574.

4. H. Zöllich: Über ein hochempfindliches Vibrationsgalvanometer für sehr niedrige Frequenzen. Arch. Elektrotechn. **3** (1915) S. 375.

5. H. Zöllich: Dämpfungsbeeinflussung durch Kondensatoren bei Zeiger- und Registrierinstrumenten. Arch. techn. Messen J 014-6 (1934).

6. H. Zöllich: Vibrationsgalvanometer. Allgemeine Eigenschaften. Arch. techn. Messen J 852-1 (1932).

7. L. Merz: Die wichtigsten Kennziffern des Drehspulgalvanometers und ihre Bestimmung aus dem periodischen Einschwingvorgang. Z. Instrumentenkde. **58** (1938) S. 328.

8. H. Pfannenmüller: Mechanische Gleichrichter. Arch. techn. Messen Z 540-4 (1932).

Experimentelle Untersuchungen an magnetischen Verstärkern für die Meß- und Regeltechnik.

Von **Wilhelm Geyger**.

Mit 31 Bildern.

Mitteilung aus dem Wernerwerk für Meßtechnik der Siemens & Halske AG.

Eingegangen am 24. Juli 1941.

Inhaltsübersicht.

Im Anschluß an eine frühere Arbeit [1][1]), in der die Grundlagen der magnetischen Verstärker für die Meß- und Regeltechnik behandelt worden sind, wird im folgenden über neue experimentelle Untersuchungen an derartigen Verstärkern zusammenfassend berichtet. Es werden untersucht 1. der Einfluß der in den einzelnen Stromkreisen des Verstärkers auftretenden Wechselströme von doppelter Frequenz auf die Größe des Verstärkungsfaktors, 2. die Einflüsse von Spannungs- und Frequenzschwankungen der Wechselstromquelle auf die Nullpunktsicherheit magnetischer Nullstromverstärker und 3. der Einfluß von Temperaturänderungen auf die Größe des Verstärkungsfaktors und auf die Nullpunktsicherheit solcher Verstärker. Die in zahlreichen Kennlinienbildern festgelegten Meßergebnisse zeigen, daß durch Anwendung besonderer schaltungstechnischer Maßnahmen erhebliche Fortschritte erreicht werden konnten, die sich sowohl auf eine beträchtliche Vergrößerung des Verstärkungsfaktors als auch auf eine weitere Verkleinerung des Spannungs- und Temperatureinflusses auf die Nullpunktsicherheit von magnetischen Nullstromverstärkern beziehen.

I. Einleitung.

In einer früheren Arbeit [1] wurden die Grundlagen besonderer Ausführungsarten von mit gleichstromvormagnetisierten Drosselspulen arbeitenden „magnetischen Verstärkern" behandelt, die in der Meß- und Regeltechnik als Nullstromverstärker, Relais und Meßverstärker benutzt werden können, und die bei ihrer praktischen Anwendung in Betracht kommenden Einflußgrößen (Spannungs-, Frequenz- und Wellenformeinfluß, Temperatur- und Fremdfeldeinflüsse, Einfluß einer im Steuergleichstrom enthaltenen Wechselstromkomponente) eingehend untersucht. Weitere experimentelle Untersuchungen, die in der Zwischenzeit durchgeführt worden sind, sollten die beiden Fragen klären, welchen Einfluß die in den einzelnen Stromkreisen des magnetischen Verstärkers auftretenden Wechselströme von doppelter Frequenz auf die Größe des Verstärkungsfaktors ausüben und in welcher Weise die Einflüsse von Spannungs- und Frequenzschwankungen der Wechselstromquelle und von Temperaturänderungen auf die Nullpunktsicherheit magnetischer Nullstromverstärker auf ein Mindestmaß herabgesetzt werden können. Im folgenden wird über diese Untersuchungen und die dabei erreichten erheblichen Fortschritte berichtet, die sich sowohl auf eine beträchtliche Vergrößerung des Verstärkungsfaktors als auch auf eine weitere Verkleinerung des Spannungs- und Temperatureinflusses beziehen.

---

1) Die eingeklammerten schrägen Zahlen beziehen sich auf das Schrifttum am Ende der Arbeit.

II. Der Einfluß der Wechselströme von doppelter Frequenz.

In den einzelnen Stromkreisen der in den Bildern 1, 6, 8, 11, 14 und 15 der früheren Arbeit gezeigten, mit „rückgekoppelten Drosselspulen" arbeitenden magnetischen Verstärker treten Wechselströme von doppelter Frequenz auf, weil die pulsierenden Gleichströme (Rückkopplungsgleichströme I_G, I_G' und I_G'' und Hilfsgleichströme I_H, I_H' und I_H''), die den in Graetz-Schaltung liegenden Trockengleichrichtern entnommen werden, Wechselstromkomponenten von doppelter Frequenz enthalten und weil infolge der bekannten, durch die gleichzeitige Gleichstrom- und Wechselstrom-Magnetisierung der eisengeschlossenen Drosselspulen verursachten Wirkung der Frequenzverdopplung [2] in den einzelnen Wicklungen der Drosselspulen Wechselspannungen von doppelter Frequenz induziert werden. Diese Wechselströme von doppelter Frequenz fließen über die Gleichrichter und werden dort durch Unterdrückung der einen Halbwelle in pulsierende Gleichströme umgeformt, die in den Eisenkernen der Drosselspulen zusätzliche Gleichstrom-Magnetisierungen hervorrufen. Es sollte nun die Frage geklärt werden, welchen Einfluß die in den einzelnen Stromkreisen der Verstärkeranordnung sich ausgleichenden Wechselströme von doppelter Frequenz auf die Verstärkerwirkung bzw. auf die Größe des Verstärkungsfaktors (Verhältnis zwischen der an die Bürde R_B abgegebenen Wechselstrom-Ausgangsleistung $I_B^2 \cdot R_B$ und der in den Steuerwicklungen vom Gesamtwiderstand R_S verbrauchten Gleichstrom-Eingangsleistung $I_S^2 \cdot R_S$) ausüben.

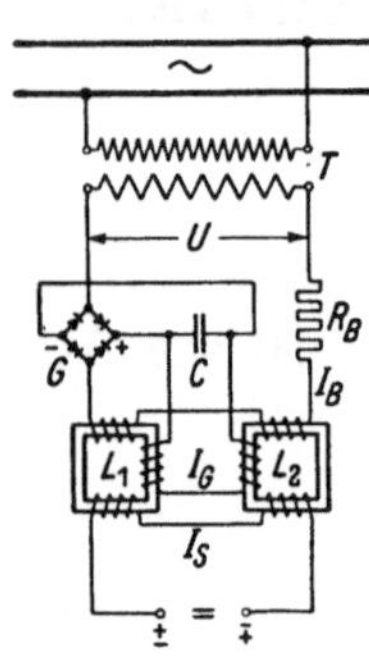

Bild 1. Grundschaltung für magnetische Verstärker mit einem den Rückkopplungswicklungen der gleichstromvormagnetisierten Drosselspulen L_1, L_2 parallelgeschalteten Kondensator C, der die unerwünschten Wirkungen der in den einzelnen Stromkreisen des Verstärkers auftretenden Wechselströme von doppelter Frequenz beseitigt.

1. Untersuchung der Grundschaltungen.

Zunächst wurde die in Bild 1 dargestellte Grundschaltung untersucht, die sich von der in Bild 1 der früheren Arbeit gezeigten nur dadurch unterscheidet, daß den Rückkopplungswicklungen der Drosselspulen L_1, L_2 ein Kondensator C parallelgeschaltet und der eine Veränderung des Stromverhältnisses I_G/I_B ermöglichende Nebenwiderstand R_N weggelassen ist. Der Kondensator C (etwa $30 \cdots 50\,\mu\mathrm{F}$) dient in bekannter Weise zur Glättung des Rückkopplungsgleichstromes I_G und verhindert außerdem, daß der in den Rückkopplungswicklungen der Drosselspulen L_1, L_2 durch die Wirkung der Frequenzverdopplung induzierte Wechselstrom von doppelter Frequenz sich über den Trockengleichrichter G ausgleicht und dort durch Unterdrückung der einen Halbwelle in einen pulsierenden Gleichstrom umgeformt wird, der eine zusätzliche Gleichstrom-Magnetisierung der Eisenkerne der Drosselspulen hervorrufen würde.

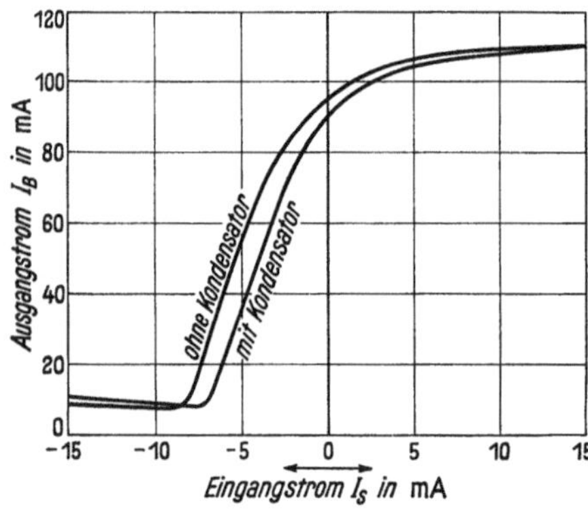

Bild 2. Ausgangsstrom I_B in Abhängigkeit vom Eingangsstrom I_S für den ersten Fall, daß ohne Kondensator gearbeitet wird, und für den zweiten Fall, daß die Wirkungen der Wechselströme von doppelter Frequenz durch Anwendung eines Kondensators nach Bild 1 beseitigt werden.

Die mit bzw. ohne Kondensator C aufgenommenen Kennlinien $I_B = f(I_S)$ in Bild 2 zeigen, daß zwar die Kennliniensteilheit bzw. der Verstärkungsfaktor praktisch unverändert bleibt, daß aber eine seitliche Verlagerung der Kennlinie auftritt, die sich auch in einer geringfügigen Verkleinerung des bei $I_S = 0$ vorhandenen Ruhestromes I_B äußert. Durch Anwendung des Kondensators C, der die vom Gleichrichter G und von den Rückkopplungswicklungen herrührenden Wechselströme von doppelter Frequenz aufnimmt, wird also grundsätzlich eine

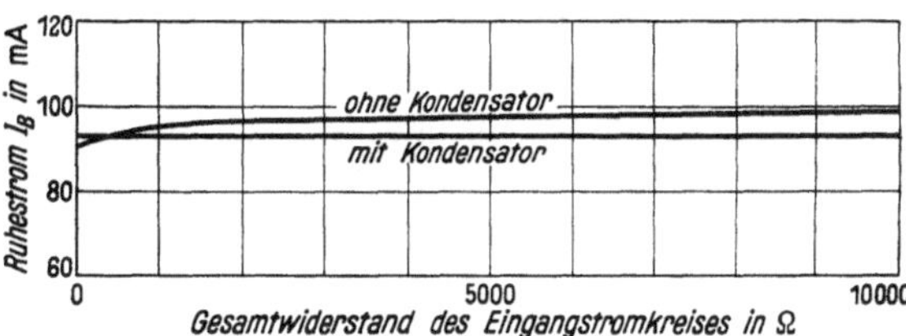

Bild 3. Ruhestrom I_B in Abhängigkeit von dem Gesamtwiderstand des Eingangsstromkreises für die beiden Fälle, daß bei der Grundschaltung nach Bild 1 mit bzw. ohne Kondensator gearbeitet wird.

ähnliche Wirkung hervorgerufen wie sie ein Hilfsgleichstrom I_H hat, der dem Rückkopplungsgleichstrom I_G in mehr oder weniger starkem Maße entgegenwirkt und eine seitliche Verlagerung der Kennlinie bzw. eine Verkleinerung des bei $I_S = 0$ vorhandenen Ruhestromes I_B herbeiführt (vgl. Bild 6, 8 und 10 der früheren Arbeit).

Weiterhin wurde festgestellt, daß die in den einzelnen Stromkreisen der Grundschaltung nach Bild 1 auftretenden Wechselströme von doppelter Frequenz auch noch bewirken, daß die Größe des bei $I_S = 0$ vorhandenen Ruhestromes I_B von der Höhe des Gesamtwiderstandes des Eingangsstromkreises abhängig ist. Bild 3 zeigt den Ruhestrom I_B in Abhängigkeit von dem Gesamtwiderstand des Eingangsstromkreises für die beiden Fälle, daß mit bzw. ohne Kondensator C gearbeitet wird. Bei Anwendung des Kondensators ist die Größe des Ruhestromes I_B unabhängig von der Höhe des Gesamtwiderstandes des Eingangsstromkreises, während sonst der Ruhestrom I_B abnimmt, wenn dieser Widerstand verkleinert wird.

Bei der nächsten Untersuchung wurde die Grundschaltung nach Bild 4 benutzt, bei der zwecks Verkleinerung des bei $I_S = 0$ vorhandenen Ruhestromes I_B ein konstanter Hilfsgleichstrom I_H zusätzlichen Wicklungen („Kompensationswicklungen") der Drosselspulen L_1, L_2 zugeführt wird, und die sich von der entsprechenden Grundschaltung nach Bild 8 der früheren Arbeit wiederum nur dadurch unterscheidet, daß der an den Rückkopplungswicklungen liegende Nebenwiderstand R_N durch einen Kondensator C (etwa $30 \cdots 50\ \mu\mathrm{F}$) ersetzt worden ist.

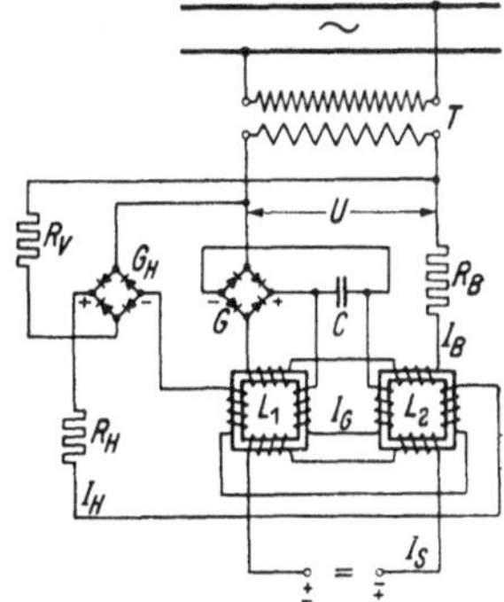

Bild 4. Grundschaltung nach Bild 1, bei der zwecks Verkleinerung des bei $I_S = 0$ vorhandenen Ruhestromes I_B ein konstanter Hilfsgleichstrom I_H zusätzlichen Wicklungen („Kompensationswicklungen") der Drosselspulen zugeführt wird.

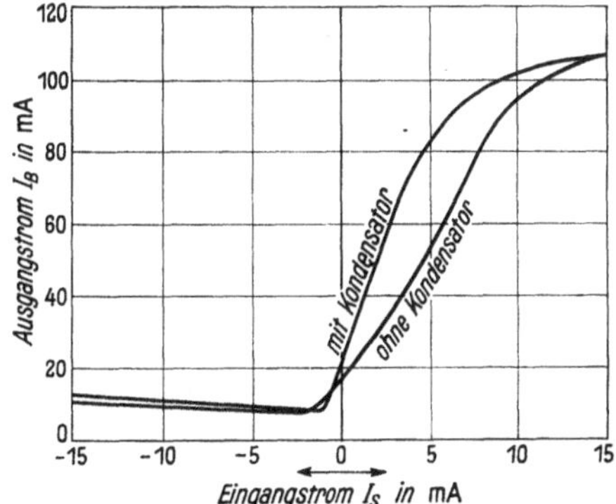

Bild 5. Kennlinien $I_B = f(I_S)$, die an einem nach Bild 4 geschalteten magnetischen Verstärker mit bzw. ohne Kondensator aufgenommen wurden.

Aus Bild 5, das die mit bzw. ohne Kondensator C aufgenommenen Kennlinien $I_B = f(I_S)$ zeigt, geht hervor, daß hier die Kennliniensteilheit bzw. der Verstärkungsfaktor durch Anwendung des Kondensators C beträchtlich vergrößert wird. Bei-

3*

spielsweise steigt für $I_S = 0 \cdots 3$ mA das Stromverhältnis I_B/I_S auf den doppelten Betrag, und der dem Verhältnis I_B^2/I_S^2 proportionale Verstärkungsfaktor nimmt den vierfachen Wert an. Die Anwendung des Kondensators C führt hier also grundsätzlich eine ähnliche Wirkung herbei, wie sie durch Vergrößern des für die Stärke der Rückkopplung maßgebenden Stromverhältnisses I_G/I_B erreicht werden kann, ohne daß jedoch ein Zunehmen der magnetischen Trägheit des Verstärkers zu bemerken wäre.

Es ergab sich weiterhin, daß die in den einzelnen Stromkreisen der Grundschaltung nach Bild 4 auftretenden Wechselströme von doppelter Frequenz auch noch be-

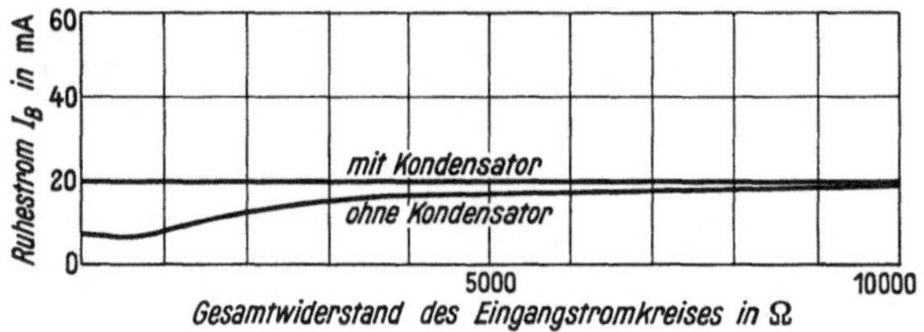

Bild 6. Ruhestrom I_B in Abhängigkeit von dem Gesamtwiderstand des Eingangsstromkreises für die beiden Fälle, daß bei der Grundschaltung nach Bild 4 mit bzw. ohne Kondensator gearbeitet wird.

wirken, daß die Größe des bei $I_S = 0$ vorhandenen Ruhestromes I_B von der Höhe des Gesamtwiderstandes des Eingangsstromkreises abhängig ist. In Bild 6 ist der Ruhestrom I_B als Funktion des Gesamtwiderstandes des Eingangsstromkreises dargestellt für die beiden Fälle, daß mit bzw. ohne Kondensator gearbeitet wird. Bei Anwendung des Kondensators, der auch den

Kompensationswicklungen der Drosselspulen parallelgeschaltet werden kann, ist die Größe des Ruhestromes, der bei einem Gesamtwiderstand von 10 000 Ω auf 20 mA eingestellt wurde, unabhängig von der Höhe des Widerstandes des Eingangsstromkreises, während sonst der Ruhestrom I_B abnimmt, wenn dieser Widerstand verkleinert wird.

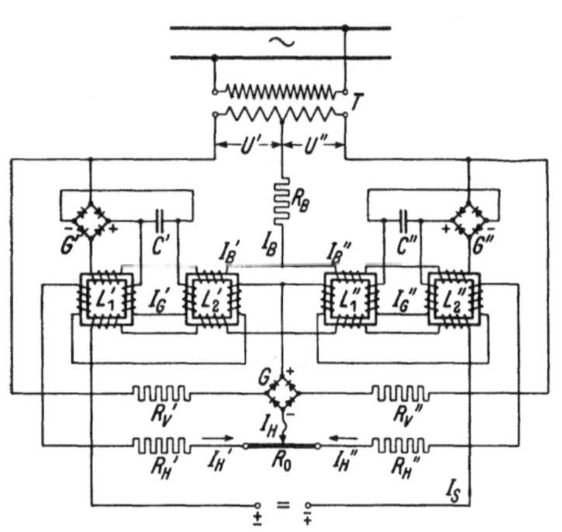

Bild 7. Aus der Grundschaltung nach Bild 4 hervorgegangene symmetrische Differenzschaltung eines magnetischen Nullstromverstärkers mit zwei den Rückkopplungswicklungen der Drosselspulenpaare L_1', L_2' und L_1'', L_2'' parallelgeschalteten Kondensatoren C' und C'', welche die unerwünschten Wirkungen der in den einzelnen Stromkreisen des Verstärkers auftretenden Wechselströme von doppelter Frequenz beseitigen.

2. Untersuchung der Differenzschaltungen.

Die in Bild 7 dargestellte, aus der Grundschaltung nach Bild 4 hervorgegangene symmetrische Differenzschaltung, bei der die bei $I_S = 0$ vorhandenen Ruheströme I_B' und I_B'' durch die Wirkung der Hilfsgleichströme I_H', I_H'' unter Beibehaltung einer bestimmten Kennliniensteilheit herabgesetzt werden, unterscheidet sich von der entsprechenden Differenzschaltung nach Bild 15 der früheren Arbeit nur dadurch, daß die den Rückkopplungswicklungen der Drosselspulen L_1', L_2' und L_1'', L_2'' parallelgeschalteten Nebenwiderstände R_N' und R_N'' durch die Kondensatoren C' und C'' (je $30 \cdots 50\ \mu\mathrm{F}$) ersetzt worden sind.

Bild 8 zeigt die mit bzw. ohne Kondensatoren C', C'' aufgenommenen Kennlinien eines derartigen magnetischen Nullstromverstärkers

(Ausgangsströme I_B', I_B'' und $I_B = I_B' - I_B''$ in Abhängigkeit von dem Eingangsstrom I_S). Man sieht, daß die Kennliniensteilheit bzw. der Verstärkungsfaktor bei Anwendung der Kondensatoren C', C'' beträchtlich vergrößert wird. Beispielsweise steigt für $I_S = 2$ mA der Differenzstrom I_B von 16 mA auf 40 mA, das Stromverhältnis I_B/I_S nimmt also den 2,5fachen Wert an, während der dem Verhältnis I_B^2/I_S^2 proportionale Verstärkungsfaktor ungefähr auf den 6fachen Betrag ansteigt, ohne daß die Trägheit des Verstärkers zunimmt.

Bei einer derartigen symmetrischen Differenzschaltung kann man die Wirkungen der Wechselströme von doppelter Frequenz, die, wie aus den Meßergebnissen in den Bildern 5 und 8 hervorgeht, die Kennliniensteilheit bzw. den Verstärkungsfaktor erheblich verringern, auch dadurch beseitigen, daß man die Kondensatoren C', C'' wegläßt und statt dessen auf den Drosselspulen L_1', L_2' und L_1'', L_2'' sog. „Ausgleichwicklungen" vorsieht, in denen sich diese Wechselströme unmittelbar ausgleichen können. Die in Bild 9 gezeigte Schaltung, die der Schaltung nach Bild 14 der früheren Arbeit entspricht, ist dadurch gekennzeichnet, daß auf den vier Drosselspulen besondere, von den übrigen Wicklungen getrennte Ausgleichwicklungen vorgesehen sind, die in der aus Bild 9 ersichtlichen Weise so in Reihe geschaltet sind, daß in ihnen die Wechselströme von doppelter Frequenz sich unmittelbar ausgleichen,

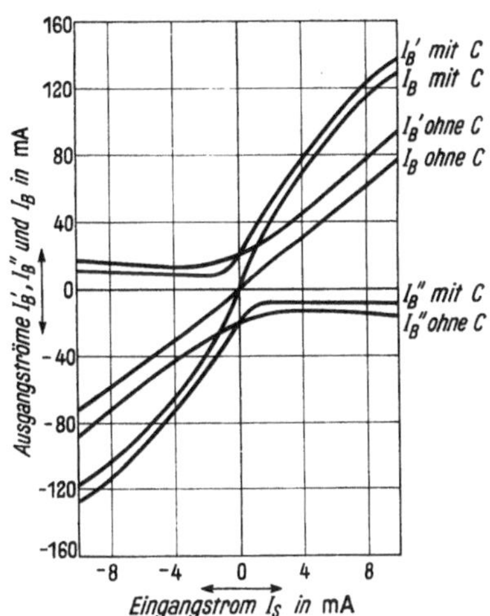

Bild 8. Ausgangsströme I_B', I_B'' und $I_B = I_B' - I_B''$ in Abhängigkeit von dem Eingangsstrom I_S bei einem nach Bild 7 geschalteten magnetischen Nullstromverstärker für die beiden Fälle, daß mit bzw. ohne Kondensatoren gearbeitet wird.

d. h. praktisch kurzgeschlossen werden. Um den durch solche getrennte Ausgleichwicklungen verursachten Verlust an Wickelraum grundsätzlich zu vermeiden, kann man nach Bild 10 die Steuerwicklungen der Drosselspulenpaare L_1', L_2' und L_1'', L_2'' in Parallelschaltung mit dem den Steuerstrom I_S führenden Eingangsstrom-

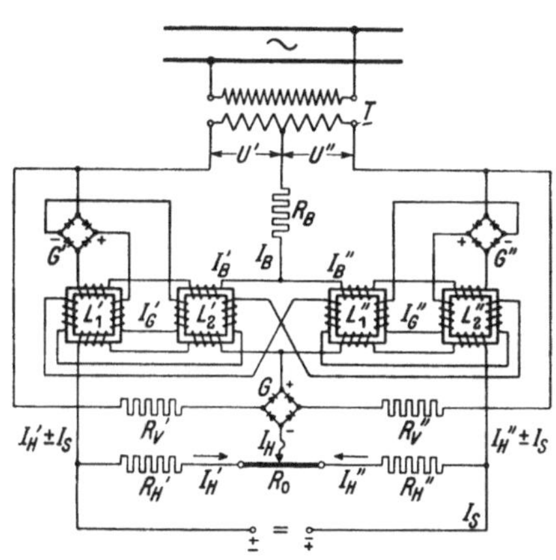

Bild 9. Symmetrische Differenzschaltung eines magnetischen Nullstromverstärkers mit auf den Drosselspulenpaaren L_1', L_2' und L_1'', L_2'' vorgesehenen getrennten „Ausgleichwicklungen", in denen sich die Wechselströme von doppelter Frequenz unmittelbar ausgleichen können.

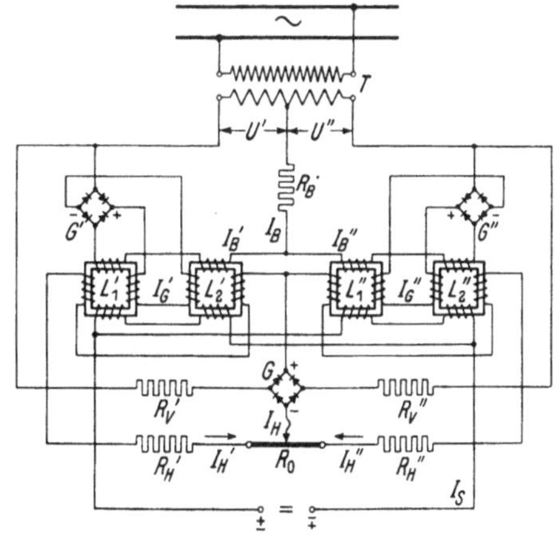

Bild 10. Symmetrische Differenzschaltung eines magnetischen Nullstromverstärkers, bei dem die Steuerwicklungen der Drosselspulenpaare L_1', L_2' und L_1'', L_2'' in Parallelschaltung mit dem den Steuerstrom I_S führenden Eingangsstromkreis verbunden sind und gleichzeitig auch noch als Ausgleichwicklungen für die Wechselströme von doppelter Frequenz wirken.

kreis verbinden. Die Steuerwicklungen wirken in diesem Fall gleichzeitig auch noch
als Ausgleichwicklungen für die Wechselströme von doppelter Frequenz. Es zeigte
sich, daß die ohne Kondensatoren arbeitenden Schaltungen nach Bild 9 und 10 die
gleiche Steigerung der Kennliniensteilheit bzw. des Verstärkungsfaktors ergeben wie
die Schaltung nach Bild 7, in der zwei Kondensatoren angewendet werden. Eine
Zunahme der magnetischen Trägheit des Verstärkers tritt auch hier nicht auf, weil
das für die Stärke der Rückkopplung maßgebende Stromverhältnis I_G/I_B unverändert bleibt.

Weitere Untersuchungen ergaben, daß die in den einzelnen Stromkreisen der
Differenzschaltungen nach Bild 7, 9 und 10 auftretenden Wechselströme von doppelter Frequenz auch die Größe des bei $I_S = 0$ vorhandenen Reststromes $I_B = I'_B - I''_B$
in erheblichem Maße beeinflussen. In Bild 11 ist der bei $I_S = 0$ gemessene Reststrom

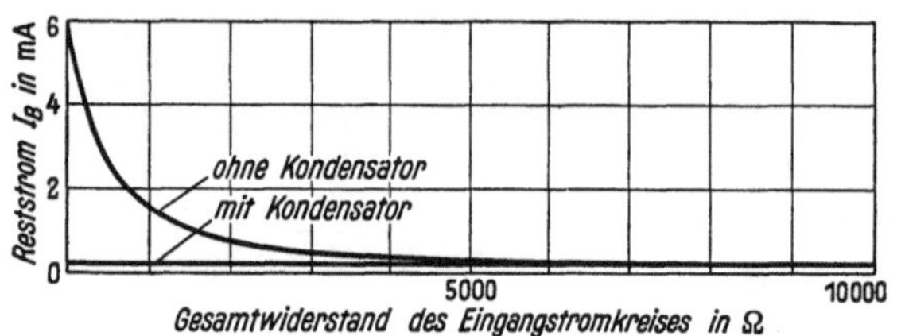

I_B als Funktion des Gesamtwiderstandes des Eingangsstromkreises dargestellt für den ersten Fall, daß diese
Wechselströme nicht künstlich unterdrückt werden, und für den zweiten
Fall, daß die unerwünschten Wirkungen dieser Wechselströme durch Anwendung von Kondensatoren nach
Bild 7 (oder Ausgleichwicklungen auf
den vier Drosselspulen nach Bild 9
und 10) beseitigt werden. Man sieht,
daß im zweiten Fall der bei $I_S = 0$
vorhandene, sehr schwache Reststrom (etwa 0,2 mA) von der Höhe

Bild 11. Reststrom $I_B = I'_B - I''_B$ in Abhängigkeit von
dem Gesamtwiderstand des Eingangsstromkreises für
den ersten Fall, daß die Wechselströme von doppelter
Frequenz nicht künstlich unterdrückt werden, und für
den zweiten Fall, daß die unerwünschten Wirkungen
dieser Wechselströme durch Anwendung von Kondensatoren nach Bild 7 (oder Ausgleichwicklungen auf
den Drosselspulen nach Bild 9 und 10) beseitigt werden.

des Gesamtwiderstandes des Eingangsstromkreises unabhängig ist, während im
ersten Fall ein Reststrom I_B auftritt, der mit kleiner werdendem Gesamtwiderstand des Eingangsstromkreises stark zunimmt. Die beschriebenen Maßnahmen zur
Beseitigung der Wirkungen der Wechselströme von doppelter Frequenz bringen also
neben der beträchtlichen Vergrößerung der Kennliniensteilheit bzw. des Verstärkungsfaktors auch noch den Vorteil, daß der bei $I_S = 0$
vorhandene Reststrom I_B außerordentlich schwach und von
der Höhe des Gesamtwiderstandes des Eingangsstromkreises
unabhängig wird.

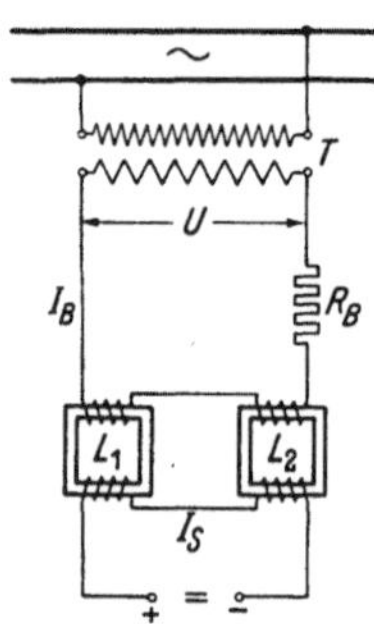

Bild 12. Grundschal-
tung für magnetische
Verstärker, die zwei
gleichstromvorma-
gnetisierte Drossel-
spulen L_1, L_2 ohne
Rückkopplung ent-
hält.

III. Die Einflüsse von Spannungs- und Frequenz-
schwankungen der Wechselstromquelle.

Um den Einfluß der Spannung auf das Verhalten der mit
Nickeleisenkernen versehenen Drosselspulen (Abmessungen nach
Bild 2 der früheren Arbeit) kennenzulernen, wurde zunächst
bei der ohne Rückkopplung arbeitenden Grundschaltung in
Bild 12 der Ausgangsstrom I_B in Abhängigkeit von der Spannung U für verschiedene Werte des Steuerstromes I_S aufgenommen (Bild 13). Bild 14 zeigt den (aus den einander zugeordneten Größen von U und I_B berechneten) Wechselstromwider-

stand U/I_B in Abhängigkeit von der Spannung U für die verschiedenen Werte des Steuerstromes I_S, während in Bild 15 der Ausgangsstrom I_B als Funktion des Steuerstromes I_S bei verschiedenen Größen der Spannung U dargestellt ist. Aus
Bild 14 geht hervor, daß das Maximum
des Wechselstromwiderstandes U/I_B bzw.
der Permeabilität mit zunehmender Gleichstrom-Magnetisierung (I_S) bei immer höherer Spannung U eintritt. Für $I_S = 0$ liegt
dieses Maximum bei 90 V, für $I_S = 20$ mA
bei 125 V und für $I_S = 100$ mA bei 160 V.
Bild 15 läßt erkennen, daß in dem Spannungsbereich $40 \cdots 140$ V die einer bestimmten Spannungsänderung (z. B. 20 V) entsprechende Änderung des Stromes I_B bei
etwa 90 V ein Minimum hat. Beispielsweise
ändert sich bei $I_S = 97$ mA der Strom I_B
in den Grenzen $99,5 \cdots 100,5$ mA, d. h. nur

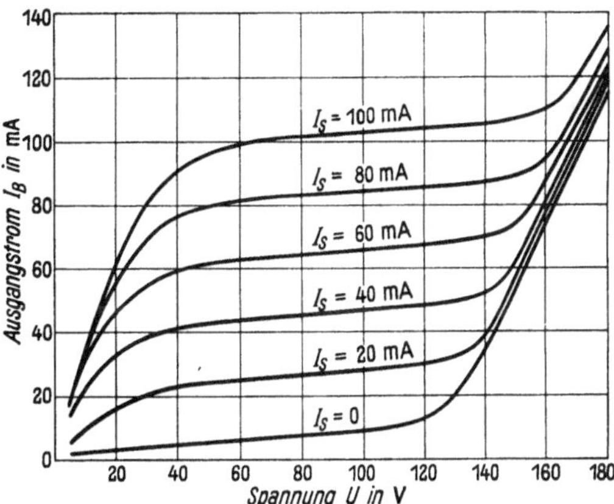

Bild 13. Ausgangsstrom I_B in Abhängigkeit
von der Spannung U für verschiedene Werte
des Eingangsstromes I_S. ·

um $\Delta I_B = \pm 0,5\%$, wenn die Spannung U in dem Bereich von 80 bis 100 V, d. h.
um $\Delta U = \pm 11\%$ geändert wird. Das Verhältnis $\Delta I_B/\Delta U$ wird um so kleiner,
je größer I_S bzw. I_B ist. In dem genannten Beispiel ($I_S = 97$ mA, $I_B = 100$ mA) ist
$\Delta I_B/\Delta U = 1/22$.

Anschließend wurde der Einfluß der Spannung auf den Verlauf der Kennlinien
$I_B = f(I_S)$ bei den mit Rückkopplung arbeitenden Grundschaltungen in Bild 1
und 4 untersucht, bei denen zwecks Beseitigung der unerwünschten Wirkungen der

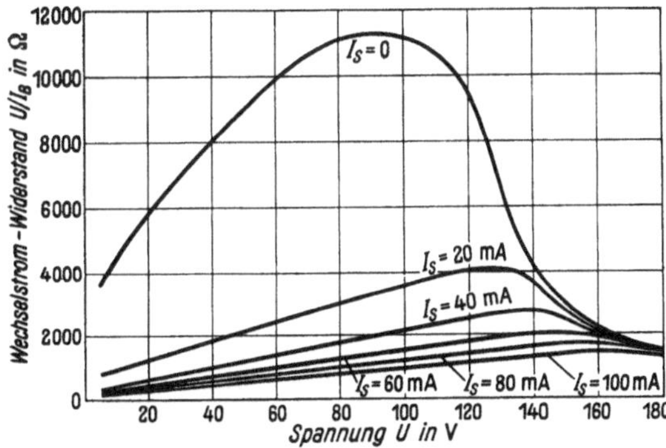

Bild 14. Wechselstromwiderstand U/I_B in Abhängigkeit von der Spannung U für verschiedene
Werte des Eingangsstromes I_S.

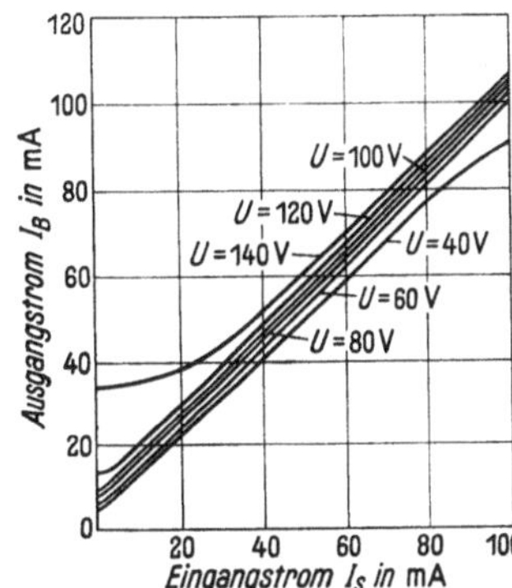

Bild 15. Ausgangsstrom I_B in Abhängigkeit
von dem Eingangsstrom I_S bei verschiedenen
Werten der Spannung U.

Wechselströme von doppelter Frequenz ein an die Rückkopplungswicklungen der
Drosselspulen L_1, L_2 angeschlossener Kondensator C benutzt wird. Bild 16 zeigt
die bei mehreren Werten der Spannung U (80, 90 und 100 V) aufgenommenen Kennlinien $I_B = f(I_S)$ für die beiden Fälle, daß mit einem zur Herabsetzung des bei $I_S = 0$
vorhandenen Ruhestromes I_B dienenden Hilfsstrom I_H (nach Bild 4) oder ohne
diesen Hilfsstrom (nach Bild 1) gearbeitet wird. Während die diesen drei Spannungen
zugeordneten Kennlinien im letztgenannten Fall gegeneinander seitlich verschoben

sind, fallen sie, wenn der Hilfsstrom I_H angewendet wird, in dem Bereich von $I_S = -1 \cdots +2\,\mathrm{mA}$ bzw. $I_B = 10 \cdots 50\,\mathrm{mA}$ praktisch zusammen, d. h. in diesem Bereich ist das Stromverhältnis I_B/I_S unabhängig von der in den Grenzen $80 \cdots 100\,\mathrm{V}$ schwankenden Spannung U. Somit ist auch der bei $I_S = 0$ vorhandene Ruhestrom I_B praktisch spannungsunabhängig.

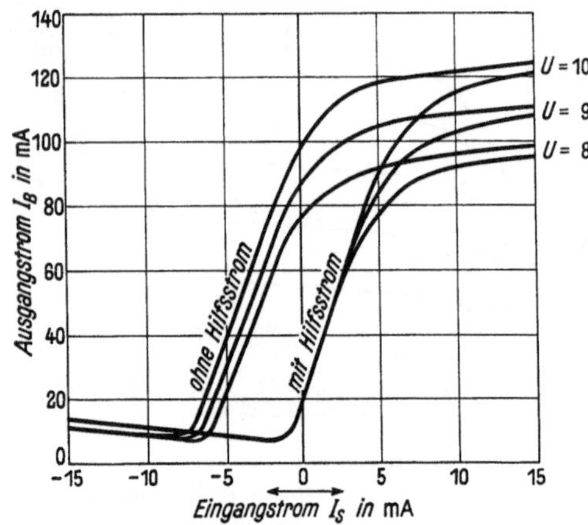

Bild 16. Kennlinien $I_B = f(I_S)$, die bei mehreren Werten der Spannung U (80, 90 und 100 V) aufgenommen wurden für die beiden Fälle, daß mit einem zur Herabsetzung des bei $I_S = 0$ vorhandenen Ruhestromes I_B dienenden Hilfsstrom I_H (nach Bild 4) oder ohne diesen Hilfsstrom I_H (nach Bild 1) gearbeitet wird.

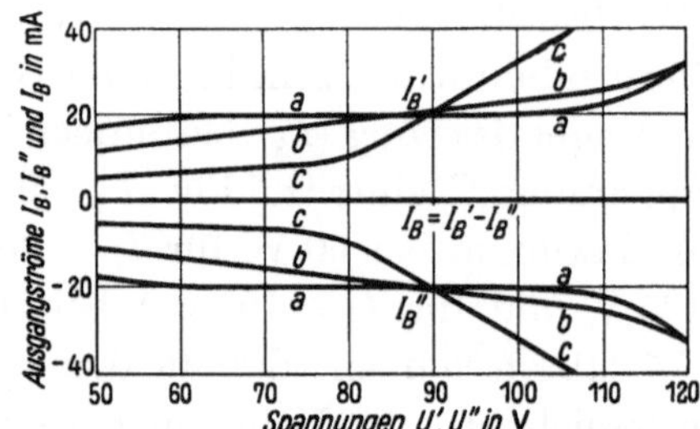

Bild 17. Ausgangsströme I_B', I_B'' und $I_B = I_B' - I_B''$ für $I_S = 0$ in Abhängigkeit von den Spannungen U', U'' bei der symmetrischen Differenzschaltung nach Bild 7 für folgende 3 Fälle: a) Der Hilfsstrom I_H wird dem Gleichrichter G entnommen, die Kondensatoren C', C'' sind angeschlossen. b) Der Hilfsstrom I_H wird dem Gleichrichter G entnommen, die Kondensatoren C', C'' sind jedoch abgeschaltet. c) Der Hilfsstrom I_H wird einer Trockenbatterie entnommen, die Kondensatoren C', C'' sind entweder angeschlossen oder abgeschaltet.

Die darauffolgende Untersuchung einer mit Kondensatoren C', C'' arbeitenden symmetrischen Differenzschaltung nach Bild 7 führte zu den in Bild 17 wiedergegebenen Kennlinien, welche die bei $I_S = 0$ vorhandenen Ruheströme I_B' und I_B'' in Abhängigkeit von den Spannungen U', U'' darstellen für drei Fälle:

a) Der Hilfsstrom $I_H = I_H' + I_H''$, der dem Gleichrichter G entnommen wird, schwankt prozentual in gleichem Maße wie die Spannung der Wechselstromquelle. Die Kondensatoren sind angeschlossen ($C' = C'' = 30 \cdots 50\,\mu\mathrm{F}$).

b) Der Hilfsstrom $I_H = I_H' + I_H''$, der dem Gleichrichter G entnommen wird, schwankt prozentual in gleichem Maße wie die Spannung der Wechselstromquelle. Die Kondensatoren sind jedoch abgeschaltet ($C' = C'' = 0$).

c) Der Hilfsstrom $I_H = I_H' + I_H''$, der einer Trockenbatterie entnommen wird, ist konstant, d. h. unabhängig von Spannungsschwankungen der Wechselstromquelle. Die Kondensatoren C', C'' sind entweder angeschlossen oder abgeschaltet.

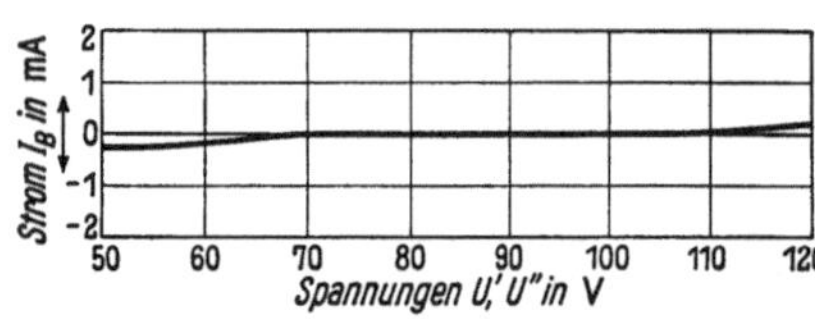

Bild 18. Differenzstrom $I_B = I_B' - I_B''$ als Funktion der Spannungen U', U''.

Die in Bild 17 festgelegten Meßergebnisse zeigen zunächst, daß die durch die Schaltung des Gleichrichters G gegebene lineare Abhängigkeit des Hilfsstromes $I_H = I_H' + I_H''$ von der Spannung der Wechselstromquelle insofern einen sehr günstigen Einfluß hat, als das Zu- bzw. Abnehmen der Ruheströme I_B', I_B'' bei zu- bzw. abnehmender Spannung in den Fällen a und b bedeutend geringer ist als im Fall c, in dem die Stärke des Hilfsstromes I_H von der Höhe der Spannung unabhängig ist. Weiterhin ergibt sich, daß die Beseitigung der Wirkungen der Wechselströme von doppelter Frequenz durch Anwendung von Kondensatoren (Bild 7) oder Ausgleichwicklungen (Bild 9 und 10) außer den bereits obengenannten Vorteilen auch noch den besonderen Vorzug mit sich bringt, daß die bei $I_S = 0$ vorhandenen Ruheströme I'_B, I''_B in einem verhältnismäßig weiten Spannungsbereich ($60 \cdots 90$ V) praktisch spannungsunabhängig werden. Bild 18, das den für die Bürde R_B maßgebenden Differenzstrom $I_B = I'_B - I''_B$ als Funktion der Spannungen U', U'' darstellt, zeigt, daß hier der Strom I_B in dem sehr weiten Spannungsbereich von 50 bis 120 V den Wert $\pm 0{,}2$ mA nicht überschreitet und in dem Bereich von 70 bis 100 V praktisch gleich Null ist.

Bild 19, das für einen nach Bild 7 geschalteten Nullstromverstärker den Ausgangsstrom $I_B = I'_B - I''_B$ in Abhängigkeit von den Spannungen U', U'' für verschiedene Werte des Eingangsstromes I_S darstellt, läßt den Einfluß von Spannungsschwankungen der Wechselstromquelle auf die Größe des Verstärkungsfaktors erkennen. Bei kleinen Werten des Steuerstromes ($I_S = 0{,}5 \cdots 2$ mA), d. h. bei geringer Aussteuerung des Nullstromverstärkers, hat das Stromverhältnis I_B/I_S bei $U' = U'' = 80$ V ein Maximum; die Empfindlichkeit des Verstärkers ist hier am größten. Für größere Werte des Steuerstromes tritt das Maximum von I_B/I_S bei höheren Spannungen (z. B. für $I_S = 8$ mA bei $U' = U'' = 90$ V) auf. Da es bei einem derartigen Verstärker darauf ankommt, daß die Empfindlichkeit

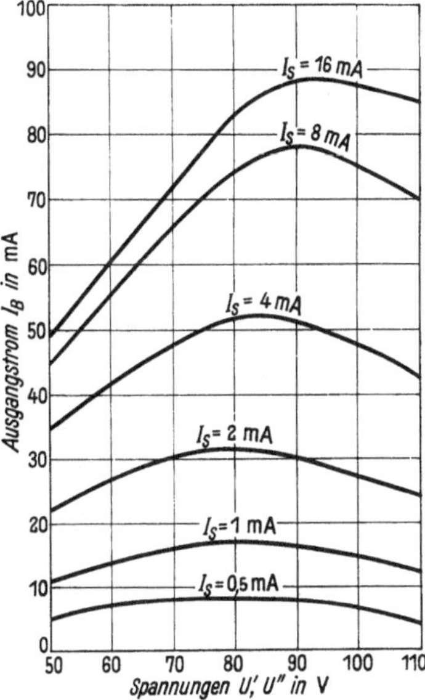

Bild 19. Ausgangsstrom $I_B = I'_B - I''_B$ in Abhängigkeit von den Spannungen U', U'' für verschiedene Werte des Eingangsstromes I_S.

bei geringen Abweichungen vom Kompensationszustand, d. h. bei kleinen Werten des Steuerstromes (Nullstromes) I_S möglichst groß ist, so wird man im vorliegenden

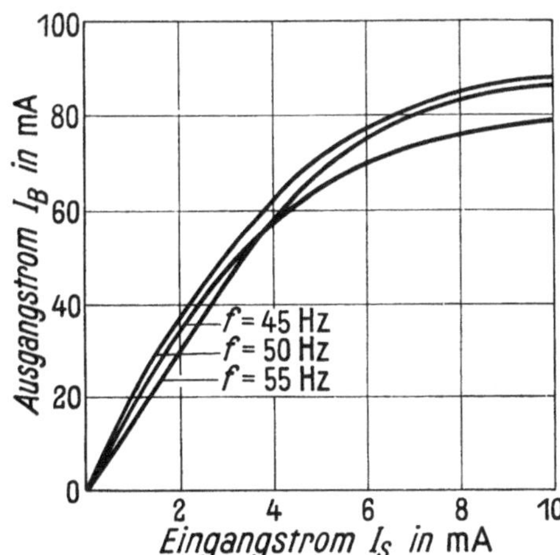

Bild 20. Kennlinien $I_B = f(I_S)$, die an einem nach Bild 7 geschalteten magnetischen Nullstromverstärker bei den Frequenzen 45, 50 und 55 Hz aufgenommen wurden.

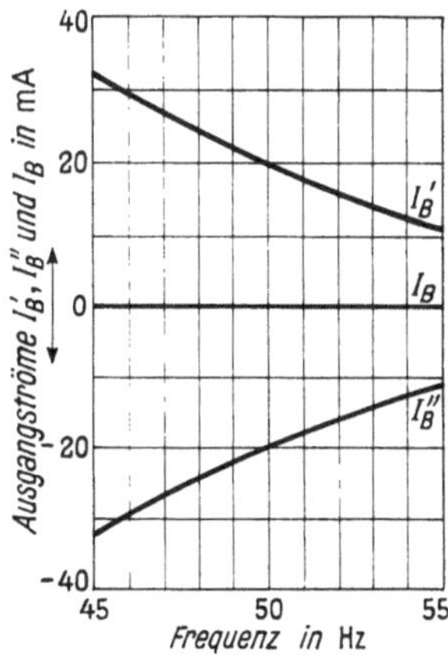

Bild 21. Ausgangsströme I'_B, I'_B und $I_B = I'_B - I''_B$ für $I_S = 0$ in Abhängigkeit von der Frequenz.

Fall eine mittlere Betriebsspannung von 80 V anwenden, wobei im Bereich von 70 bis 90 V liegende Spannungsschwankungen der Wechselstromquelle auf die Empfindlichkeit des Verstärkers keinen wesentlichen Einfluß ausüben.

Der Einfluß von Frequenzschwankungen der Wechselstromquelle auf die Größe des Verstärkungsfaktors geht aus Bild 20 hervor, das die an einem nach Bild 7 geschalteten Nullstromverstärker bei den Frequenzen 45, 50 und 55 Hz aufgenommenen Kennlinien $I_B = f(I_S)$ wiedergibt. In Bild 21 sind die bei $I_S = 0$ vorhandenen Ruheströme I'_B, I''_B als Funktion der Frequenz dargestellt. Es zeigte sich, daß der Differenzstrom $I_B = I'_B - I''_B$ in dem Frequenzbereich von 45 bis 55 Hz den Wert $\pm 0,2$ mA nicht überschreitet, daß also auch der Einfluß von Frequenzschwankungen auf die Nullpunktsicherheit außerordentlich gering ist.

IV. Die Anpassung des magnetischen Verstärkers an die Widerstände des Eingangs- und Ausgangsstromkreises.

Um eine möglichst günstige Arbeitsweise des magnetischen Verstärkers zu erreichen, muß eine Anpassung an die Widerstände des Eingangs- und Ausgangsstromkreises vorgenommen werden. Während man im allgemeinen den Widerstand R_S der Steuerwicklungen des Verstärkers dem in den meisten Fällen gegebenen äußeren Widerstand des Eingangsstromkreises angleichen wird, kann man bezüglich der den Ausgangsstromkreis betreffenden Anpassung zweckmäßig so vorgehen, daß man den Bürdenwiderstand R_B, beispielsweise durch entsprechende Wahl der Wicklungsverhältnisse der Bürde oder durch Anwendung eines Ausgangstransformators mit entsprechend gewähltem Übersetzungsverhältnis, an den z. B. bereits vorhandenen Verstärker anpaßt.

Die günstigste Größe des Bürdenwiderstandes R_B kann man auf experimentellem Wege in der Weise finden, daß man die Kennlinien $I_B = f(I_S)$ für verschiedene Werte von R_B aufnimmt (Bild 22) und in ihnen diejenigen Arbeitspunkte festlegt, bei denen eine bestimmte Ausgangsleistung $I_B^2 \cdot R_B$ (z. B. 1, 2 und 3 W) wirksam ist. Die „Linien gleicher Ausgangsleistung", die sich beim Verbinden dieser Arbeitspunkte ergeben, ermöglichen nun ohne weiteres, denjenigen Wert von R_B abzulesen, bei dem der zum Hervorrufen einer bestimmten Ausgangsleistung erforderliche Steuerstrom I_S ein Minimum annimmt. Beispielsweise hat im vorliegenden, in Bild 22 gekennzeichneten Fall der vom Eingangsstromkreis aufzubringende Steuerstrom I_S ein Minimum bei $R_B \approx 500\ \Omega$ für $I_B^2 \cdot R_B = 1$ W $(I_S = 3,0$ mA), bei $R_B \approx 400\ \Omega$ für $I_B^2 \cdot R_B = 2$ W $(I_S = 5,0$ mA) und bei $R_B \approx 300\ \Omega$ für $I_B^2 \cdot R_B = 3$ W $(I_S = 8,5$ mA).

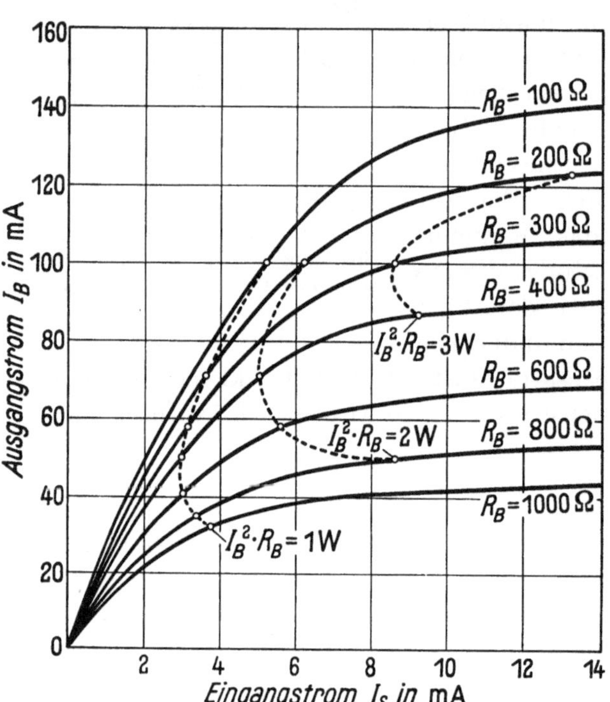

Bild 22. Kennlinien $I_B = f(I_S)$ für verschiedene Werte des Bürdenwiderstandes R_B.

Ein anderes graphisches Verfahren zum Bestimmen der günstigsten Größe des Bürdenwiderstandes R_B besteht darin, daß man aus der Darstellung der Meßergebnisse nach Bild 22 die den einzelnen Widerstandswerten (R_B) zugeordneten Leistungswerte ($I_B^2 \cdot R_B$) für mehrere Werte des Steuerstromes (z. B. für $I_S = 3$, 5 und 10 mA) berechnet und dann $I_B^2 \cdot R_B$ als Funktion von R_B mit I_S als Parameter aufzeichnet (Bild 23). Hier können die den Höchstwerten der Ausgangsleistung $I_B^2 \cdot R_B$ entsprechenden günstigsten Werte des Bürdenwiderstandes R_B (etwa 500 Ω für $I_S = 3$ mA, etwa 400 Ω für $I_S = 5$ mA und etwa 300 Ω für $I_S = 10$ mA) unmittelbar abgelesen werden. Die Größe des von dem Grad der Aussteuerung abhängigen Verstärkungsfaktors $(I_B^2 \cdot R_B):(I_S^2 \cdot R_S)$, die sich aus den Kennlinien in Bild 23 ergibt, ist in der folgenden Zahlentafel angegeben (Widerstand der Steuerwicklungen $R_S = \text{const} = 100\ \Omega$):

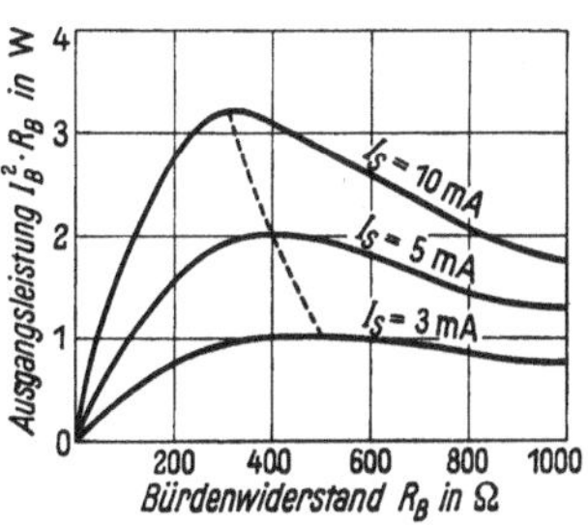

Bild 23. Ausgangsleistung $I_B^2 \cdot R_B$ als Funktion des Bürdenwiderstandes R_B bei verschiedenen Werten des Eingangsstromes I_S.

I_S A	$I_S^2 \cdot R_S$ W	I_B A	R_B Ω	$I_B^2 \cdot R_B$ W	$(I_B^2 \cdot R_B):(I_S^2 \cdot R_S)$
0,0010	0,0001	0,020	400	0,16	1600
0,0030	0,0009	0,050	400	1,00	1110
0,0050	0,0025	0,071	400	2,00	800
0,0085	0,0072	0,100	300	3,00	350

Bild 24, das den Verstärkungsfaktor als Funktion des Steuerstromes darstellt, läßt erkennen, daß der Verstärkungsfaktor bei geringer Aussteuerung des Verstärkers einen Höchstwert hat und mit größer werdender Aussteuerung stark abnimmt. Diese Tatsache ist für die Verwendung des Verstärkers in Verbindung mit einem Null-Motor bedeutungsvoll, weil es hier darauf ankommt, daß der Verstärkungsfaktor bei kleinen Werten des Nullstromes, d. h. bei geringen Abweichungen vom Kompensationszustand, möglichst groß ist.

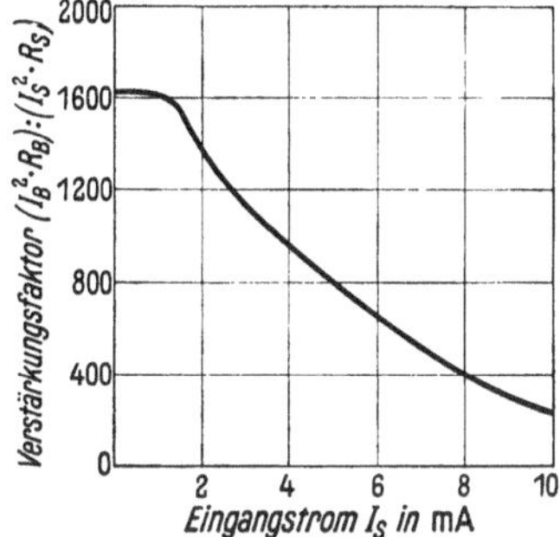

Bild 24. Verstärkungsfaktor $(I_B^2 \cdot R_B):(I_S^2 \cdot R_S)$ als Funktion des Eingangsstromes I_S.

V. Der Einfluß von Temperaturänderungen.

Die bei den beschriebenen magnetischen Verstärkern auftretenden Temperatureinflüsse werden grundsätzlich durch folgende Erscheinungen verursacht:

a) Die Ohm-Widerstände der aus Kupferdraht bestehenden Gleichstrom- und Wechselstromwicklungen der Drosselspulen ändern sich um etwa $\pm 4\%$ je $\pm 10\,°\mathrm{C}$.

b) Die verwendeten Trockengleichrichter (Sonderausführung für Meßzwecke) ändern bei Temperaturschwankungen ihre der Durchlaß- und Sperrichtung entsprechenden Widerstände.

c) Die Permeabilität der zum Aufbau der Kerne der Drosselspulen benutzten Nickeleisenlegierung ist, allerdings in schwachem Maße, von der Temperatur abhängig.

Alle diese Erscheinungen wirken sich bei einem vollkommen symmetrischen Aufbau der Differenzschaltung eines magnetischen Nullstromverstärkers auf beiden Seiten der Schaltung genau in gleichem Maße aus, so daß für $I_S = 0$ der Strom $I_B = I_B' - I_B''$ stets gleich Null ist. Da aber in der Praxis immer mit einer gewissen Unsymmetrie der Schaltung gerechnet werden muß, so wurde durch Aufnehmen

zahlreicher Meßreihen untersucht, welchen Einfluß Temperaturänderungen auf die
Größe des Verstärkungsfaktors und auf die Nullpunktsicherheit magnetischer Nullstromverstärker ausüben. Es wird zunächst verlangt, daß der Ausgangsstrom I_B,
der für $I_S = 0$ bei Temperaturänderungen von $\pm 20°\,$C auftritt, so klein ist, daß
er an dem im Ausgangsstromkreis liegenden Null-Motor kein störendes Drehmoment
hervorruft. Außerdem muß noch gefordert werden, daß der Verstärkungsfaktor

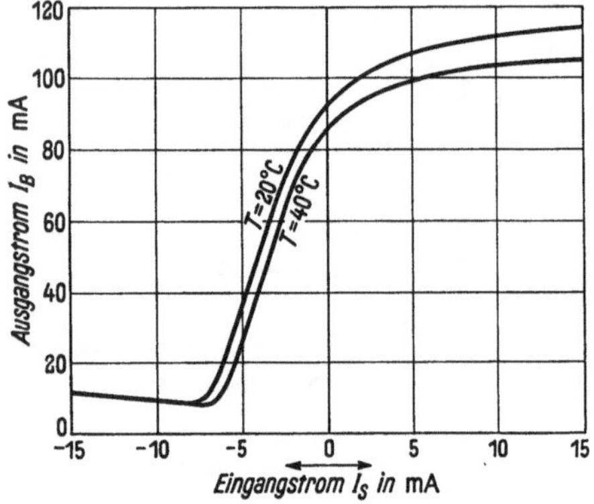

Bild 25. Kennlinien $I_B = f(I_S)$ eines nach
Bild 1 geschalteten magnetischen Verstärkers für die Temperaturen 20° C
und 40° C.

bzw. das Stromverhältnis I_B/I_S sich bei solchen
Temperaturschwankungen in einem nicht allzu
starken Maße (höchstens um etwa $5 \cdots 10\%$)
ändert. Die im folgenden mitgeteilten Meßergebnisse zeigen, daß bei Anwendung besonderer Maßnahmen beide Bedingungen erfüllt werden können.

1. Untersuchung der Grundschaltungen.

Zunächst wurden die Kennlinien $I_B = f(I_S)$
eines nach Bild 1 geschalteten magnetischen
Verstärkers bei den Temperaturen 20° C und
40° C aufgenommen. Die Kennlinien in Bild 25
zeigen, daß das Stromverhältnis I_B/I_S bei steigender Temperatur kleiner wird. Es wurde versucht, einen Ausgleich der Temperatureinflüsse

dadurch herbeizuführen, daß das Verhältnis zwischen dem dem Gleichrichter G zu-
geleiteten Wechselstrom I_W und dem Ausgangsstrom I_B durch Anwendung eines
den Wechselstromklemmen dieses Gleichrichters parallelgeschalteten, in besonderer
Weise bemessenen temperaturempfindlichen Nebenwiderstandes R_N, der den Strom

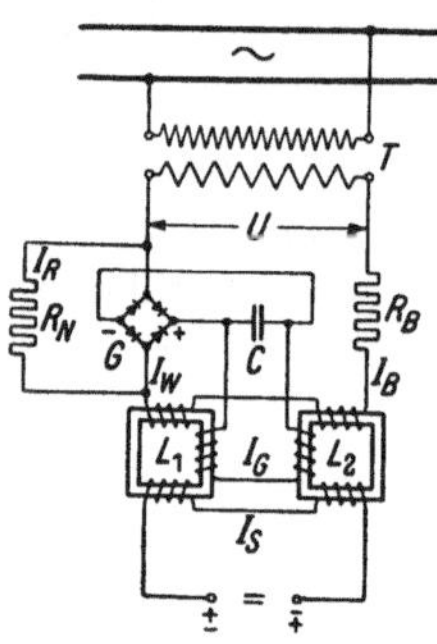

Bild 26. Grundschaltung
nach Bild 1, bei der zwecks
Herbeiführung eines selbsttätigen Ausgleichs der
Temperatureinflüsse den
Wechselstromklemmen des
Gleichrichters G ein temperaturempfindlicher Ne-
benwiderstand R_N parallelgeschaltet ist.

I_R aufnimmt, temperaturabhängig gemacht wird (Bild 26).
Dieses Verfahren zum Herbeiführen eines selbsttätigen
Ausgleichs der Temperatureinflüsse beruht auf folgender Überlegung: Einerseits wird hauptsächlich infolge der
mit einem Steigen der Temperatur verbundenen Abnahme
des Sperrwiderstandes des Gleichrichters G das Verhältnis
zwischen dem vom Gleichrichter abgegebenen Rückkopplungsgleichstrom I_G und dem diesem Gleichrichter zugeführten Wechselstrom I_W bei steigender Temperatur
kleiner. Andererseits wird gleichzeitig das Verhältnis
zwischen dem vom Gleichrichter G aufgenommenen Wechselstrom I_W und dem Ausgangsstrom I_B bei steigender
Temperatur größer, weil der Durchlaßwiderstand des
Gleichrichters infolge seines negativen Temperaturkoeffi-
zienten bei steigender Temperatur abnimmt und weil
außerdem der z. B. aus Kupferdraht gewickelte Nebenwiderstand R_N, der einen positiven Temperaturkoeffizien-
ten hat, bei steigender Temperatur größer wird, d. h. einen

kleineren Strom I_R aufnimmt. Somit wird man, wenigstens innerhalb eines bestimmten Temperaturbereiches und für einen bestimmten Teil der Arbeitskenn-
linie des Gleichrichters, einen mehr oder weniger vollkommenen Ausgleich der
Temperatureinflüsse erreichen können, der bewirkt, daß das für die Größe des

Verstärkungsfaktors bzw. Stromverhältnisses I_B/I_S maßgebende Stromverhältnis I_G/I_B bei Temperaturänderungen nahezu konstant bleibt.

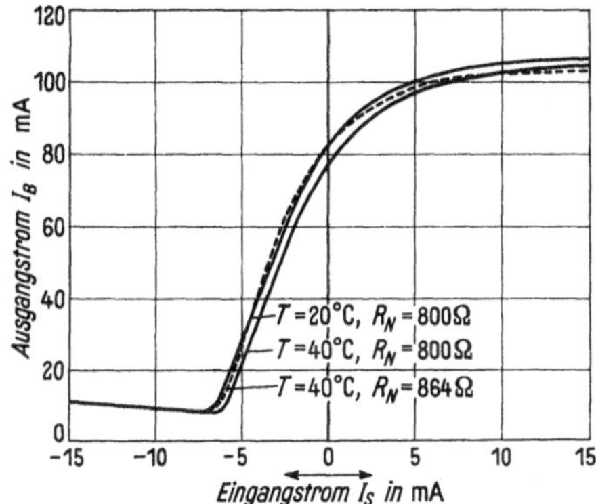

Bild 27. Kennlinien $I_B = f(I_S)$ eines nach Bild 26 geschalteten magnetischen Verstärkers für die Temperaturen 20° C und 40° C bei verschiedenen Werten (800 Ω und 864 Ω) des Nebenwiderstandes R_N.

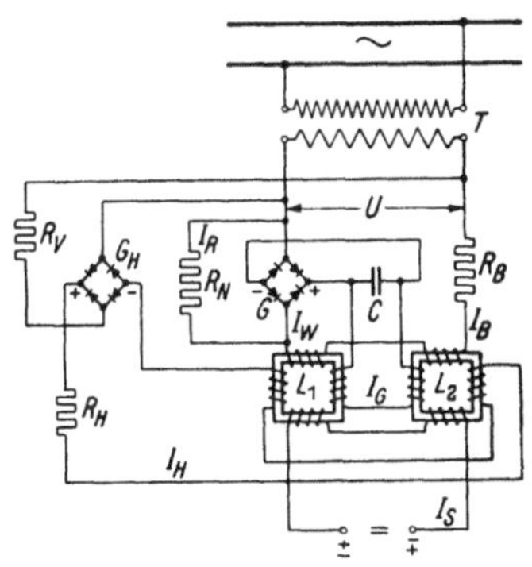

Bild 28. Grundschaltung nach Bild 4, bei der zwecks Herbeiführung eines selbsttätigen Ausgleichs der Temperatureinflüsse den Wechselstromklemmen des Gleichrichters G ein temperaturempfindlicher Nebenwiderstand R_N parallelgeschaltet ist.

Bild 27 zeigt die Kennlinie $I_B = f(I_S)$, die an der mit selbsttätigem Temperaturausgleich arbeitenden Grundschaltung nach Bild 26 bei den Temperaturen 20° C und 40° C aufgenommen wurden. Bei dieser Untersuchung bestand R_N aus einem Dekadenwiderstand, der bei 20° C auf 800 Ω und bei 40° C auf 800 · 1,08 = 864 Ω eingestellt wurde. Die Kennlinien $I_B = f(I_S)$ fallen in dem verhältnismäßig großen Strombereich von $I_S = -7 \cdots +5$ mA bzw. $I_B = 8 \cdots 100$ mA so nahe zusammen, daß die gemessenen, sehr geringfügigen Unterschiede in der zeichnerischen Darstellung nach Bild 27 zum Teil kaum noch zu bemerken sind.

Nach diesem günstigen Ergebnis ist es nunmehr möglich geworden, einen nach Bild 28 geschalteten magnetischen Verstärker mit durch den Hilfsstrom I_H herabgesetztem Ruhestrom I_B und selbsttätigem Temperaturausgleich zu bauen, dessen Kennlinie $I_B = f(I_S)$ im Temperaturbereich von 0 bis 40° C praktisch unverändert bleibt (Bild 29).

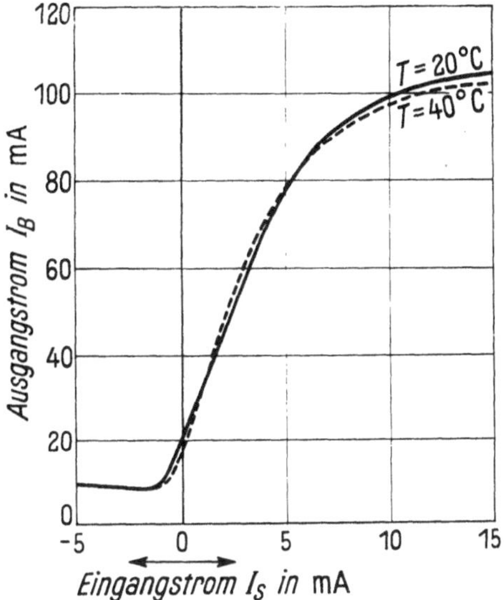

Bild 29. $I_B = f(I_S)$ eines nach Bild 28 geschalteten magnetischen Verstärkers für die Temperaturen 20° C und 40° C.

2. Untersuchung der Differenzschaltungen.

Die in Bild 30 dargestellte, aus der Grundschaltung nach Bild 28 hervorgegangene symmetrische Differenzschaltung unterscheidet sich von der Differenzschaltung in Bild 7 nur dadurch, daß die den Wechselstromklemmen der Gleichrichter G', G'' parallelgeschalteten Nebenwiderstände R'_N, R''_N vorgesehen sind, die zum Herbeiführen des Temperaturausgleiches dienen.

Bild 31 zeigt die Ausgangsströme I'_B, I''_B und $I_B = I'_B - I''_B$ in Abhängigkeit vom Eingangsstrom I_S für die Temperaturen 20° C und 40° C. Es läßt erkennen, daß auch hier ein sehr guter Ausgleich der Temperatureinflüsse erreicht worden ist. Die bei $I_S = 0$ vorhandenen Ruheströme I'_B und I''_B steigen bei einer Temperaturzunahme von 20° C auf 22 mA, also beide um 10%, so daß $I_B = 0$ ist. Von besonderer Bedeutung ist nun die Tatsache, daß hier das Stromverhältnis I_B/I_S in dem verhältnismäßig großen Strombereich von $I_S = -5 \cdots +5$ mA bzw. $I_B = -70 \cdots +70$ mA nahezu konstant bleibt. Die gemessenen Unterschiede sind so gering, daß sie in der zeichnerischen Darstellung nach Bild 31 zum Teil kaum noch zu bemerken sind.

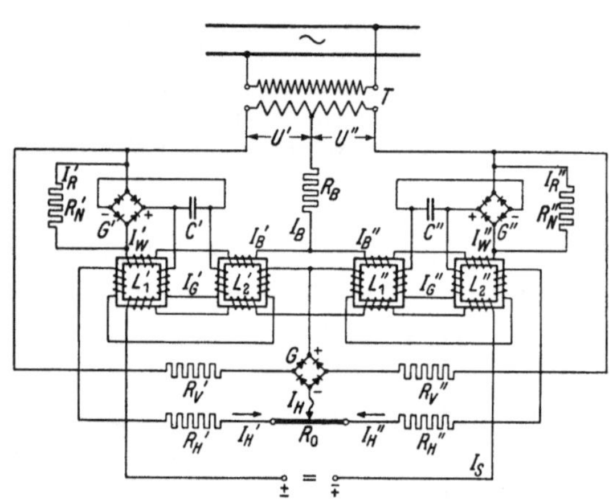

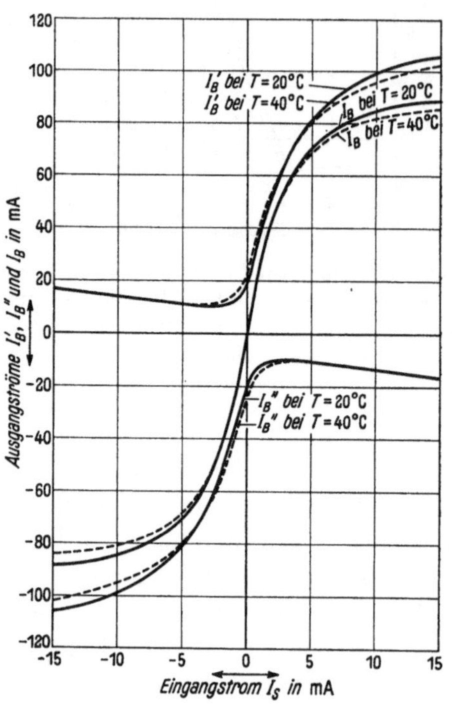

Bild 30. Aus der Grundschaltung nach Bild 28 hervorgegangene symmetrische Differenzschaltung eines magnetischen Nullstromverstärkers, bei der zwecks Herbeiführung eines selbsttätigen Ausgleichs der Temperatureinflüsse den Wechselstromklemmen der Gleichrichter G', G'' temperaturempfindliche Nebenwiderstände R'_N, R''_N parallelgeschaltet sind.

Bild 31. Ausgangsströme I'_B, I''_B und $I_B = I'_B - I''_B$ in Abhängigkeit von dem Eingangsstrom I_S bei einem nach Bild 30 geschalteten magnetischen Nullstromverstärker für die Temperaturen 20° C und 40° C.

Dieses günstige Ergebnis zeigt, daß man nunmehr einen magnetischen Nullstromverstärker mit erhöhter Nullpunktsicherheit bauen kann, dessen Kennlinie $I_B = f(I_S)$ im Temperaturbereich von 0 bis 40° C praktisch unverändert bleibt.

Meinem Mitarbeiter, Herrn K. Mahler, der mich bei der Durchführung der vorliegenden Untersuchungen weitgehend unterstützt und die zahlreichen Meßreihen aufgenommen hat, möchte ich hier meinen herzlichsten Dank aussprechen.

Zusammenfassung.

Über neue experimentelle Untersuchungen an verschiedenartigen magnetischen Verstärkern für die Meß- und Regeltechnik wird zusammenfassend berichtet. Zunächst wurde festgestellt, daß durch die Wirkungen der Wechselströme von doppelter Frequenz die Kennliniensteilheit bzw. der Verstärkungsfaktor erheblich verringert wird, und daß man diese ungünstigen Wirkungen durch Anwendung von Kondensatoren, die an den Rückkopplungswicklungen liegen, oder von Ausgleichwicklungen auf den Drosselspulen vollständig beseitigen kann. Das Verhältnis zwischen Ausgangs- und Eingangsstrom steigt dann auf den $2 \cdots 2{,}5$fachen Wert, während der Verstärkungsfaktor, d. h. das Verhältnis zwischen Ausgangs- und Eingangsleistung, den $4 \cdots 6$fachen Wert annimmt. Weiterhin ergab sich, daß die Wechselströme von doppelter Frequenz auch noch bewirken, daß die Größe der beim Steuerstrom Null vorhandenen Ruheströme im Ausgangsstromkreis von der Höhe des Gesamtwiderstandes des Eingangsstromkreises abhängig ist, und daß diese Abhängigkeit vollständig verschwindet, wenn man die unerwünschten Wirkungen der Wechselströme von doppelter Frequenz durch Anwendung von Kondensatoren oder Ausgleichwicklungen auf den Drosselspulen beseitigt.

Um eine möglichst günstige Arbeitsweise des magnetischen Verstärkers zu erreichen, muß eine Anpassung an die Widerstände des Eingangs- und Ausgangsstromkreises vorgenommen werden. Die günstigste Größe des Bürdenwiderstandes kann man auf experimentellem Wege in der Weise finden, daß man die Kennlinien, die den Ausgangsstrom als Funktion des Eingangsstromes darstellen, für verschiedene Bürdenwiderstände aufnimmt und dann die günstigste Größe des Bürdenwiderstandes nach einem der beiden beschriebenen graphischen Verfahren ermittelt.

Was den Einfluß von Temperaturänderungen auf die Wirkungsweise magnetischer Nullstromverstärker anbelangt, so kann bei Verwendung von den Wechselstromklemmen der Gleichrichter parallelgeschalteten temperaturempfindlichen Nebenwiderständen ein selbsttätiger Ausgleich der Temperatureinflüsse herbeigeführt werden.

Schrifttum.

1. W. Geyger: Grundlagen der magnetischen Verstärker für die Meß- und Regeltechnik. Wiss. Veröff. Siemens-Werken **XIX** (1940) S. $4 \cdots 47$.

2. Vgl. z. B. J. Epstein: DRP. 149761 vom 26. August 1902. — J. M. A. Joly: Franz. Patent Nr. 418909 vom 22. Dezember 1910 und Ind. électr. **14** (1911) S. 195. — G. Vallauri: ETZ **32** (1911) S. 988 und Electrician **68** (1912) S. 582. — L. Dreyfus: Die analytische Theorie des statischen Frequenzverdopplers bei Leerlauf. Arch. Elektrotechn. **2** (1914) S. $343 \cdots 371$.

Eine Anordnung zur schnellen photographischen Aufzeichnung von Magnetostriktionskurven.

Von **Max Kornetzki**.

Mit 9 Bildern.

Mitteilung aus dem Zentrallaboratorium der Wernerwerke der Siemens & Halske AG.

Eingegangen am 31. Oktober 1941.

Inhaltsübersicht.

Anforderungen an eine Magnetostriktions-Meßanordnung. Bekannte Anordnungen. Grundlagen und Ausführung der neuen Anordnung. Vorrichtung zur photographischen Aufzeichnung. Einige Anwendungsbeispiele.

Die bisher zur Messung der Magnetostriktion gebauten Anordnungen sind hauptsächlich auf große Meßgenauigkeit und -empfindlichkeit entwickelt. Eine für Betriebsmessungen brauchbare Anordnung muß jedoch nach anderen Gesichtspunkten gebaut sein. Da hier stets viele Proben zu messen sind, so müssen sie bequem und schnell eingebaut und ausgewechselt werden können, und die Anordnung muß sich einfach bedienen lassen. Es wäre daher unzweckmäßig, die Meßproben etwa einzulöten. Besonders wichtig ist sodann eine weitgehende Unempfindlichkeit gegen mechanische und andere, z. B. elektrische Störungen. Schließlich muß die Anordnung ihren Eichwert beibehalten, weil eine bei jeder Messung erforderliche Neueichung stets auf große Schwierigkeiten stoßen würde. Gegenüber diesen Forderungen kann die Meßgenauigkeit etwas in den Hintergrund treten, da z. B. eine Genauigkeit von ± 5 bis 10% für technische Untersuchungen meist völlig ausreichend ist.

Betrachten wir zunächst kurz die wichtigsten der bereits bekannt gewordenen Anordnungen. Am einfachsten sind die optischen Anordnungen, bei denen die Probe bei ihrer Längenänderung einen Kipphebel oder eine kleine Walze [1][1] mit daran befestigtem Spiegel dreht. Diese Anordnungen reichen, besonders wenn man die Empfindlichkeit durch Anwendung einer mechanischen Übersetzung [2] steigert, in der Empfindlichkeit für die Untersuchungen von Werkstoffen mit großer Magnetostriktion aus, sind jedoch sehr störanfällig gegen Erschütterungen. Besonders große Meßempfindlichkeit, allerdings mit großem Aufwand, erreicht man durch Übertragung der Längenänderung auf einen Kondensator, der als Schwingkreiskapazität eines Hochfrequenzsenders in einer Überlagerungsschaltung liegt [3, 4]. Steigert man die Empfindlichkeit der optischen Drehspiegelanordnungen durch Anwendung einer Übersetzung mittels einer Photozelle [5], so erhält man ebenfalls sehr große Empfindlichkeiten. Schließlich sind noch hydraulische Übersetzungen [6] zu erwähnen, die auch eine große Empfindlichkeit erreichen lassen. Diese Anordnungen sind jedoch, ebenso

---

[1] Die eingeklammerten schrägen Zahlen beziehen sich auf das Schrifttum am Schluß der Arbeit.

wie interferometrische [7], schwierig zu bedienen. Für die Magnetostriktionsmessung hinreichende Empfindlichkeiten sind auch mit elektrodynamischen Anordnungen erreichbar, wie sie für Schwingungs- und Feinlängenmessung viel benutzt werden [8], doch besteht bei solchen Anordnungen die Gefahr einer unmittelbaren magneto-dynamischen Einwirkung des starken Streufeldes der Magnetisierungsspule auf das Meßgerät.

Die im folgenden beschriebene Anordnung ist nach den eingangs erwähnten Gesichtspunkten entwickelt und zeichnet sich besonders durch ihre weitgehende Unempfindlichkeit gegenüber Gebäudeerschütterungen aus. Sie gestattet ferner die unmittelbare Anzeige und photographische Aufzeichnung der Magnetostriktionskurve.

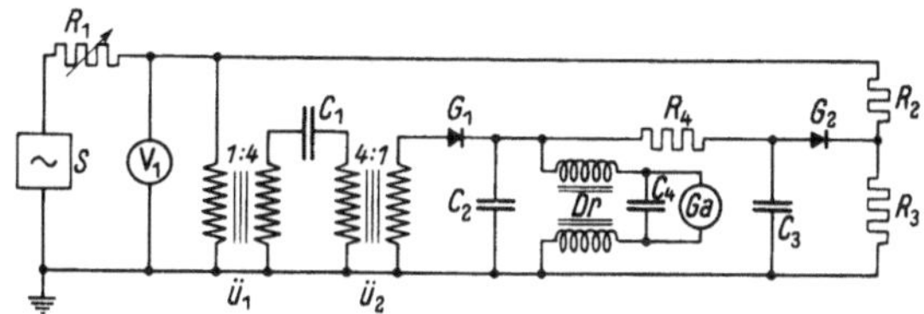

Bild 1. Grundschaltung der Magnetostriktions-Meßanordnung. S Sender für 35 kHz; R_1 Regelwiderstand; $Ü_1$, $Ü_2$ Anpassungsübertrager; C_1 Meßkondensator; G_1, G_2 Gleichrichter; R_2, R_3 Spannungsteiler; R_4 Widerstand zur Einstellung des Kompensationsstromes; Ga Galvanometer; C_2, C_3, C_4 Siebkondensatoren; Dr Siebdrossel.

In Bild 1 ist die Grundschaltung dargestellt. Die zu messende Längenänderung wird auf den Zweiplattenkondensator C_1 übertragen. An C_1 wird über den Anpassungsübertrager $Ü_1$ (1:4) eine vom Sender S erzeugte Wechselspannung von 35 kHz (etwa 100 V) gelegt. Der Kondensatorstrom wird nach Transformierung durch den zweiten Anpassungsübertrager $Ü_2$ (4:1) mittels des Kupferoxydulgleichrichters G_1 gleichgerichtet und durch das Galvanometer Ga gesandt. Der Ruhestrom in Ga wird

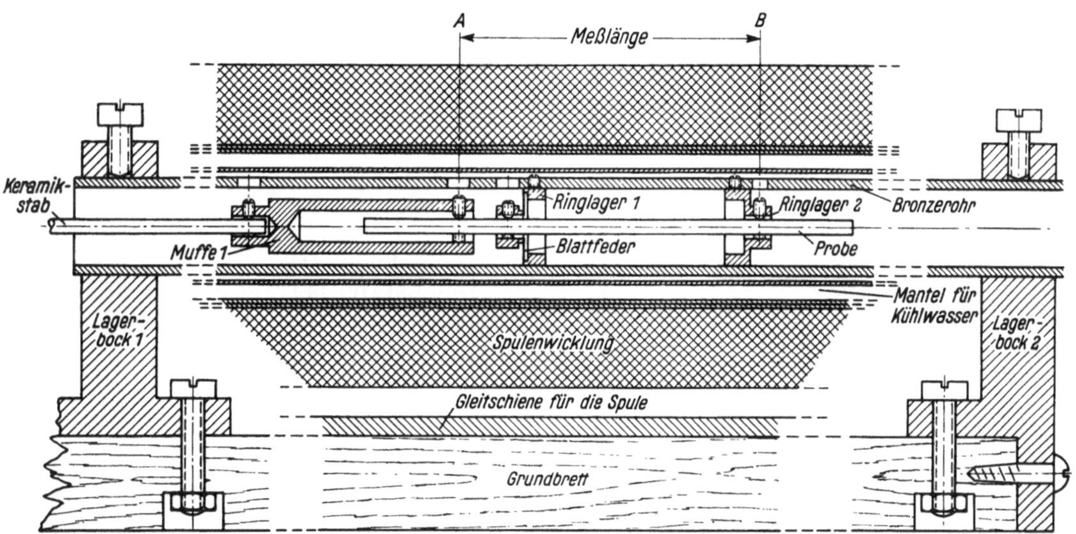

Bild 2. Halterung der Probe innerhalb der Feldspule. Längsschnitt 1:2.

durch einen zweiten, vom Gleichrichter G_2 gelieferten Strom kompensiert, so daß das Galvanometer nur die durch die Längenänderung der Probe verursachte Stromänderung anzeigt. Die Kondensatoren C_2, C_3 und C_4 und die Drossel Dr halten den verhältnismäßig großen Wechselstromanteil von dem empfindlichen Galvanometer fern. Die Widerstände R_2, R_3 und R_4 werden nach einmaliger Einstellung festgelegt. Wird nun mittels des Widerstandes R_1 die Eingangsspannung am Voltmeter V auf einen bestimmten Wert eingestellt, so liegt bei ebenfalls festgelegter Frequenz auch die Meßempfindlichkeit der Anordnung fest, d. i. das Verhältnis von Galvanometerausschlag zur Abstandsänderung der Kondensatorplatten. Die Kompensation am Galvanometer wird dann nämlich nur bei einem bestimmten Wert der Kapazität von C_1 erreicht, womit der Plattenabstand, also auch die Eichkonstante, festgelegt ist.

Die Einspannung der Meßprobe und der Aufbau des Meßkondensators sind in Bild 2 und 3 gezeigt. Von der Probe wird nur ein mittlerer Teil von 3 bis 12 cm zur Messung abgegriffen, so daß die bei Endabgriff eintretende, durch ungleichförmige Verteilung der magnetischen Induktion verursachte Verschmierung der Magnetostriktionskurve vermieden wird. Die Probe kann dabei rund (Gußstäbchen bis 6 mm Dmr.) oder flach (Blechstreifen) sein. Im hinteren Ringlager 2 (Bild 2) ist die Probe durch 3 Madenschrauben fest mit dem Bronzerohr verbunden. Zur Vermeidung eines seitlichen Ausweichens dient das vordere Federlager 1, während mittels der Muffe 1 die Längenänderung auf einen Keramikstab und damit auf den Meßkondensator übertragen wird. Die bewegliche Platte 1 (Bild 3) des Meßkondensators ist isoliert an einem Hebel befestigt und schwingt um die Blattfeder 2, so daß die auf die obere Muffe 2 übertragene Längenänderung noch im Verhältnis 6,5 : 1 vergrößert wird. Eine senkrecht zur Zeichenebene stehende Blattfeder 3 verhindert Querschwingungen des Hebels. Die Platte 2 ist mittels des Feingewindezapfens in einem Bock gelagert. Der übliche Plattenabstand beträgt etwa 2 mm, die Kapazität des Meßkondensators etwa 20 pF.

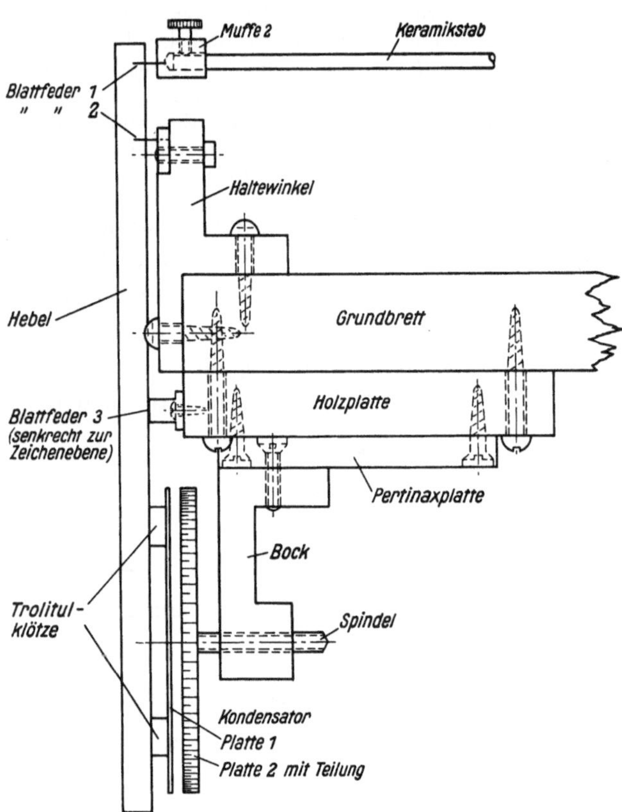

Bild 3. Meßkondensator. Seitenansicht 1 : 2.

Um beim Auswechseln der Probe die haltenden Madenschrauben lösen zu können, ist die Magnetisierungsspule auf einer Gleitschiene über dem Bronzerohr verschiebbar (Bild 2). Die Spule trägt innen einen Kühlwassermantel, durch den bei sehr genauen Messungen Wasser mit gleichbleibender Temperatur gepumpt werden kann.

Zur Eichung der Anordnung wird die Kondensatorplatte 2 (Bild 3) durch Drehen um eine aus der Steigung der Spindel berechenbare, kleine Strecke gegenüber der Platte 1 verschoben. Da die Eichkurve für die bei der Messung und Eichung benutzten kleinen Verschiebungen der Kondensatorplatte linear ist, ergibt sich mit der bekannten Übersetzung des Hebels von 6,5 : 1 aus dem beobachteten Galvanometerausschlag die Meßempfindlichkeit. Dreht man nun, nachdem man eine Probe eingespannt und die Spannung V_1 auf den bei der Eichung festgelegten Wert eingestellt hat, die Platte 2 so lange, bis das Galvanometer — dessen Empfindlichkeit bei Beginn der Einstellung durch Vorwiderstände herabgesetzt werden muß —, keinen Ausschlag mehr zeigt, so hat man bei jeder Messung stets die gleiche, einmal gemessene Empfindlichkeit.

Da die Schaltung eine Brücke darstellt, wäre die Kompensation unabhängig von der Größe der angelegten Meßspannung, wenn die Gleichrichter in den Arbeitspunkten übereinstimmende Kennlinien hätten. Durch passende Wahl der Spannungsteilerwiderstände R_2 und R_3 und des Vorwiderstandes R_4, gegebenenfalls auch durch Hintereinanderschalten mehrerer Zellen bei G_2, läßt sich eine praktisch hinreichende Übereinstimmung erzielen, so daß eine genügende Nullpunktsruhe erzielt wird. Die Linearisierung der Kennlinie bringt es mit sich, daß kleine Schwingungen der Kondensatorplatten um ihre Ruhelage, die die Wechselspannung modulieren, nicht zur Anzeige kommen, da sich der Strommittelwert nicht ändert. Die Anordnung ist daher gegenüber den üblichen Gebäudeerschütterungen genügend unempfindlich, so daß eine besondere, federnde Aufhängung nicht erforderlich ist. Dagegen waren optische Meßanordnungen von gleicher Meßempfindlichkeit unter denselben Bedingungen nicht brauchbar.

Die Magnetostriktionskurve könnte mit der beschriebenen Anordnung in üblicher Art punktweise aufgenommen werden. Dabei müßte jedoch die Temperatur der Proben sehr genau aufrechterhalten bleiben. Deshalb wurde an Stelle des Galvanometers die Vertikalschleife eines Siemens-Koordinatenschreibers [9] angeschlossen, während die Horizontalschleife einem im Magnetisierungsstromkreis liegenden Widerstand parallel geschaltet wurde. Wird nun der Magnetisierungsstrom mittels eines Potentiometers langsam von Null bis zum Höchstwert gesteigert, so beschreibt der Lichtpunkt des Koordinatenschreibers auf der Mattscheibe die Magnetostriktionskurve. Man erhält so in etwa $5 \cdots 10$ s einen Überblick über den Gesamtverlauf der Kurve und kann die wichtigsten Kenngrößen, wie Sättigungsmagnetostriktion und -feldstärke, Lage von Umkehrpunkten, Remanenz der Magnetostriktion usw., ablesen. In den meisten Fällen reicht eine derartige Durchmusterung des Kurvenverlaufes aus. Falls es erforderlich ist, kann die Magnetostriktionskurve in der gleichen Zeit photographisch aufgenommen werden, wobei die Mattscheibe des Koordinatenschreibers durch eine Kassette mit Registrierpapier ersetzt wird. Während dieses kurzen Zeitraumes ändert sich die Probentemperatur so wenig, daß bei Werkstoffen mit einer Magnetostriktion in der Größenordnung von 10^{-5} auf Kühlwasser verzichtet werden kann. Ferner braucht man nicht wie bei der punktweisen Aufnahme der Kurve erst abzuwarten, bis eine neu eingesetzte Meßprobe ihre Endtemperatur erreicht hat. Außerdem kann die Magnetisierungsspule bei der Aufnahme kurzzeitig stark überlastet werden, so daß man höhere Meßfeldstärken erzielt.

Sehr bequem ist es auch, auf die Mattscheibe ein Blatt Papier zu legen und die Kurve beim langsamen Steigern des Stromes nachzuzeichnen.

Die mit der Anordnung erzielbare Vergrößerung beträgt bei 2 mm Abstand der Kondensatorplatten und den angegebenen Betriebsbedingungen etwa $4 \cdot 10^5$. Bei 4 cm Probenlänge entspricht also einer Magnetostriktion von 10^{-5} ein Ausschlag von 16 cm am Koordinatenschreiber. Gegebenenfalls kann die Empfindlichkeit noch gesteigert werden, indem man den Abstand der Kondensatorplatten verkleinert. Bei der Untersuchung technischer magnetischer Werkstoffe ist eine so große Empfindlichkeit nur selten erforderlich, da solche Stoffe bis auf wenige Ausnahmen eine Magnetostriktion in der Größenordnung $10^{-5} \cdots 10^{-6}$ haben.

4*

Schließlich seien einige Anwendungsbeispiele der Meßanordnung an Hand einiger photographisch aufgenommener Kurven dargestellt. Die Bilder 4 ··· 9 zeigen, wie sich die Magnetostriktionskurve von Eisen durch steigenden Zusatz von Kobalt ändert [3] (Kobalt in Gewichtsprozenten). Die Kurven wurden an geglühten Gußstäbchen (5 mm Dmr., Länge 120 ··· 160 mm) aufgenommen und sind naturgemäß geschert. Das Achsenkreuz wurde nachträglich eingezeichnet. Man erkennt, wie sich der von den Umklappvorgängen herrührende, bei diesen Legierungen positive Anteil der Magnetostriktion bei kleinen Feldern mit wachsendem Kobaltzusatz vergrößert

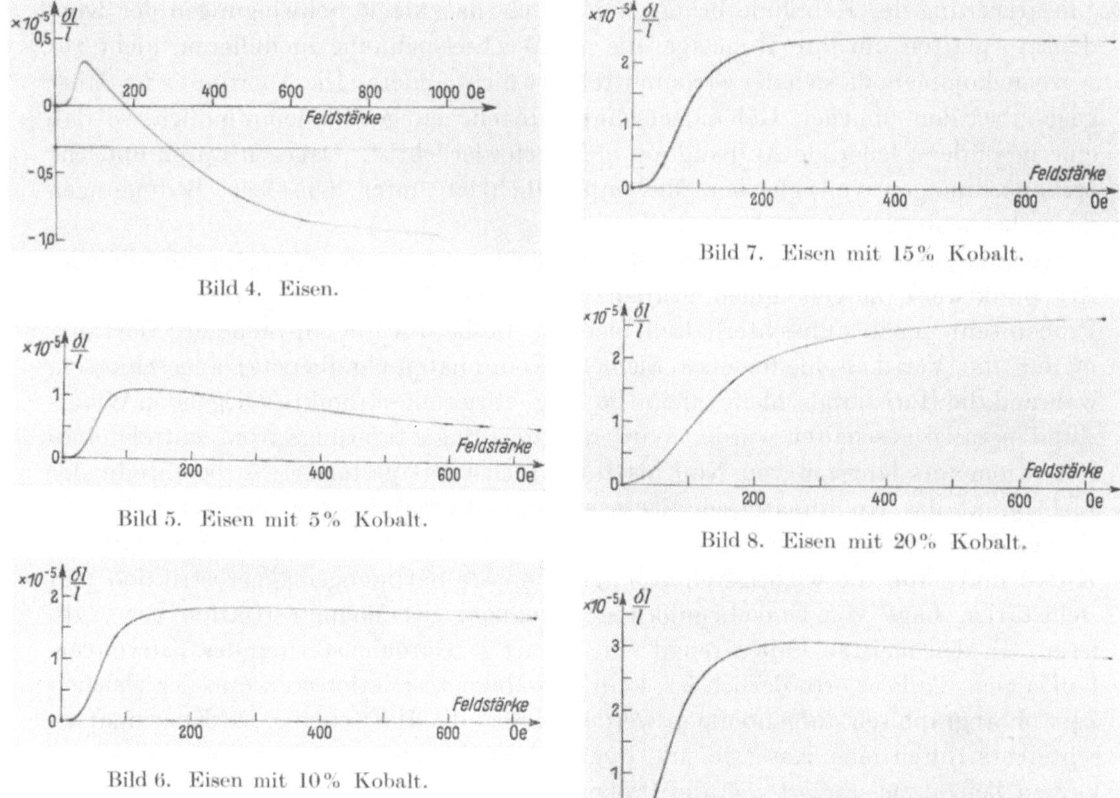

Bild 4. Eisen.

Bild 5. Eisen mit 5% Kobalt.

Bild 6. Eisen mit 10% Kobalt.

Bild 4 ··· 9. Photographisch aufgenommene Magnetostriktionskurven von Eisen-Kobalt-Legierungen. Die Proben waren Gußstäbchen von 5 mm Dmr. und 120 ··· 160 mm Länge. (Verkleinerung 1 : 2).

Bild 7. Eisen mit 15% Kobalt.

Bild 8. Eisen mit 20% Kobalt.

Bild 9. Eisen mit 25% Kobalt.

und wie gleichzeitig der von den Drehprozessen bei hohen Feldern erzeugte negative Anteil kleiner wird. Doch zeigt die Kurve auch bei 25% Kobalt noch einen leichten Abfall bei hohen Feldern über 200 Ö.

Ferner wurde stichprobenweise die Magnetostriktion einiger hochpermeabler Legierungen gemessen. Solche Legierungen zeigen besonders geringe Magnetostriktion. An einem Gußstäbchen aus Sendust [10] (Eisen mit 6% Aluminium und 10% Silizium) wurde ein Wert von $-1 \cdots -1{,}7 \cdot 10^{-6}$ bestimmt, der wesentlich unter der Magnetostriktion von Permalloy ($\approx 5 \cdot 10^{-6}$) [3] liegt. An der besonders hochpermeablen Legierung „1040" (11% Eisen, 72% Nickel, 10% Kupfer, 3% Molybdän [11]) wurde eine Magnetostriktion von $\approx -3 \cdot 10^{-7}$ gemessen, also ein kleinerer Wert, als er früher mit einer unempfindlicheren optischen Anordnung gefunden wurde [12]. Es ist zu beachten, daß diese Werte sehr empfindlich gegen geringe Schwankungen der Zusammensetzung sind, und daß sowohl an Guß- als auch an Bandproben noch Textureinflüsse vorhanden sein können.

Zusammenfassung.

Beschrieben wird eine einfach aufzubauende Anordnung zur Messung der Magnetostriktion. Die Längenänderung wird mittels einer Hebelübersetzung auf eine Platte eines Meßkondensators übertragen. An dem Kondensator liegt eine Wechselspannung. Der Kondensatorstrom wird gleichgerichtet und in einer Kompensationsschaltung auf ein Gleichstromgalvanometer gegeben. Zur unmittelbaren Anzeige und photographischen Aufzeichnung der Kurve wird an Stelle des Galvanometers die Vertikalschleife eines Koordinatenschreibers geschaltet, durch dessen Horizontalschleife ein Teil des Magnetisierungsstromes geschickt wird. Ferner werden einige mit der beschriebenen Anordnung aufgenommene Magnetostriktionskurven von Eisen-Kobalt-Legierungen gezeigt. Mit der Anordnung wurde die Magnetostriktion von Sendust zu $-1 \cdots -1{,}7 \cdot 10^{-6}$, von „1040" zu $-3 \cdot 10^{-7}$ bestimmt.

Schrifttum.

1. K. Honda: Magnetic Properties of Matter. Tokio (1928).

2. M. Kornetzki: Über die Magnetostriktion von ferromagnetischen Ellipsoiden. Z. Phys. **87** (1933) S. 560.

3. A. Schulze: Die Magnetostriktion. Z. Phys. **50** (1928) S. 448.

4. F. Lichtenberger: Untersuchung der Magnetostriktion von Einkristallen der Eisen-Nickel-Reihe. Ann. Phys., Lpz. V., **15** (1932) S. 45.

5. L. W. McKeehan u. P. P. Cioffi: Magnetostriction in Permalloy. Phys. Rev. **28** (1926) S. 146.

6. P. Kapitza: The Study of Magnetic Properties of Matter in Strong Magnetic Fields. IV. The Method of Measuring Magnetostriktion in Strong Magnetic Fields. Proc. roy. Soc., Lond. A **135** (1932) S. 556. — W. Döring: Über die Temperaturabhängigkeit der Magnetostriktion von Nickel. Z. Phys. **103** (1936) S. 560.

7. W. S. Meßkin, B. E. Somin u. A. J. Nechamkin: Magnetostriktion verschiedener Legierungen. J. techn. Phys. **11** (1941) S. 918.

8. Siehe z. B. A. Thum, O. Svenson u. H. Weiss: Neuzeitliche Dehnungsmeßgeräte. Forsch. Ing.-Wes. A **9** (1938) S. 229. — J. Ratzke: Neue elektrische Meßgeräte mit Trägerfrequenzmodulation. Meßtechn. **15** (1939) S. 209.

9. Siemens-Koordinatenschreiber. Arch. techn. Messen J 036-3 (1934).

10. H. Masumoto: On a new Alloy „Sendust" and its Magnetic and Electric Properties. Sci. Rep. Tôhoku Univ. **25** (1936) S. 388.

11. H. Neumann: Neue magnetische Legierung „1040". Arch. techn. Messen Z 913-5 (1934).

12. Der vom Verfasser früher gemessene Wert von $5 \cdot 10^{-7}$ ist veröffentlicht bei H. Neumann [*11*].

Über die Amplitudenmodulation bei Anwesenheit mehrerer Frequenzen[1].

Von **Johannes Rasch.**

Mit 10 Bildern.

Mitteilung aus dem Zentrallaboratorium der Wernerwerke der Siemens & Halske AG.

Eingegangen am 4. September 1941.

Inhaltsübersicht.

Einleitung.

Die Entwicklung der Nachrichtentechnik im letzten Jahrzehnt hat die Aufgabe der Frequenzumsetzung zu einem außerordentlich wichtigen Problem heranreifen lassen. Es ist gelungen, diese Aufgabe durch Entwicklung brauchbarer Modulatoren in weitem Umfange zu lösen. Im Zuge dieser Entwicklung ist die wissenschaftliche Begründung der Vorgänge bei der Modulation in gleichem Maße fortgeschritten. Von den zahlreichen Arbeiten über das Gebiet der Modulation sind die Arbeiten von J. R. Carson, der die Bedeutung der Seitenbänder erkannte, und Arbeiten von W. R. Bennet und von A. Schmid hervorzuheben. Die vorliegende Arbeit verwendet im wesentlichen Rechenverfahren, die von den beiden letztgenannten Verfassern entwickelt worden sind. W. R. Bennet [1][2] weist verschiedene Wege, auf denen die Modulationsprodukte an Knickkennlinien verschiedener Form berechnet werden können. Es gelingt ihm, die Amplituden verschiedener Modulationsprodukte ohne jede Vernachlässigung mit Hilfe elliptischer Integrale darzustellen. A. Schmid [2] behandelt den in der Technik zu großer Bedeutung gelangten Ringmodulator. Er faßt den Ringmodulator als einen Umpoler auf und zeigt, daß sich aus der Fourier-Entwicklung der Umpolfunktion die Amplituden bestimmter Modulationsprodukte leicht angeben lassen.

Als wesentlicher Mangel aller bisherigen Arbeiten über die Modulation muß die Tatsache hervorgehoben werden, daß sie immer die Modulation von nur zwei Frequenzen behandelt haben. Die in der Technik verwendeten Modulatoren verarbeiten aber immer eine sehr große Anzahl Frequenzen verschiedener Amplitude. Das Auftreten einer Vielzahl von Frequenzen wirft daher eine Reihe von Fragen auf, die

---

[1] D 83 Arbeit zur Erlangung des Grades eines Dr.-Ingenieurs der Technischen Hochschule Berlin.
[2] Die eingeklammerten schrägen Zahlen beziehen sich auf das Schrifttum am Schluß der Arbeit.

eine Klärung der Vorgänge bei Vorhandensein mehrerer Frequenzen notwendig erscheinen lassen. Aufgabe dieser Arbeit soll es sein, die Modulation bei Gegenwart mehrerer Frequenzen zu untersuchen. Die späteren Rechnungen werden ergeben, daß das Gesetz der ungestörten Überlagerung beim Modulator nicht allgemein gilt. Es besteht vielmehr eine gewisse gegenseitige Abhängigkeit der verschiedenen Frequenzen voneinander, welche bei bestimmten Betriebsbedingungen zu außerordentlich einfachen und klaren Zusammenhängen führt. Die Einführung vieler Frequenzen bringt, wie man verständlicherweise erwarten kann, bei der Mehrzahl aller Fälle erhebliche Schwierigkeiten in der Durchführung der Rechnungen mit sich. In der vorliegenden Arbeit wird daher die Anwesenheit von nur drei Frequenzen vorausgesetzt. Die unter diesen Voraussetzungen durchgeführten Rechnungen ergeben bereits einen genügenden Aufschluß über die gegenseitige Beeinflussung der Frequenzen und die Stärke ihrer Modulationsprodukte.

Jede nach irgendeinem beliebigen Gesetze periodisch wirkende Beeinflussung eines Frequenzgemisches führt bekanntlich zu der Entstehung von Modulationsprodukten. Von den zahlreichen Möglichkeiten der periodischen Beeinflussung werden in den folgenden Abschnitten einige herausgegriffen. Die vorliegende Arbeit gliedert sich dementsprechend in vier Teile.

Der erste Teil behandelt die Modulation an parabolischen Kennlinien höheren Grades. Die Rechnungen ergeben in manchen Fällen eine Beeinflussung der Stärke des Modulationsproduktes zweier Frequenzen durch eine dritte an dem Modulationsprodukt nicht beteiligte Frequenz. Die Beeinflussung ist geringfügig.

Der zweite Teil behandelt die Modulation an Exponentialkennlinien. Die Beeinflussung durch fremde Frequenzen ist eine ähnliche wie bei der Modulation an parabolischen Kennlinien. Hervorzuheben ist, daß sich für die Modulation dieser Art eine außerordentlich übersichtliche Darstellung ergibt, welche es sogar gestattet, die Stärke eines Modulationsproduktes bei Anwesenheit beliebig vieler Frequenzen hinzuschreiben.

Der dritte Teil behandelt die Modulation an der linearen Knicklinie mit der Vorspannung Null. Im Gegensatz zu den beiden vorhergehenden Abschnitten ergibt sich dort, daß die Beeinflussung des Modulationsproduktes zweier Frequenzen in hohem Maße von der Gegenwart einer dritten fremden Frequenz abhängt, wenn die Amplitude dieser dritten Frequenz groß ist. Die Beeinflussung geht in der Richtung, daß das Modulationsprodukt durch eine starke fremde Frequenz gedämpft wird. Der Grad der Dämpfung hängt von der Ordnung des Modulationsproduktes ab. Für das Modulationsprodukt $\Omega \pm \omega$ ergibt sich z. B. ein linearer Zusammenhang. Dies bedeutet, daß eine in der Amplitude 10fach stärkere fremde Frequenz die Amplitude des Modulationsproduktes um den Faktor 10 dämpft. Für Modulationsprodukte höherer Ordnung ergeben sich Abhängigkeiten höheren Grades.

Dies Ergebnis ist für die Modulation in folgendem Punkte von praktischer Bedeutung: Es können nämlich bei der Modulation eines Gespräches auch die verschiedenen Frequenzen des Niederfrequenzgemisches unter sich Modulationsprodukte bilden. Nach den Ergebnissen dieses dritten Abschnittes werden diese genügend klein gehalten, wenn die dritte Frequenz, welche in diesem Falle der Träger ist, in ihrer Amplitude genügend groß gewählt wird. Die Ergebnisse dieses Abschnittes zeigen, daß man die Trägerleistung eines Modulators nicht unter eine bestimmte Grenze bringen kann, wenn die Anforderungen hinsichtlich der Klirrdämpfung festliegen.

Der vierte Teil behandelt die Modulation an der Knickkennlinie mit beliebiger Vorspannung. Er behandelt den allgemeinsten Fall und umfaßt demgemäß die Ergebnisse des dritten Abschnittes als Sonderfälle. Es wird eine allgemeine Formel für die Stärke der Modulationsprodukte entwickelt, mit deren Hilfe man die gegenseitige Beeinflussung der drei Frequenzen berechnen kann. Das Ergebnis ist in seiner Allgemeinheit nicht sehr übersichtlich. Für einfache Grenzfälle lassen sich allerdings einfache Zusammenhänge errechnen. Es zeigt sich außerdem, daß die Modulationsprodukte gerader Ordnung nahezu unabhängig von der Vorspannung sind, wenn die Vorspannung nicht zu große Werte annimmt, während die Modulationsprodukte ungerader Ordnung mit wachsender Vorspannung auch stärker werden. Der Modulator mit einer Vorspannung hat bisher in der Technik keine Bedeutung gehabt. Von Wichtigkeit könnte allerdings die Tatsache werden, daß durch Wahl bestimmter Vorspannungen bestimmte Modulationsprodukte sehr klein, andere dafür groß gemacht werden können. Dies ist bereits von H. Bendel erkannt worden. Die Kenntnis der Abhängigkeit der Stärke bestimmter Modulationsprodukte von der Vorspannung ist aber aus einem anderen Grunde noch von Bedeutung. Der in der Technik bekannte Ringmodulator arbeitet bekanntlich ohne Vorspannung. Infolge der Unsymmetrie der einzelnen Zellen kann aber der im Ringe fließende Ausgleichstrom dem Modulator eine Vorspannung erteilen, welche dann das Auftreten unerwünschter Modulationsprodukte zur Folge hat. Es können noch weitere Gründe angeführt werden, welche eine Erweiterung unserer Kenntnisse über die Zusammenhänge bei der Modulation wünschenswert erscheinen lassen. Es sei in diesem Zusammenhange erwähnt, daß in dem Modulator ein Amplitudenverzerrer gegeben zu sein scheint, welcher im Gegensatz zu allen bisherigen Amplitudenverzerrern imstande ist, zwischen großen und kleinen Amplituden „gleichzeitig" zu unterscheiden. Die bislang bekannten Amplitudenverzerrer sprechen im Gegensatz zu der eben angedeuteten Betriebsweise bekanntlich nur auf die Summenkurve eines Frequenzgemisches an.

Die Einflüsse, welche die Stärke eines Modulationsproduktes bestimmen, hängen von folgenden Punkten ab:

1. von der Art der Kennlinie des verwendeten Modulators,

2. von der Ordnung des Modulationsproduktes,

3. von der Amplitudenstärke der das Modulationsprodukt bestimmenden Frequenzen,

4. von der Amplitudenstärke fremder an dem Modulationsprodukt nicht beteiligter Frequenzen.

Als wesentlich neu muß der Gesichtspunkt 4 hervorgehoben werden, auf welchen Verfasser auf Grund einer Aufgabe gestoßen ist, die er sich bei der Verwendung der Modulatoren als Amplituden- und Dynamikverzerrer gestellt hatte.

I. Die Modulation an Parabeln einfacheren und höheren Grades.

Es sei mit der Anwesenheit dreier Frequenzen Ω, ω, ω' gerechnet, welche mit einer Parabel n-ten Grades moduliert werden.

Es ergibt sich der allgemeine Ansatz für die Stromstärke

$$i = s \cdot u^n . \tag{1}$$

In dieser Gleichung ist unter u die Spannung zu verstehen, welche sich aus der

Vorspannung u_0 und den Augenblickswerten der drei Frequenzen Ω, ω und ω' zusammensetzt. Es ist

$$u = u_0 + A\cos\Omega t + a_1\cos\omega t + a_2\cos\omega' t. \qquad (2)$$

Die Berechnung läßt sich ohne große Schwierigkeiten mit Hilfe des polynomischen Lehrsatzes durchführen.

Es ist [3]:
$$(a_1 + a_2 + \cdots a_p)^n = \sum \frac{n!}{\nu_1!\,\nu_2!\,\ldots\,\nu_p!}\, a_1^{\nu_1} \cdot a_2^{\nu_2}\ldots a_p^{\nu_p},$$

wobei über alle ν zu summieren ist, für die die Nebenbedingung $\nu_1 + \nu_2 + \nu_3 + \cdots \nu_p = n$ gilt. Unter Zuhilfenahme der Beziehungen, welche die Potenzen des cosinus in Summen des cosinus mit vielfachem Argument umzurechnen erlauben, kann die Lösung ohne Schwierigkeiten angegeben werden. Die Ergebnisse dieser Rechnungen, welche die Modulation an parabolischen Kennlinien bis zum 5. Grade berücksichtigen, sind in der nachstehend angegebenen Zahlentafel zusammengestellt und lassen folgende Zusammenhänge erkennen:

1. Bei der Modulation an einer Parabel n-ten Grades entstehen Modulationsprodukte bis zur n-ten Ordnung; unter der Ordnung eines Modulationsproduktes $p\Omega \pm q\omega \pm r\omega'$ soll dabei die Zahl $p + q + r$ verstanden werden.

2. Die Stärke der Modulationsprodukte wird von einem sehr einfach gebauten Faktor bestimmt. Dieser die Amplitude im wesentlichen bestimmende Faktor steht in engem Zusammenhange mit den Größen p, q und r, welche die Ordnung des Modulationsproduktes bestimmen. Er ist unabhängig von dem Grade der verwendeten Parabel und hat allgemein beim Modulationsprodukt $p\Omega \pm q\omega \pm r\omega'$ die Form $A^p \cdot a_1^q \cdot a_2^r$.

3. Bei der Modulation an Parabeln n-ten Grades wird die Stärke der Modulationsprodukte der Ordnung $p + q + r \leqq n - 2$ außerdem von einem Klammerausdruck bestimmt, welcher von der Stärke fremder an dem Modulationsprodukt nicht beteiligter Frequenzen abhängt.

Zahlentafel der Modulationsprodukte von Parabeln.

Es ist $u = u_0 + A\cos\Omega t + a_1\cos\omega t + a_2\cos\omega' t$.

1. Parabel: $i = s \cdot u^2$.

Modulationsprodukt	Stärke des Modulationsproduktes
$\Omega \pm \omega$	$s \cdot A \cdot a_1$

$p\Omega \pm q\omega \pm r\omega' = 0$, wenn $p + q + r > 2$.

2. Parabel: $i = s \cdot u^3$.

Modulationsprodukt	Stärke des Modulationsproduktes
$\Omega \pm \omega$	$3 \cdot s \cdot u_0 \cdot A \cdot a_1$
$2\Omega \pm \omega$	$3/4 \cdot s \cdot A^2 \cdot a_1$
$\Omega \pm 2\omega$	$3/4 \cdot s \cdot A \cdot a_1^2$
$\Omega \pm \omega \pm \omega'$	$3/2 \cdot s \cdot A \cdot a_1 \cdot a_2$

$p\Omega \pm q\omega \pm r\omega' = 0$, wenn $p + q + r > 3$.

3. Parabel: $i = s \cdot u^4$.

Modulationsprodukt	Stärke des Modulationsproduktes
$\Omega \pm \omega$	$3/2 \cdot s \cdot A \cdot a_1\,[4 \cdot u_0^2 + A^2 + a_1^2 + 2\,a_2^2]$
$2\Omega \pm \omega$	$3 \cdot s \cdot u_0 \cdot A^2 \cdot a_1$
$\Omega \pm 2\omega$	$3 \cdot s \cdot u_0 \cdot A \cdot a_1^2$
$\Omega \pm \omega \pm \omega'$	$6 \cdot s \cdot u_0 \cdot A \cdot a_1 \cdot a_2$
$\Omega \pm 2\omega \pm \omega'$	$3/2 \cdot s \cdot A \cdot a_1^2 \cdot a_2$
$2\Omega \pm \omega \pm \omega'$	$3/2 \cdot s \cdot A^2 \cdot a_1 \cdot a_2$

$p\Omega \pm q\omega \pm r\omega' = 0$, wenn $p + q + r > 4$.

4. Parabel: $i = s \cdot u^5$.

| Modulationsprodukt | Stärke des Modulationsproduktes |

$$\Omega \pm \omega \qquad\qquad 15/2 \cdot s \cdot u_0 \cdot A \cdot a_1 \left[4/3 \cdot u_0^2 + A^2 + a_1^2 + 2\,a_2^2\right]$$

$$2\Omega \pm \omega \qquad\qquad 5/4 \cdot s \cdot A^2 \cdot a_1 \left[6 \cdot u_0^2 + A^2 + 1{,}5\,a_1^2 + 3\,a_2^2\right]$$

$$\Omega \pm 2\omega \qquad\qquad 5/4 \cdot s \cdot A \cdot a_1^2 \left[6 \cdot u_0^2 + 1{,}5 \cdot A^2 + a_1^2 + 3\,a_2^2\right]$$

$$\Omega \pm \omega \pm \omega' \qquad\qquad 15/4 \cdot s \cdot A \cdot a_1 \cdot a_2 \left[4 \cdot u_0^2 + A^2 + a_1^2 + a_2^2\right]$$

$$\Omega \pm 2\omega \pm \omega' \qquad\qquad 15 \cdot s \cdot u_0 \cdot A \cdot a_1^2 \cdot a_2$$

$$2\Omega \pm \omega \pm \omega' \qquad\qquad 15 \cdot s \cdot u_0 \cdot A^2 \cdot a_1 \cdot a_2$$

$$p\,\Omega \pm q\,\omega \pm r\,\omega' = 0, \quad \text{wenn} \quad p + q + r > 5.$$

II. Über die Modulation an der Exponentialkennlinie.

Die Modulation an parabolischen Kennlinien führte für die Stärke der Modulationsprodukte auf Ausdrücke, in denen neben einem einfach gebauten Faktor ein Klammerausdruck auftritt, welcher eine schwer zu übersehende Funktion von höheren Potenzen der Amplituden aller vorhandenen Frequenzen ist. Die Modulation an einer exponentiellen Kennlinie hat demgegenüber den Vorzug, daß das Bildungsgesetz für die Stärke aller Modulationsprodukte außerordentlich einfach ist, so daß sich sogar die Stärke der Amplitude eines beliebigen Modulationsproduktes mit zahlreichen Frequenzen ohne Schwierigkeit hinschreiben ließe. Da aber die Rechnung mit drei Frequenzen verschiedener Amplitude bereits alle Wesenszüge erkennen läßt, so wird auch bei der Behandlung der Modulation an der Exponentialkennlinie nur das Vorhandensein dreier Frequenzen angenommen.

Bei Zugrundelegung einer Exponentialkennlinie verläuft der Strom nach folgendem Gesetz

$$i = c \cdot e^{s\,u}. \tag{3}$$

s werde als die Richtkonstante der Exponentialkennlinie bezeichnet.

Die Spannung u ist bestimmt durch den Ausdruck

$$u = u_0 + A \cos \Omega t + a_1 \cos \omega t + a_2 \cos \omega' t. \tag{4}$$

Es ergibt sich dann

$$i = c\,e^{s\,u} = c\,e^{s\,(u_0 + A\cos\Omega t + a_1 \cos\omega t + a_2 \cos\omega' t)}$$
$$= c\,e^{s\,u_0} \cdot e^{s\,A\cos\Omega t} \cdot e^{s\cdot a_1 \cdot \cos\omega t} \cdot e^{s\cdot a_2 \cos\omega' t}.$$

Jeder dieser Faktoren läßt sich in eine Fourier-Reihe nach Vielfachen des Argumentes der cos-Funktion zerlegen, in welcher die Koeffizienten der cosinus-Glieder Bessel-Koeffizienten sind. Die Zerlegung der drei Faktoren ergibt folgende Reihenentwicklungen:

$$e^{s\cdot A\cos\Omega t} = I_0(isA) + 2\sum_{n=1}^{\infty} i^{-n} \cdot I_n(isA) \cdot \cos(n\cdot\Omega\cdot t),$$

$$e^{s\cdot a_1\cos\omega t} = I_0(isa_1) + 2\sum_{n=1}^{\infty} i^{-n} \cdot I_n(isa_1) \cdot \cos(n\cdot\omega\cdot t),$$

$$e^{s\cdot a_2\cos\omega' t} = I_0(isa_2) + 2\sum_{n=1}^{\infty} i^{-n} \cdot I_n(isa_2) \cdot \cos(n\cdot\omega'\cdot t).$$

Die Multiplikation dieser Reihen ergibt Ausdrücke der Form $\cos(p\Omega t) \cdot \cos(q\omega t)$ $\cos(r\omega' t)$, multipliziert mit Faktoren $I_p(isA) \cdot I_q(isa_1) \cdot I_r(isa_2)$, welche also bereits die Stärke des betreffenden Modulationsproduktes $p\Omega \pm q\omega \pm r\omega'$ angeben.

Die entsprechenden Werte für verschiedene Modulationsprodukte lauten (Nebenbedingung $p+q+r \geqq 1$):

Modulationsprodukt	Stärke der Amplitude des Modulationsproduktes
$p\,\Omega \pm q\,\omega \pm r\,\omega'$	$(-i)^{p+q+r} \cdot 2\,c\,e^{+s\,\cdot\,u_0} \cdot I_p(i\,s\,A) \cdot I_q(i\,s\,a_1) \cdot I_r(i\,s\,a_2)$
$\Omega \pm \omega$	$-2\,c\,e^{+s\,\cdot\,u_0} \cdot I_1(i\,s\,A) \cdot I_1(i\,s\,a_1) \cdot I_0(i\,s\,a_2)$
$2\,\Omega \pm \omega$	$(-i) \cdot 2\,c\,e^{+s\,\cdot\,u_0} \cdot I_2(i\,s\,A)\,I_1(i\,s\,a_1) \cdot I_0(i\,s\,a_2)$
$\Omega \pm \omega \pm \omega'$	$(-i) \cdot 2\,c\,e^{+s\,\cdot\,u_0} \cdot I_1(i\,s\,A) \cdot I_1(i\,s\,a_1) \cdot I_1(i\,s\,a_2)$
$\Omega \pm 2\,\omega \pm \omega'$	$+2\,c\,e^{+s\,\cdot\,u_0} \cdot I_1(i\,s\,A) \cdot I_2(i\,s\,a_1) \cdot I_1(i\,s\,a_2)$
$\Omega \pm \omega \pm 2\,\omega'$	$+2\,c\,e^{+s\,\cdot\,u_0} \cdot I_1(i\,s\,A) \cdot I_1(i\,s\,a_1) \cdot I_2(i\,s\,a_2)$

Von Wichtigkeit ist, welchen Wert diese Ausdrücke bei kleinen Aussteuerungen annehmen.

Die Entwicklung des Bessel-Koeffizienten $I_p(ix)$ in die Reihe

$$I_p(i\,x) = \frac{(i\,x)^p}{2^p} \sum_{\nu=0}^{\infty} \frac{x^{2\,\nu}}{\nu!\,2^{2\,\nu}\,(\nu+p)!}$$

ergibt für kleine x:

$$I_p(i\,x) \approx \frac{(i\,x)^p}{2^p \cdot p!}\;; \quad I_0(i\,x) \approx 1\;; \quad I_1(i\,x) \approx \frac{i\,x}{2}.$$

Der Näherungswert für das allgemeine Modulationsprodukt $p\,\Omega \pm q\,\omega \pm r\,\omega'$ für kleine Aussteuerungen ergibt sich zu:

Modulationsprodukt	Stärke für kleine Aussteuerungen
$p\,\Omega \pm q\,\omega \pm r\,\omega'$	$c \cdot \dfrac{2 \cdot e^{+s\,\cdot\,u_0}}{2^{p+q+r} \cdot p!\,q!\,r!}\,(A)^p\,(a_1)^q\,(a_2)^r$

Die Formeln zeigen den Einfluß einer am Modulationsprodukt nicht beteiligten Frequenz ω, wenn wir den Index $q=0$ setzen. Ist die Amplitude dieser fremden Frequenz klein, so nähert sich der Bessel-Koeffizient dem Werte Eins, so daß die Stärke des betrachteten Modulationsproduktes nur von den teilnehmenden Frequenzen Ω und ω' bestimmt wird. Die Amplitudenabhängigkeit des Modulationsproduktes ist in diesem Falle eine ähnliche wie bei der Modulation an parabolischen Kennlinien.

Da die Exponentialkennlinie nach der Gleichung

$$e^u = \sum_{n=0}^{\infty} \frac{u^n}{n!}$$

als eine Summe vieler Parabeln aufgefaßt werden kann, bei welcher alle Summanden positiv sind, so muß verständlicherweise die Modulation an der Exponentialkennlinie zu ähnlichen Ergebnissen führen. Bemerkenswert bleibt das überaus einfache formale Bildungsgesetz, nach welchem jede vorhandene Frequenz einen Bessel-Koeffizienten als Faktor ergibt; der Grad, mit dem die Frequenz am Modulationsprodukt beteiligt ist, ergibt dabei die Ordnung des Bessel-Koeffizienten.

III. Über die Modulation an der linearen Knickkennlinie[1].

Eine gewisse technische Bedeutung für die Modulation hat eine Klasse von Kennlinien gewonnen, welche an einer bestimmten Stelle der Kennlinie eine Unstetigkeit — einen Knick — aufweisen. Auf der einen Seite dieses Knickes ist die

---

[1] Hierüber ist in einer unveröffentlichten Arbeit von O. Henkler und J. Rasch berichtet.

Kennlinie im allgemeinen eine Gerade mit den Ordinatenwerten Null für die Stromstärke. Auf der anderen Seite der Knickstelle hat die Kennlinie einen Stromverlauf $i = f(u)$. Der einfachste Fall der Knickkennlinie ist dann gegeben, wenn der Stromverlauf $i = f(u)$ vollkommen linear verläuft und wenn der Knick bei der Spannung $u = 0$ einsetzt.

In Bild 1 und 2 sind der Verlauf der Knickkennlinie und die durch sie hervorgerufene Verstümmelung des Frequenzgemisches dargestellt. Die Strom- und Spannungsverhältnisse der linearen Knickkennlinie sind folgendermaßen definiert:

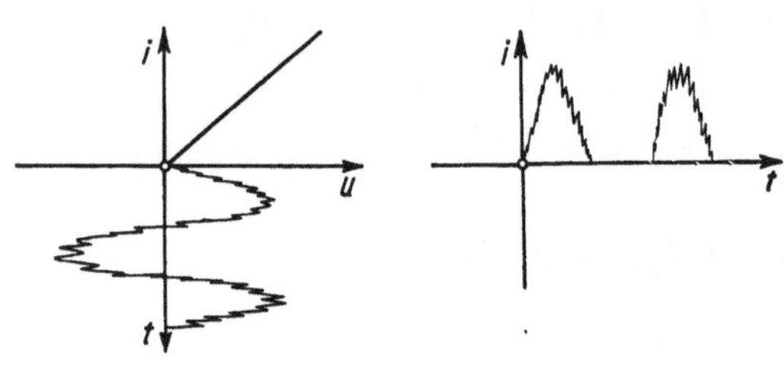

$$\text{für} \quad u > 0 \quad \text{sei} \quad i = s \cdot u,$$
$$\text{für} \quad u < 0 \quad \text{sei} \quad i = 0.$$

Da die Steilheit s der Knickkennlinie in die folgenden Gleichungen nur als Faktor eingeht, so sei sie gleich Eins angenommen.

Bild 1 und 2. Modulation eines Frequenzgemisches an der linearen Knickkennlinie ohne Vorspannung.

Die vorliegende Unstetigkeit im Verlauf der Knickkennlinie läßt sich durch Einführung einer Schaltfunktion f erfüllen, welche für positive Spannungswerte den Wert $+1$ und für negative Spannungswerte den Wert Null annimmt. Das im Bild 2 dargestellte Frequenzgemisch bestimmt sich dann durch einfache Multiplikation des Niederfrequenzgemisches mit der so definierten Schaltfunktion. Im Falle zweier Frequenzen Ω und ω ist der Ansatz [2] dann einfach, wenn die Amplitude A der Frequenz Ω den Schaltvorgang allein bestimmt; dies ist der Fall, so lange die Amplitude a_1 klein gegenüber A bleibt.

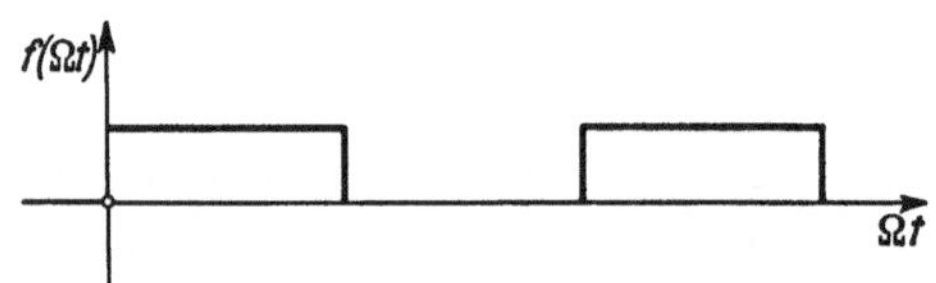

Bild 3. Verlauf der Schaltfunktion $f(\Omega t)$ bei Vorhandensein eines Trägers großer Amplitude.

Nach Fourier läßt sich der Vorgang (Bild 3) durch den Ansatz darstellen:

$$f(\Omega t) = \frac{1}{2} + \frac{2}{\pi}\left(\frac{\sin \Omega t}{1} + \frac{\sin 3\,\Omega t}{3} + \cdots \frac{\sin(2n+1)\,\Omega t}{2n+1}\right).$$

Wird die Frequenz ω durch eine Trägerfrequenz Ω nach dem vorliegenden Gesetz geschaltet, so ergibt sich für den Strom i der Ansatz:

$$i = a_1 \cdot \sin \omega t \cdot f(\Omega t) = a_1 \sin \omega t \left[\frac{1}{2} + \frac{2}{\pi}\left(\frac{\sin \Omega t}{1} + \frac{\sin 3\,\Omega t}{3} + \cdots\right)\right].$$

Die in diesem Ansatz auftretenden Produkte

$$a_1 \cdot \sin \omega t \cdot \frac{2}{\pi}\,\frac{\sin(2n+1)\,\Omega t}{2n+1}$$

lassen sich zu der Form

$$\frac{1}{\pi}\,\frac{a_1}{(2n+1)} \cdot \cos[(2n+1)\,\Omega \pm \omega]$$

zusammenfassen und ergeben bereits alle vorkommenden Modulationsprodukte mit der Amplitude $\frac{1}{\pi}\,\frac{a_1}{(2n+1)}$.

Der vorliegende Ansatz, welcher uns bereits ohne große Rechenarbeit über zahlreiche Zusammenhänge der Modulation zweier Frequenzen Aufschluß gibt, soll bei den folgenden Rechnungen in erweiterter Form auf die Modulation von drei Frequenzen übertragen werden. Es liege der Modulation wieder ein Schaltvorgang zugrunde, dessen Rhythmus dieses Mal durch die zwei Frequenzen Ω und ω bestimmt sei. Die Amplitude a_2 der Frequenz ω' soll so klein angenommen werden, daß sie den Vorgang nicht mehr stören kann. Es ist dann eine Doppelfourierreihe aufzustellen, welche von den beiden Variablen $\Omega \cdot t$ und $\omega \cdot t$ gebildet wird. Die Reihe, welche diese Schaltfunktion darstellt, lautet formal:

$$\left.\begin{aligned} f(\Omega t, \omega t) = \tfrac{1}{2} \cdot A_0 + A_\Omega \cos \Omega t + A_\omega \cdot \cos \omega t + A_{\Omega \pm \omega} \cos (\Omega \pm \omega) \cdot t \\ + \cdots + A_{p\Omega \pm q\omega} \cdot \cos (p\Omega \pm q\omega)t + \cdots \\ + B_\Omega \sin \Omega t + B_\omega \sin \omega t + B_{\Omega \pm \omega} \sin (\Omega \pm \omega) t + \cdots \end{aligned}\right\} \quad (5)$$

Gelingt die Berechnung der Koeffizienten $A_{p\Omega \pm q\omega}$ und $B_{p\Omega \pm q\omega}$ dieser Doppelfourierreihe, so lassen sich alle gewünschten Modulationsprodukte durch Multiplikation des Frequenzgemisches

$$A \cos \Omega t + a_1 \cos \omega t + a_2 \cos \omega' t$$

mit der Schaltfunktion $f(\Omega t, \omega t)$ errechnen. Die Rechnung wird später zeigen, daß die Koeffizienten $B_{p\Omega \pm q\omega} = 0$ sind.

Der Ansatz zur Berechnung der Modulationsprodukte lautet bei Berücksichtigung dieser Beziehung:

$$\begin{aligned} i &= (A \cos \Omega t + a_1 \cos \omega t + a_2 \cos \omega' t) \cdot f(\Omega t, \omega t) \\ &= (A \cos \Omega t + a_1 \cos \omega t + a_2 \cos \omega' t)\,(\tfrac{1}{2} A_0 + A_\Omega \cos \Omega t + A_\omega \cos \omega t \\ &\quad + A_{\Omega \pm \omega} \cos (\Omega \pm \omega) t + \cdots + A_{p\Omega \pm q\Omega} \cos (p\Omega \pm q\omega) t + \cdots). \end{aligned}$$

Werden beide Klammerausdrücke miteinander multipliziert, so ergeben sich Produkte der cosinus-Glieder, geordnet nach den Seitenbändern. Es ist hierbei nur zu beachten, daß an der Entstehung eines Modulationsproduktes mehrere Glieder Anteil haben. Die Amplituden einiger Modulationsprodukte seien im folgenden angegeben:

Modulationsprodukt	Stärke des Modulationsproduktes
$p\Omega \pm q\omega$	$\tfrac{1}{2}\,[A_0(A_{(p-1)\Omega \pm q\omega} + A_{(p+1)\Omega \pm q\omega}) + a_1(A_{p\Omega \pm (q-1)\omega} + A_{p\Omega \pm (q+1)\omega})]$ (6)
$p\Omega \pm \omega'$	$\tfrac{1}{2} a_2 A_{p\Omega}$
$q\omega \pm \omega'$	$\tfrac{1}{2} a_2 A_{q\omega}$
$p\Omega \pm q\omega \pm \omega'$	$\tfrac{1}{2} a_2 A_{p\Omega \pm q\omega}$

Diese Beziehungen ermöglichen die Berechnung der verschiedensten Modulationsprodukte bei Gegenwart dreier Frequenzen, wobei die Amplituden A und a_1 der Frequenzen Ω und ω beliebig gewählt werden dürfen. Einer einschränkenden Bedingung unterliegt allein die Amplitude a_2 der Frequenz ω'; sie soll so klein gegenüber den Amplituden A und a_1 gewählt sein, daß die oben bestimmte Schaltfunktion nicht durch diese dritte Frequenz gestört wird.

Es muß in Betracht gezogen werden, daß dieses Verfahren eine bestimmte Reihe von Modulationsprodukten nicht zu berechnen gestattet. Es sind dies alle Modulationsprodukte der Form $p\Omega \pm q\omega \pm r\omega'$ mit dem Index $r > 1$. Es läßt sich aber abschätzen, daß diese Modulationsprodukte alle um die Größenordnung a_2^r kleiner sind als die Amplitude des Modulationsproduktes $p\Omega \pm q \cdot \omega \pm \omega'$, so daß für die allergrößte Zahl aller praktischen Fälle die Kenntnis der Größe des Modulationsproduktes $p\Omega \pm q\omega \pm \omega'$ genügt. Auf die Berechnung der Modulationsprodukte mit dem Index $r > 1$ wird daher nicht eingegangen.

Die Schaltfunktion $f(\Omega t, \omega t)$ hat bei Zugrundelegung der linearen Knickkennlinie mit der Vorspannung Null folgende Eigenschaften:

für Spannungswerte:

$$A \cos \Omega t + a_1 \cos \omega t = A (\cos \Omega t + \lambda \cos \omega t) > 0$$

sei $f(\Omega t, \omega t) = 1$ mit $\lambda = \left(\dfrac{a_1}{A}\right)$;

für Spannungswerte:

$$A \cos \Omega t + a_1 \cos \omega t = A (\cos \Omega t + \lambda \cos \omega t) < 0$$

sei $f(\Omega t, \omega t) = 0$.

Die Doppelfourierreihe, welche diese Bedingungen zu erfüllen hat, lautet [1]:

$$f(\Omega t, \omega t) = \sum_{p=0}^{\infty} \sum_{q=0}^{\infty} A_{p\,\Omega \pm q\,\omega} \cos (p\,\Omega \pm q\,\omega)\, t + B_{p\,\Omega \pm q\,\omega} \sin (p\,\Omega \pm q\,\omega)\, t. \qquad (7)$$

Die Koeffizienten dieser Reihe werden nach Fourier durch doppelte Integrale der folgenden Form dargestellt:

$$A_{p\,\Omega \pm q\,\omega} = \frac{1}{2\,\pi^2} \int_{-\pi}^{+\pi} \int_{-\pi}^{+\pi} f(\Omega t, \omega t) \cos (p\,\Omega \pm q\,\omega)\, t \cdot d(\Omega t) \cdot d(\omega t) \qquad (8)$$

und

$$B_{p\,\Omega \pm q\,\omega} = \frac{1}{2\,\pi^2} \int_{-\pi}^{+\pi} \int_{-\pi}^{+\pi} f(\Omega t, \omega t) \sin (p\,\Omega \pm q\,\omega)\, t \cdot d(\Omega t) \cdot d(\omega t). \qquad (9)$$

Um die Grenzen dieser Integrale und den Wert der Funktion $f(\Omega t, \omega t)$ festzulegen, sei daran erinnert, daß die Größe

$$\cos \Omega t + \lambda \cos \omega t$$

allein den Wert der unter dem Integral stehenden Funktion $f(\Omega t, \omega t)$ bestimmt. Offenbar sind für die verschiedenen Werte von Ωt zwei Bereiche zu unterscheiden:

1. alle Werte von Ωt, für die $\cos \Omega t + \lambda \cos \omega t > 0$ ist oder in anderer Schreibweise $\cos \Omega t > -\lambda \cdot \cos \omega t$. In diesem Falle nimmt die Funktion $f(\Omega t, \omega t)$ den Wert $+1$ an,

2. alle Werte von Ωt, für die $\cos \Omega t + \lambda \cos \omega t < 0$ ist oder in anderer Schreibweise $\cos \Omega t < -\lambda \cos \omega t$. In diesem Falle nimmt die Funktion $f(\Omega t, \omega t)$ den Wert 0 an.

Die Integrationsgrenzen bestimmen sich damit zu

$$\begin{aligned} \omega t: &\qquad -\pi \cdots +\pi\,, \\ \Omega t: &\quad -\text{arc} \cos (-\lambda \cos \omega t) \cdots + \text{arc} \cos (-\lambda \cos \omega t). \end{aligned}$$

Das Volumen, welches die Funktion $z = f(\Omega t, \omega t)$ begrenzt, wird gebildet von einer Grundfläche, welche bestimmt ist durch die Grenzlinie, für welche $\cos \Omega t + \lambda \cos \omega t = 0$ ist. Es ist dies die Kurve $\Omega \cdot t = \text{arc} \cos (-\lambda \cos \omega t)$. Über dieser Grundfläche erhebt sich das Volumen senkrecht bis zur Höhe $z = 1$ (siehe Bild 6).

Auf Grund der durch dieses Volumen gebildeten Grenzen ist das Integral zwischen den bereits angegebenen Grenzen zu erstrecken. Infolge der Symmetrie des Volumens nehmen die zu berechnenden Integrale [Gl. (8) und (9)] mit den Faktoren $\sin p\,\Omega t \cdot \sin q\,\omega t$ und $\cos p\,\Omega t \cdot \sin q\,\omega t$ bzw. $\sin p\,\Omega t \cdot \cos q\,\omega t$ den Wert Null an.

Damit verbleibt für die Rechnung der Fourier-Koeffizienten die Auswertung des Doppelintegrals:

$$A_{p\,\Omega \pm q\,\omega} = \frac{1}{2\,\pi^2} \int_{\omega t = -\pi}^{\omega t = +\pi} \int_{\Omega t = -\text{arc} \cos (-\lambda \cos \omega t)}^{\Omega t = +\text{arc} \cos (-\lambda \cos \omega t)} \cos p\,\Omega t \cdot \cos q\,\omega t\, d(\Omega t) \cdot d(\omega t). \qquad (10)$$

Für die Berechnung des Doppelintegrales sind neben den von Bennet angegebenen Beziehungen folgende Hilfsgleichungen von Wichtigkeit[1]). Die Größen E und K bedeuten dabei die vollständigen elliptischen Integrale 1. und 2. Gattung mit dem Modul λ.

Die Integrale $I_{2n+1} = \int\limits_0^\pi \cos^{2n+1}\omega \cdot \arccos(-\lambda\cos\omega)\, d\omega$ nehmen folgende Werte an:

$$n = 0: \quad I_1 = \frac{2}{\lambda}\left[(-1+\lambda^2)K + E\right],$$

$$n = 1: \quad I_3 = \frac{2}{9\lambda^3}\left[(-2 - 4\lambda^2 + 6\lambda^4)K + (2 + 5\lambda^2)E\right],$$

$$I_{2n} = \int\limits_0^\pi \cos^{2n}\cdot\omega \cdot \arccos(-\lambda\cos\omega)\, d\omega = 0, \qquad \text{für } n = 1, 2, 3\ldots$$

ferner gilt:

$$\int\limits_0^\pi \sqrt{1 - \lambda^2\cos^2\omega}\, d\omega = 2E,$$

$$\int\limits_0^\pi \cos^{2n+1}\omega \cdot \sqrt{1 - \lambda^2\cos^2\omega}\, d\omega = 0. \qquad \text{für } n = 1, 2, 3\ldots$$

Das Integral $I_{2n} = \int\limits_0^\pi \cos^{2n}\omega \cdot \sqrt{1 - \lambda^2\cos^2\omega}\, d\omega$ hat folgende Werte:

$$\text{für } n = 1: \quad I_2 = \frac{2}{3\lambda^2}\left[(1 - \lambda^2)K + (-1 + 2\lambda^2)E\right],$$

$$n = 2: \quad I_4 = \frac{2}{15\lambda^4}\left[(2 + 2\lambda^2 - 4\lambda^4)K + (-2 - 3\lambda^2 + 8\lambda^4)E\right],$$

$$E = \int\limits_0^{\pi/2} \sqrt{1 - \lambda^2\sin^2\omega}\, d\omega = \frac{\pi}{2}\left[1 - \frac{1}{2^2}\lambda^2 - \frac{1^2\cdot 3}{(2\cdot 4)^2}\lambda^4 - \frac{(1\cdot 3)^2\cdot 5}{(2\cdot 4\cdot 6)^2}\lambda^6 - \cdots\right],$$

$$K = \int\limits_0^{\pi/2} \frac{d\omega}{\sqrt{1 - \lambda^2\sin^2\omega}} = \frac{\pi}{2}\left[1 + \left(\frac{1}{2}\right)^2\lambda^2 + \left(\frac{1\cdot 3}{2\cdot 4}\right)^2\lambda^4 + \left(\frac{1\cdot 3\cdot 5}{2\cdot 4\cdot 6}\right)^2\lambda^6 + \cdots\right].$$

E und K lassen sich auch durch die hypergeometrische Funktion darstellen, welche im nächsten Abschnitt Verwendung finden wird. Es gilt

$$E = \frac{\pi}{2}\cdot F\left(\tfrac{1}{2}; -\tfrac{1}{2}; 1; \lambda^2\right), \tag{11}$$

$$K = \frac{\pi}{2}\cdot F\left(\tfrac{1}{2}; \tfrac{1}{2}; 1; \lambda^2\right) \tag{12}$$

Die für die Berechnung einfacher und höherer Modulationsprodukte notwendigen Koeffizienten $A_{p\Omega \pm q\omega}$ und die sich aus der Gl. (6) ergebenden Modulationsprodukte sind in den nachstehend angegebenen Tabellen zusammengestellt.

$$\textbf{Werte verschiedener Koeffizienten } A_{p\Omega \pm q\omega}.$$

$$A_\Omega = \frac{4}{\pi^2}\cdot E,$$

$$A_\omega = \frac{4}{\pi^2\cdot\lambda}\left[(\lambda^2 - 1)K + E\right],$$

$$A_{2\Omega} = A_{\Omega + \omega} = A_{2\omega} = 0,$$

$$A_{3\Omega} = \frac{2}{9\pi^2}\left[(8 - 8\lambda^2)K + (16\lambda^2 - 14)E\right],$$

$$A_{2\Omega \pm \omega} = -\frac{4}{3\pi^3}\frac{1}{\lambda}\left[(1 - \lambda^2)K + (2\lambda^2 - 1)E\right],$$

---

[1]) Nach einer unveröffentlichten Arbeit von O. Henkler.

$$A_{\Omega \pm 2\omega} = \frac{8}{3\pi^2}\,\frac{1}{\lambda^2}\left[(1-\lambda^2)K + \left(\frac{\lambda^2}{2}-1\right)E\right],$$

$$A_{3\omega} = \frac{2}{9\pi^2}\,\frac{1}{\lambda^3}\left[(-16+22\lambda^2-6\lambda^4)K + (16-14\lambda^2)E\right],$$

$$A_{4\Omega} = A_{3\Omega\pm\omega} = A_{2\Omega\pm2\omega} = A_{\Omega\pm3\omega} = A_{4\omega} = 0,$$

$$A_{4\Omega\pm\omega} = -\frac{2}{15\pi^2}\cdot\frac{1}{\lambda}\left[(-2+18\lambda^2-16\lambda^4)K + (2-32\lambda^2+32\lambda^4)E\right],$$

$$A_{3\Omega\pm2\omega} = +\frac{2}{45\pi^2}\cdot\frac{1}{\lambda^2}\left[(+12+12\lambda^2-24\lambda^4)K + (-12-18\lambda^2+48\lambda^4)E\right],$$

$$A_{2\Omega\pm3\omega} = \frac{4}{15\pi^2}\cdot\frac{1}{\lambda^3}\left[(-8+7\lambda^2+\lambda^4)K + (+8-3\lambda^2-2\lambda^4)E\right],$$

$$A_{\Omega\pm4\omega} = \frac{2}{15\pi^2}\cdot\frac{1}{\lambda^4}\left[(+32-48\lambda^2+16\lambda^4)K + (-32+32\lambda^2-2\lambda^4)E\right].$$

Modulationsprodukte dreier Frequenzen $A\cos\Omega t$, $a_1 \cdot \cos\omega t$ und $a_2\cos\omega' t$ an der linearen Knickkennlinie ohne Vorspannung.

$$\lambda = \left(\frac{a_1}{A}\right). \qquad \text{Bedingung: } a_1 \leqq A\,; \quad a_2 < a_1\,.$$

Grenzfälle für

	$\lambda \ll 1$	$\lambda = 1$
$\Omega \pm \omega : \dfrac{4}{3\pi^2}\cdot A \cdot \dfrac{1}{\lambda}[(\lambda^2-1)K + (\lambda^2+1)E]$	$\dfrac{1}{\pi}\cdot a_1$	$\dfrac{8}{3\pi^2}\cdot A$
$\Omega \pm \omega' : \dfrac{2}{\pi^2}\cdot a_2 \cdot E$	$\dfrac{1}{\pi}\cdot a_2$	$\dfrac{2}{\pi^2}\cdot a_2$
$\omega \pm \omega' : \dfrac{2}{\pi^2}\cdot a_2\,[(\lambda^2-1)K + E]$	$\dfrac{1}{2\pi}\cdot a_2 \cdot \lambda$	$\dfrac{2}{\pi^2}\cdot a_2$
$\Omega \pm \omega \pm \omega' : 0$	0	0
$3\Omega \pm \omega : \dfrac{4}{45\pi^2}\cdot A \cdot \dfrac{1}{\lambda}[(-3+7\lambda^2-4\lambda^4)K + (3-13\lambda^2+8\lambda^4)E]$	$\dfrac{1}{3\pi}\cdot a_1$	$\dfrac{8}{45\pi^2}\cdot A$
$\Omega \pm 3\omega : \dfrac{4}{45\pi^2}\cdot A \cdot \dfrac{1}{\lambda^3}[(-8+17\lambda^2-9\lambda^4)K + (8-13\lambda^2+3\lambda^4)E]$	$\dfrac{1}{24\pi}\cdot A \cdot \lambda^3$	$\dfrac{8}{45\pi^2}\cdot A$
$3\Omega \pm \omega' : \dfrac{1}{9\pi^2}\cdot a_2 \cdot [(8-8\lambda^2)K + (16\lambda^2-14)E]$	$\dfrac{1}{3\pi}\cdot a_2$	$\dfrac{2}{9\pi^2}\cdot a_2$
$3\omega \pm \omega' : \dfrac{1}{9\pi^2}\cdot a_2 \cdot \dfrac{1}{\lambda^3}[(-16+22\lambda^2-6\lambda^4)K + (16-14\lambda^2)E]$	$\dfrac{1}{48\pi}\cdot a_2 \cdot \lambda^3$	$\dfrac{2}{9\pi^2}\cdot a_2$
$\Omega \pm 2\omega \pm \omega' : \dfrac{4}{3\pi^2}\cdot a_2 \cdot \dfrac{1}{\lambda^2}[(1-\lambda^2)K + (\tfrac{1}{2}\lambda^2-1)E]$	$-\dfrac{1}{8\pi}\cdot a_2 \cdot \lambda^2$	$\dfrac{2}{3\pi^2}\cdot a_2$
$2\Omega \pm \omega \pm \omega' : \dfrac{2}{3\pi^2}\cdot a_2 \cdot \dfrac{1}{\lambda}[(-1+\lambda^2)K + (-2\lambda^2+1)E]$	$\dfrac{1}{2\pi}\cdot a_2 \cdot \lambda$	$\dfrac{2}{3\pi^2}\cdot a_2$

Es lassen sich folgende allgemeine Richtlinien für die Stärke der Modulationsprodukte mehrerer Frequenzen aufstellen, wenn als Modulator eine lineare Knickkennlinie der Steilheit $s = 1$ mit der Vorspannung $u_0 = 0$ gewählt wird.

1. Eine fremde Frequenz ω, welche hinsichtlich ihrer Amplitude klein gegenüber den Amplituden des Trägers Ω und der Frequenz ω' ist, hat keinen Einfluß auf die Stärke aller Modulationsprodukte der Frequenzen Ω und ω'. Diese Aussage ist physikalisch gleichbedeutend dem ursprünglichen Ansatz, wonach die Schaltfunktion $f(\Omega t, \omega' t)$ durch die dritte Frequenz kleiner Amplitude nicht beeinflußt wird.

2. Eine fremde Frequenz ω, welche hinsichtlich ihrer Amplitude groß gegenüber der Amplitude des Trägers ist, hat einen Einfluß auf die Stärke aller Modulationsprodukte der Frequenzen Ω und ω'. Der Einfluß ist derart, daß mit wachsender

Amplitude der fremden Frequenz ω das Modulationsprodukt $\Omega \pm \omega'$ linear, das Modulationsprodukt $3\Omega \pm \omega'$ mit der 3. Potenz des Verhältnisses (A/a_1) absinkt usw.

Die Ergebnisse dieses Teiles lassen noch nicht erkennen, daß nur die Modulationsprodukte gerader Ordnung bei Verwendung der linearen Knickkennlinie ohne Vorspannung entstehen. Allgemeinere Zusammenhänge werden sich aus den Gleichungen des vierten Teiles ergeben.

IV. Die Modulation an der linearen Knickkennlinie mit Vorspannung.

Modulatoren der vorliegenden Art werden in der Technik zur Zeit meines Wissens nicht verwendet. Trotzdem ist es zweckmäßig, auch dieses Gebiet der Modulation rechnerisch zu erfassen. Bekanntlich lassen sich nur sehr wenig anschauliche Vorstellungen mit der Entstehung und Bildung der Modulationsprodukte verbinden, so daß es immer ratsam erscheint, sich auch hier durch die mathematische Behandlung eines abseits liegenden und scheinbar unwichtigen Fragenkomplexes hinreichende Kenntnisse zu verschaffen. Zweifellos muß die lineare Knickkennlinie mit Vorspannung als der allgemeinste Fall der linearen Knickkennlinie angesprochen werden.

Die Strom-Spannungsabhängigkeit der linearen Knickkennlinie mit der Vorspannung $\pm u_0$ ist durch die Bedingung festgelegt:

für Spannungswerte von $u > u_0$ sei die Stromstärke $i = s \cdot u$, wobei die Steilheit s der Knickkennlinie gleich Eins angenommen werde,

für Spannungswerte von $u < u_0$ sei die Stromstärke $i = 0$ (siehe Bild 4 und 5).

Wie im vorigen Teil können auch hier die vorliegenden Bedingungen durch Aufstellung einer Schaltfunktion $f(\Omega t, \omega t)$ erfüllt werden. Diese nimmt für Spannungswerte von $u > u_0$ den Wert $+1$ und für Spannungswerte von $u < u_0$ den Wert Null an. Es soll des weiteren wie früher vorausgesetzt werden, daß die dritte zugefügte Frequenz hinsichtlich ihrer Amplitude so klein bemessen sei, daß die so definierte Schaltfunktion durch den Zusatz dieser Frequenz nicht beeinflußt werde. Wird in der bekannten Fourier-Entwicklung

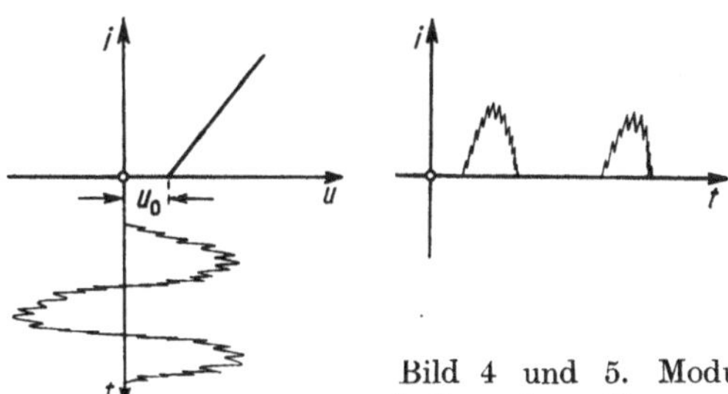

Bild 4 und 5. Modulation eines Frequenzgemisches an der linearen Knickkennlinie mit Vorspannung.

$$f(\Omega t, \omega t) = \frac{1}{2} + \frac{2}{\pi} \cdot \sum_{n=1}^{\infty} \frac{\sin (2n-1)u}{(2n-1)} = \begin{array}{ll} +1 & \text{für} \quad 0 < u < +\pi \\ 0 & \text{für} \quad -\pi < u < 0 \end{array} \qquad (13)$$

welche eine geeignete Schaltfunktion zwischen den Werten Null und Eins darstellt, der Wert u ersetzt durch den Ausdruck

$$u = u_0 + A \cdot \cos \Omega t + a_1 \cdot \cos \omega t,$$

$$\text{mit} \qquad u_0 + A + a_1 < \pi,$$

so lassen sich die oben aufgestellten Forderungen durch diesen Ansatz erfüllen.

Die vorliegende Schaltfunktion wird in die bekannte Gleichung für die Berechnung der Fourier-Koeffizienten [Gl. (8), (9)] eingesetzt und ergibt:

$$A_{p\Omega \pm q\omega} = \frac{1}{2\pi^2} \int\limits_{-\pi}^{+\pi} \int\limits_{-\pi}^{+\pi} \left[\frac{1}{2} + \frac{2}{\pi} \sum_{n=1}^{\infty} \frac{\sin(2n-1)\,[u_0 + A\cos\Omega t + a_1 \cos\omega t]}{(2n-1)} \right]$$
$$\cdot \cos(p\Omega \pm q\omega)t\,d(\Omega t) \cdot d(\omega t),$$

$$B_{p\Omega \pm q\omega} = \frac{1}{2\pi^2} \int\limits_{-\pi}^{+\pi} \int\limits_{-\pi}^{+\pi} \left[\frac{1}{2} + \frac{2}{\pi} \sum_{n=1}^{\infty} \frac{\sin(2n-1)\,[u_0 + A\cos\Omega t + a_1 \cos\omega t]}{(2n-1)} \right]$$
$$\cdot \sin(p\Omega \pm q\omega)t\,d(\Omega t) \cdot d(\omega t).$$

Die Entwicklung der Glieder $\cos(p\Omega \pm q\omega)t$ und $\sin(p\Omega \pm q\omega)t$ führt auf 16 Doppelintegrale, welche auszuwerten sind. Es läßt sich zeigen, daß der größte Teil dieser Doppelintegrale den Wert Null annimmt.

Die Werte $A_{p\Omega \pm q\omega}$ und $B_{p\Omega \pm q\omega}$ berechnen sich nach Auswertung der bestimmten Integration zu:

$$\left. \begin{aligned} A_{p\Omega \pm q\omega} &= (-1)^{\frac{p+q-1}{2}} \cdot \frac{4}{\pi} \sum_{n=1}^{\infty} \cos(2n-1)u_0 \frac{I_p[(2n-1)A]\cdot I_q[(2n-1)a_1]}{(2n-1)} \\ &\quad + (-1)^{\frac{p+q}{2}} \frac{4}{\pi} \cdot \sum_{n=1}^{\infty} \sin(2n-1)u_0 \frac{I_p[(2n-1)A]\cdot I_q[(2n-1)\cdot a_1]}{(2n-1)}, \\ B_{p\Omega \pm q\omega} &= 0, \end{aligned} \right\} \quad (14)$$

wobei unter I_p und I_q die Besselschen Koeffizienten p-ter und q-ter Ordnung zu verstehen sind.

Die Formel zeigt ein außerordentlich übersichtliches Bildungsgesetz und läßt ohne weiteres erkennen, daß bei Einführung einer Vorspannung $\pm u_0$ neue Koeffizienten und damit neue Modulationsprodukte auftreten, welche bei der linearen Knickkennlinie ohne Vorspannung nicht vorhanden sind. Die Faktoren $(-1)^{\frac{p+q-1}{2}}$ bzw. $(-1)^{\frac{p+q}{2}}$ zeigen dabei an, ob der betreffende Koeffizient vorhanden sein kann oder nicht. Je nachdem, ob die Summe $p+q$ gerade oder ungerade ist, ergibt sich für die beiden Faktoren ein reeller oder imaginärer Wert. Eigentümlicherweise erscheinen bei der vorliegenden Formel positive, negative und komplexe Amplituden des Koeffizienten $A_{p\Omega + q\omega}$. Die Vorzeichen der Amplituden sind bei der späteren Zusammensetzung zu berücksichtigen. Manche Glieder heben sich dadurch auf. Die Glieder mit rein imaginären Vorzeichen geben keinen Beitrag zu irgendeinem vorhandenen Modulationsprodukt.

Ein besonderer Fall liegt offenbar dann vor, wenn die Vorspannung u_0 den Wert $\pi/2$ annimmt. Es werden dann alle Koeffizienten, die bei der linearen Knickkennlinie ohne Vorspannung auftreten, gleich Null, und es treten dafür neue Koeffizienten auf. Über die Größe dieser Koeffizienten in Abhängigkeit von der Vorspannung u_0 und Aussteuerung läßt sich auf Grund der vorliegenden Formel allerdings wenig aussagen. Man ersieht nur, daß diese für positive und negative Werte der Vorspannung gleich groß sind. Für die numerische Auswertung ist die vorliegende Formel ungeeignet, da die Konvergenz dieser Reihen recht unbefriedigend ist. Immerhin gestattet sie, die eben erläuterten Schlüsse zu ziehen.

Im folgenden wird zur Lösung des Problems ein weiterer Weg eingeschlagen, welcher eine bessere Berechnung der Koeffizienten $A_{p\Omega+q\omega}$ gestattet und welcher im Prinzip auch von W. R. Bennet angegeben wurde. Er besteht in der Zuhilfenahme eines diskontinuierlichen Integrals der folgenden Art [4]:

Es gilt für $\beta \gtreqless 0$

$$f(u_0, \Omega t, \omega t) = \frac{1}{2}\left| 1 + \frac{2}{\pi}\int_0^\infty \frac{\sin\beta y}{y}\,dy\right| = \begin{cases} +1 & \text{für } \beta > 0, \\ 1/2 & \text{für } \beta = 0, \\ 0 & \text{für } \beta < 0. \end{cases} \tag{15}$$

In diesem Integral wird gesetzt:

$$\beta = (u_0 + A\cos\Omega t + a_1\cos\omega t).$$

Bei der Vorspannung $-u_0$ ergibt sich demnach z. B. für alle Spannungswerte, für die $A\cos\Omega t + a_1\cos\omega t > u_c$ ist, eine Schaltfunktion, welche den Wert $+1$ annimmt. Für alle anderen Spannungen, welche diese Bedingung nicht erfüllen, wird die Funktion zu Null.

Zwecks Berechnung der Koeffizienten $A_{p\Omega\pm q\omega}$ und $B_{p\Omega\pm q\omega}$ wird die soeben eingeführte Funktion in die Gl. (8) und (9) eingesetzt. Es ergibt sich:

$$\left.\begin{aligned} A_{p\Omega\pm q\omega} &= \frac{1}{2\pi^2}\int_{-\pi}^{+\pi}\int_{-\pi}^{+\pi}\left[\frac{1}{2} + \frac{1}{\pi}\int_0^\infty \frac{\sin(u_0 + A\cos\Omega t + a_1\cos\omega t)y}{y}\cdot dy\right| \\ &\qquad\cdot \cos(p\Omega t \pm q\omega t)\cdot d(\Omega t)\,d(\omega t), \\[2ex] B_{p\Omega\pm q\omega} &= \frac{1}{2\pi^2}\int_{-\pi}^{+\pi}\int_{-\pi}^{+\pi}\left[\frac{1}{2} + \frac{1}{\pi}\int_0^\infty \frac{\sin(u_0 + A\cos\Omega t + a_1\cos\omega t)y}{y}\cdot dy\right| \\ &\qquad\cdot \sin(p\Omega t \pm q\omega t)\cdot d(\Omega t)\,d(\omega t). \end{aligned}\right\} \tag{16}$$

Die Entwicklung der sinus- und cosinus-Glieder und eine zulässige Vertauschung der Integrationsvariablen ergibt bei Benutzung der oben angegebenen Integralbeziehungen für die Werte $A_{p\Omega\pm q\omega}$ und $B_{p\Omega\pm q\omega}$ die Gleichungen

$$\left.\begin{aligned} A_{p\Omega\pm q\omega} &= \frac{2}{\pi}(-1)^{\frac{p+q-1}{2}}\int_0^\infty \frac{\cos(u_0\cdot y)\cdot I_p(Ay)\cdot I_q(a_1\cdot y)}{y}\,dy \\ &\quad + \frac{2}{\pi}(-1)^{\frac{p+q}{2}}\int_0^\infty \frac{\sin(u_0\cdot y)\cdot I_p(Ay)\cdot I_q(a_1 y)}{y}\,dy, \\[2ex] B_{p\Omega\pm q\omega} &= 0. \end{aligned}\right\} \tag{17}$$

Die für den Koeffizienten $A_{p\Omega\pm q\omega}$ angegebene Gleichung lautet in komplexer Schreibweise einfach

$$A_{p\Omega\pm q\omega} = \frac{2}{\pi}(-1)^{\frac{p+q-1}{2}}\int_0^\infty \frac{1}{y}\cdot e^{i u_0 y}\cdot I_p(Ay) I_q(a_1 y)\,dy. \tag{18}$$

Wird in diesem Ausdruck die Konstante $u_0 = i\cdot\varDelta$ gesetzt, so läßt sich die Beziehung schreiben:

$$A_{p\Omega\pm q\omega} = \frac{2}{\pi}(-1)^{\frac{p+q-1}{2}}\int_0^\infty \frac{1}{y}\cdot e^{-\varDelta y}\cdot I_p(Ay) I_q(a_1 y)\,dy. \tag{19}$$

5*

Die Lösung dieses Integrals geschieht mit Hilfe der hypergeometrischen Funktion. Nach G. N. Watson [5] ergibt sich

$$A_{p\,\Omega\,\pm\,q\,\omega} = \frac{2}{\pi}(-1)^{\frac{p+q-1}{2}} \cdot$$

$$\cdot \sum_{m=0}^{\infty} \frac{(-1)^m A^p \cdot a_1^{q+2m}\, \Gamma(p+q+2m)\cdot F\left(\frac{p+q}{2}+m;\ \frac{q-p+1}{2}+m;\ p+1;\ \frac{A^2}{A^2+\Delta^2}\right)}{2^{p+q+2m}\, m!\, \Gamma(q+m+1)\,(A^2+\Delta^2)^{\frac{p+q}{2}+m}\cdot \Gamma(p+1)} \cdot \quad (20)$$

Die vorliegende hypergeometrische Reihe läßt sich in eine neue Reihe mit dem Argument $\left(-\frac{\Delta}{A}\right)$ umformen [6, 7, 8]. Sie lautet:

$$\begin{aligned}
A_{p\,\Omega\,\pm\,q\,\omega} &= \frac{2}{\pi}(-1)^{\frac{p+q-1}{2}} \\[2mm]
&\quad \cdot \sum_{m=0}^{\infty} \frac{(-1)^m \cdot \lambda^{q+2m}\cdot \Gamma(p+q+2m)\,\Gamma(\tfrac{1}{2})\, F\left(\frac{p+q}{2}+m;\ \frac{q-p}{2}+m;\ \tfrac{1}{2};\ -\frac{\Delta^2}{A^2}\right)}{2^{p+q+2m}\cdot m!\, \Gamma(q+m+1)\,\Gamma\left(\frac{p+q+1}{2}+m\right)\Gamma\left(\frac{p-q}{2}+1-m\right)} \\[2mm]
&\quad + \frac{2}{\pi}(-1)^{\frac{p+q-1}{2}}\left(\frac{\Delta}{A}\right) \\[2mm]
&\quad \cdot \sum_{m=0}^{\infty} \frac{(-1)^m \lambda^{q+2m}\, \Gamma(p+q+2m)\,\Gamma(-\tfrac{1}{2})\, F\left(\frac{p+q+1}{2}+m;\ \frac{q-p+1}{2}+m;\ \tfrac{3}{2};\ -\frac{\Delta^2}{A^2}\right)}{2^{p+q+2m}\cdot m!\, \Gamma(q+m+1)\,\Gamma\left(\frac{p+q}{2}+m\right)\Gamma\frac{p-q+1}{2}-m)} \cdot
\end{aligned} \right\} \quad (21)$$

Wird hierin wieder die anfangs vorgenommene Substitution $u_0 = i\Delta$ eingeführt, der Verhältniswert $(u_0/A) = \delta$ gesetzt und berücksichtigt, daß $(1/i) = (-1)^{-1/2}$ ist, so ergibt sich die endgültige Formel für den Koeffizienten $A_{p\,\Omega\,\pm\,q\,\omega}$ zu:

$$\begin{aligned}
A_{p\,\Omega\,\pm\,q\,\omega} &= \frac{2}{\pi}(-1)^{\frac{p+q-1}{2}} \\[2mm]
&\quad \cdot \sum_{m=0}^{\infty} \frac{(-1)^m \cdot \lambda^{q+2m}\cdot \Gamma(p+q+2m)\,\Gamma(\tfrac{1}{2})\, F\left(\frac{p+q}{2}+m;\ \frac{q-p}{2}+m;\ \tfrac{1}{2};\ \delta^2\right)}{2^{p+q+2m}\cdot m!\, \Gamma(q+m+1)\,\Gamma\left(\frac{p+q+1}{2}+m\right)\Gamma\left(\frac{p-q}{2}+1-m\right)} \\[2mm]
&\quad + \frac{2}{\pi}(-1)^{\frac{p+q}{2}}\cdot \delta \\[2mm]
&\quad \cdot \sum_{m=0}^{\infty} \frac{(-1)^m \cdot \lambda^{q+2m}\cdot \Gamma(p+q+2m)\,\Gamma(\tfrac{1}{2})\, F\left(\frac{p+q+1}{2}+m;\ \frac{q-p+1}{2}+m;\ \tfrac{3}{2};\ \delta^2\right)}{2^{p+q+2m-1}\cdot m!\, \Gamma(q+m+1)\,\Gamma\left(\frac{p+q}{2}+m\right)\Gamma\left(\frac{p-q+1}{2}-m\right)}
\end{aligned} \right\} \quad (22)$$

mit den Werten: $\lambda = (a_1/A)$ und $\delta = (u_0/A)$.

In der vorliegenden Formel für die Größe des Koeffizienten $A_{p\,\Omega\,\pm\,q\,\omega}$ ist, je nachdem, ob der Wert $p+q$ einen geraden oder ungeraden Wert hat, entweder der eine oder der andere Teil zu berechnen. Selbstverständlich kann die vorliegende Formel auch in die beiden folgenden aufgespalten werden:

$$\begin{aligned}
A_{p\,\Omega\,\pm\,q\,\omega} &= \frac{2}{\pi}(-1)^{\frac{p+q-1}{2}} \\[2mm]
&\quad \cdot \sum_{m=0}^{\infty} \frac{(-1)^m \cdot \lambda^{q+2m}\, \Gamma(p+q+2m)\,\Gamma(\tfrac{1}{2})\cdot F\left(\frac{p+q}{2}+m;\ \frac{q-p}{2}+m;\ \tfrac{1}{2};\ \delta^2\right)}{2^{p+q+2m}\cdot m!\, \Gamma(q+m+1)\,\Gamma\left(\frac{p+q+1}{2}+m\right)\Gamma\left(\frac{p-q}{2}+1-m\right)},
\end{aligned} \quad (23)$$

wenn $p + q$ ungerade ist, und

$$A_{p\Omega \pm q\omega} = \frac{2}{\pi}(-1)^{\frac{p+q}{2}} \cdot \delta$$
$$\cdot \sum_{m=0}^{\infty} \frac{(-1)^m \cdot \lambda^{q+2m} \cdot \Gamma(p+q+2m)\,\Gamma(\tfrac{1}{2}) \cdot F\left(\frac{p+q+1}{2}+m;\ \frac{q-p+1}{2}+m;\ \tfrac{3}{2};\ \delta^2\right)}{2^{p+q+2m-1} \cdot m!\,\Gamma(q+m+1)\,\Gamma\left(\frac{p+q}{2}+m\right)\Gamma\left(\frac{p-q+1}{2}-m\right)}, \quad (24)$$

wenn $p + q$ gerade ist.

Man ersieht, daß die Koeffizienten gerader Ordnung in erster Näherung von der Vorspannung u_0 abhängen, daß dagegen die Koeffizienten ungerader Ordnung näherungsweise von der Vorspannung u_0 unabhängig sind.

Die abgeleiteten Formeln für den Koeffizienten $A_{p\Omega \pm q\omega}$ sind noch einer weiteren Umformung fähig, welche für die Berechnung bei kleinen Aussteuerungen λ nützlich ist. Man kann die hypergeometrische Funktion als Summe der folgenden Form schreiben

$$F(a, b, c, x) = \sum_{\nu=0}^{\infty} \frac{\dfrac{\Gamma(a+\nu)}{\Gamma(a)} \cdot \dfrac{\Gamma(b+\nu)}{\Gamma(b)}}{\dfrac{\Gamma(c+\nu)}{\Gamma(c)} \cdot \nu!}\, x^\nu. \quad (25)$$

Wird dieser Ausdruck in die vorliegende Formel eingesetzt und die Summationsfolge vertauscht, was zulässig ist, solange die Reihen absolut konvergieren, so ergibt sich nach einigen Umrechnungen:

$$A_{p\Omega \pm q\omega} = \frac{2}{\pi}(-1)^p \lambda^q \cdot \sum_{\nu=0}^{\infty} \frac{\Gamma\left(\frac{p+q}{2}+\nu\right)\Gamma\left(\frac{q-p}{2}+\nu\right)\cdot \delta^{2\nu}}{2\,\Gamma(\tfrac{1}{2})\,\Gamma(q+1)\cdot\Gamma(\nu+\tfrac{1}{2})\,\nu!} \cdot F\left(\frac{p+q}{2}+\nu;\ \frac{q-p}{2}+\nu;\ q+1;\ \lambda^2\right), \quad (26)$$

wenn $p + q$ ungerade ist, und

$$A_{p\Omega \pm q\omega} = \frac{2}{\pi}(-1)^\nu \lambda^q \sum_{\nu=0}^{\infty} \frac{\Gamma\left(\frac{p+q+1}{2}+\nu\right)\cdot\Gamma\left(\frac{q-p+1}{2}+\nu\right)\cdot\delta^{2\nu+1}}{2\,\Gamma(\tfrac{1}{2})\,\Gamma(q+1)\,\Gamma(\nu+\tfrac{3}{2})\,\nu!}$$
$$\cdot F\left(\frac{p+q+1}{2}+\nu;\ \frac{q-p+1}{2}+\nu;\ q+1;\ \lambda^2\right), \quad (27)$$

wenn $p + q$ gerade ist.

In welchem Maße die positive oder negative Vorspannung u_0 das endgültige Modulationsprodukt beeinflussen kann, ist aus der vorliegenden Koeffizientenformel nicht zu ersehen. Vielmehr muß zu diesem Zwecke der gesamte Ansatz betrachtet werden, welcher die verschiedenen Modulationsprodukte ergibt. Dieser lautet allgemein:

$$\left. \begin{aligned} &A\left\{\delta + \cos\Omega t + \lambda\cos\omega t + \left(\frac{a_2}{A}\right)\cos\omega' t\right\} \cdot f(\Omega t, \omega t, \delta)\\ &\text{mit } f(\Omega t, \omega t, \delta) = \sum_{p=0}^{\infty}\sum_{q=0}^{\infty} A_{p\Omega \pm q\omega}\cdot \cos(p\Omega \pm q\omega)t. \end{aligned} \right\} \quad (28)$$

Es ist z. B.

Frequenz	Stärke der Amplitude
$\Omega + \omega$	$A\left[\tfrac{1}{2}A_\omega + \tfrac{1}{2}A_{2\Omega+\omega} + \tfrac{1}{2}\lambda A_\Omega + \tfrac{1}{2}\lambda A_{\Omega+2\omega} + \delta A_{\Omega+\omega}\right]$
$2\Omega + \omega$	$A\left[\tfrac{1}{2}A_{\Omega+\omega} + \tfrac{1}{2}A_{3\Omega+\omega} + \tfrac{1}{2}\lambda A_{2\Omega} + \tfrac{1}{2}\lambda A_{2\Omega+2\omega} + \delta A_{2\Omega+\omega}\right]$
$\Omega + 2\omega$	$A\left[\tfrac{1}{2}A_{2\omega} + \tfrac{1}{2}A_{2\Omega+2\omega} + \tfrac{1}{2}\lambda A_{\Omega+\omega} + \tfrac{1}{2}\lambda A_{\Omega+3\omega} + \delta A_{\Omega+2\omega}\right]$
$\Omega + \omega + \omega'$	$A \cdot \tfrac{1}{2}a_2 \cdot A_{\Omega+\omega}$

usw.

Die hier angegebenen Formeln für die Modulationsprodukte lassen sich weiter vereinfachen. Die Entwicklung der vorkommenden hypergeometrischen Funktionen [Gl. (28)] in eine Reihe und deren Zusammenfassung ergibt die gewünschten Ausdrücke für die Modulationsprodukte. [Bedingung: $|\lambda| + |\delta| < 1$; $p + q > 1$.]

Es gilt, wenn $p + q$ gerade ist:

$$p\Omega \pm q\omega : \frac{1}{2} A \frac{\lambda^q}{\sqrt{\pi}} (-1)^{\frac{p+q}{2}+1} \sum_{m=0}^{\infty} \frac{(-1)^m \cdot \Gamma\left(\frac{p+q-1}{2}+m\right) \cdot \delta^{2m}}{\Gamma\left(m+\frac{1}{2}\right) \cdot \Gamma(q+1)\,\Gamma\left(\frac{p-q+3}{2}-m\right) m!} \\ \cdot F\left(\frac{p+q-1}{2}+m ;\ \frac{q-p-1}{2}+m ;\ q+1 ;\ \lambda^2\right), \tag{29}$$

$$p\Omega \pm q\omega \pm \omega' : \frac{1}{2} a_2 \cdot \delta \cdot \frac{\lambda^q}{\sqrt{\pi}} (-1)^{\frac{p+q}{2}} \sum_{m=0}^{\infty} \frac{(-1)^m \cdot \Gamma\left(\frac{p+q+1}{2}+m\right) \cdot \delta^{2m}}{\Gamma\left(m+\frac{3}{2}\right) \cdot \Gamma(q+1)\,\Gamma\left(\frac{p-q+1}{2}-m\right) m!} \\ \cdot F\left(\frac{p+q+1}{2}+m ;\ \frac{q-p+1}{2}+m ;\ q+1 ;\ \lambda^2\right) ; \tag{30}$$

wenn $p + q$ ungerade ist:

$$p\Omega \pm q\omega : \frac{1}{2} A \cdot \delta \cdot \frac{\lambda^q}{\sqrt{\pi}} (-1)^{\frac{p+q+1}{2}} \sum_{m=0}^{\infty} \frac{(-1)^m \cdot \Gamma\left(\frac{p+q}{2}+m\right) \cdot \delta^{2m}}{\Gamma\left(m+\frac{3}{2}\right)\Gamma(q+1) \cdot \Gamma\left(\frac{p-q+2}{2}-m\right) m!} \\ \cdot F\left(\frac{p+q}{2}+m ;\ \frac{q-p}{2}+m ;\ q+1 ;\ \lambda^2\right), \tag{31}$$

$$p\Omega \pm q\omega \pm \omega' : \frac{1}{2} a_2 \cdot \frac{\lambda^q}{\sqrt{\pi}} (-1)^{\frac{p+q-1}{2}} \sum_{m=0}^{\infty} \frac{(-1)^m \cdot \Gamma\left(\frac{p+q}{2}+m\right) \cdot \delta^{2m}}{\Gamma\left(m+\frac{1}{2}\right)\Gamma(q+1) \cdot \Gamma\left(\frac{p-q+2}{2}-m\right) m!} \\ \cdot F\left(\frac{p+q}{2}+m ;\ \frac{q-p}{2}+m ;\ q+1 ;\ \lambda^2\right). \tag{32}$$

Den Gl. (29) $\cdots$ (32) kann man auch folgende Gestalt geben:

$$= \frac{1}{2} A \cdot \frac{\lambda^q}{\sqrt{\pi}} (-1)^p \sum_{\nu=0}^{\infty} \frac{\Gamma\left(\frac{p+q-1}{2}+\nu\right) \cdot \Gamma\left(\frac{q-p-1}{2}+\nu\right) \lambda^{2\nu}}{\pi\,\Gamma(q+1+\nu) \cdot \nu!\,\Gamma(\frac{1}{2})} \\ \cdot F\left(\frac{p+q-1}{2}+\nu ;\ \frac{q-p-1}{2}+\nu ;\ \frac{1}{2} ;\ \delta^2\right), \tag{29'}$$

$$= \frac{1}{2} a_2 \cdot \delta \cdot \frac{\lambda^q}{\sqrt{\pi}} (-1)^p \sum_{\nu=0}^{\infty} \frac{\Gamma\left(\frac{p+q+1}{2}+\nu\right) \cdot \Gamma\left(\frac{q-p+1}{2}+\nu\right) \lambda^{2\nu}}{\pi\,\Gamma(q+1+\nu) \cdot \nu!\,\Gamma(\frac{3}{2})} \\ \cdot F\left(\frac{p+q+1}{2}+\nu ;\ \frac{q-p+1}{2}+\nu ;\ \frac{3}{2} ;\ \delta^2\right), \tag{30'}$$

$$= \frac{1}{2} A \cdot \delta \cdot \frac{\lambda^q}{\sqrt{\pi}} (-1)^{p+1} \sum_{\nu=0}^{\infty} \frac{\Gamma\left(\frac{p+q}{2}+\nu\right) \cdot \Gamma\left(\frac{q-p}{2}+\nu\right) \lambda^{2\nu}}{\pi\,\Gamma(q+1+\nu) \cdot \nu!\,\Gamma(\frac{3}{2})} \cdot F\left(\frac{p+q}{2}+\nu ;\ \frac{q-p}{2}+\nu ;\ \frac{3}{2} ;\ \delta^2\right), \tag{31'}$$

$$= \frac{1}{2} a_2 \cdot \frac{\lambda^q}{\sqrt{\pi}} (-1)^p \sum \frac{\Gamma\left(\frac{p+q}{2}+\nu\right) \cdot \Gamma\left(\frac{q-p}{2}+\nu\right) \lambda^{2\nu}}{\pi\,\Gamma(q+1+\nu) \cdot \nu!\,\Gamma(\frac{1}{2})} \cdot F\left(\frac{p+q}{2}+\nu ;\ \frac{q-p}{2}+\nu ;\ \frac{1}{2} ;\ \delta^2\right). \tag{32'}$$

Je nach den vorliegenden Bedingungen kann die eine oder die andere Form für die Berechnung nützlicher sein.

Erläuterungen zu den Bildern 6 ⋯ 10.

Das Bild 6 zeigt die Lage der Grenzkurve für verschiedene Aussteuerungsverhältnisse λ. Für den Wert $\lambda = 0{,}5$ z. B. ist die Grundfläche schraffiert gezeichnet. Über dieser Grundfläche erhebt sich bis zur Höhe 1 das Integrationsvolumen $f(\Omega t,\ \omega t)$. Bei Berechnung des Koeffizienten A_Ω z. B. muß das Volumen mit der Funktion $\cos \Omega t$ multipliziert werden. Die waagerecht schraffierten Teile deuten an, daß diese Raumteile negative Werte erhalten. Durch die Multiplikation des Integrationsvolumens mit dem Faktor $\cos \Omega t$ erhält dieses eine abgerundete Dachform. Leicht verfolgen läßt sich die Berechnung des Wertes A_Ω an Hand dieses Bildes für den Wert $\lambda = 0$. In diesem Falle ergibt sich ein Gebilde mit einer Seitenfläche, welche von dem positiven Teil der Funktion $\cos \Omega t$ gebildet wird. Die Länge dieses Gebildes beträgt 2π, da die Integrationsvariable ωt von $-\pi$ bis $+\pi$ zu integrieren ist. Es ist nach der Fourier-Formel

$$A_\Omega = \frac{1}{2\pi^2} \int_{-\pi - \arccos(-\lambda\cos\omega t)}^{+\pi + \arccos(-\lambda\cos\omega t)} \int f(\Omega t,\ \omega t)\cdot \cos\Omega t\, d(\Omega t)\, d(\omega t).$$

Die von der cosinus-Funktion gebildete Fläche hat bekanntlich den Wert 2, so daß der Rauminhalt des dachförmigen Gewölbes $2\cdot 2\pi = 4\pi$ beträgt. Damit ergibt sich anschaulich

$$A_\Omega = \frac{1}{2\pi^2}\cdot 4\pi = \frac{2}{\pi}. \qquad\qquad (\lambda = 0)$$

Man ersieht, daß das entstehende Gewölbe allgemein symmetrisch aufgebaut ist, so daß die Fourier-Koeffizienten $B_{p\,\Omega\,\pm\,q\omega}$ verschwinden.

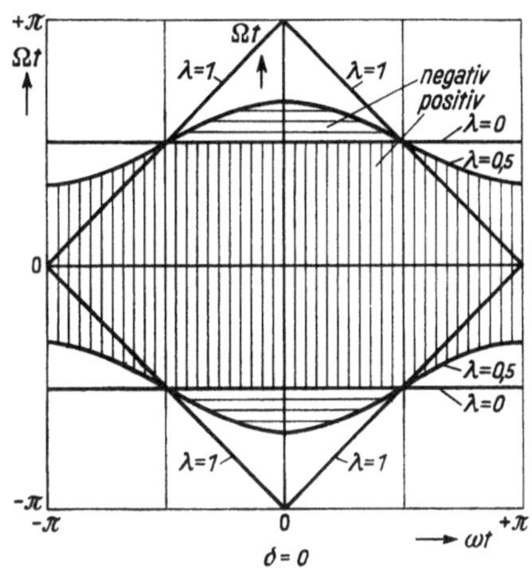

Bild 6. Grundfläche des Integrationsvolumens bei verschiedenen Aussteuerungen $\lambda = 0 \cdots 1$ ($\delta = 0$).

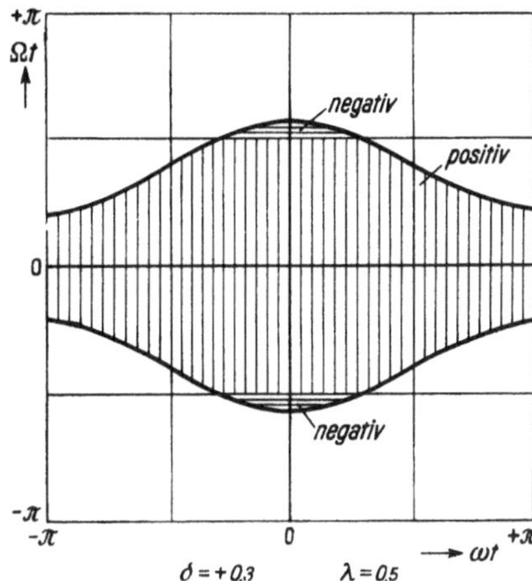

Bild 7. Grundfläche des Integrationsvolumens bei der Aussteuerung $\lambda = 0{,}5$ und bei der Vorspannung $\delta = +0{,}3$.

Das Bild 7 zeigt die Form der Grundfläche für den Wert $\lambda = 0{,}5$ und die Vorspannung $\delta = +0{,}3$. Auch diese Kurve bleibt symmetrisch; sie läuft hingegen nicht mehr durch die Punkte $\omega t = \pm \pi/2$ und $\Omega t = \pm \pi/2$.

Das Bild 8 zeigt die Stärke verschiedener Modulationsprodukte bei Vorhandensein dreier Frequenzen Ω, ω und ω'. Dabei hat die Frequenz ω' eine konstante Amplitude $a_2 = 0{,}1$, die zweite Frequenz Ω erhält die konstante Amplitude $A = 1$; in der Amplitude veränderbar ist die dritte Frequenz ω, welche Werte zwischen 0,1 und z. B. 20 annimmt. Man ersieht, daß das Modulationsprodukt $\Omega \pm \omega'$ konstant ist, solange die Amplitude der dritten fremden Frequenz ω klein gegenüber der Amplitude A ist. Für größer werdende Amplitude der Frequenz nimmt die Stärke dieses Modulationsproduktes ab. Hat die dritte Frequenz Amplituden größer als A, so wird das Modulationsprodukt $\Omega \pm \omega'$, gedämpft. Der Grad der Dämpfung ist verschieden je nach dem Grade der Frequenz Ω des betrachteten Modulationsproduktes.

Das Bild 9 zeigt die Abhängigkeit der Modulationsprodukte $\Omega \pm \omega$, $\Omega \pm \omega'$ und $\omega \pm \omega'$ bei verschiedenen Amplituden der Frequenz ω, wenn eine Vorspannung δ gegeben ist. Die gegenseitige Beeinflussung ist eine ähnliche wie im Falle der Vorspannung $\delta = 0$. Solange die Amplitude der Frequenz ω klein ist, sind allgemein alle Modulationsprodukte gerader Ordnung (Summe der Indizes $p + q$ = gerade) infolge der eingeführten Vorspannung etwas geringer als die entsprechenden Modulationsprodukte bei der Vorspannung Null. Wird die Amplitude der Frequenz ω sehr groß gewählt, so hat die Vorspannung auf die Stärke der Modulationsprodukte keinen Einfluß mehr. Die Vorspannung δ fällt verständlicherweise immer weniger ins Gewicht, je größer die Amplitude der Frequenz ω ist. Für den

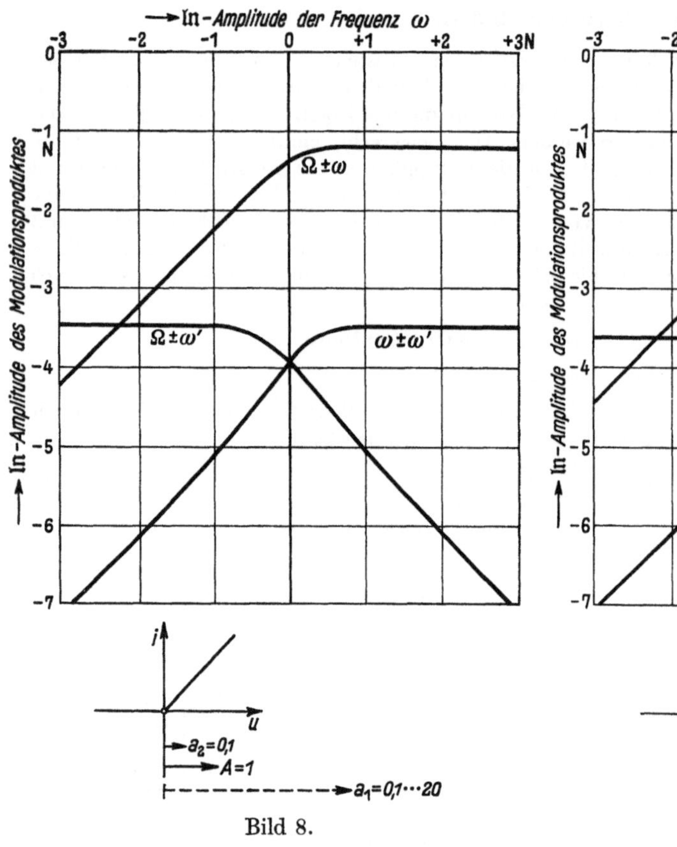

Bild 8.

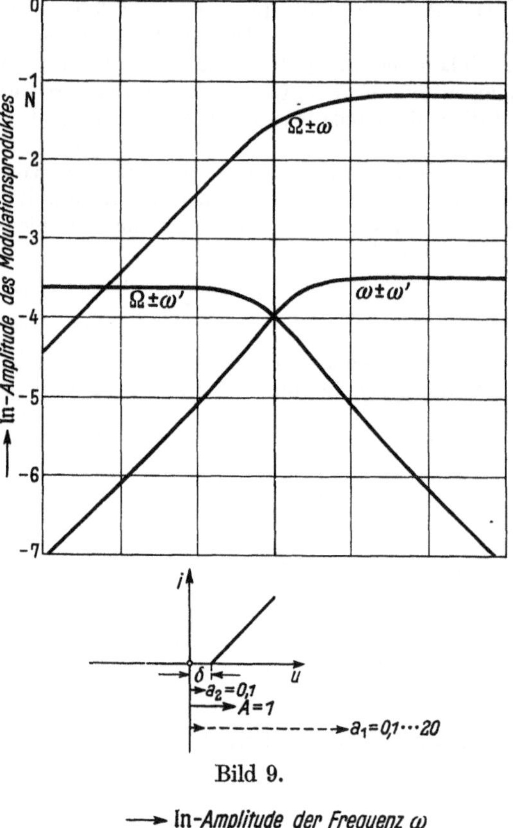

Bild 9.

Bild 8. Modulationsprodukte 2. Ordnung der
linearen Knickkennlinie ohne Vorspannung.
$$\cos\Omega\,t + a_1\cos\omega\,t + a_2\cos\omega't.$$

Bild 9. Modulationsprodukte 2. Ordnung der
linearen Knickkennlinie mit Vorspannung.
$$\delta + \cos\Omega\,t + a_1\cos\omega\,t + a_2\cos\omega't. \qquad \delta = \pm 0,5.$$

Bild 10. Modulationsprodukte 3. Ordnung der
linearen Knickkennlinie mit Vorspannung.
$$\delta + \cos\Omega\,t + a_1\cos\omega\,t + a_2\cos\omega't. \qquad \delta = \pm 0,5.$$

Grenzfall großer Amplituden a_1 nehmen dementsprechend die Modulationsprodukte die gleichen
Werte an, welche bei der Modulation ohne Vorspannung berechnet wurden.

Das Bild 10 zeigt den Verlauf einiger Modulationsprodukte, welche bei der Knickkennlinie
ohne Vorspannung überhaupt nicht auftreten.
Es sind dies die Modulationsprodukte $2\Omega \pm \omega$,
$2\Omega \pm \omega'$ und $2\omega \pm \omega'$. Die Beeinflussung des
Modulationsproduktes $2\Omega \pm \omega'$ ist bei kleinen
Amplituden a_1 geringfügig. Hat die Amplitude a_1
sehr große Werte, so müssen alle Modulationsprodukte eine immer geringere Amplitude annehmen,
da sich die Modulation immer mehr dem Falle
der Knickkennlinie ohne Vorspannung nähert;
diese aber läßt Modulationsprodukte ungerader
Ordnung nicht entstehen.

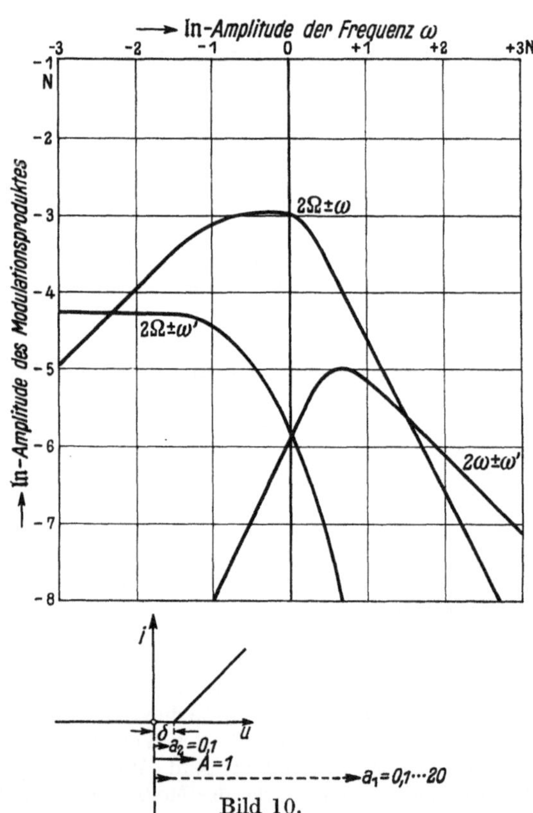

Bild 10.

Zusammenfassung.

Die Stärke der von einem Modulator erzeugten Modulationsprodukte hängt von der Form der verwendeten Modulatorkennlinie, von den Amplituden der das Modulationsprodukt bildenden Frequenzen und von den Amplituden fremder am Modulationsprodukt nicht beteiligter Frequenzen ab. Die Arbeit berechnet die Stärke verschiedener Modulationsprodukte bei Verwendung von Parabeln, Exponentialkennlinien und Knickkennlinien und untersucht insbesondere deren Abhängigkeit von der Gegenwart einer dritten Frequenz, die nicht am Modulationsprodukt beteiligt ist. Die Ergebnisse zeigen, daß diese Abhängigkeit immer geringfügig ist, solange die dritte Frequenz eine kleine Amplitude aufweist. Hat die dritte Frequenz eine Amplitude, die größer ist als jede der beiden anderen, so ist der Einfluß bei der linearen Knickkennlinie mit und ohne Vorspannung erheblich. Die Amplitude des untersuchten Modulationsproduktes wird gedämpft. Der Grad der Dämpfung hängt von der Ordnung des betrachteten Modulationsproduktes ab. Die Berechnung der Modulationsprodukte an Knickkennlinien zeigt außerdem, daß bei Einführung einer Vorspannung neue Modulationsprodukte auftreten.

Schrifttum.

1. W. R. Bennet: New Results in the Calculation of Modulationproducts, Bell Syst. techn. J. (April 1933).

2. A. Schmid: Die Wirkungsweise der Ringmodulatoren. Diss. T. H. Berlin (1936).

3. H. v. Mangoldt: Einführung in die höhere Mathematik Bd. 2 (1931).

4. B. Riemann: Partielle Differentialgleichungen. Herausg. v. K. Hattendorf (1869) S. 27.

5. G. N. Watson: Treatise on the Theorie of Besselfunctions. Cambridge (1922) S. 399ff.

6. E. T. Whittaker u. G. N. Watson: A Course of modern Analysis. Cambridge (1935) S. 291.

7. H. Weber: Partielle Differentialgleichungen der math. Physik. Bd. 2 (Braunschweig 1912) S. 27 (nach Vorles. v. B. Riemann).

8. G. Lejeune-Dirichlet: Vorlesungen über die Lehre von den einfachen und mehrfachen bestimmten Integralen. Herausg. v. G. Arendt (1904) S. 458.

Weiteres Schrifttum und Lehrbücher.

J. R. Bartlett: The calculation of modulation products. Phil. Mag. **16** (Okt. 1933) Nr 7.

W. R. Bennet u. S. O. Rice: Note on methods of computing modulation products. Phil. Mag. **18** (Sept. 1934) Nr 18.

J. R. Carson: Elektrische Ausgleichsvorgänge und Operatorenrechnung. Berlin (1929). (Übersetzt v. F. Ollendorff-K. Pohlhausen).

J. R. Carson: Theorie and calculation of variable electrical systems. Phys. Rev. **17** (1921) Nr 2.

E. Jahnke-F. Emde: Funktionentafeln. (1938.)

K. Küpfmüller: Einführung in die theoretische Elektrotechnik. Berlin (1939).

J. Wallot: Theorie der Schwachstromtechnik. Berlin (1940).

R. Weyrich: Die Zylinderfunktionen und ihre Anwendungen. Berlin-Leipzig (1937).

Der Temperaturanstieg durch dielektrische Verluste in dicken Isolierschichten.

Von **Richard Elsner**.

Mit 2 Bildern.

Mitteilung aus dem Transformatorenwerk der Siemens-Schuckertwerke AG.

Eingegangen am 1. Juli 1941.

Inhaltsübersicht.

I. Einleitung.

Beim Entwurf moderner Hochspannungsapparate und -Transformatoren mit gegenüber früher weitgehend gesteigerten elektrischen Beanspruchungen des Isolierstoffes (Öl, Papier, Preßspan) kann mitunter die Frage nach dem Temperaturanstieg im Isolierstoff infolge dielektrischer Verluste von Einfluß auf die konstruktive Gestaltung der Hochspannungsisolation werden. Diese Frage gewinnt besonders dann erhöhte Bedeutung, wenn der Hochspannungspol von dicken Schichten festen Isolierstoffes umgeben ist und wenn — wie es bei Hochspannungstransformatoren der Fall ist — die durch die Hochspannungs- bzw. die Niederspannungswicklung gebildeten Grenzschichten des Dielektrikums selbst durch die Belastungsströme schon auf eine erhebliche Übertemperatur (maximal 70° C nach RET) gegenüber der umgebenden Raumluft aufgeheizt werden. In diesem Fall kann bei Erdschluß einer Phase des Hochspannungsnetzes wegen der erhöhten elektrischen Beanspruchung des Isolierstoffes die Temperatur im Inneren des Dielektrikums infolge der gleichzeitigen Aufheizung durch die dielektrischen Verluste und die Verlustwärme der Leistungswicklungen unter Umständen Werte erreichen, die im Hinblick auf die Gefahr eines thermischen Durchschlages nicht mehr zulässig sind. Dabei wird bei Großtransformatoren die Zeitkonstante des Temperaturanstieges im Dielektrikum im allgemeinen mehrere Stunden betragen, während andererseits der Erdschluß vielfach nur kurze Zeit dauert. Es interessiert daher meist nicht nur die endgültige stationäre Temperaturverteilung im Dielektrikum, sondern vor allem auch der nichtstationäre zeitliche Temperaturanstieg unmittelbar nach dem Auftreten eines Erdschlusses.

Im folgenden soll daher, ausgehend von der stationären örtlichen Temperaturverteilung im Dauerbetrieb, unter gewissen vereinfachenden Annahmen auch ganz allgemein der nichtstationäre örtliche und zeitliche Temperaturverlauf an jedem Punkt einer Isolierschicht infolge dielektrischer Verluste berechnet werden, wenn zur Zeit $t = 0$ die Spannung an der Isolierschicht sprunghaft von einem Anfangswert U_1 auf einen Wert U_2 ansteigt.

II. Voraussetzungen für die Rechnung.

Um das vorliegende Problem der Rechnung bequemer zugänglich zu machen, sind eine Reihe vereinfachender Annahmen über die Größe und räumliche Verteilung der dielektrischen Verluste getroffen worden:

Zunächst ist angenommen, daß sich die dielektrischen Verluste, unabhängig von der Höhe der angelegten Spannung, völlig gleichmäßig auf das Isoliermaterial verteilen. Dies setzt nicht nur ein homogenes elektrisches Feld und ein homogenes Dielektrikum voraus, wie es praktisch niemals ganz vorhanden ist, sondern vernachlässigt auch die Abhängigkeit der dielektrischen Verluste von der jeweils verschiedenen örtlichen Temperatur. Die letztere Vernachlässigung wird nur so lange zulässig sein, als die Änderung des Verlustfaktors mit der Temperatur noch genügend klein ist und daher noch nicht die Gefahr eines thermischen Durchschlages besteht. Sie liefert aber auch dann gegenüber der Wirklichkeit auf jeden Fall ein etwas zu günstiges Ergebnis.

Weiterhin ist noch vorausgesetzt, daß im Augenblick des Einschaltens der Spannung U_2 die dielektrischen Verluste sich ebenfalls an jedem Punkt der Wicklung sprunghaft von ihrem ursprünglichen Wert v_1 (W/cm³) in ihren Endwert v_2 ändern. Auch diese Voraussetzung läuft auf eine Vernachlässigung der Temperaturabhängigkeit des Verlustfaktors hinaus. Sie wirkt aber im umgekehrten Sinne wie die Annahme gleichmäßiger örtlicher Verteilung der dielektrischen Verluste und fälscht demnach das Rechnungsergebnis etwas nach der ungünstigen Seite. Praktisch dürften sich daher beide Einflüsse in dem betrachteten Temperaturgebiet einigermaßen aufheben.

Eine etwaige Abhängigkeit des Verlustfaktors von der angelegten Spannung, wie sie oberhalb des bekannten Ionisierungsknicks vorhanden ist, läßt sich dagegen durch Einführung des zu der jeweiligen Spannung gehörenden Verlustfaktors streng berücksichtigen. Da es sich bei Großtransformatoren im allgemeinen um Isolierschichten mit im Verhältnis zur Dicke großer axialer Länge handelt, so kann bei Vernachlässigung der Randfelder in guter Annäherung wie mit einem Zylinderfeld gerechnet werden. Setzt man außerdem voraus, daß der Durchmesser der Wicklungen groß gegenüber der Dicke der Isolierschicht ist, so tritt an die Stelle des Zylinderfeldes das entsprechende homogene Feld. In diesem Falle wird also das ursprünglich dreidimensionale Problem der örtlichen Temperaturverteilung auf ein eindimensionales parallelebenes Problem zurückgeführt, dessen Berechnung sich wesentlich einfacher gestaltet.

III. Die stationäre Temperaturverteilung im Dielektrikum bei homogenem Feld.

a) Ohne Berücksichtigung des Temperatursprunges Isolierstoff—Öl.

Bezeichnet d die Schichtdicke, ε die Dielektrizitätskonstante (DK) eines Dielektrikums im homogenen Feld, so gilt für die auf die Volumeneinheit bezogenen dielektrischen Verluste v beim Anlegen einer Wechselspannung U der Kreisfrequenz ω:

$$v = \omega \cdot \varepsilon_0 \cdot \varepsilon \left(\frac{U}{d}\right)^2 \cdot \operatorname{tg}\delta . \tag{1}$$

($\varepsilon_0 = 0,886 \cdot 10^{-13}$ F/cm ist hierin die „Influenzkonstante".)

Es seien nun ϑ_1 und ϑ_2 die stationären Übertemperaturen der die Isolierschicht zu beiden Seiten einschließenden Wicklungen bzw. Ölkanäle; dann gilt, bei Vernachlässigung des Temperatursprunges Isolierstoff—Öl, lediglich unter Berücksichtigung der Wärmeleitung im Isolierstoff für die Dichte des Wärmestromes an der Stelle x in Richtung x (vgl. Bild 1) die Beziehung

$$i_x = -\lambda \frac{d\vartheta}{dx} ; \tag{2}$$

wo λ die Wärmeleitfähigkeit des Isolierstoffes bedeutet (z. B. $\lambda = 0,0015 \dfrac{\text{W}}{\text{cm} \cdot \text{grd}}$ für Papier oder Preßspan).

Da pro Volumenelement vom Querschnitt gleich der Flächeneinheit und der Länge dx eine dielektrische Verlustwärme $dv = v \cdot dx$ erzeugt wird, so ergibt sich für die Zunahme der Wärmestromdichte in Richtung x die weitere Beziehung

$$\frac{di_x}{dx} = v ; \tag{3}$$

oder nach Einsetzen von Gl. (2) in Gl. (3):

$$v = -\lambda \frac{d^2\vartheta}{dx^2} . \tag{3a}$$

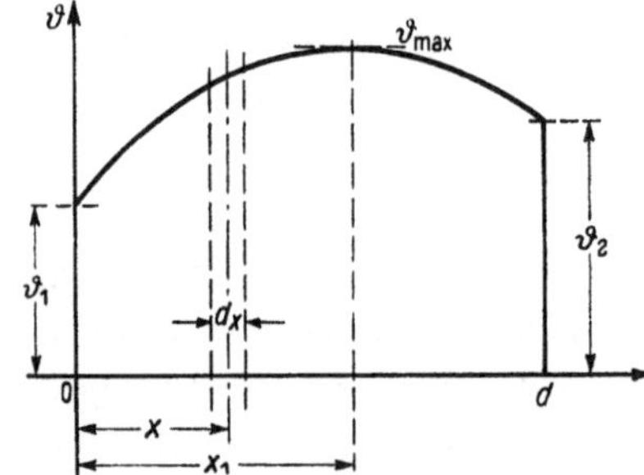

Bild 1. Temperaturverteilung in einer dicken Isolierschicht.

Unter Berücksichtigung der Grenzbedingungen

a) $x = 0$: $\vartheta = \vartheta_1$

b) $x = d$: $\vartheta = \vartheta_2$

folgt als Lösung dieser Differentialgleichung für die Temperatur ϑ_x:

$$\vartheta_x = \vartheta_1 + \frac{(\vartheta_2 - \vartheta_1)}{d} \cdot x + \frac{v}{2\lambda} \cdot x(d - x). \tag{4a}$$

Die höchste Übertemperatur tritt an der Stelle x_1 auf, die man durch Nullsetzen von $d\vartheta/dx$ zu

$$x_1 = \left[\frac{d}{2} + \frac{(\vartheta_2 - \vartheta_1)}{d} \cdot \frac{\lambda}{v}\right] \tag{5a}$$

findet. Dies in Gl. (4a) eingesetzt, ergibt für die höchste Übertemperatur im Dielektrikum die Beziehung:

$$\vartheta_{\max} = \left[\frac{\vartheta_1 + \vartheta_2}{2} + \frac{(\vartheta_2 - \vartheta_1)^2 \lambda}{2 d^2 \cdot v} + \frac{v \cdot d^2}{8\lambda}\right]. \tag{4b}$$

Gl. (5a) und (4b) gelten naturgemäß nur so lange, wie Gl. (5b) $x_1 \leqq d$ bzw. (5c) $(\vartheta_2 - \vartheta_1) \leqq \dfrac{d^2}{2} \cdot \dfrac{v}{\lambda}$ ist. Für Gl. (5d) $(\vartheta_2 - \vartheta_1) \geqq \dfrac{d^2 \cdot v}{2\lambda}$ gilt Gl. (4c) $\vartheta_{\max} = \vartheta_2$ (konstant) an der Stelle $x_1 = d$.

Die Abhängigkeit der größten stationären Übertemperatur $\vartheta_{\max}$ von der Schichtdicke ist in Bild 2 für zwei praktisch vorkommende Grenztemperaturen ϑ_1 und ϑ_2 mit den dielektrischen Verlusten in den Grenzen $v = 10^{-3} \cdots 4 \cdot 10^{-3}$ W/cm³ als Parameter dargestellt, wenn $\lambda = 0,0015$ W/(cm · grd) angenommen wird. Ein Wert von $v = 2 \cdot 10^{-3}$ W/cm³ kann gemäß Gl. (1) z. B. bei Preßspan mit $\varepsilon = 4$ vorkommen, wenn tg $\delta = 0{,}03$ und die Feldstärke $U/d = 24{,}5$ kV/cm beträgt, was durchaus Werte sind, die bei modernen Transformatoren im praktischen Betrieb auftreten. Bei der Isolationsprobe im Prüffeld sind die Beanspruchungen naturgemäß noch wesentlich höher.

Wie aus Gl. (5a) hervorgeht, verschiebt sich der Ort der größten stationären Übertemperatur bei voneinander abweichenden Temperaturen ϑ_1 und ϑ_2 mit wachsendem Unterschied $(\vartheta_2 - \vartheta_1)$ immer mehr von der Mitte nach der Seite der höheren Grenztemperatur ϑ_2 hin. Der Grad dieser Verschiebung nimmt dabei mit wachsenden dielektrischen Verlusten ab. Dies kommt in Bild 2 dadurch zum Ausdruck, daß die Einmündungspunkte der Kurven für $\vartheta_{\max}$ in die Gerade $\vartheta_2 = 70°$ C mit wachsendem v immer weiter nach links, also zu kleineren Schichtdicken hin, vorrücken. Im übrigen zeigt das Bild, daß bei hohen dielektrischen Beanspruchungen (z. B. $v = 4 \cdot 10^{-3}$ W/cm³) und großen Schichtdicken die Temperaturen im Inneren des Dielektrikums im stationären Zustand schon ganz erheblich über der Wicklungstemperatur liegen können. Eine Übertemperatur von etwa 70° C entsprechend 105°C bei 35° C Raumtemperatur dürfte dabei etwa die oberste zulässige Grenze für Isolierstoffe sein, die auf Zellulosebasis hergestellt sind.

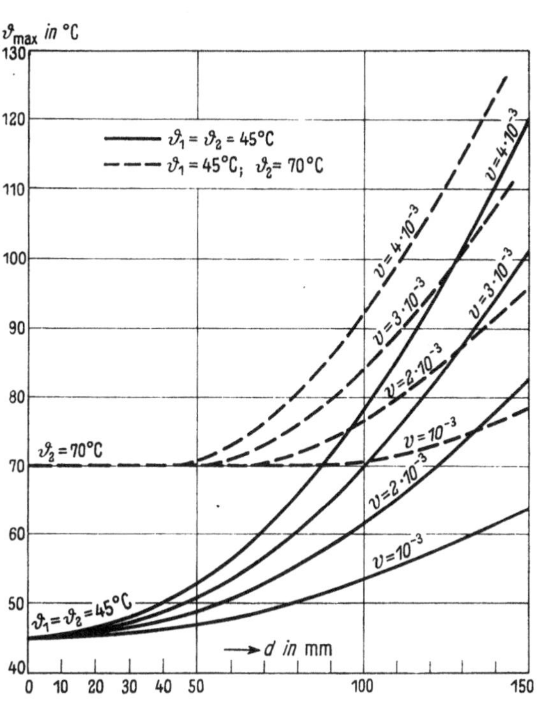

Bild 2. Größte stationäre Übertemperatur im Dielektrikum abhängig von der Schichtdicke d.

b) Berücksichtigung des Temperatursprunges Isolierstoff—Öl.

Will man für den Fall, daß zu beiden Seiten der Isolierschicht Ölkanäle vorhanden sind, noch den Temperatursprung beim Wärmeübergang, vom Isolierstoff zum Öl berücksichtigen, so ist mit ϑ_1' bzw. ϑ_2' als Öltemperaturen in die obigen Gleichungen einzuführen:

$$\vartheta_1 = \vartheta_1' + \frac{v \cdot x_1}{\alpha_k} : \tag{6a}$$

bzw.

$$\vartheta_2 = \vartheta_2' + \frac{v \cdot (d - x_1)}{\alpha_k} . \tag{6b}$$

Hierin bezeichnet $v \cdot x_1$ bzw. $v \cdot (d - x_1)$ die Dichte des gesamten Wärmestromes, der nach beiden Seiten hin abfließt, während α_k die Wärmeübergangszahl vom Isolierstoff zum Öl bedeutet. Mit Gl. (6a) und (6b) geht Gl. (5a) über in

$$x_1 = \left| \frac{d}{2} + \frac{(\vartheta_2' - \vartheta_1') \cdot \alpha_k \cdot \lambda}{(2\lambda + \alpha_k d) \cdot v} \right| \tag{5c}$$

und damit

$$\vartheta_1 = \left| \vartheta_1' + \frac{(\vartheta_2' - \vartheta_1') \cdot \lambda}{(2\lambda + \alpha_k d)} + \frac{d}{2} \cdot \frac{v}{\alpha_k} \right| : \tag{6c}$$

bzw.

$$\vartheta_2 = \left| \vartheta_2' - \frac{(\vartheta_2' - \vartheta_1') \cdot \lambda}{(2\lambda + \alpha_k d)} + \frac{d}{2} \cdot \frac{v}{\alpha_k} \right| . \tag{6d}$$

Zur Berechnung der größten Übertemperatur gemäß Gl. (4 b) ist ferner noch zu bilden:

$$(\vartheta_2 - \vartheta_1) = \frac{\alpha_k d}{(2\lambda + \alpha_k d)} \cdot (\vartheta_2' - \vartheta_1') . \qquad (7\,\mathrm{a})$$

$$(\vartheta_2 + \vartheta_1) = (\vartheta_2' + \vartheta_1') + \frac{v\,d}{\alpha_k} . \qquad (7\,\mathrm{b})$$

Diese Ausdrücke sind in die Beziehung Gl. (4 b) einzuführen.

Wie man sieht, kommt es bei der Beurteilung der Frage, ob die Berücksichtigung des Temperatursprunges Isolierstoff—Öl sich lohnt, lediglich auf das Verhältnis $\alpha_k \mathrm{d}/\lambda$ an. Da für α_k bei Ölumlaufkühlung etwa mit einem Wert von 0,025 W/cm² · grd zu rechnen ist, während λ für Papier und Preßspan mit 0,0015 W/cm² · grd einzusetzen ist, so wird das Verhältnis $\alpha_k d/\lambda$ bei dicken Isolierschichten ($d \gg 1$ cm) stets um mehr als eine Größenordnung größer als Eins. Infolgedessen kann für die Berechnung der größten Übertemperatur $\vartheta_{\max}$ bei dem vorliegenden Problem mit genügender Annäherung in obigen Gleichungen $(\vartheta_2 - \vartheta_1) \approx (\vartheta_2' - \vartheta_1')$ und $\vartheta_1 \approx \vartheta_1'$ bzw. $\vartheta_2 \approx \vartheta_2'$ gesetzt, der Temperatursprung Isolierstoff—Öl also vernachlässigt werden.

IV. Der nichtstationäre zeitliche und örtliche Temperaturverlauf im Dielektrikum nach dem Anlegen einer Spannung.

Es sei wieder ein homogenes elektrisches Feld vorausgesetzt. Bei sprunghafter Änderung der angelegten Spannung von dem Wert U_1 auf den Wert U_2, z. B. infolge eines Erdschlusses an einer Phase des Hochspannungsnetzes, springen dann auch die dielektrischen Verluste an jedem Punkt der Isolierschicht von dem Wert v_1 auf den der Spannung U_2 entsprechenden Wert v_2. Wegen der verhältnismäßig großen spezifischen Wärme und dem schlechten Wärmeleitvermögen von Faserstoff folgt aber die Temperatur im Dielektrikum dieser Änderung der Verluste nur ziemlich langsam nach. Es erfordert daher geraume Zeit, bis sich der den erhöhten Verlusten v_2 entsprechende Endzustand der örtlichen Temperaturverteilung eingestellt hat.

Für den dazwischen liegenden Ausgleichsvorgang, vom Augenblick $t = 0$ des Einschaltens der neuen EMK U_2 an, gelten nun unter Benützung der Bezeichnungen des Bildes 1 folgende Beziehungen:

Die in dem Zeitelement $\mathrm{d}t$ pro Volumeneinheit erzeugte Verlustwärme $v \cdot \mathrm{d}t$ ist gleich der aufgespeicherten Wärme + der abfließenden Wärmemenge; somit

$$v \cdot \mathrm{d}t = \gamma \cdot c \cdot \hat{c}\,\vartheta_{(x,\,t)} + \frac{\partial i_{(x,\,t)}}{\partial x} \cdot \partial t; \qquad (8)$$

oder durch Differentiation nach der Zeit:

$$v = \gamma \cdot c\,\frac{\partial \vartheta_{(x,\,t)}}{\partial t} + \frac{\partial i_{(x,\,t)}}{\partial x} . \qquad (8\,\mathrm{a})$$

Hierin ist:

    γ das spezifische Gewicht des Isolierstoffes (z. B. 1,25 g/cm³ für Faserstoff).

    c die spezifische Wärme des Isolierstoffes (etwa 1,33 W·s/[g·grd] für Faserstoff).

    $\vartheta_{(x,\,t)}$ die Übertemperatur zur Zeit t an der Stelle x und

    $i_{(x,\,t)}$ die Dichte des Wärmestromes in Richtung x zur Zeit t an der Stelle x.

Mit Gl. (9)

$$i_{(x,\,t)} = -\lambda \cdot \frac{\partial \vartheta_{(x,\,t)}}{\partial x} \qquad (9)$$

geht Gl. (8 a) über in

$$v = \gamma \cdot c \cdot \frac{\partial \vartheta_{(x,\,t)}}{\partial t} - \lambda \cdot \frac{\partial^2 \vartheta_{(x,\,t)}}{\partial x^2} \qquad (8\,\mathrm{b})$$

mit den allgemeinen Randbedingungen

$$x = 0 \ldots \ldots \vartheta = \vartheta_1 \ \Big| \quad \text{für}$$
$$x = l \ldots \ldots \vartheta = \vartheta_2 \ \Big| \quad \text{alle } t,$$

wo wieder $\lambda \approx 0{,}0015$ W/cm grd als Wärmeleitfähigkeit von Faserstoff einzusetzen ist. Zur Lösung der partiellen Differentialgleichung (8b) geht man zweckmäßig zunächst von den vereinfachten Bedingungen aus, die dann vorliegen, wenn für $t < 0$ noch keine Spannung eingeschaltet war und erst im Augenblick $t = 0$ plötzlich eine Spannung U an die Isolierschicht gelegt wird. Für die Verluste heißt dies, daß zur Zeit $t = 0$ sprungartig an allen Stellen des Dielektrikums eine Volumenheizung von der Größe v einsetzt. Als Anfangsbedingung für Gl. (8b) gilt dann $t = 0 \cdots \vartheta_{(x, 0)} = 0$. Unter diesen Voraussetzungen läßt sich aber nach den Regeln der Operatorenrechnung die zeitliche Abhängigkeit der Temperatur $\vartheta_{(x, t)}$ durch die bekannte Laplacesche Transformation[1]

$$L\,\vartheta_{(x, t)} = p \cdot \int_0^\infty \vartheta_{(x, t)} \cdot e^{-p t} \cdot \mathrm{d}p = k_{x(p)} \tag{10}$$

darstellen, wo die Unterfunktion $k_{x(p)}$ nur noch von x und p abhängt.

Hierbei gilt bekanntlich

$$L\,\frac{\partial \vartheta_{(x, t)}}{\partial t} = p \cdot L\,\vartheta_{(x, t)} = p \cdot k_{x(p)} . \tag{10a}$$

Nach Durchführung dieser Transformation ergibt sich daher aus Gl. (8b) die folgende Operatorengleichung für $k_{x(p)}$ im Unterbereich p:

$$v = \gamma \cdot c \cdot p \cdot k_{x(p)} - \lambda \cdot \frac{\mathrm{d}^2 k_{x(p)}}{\mathrm{d}x^2} ; \tag{11}$$

oder

$$\frac{\mathrm{d}^2 k_{x(p)}}{\mathrm{d}x^2} - \frac{\gamma \cdot c\, p}{\lambda} \cdot k_{x(p)} = -\frac{v}{\lambda} . \tag{11a}$$

Als Lösung dieser Differentialgleichung zweiter Ordnung findet man unter Berücksichtigung der speziellen Grenzbedingungen:

a) $x = 0$: $\quad k_{x(p)} = \vartheta_1 = 0$;
b) $x = l$: $\quad k_{x(p)} = \vartheta_2 = 0$;

nach einigen Nebenrechnungen die neue Operatorengleichung (12)

$$k_{x(p)} = \frac{v}{\lambda\,\varrho^2} \cdot \left[\frac{\operatorname{Sin}\varrho\,d - \operatorname{Sin}\varrho\,(d - x) - \operatorname{Sin}\varrho\,x}{\operatorname{Sin}\varrho\,d} \right]; \tag{12}$$

wo

$$\varrho = + \sqrt{\frac{\gamma \cdot c \cdot p}{\lambda}} \tag{13}$$

ist. Die Auflösung der Operatorengleichung (12) nach $\vartheta_{(x, t)}$ folgt durch Umkehr der Laplace-Transformation $L^{-1} k_{x(p)} = \vartheta_{(x, t)}$ aus dem bekannten Heavisideschen Entwicklungssatz[2] zu:

$$\vartheta_{(x, t)} = \frac{v}{Z_{(p=0)}} + v \cdot \sum_\nu \frac{e^{p_\nu t}}{p_\nu \cdot \left(\dfrac{\mathrm{d}Z}{\mathrm{d}p_\nu}\right)} . \tag{14}$$

Hierin gilt für $Z_{(p)}$ laut Gl. (12)

$$Z_{(p)} = \frac{v}{k_{x(p)}} = \frac{\lambda \cdot \varrho^2 \cdot \operatorname{Sin}\varrho\,d}{(\operatorname{Sin}\varrho\,d - \operatorname{Sin}\varrho\,(d - x) - \operatorname{Sin}\varrho\,x)} . \tag{15}$$

---

[1] Vgl. K. W. Wagner: Operatorenrechnung nebst Anwendungen in Physik und Technik. Leipzig: Joh. A. Barth (1940) S. 25 u. f.
[2] Wie Fußnote 1 S. 69 ff.

Für $p = 0$ ist wegen $\varrho = 0$ der Wert $Z_{(p=0)}$ aus dem Grenzwert $\lim\limits_{p \to 0} Z_{(p)}$ durch mehrmaliges getrenntes Differenzieren von Zähler und Nenner des Ausdruckes Gl. (15) zu

$$Z_{(p=0)} = \lim_{p \to 0} Z_{(p)} = \frac{2\,\lambda}{x(d-x)} \tag{15a}$$

zu ermitteln. Damit ergibt sich das stationäre Glied der Gl. (14) zu $\frac{v \cdot x\,(d-x)}{2\,\lambda}$ in völliger Übereinstimmung mit Gl. (14a), wenn dort $\vartheta_1 = \vartheta_2 = 0$ gesetzt wird.

Für das unter dem Summenzeichen stehende Ausgleichsglied findet man p_ν in bekannter Weise aus der Gleichung $Z_{(p_\nu)} = 0$ durch Einführen von Gl. (16) $\eta = j \cdot \varrho\,d$ und Gl. (16a) $\mathfrak{Sin}\,\varrho\,d = -j \cdot \sin(\eta)$ in Gl. (15). Es ergibt sich zunächst für η_ν die Beziehung

$$Z_{(p_\nu)} = 0 = \frac{-\lambda \cdot \eta_\nu^2 \cdot \sin \eta_\nu}{d^2\left(\sin \eta_\nu - \sin \eta_\nu \cdot \left(\dfrac{d-x}{d}\right) - \sin \eta_\nu \cdot \dfrac{x}{d}\right)}, \tag{17}$$

woraus als Lösung

$$\eta_\nu = (2\nu - 1)\,\pi \quad \text{mit} \quad \nu = 1, 2, 3 \ldots \tag{18}$$

und weiterhin mit Gl. (13) und (16)

$$p_\nu = \frac{-\lambda}{\gamma \cdot c} \cdot \frac{\eta_\nu^2}{d^2} = \frac{-\lambda}{\gamma \cdot c} \cdot \frac{(2\nu-1)^2 \cdot \pi^2}{d^2} \tag{19}$$

folgt. Es fehlt noch die Größe

$$\frac{\mathrm{d}Z}{\mathrm{d}p_\nu} = \frac{\mathrm{d}Z}{\mathrm{d}\eta_\nu} \cdot \frac{\mathrm{d}\eta_\nu}{\mathrm{d}p_\nu}. \tag{20}$$

Aus Gl. (17) leitet sich ab

$$\frac{\mathrm{d}Z}{\mathrm{d}\eta_\nu} = -\frac{\lambda}{d^2} \cdot \frac{(2\nu-1)^2\,\pi^2}{2\sin\dfrac{(2\nu-1)\,\pi\,x}{d}}, \tag{20a}$$

und aus Gl. (19)

$$\frac{\mathrm{d}\eta_\nu}{\mathrm{d}p_\nu} = \frac{-d^2 \cdot \gamma\,c}{2\,\lambda \cdot (2\nu-1)\,\pi}, \tag{20b}$$

so daß

$$\frac{\mathrm{d}Z}{\mathrm{d}p_\nu} = \frac{\gamma\,c \cdot (2\nu-1) \cdot \pi}{4 \cdot \sin\dfrac{(2\nu-1)\,\pi\,x}{d}} \tag{20c}$$

wird. Die endgültige Lösung für den zeitlichen Temperaturverlauf an der Stelle x lautet demnach nach Einsetzen der Gl. (15a), (19) und (20c) in Gl. (14):

$$\vartheta_{(x,\,t)} = \frac{v}{\lambda} \cdot \left\{ \frac{x\,(d-x)}{2} - \frac{4\,d^2}{\pi^3} \cdot \sum_{\nu=1}^{\infty} \frac{e^{p_\nu t} \cdot \sin\dfrac{(2\nu-1)\,\pi\,x}{d}}{(2\nu-1)^3} \right\}. \tag{21}$$

Beträgt die Übertemperatur an den Grenzen $x = 0$ und $x = d$ dauernd ϑ_1 bzw. ϑ_2 statt Null und ist außerdem zur Zeit $t < 0$ infolge einer dauernd eingeschalteten EMK der Größe U_1 (Verluste v_1) bereits eine stationäre Temperaturverteilung

$$\vartheta_{(x,\,0)} = \left[\vartheta_1 + \frac{(\vartheta_2 - \vartheta_1)x}{d} + \frac{v}{2\,\lambda} \cdot x\,(d-x) \right]$$

vorhanden, so ergibt sich die neue Temperaturverteilung nach dem Anlegen der Spannung U_2 an die Isolierschicht, wobei die Verluste pro cm³ auf v_2 steigen, durch

Überlagerung des neu aufgezwungenen Zustandes über den Anfangszustand zu

$$\vartheta_{(x,t)} = \left\{ \vartheta_1 + \frac{(\vartheta_2 - \vartheta_1)x}{d} + \frac{v_2 \cdot x(d-x)}{2\lambda} - \frac{(v_2 - v_1)\,4\,d^2}{\lambda\,\pi^3} \sum_{\nu=1}^{\infty} e^{p_\nu t} \cdot \frac{\sin \frac{(2\nu-1)\pi x}{d}}{(2\nu-1)^3} \right\}. \quad (21\,a)$$

Hierin sind unter dem Summenzeichen die Glieder mit $\nu = 2,3$ usf. gegenüber dem Glied mit $\nu = 1$ in erster Näherung zu vernachlässigen, so daß für praktische Rechnungen mit hinreichender Genauigkeit als Näherungslösung für den Temperaturverlauf

$$\vartheta_{(x,t)} \approx \left\{ \vartheta_1 + \frac{(\vartheta_2 - \vartheta_1)x}{d} + \frac{v_2 \cdot x(d-x)}{2\lambda} - \frac{(v_2 - v_1)\,x\,(d-x)}{2\lambda} \cdot e^{\frac{-t}{T_1}} \right\} \quad (22)$$

folgt; dabei gilt für die Grundzeitkonstante

$$T_1 = -\frac{1}{p_1} = \frac{\gamma \cdot c \cdot d^2}{\lambda \cdot \pi^2}. \quad (23)$$

Würde die gesamte dielektrische Verlustwärme nicht gleichmäßig in allen Teilen des Dielektrikums, sondern lediglich in der Mitte der Isolierschicht konzentriert erzeugt werden, so würde sich für den Temperaturanstieg im Isolierstoff in bekannter Weise eine Zeitkonstante

$$T_1^* = \frac{\gamma \cdot c \cdot d^2}{\lambda \cdot 4} \quad (23\,a)$$

ergeben. Infolge der gleichmäßigen Verteilung der dielektrischen Verluste über die gesamte Isolierschicht geht demnach die Zeitkonstante im Verhältnis $\frac{4}{\pi^2} \approx 0,4$ zurück. Die Temperatur in der Isolierschicht steigt also wesentlich rascher auf ihren Endwert, als es die rohe Annahme konzentrierter Erzeugung der dielektrischen Verlustwärme ergibt.

Zur Berechnung der Anstiegs-Zeitkonstanten ist Gl. (23) für Papier und Preßspan zweckmäßig nach Einsetzen der entsprechenden Zahlenwerte für γ, c und λ in die Form

$$T_1 = 112,6 \cdot (d/\mathrm{cm})^2\,\mathrm{s} \quad (23\,b)$$

bzw.

$$T_1 = 0,0313 \cdot (d/\mathrm{cm})^2\,\mathrm{h} \quad (23\,c)$$

zu bringen.

Für 100 mm starke Isolierschicht ergibt sich damit eine Anstiegszeitkonstante von 3,13 h.

Bei gleichen Grenztemperaturen $\vartheta_1 = \vartheta_2$ tritt die höchste Übertemperatur stets in der Mitte der Isolierschicht auf und läßt sich daher für jeden beliebigen Zeitpunkt t nach dem Einschalten der Spannung U_2 durch Einsetzen von $x = d/2$ in die Gl. (21a) genau berechnen. Bei ungleichen Grenztemperaturen $\vartheta_1 \neq \vartheta_2$ verschiebt sich dagegen, wie in Abschnitt III a gezeigt wurde, mit der Erhöhung der dielektrischen Verluste auch der Ort der größten stationären Übertemperatur vom Rande mehr nach der Mitte des Dielektrikums. Da diese Verschiebung gegenüber einem zur Zeit $t \leq 0$ vorgegebenen Anfangszustand nicht sprunghaft, sondern allmählich nach Maßgabe des Temperaturanstieges in der Isolierschicht vor sich geht, so ändert während der Dauer des Ausgleichsvorganges der Ort größter Übertemperatur ständig seine Lage. Zur genauen Ermittlung dieses Ortes für jeden beliebigen Augenblick müßte der Ausdruck für $\vartheta_{(x,t)}$ in Gl. (21a) nach x differenziert und Null gesetzt werden.

Für praktische Zwecke wird es jedoch meist ausreichen, statt dessen den einfachen Näherungsausdruck der Gl. (22) zu differenzieren. Man findet damit

$$\frac{\partial \vartheta}{\partial x} \approx \left\{ \frac{\vartheta_2 - \vartheta_1}{d} + \frac{v_2(d-x)}{2\lambda} - \frac{(v_2-v_1)(d-2x)}{2\lambda} \cdot e^{\frac{-t}{T_1}} \right\}, \qquad (23)$$

und nach Nullsetzen dieses Ausdrucks

$$x_1 \approx \left\{ \frac{d}{2} + \frac{\lambda}{d} \cdot \frac{(\vartheta_2 - \vartheta_1)}{\left[v_2 - (v_2 - v_1) \cdot e^{\frac{-t}{T_1}} \right]} \right\}. \qquad (24)$$

Durch Einsetzen von Gl. (24) für x_1 in Gl. (22) ergibt sich damit die größte Übertemperatur zur Zeit t im Dielektrikum zu

$$\vartheta_{\max (t)} \approx \left\{ \frac{\vartheta_1 + \vartheta_2}{2} + \frac{(\vartheta_2 - \vartheta_1)^2 \cdot \lambda}{2 d^2 \left[v_2 - (v_2 - v_1) \cdot e^{\frac{-t}{T_1}} \right]} + \frac{d^2}{8\lambda} \left[v_2 - (v_2 - v_1) \cdot e^{\frac{-t}{T_1}} \right] \right\}. \qquad (25)$$

Nach dem Abklingen des Ausgleichsgliedes $(v_2 - v_1) \cdot e^{\frac{-t}{T_1}}$ geht dieser Ausdruck in die Gl. (4b) für die größte Übertemperatur im stationären Betrieb mit v_2 statt v_1 als dielektrischen Verlusten über.

Die abgeleiteten Beziehungen geben somit die Möglichkeit, den Temperaturanstieg in dicken Isolierschichten bei beliebigen Änderungen der angelegten Spannung in allen Einzelheiten mit praktisch hinreichender Genauigkeit zu berechnen.

Zusammenfassung.

Es wird zunächst die stationäre Temperaturverteilung in dicken Isolierschichten unter der Annahme gleichmäßig verteilter temperaturunabhängiger dielektrischer Verluste für homogenes elektrisches Feld berechnet. Dabei zeigt sich, daß bei ungleichen Grenztemperaturen ϑ_1 und ϑ_2 der Ort der höchsten Übertemperatur im Dielektrikum sich umgekehrt proportional den dielektrischen Verlusten nach der Seite der höheren Randtemperatur hin verschiebt. Der Temperatursprung beim Wärmeübergang Isolierstoff auf das Öl ist für die untersuchten Schichtdicken von 10 bis 150 mm gegenüber dem Einfluß der Wärmeleitung auf die Temperaturverteilung im Dielektrikum zu vernachlässigen. Bei großen Schichtdicken und hohen elektrischen Beanspruchungen kann es infolge der erhöhten dielektrischen Verluste unter Umständen zu gefährlichen Temperaturerhöhungen in der Isolierschicht kommen.

Für den Fall, daß die erhöhte Beanspruchung nur kurzzeitig vorhanden ist, wird die allgemeine Lösung der dann für den nichtstationären Temperaturverlauf an jeder beliebigen Stelle des Dielektrikums gültigen partiellen Differentialgleichung abgeleitet. Der Temperaturanstieg im Isolierstoff geht danach in praktisch genügender Annäherung mit einer Zeitkonstanten

$$T_1 = \frac{\gamma \, c \, d^2}{\lambda \, \pi^2}$$

vor sich. Der Ort der größten Übertemperatur verschiebt sich bei ungleichen Randtemperaturen $\vartheta_1 \neq \vartheta_2$ gegenüber dem Anfangszustand (U_1) bei Erhöhung der angelegten Spannung auf U_2 im Verlauf des Ausgleichsvorganges allmählich mehr nach der Mitte des Dielektrikums.

Die Berechnung der Spannungsverteilung an einem Mehrfachkettenleiter.

Von **Richard Elsner**.

Mit 7 Bildern.

Mitteilung aus dem Transformatorenwerk der Siemens-Schuckertwerke AG.

Eingegangen am 26. Juli 1941.

Inhaltsübersicht.

I. Einleitung.

Als Mehrfachkettenleiter wird im folgenden eine Anordnung aus zwei oder mehreren Kettenleitern bezeichnet, deren einzelne Glieder $Z_1, Z_2 \cdots Z_\nu$ bzw. $Z_{1,0}, Z_{1,2}, Z_{2,3} \cdots Z_{(\nu-1),\nu}, Z_{\nu,0}$ (vgl. Bild 1) im allgemeinen Fall aus Induktivitäten, Kapazitäten und Widerständen in beliebiger Zusammenschaltung aufgebaut sein können. In der folgenden Arbeit soll nun der besondere Fall behandelt werden, daß die einzelnen Glieder entweder nur aus Ohmschen Widerständen oder nur aus Induktivitäten oder aus Kapazitäten bestehen und daß außerdem die Anfänge sämtlicher Kettenleiter miteinander verbunden und an dieselbe Spannung gelegt werden.

In diesem Fall sind beim Anlegen einer sinusförmigen Spannung der Form $\mathfrak{U} = U \cdot e^{j\omega t}$ an die Klemmen des Mehrfachkettenleiters sowohl die Ströme als auch die Spannungen an jedem beliebigen Punkt des Kettenleiternetzes unter sich in Phase. Der Phasenverschiebungswinkel zwischen Strom und Spannung ist daher

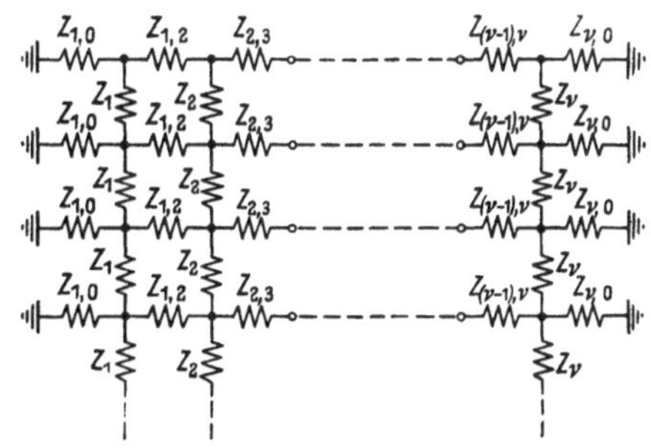

Bild 1. Allgemeines Ersatzbild eines Mehrfachkettenleiters.

an jedem Punkt gleich demjenigen des Klemmenstroms gegenüber der Klemmenspannung, wobei sämtliche Spannungen auch in Phase mit der Klemmenspannung sind. Für sinusförmige Klemmenspannung ist der vorbezeichnete Fall z. B. bei einem aus Kapazitäten aufgebauten Spannungsteiler gegeben, der zur Abschirmung gegen Störfelder gemäß Bild 2 von einem zweiten kapazitiven Teiler umgeben ist und etwa zur Aufnahme der Kurvenform von Hochspannungsprüftransformatoren benutzt werden soll. Dabei sind die gegenseitigen (k_1) und die Erdkapazitäten ($c_{1,0}$) der links

6*

und rechts von dem eigentlichen Teiler angeordneten Kettenleiter im allgemeinen gleich, wie es in Bild 2 durch die Beschriftung angedeutet ist. Noch größere praktische Bedeutung kommt einem solchen kapazitiven Teiler für die Messung von Stoßspannungen zu.

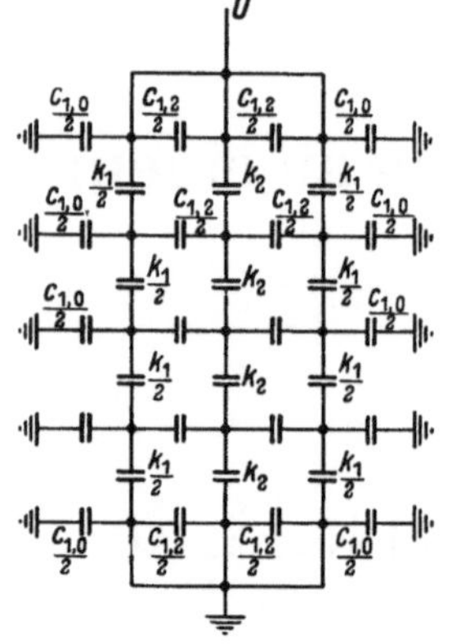

Bild 2. Ersatzbild eines von einem zweiten kapazitiven Spannungsteiler umgebenen Kapazitätsleiters.

Hierfür werden vielfach auch rein Ohmsche Spannungsteiler benutzt. Bei diesen kommt es für eine einwandfreie Messung steiler Stoßspannungen vor allem darauf an, daß die lediglich durch die gegenseitigen und die Erdkapazitäten der Widerstandselemente gesteuerte Anfangsspannungsverteilung möglichst geradlinig ist [1, 2, 3][1]). Da dies mit einem einfachen Ohmschen Spannungsteiler im allgemeinen nicht zu erreichen ist, wurde bereits vorgeschlagen [4], den eigentlichen Meßteilerwiderstand R_M nach Art des Bildes 3 mit einem zweiten, parallelgeschalteten Schutzwiderstand R_S zu umgeben, der die schädlichen Erdkapazitäten des Teilerwiderstandes abschirmen und dadurch eine annähernd lineare Spannungsverteilung längs des Meßteilerwiderstandes erzwingen soll. Da im Augenblick des Auftreffens der Stoßwelle auch hierbei lediglich die Teilkapazitäten des Widerstandsteilers Strom führen, kann zur Berechnung der Anfangsspannungsverteilung längs dieses abgeschirmten Ohmschen Spannungsteilers genau das gleiche Kapazitätsschema des Bildes 2 zugrunde gelegt werden, das für einen abgeschirmten Kapazitätsteiler gilt.

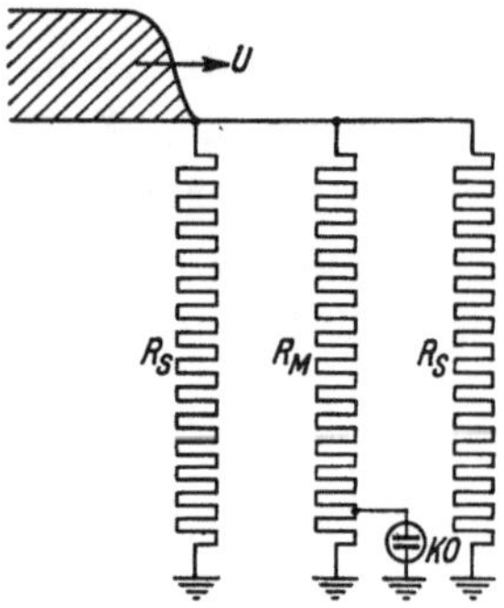

Die folgende Berechnung soll sich nun auf die Ermittlung der Spannungsverteilung längs eines aus Kapazitäten aufgebauten Zweifachkettenleiters beschränken, ein Fall, auf den wegen der meist vorhandenen achsensymmetrischen Anordnung sich sämtliche vorher behandelten praktischen Fälle zurückführen lassen.

Bild 3. Durch Schutzwiderstand abgeschirmter Widerstands-Spannungsteiler. [Nach W. Raske, Arch. Elektrotechn. **31** (1937) S. 660 Abb. 5.]

II. Die Differentialgleichung für die Spannungsverteilung längs eines Zweifachkettenleiters.

Der Rechnung ist das in Bild 4 gezeichnete Ersatzbild eines Zweifachkettenleiters zugrunde gelegt. Dabei ist in erster Annäherung angenommen, daß der Kettenleiter in unendlich viele Einzelelemente mit den Teilkapazitäten $c_x \cdot dx$, $c_x' \cdot dx$, k_x/dx und k_x'/dx unterteilt sei. Für endliche Unterteilung bestehen dann zwischen den Teilkapazitäten $c_{1,0}$, $c_{1,2}$, k_1 und k_2 der N Kettenleiterelemente und den auf die Längeneinheit bezogenen Teilkapazitäten c_x, c_x', k_x und k_x' die Beziehungen

$$c_x = \frac{c_{1,0} \cdot N}{l}; \qquad (1\,\text{a}) \qquad\qquad c_x' = \frac{c_{1,2} \cdot N}{l}; \qquad (1\,\text{b})$$

$$k_x = \frac{k_1}{N} \cdot l; \qquad (1\,\text{c}) \qquad\qquad k_x' = \frac{k_2}{N} \cdot l, \qquad (1\,\text{d})$$

wo l die gesamte Länge des Kettenleiters ist.

---

[1]) Die eingeklammerten schrägen Zahlen beziehen sich auf das Schrifttum am Schluß der Arbeit.

Die durch die Kapazitäten gesteuerte Spannungsverteilung längs des Kettenleiters ist nun bekanntlich völlig unabhängig von dem zeitlichen Verlauf der angelegten Spannung. Anstatt daher eine Stoßspannung von Rechteckform, die im Augenblick $t = 0$ auf den Wert U springt, am Eingang der Wicklung anzunehmen, kann für die Berechnung der Spannungsverteilung ebensogut jeder beliebige andere zeitliche Verlauf der Klemmenspannung zugrunde gelegt werden. Zur Vereinfachung der Rechnung ist deshalb im folgenden in die Differentialgleichungen eine zeitlich sinusförmig verlaufende EMK der Größe $\mathfrak{U} = U \cdot e^{j \omega t}$ mit ω als Kreisfrequenz eingesetzt worden. Dadurch tritt an die Stelle der partiellen Differentiation nach der Zeit $\partial/\partial t$ überall der Ausdruck $j \omega$. Die so berechnete Spannungsverteilung gilt aber auch für jede andere beliebig verlaufende Klemmenspannung, insbesondere auch für Stoßspannung.

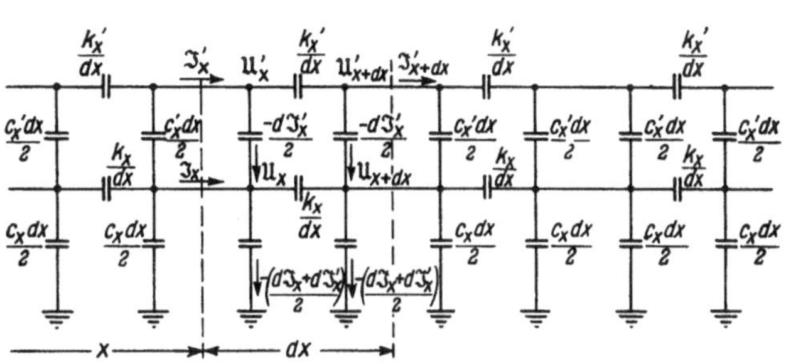

Bild 4. Ersatzbild eines Zweifachkettenleiters.

Unter den getroffenen Voraussetzungen ergeben sich an Hand des Ersatzbildes 4 für die Ströme $\mathfrak{J}_x$, $\mathfrak{J}'_x$ und die Spannungen $\mathfrak{U}_x$ und $\mathfrak{U}'_x$ an der Stelle x folgende Vektordifferentialgleichungen:

$$j \omega c_x \cdot \mathfrak{U}_x = -\left(\frac{d \mathfrak{J}_x}{dx} + \frac{d \mathfrak{J}'_x}{dx}\right); \tag{2}$$

$$j \omega c'_x (\mathfrak{U}'_x - \mathfrak{U}_x) = -\frac{d \mathfrak{J}'_x}{dx}; \tag{3}$$

$$\frac{d \mathfrak{U}_x}{dx} = \frac{j \mathfrak{J}_x}{\omega k_x}; \tag{4} \qquad\qquad \frac{d^2 \mathfrak{U}_x}{dx^2} = \frac{j}{\omega k_x} \cdot \frac{d \mathfrak{J}_x}{dx}; \tag{4a}$$

$$\frac{d \mathfrak{U}'_x}{dx} = \frac{j \mathfrak{J}'_x}{\omega k'_x}; \tag{5} \qquad\qquad \frac{d^2 \mathfrak{U}'_x}{dx^2} = \frac{j}{\omega k'_x} \cdot \frac{d \mathfrak{J}'_x}{dx}. \tag{5a}$$

Hierin bedeuten laut Bild 4 $\mathfrak{J}_x$ und $\mathfrak{U}_x$ Strom und Spannung an dem äußeren Kettenleiter, $\mathfrak{J}'_x$ und $\mathfrak{U}'_x$ Strom und Spannung an dem abgeschirmten Kettenleiter.

Aus den obigen Differentialgleichungen folgt nach einigen Nebenrechnungen die endgültige Differentialgleichung für die Spannung $\mathfrak{U}'_x$ längs des inneren Kettenleiters zu

$$\frac{d^4 \mathfrak{U}'_x}{dx^4} + \left(\frac{c_x}{k_x} + \frac{c'_x}{k_x} + \frac{c'_x}{k'_x}\right) \frac{d^2 \mathfrak{U}'_x}{dx^2} + \frac{c_x \cdot c'_x}{k_x \cdot k'_x} \cdot \mathfrak{U}'_x = 0. \tag{6}$$

Führt man nun statt der Kapazitätsverhältnisse folgende Hilfsgrößen ein:

$$r_1 = -r_2 = +\sqrt{\frac{1}{2}\left\{\frac{c_x}{k_x} + \frac{c'_x}{k_x} + \frac{c'_x}{k'_x} + \sqrt{\left(\frac{c_x}{k_x} + \frac{c'_x}{k_x} + \frac{c'_x}{k'_x}\right)^2 - \frac{4 c_x \cdot c'_x}{k_x \cdot k'_x}}\right\}}; \tag{7a}$$

$$r_3 = -r_4 = +\sqrt{\frac{1}{2}\left\{\frac{c_x}{k_x} + \frac{c'_x}{k_x} + \frac{c'_x}{k'_x} - \sqrt{\left(\frac{c_x}{k_x} + \frac{c'_x}{k_x} + \frac{c'_x}{k'_x}\right)^2 - \frac{4 c_x \cdot c'_x}{k_x \cdot k'_x}}\right\}}, \tag{7b}$$

wobei

$$r_1 \cdot r_3 = r_2 \cdot r_4 = \sqrt{\frac{c_x}{k_x} \cdot \frac{c'_x}{k'_x}} \tag{7c}$$

gilt, und berücksichtigt ferner die Grenzbedingungen

$$x = 0: \quad \mathfrak{U}'_{x=0} = \mathfrak{U}_{x=0} = \mathfrak{U}; \quad \text{bzw.} \quad \frac{d^2 \mathfrak{U}'_{x=0}}{dx^2} = 0; \tag{8a}$$

$$x = l: \quad \mathfrak{U}'_{x=l} = \mathfrak{U}_{x=l} = 0; \quad \text{bzw.} \quad \frac{d^2 \mathfrak{U}'_{x=l}}{dx^2} = 0, \tag{8b}$$

so ergibt sich nach verschiedenen Umrechnungen schließlich folgende allgemeine Lösung der Differentialgleichung (6):

$$\mathfrak{U}'_x = \mathfrak{U}\left\{\frac{\mathfrak{Sin}\, r_4(l-x)}{\left(1-\frac{r_4^2}{r_2^2}\right)\cdot\mathfrak{Sin}\, r_4\, l} + \frac{\mathfrak{Sin}\, r_2(l-x)}{\left(1-\frac{r_2^2}{r_4^2}\right)\cdot\mathfrak{Sin}\, r_2\, l}\right\}. \tag{9}$$

Für die Spannung $\mathfrak{U}_x$ längs des äußeren Kettenleiters folgt daraus mit Hilfe der Gl. $(2\cdots 5)$ eine ganz ähnliche Beziehung:

$$\mathfrak{U}_x = \mathfrak{U}\left\{\frac{\left(1-\frac{k'_x}{c'_x}\cdot r_4^2\right)\cdot\mathfrak{Sin}\, r_4(l-x)}{\left(1-\frac{r_4^2}{r_2^2}\right)\cdot\mathfrak{Sin}\, r_4\, l} + \frac{\left(1-\frac{k'_x}{c'_x}\cdot r_2^2\right)\cdot\mathfrak{Sin}\, r_2(l-x)}{\left(1-\frac{r_2^2}{r_4^2}\right)\cdot\mathfrak{Sin}\, r_2\, l}\right\}. \tag{10}$$

III. Betrachtung des Ergebnisses.

a) Vereinfachung der Formeln in Grenzfällen.

Bei der Berechnung der Anfangsspannungsverteilung längs eines Mehrfachkettenleiters im Augenblick des Auftreffens einer steilen Stoßspannungswelle werden vielfach die im Exponenten der e-Funktion stehenden Ausdrücke $|r_4\cdot l|$ und $|r_2\cdot l|$ sehr viel größer als 1 sein. Infolgedessen fällt dann die Spannung sowohl an den äußeren wie an den inneren Zylindern schon in einem Bereich x auf Null ab, der wesentlich kleiner als l ist. Unter diesen Voraussetzungen können für $x\ll l$ und $|r_2 l|\gg 1$ bzw. $|r_4 l|\gg 1$ statt der Hyperbelfunktionen in die obigen Gl. (9) und (10) mit genügender Annäherung die reinen e-Funktionen eingesetzt werden. Damit gehen diese Gleichungen über in

$$\mathfrak{U}'_x \approx \mathfrak{U}\cdot\left\{\frac{e^{r_4 x}}{\left(1-\frac{r_4^2}{r_2^2}\right)} + \frac{e^{r_2 x}}{\left(1-\frac{r_2^2}{r_4^2}\right)}\right\}; \tag{9a}$$

bzw.

$$\mathfrak{U}_x \approx \mathfrak{U}\cdot\left\{\frac{\left(1-\frac{k'_x}{c'_x}\cdot r_4^2\right)}{\left(1-\frac{r_4^2}{r_2^2}\right)}\cdot e^{r_4 x} + \frac{\left(1-\frac{k'_x}{c'_x}\cdot r_2^2\right)}{\left(1-\frac{r_2^2}{r_4^2}\right)}\cdot e^{r_2 x}\right\}. \tag{10a}$$

In dem besonderen Fall, daß $k'_x = k_x$ ist, vereinfachen sich diese Formeln unter Benutzung von Gl. (7a) und (7b) noch weiter in

$$\mathfrak{U}'_x \approx \frac{\mathfrak{U}}{2}\left\{\left[\frac{\left(\frac{2c'_x}{c_x}+1\right)}{\sqrt{\left(\frac{4c'^2_x}{c^2_x}+1\right)}}+1\right]\cdot e^{r_4 x} - \left[\frac{\left(\frac{2c'_x}{c_x}+1\right)}{\sqrt{\left(\frac{4c'^2_x}{c^2_x}+1\right)}}-1\right]\cdot e^{r_2 x}\right\} \tag{9b}$$

und

$$\mathfrak{U}_x \approx \frac{\mathfrak{U}}{2}\left\{\left[\frac{\left(\frac{2c'_x}{c_x}-1\right)}{\sqrt{\left(\frac{4c'^2_x}{c^2_x}+1\right)}}+1\right]\cdot e^{r_4 x} - \left[\frac{\left(\frac{2c'_x}{c_x}-1\right)}{\sqrt{\left(\frac{4c'^2_x}{c^2_x}+1\right)}}-1\right]\cdot e^{r_2 x}\right\}. \tag{10b}$$

Diese Beziehungen gehen schließlich für $c'_x\gg c_x$ mit $r_4\to -\sqrt{\frac{c_x}{2k_x}}$ in ein und dieselbe bekannte Formel für die kapazitive Anfangsspannungsverteilung längs eines einfachen Kettenleiters über:

$$\frac{c'_x}{c_x}\to\infty: \quad \mathfrak{U}'_x = \mathfrak{U}_x \to \underline{\underline{\mathfrak{U}\cdot e^{r_4 x}}}. \tag{9c}$$

Für die praktische Anwendung interessiert nun vor allem noch Ort und Höhe der durch die verschiedene Anfangsspannungsverteilung entstehenden größten Potentialdifferenz zwischen innerem und äußerem Kettenleiter. Aus den Gl. (9a) und (10a) findet man durch Bildung von $\dfrac{d(\mathfrak{U}'_x - \mathfrak{U}_x)}{dx}$ und Nullsetzen dieses Differentialquotienten die größte Spannung zwischen den Lagen an der Stelle

$$x_1 = \frac{\ln \dfrac{r_2}{r_4}}{(r_4 - r_2)} \qquad (11\,\text{a})$$

im allgemeinen Fall zu

$$(\mathfrak{U}'_x - \mathfrak{U}_x)_{\max} \approx \mathfrak{U} \cdot \frac{\dfrac{1}{r_4^2} \cdot \dfrac{c_x}{k_x}}{\left(\dfrac{r_2}{r_4} + 1\right)} \cdot e^{\dfrac{\ln \frac{r_2}{r_4}}{\left(\frac{r_4}{r_2} - 1\right)}}. \qquad (11\,\text{b})$$

Den Verlauf dieser Funktion in Abhängigkeit vom Verhältnis c'_x/k'_x zeigt, für $c_x/k_x = 0{,}1$ konstant, Bild 5 in dem praktisch am meisten vorkommenden Bereich von $c'_x/k_x = 0{,}1$ (weite Kopplung der einzelnen Kettenleiter) bis $c'_x/k_x = 1$ (enge Kopplung der einzelnen Kettenleiter).

b) Anwendung auf abgeschirmte Hochspannungsteiler.

Bei rein kapazitivem Spannungsteiler ist eine formgetreue Wiedergabe der Kurvenform der Hochspannung an dem Abgriff für den Oszillographen selbst dann noch

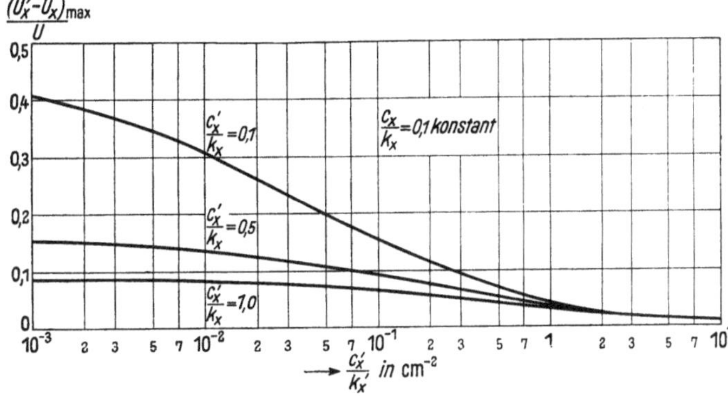

Bild 5. Größte Spannungsunterschiede zwischen der Anfangsspannungsverteilung der inneren und äußeren Lagen einer Mehrfachröhrenwicklung.

gesichert, wenn die Spannung sich auch nicht mehr gleichmäßig auf die in Reihe geschalteten Teilkapazitäten verteilt, weil die Spannungsverteilung in diesem Falle gänzlich unabhängig von der Form der aufzunehmenden Spannungskurve ist. Wesentlich anders liegen dagegen die Verhältnisse bei einem Ohmschen Spannungsteiler, der ja außer den in Reihe geschalteten Widerständen noch unvermeidliche schädliche Erdkapazitäten besitzt, die z. B. beim Auftreffen einer steilen Stoßspannung im ersten Augenblick zusammen mit den Querkapazitäten allein die Spannungsverteilung längs des Widerstandsteilers steuern. Eine formgetreue Wiedergabe steiler Stoßspannungswellen im Oszillographen ist daher nur dann gesichert, wenn diese durch die Kapazitäten gesteuerte Anfangsverteilung mit der durch die Widerstände erzwungenen Endverteilung der Spannung längs des Teilers übereinstimmt. Da die letztere aber im allgemeinen stets genau geradlinig ist, so muß theoretisch zum Erreichen einer kurventreuen Wiedergabe der Stoßspannung auch die kapazitive Anfangsverteilung möglichst geradlinig verlaufen. Dies kann weder mit einem einfachen Ohmschen Spannungsteiler, noch mit dem in Bild 3 dargestellten, durch weitere Widerstände abgeschirmten Ohmschen Teiler erreicht werden. Bei letzterem kann lediglich die Anfangsspannungsverteilung am Meßteiler gegenüber einem nicht abgeschirmten Teiler in dem Sinne verbessert werden, daß die untere Grenze der Stirnlänge, bis zu

der noch eine einigermaßen formgetreue Wiedergabe der Stoßwelle gesichert ist, nach
kürzeren Zeiten hin verschoben wird.

Eine völlig kurventreue Wiedergabe auch der steilsten Stoßwellen ist dagegen
nur mit einem aus Widerständen und Kondensatoren in Parallelschaltung aufgebauten
gemischten Spannungsteiler [3] möglich. Das Ersatzbild (Bild 6) eines derartigen
durch einen gleichartigen äußeren Teiler abgeschirmten Meßteilers ist genau das
gleiche wie für den abgeschirmten Ohmschen Teiler nach Bild 3. Es unterscheidet
sich von diesem lediglich durch die Größe der gegenseitigen Kapazitäten k_1 und k_2
gegenüber den Erdkapazitäten $c_{1,0}$.

Die Anfangsspannungsverteilung längs eines derartigen abgeschirmten Spannungsteilers kann daher auch nach dem gleichen Ersatzbild Bild 2 und 4 berechnet werden,
das für den abgeschirmten rein Ohmschen Spannungsteiler gilt. Für die Eignung
des Spannungsteilers zur Aufnahme steiler Stoßwellen stellt nun in jedem Falle die
Abweichung der Anfangsspannungsverteilung von der geradlinigen Teilung ein Maß
dar. Bezeichnet l die Länge des Teilers, x die Entfernung des Abgriffs vom Hochspannungspol und $(l - x)$ die abgegriffene Teilerstrecke, so ist bei geradliniger Teilung

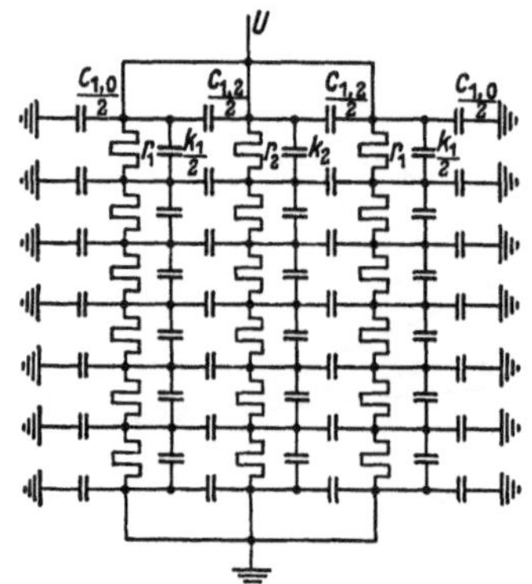

Bild 6. Allgemeines Ersatzbild eines abgeschirmten Ohmschen oder gemischt ohmisch-
kapazitiven Spannungsteilers.

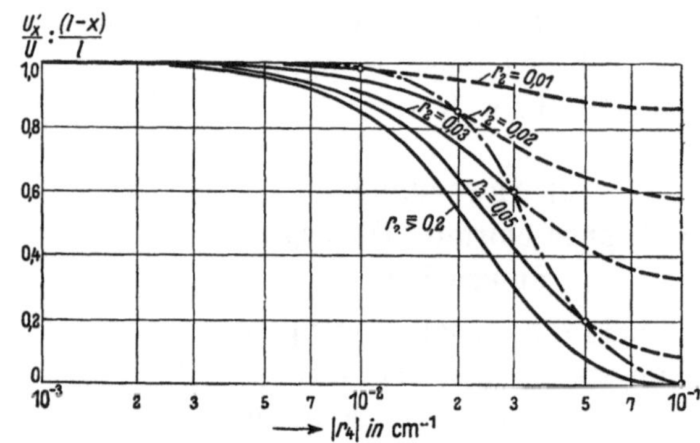

Bild 7. Abweichung der kapazitiv abgegriffenen
Anfangsspannung U_x' vom linearen Teilerverhältnis.

das Verhältnis der abgegriffenen Teilspannung zur Gesamtspannung durch den
Quotienten $\left(\dfrac{l - x}{l}\right)$ gegeben.

Auf Grund der Beziehung (9) ist nun in Bild 7 für verschiedene Werte von r_2
als Parameter das Verhältnis $\left(\dfrac{U_x'}{U} : \dfrac{l - x}{l}\right)$, das ein Maß für die Güte eines Stoßspannungs-
meßteilers bildet, in Abhängigkeit von r_4 berechnet worden. Dabei ist $l = 100$ cm
und $(l - x) = 1$ cm angenommen. Bei der Auswertung dieser Kurven ist zu beachten,
daß nur die links von der eingetragenen strichpunktierten Kurve liegenden Werte
praktisch ausführbar sind, da nur in diesem Gebiet $|r_2| > |r_4|$ ist, wie es die Gl. (7a)
und (7b) erfordern. Wie man sieht, laufen sämtliche Kurven für kleine Absolut-
werte von r_4 bei 1 zusammen. Das läßt sich auch durch Bildung von $\lim\limits_{r_4 \to 0} \left|\dfrac{U_x'}{U}\right|$ ohne
weiteres aus Gl. (9) ableiten, da für $r_4 \to 0$ im allgemeinen nicht auch gleichzeitig r_2
gegen Null geht, so daß der zweite Ausdruck in der Klammer der Gl. (9) zu Null
wird, während der erste Ausdruck mit $r_4 \to 0$ gegen $\left(\dfrac{l - x}{l}\right)$ geht. Demnach:

$$\lim\limits_{r_4 \to 0} \left|\frac{U_x'}{U}\right| = \left(\frac{l - x}{l}\right). \tag{12}$$

Nach Gl. (7b) kann nun r_4 entweder dadurch zu Null werden, daß $\dfrac{c'_x}{k_x} \to 0$ geht, oder dadurch, daß $\dfrac{c_x}{k_x} \to 0$ geht. Im ersteren Fall, der bei sehr weiter Entkopplung des inneren Meßteilers vom äußeren Teiler gegeben ist, wird

$$\lim_{c_x \to 0} r_2 = -\sqrt{\frac{c_x}{k_x}}\,, \tag{12a}$$

d. h. die Spannungsverteilung an dem äußeren Teiler verläuft, unabhängig von der linearen Spannungsverteilung längs des Meßteilers, nach einer Hyperbelfunktion

$$\lim_{c'_x \to 0}\left|\frac{u_x}{u}\right| = \frac{\mathfrak{Sin}\, r_2 (l - x)}{r_2\, l}\,. \tag{12b}$$

Wird dagegen r_4 dadurch zu Null, daß $\dfrac{c_x}{k_x} \to 0$ geht, so ergibt Gl. (7a) für

$$\lim_{\frac{c_x}{k_x} \to 0} r_2 = -\sqrt{\left(\frac{c'_x}{k_x} + \frac{c'_x}{k'_x}\right)}\,. \tag{12c}$$

Damit wird aber laut Gl. (9)

$$\lim_{\frac{c_x}{k_x} \to 0}\left|\frac{u_x}{u}\right| = \frac{l - x}{l} = \lim_{\frac{c_x}{k_x} \to 0}\left|\frac{u'_x}{u}\right|\,. \tag{12d}$$

Da die Erdkapazität c_x des äußeren Teilers praktisch stets einen endlichen Wert besitzen wird, so ist der vorstehende Grenzfall geradliniger Anfangsspannungsverteilung längs des äußeren Teilers nur dann gegeben, wenn die gegenseitige Kapazität der einzelnen Elemente des äußeren Teilers sehr viel größer als ihre Erdkapazität gemacht wird.

Das ist aber nur durch Parallelschalten von Kondensatoren zu den Ohmschen Widerständen, also mit einem gemischt ohmisch-kapazitiven Teiler zu erreichen.

Der andere Weg, eine geradlinige Anfangsspannungsverteilung am Meßteiler dadurch zu erzielen, daß man gemäß Gl. (12a) Meßteiler und äußeren Schirmteiler weitgehend entkoppelt, erfordert seinerseits bei $|r_4| < 5 \cdot 10^{-3}$ (Bild 7) außerordentlich kleine Werte von c'_x/k'_x; denn für kleine Werte von c'_x/k'_x gegenüber c_x/k_x geht Gl. (7b) mit genügender Annäherung in

$$r_4^2 \approx \frac{1}{2}\,\frac{c_x}{k_x} \cdot \left\{1 - \sqrt{1 - \frac{4\,c'_x\,k_x}{k'_x \cdot c_x}}\right\} \tag{7d}$$

über, woraus weiterhin

$$\underline{\underline{r_4^2 \approx \frac{c'_x}{k_x}}} \tag{7e}$$

folgt.

Für $|r_4| < 5 \cdot 10^{-3}$ müßte demnach $c'_x/k'_x < 2,5 \cdot 10^{-5}$ werden. Derartig kleine Werte von c'_x/k'_x sind praktisch selbst durch große räumliche Abstände zwischen Meßteiler und Schirmteiler nicht zu erreichen, wenn nicht wieder gleichzeitig durch Parallelschalten geeigneter Kondensatoren zum Meßteiler für eine ausreichende Vergrößerung der gegenseitigen Kapazitäten k'_x der Widerstandselemente gesorgt wird.

Die Untersuchungen über abgeschirmte Meßteiler auf Grund der entwickelten Beziehungen für Mehrfachkettenleiter zeigen demnach, daß eine einwandfreie Messung steilster Stoßspannungen auch mit abgeschirmtem Meßteiler nur dann möglich ist, wenn entweder der Meßteiler oder der Schirmteiler als gemischter ohmisch-kapazitiver Teiler ausgebildet wird.

Zusammenfassung.

Für einen aus reinen Kapazitäten aufgebauten Mehrfachkettenleiter wird an Hand des Ersatzbildes einer Zweifachkette die Spannungsverteilung längs der äußeren und längs der inneren Kondensatorkette zunächst für zeitlich sinusförmigen Verlauf der angelegten Spannung berechnet. Da die berechnete Spannungsverteilung sich frequenzunabhängig erweist, so gilt sie auch ganz allgemein für beliebigen zeitlichen Verlauf der angelegten Spannung.

Die entwickelten Formeln werden zur Berechnung der Stoßspannungsverteilung an abgeschirmten Hochspannungsteilern benutzt. Insbesondere wird dabei der Fall eines durch einen äußeren Schutzwiderstand gegen Erde abgeschirmten Ohmschen Spannungsteilers untersucht und mit einem entsprechend aufgebauten gemischt ohmisch-kapazitiven Spannungsteiler verglichen.

Für formgetreue Wiedergabe steilster Stoßspannungswellen im Oszillogramm besteht dabei die Bedingung, daß die durch die Kapazitäten des Teilers gesteuerte Anfangsspannungsverteilung möglichst weitgehend der geradlinigen Endverteilung der Spannung angeglichen wird. Die Berechnungen zeigen, daß eine derartige geradlinige Anfangsspannungsverteilung und damit eine einwandfreie Messung steilster Stoßspannungen auch mit einem abgeschirmten Teiler nur dann gesichert ist, wenn wenigstens entweder der äußere Schirmteiler oder der innere Meßteiler als gemischt ohmisch-kapazitiver Teiler mit zusätzlich zum Widerstand parallelgeschalteten Kondensatoren ausgebildet ist.

Schrifttum.

1. P. L. Bellaschi: The measurement of high-surge voltages. Trans. Amer. Inst. electr. Engrs. **52** (1933) S. 544.

2. W. Raske: Meßteiler für hohe Stoßspannungen. Teil 1: Der Widerstandsteiler. Arch. Elektrotechn. **31** (1937) S. 653.

3. R. Elsner: Die Messung steiler Hochspannungsstöße mittels Spannungsteiler. Arch. Elektrotechn. **33** (1939) S. 23.

4. W. Raske: Meßteiler für hohe Stoßspannungen. Teil 1: Der Widerstandsteiler. Arch. Elektrotechn. **31** (1937) S. 660 Abb. 5.

Der Elementarvorgang bei der Sekundärelektronenemission polarer Kristalle.

Von **Otto Krenzien.**

Mit 20 Bildern.

Mitteilung aus dem Forschungslaboratorium II der Siemens-Werke.

Eingegangen am 11. Oktober 1941.

Die experimentelle Untersuchung der Sekundärelektronenemission fester Körper beschränkte sich bisher im wesentlichen auf Messungen der Gesamtausbeute des Elektronenstoßes in Abhängigkeit von verschiedenen Faktoren, meistens von der Primärenergie, in einigen Fällen von Temperatur oder Austrittsarbeit des untersuchten Stoffes, oder vom Einfallswinkel des primären Elektronenbündels [1][1]). Auch Überlegungen, die den Primärvorgang bei der Sekundärelektronenemission von Verbindungen aufklären wollen [2], können als experimentelle Grundlage nur Vergleiche von Höchstwerten der Ausbeutezahlen benutzen, die noch dazu an den einzelnen Substanzen jeweils bei ganz verschiedenen Primärenergien erhalten wurden. Nun hängen die bei höheren Geschwindigkeiten der Primärelektronen erhaltenen Ausbeuten nicht nur von Faktoren ab, die für den Elementarvorgang bei der Elektronenauslösung am festen Körper charakteristisch sind, wie etwa von der Mindestenergie, die zur Auslösung eines Elektrons nötig ist, und von der Wahrscheinlichkeit dieses Prozesses, sondern beispielsweise noch von der Eindringtiefe der Primärelektronen, der Streuung und der Absorption der Sekundärelektronen vor ihrem Austritt und der Zahl der von ihnen noch weiter ausgelösten Elektronen. Tatsachen, die mit dem Elementarvorgang unmittelbar zusammenhängen, wird man also aus Ausbeutemessungen nur erfahren können, wenn man die Sekundäremission bei niedrigen Primärenergien untersucht, im Bereich der für die Elektronenbefreiung gerade nötigen Mindestenergiebeträge. Nur an einigen Metallen ist die Energieverteilung der Sekundärströme für Werte der Primärenergie in der Größenordnung von $10\ e\text{V}$ untersucht worden [3], doch reichen die Resultate derartiger Messungen, wenn sie nur für vereinzelte Beträge der Primärenergie vorliegen, für die Aufklärung der Elementarvorgänge nicht aus.

Das geeignetste Objekt für eine derartige Untersuchung bilden die Alkalihalogenide: ihre spezifischen Elektronenenergiestufen, also die besetzten und die einzelnen freien Bänder erlaubter Energiewerte für die Elektronen des Gitters, liegen hinreichend weit auseinander, um ihre Unterscheidung bei Elektronenstoßversuchen mit der unzerlegten Emission einer Glühkathode zu erlauben, und über die Höhe dieser

---

[1]) Die eingeklammerten schrägen Zahlen beziehen sich auf das Schrifttum am Schluß der Arbeit.

freien Niveaus, wenn auch noch nicht über ihre Bedeutung, besitzen wir nach den Messungen der Ultraviolettabsorption dieser Kristalle durch R. Hilsch und R. Pohl [4] und ihrer Ergänzung im kurzwelligen Gebiet (bis $\lambda = 1000$ Å) durch E. G. Schneider und H. M. O'Bryan [5] auch experimentell belegte Kenntnis. Das Absorptionsgebiet im kurzwelligen Ultraviolett ist kein strukturloses Kontinuum, sondern weist mehrere sehr ausgeprägte Maxima auf. Die vorliegende Arbeit soll feststellen, welcher Zusammenhang zwischen der Energieabgabe beim Elektronenstoß und den charakteristischen Energiestufen der untersuchten Kristalle besteht, wie sie in Lage und Struktur der Absorptionsbänder erkennbar sind; außerdem soll geprüft werden, ob sich experimentell etwas über die Mindestenergie ermitteln läßt, die die stoßende Elektronen zur Auslösung von Sekundärelektronen besitzen müssen.

Für die Messung der Sekundäremission in Abhängigkeit von der Energie der Primärelektronen wurde eine Anordnung benutzt, die im wesentlichen der von H. E. Farnsworth [6] für Reflexionsmessungen benutzten gleicht: durch eine Blendenanordnung wird ein annähernd paralleles Elektronenbündel auf eine Auffangplatte mit der zu untersuchenden Substanz geschickt; diese Platte ist von einer innen leitenden Hohlkugel umgeben, die als Auffänger für die Sekundärelektronen dient. Eine ähnliche Anordnung verwendete R. Hilsch [7] zum Nachweis der Energiestufen von Salzen im Elektronenstoßversuch. Unsere Röhre ist in Bild 1 skizziert. Eine magnetisch verschiebbare Platte P (meist aus Platin, bei einigen Versuchen aus Kupfer) trägt die von einer Platinwendel W aus übergedampften Salzschichten. Zur Messung der Sekundäremission wird P in die Mitte der Kugel A (Dmr. 100 mm) geschoben, die mit einer Einschmelzung versehen und innen mit Molybdän bedampft ist. Nach der Seite der Elektronenquelle K hin ist A durch eine gewölbte

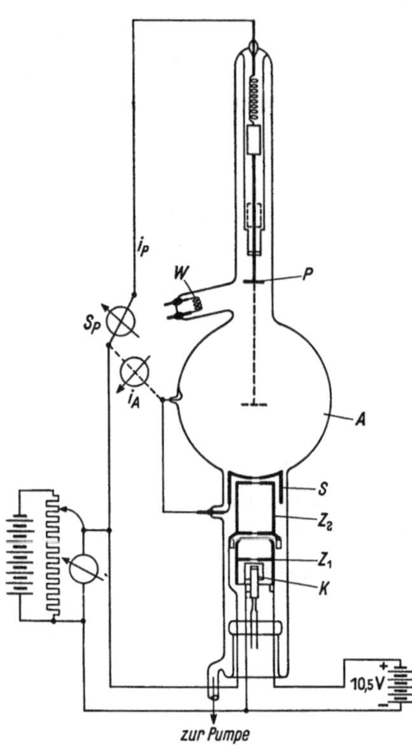

Bild 1. Schematische Darstellung der benutzten Röhren. Skizze der für die Aufnahme von Ausbeutekurven benutzten Schaltung.

Kupferscheibe S mit zentralem Loch abgeschlossen, die während der Messungen mit A leitend verbunden wird. Den Elektronenstrahl liefert eine indirekt geheizte Oxydkathode mit 3 in den Kupferzylindern Z_1 und Z_2 axial sitzenden Lochblenden (Dmr. 1,0 bzw. 0,7 mm). Die Ränder der Lochblenden sind berußt.

Die verwendete Schaltung erläutert gleichfalls Bild 1: Z_1 mit einer konstanten Beschleunigungsspannung von 10,5 V dient als Hilfsanode für den Emissionsstrom der Glühkathode, an Z_2 sowie an P und A wird die variable Beschleunigungsspannung U_p gelegt. Ein Spiegelgalvanometer S_p mißt einmal den Strom I_p zum Träger P der Aufdampfschicht, ein andermal den Strom I_A, der von P zur Kugel A übergeht. Das benutzte Galvanometer — ein Supergalvanometer der Siemens & Halske AG. — hatte einen Skalenwert von $8 \cdot 10^{-10}$ A. Die Achse der Röhre liegt quer zur Horizontalkomponente des erdmagnetischen Feldes; ein 50 cm langer an beiden Enden offener Kasten — in der Zeichnung nicht angedeutet — von 40 Einzelschirmen aus Weicheisenblech, die in zwei Gruppen von um 20 cm verschiedenem Durchmesser angeordnet und unter Schraubendruck mit möglichst engem Luftspalt zusammengefügt sind, wird zur Abschirmung des Erdfeldes über die Röhre geschoben. Dieser Eisenkasten wurde laufend auf etwaige remanente Magnetisierung hin geprüft und notfalls von neuem entmagnetisiert.

Röhre und Elektroden wurden in üblicher Weise durch Ausheizen und Hochfrequenzglühen entgast; gepumpt wurde mit einer dreistufigen Hg-Diffusionspumpe und einer als Endpumpe noch dahinter gesetzten einstufigen Diffusionspumpe mit Lichtbogenheizung. Der Druck im Vorvakuum dieser Endpumpe betrug bei den Messungen unter 10^{-5} Torr, hinter der Endpumpe befanden sich weder Hahn noch Manometer. Über die Herkunft der untersuchten Präparate unterrichtet im einzelnen die Beschriftung der weiter unten mitgeteilten Kurven. Um schwache Verunreinigungen durch Schwermetalle zu beseitigen, wurden meistens Lösungen der Präparate einige Stunden mit Schwefelammonium gekocht und dann durch Zsigmondysche Ultrafilter abgesaugt. Die Salze wurden aus konzentrierter wässeriger Lösung auf der engen Platinwendel eingedampft, nach vorsichtigem Trocknen durch längeres Heizen der Wendel bis zur gerade beginnenden Sublimation (natürlich nach dem Entgasen vorgenommen) wurde regelmäßig noch ein erster Teil der Salze verdampft, anschließend nochmals die Platinscheibe geglüht und erst dann vor die Wendel zum endgültigen Bedampfen gezogen. So diente das Sublimieren gleichzeitig zum Fraktionieren: nur ein mittlerer Teil des Präparates wird untersucht, flüchtigere Bestandteile werden ausgeschaltet. Nur an frisch sublimierten Schichten wurde gemessen.

Die aufgedampfte Materialmenge wurde bei den einzelnen Meßreihen nicht festgestellt, es wurde lediglich darauf geachtet, daß keine Schichtdicken verwendet wurden, die durch Aufladungen die Messungen beeinträchtigten. Überwacht wurde dies jeweils durch Aufnahme von Anlaufstromkurven bei verschiedenen Stromdichten, das Kontaktpotential durfte nicht von der Stromdichte abhängen. Größenordnungsmäßig wurde eine obere Grenze für die verwendeten Schichtdicken ermittelt, indem gemessene Mengen einer Lösung von bekannter, sehr niedriger Konzentration auf P unmittelbar eingedampft wurden. Bei mittleren Dicken solcher Schichten von mehr als etwa schätzungsmäßig 80 Å traten Aufladungen der Schicht auf. Selbstverständlich bilden derartige Sublimate keine homogene Schicht von konstanter Dicke; gerade von den Alkalihalogeniden teilt H. Boochs mit [8], daß aufgedampfte Schichten schon bei Zimmertemperatur zu Kristalliten mit Durchmessern von 80 bis 130 Å rekristallisieren. Mit einem Kristalliten-Durchmesser dieser Größenordnung wird man es auch bei den hier untersuchten Schichten zu tun gehabt haben.

Die Messungen sollen zunächst den Ausbeutequotienten, also das Verhältnis $I_{\text{sek}}/I_{\text{prim}}$, als Funktion der Primärenergie ergeben. Nach Bild 1 sieht man leicht, daß

$$\frac{I_{\text{sek}}}{I_{\text{prim}}} = \frac{I_A}{I_P + I_A}.$$

Um aus der Beschleunigungsspannung U_P die kinetische Energie der Primärelektronen zu ermitteln, bedarf es noch einer Korrektur für die zwischen der Glühkathode und der Oberfläche der Scheibe P bestehende Kontaktspannung. Diese stellen wir durch Aufnahme und Differentiation der Stromspannungskennlinie des Primärstromes im Anlaufstromgebiet fest: die Spannung, bei der das Maximum der Energieverteilungskurve unserer Primärelektronen erreicht wird, nehmen wir zum Nullpunkt unserer Primärspannungen. Die Aufnahme dieser Energieverteilungskurve liefert im übrigen ein willkommenes Kriterium für das Fehlen störender Magnetfelder, denn derartige Kurven werden bei unserer Blendenanordnnng natürlich nur dann erhalten, wenn auch Elektronen mit Primärenergien in der Größenordnung von 0,1 eV ohne Bahnkrümmung die Prallelektrode erreichen. Daß der so definierte Nullpunkt genau dem Übergang vom Anlaufstromgebiet zum Sättigungsgebiet entspricht, ist allerdings nicht sicher, denn der Primärstrom zur Prallelektrode erreicht erst bei einer Primärspannung von über 12 V spannungsunabhängige Beträge. Die Verteilung der Elektronenströme auf Z_1 und Z_2 und damit auch der Anteil des ausgeblendeten Primärelektronenstrahls an der Gesamtemission hängt eben empfindlich von der Differenz zwischen U_p und den an Z_1 gelegten 10,5 V ab, wie man leicht einsieht, und zwar bei den einzelnen Exemplaren unserer Blendenanordnung unterschiedlich, bedingt durch kleine Unterschiede in der Geometrie des Aufbaus. Ein durch die Stromverteilung etwa verursachter Fehler wird die Kontaktspannung, für die im allgemeinen Beträge zwischen 2,0 V und 3,0 V gefunden werden, immer etwas zu hoch erscheinen lassen. Bei den einzelnen Meßreihen, die mit der gleichen Röhre erhalten werden, werden die Kontaktspannungen auf $\pm 0,1$ V reproduzierbar gefunden. Kurven, die Resultate von Messungen an verschiedenen Röhren für das gleiche Salz wiedergeben, zeigen nach Anbringung der Korrekturen für die Kontaktspannung ihre Selektivitäten, soweit sie besonders ausgeprägt sind, bei Energiewerten, die im Höchstfall um 0,3 eV auseinanderliegen. Bild 2 gibt als Beispiel die Differentialquotienten der Anlaufstromkennlinien einer Platinelektrode vor und nach dem

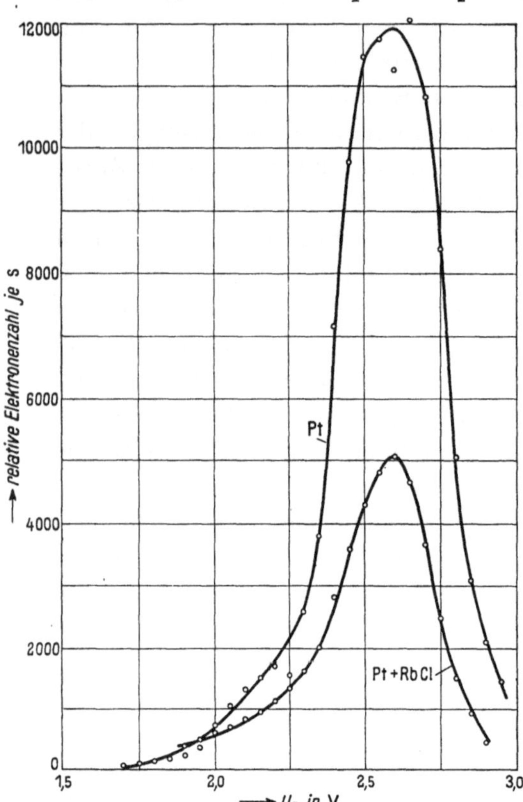

Bild 2. Energieverteilung der Anlaufströme einer Platinelektrode vor und nach dem Aufdampfen von RbCl.

Aufdampfen von Rubidiumchlorid wieder. Daß an der mit Salz bedeckten Elektrode kleinere Absolutwerte des Anlaufstromes gemessen werden als an der freien Platinoberfläche, liegt daran, daß die Alkalihalogenide schon im Gebiet kleinster Primärenergien einen höheren Reflexionskoeffizienten für Elektronen aufweisen als reine Metalle. Diese höhere Reflexion wird man in den weiteren noch mitgeteilten Diagrammen belegt finden, ein Einfluß dieser Reflexion auf die Lage des Maximums der Energieverteilungskurve trat nicht in Erscheinung. Außerdem sehen wir, was sich innerhalb von Fehlergrenzen von $\pm$ 0,1 V auch für die übrigen untersuchten Salze aussagen läßt, daß nämlich die Kontaktspannung durch die Aufdampfschicht nicht verändert wird, das Salz also keinen Beitrag zur Kontaktspannung liefert. Freilich ist es notwendig, einen sehr großen Teil der zu sublimierenden Substanz vor dem

Einschieben der Prallplatte langsam zu verdampfen und die Platte unmittelbar vor dem Bedampfen nochmals zu glühen, um eine Verschiebung des Kontaktpotentials durch okkludierte Gas- oder Wasserreste aus dem Salzvorrat zu vermeiden. Im übrigen gilt diese Aussage von der Unabhängigkeit des Kontaktpotentials von aufgedampften Salzen für alle als Unterlage benutzten Metalle. Da die Salzschichten,

solange sie nicht zu dick sind, langsame Elektronen nicht anlagern, wie das Fehlen von Aufladungserscheinungen beweist, sondern sie entweder zum Metall durchlassen oder um große Winkel ablenken, so ist es auch verständlich, daß sie keine Verschiebung der Anlaufstromkurven bewirken.

Bild 3 zeigt das Ergebnis von Messungen der Ausbeutequotienten an einer Kupfer- und einer Platinoberfläche. Die Bilder 4 ··· 7 bringen Kurven, die an verschiedenen

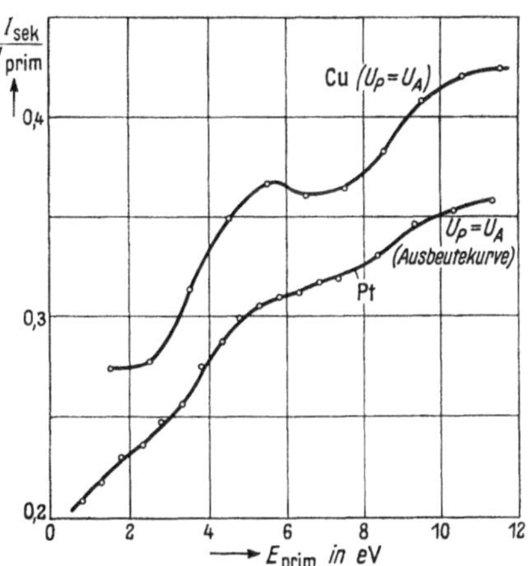

Bild 3. Ausbeute an Platin und Kupfer.

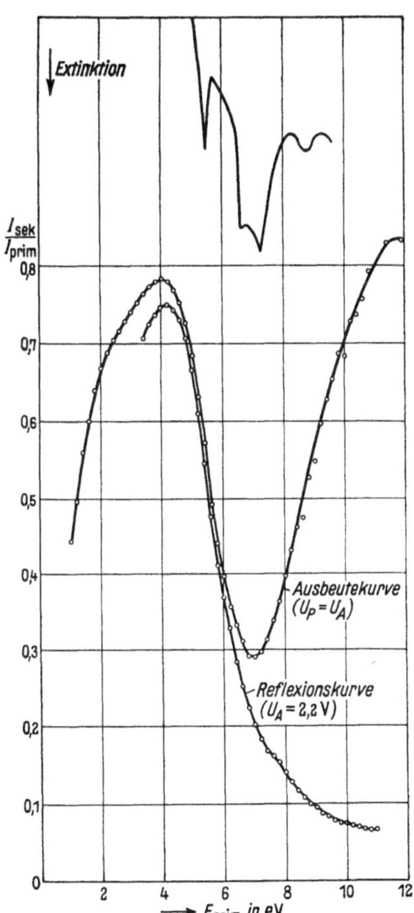

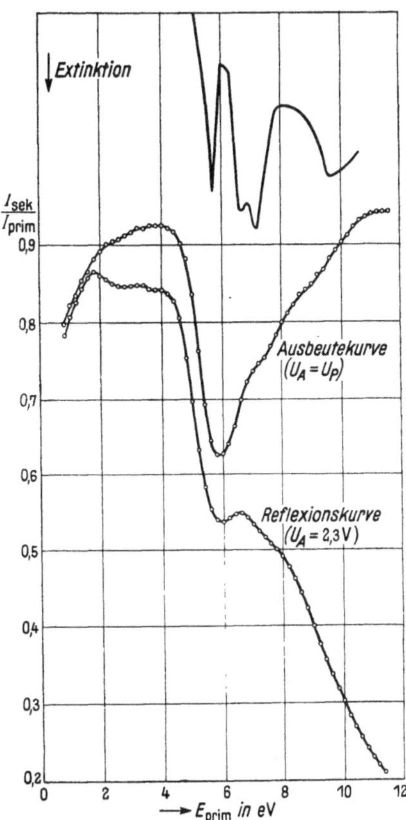

Bild 4. Ausbeute und verlustlose Reflexion an NaJ auf Cu. (Ausgangssubstanz: Natriumjodid reinst DAB 6 von Schering-Kahlbaum, nicht nachgereinigt.) Oben: Extinktion nach E. G. Schneider und H. M. O'Bryan (5), willkürliche Einheiten.

Bild 5. Ausbeute und verlustlose Reflexion an KJ auf Pt. (Ausgangssubstanz: Kalium jodatum pro analysi, Merck, nachgereinigt.) Oben: Extinktion in willkürlichen Einheiten.

Halogeniden erhalten wurden. Die Werte für die Primärenergien sind überall um
die für die Kontaktspannung ermittelten Beträge korrigiert. Man betrachte zunächst
die „Ausbeutekurve", bei deren Messung an Platte und Auffängerkugel die gleiche
Spannung lag, der Raum zwischen beiden also feldfrei war, bis auf das schwache
Feld, das durch die Kontaktspannungen zwischen Kugel und Platte erzeugt wurde
und das bei den Ausbeutemessungen vernachlässigt werden kann. Man erkennt
zunächst, daß die Ausbeute, also das Verhältnis der Gesamtzahl der die Platte verlassenden Elektronen zur Zahl der ankommenden, ohne Rücksicht auf die Geschwindigkeit der Träger des Sekundärstromes,
von den niedrigsten Primärgeschwindig-

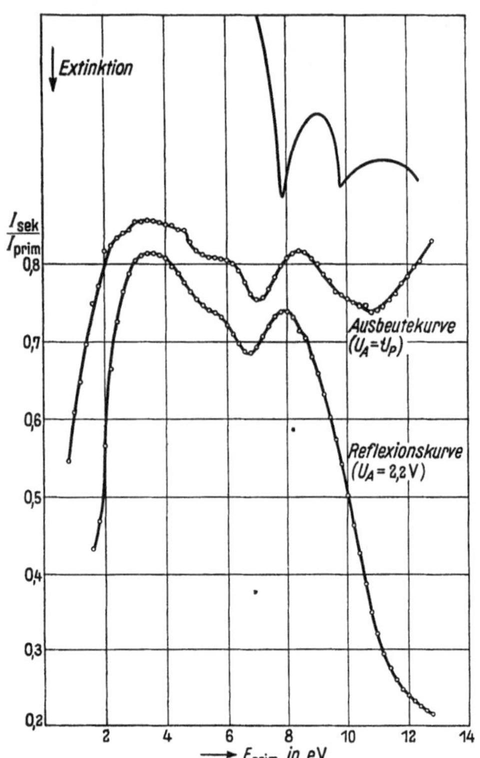

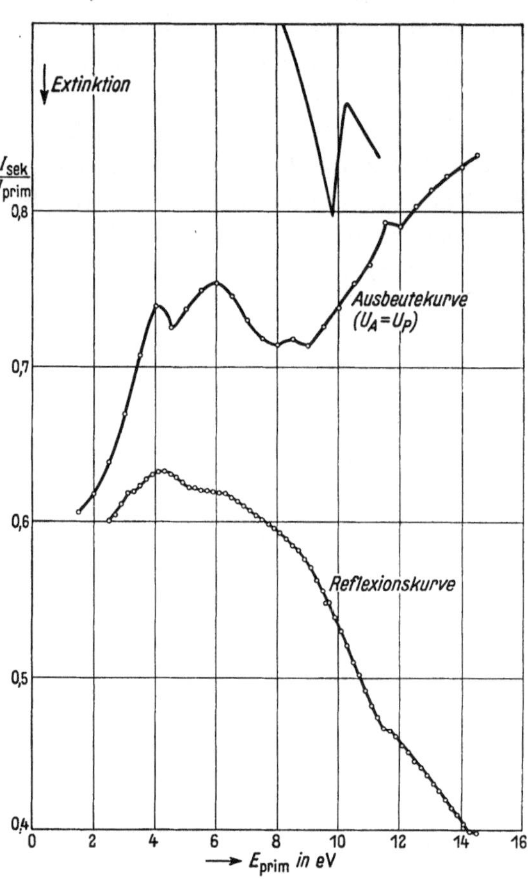

Bild 6. Ausbeute und verlustlose Reflexion an
NaCl auf Pt. (Ausgangssubstanz: Natriumchlorid,
besonders gereinigt DAB 6, Merck, nachgereinigt.)
Oben: Extinktion in willkürlichen Einheiten.

Bild 7. Ausbeute und verlustlose Reflexion an KF
auf Cu. (Ausgangssubstanz: Kaliumfluorid, neutral,
rein, von Merck, nachgereinigt.) Oben: Extinktion
in willkürlichen Einheiten.

keiten an bei den Messungen an Salzschichten höher ist als bei denen an reinem
Kupfer oder Platin, und daß sie auch mit der Primärenergie wesentlich steiler ansteigt. Weiter bemerkt man bei den Ausbeutkurven der Halogenide oberhalb einer
bestimmten, bei den einzelnen Salzen verschiedenen, Primärenergie ein Absinken
der Ausbeute, dem weiterhin ein Wiederanstieg folgt. Abfall und Wiederanstieg sind
bei den einzelnen Salzen, ebenso beim gleichen Salz bei verschiedenen Schichtdicken,
verschieden stark ausgeprägt, außerdem erfolgen sie bei den einzelnen Salzen bei
verschiedenen, für jedes Salz spezifischen Primärenergien.

   Zum Verständnis dieser Tatsachen verhilft uns eine Untersuchung der Energieverteilung der Träger des Auffängerstromes bei verschiedenen Primärenergien. Wir

ermitteln diese Verteilung nach der Gegenfeldmethode, geben also der Auffängerkugel variable Spannungen gegen die Prallelektrode; das Verhältnis des Auffängerstromes zum Primärstrom zeigt in seinem Verlauf in Abhängigkeit von dieser Gegenspannung die Zunahme der von P ausgehenden Elektronen mit abnehmender Gegenspannung. Die Bilder 8 ⋯ 12 zeigen die Resultate derartiger Messungen für alle
hier behandelten Salze, und zwar ist als Abszisse überall die Spannung des Auffängers gegen die Kathode aufgetragen. Die Gegenspannungen nehmen mithin auf
den Diagrammen von links nach rechts ab; die Stellen verschwindender Gegenfelder
sind auf den Kennlinien durch senkrechte Striche kenntlich gemacht. Die Auffängerspannung, bei der für die einzel-
nen Werte der Plattenspannung das
Gegenfeld verschwindet, ermittelt
man, indem man zu dem Spannungs-
wert für die Stelle größter Steilheit
im Anfang der Gegenspannungskurve,
also zu der Spannung, bei der die
mit voller Energie reflektierten Elektronen mit der Geschwindigkeit Null
den Auffänger erreichen, den Volt-
betrag der Primärenergie addiert.
Diesen Betrag erhält man aus der
angelegten Primärspannung durch
Anbringen einer Korrektur für die
Kontaktspannung zwischen Prallelektrode und Glühkathode. Die Aufdampfschichten, an denen die Energie-
verteilungen für die einzelnen Primärenergien untersucht wurden, mußten
mehrfach erneuert werden, mindestens täglich einmal, da nachts die
Pumpen nicht in Betrieb waren. Bei
niedriger schmelzenden Salzen, wie
den Jodiden, wurde die Schicht alle
3 ⋯ 4 h erneuert, da sich nach mehrstündigem Stehen, auch ohne daß

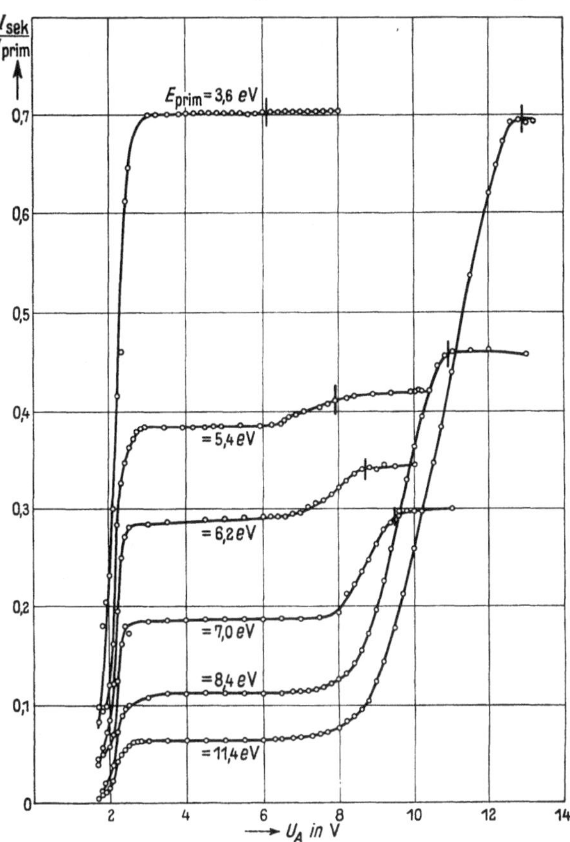

Bild 8. NaJ auf Cu. Gegenspannungskennlinien für
verschiedene Werte der Primärenergie

in der Zwischenzeit Elektronen zur Platte gelangten, deutlich Aufladungserscheinungen zeigten. Diese Aufladungen nach mehrstündigem Stehen sind wahrscheinlich
die Folge eines Wachsens der Kristallite. Für eine merkliche Rekristallisation
schon bei Zimmertemperatur spricht noch, daß die Ausbeutequotienten bei den
Jodiden schon in 3 ⋯ 4 h auch ohne Strombelastung um etwa 5 % abnahmen
(s. Bild 19), wahrscheinlich, weil der Bedeckungsgrad der Metallunterlage kleiner geworden war. Bei der Erneuerung der Schichten wurde meist nicht wieder der
gleiche Bedeckungsgrad erreicht, so daß die Ausbeutekoeffizienten beim Felde Null
in der Kugel für die einzelnen Primärenergien nicht immer dieselben Absolutbeträge
haben wie bei den dazu gehörigen Ausbeutekurven der Bilder 4 ⋯ 7. Bild 20 zeigt,
wie die Ausbeutequotienten mit wachsender Bedeckung der Unterlage zunehmen
und wie hierbei auch die einzelnen Selektivitäten stärker ausgeprägt auftreten.

Überblickt man nun die Gesamtheit der Gegenspannungskurven, so fällt als gemeinsam für alle behandelten Salze ins Auge, daß jedes Salz bei den höheren Primärenergien den Hauptbetrag des Auffängerstromes erst bei kleineren Gegenspannungen liefert, während bei den niedrigeren Primärenergien schon im Anfang der Gegenspannungskurve der Endwert des Quotienten $I_{\text{sek}}/I_{\text{prim}}$ ganz oder fast ganz erreicht wird. Mit anderen Worten: Im Felde Null wird bei den höheren Primärenergien der Auffängerstrom überwiegend durch langsame Elektronen getragen, bei den niederen Primärenergien weit überwiegend durch Elektronen, die mit der vollen Primärenergie reflektiert wurden. Bemüht man sich nun, über die Verteilung der Elektronen des Auffängerstromes noch genauere Angaben aus den Kurvenscharen abzulesen, so scheint zunächst das Diagramm für NaJ (Bild 8) zu zeigen, daß diese beiden Gruppen von Elektronen, die der schnellen und die der langsamen, durch eine breite Lücke voneinander getrennt sind: nach Erreichen einer Auffängerspannung von etwa 3 V laufen alle Gegenspannungskurven horizontal bis zur Auffängerspannung von etwa 6 V, erst von da an zeichnet sich ein neuer schwacher Anstieg aller Kurven ab, der bei den Kurven für höhere Primärenergien mit steigender Spannung schnell zunimmt. Elektronen mittlerer Geschwindigkeit, die etwa nur einen geringen Teil ihrer Energie bei der Streuung im Kristallgitter eingebüßt hätten, fehlen mithin in der Verteilung. Weiterhin scheint es nach dem Verlauf der NaJ-Gegenspannungskennlinien (Bild 8), als wären auch die Ströme der langsamen Elektronen beim Felde Null gesättigt. Kurvenscharen, die aus Messungen an anderen Salzen (und in anderen Röhren) erhalten wurden, zeigen nun nicht alle ein so einfaches Verhalten: weder verlaufen sie in ihren mittleren Teilen überwiegend horizontal, so daß der Einsatz eines neuen Anstiegs bei den höheren Auffängerspannungen auf den ersten Blick erkennbar wäre, noch sind die Auffängerströme nach dem Einsetzen beschleunigender Spannungen immer gesättigt. Außerdem findet man auf mehreren Kennlinien noch stark absteigende Teile, also ein scheinbares Absinken der zum Auffänger gelangenden Elektronenzahlen entweder mit abnehmender Gegenspannung (dies vor allem auf einigen KF-Kurven, aber auch bei einigen NaCl- und KJ-Kurven; nämlich da, wo nach Sättigung des reflektierten Anteils, also oberhalb von $U_a = 3$ V, die Kurven wieder fallen) oder nach Einsetzen beschleunigender Spannungen, dies bei den NaCl-Kurven.

Diese Abweichungen vom horizontalen Verlauf, den die Kennlinien in ihrem Mittelteil aufweisen, lassen sich nicht mit Sicherheit auf ihre Ursachen zurückführen. Es ist möglich, daß das Absinken einzelner Teile der Kurven durch Reflexion von Elektronen an der Kugel verursacht wird. Außer der Platte selbst kann nämlich auch der Teil ihrer Zuführung, der in die Kugel hineinragt, Elektronen auffangen, und die Reflexion an der Kugel kann besonders hohe Absolutbeträge erreichen, wenn die Kugel beim Ausheizen durch Sublimation von Salzen verunreinigt ist. Sicher vermeiden hätte man die Reflexion an der Kugel nur können, wenn man die Innenseite des Auffängers berußt hätte; da aber ein mehrstündiges Ausheizen der Röhren bei Temperaturen über etwa 430° C unterbleiben mußte, wollte man anders ein zu starkes Sublimieren der zu untersuchenden Salze aus der Röhre vermeiden, so war dieses Berußen nicht angängig, denn das erreichbare Vakuum hätte für die Untersuchung von Oberflächenvorgängen nicht genügt.

Der schwache Anstieg im Mittelteil der Gegenspannungskurven zeigt das Vorkommen von Energieverlusten aller Beträge zwischen Null und dem vollen Wert der

Primärenergie an. Diese Verluste brauchen nichts mit Prozessen im Gitter der aufgedampften Salze zu tun zu haben. Die Vorgänge bei der Streuung am Metall haben
nämlich auch auf die Energieverteilung nach der Streuung an den Aufdampfschichten
merklichen Einfluß, obwohl die Absolutwerte der Ausbeutequotienten beim Elektronenstoß an reinem Platin und reinem Kupfer wesentlich kleiner sind als an salz-
bedeckten Oberflächen, wie ein Vergleich von Bild 3 mit den Bildern 4 · · · 7 zeigt.
Daß wir überhaupt an den aufgedampften Salzschichten Elektronenstoßmessungen
durchführen können, ohne durch Aufladungen gehindert zu werden, beweist ja schon,

daß bei diesen Schichtdicken diejenigen Primärelektronen, die nicht reflektiert, also um große Winkel gestreut werden, das Isolatorgitter durchsetzen und zum Unterlagemetall gelangen. Hier werden sie entweder absorbiert oder wieder reflektiert. Die vom Metall reflektierten Elektronen können natürlich die Salzschicht in umgekehrter Richtung genau so gut durchsetzen, wie es die Primärelektronen taten. Die Energieverteilung dieser, vom Metall gestreuten, Elektronen kann sich nun gegenüber der primären Verteilung geändert haben, ein Teil wird nämlich Energiebeträge an das Metall abgegeben haben. Einige auf den Bildern 17 und 18 mitgeteilte Messungen zeigen Gegenspannungskurven, die aus Versuchen an Platin und Kupfer stammen. Sie zeigen den besonders hohen Anteil von Elektronen mittlerer und kleinster Geschwindigkeiten an

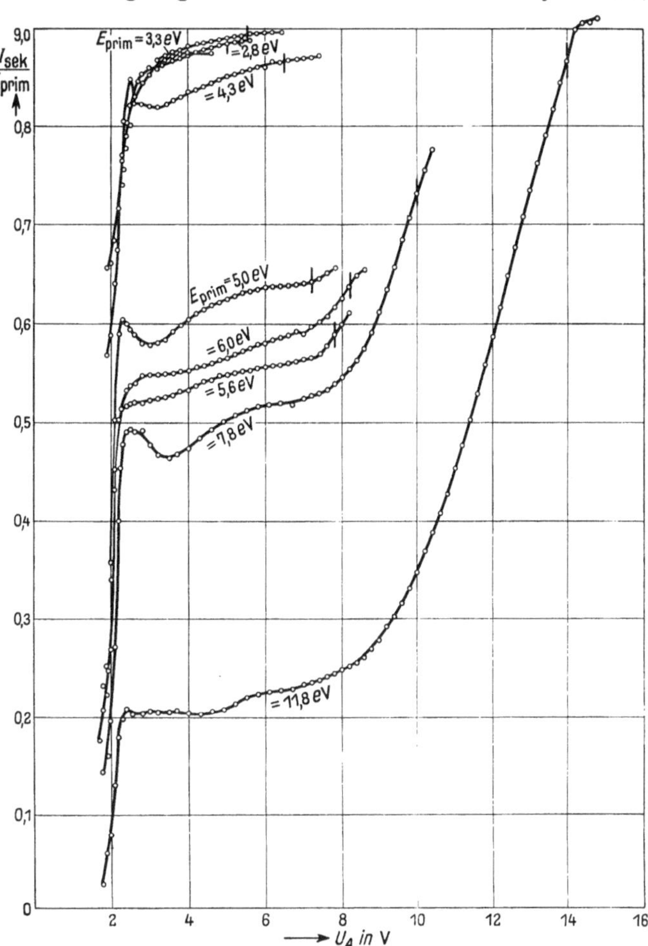

Bild 9. KJ auf Pt. Gegenspannungskennlinien für verschiedene Werte der Primärenergie.

den von Platin reflektierten Strömen, während Kupfer nur recht geringe Elektronen-
anteile mit Geschwindigkeitsverlusten reflektiert. Diese fehlen aber auch hier nicht
völlig. Die Metalle liefern übrigens bei den Versuchen an Aufdampfschichten diesen
über alle Energiebeträge unterhalb der Primärenergie verteilten Beitrag an Elektronen nicht nur durch die Salzschicht hindurch, sondern von ihren nicht mit Salz
bedeckten Oberflächenteilen auch direkt ins Vakuum. Wir haben jedenfalls ein Kontinuum in der Energieverteilung immer zu erwarten, und es ist möglich, daß das
beobachtete Kontinuum nur vom Metall herrührt.

Die Gruppe der langsamen Elektronen, die bei den höheren Primärenergiebeträgen
in der Verteilung überwiegt, läßt sich bei allen untersuchten Salzen erst oberhalb

7*

eines Mindestwertes der Primärenergie nachweisen. Bei den an KJ-Schichten aufgenommenen Meßreihen (Bild 9) sieht man z. B. auf der mit einer Primärenergie
von 5,6 eV aufgenommenen Kurve zwischen $U_a = 7,2$ V und $U_a = 7,4$ V eine deutliche Zunahme des Anstiegs, an der mit 4,3 eV aufgenommenen Kurve ist noch
keine Anstiegszunahme zu sehen, und die 5,0 eV-Kennlinie zeigt wieder zwischen
$U_a = 7,2$ V und $U_a = 7,4$ V eine Zunahme des Anstiegs. Bei $U_a = 7,2$ V verschwindet bei dieser Kurve gerade das Gegenfeld vor der Prallelektrode, beim
Auftreten der langsamen
Elektronen auf dieser Kennlinie besteht hier also schon

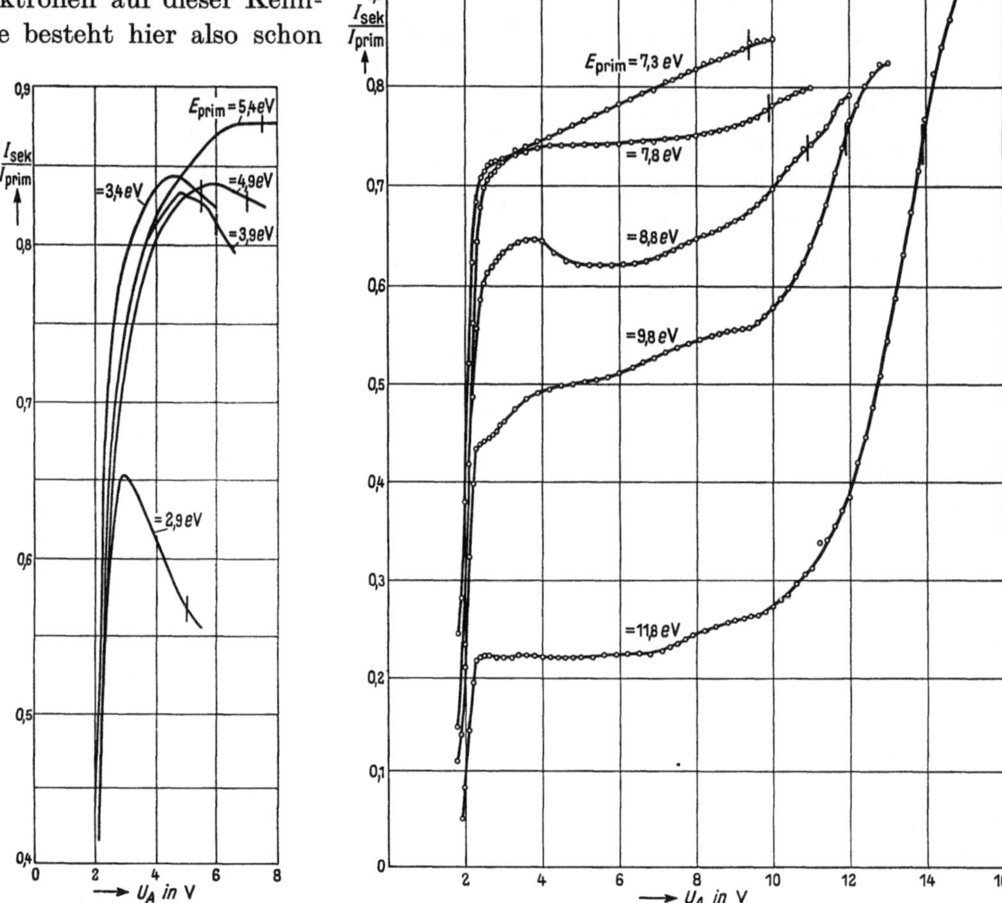

Bild 10. NaCl auf Pt. Gegenspannungskennlinien   für   verschiedene
      Werte der Primärenergie.

Bild 11. NaCl auf Pt. Gegenspannungskennlinien für verschiedene Werte der Primärenergie.

ein schwaches Beschleunigungsfeld. Offenbar liegt bei etwa 5 eV die Energie-
schwelle für die Auslösung langsamer Elektronen aus dem Salz; daß sich in diesem
Fall das Ansteigen der Gegenspannungskennlinie über einige zehntel Volt fortsetzt,
rührt von der Breite der Energieverteilungskurve unserer Primärelektronen her. Für
die NaCl-Schichten zeigt als erste die 7,8 eV-Kurve eine Anstiegszunahme, und zwar
bei $U_a = 9,5$ V, die 7,3 eV-Kurve verläuft noch ohne Knick. Von den NaJ-Kennlinien
verläuft die 3,6 eV-Kurve noch ohne ein neues Ansteigen nach Sättigung der Reflexion, während die 5,4 eV-Kennlinie bei $U_a = 6,5$ V, 1,4 V unterhalb des Einsetzens
eines beschleunigenden Feldes, zu steigen beginnt. 5,4 eV-Elektronen lösen also
Elektronen mit einer Höchstenergie von 1,4 eV aus. Oberhalb $U_a = 6,6$ V beginnt

der Anstieg bei der 6,2 eV-Kurve (Feld Null bei $U_a = 8,9\,V$), die 6,2 eV-Elektronen lösen also langsame Elektronen aus, deren Höchstenergie bei etwa 2,3 eV liegt. Man kann aus dem Verlauf dieser beiden Kurven also schließen, daß bei etwa 4,0 eV der Mindestwert der Primärenergie liegt, durch den aus dem NaJ Elektronen ausgelöst werden, deren Energie nach dem Austritt gerade den Wert Null übersteigt. Die Ergebnisse der Messungen an Kaliumfluoridschichten zeigen besonders deutlich die Grenzen, die absteigende Kurventeile einer Beurteilung der sekundären Energieverteilung aus dem Verhalten der Gegenspannungskennlinien im ungünstigen Fall

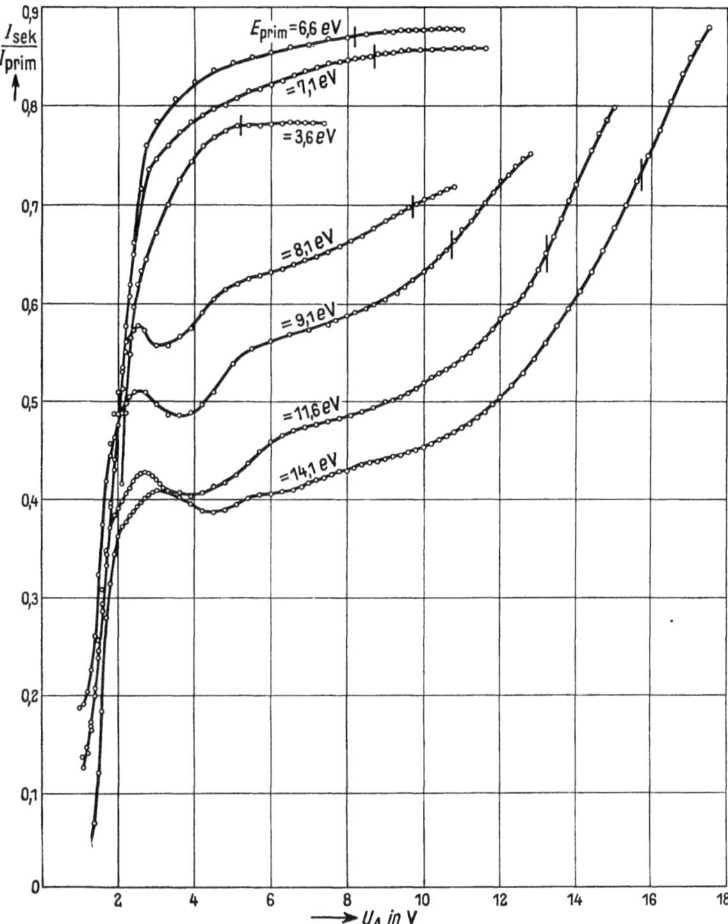

Bild 12. KF auf Cu. Gegenspannungskennlinien für verschiedene Werte der Primärenergie.

setzen. Die Kennlinie für 7,1 eV des Bildes 12 zeigt zwar, daß eine kinetische Energie der Elektronen von 7,1 eV noch nicht ausreicht, aus der Salzschicht langsame Elektronen auszulösen, weiter zeigen die unteren Kennlinien des Bildes 12, daß 9,1 eV-Elektronen schon merkliche Mengen von Elektronen mit geringen Geschwindigkeiten auslösen. Ob aber die Anstiegszunahme der 8,1 eV-Kennlinie oberhalb von $U_a = 8,5\,V$ reell ist, läßt sich wegen einer leichten Krümmung des Mittelteils dieser Kennlinie nicht beurteilen. Auch bei den Kurven für die höheren Energiebeträge ist hier wegen der Krümmung nicht festzustellen, bei welcher Gegenspannung die Anstiegszunahme am Kurvenende beginnt. Die Höchstgeschwindigkeit innerhalb der langsamen Elektronengruppe ist unter diesen Umständen natürlich auch aus den Energieverteilungs-

kurven für die Sekundärströme nur ungenau abzuschätzen, die man durch Differenzieren der Gegenspannungskennlinien erhält. Bild 16 zeigt einige dieser Verteilungs-

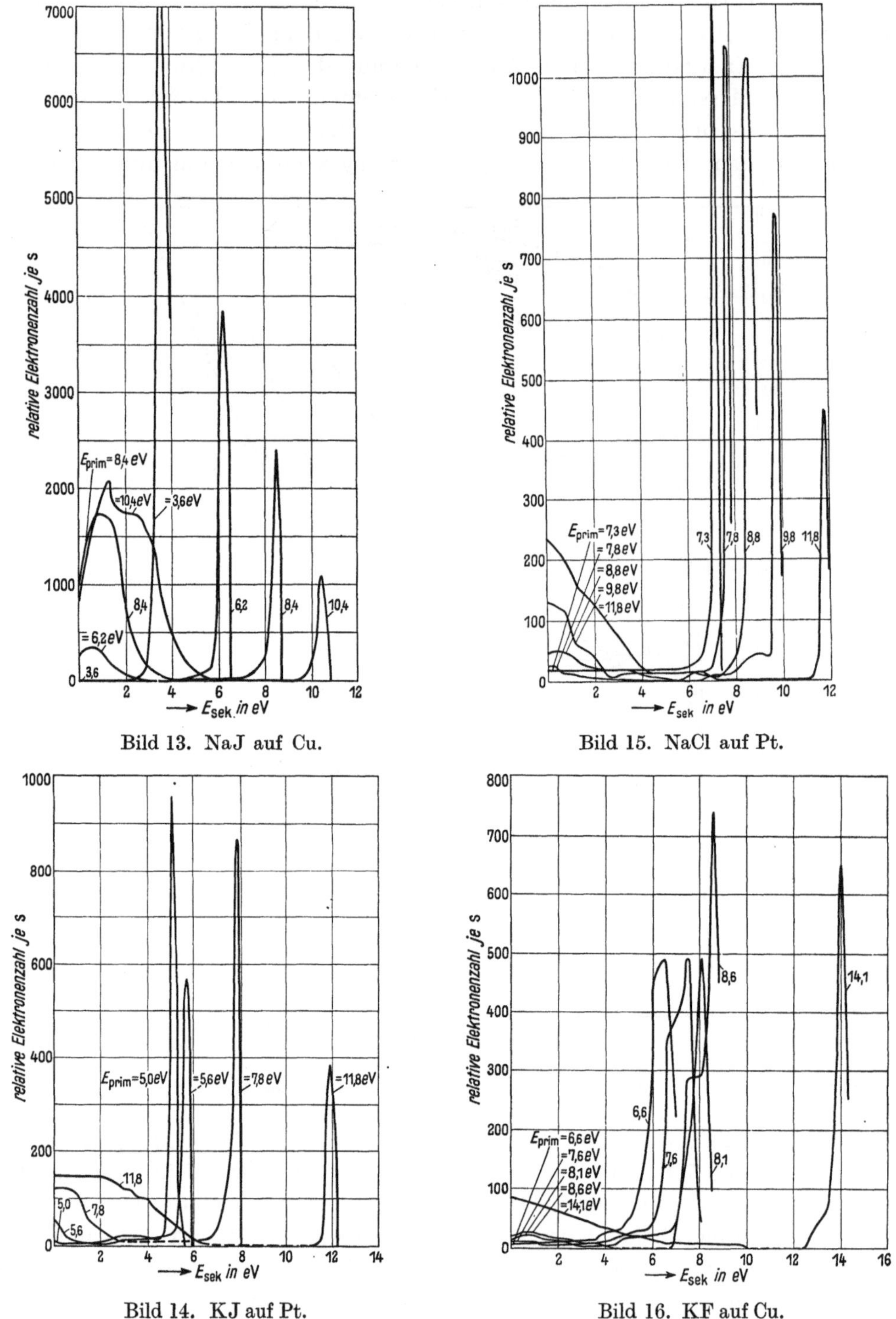

Bild 13. NaJ auf Cu.   Bild 15. NaCl auf Pt.

Bild 14. KJ auf Pt.   Bild 16. KF auf Cu.

Bild 13 ··· 16. Energieverteilung der Auffängerströme für verschiedene Werte der Primärenergie.

kurven für Auffängerströme aus KF-Schichten. Wir sehen, daß 14,1 eV-Elektronen
langsame Elektronen mit Energiebeträgen bis zu $6,0 \pm 0,5$ eV auftreten lassen —

bei $7,5 \cdots 8,5\,eV$ liegt danach beim Kaliumfluorid die Primärenergie, bei der zuerst diese langsame Gruppe erscheint. Energieverteilungskurven für die übrigen untersuchten Salze bringen die Bilder $13 \cdots 15$. Sie veranschaulichen das bisher über die Zusammensetzung der Sekundärströme bei den verschiedenen Primärenergiebeträgen Gesagte.

Zusammenfassend läßt sich sagen, daß für den Einsatz der langsamen Elektronen bei den einzelnen untersuchten Salzen folgende Primärenergiebeträge nötig sind: für KJ $5,0 \pm 0,1\,eV$, für NaCl $7,4 \pm 0,3\,eV$, für NaJ $4,0 \pm 0,3\,eV$, für KF $8,0 \pm 0,6\,eV$. Bei den KJ-Versuchen dürfte der Fehler nur durch die Unsicherheit in der Bestimmung der Kontaktspannung gegeben sein, bei den NaCl-Versuchen kommt dazu etwa die Hälfte des Intervalls zwischen den beiden Werten der Primärenergie,

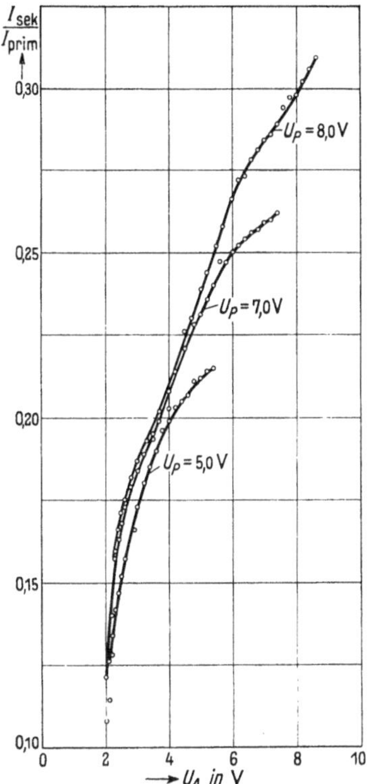

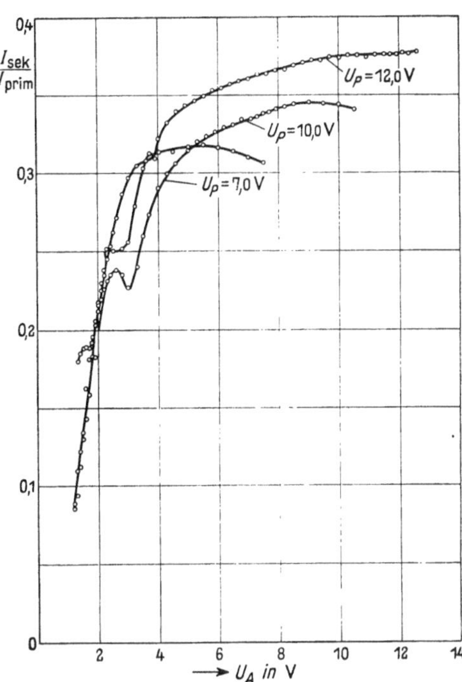

Bild 17. Pt. Gegenspannungskennlinien für verschiedene Primärspannungen.

Bild 18. Cu. Gegenspannungskennlinien für verschiedene Primärspannungen.

zwischen denen die langsame Gruppe erstmalig auftrat, bei den beiden anderen Salzen ist die Genauigkeit aus dem Verlauf der Verteilungskurven geschätzt worden.

Das verhältnismäßig schwach vertretene, mit steigender Primärenergie nur wenig zunehmende Kontinuum in der sekundären Energieverteilung läßt sich, wie wir sahen, auf Energieverluste der Primärelektronen am Metall zurückführen. Die Gruppe langsamer Elektronen dagegen, die bei jedem Salz nur oberhalb eines primären Energiebetrages beobachtet wird, der für das betreffende Salz charakteristisch ist, rührt offensichtlich von einem bei der kritischen Energie neu in Erscheinung tretenden Prozeß in der Aufdampfschicht her. Energiebeträge unterhalb des Schwellenwertes werden bei diesem Prozeß nicht absorbiert. Mit der weiteren Zunahme der Primärenergie nach Überschreiten der Schwelle nimmt die Häufigkeit dieses Prozesses schnell zu; das zeigt der schnell steigende Anteil dieser langsamen Elektronen, den wir auf

den Diagrammen der Gegenspannungskennlinien und auf den Energieverteilungskurven sehen.

Es liegt nahe, die ermittelten Energieschwellen mit der langwelligen Grenze der
optischen Absorption zu vergleichen. Die Absorptionsspektren sind am Kopf der
Diagramme 4 ··· 7 wiedergegeben, die Extinktionskoeffizienten nach E. G. Schneider und H. M. O'Bryan [5] sind in willkürlichen Einheiten nach unten aufgetragen,
während die Schwingungszahlen in Elektronenvolt umgerechnet sind. Für KJ,
NaCl und KF stimmt der Absorptionseinsatz, den der Elektronenstoßversuch ergibt,
innerhalb der Meßgenauigkeit mit dem Beginn der Ultraviolettabsorption überein,
für NaJ liegt er bei Werten, die um rund 1 eV zu klein sind. Nun ist das Natrium-

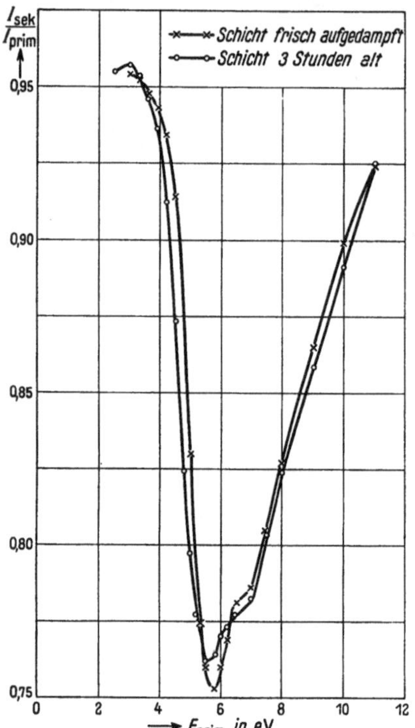

Bild 19. KJ auf Pt. Ausbeute an
einer Aufdampfschicht vor und nach
dem Altern.

jodid das einzige der in dieser Arbeit besprochenen Salze, das ohne Nachreinigung durch
Kochen mit Schwefelammonium und durch anschließende Ultrafiltration untersucht wurde, es
ist also wahrscheinlich, daß hier analytisch nicht nachweisbare Schwermetallverunreinigungen eine
Absorption von Elektronenenergie jenseits der langwelligen Grenze der Eigenabsorption des
Natriumjodids verursacht haben. Optisch ist eine derartige Verlagerung des Absorptionsbeginns ins
langwellige an nicht nachgereinigten Präparaten von NaCl und KCl durch R. Hilsch [9] nachgewiesen worden. In beiden Fällen dehnte sich das Absorptionsgebiet bis etwa 2900 Å aus, also um
fast 3 eV weiter ins Gebiet kleiner Energien, als es für reine Salze gemessen wird. Unsere Versuche können also als Beweis für die, an sich plausible, Annahme gelten, daß die Salze auch
beim Elektronenstoß nur dieselben Energiebeträge absorbieren wie bei der Absorption von Strahlung.

R. Hilsch [7] hat auf einen Zusammenhang zwischen den optischen Daten der Kristallschichten
und der Energieabhängigkeit der Ausbeutequotienten hingewiesen, nämlich auf den steilen Abfall der
Ausbeutekurve im Energiebereich der beginnenden
Absorption. Unsere Gegenspannungskurven zeigen, daß dieser Abfall durch eine
Abnahme der verlustlosen Reflexion bewirkt wird, während ihr Wiederanstieg auf
einer Zunahme der langsamen Elektronen beruht. Eine Untersuchung der Geschwindigkeitsabhängigkeit der Reflexion führt uns zum Verständnis des steilen Reflexionsabfalls im Absorptionsgebiet.

Der mit voller Primärenergie reflektierte Elektronenanteil läßt sich in Abhängigkeit von der Geschwindigkeit auch ohne Aufnehmen von zahlreichen Gegenspannungskurven ermitteln, indem man für die einzelnen Beschleunigungsspannungen Auffängerstrom und Plattenstrom mit einer Auffängerspannung mißt, bei der nur Elektronen mit voller Primärenergie die Kugel erreichen. Man wählt hierfür die Spannung,
bei der auf allen Gegenspannungskennlinien der größte Teil der Primärelektronen
mit voller Energie reflektiert wird. Auch diese Messungen ergeben zwar die Absolut-

werte der Reflexionsbeträge noch nicht richtig, weil diese schon infolge der Nicht-
berücksichtigung des langsamsten Teiles der Primärelektronen zu klein gemessen
werden, sie liefern aber für die Geschwindigkeitsabhängigkeit der verlustlosen Streuung in der Schicht Kurven, die weder durch langsame Elektronen noch durch einen
etwaigen Gang der Auffängerreflexion mit der Geschwindigkeit verfälscht sind. Diese
Kurven sind auf den Diagrammen 4 ··· 7 unterhalb der Ausbeutekurven aufgetragen
und als Reflexionskurven bezeichnet. Mit Reflexion ist also hier, wie in der ganzen
Mitteilung, nicht eine reguläre Reflexion gemeint, sondern eine Ablenkung oder
Streuung um große Winkel, die ohne Energieverlust erfolgt.

Die Reflexionsbeträge ließen sich für die niedrigsten Primärenergien, etwa unter
1 eV, meist nicht messen, weil bei den niedrigsten Prallspannungen in einigen Röhren
Primärelektronen die gewölbte Blende S
unmittelbar erreichten. Man erkannte das
daran, daß bei den allerniedrigsten Beschleunigungsspannungen die scheinbaren
Reflexionsbeträge über eins lagen; diese
Störung wurde wahrscheinlich durch eine
elektrostatische Linsenwirkung unserer
Blendenanordnung hervorgerufen.

Die Reflexionskurven zeigen für alle
Substanzen bei kleinen Primärgeschwindig-
keiten einen steilen Anstieg mit der Geschwindigkeit, den wir schon an den Ausbeutekurven kennengelernt haben, beginnen
aber schon vor dem Einsatz der Absorption
wieder zu fallen, so besonders bei KF und
NaCl. Sie zeigen auch schon vor dem Erreichen absorbierbarer Energiewerte Selektivitäten, mehr oder minder ausgeprägte
Minima bei bestimmten Primärgeschwin-
digkeiten, die für die betreffenden Salze
charakteristisch sind. Die Geschwindigkeitsabhängigkeit der Streuung vor dem

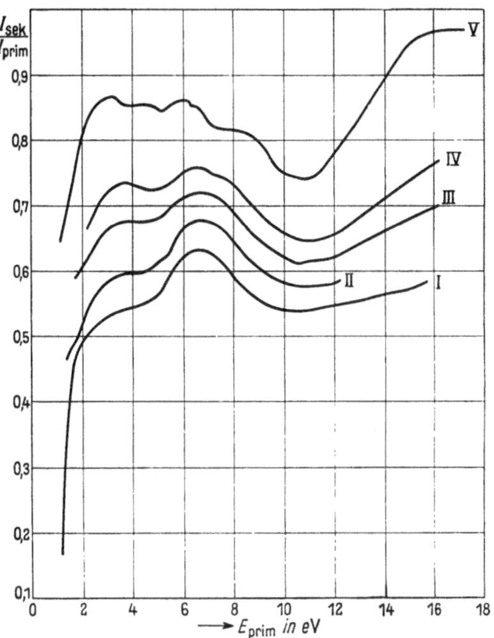

Bild 20. NaCl auf Pt. Ausbeute für verschiedene
Bedeckungsgrade. Bedeckungsgrad von I bis V
steigend.

Absorptionsbeginn, die wir auch als eine solche der Elektronenweglänge im Isolator-
kristall auffassen können, wird zur Zeit unter Anwendung homogener Primär-
geschwindigkeiten untersucht, ihre Behandlung, vor allem auch die Besprechung der
Selektivitäten, muß einer besonderen Veröffentlichung vorbehalten bleiben.

Das Wesentliche am Verhalten aller Reflexionskurven im Absorptionsgebiet ist
die größere Steilheit ihres Abfalls in diesem Bereich. Das gilt auch für Messungen
an NaF, KBr, KCl, RbCl, für die hier keine Kurven mitgeteilt werden. Auf Grund
der bisher erkannten Tatsachen läßt sich dies stärkere Absinken der Reflexionsbeträge als eine Wirkung der Absorption verstehen, die sich der Streuung überlagert.
Wir haben es zwar bei der Absorption selbstverständlich nur mit einer solchen von
kinetischer Energie zu tun und nicht mit einer Absorption, also einer Anlagerung,
von Elektronen. Das haben wir bisher stillschweigend vorausgesetzt, es ergibt sich
ja schon aus der Tatsache, daß auch im Absorptionsgebiet keine negative Aufladung
der Isolatoren auftritt, und auch die Gleichheit der absorbierten Energiebeträge bei der

Strahlungsabsorption und der Aufnahme kinetischer Energie besagt ja nichts anderes. Nun bedeutet der steile Anfangsanstieg der Ausbeute — und der Reflexionskurve mit zunehmender Elektronengeschwindigkeit, daß für die kleinen Geschwindigkeiten die Weglänge der Elektronen im Salz viel größer ist als für die etwas höheren Geschwindigkeiten. Die Streuung oder Reflexion ist zwar schon bei den niedrigsten von uns untersuchten Geschwindigkeiten stärker als am Unterlagemetall, aber immerhin noch so viel schwächer als die Streuung schnellerer Elektronen in Salz, daß die Reflexion stark sinken muß, sobald ein merklicher Teil der Elektronen seine Energie zum Teil an Gitterbausteine abgegeben hat. Diese Elektronen werden nämlich jetzt entsprechend schwächer gestreut, infolgedessen erreichen sie nach dem Energieverlust als langsame Elektronen mit größerer Wahrscheinlichkeit die Metallunterlage.

Neben dem steileren Absinken fällt am Verlauf der Reflexionskurve im Absorptionsbereich ins Auge, daß die Reflexionsbeträge monoton weiter abnehmen. Nur die KJ-Kurve zeigt dicht unterhalb 6,0 eV eine kurze ansteigende Strecke, der Punkt des beginnenden Anstiegs stimmt energetisch mit dem ersten Extinktionsmaximum im Ultravioletten überein. Sonst zeigt sich auf allen Kurven, auch auf denen für die hier nicht besprochenen Salze, nichts von den Einzelheiten der Ultraviolettspektren. Dies monotone Abnehmen der Reflexion rührt daher, daß im Gegensatz zum Licht einer nicht absorbierbaren Schwingungszahl Elektronen beim Stoß immer einen Teil ihrer kinetischen Energie verlieren können, sobald diese über dem Bedarf für den jeweils bewirkten Gitterprozeß liegt. Infolgedessen nimmt der Prozentsatz der Elektronen, der Energie ans Kristallgitter abgibt und deswegen zu einem geringeren Bruchteil reflektiert wird, mit steigender Energie dauernd zu, mag auch die Wahrscheinlichkeit für die Absorption des vollen zur Verfügung stehenden Energiebetrages vorübergehend abnehmen und zu einer Abnahme der Extinktion in diesem Bezirk des optischen Spektrums führen. Einzelheiten des optischen Spektrums können sich mithin bei Elektronenstoßversuchen im allgemeinen nur in der größeren oder geringeren Steilheit des Reflexionsabfalls zeigen. Man müßte aber die Anregungsfunktionen für die einzelnen durch Elektronenstoß bewirkten Gitterprozesse kennen, um aus der Gestalt der optischen Extinktionskurve voraussagen zu können, wo die Minima der Differentialquotienten einer Reflexionskurve zu erwarten sind. Von einer Wiedergabe der differentiierten Reflexionskurven und ihrem Vergleich mit den optischen Spektren sehen wir daher ab.

Von welchem Betrage an die absorbierte Energie ausreicht, um im Elektronenstoß Sekundärelektronen auszulösen, mit anderen Worten, um Elektronen aus der Bindung an ein Anion zu lösen und es zum Verlassen des Kristallgitters zu befähigen, läßt sich auf Grund unserer Versuche nicht sagen, denn es ist grundsätzlich unmöglich, derartige Elektronen von denjenigen zu unterscheiden, die nach einem Energieverlust zum Auffänger gelangen. H. Bruining [10] nimmt an Silber, Barium und Bariumoxyd für einige Werte der Primärenergie oberhalb von 5 eV Gegenspannungskurven auf, entnimmt aus ihnen den mit voller Energie reflektierten Elektronenanteil und betrachtet den Rest, die langsamen Elektronen, als Sekundärelektronen. Das ist selbstverständlich unzulässig. Man kann auch nicht mit Sicherheit etwa die starke Zunahme des Anteils langsamer Elektronen auf den Einsatz der Sekundäremission zurückführen, die zum Wiederanstieg der Ausbeutekurve führt, denn auch Elektronen mit Restenergie werden natürlich mit steigender Geschwindigkeit stärker gestreut.

Ihr Anteil am Auffängerstrom muß also mit ihrer Geschwindigkeit genau so ansteigen, wie am Anfang der Reflexionskurve die Reflexion der Primärelektronen mit der Primärgeschwindigkeit ansteigt.

Die Gruppe der langsamen Elektronen liefert im ersten Teil des absorbierbaren Energiebereiches, etwa bis 1 eV über dem kleinsten absorbierbaren Betrag, einen außerordentlich kleinen Beitrag zum Auffängerstrom. Er ist so klein, daß eben deshalb auch die Ausbeutekurve in diesem Bereich fällt, also in ihrem Verlauf noch weitgehend den Gang der Elektronenreflexion ohne Energieverlust wiedergibt. Man kann daraus vielleicht schließen, daß in diesem Bereich noch keine Sekundärelektronen auftreten, sondern daß die Elektronen mit Energiewerten unter 1 eV, die wir hier in der sekundären Verteilung finden, wirklich nur Primärelektronen sind, die den größten Teil ihrer Energie an die Salzschicht abgegeben haben. Als Beweis für diese Auffassung können diese auffallend niedrigen Anfangsbeträge der langsamen Elektronengruppe allerdings nicht gelten.

Eine Stütze für diesen Schluß, daß Sekundärelektronen im ersten Teil des Absorptionsbereiches noch nicht ausgelöst werden, bildet aber die Beobachtung von R. Hilsch und R. Pohl [11], daß in einem angelegten elektrischen Feld bei der Absorption des ersten UV-Bandes in Einkristallen keine meßbare Elektrizitätsbewegung auftritt. Das kann man so deuten, daß das durch die Lichtabsorption angehobene Elektron hierbei noch nicht aus der Bindung an einen bestimmten Gitterbaustein gelöst wird. Für unsere Fragestellung müßte das bedeuten, daß ein durch den gleichen Energiebetrag beim Elektronenstoß angehobenes Elektron erst recht nicht zum Verlassen des Gitters befähigt wird. Jedenfalls erlauben die bisher bekannten Tatsachen nicht, das niedrigste leere Band erlaubter Elektronenenergie mit Bestimmtheit als Leitungsband zu bezeichnen.

Zusammenfassung.

An dünnen Aufdampfschichten verschiedener Alkalihalogenide auf Platin- oder Kupferblechen (Bedeckung der Unterlage höchstens mit einer einfachen Schicht von Kristalliten, mittlerer Kristalliten-Dmr. wahrscheinlich 100 · · · 130 Å) werden folgende Größen gemessen:

1. Die Elektronenstoßausbeute im feldfreien Raum in Abhängigkeit von der Primärenergie (E_p 1 · · · 14 eV).

2. Die Gegenspannungskennlinien der Auffängerströme für verschiedene Werte der Primärenergie.

3. Die Beträge der Elektronenreflexion ohne Energieverlust in Abhängigkeit von E_p.

Die Energieverteilungskurven der Sekundärströme zeigen folgende Einzelheiten: Für alle Werte der Primärenergie starke Anteile von Elektronen, die mit voller Energie gestreut werden. In der Salzschicht wird die kinetische Energie der Elektronen erst von einem bestimmten für das Salz spezifischen Betrag an absorbiert. Dieser Betrag entspricht energetisch der langwelligen Grenze der UV-Absorption der Kristalle. Die verlustlose Reflexion zeigt folgendes Verhalten: Von den kleinsten Werten der Primärenergie an liegen die Reflexionsbeträge über denen, die der Elektronenstoßversuch an den reinen Unterlagemetallen ergibt, und steigen wesentlich steiler als bei der

Reflexion am Metall. Sie erreichen Werte über 0,9. Noch vor Einsatz der Absorption beginnen die Reflexionskurven zu fallen. Nach Erreichen des Absorptionsgebietes kommt zur unmittelbaren Geschwindigkeitsabhängigkeit der Reflexion noch eine weitere Abnahme eben infolge der Energieaufnahme durch das Kristallgitter, da der Anteil der Elektronen schnell zunimmt, die nach ihrer Verlangsamung wieder ebenso schwach reflektiert werden wie die Gesamtheit der Primärelektronen mit entsprechender Geschwindigkeit im Anfang der Kurve. Einzelheiten der optischen Extinktionskurve prägen sich nicht in den Absolutbeträgen der Elektronenreflexion aus, sondern nur in der Steilheit ihres Abfalls. Da eine Unterscheidung zwischen Sekundärelektronen und mit Energieverlust reflektierten Primärelektronen nicht möglich ist, erlauben Elektronenstoßversuche nur, die Absorption, nicht auch die Sekundäremission bestimmten Bändern mit Sicherheit zuzuordnen. Die Geringfügigkeit des Anteils langsamer Elektronen im ersten Teil des Absorptionsbereiches spricht für eine Bindung der angehobenen Elektronen an bestimmte Gitterbausteine und verbietet es einstweilen, das niedrigste freie Energieband als Leitungsband zu bezeichnen.

Schrifttum.

1. Zusammenfassende Berichte über Sekundärelektronenemission: R. Kollath: Sekundärelektronenemission fester Körper. Phys. Z. **38** (1937) S. 202. — H. Bruining: Over de emissie van secundaire electronen door vaste stoffen. Dissertatie Leiden (1938).

2. H. Bruining u. J. H. de Boer: Secondary electron emission. Physica, Haag **6** (1939) S. 834.

3. Eine Übersicht über die neueren Arbeiten bei: R. Kollath: Zur Energieverteilung der Sekundärelektronen. Ann. Phys., Lpz. (5) **39** (1941) S. 59.

4. R. Hilsch u. R. W. Pohl: Einige Dispersionsfrequenzen der Alkalihalogenidkristalle im Schumanngebiet. Z. Phys. **59** (1930) S. 812.

5. E. G. Schneider u. H. M. O'Bryan: The absorption of ionic crystals in the ultraviolet. Phys. Rev. **51** (1937) S. 293.

6. H. E. Farnsworth: Electronic bombardment of metal surfaces. Phys. Rev. **25** (1925) S. 41.

7. R. Hilsch: Der Elektronenstoß an Kristallschichten zum Nachweis optischer Energiestufen. Z. Phys. **77** (1932) S. 427.

8. H. Boochs: Genaue Bestimmung von Gitterkonstanten mittels Elektronenstrahlen bei verschiedenen Kristallitgrößen. Ann. Phys., Lpz. (5) **35** (1939) S. 333.

9. R. Hilsch: Über die ultraviolette Absorption einfach gebauter Kristalle. Z. Phys. **44** (1927) S. 421.

10. H. Bruining: Secondary electron emission. Physica, Haag **5** (1938) S. 901, 913.

11. R. Hilsch u. R. W. Pohl: Zur Photochemie der Alkali- und Silberhalogenidkristalle. Z. Phys. **64** (1930) S. 606 — Über die Lichtabsorption in einfachen Ionengittern und den elektrischen Nachweis des latenten Bildes. Z. Phys. **68** (1931) S. 721.

Gesetzmäßigkeiten bei Regelvorgängen.

Von **Eugen Görk**[1]).

Mit 20 Bildern.

Mitteilung aus der Montage-Abteilung der Siemens-Schuckertwerke AG.

Eingegangen am 1. August 1941.

Inhaltsübersicht.

Einleitung und Übersicht.

Einheitliche Darstellungen von Regelvorgängen, wie sie bisher bekannt geworden sind, gehen aus von Schaltungen oder mechanischen Anordnungen. Durch Vergleiche wird dabei nachgewiesen, daß das am Sonderfall hergeleitete Gesetz nicht nur für diesen gilt. Zwangloser aber gelangt man zu einer Ordnung der mannigfachen Erscheinungen, wenn man unter bestimmten Voraussetzungen das Verhalten von Regler und zu regelnder Anlage feststellt und dieses der weiteren Untersuchung zugrunde legt.

Das Verhalten irgendeiner Anlage kann man durch die Übergangsfunktion kennzeichnen. Durch eine Synthese aus der Übergangsfunktion des Reglers und der der zu regelnden Anlage gelangt man zur Übergangsfunktion des aufgeschnittenen Regelkreises und von dieser über die Küpfmüllersche Integralgleichung [1][2]) zum Regelvorgang selbst. Es bleibt dabei freigestellt, die Übergangsfunktionen experimentell oder rechnerisch zu ermitteln; sie werden hier als bekannt vorausgesetzt.

Wir lösen die Integralgleichung für den Regelvorgang unter Annahmen, wie sie vielen Untersuchungen mit Hilfe linearer Differentialgleichungen zugrunde liegen.

---

[1]) D 93. Arbeit zur Erlangung des Grades eines Dr.-Ingenieurs der Technischen Hochschule Stuttgart.
[2]) Die eingeklammerten schrägen Zahlen beziehen sich auf das Schrifttum am Schluß der Arbeit.

Die dabei sich ergebenden Gesetzmäßigkeiten aber sind ohne Beziehung zu einer bestimmten Anordnung hergeleitet und daher auch allgemeingültig. Irgendein Einzelfall wird hierdurch von den mathematischen Entwicklungen befreit, die ihm nicht allein eigen sind. Es genügt, die Übergangsfunktionen von Regler und zu regelnder Anlage zu bestimmen und dann den Regelvorgang nach den im weiteren angegebenen allgemeinen Formeln zu berechnen.

An elementaren, bekannten Beispielen aus der Theorie der Regelung elektrischer Maschinen zeigen wir, wie sich solche spezielle Fälle in diese Ordnung der Regelvorgänge einfügen und dadurch in knapper Form einheitlich darstellen lassen. Wir bringen dann noch die Durchrechnung einer schwierigeren Aufgabe aus diesem Gebiet, um die Anpassungsfähigkeit der vorliegenden Behandlungsweise an verschiedenartige Fragestellungen nachzuweisen.

I. Schlüsselformeln zur Theorie der Regelvorgänge.

1. Regeltechnische Begriffe.

Das Bestehen eines Regelkreislaufes ist für jede Regelung kennzeichnend. Bei selbsttätiger Regelung bilden Regler und Regelstrecke, wie wir die zu regelnde Anlage nennen, zusammen den Regelkreis (Bild 1). In diesem wird durch eine Störung ein Regelvorgang ausgelöst; daran sind immer beteiligt:

die Größe, von der die Störung ausgeht,

die zu regelnde Größe,

die Größe, welche der Regler durch Verstellung seines Stellgliedes verändert. Die erste sei weiterhin als Störgröße, die zweite als Regelgröße und die dritte als Stellgröße bezeichnet.

Nur die Störgröße ist frei veränderlich. Die Stellgröße dagegen wird vom Regler so beeinflußt, daß während und nach Ablauf des Regelvorganges Abweichungen der Regelgröße von ihrem Sollwert möglichst klein bleiben.

Wird die Stellgröße irgendwie verändert, ohne daß die Geschlossenheit des Regelkreises gegeben ist, so liegt keine Regelung, sondern eine Steuerung vor.

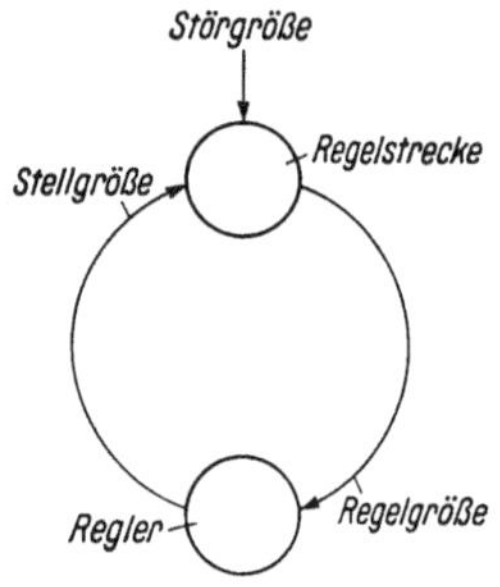

Bild 1. Schema eines Regelkreises.

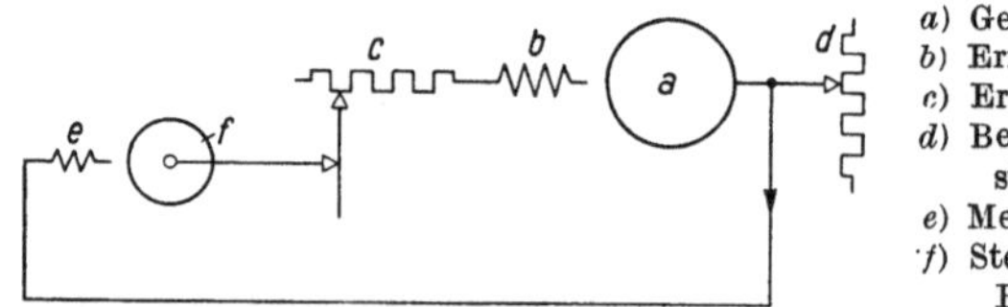

a) Generatoranker,
b) Erregerwicklung,
c) Erregerwiderstand,
d) Belastungswiderstand,
e) Meßwerk des Reglers,
f) Stellmotor des Reglers.

Bild 2. Selbsttätige Spannungsregelung eines Generators als Beispiel eines Regelkreises.

In Bild 2 ist als Beispiel die selbsttätige Spannungsregelung eines Generators schematisch dargestellt worden. Es wäre dabei die Generatorspannung als Regelgröße, der Belastungswiderstand als Störgröße und der Erregerwiderstand als Stellgröße anzunehmen. Der Regelkreislauf ist hier gegeben durch die Einwirkung der Generatorspannung auf das Meßwerk des Reglers, dessen Stellmotor den Erregerwiderstand und damit die Generatorerregung so einstellt, daß die Spannung dem Sollwert entspricht.

2. Erfassung der Eigenschaften von Regler und Regelstrecke.

Für alle folgenden Rechnungen sind lineare Zusammenhänge zwischen den verschiedenen Größen eine notwendige Voraussetzung. Wir gehen deshalb bei unseren Untersuchungen von einem Ruhezustand des Regelkreises aus und beschränken uns bei nicht linearem Verhalten auf kleine Abweichungen der Größen von ihren stationären Werten.

Irgendwelche Regelvorgänge seien also abgeklungen, und die Regelgröße habe ihren Sollwert. Nun trennen wir Regler und Regelstrecke voneinander, derart, daß alle Größen ihre Werte beibehalten. Der Gleichgewichtszustand des Reglers

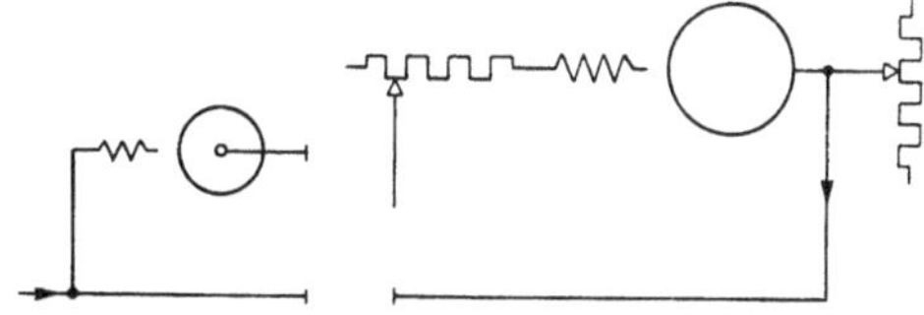

Bild 3. Trennung von Regler und Regelstrecke.

bleibt dabei nur dann bestehen, wenn wir ihm die vorher von der Regelstrecke herrührende Regelgröße in irgendeiner anderen Weise zuführen.

Für unser Beispiel ist diese Zerlegung in Bild 3 durchgeführt worden. Die Spannung für das Meßwerk des Reglers ist dabei einer vom Generator unabhängigen Spannungsquelle zu entnehmen.

a) Stör-Übergangsfunktion der Regelstrecke. Jetzt stören wir den Gleichgewichtszustand der Regelstrecke, indem wir die Störgröße plötzlich um einen Betrag ändern, der dann unverändert bleibt. Im Falle der Spannungsregelung eines Generators würde man also (Bild 4) dem Belastungswiderstand sprunghaft einen anderen Wert geben. Beobachten wir dabei die zeitliche Veränderung der Regelgröße, z. B. der Generatorspannung, so erhalten wir dafür einen Verlauf, der durch $\varphi_0(t)$ beschrieben sei. Es ist zweckmäßig, die Änderungen aller Größen auf ihre Beharrungswerte vor Beginn der Störung zu beziehen; unter $\varphi_0(t)$ sei also die auf den Sollwert bezogene Änderung der Regelgröße verstanden.

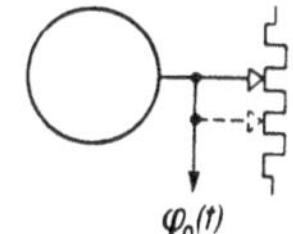

Bild 4. Sprunghafte Änderung des Belastungswiderstandes des Generators.

Vielfach wird $\varphi_0(t)$ für $t \to \infty$ einem von Null und Unendlich verschiedenen Endwert φ_{0e} zustreben, so daß wir dann schreiben können:

$$\varphi_0(t) = \varphi_{0e} \cdot S(t) \, . \tag{1}$$

Die durch Gl. (1) definierte Funktion $S(t)$ gibt im Fall $0 < \varphi_{0e} < \infty$ an, in welcher Weise die betrachtete Anlage bei sprunghafter Änderung der Störgröße von einem Beharrungszustand in einen anderen übergeht. Wir bezeichnen $S(t)$ als Stör-Übergangsfunktion.

b) Stell-Übergangsfunktion der Regelstrecke. Wir ändern nun die Stellgröße an der Regelstrecke, in unserem Beispiel also den Erregerwiderstand des Generators (Bild 5), sprunghaft um den Verhältniswert μ. Als Bezugsgröße können wir dabei den Wert der Stellgröße wählen, welcher bei geschlossenem Regelkreis zum Sollwert der Regelgröße führte. Die plötzliche Änderung μ der Stellgröße habe die zeitliche Änderung $\varphi_1(t)$ der Regelgröße an der Regelstrecke zur Folge. Schreiben wir:

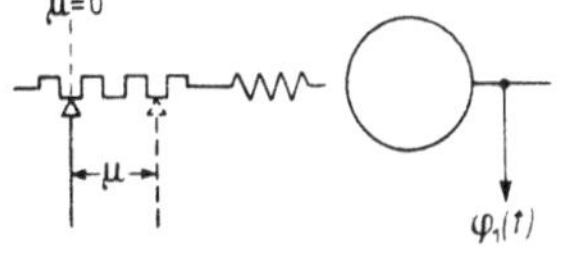

$$\varphi_1(t) = \mu \cdot A_{S\mu}(t), \tag{2a}$$

Bild 5. Sprunghafte Änderung des Erregerwiderstandes des Generators.

so ist durch diese Gleichung eine Funktion $A_{S\mu}(t)$ festgelegt, die wir Stell-Übergangsfunktion nennen wollen.

In vielen Fällen führt die Änderung μ der Stellgröße für $t \to \infty$ zu der endlichen Änderung φ_{1e} der Regelgröße an der Regelstrecke. Wir bezeichnen dann das Verhältnis

$$\gamma = \frac{\varphi_{1e}}{\mu}$$

als Stell-Übersetzung.

Findet man z. B. bei der Spannungsregelung eines Generators, daß einer Widerstandsänderung im Erregerkreis um $\mu = 10\%$ im stationären Zustand eine Generatorspannungsänderung $\varphi_{1e} = 7\%$ entspricht, so ist $\gamma = 0{,}7$ anzunehmen.

Im Fall $0 < \varphi_{1e} < \infty$ entspricht also einer gegebenen Änderung der Stellgröße im Endzustand eine bestimmte Änderung der Regelgröße an der Regelstrecke. Es ist dann zweckmäßig, die allgemeinere Definitionsgleichung (2 a) für die Stell-Übergangsfunktion durch die speziellere:

$$\varphi_1(t) = \varphi_{1e} \cdot A_S(t) \tag{2 b}$$

zu ersetzen; in dieser kommt die Stellgröße nicht mehr vor. Zwischen $A_{Su}(t)$ und $A_S(t)$ besteht die Beziehung:

$$A_S(t) = \frac{1}{\gamma} \cdot A_{S\mu}(t). \tag{3}$$

c) Übergangsfunktion des Reglers. Durch Zuführung der dem Sollwert gleichen Regelgröße erreichten wir, daß der aus dem Regelkreis herausgelöste Regler seine

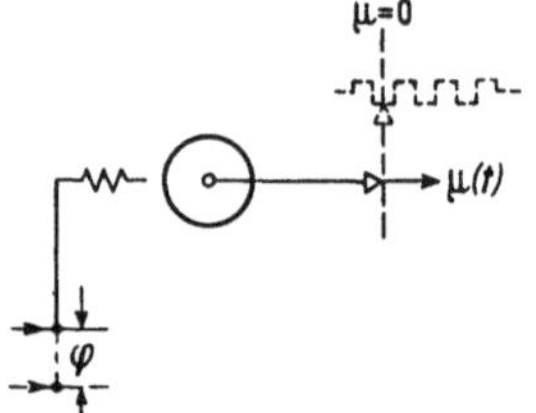

vorhergehende Ruhestellung beibehielt. Eine sprunghafte Änderung φ dieser Regelgröße am Regler führe dann zu einer Änderung $\mu(t)$ der Stellgröße. Dieser Vorgang ist für unser Beispiel in Bild 6 angedeutet. Schreibt man:

$$\mu(t) = \varphi \cdot A_{R\mu}(t) \tag{4 a}$$

und bestimmt man die durch Gl. (4 a) gegebene Funktion $A_{R\mu}(t)$ experimentell oder rechnerisch, so wird man in vielen Fällen finden, daß sie von der Größe der Abweichung φ der Regelgröße nicht abhängt. $A_{R\mu}(t)$ ist damit für einen bestimmten Regler in gegebener Einstellung festliegend und charakteristisch für sein Verhalten. Wir nennen $A_{R\mu}(t)$ Übergangsfunktion des Reglers.

Bild 6. Sprunghafte Änderung der Regelgröße am Regler.

Im Sonderfall $0 < \varphi_{1e} < \infty$ kann man entsprechend $A_S(t)$ nach Gl. (3) einen speziellen Ausdruck:

$$A_R(t) = \gamma \cdot A_{R\mu}(t) \tag{5}$$

für die Übergangsfunktion des Reglers wählen. Einem Sprung φ der Regelgröße am Regler würde damit bei verzögerungsfrei gedachter Regelstrecke die Änderung:

$$\varphi^*(t) = \varphi \cdot A_R(t) \tag{4 b}$$

der Regelgröße an der Regelstrecke folgen. Diese Definition der Übergangsfunktion des Reglers ist ebenso wie die der Stell-Übergangsfunktion nach Gl. (2b) frei von der Stellgröße. Es wird dadurch zum Ausdruck gebracht, daß nicht die Änderung der Stellgröße, sondern deren Auswirkung auf die Regelgröße für den Regelvorgang entscheidend ist.

3. Ermittlung der Übergangsfunktion des aufgeschnittenen Regelkreises.

Wir lassen nun den Regler wieder über die Stellgröße auf die Regelstrecke einwirken und fragen nach der Übergangsfunktion des aus beiden gebildeten, nach Bild 7 aufgeschnittenen Regelkreises. Die dem Sollwert gleiche Regelgröße werde dem Regler zugeführt und halte den geöffneten Regelkreis im Gleichgewicht. Bei einer sprunghaften Änderung der Regelgröße am Regler um den Verhältniswert $\varphi = 1$ ändert sich die Regelgröße an der Regelstrecke nach einer Funktion $A(t)$, welche die Übergangsfunktion des aufgeschnittenen Regelkreises darstellt. Diese läßt sich aus der Stell-Übergangsfunktion und der Übergangsfunktion des Reglers wie folgt berechnen:

Wirkt die Eingangsgröße mit dem Verlauf $E(t)$ auf ein System mit der bekannten Übergangsfunktion $H(t)$ ein, so ist nach J. R. Carson [2] der Verlauf der Ausgangsgröße $J(t)$ gegeben durch die Beziehungen:

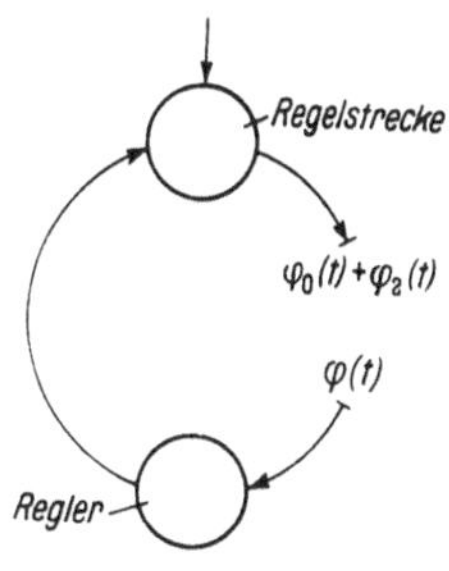

Bild 7. Regelkreis aufgeschnitten.

$$J(t) = \frac{d}{dt} \int_0^t H(t-\tau) \cdot E(\tau)\, d\tau, \qquad (6a)$$

$$J(t) = \frac{d}{dt} \int_0^t H(\tau) \cdot E(t-\tau)\, d\tau. \qquad (6b)$$

Diese Formeln sind untereinander gleichwertig.

Setzen wir in einer dieser Gleichungen, z. B. in (6a), $H(t) = A_{S\mu}(t)$ bzw. $A_S(t)$ und $E(t) = A_{R\mu}(t)$ bzw. $A_R(t)$, so erhalten wir für die Übergangsfunktion des aufgeschnittenen Regelkreises:

$$A(t) = \frac{d}{dt} \int_0^t A_{S\mu}(t-\tau) \cdot A_{R\mu}(\tau)\, d\tau \qquad (7a)$$

bzw.

$$A(t) = \frac{d}{dt} \int_0^t A_S(t-\tau) \cdot A_R(\tau)\, d\tau. \qquad (7b)$$

4. Integralgleichung für den Regelvorgang.

Wie bei der vorhergehenden Bestimmung der Übergangsfunktion des aufgeschnittenen Regelkreises sei der Regelkreislauf unterbrochen (Bild 7). Wiederum führen wir dem Regler die Regelgröße von außen zu; sie ändere sich nun aber nicht sprunghaft um den festen Verhältniswert φ, sondern nach einer Funktion $\varphi(t)$. Nach einer der Formeln (6), z. B. (6a), ergibt sich dann für den zeitlichen Verlauf der Regelgröße an der Regelstrecke:

$$\varphi_2(t) = \frac{d}{dt} \int_0^t A(t-\tau) \cdot \varphi(\tau)\, d\tau. \qquad (8)$$

Außerdem werde die Regelstrecke durch eine sprunghafte Änderung der Störgröße beeinflußt. Die Auswirkungen dieser Störung seien durch $\varphi_0(t)$ gegeben. Der Verlauf der Regelgröße an der Regelstrecke bei aufgeschnittenem Regelkreis wird damit durch $\varphi_0(t) + \varphi_2(t)$ beschrieben.

Schließt man den Regelkreis, so wird zwangsläufig:

$$\varphi(t) = \varphi_0(t) + \varphi_2(t) . \qquad (9)$$

Setzt man in Gl. (9) $\varphi_2(t)$ aus Gl. (8) ein, so folgt:

$$\varphi(t) = \varphi_0(t) + \frac{d}{dt} \int_0^t A(t-\tau) \cdot \varphi(\tau)\, d\tau. \qquad (10a)$$

Diese Volterrasche Integralgleichung beschreibt den Regelvorgang bei einem Regelkreis mit der Übergangsfunktion $A(t)$ im Falle einer Störung, die im ungeregelten
Zustand die Änderung $\varphi_0(t)$ hervorrufen würde.

Gl. (10a) gibt die auf den Sollwert bezogene Regelabweichung. Im folgenden
betrachten wir nur Regelstrecken, bei denen die Änderung der Regelgröße nach
sprunghafter Änderung der Störgröße oder der Stellgröße einem endlichen Endwert
zustrebt. Es ist dann zum Vergleich von Regelvorgängen untereinander und zur
Ermittlung allgemeiner Gesetzmäßigkeiten zweckmäßiger, die Änderung der Regelgröße bei selbsttätiger Regelung in Beziehung zu setzen zur Endabweichung im
ungeregelten Zustand.

Wir dividieren hierzu Gl. (10a) unter Beachtung von Gl. (1) durch φ_{0e} und erhalten mit

$$\frac{\varphi(t)}{\varphi_{0e}} = \Phi(t): \tag{11}$$

$$\Phi(t) = S(t) + \frac{d}{dt}\int\limits_0^t A(t-\tau)\cdot\Phi(\tau)\,d\tau. \tag{10b}$$

Mit der Integralgleichung (10a) bzw. (10b), welche von K. Küpfmüller [1] herrührt, haben wir für die Untersuchung von Regelvorgängen in verschiedenartigsten
Regelkreisen einen gemeinsamen Ausgangspunkt gewonnen.

II. Regelvorgänge in idealen Regelkreisen.
5. Übergangsfunktionen idealer Regler.

Die Bezeichnung „ideal" soll hier kein Werturteil bedeuten, sondern nur das
Typische kennzeichnen. Der wirkliche Regler wird immer von dem reinen, idealisierten Typ abweichen. Derartige Abweichungen sind aber von Konstruktion zu
Konstruktion und oft auch bei den einzelnen Ausführungen gleicher Bauarten verschieden. Bei der vorliegenden Untersuchung kommt es uns darauf an, grundlegende
Gesetzmäßigkeiten zu finden, so daß wir von den mehr zufälligen Eigenarten absehen dürfen.

a) Statische Regler. Viele der gebräuchlichen Regler nähern sich einem idealen
Typ, bei welchem die Stellgröße einer sprunghaften Änderung der Regelgröße unverzögert folgt. Die Änderung der Stellgröße ist dabei proportional der der Regelgröße; man spricht in diesem Fall von Reglern mit Stellungs-
Zuordnung. Auf Grund von Gl. (4b) kann man die Übergangsfunktion dieser Reglerart idealisiert darstellen durch (Bild 8):

$$A_R(t) = \begin{cases} 0 & \text{für} \quad t < 0, \\ -k_s & \text{für} \quad t \geqq 0. \end{cases} \tag{12}$$

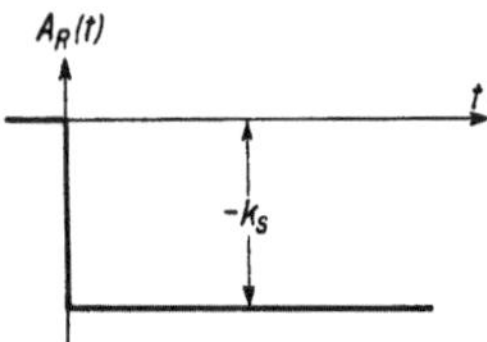

Bild 8. Übergangsfunk-
tion des idealen stati-
schen Reglers.

Wir haben dabei der Übergangsfunktion des Reglers negatives Vorzeichen gegeben, weil es ja Sinn des Reglers ist,
einer Änderung der Regelgröße entgegenzuwirken. Die Be-
ziehung (12) stellt die Übergangsfunktion eines idealen statischen Reglers dar.
In Verbindung mit Regelstrecken, bei welchen eine Änderung der Stellgröße im
Endzustand zu einer endlichen Änderung der Regelgröße führt, ergeben statische
Regler eine bleibende Regelabweichung.

b) Astatische Regler. Bei einer anderen Gruppe von Reglern ändert sich die Stellgröße mit einer Geschwindigkeit, die der Änderung der Regelgröße proportional ist; Regler mit Stellgeschwindigkeits-Zuordnung sind hierdurch gekennzeichnet. Regler dieser Art werden als astatisch bezeichnet; sie bewegen sich so lange, wie die Regelgröße von ihrem Sollwert abweicht, lassen also keine Endabweichung zu. Das Verhalten des idealen astatischen Reglers können wir beschreiben durch die Übergangsfunktion (Bild 9):

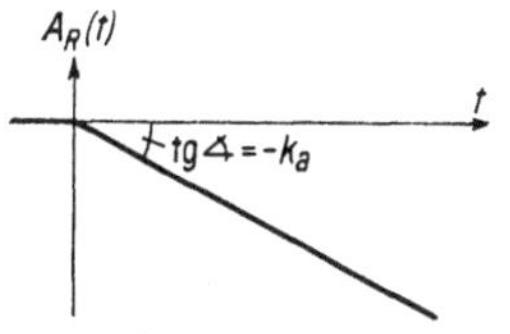

$$A_R(t) = \begin{cases} 0 & \text{für} \quad t < 0, \\ -k_a t & \text{für} \quad t \geqq 0. \end{cases} \tag{13}$$

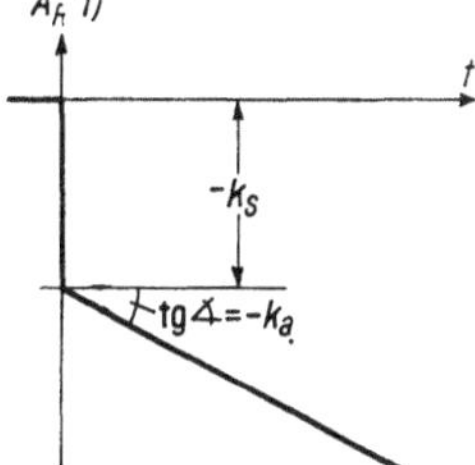

Bild 9. Übergangsfunktion des idealen astatischen Reglers.

c) Astatische Regler mit vorübergehender Statik. Auch eine Kombination der eben beschriebenen beiden Reglerarten ist gebräuchlich. Bei einer sprunghaften Änderung der Regelgröße um den Verhältniswert φ wird die Stellgröße gleichzeitig um einen, $k_s \cdot \varphi$ proportionalen Wert geändert; anschließend erfolgt eine stetige Änderung mit einer, $k_a \cdot \varphi$ proportionalen Geschwindigkeit. Einer vorübergehenden Stellungszuordnung folgt also eine Stellgeschwindigkeits-Zuordnung. Es ist dieses das Verhalten eines idealen astatischen Reglers mit vorübergehender Statik; die Übergangsfunktion hierzu lautet (Bild 10):

$$A_R(t) = \begin{cases} 0 & \text{für} \quad t < 0, \\ -(k_s + k_a t) & \text{für} \quad t \geqq 0. \end{cases} \tag{14}$$

Rein statische und rein astatische Regler erscheinen nun als Sonderfälle dieser allgemeineren Form.

Wir nennen k_s die Regelempfindlichkeit der statischen Regelung und k_a die Regelgeschwindigkeit der astatischen Regelung.

Bild 10. Übergangsfunktion des idealen astatischen Reglers mit vorübergehender Statik.

6. Ordnungszahlen zur Kennzeichnung von Regelstrecken.

Aus der Theorie der kleinen Schwingungen ist bekannt [3], daß man bei der Analyse irgendwelcher Ausgleichsvorgänge zu linearen Differentialgleichungen mit konstanten Koeffizienten gelangt, wenn man sich auf hinreichend kleine Abweichungen vom stationären Zustand beschränkt. Unter dieser Voraussetzung können wir die Übergangsfunktionen der Regelstrecke als Lösungen derartiger Differentialgleichungen auffassen. Es wird sich deshalb die Stell-Übergangsfunktion idealisiert darstellen lassen durch:

$$A_S(t) = 1 + \sum_{\varkappa=1}^{n} H_\varkappa e^{a_\varkappa t}, \tag{15}$$

wenn einer Änderung der Stellgröße für $t \to \infty$ eine endliche Änderung der Regelgröße folgt. Die Größen $H_\varkappa$ und $a_\varkappa$ sind dabei Konstanten, die reell oder komplex sein können.

Wir bezeichnen die Zahl n der Exponentialfunktionen als Ordnungszahl und dementsprechend $A_S(t)$ nach Gl. (15) als eine Übergangsfunktion von n-ter Ordnung. Im weiteren wollen wir von der Regelung einer Regelstrecke n-ter Ordnung sprechen, wenn die Stell-Übergangsfunktion von n-ter Ordnung ist [4].

Die Stör-Übergangsfunktion sei entsprechend $A_S(t)$ gegeben durch:

$$S(t) = 1 + \sum_{\varkappa=1}^{m} S_\varkappa e^{a_\varkappa t}; \tag{16}$$

sie sei also von m-ter Ordnung.

Weiter wollen wir in Übereinstimmung mit dem tatsächlichen Verhalten annehmen, daß n bzw. m der Größen $a_{\varkappa}$ in $A_S(t)$ und $S(t)$ einander gleich sind, je nachdem welche der beiden Ordnungszahlen die kleinere ist.

7. Lösung der Integralgleichung für den Regelvorgang.

Wir lösen die Integralgleichung für den Regelvorgang

$$\Phi(t) = S(t) + \frac{d}{dt}\int_0^t A(t-\tau)\cdot\Phi(\tau)d\tau \tag{10b}$$

mit Hilfe der Operatorenrechnung [5]. Durch Anwendung der Laplace-Transformation,

$$\mathfrak{L}A(t) = p\int_0^\infty A(t)\cdot e^{-pt}dt,$$

unter Beachtung des Faltungssatzes erhalten wir an Stelle von (10b) im Unterbereich die Gleichung:

$$\mathfrak{L}\Phi(t) = \mathfrak{L}S(t) + \mathfrak{L}A(t)\cdot\mathfrak{L}\Phi(t), \tag{17}$$

und hieraus [6]

$$\mathfrak{L}\Phi(t) = \frac{\mathfrak{L}S(t)}{1-\mathfrak{L}A(t)}. \tag{18}$$

In entsprechender Weise ergibt sich aus Gl. (7b):

$$\mathfrak{L}A(t) = \mathfrak{L}A_S(t)\cdot\mathfrak{L}A_R(t). \tag{19}$$

Mit $A_R(t)$ nach (14), $A_S(t)$ nach (15) und $S(t)$ nach (16) wird:

$$\mathfrak{L}A_R(t) = -\left(k_s + \frac{k_a}{p}\right),$$

$$\mathfrak{L}A_S(t) = 1 + \sum_{\varkappa=1}^n H_\varkappa \cdot \frac{p}{p-a_\varkappa},$$

$$\mathfrak{L}S(t) = 1 + \sum_{\varkappa=1}^m S_\varkappa \cdot \frac{p}{p-a_\varkappa}.$$

Unter diesen Voraussetzungen tritt an Stelle von Gl. (18):

$$\mathfrak{L}\Phi(t) = \frac{1+\sum_{\varkappa=1}^m S_\varkappa \dfrac{p}{p-a_\varkappa}}{1 + k_s\left(1+\sum_{\varkappa=1}^n H_\varkappa\right) + \dfrac{k_a}{p} + \sum_{\varkappa=1}^n (a_\varkappa k_s + k_a) H_\varkappa \dfrac{1}{p-a_\varkappa}}. \tag{18a}$$

Bei der weiteren Behandlung ist der Fall $m \leqq n$ von dem Fall $m > n$ zu unterscheiden, wobei der erstere der praktisch wichtigere ist.

a) $m \leqq n$. Wir schreiben Gl. (18a) in der Form

$$\mathfrak{L}\Phi(t) = \frac{G(p)}{Z(p)} \tag{18b}$$

mit

$$G(p) = p\prod_{\varkappa}^{1\ldots n}(p-a_\varkappa)\left\{1+\sum_{\varkappa=1}^m S_\varkappa \frac{p}{p-a_\varkappa}\right\}, \tag{20}$$

$$Z(p) = p\prod_{\varkappa}^{1\ldots n}(p-a_\varkappa)\left\{1 + k_s\left(1+\sum_{\varkappa=1}^n H_\varkappa\right) + \frac{k_a}{p} + \sum_{\varkappa=1}^n (a_\varkappa k_s + k_a) H_\varkappa \frac{1}{p-a_\varkappa}\right\}. \tag{21}$$

Es sind dann in dem Ausdruck für $\mathfrak{L}\Phi(t)$ Zähler und Nenner ganze rationale Funktionen von p mit reellen Koeffizienten, so daß wir zur Rücktransformation in den

Oberbereich den Entwicklungssatz von Heaviside anwenden können [7]. Wir erhalten

$$\Phi(t) = \frac{G(0)}{Z(0)} + \sum_\nu \frac{G(p_\nu)}{p_\nu Z'(p_\nu)} e^{p_\nu t}, \qquad (22)$$

wobei p_ν die Wurzeln der Gleichung $Z(p) = 0$ bedeuten. Nach (21) ist im vorliegenden Falle $Z(p)$ in p vom $(n+1)$-ten Grade; es gibt also $(n+1)$-Wurzeln, und wir können auch setzen

$$Z(p) = \alpha_0 \overset{1\ldots(n+1)}{\underset{i}{\prod}} (p - p_i), \qquad (23)$$

wobei

$$\alpha_0 = 1 + k_s \left(1 + \sum_{\varkappa=1}^{n} H_\varkappa\right);$$

damit wird:

$$Z'(p_\nu) = \alpha_0 \overset{1\ldots(n+1)}{\underset{i}{\overset{-\nu}{\prod}}} (p_\nu - p_i). \qquad (24)$$

Die Angabe $1\ldots(n+1) - \nu$ am Produktzeichen $\prod$ bedeutet, daß im Produkt der Faktor $(p_\nu - p_i)$ für $i = \nu$ fehlt.

Unter Berücksichtigung von (20) erhalten wir damit aus (22) für den gesuchten Verlauf des Regelvorganges den Ausdruck

$$\Phi(t) = \sum_{\nu=1}^{n+1} \frac{\overset{1\ldots n}{\underset{\varkappa}{\prod}} (p_\nu - a_\varkappa) \left\{1 + \sum_{\varkappa=1}^{m} S_\varkappa \dfrac{p_\nu}{p_\nu - a_\varkappa}\right\}}{\alpha_0 \overset{1\ldots(n+1)}{\underset{i}{\overset{-\nu}{\prod}}} (p_\nu - p_i)} e^{p_\nu t}. \qquad (25)$$

b) $\boldsymbol{m > n}$. Damit im Ausdruck (18b) für $\mathfrak{L}\Phi(t)$ Zähler und Nenner ganze rationale Funktionen von p werden, müssen wir hier schreiben

$$G(p) = p \overset{1\ldots m}{\underset{\varkappa}{\prod}} (p - a_\varkappa) \left\{1 + \sum_{\varkappa=1}^{m} S_\varkappa \frac{p}{p - a_\varkappa}\right\}, \qquad (26)$$

$$Z(p) = p \overset{1\ldots m}{\underset{\varkappa}{\prod}} (p - a_\varkappa) \left\{1 + k_s \left(1 + \sum_{\varkappa=1}^{n} H_\varkappa\right) + \frac{k_a}{p} + \sum_{\varkappa=1}^{n} (a_\varkappa k_s + k_a) H_\varkappa \frac{1}{p - a_\varkappa}\right\}. \qquad (27)$$

Die Gleichung $Z(p) = 0$ hat hier $(m+1)$-Wurzeln; davon sind $(n+1)$ wie im Fall $m \leqq n$ Lösungen der Gleichung

$$p \overset{1\ldots n}{\underset{\varkappa}{\prod}} (p - a_\varkappa) \left\{1 + k_s \left(1 + \sum_{\varkappa=1}^{n} H_\varkappa\right) + \frac{k_a}{p} + \sum_{\varkappa=1}^{n} (a_\varkappa k_s + k_a) H_\varkappa \frac{1}{p - a_\varkappa}\right\} = 0.$$

Die übrigen Wurzeln lassen sich sofort angeben; es ist

$$p_{n+2} = a_{n+1},$$
$$\vdots$$
$$p_{m+1} = a_m.$$

Es wird also

$$Z(p) = \alpha_0 \overset{1\ldots(n+1)}{\underset{i}{\prod}} (p - p_i) \cdot \overset{(n+1)\ldots m}{\underset{\varkappa}{\prod}} (p - a_\varkappa) = \alpha_0 \overset{1\ldots(m+1)}{\underset{i}{\prod}} (p - p_i). \qquad (28)$$

und somit

$$\Phi(t) = \sum_{\nu=1}^{m+1} \frac{\overset{1\ldots m}{\underset{\varkappa}{\prod}} (p_\nu - a_\varkappa) \left\{1 + \sum_{\varkappa=1}^{m} S_\varkappa \dfrac{p_\nu}{p_\nu - a_\varkappa}\right\}}{\alpha_0 \overset{1\ldots(m+1)}{\underset{i}{\overset{-\nu}{\prod}}} (p_\nu - p_i)} e^{p_\nu t}. \qquad (29)$$

8. Wege zur Bestimmung der Stabilitätsgrenzen.

a) Stabilitätsberechnung aus der Gleichung $\boldsymbol{Z(p) = 0}$. Der Regelvorgang verläuft stabil, wenn alle Wurzeln p_ν, die sich als Lösungen der Gleichung $Z(p) = 0$ ergeben,

118   Eugen Görk.

negative Realteile aufweisen. Hierzu müssen die Koeffizienten der Gleichung verschiedene Bedingungen erfüllen, die von A. Hurwitz [8] angegeben wurden; eine Auflösung der Gleichung $Z(p) = 0$ wird dabei vermieden.

b) Stabilitätsberechnung aus dem Frequenzgang. Man geht aus von dem aufgeschnittenen Regelkreis nach Bild 7 und führt dem Regler eine sinusförmig veränderliche Regelgröße bestimmter Amplitude aber verschiedener Frequenz zu. Die Regelgröße an der Regelstrecke wird dann gleiche Frequenz aber andere Amplitude und Phase aufweisen. Das frequenzabhängige Verhältnis der Zeiger beider Regelgrößen ist der Frequenzgang des aufgeschnittenen Regelkreises. Mit der Frequenz als Parameter ergibt sich dafür eine Ortskurve, aus der man nach H. Nyquist [9] Schlüsse auf die Stabilität der Regelung ziehen kann.

Wenn Schaltung und Aufbau des Regelkreises bekannt sind, wird man den Frequenzgang mit der in der Wechselstromtechnik üblichen komplexen Rechenmethode unmittelbar ermitteln. Nach unseren Voraussetzungen kennen wir aber nur die Übergangsfunktionen, so daß wir aus diesen den Frequenzgang bestimmen müssen.

Führen wir dem Regler die Regelgröße $\varphi(t) = \varphi \cdot e^{j(\omega t + \alpha)}$ zu, und hat der aufgeschnittene Regelkreis die Übergangsfunktion $A(t)$, so können wir nach Gl. (8) den Verlauf $\varphi_2(t)$ der Regelgröße an der Regelstrecke berechnen. Wir schreiben hierzu Gl. (8) auf Grund von Gl. (6b) in der Form:

$$\varphi_2(t) = \frac{d}{dt} \int_0^{t} A(\tau) \cdot \varphi(t - \tau)\, d\tau \tag{8a}$$

und erhalten dann im eingeschwungenen Zustand $(t \to \infty)$:

$$\varphi_2(\infty) = \varphi \cdot e^{j(\omega t + \alpha)} \cdot \left\{ j\,\omega \int_0^{\infty} A(\tau) \cdot e^{-j\omega\tau}\, d\tau \right\} + \varphi \cdot A(\infty) \cdot e^{j\alpha}. \tag{30}$$

Hieraus ergibt sich eine harmonisch veränderliche Regelgröße an der Regelstrecke. Wird diese dargestellt durch den Zeiger $\overline{\varphi}_2$ und die dem Regler zugeführte Regelgröße durch den Zeiger $\overline{\varphi}$, so ist der Frequenzgang des aufgeschnittenen Regelkreises festgelegt durch

$$F(j\,\omega) = \frac{\overline{\varphi}_2}{\overline{\varphi}}.$$

Zu einem gleichen Ausdruck gelangt man durch Anwendung der Laplace-Transformation auf $A(t)$, wenn man im Ergebnis $p = j\omega$ setzt. Es gilt

$$F(p) = p \int_0^{\infty} A(t) \cdot e^{-pt}\, dt = \mathfrak{L} A(t), \tag{31a}$$

und umgekehrt:

$$A(t) = \mathfrak{L}^{-1} F(p). \tag{31b}$$

In vielen Fällen können wir mit Hilfe einer von K. W. Wagner gegebenen Zusammenstellung [10] den Frequenzgang $F(p)$ als Unterfunktion der Übergangsfunktion $A(t)$ leicht ermitteln.

Diese Beziehungen können wir auch auf die Elemente des Regelkreises anwenden, indem wir $A(t)$ durch $A_R(t)$ bzw. $A_S(t)$ ersetzen. Mit der Stell-Übergangsfunktion nach (15) erhalten wir nach Gl. (31a) für den Frequenzgang der Regelstrecke:

$$F_S(j\,\omega) = 1 + \sum_{\varkappa=1}^{n} \frac{j\,\omega}{j\,\omega - a_\varkappa} \cdot H_\varkappa, \tag{32a}$$

oder auch

$$F_S(j\,\omega) = A_S(0) - \sum_{\varkappa=1}^{n} \frac{H_\varkappa}{1 - \dfrac{j\,\omega}{a_\varkappa}}. \tag{32b}$$

Unter der Einschränkung, daß die Werte $A_S(0)$, $A_S'(0), \ldots, A_S^{(n-1)}(0)$ gleich Null sind, gilt:

$$F_S(j\,\omega) = \prod_{\varkappa}^{1 \ldots n} \frac{1}{1 - \dfrac{j\,\omega}{a_\varkappa}}. \tag{32c}$$

Für den Frequenzgang des idealen statischen Reglers erhält man:

$$F_R(j\,\omega) = -k_s. \tag{33}$$

Beim idealen astatischen Regler wird:

$$F_R(j\,\omega) = -\frac{k_a}{j\,\omega}, \tag{34}$$

und beim idealen astatischen Regler mit vorübergehender Statik:

$$F_R(j\,\omega) = -k_s - \frac{k_a}{j\,\omega}. \tag{35}$$

Aus dem Frequenzgang des Reglers und dem der Regelstrecke ergibt sich nach Gl. (19) der Frequenzgang des aufgeschnittenen Regelkreises zu

$$F(j\,\omega) = F_S(j\,\omega) \cdot F_R(j\,\omega). \tag{36}$$

Die Bedingung für das Entstehen ungedämpfter Schwingungen im Regelkreis lautet

$$F(j\,\omega_0) = 1. \tag{37}$$

Man erhält aus (37) durch Trennung der reellen von den imaginären Gliedern zwei Gleichungen, aus denen man die möglichen Frequenzen ω_0 ungedämpfter Eigenschwingungen des Regelkreises und kritische Werte der Regelgeschwindigkeit oder der Regelempfindlichkeit entnehmen kann.

9. Allgemeine Feststellungen.

a) Für den Verlauf des Regelvorganges in einem idealen Regelkreis ergab sich nach (25) bzw. (29) ein Ausdruck der Form

$$\Phi(t) = \sum_{\nu=1}^{n+1} C_\nu \cdot e^{p_\nu t} \qquad \text{bei } m = n$$

bzw.

$$\Phi(t) = \sum_{\nu=1}^{m+1} C_\nu \cdot e^{p_\nu t} \qquad \text{bei } m > n.$$

Dabei war ein idealer astatischer Regler mit vorübergehender Statik vorausgesetzt worden. Gleiches gilt aber auch für die rein astatische Regelung, da sich nach (21) bzw. (27) die Zahl der Wurzeln von $Z(p) = 0$ für $k_s = 0$ nicht ändert. Die Ordnungszahl des Regelvorganges bei idealer astatischer Regelung ist also um Eins höher als die höhere der beiden Ordnungszahlen der Stell- und Stör-Übergangsfunktionen der Regelstrecke.

Bei astatischer Regelung sind sämtliche Summanden mit einem Faktor e^{pt} behaftet, so daß bei stabilem Verlauf der Regelvorgang mit der Zeit verklingt. Bei statischer Regelung dagegen bleibt eine Endabweichung bestehen, die durch

$$\Phi_e = \frac{1}{1 + k_s} \tag{38}$$

festgelegt ist. (38) folgt aus (22); hierin nimmt für $k_a = 0$ das Glied $\frac{G(0)}{Z(0)}$ den Wert $\frac{1}{1 + k_s}$ an.

Für den Regelvorgang bei statischer Regelung ergibt sich

$$\Phi(t) = \frac{1}{1 + k_s} + \sum_{\nu=1}^{n} C_\nu\, e^{p_\nu t} \qquad \text{bei } m \leqq n$$

bzw.

$$\Phi(t) = \frac{1}{1 + k_s} + \sum_{\nu=1}^{m} C_\nu\, e^{p_\nu t} \qquad \text{bei } m > n.$$

Die Ordnungszahl des Regelvorganges bei idealer statischer Regelung ist ebenso groß wie die höhere der beiden Ordnungszahlen der Stell- und Stör-Übergangsfunktionen der Regelstrecke.

b) Die Frage nach dem Verlauf des Regelvorganges in einem idealen Regelkreis ist mit der Aufstellung der Ausdrücke (25) und (29) allgemein beantwortet. Ihre Auswertung für irgendwelche spezielle Fälle ist ohne grundsätzliche Schwierigkeiten möglich; die hierbei zu leistende Rechenarbeit wächst aber mit der Ordnungszahl der Übergangsfunktionen außerordentlich an. Vielfach begnügt man sich deshalb damit, die zu regelnde Anlage vereinfacht als Regelstrecke erster oder zweiter Ordnung darzustellen. Diese Fälle sind daher für die Abschätzung von Regelvorgängen praktisch wichtig und werden im folgenden Abschnitt eingehender untersucht.

10. Nähere Betrachtung spezieller Fälle.

a) Regelung von Regelstrecken erster Ordnung. Die Stell-Übergangsfunktion sei gegeben durch

$$A_S(t) = 1 - e^{a_1 t}$$

und die Stör-Übergangsfunktion durch

$$S(t) = 1 + S_1\, e^{a_1 t}.$$

Mit

$$S(0) = 1 + S_1$$

und nach einigen Umstellungen folgt dann aus (25) für den Verlauf des Regelvorganges:

$$\Phi(t) = \frac{1}{p_1 - p_2}\{p_1 S(0) - a_1\} e^{p_1 t} - \frac{1}{p_1 - p_2}\{p_2 S(0) - a_1\} e^{p_2 t}. \tag{39}$$

Aus Gl. (21) ergibt sich die Bestimmungsgleichung für die Wurzeln:

$$p^2 - p \cdot a_1(1 + k_s) - a_1 k_a = 0,$$

deren Lösungen sich sofort angeben lassen:

$$\left.\begin{array}{r}p_1\\p_2\end{array}\right\} = \frac{a_1(1 + k_s)}{2} \pm \sqrt{\left[\frac{a_1(1 + k_s)}{2}\right]^2 + a_1 k_a}. \tag{40}$$

b) Regelung von Regelstrecken zweiter Ordnung. Es sei

$$A_S(t) = 1 + H_1 e^{a_1 t} + H_2 e^{a_2 t}$$

mit der Einschränkung:

$$A_S(0) = 1 + H_1 + H_2 = 0:$$

ferner

$$S(t) = 1 + S_1 e^{a_1 t} + S_2 e^{a_2 t}.$$

Die Anfangswerte

$$S(0) = 1 + S_1 + S_2,$$

$$S'(0) = a_1 S_1 + a_2 S_2,$$

$$A'_S(0) = a_1 H_1 + a_2 H_2$$

seien von Null verschieden. Dann ergibt sich aus Gl. (25):

$$
\left.
\begin{aligned}
\Phi(t) = {} & \frac{1}{(p_1 - p_2)(p_1 - p_3)} \cdot \{p_1^2 S(0) - p_1[(a_1 + a_2) S(0) - S'(0)] + a_1 a_2\} \cdot e^{p_1 t} \\
& + \frac{1}{(p_2 - p_1)(p_2 - p_3)} \cdot \{p_2^2 S(0) - p_2[(a_1 + a_2) S(0) - S'(0)] + a_1 a_2\} \cdot e^{p_2 t} \\
& + \frac{1}{(p_3 - p_1)(p_3 - p_2)} \cdot \{p_3^2 S(0) - p_3[(a_1 + a_2) S(0) - S'(0)] + a_1 a_2\} \cdot e^{p_3 t}.
\end{aligned}
\right\} \quad (41)
$$

Hierzu gehört nach (21) die Bestimmungsgleichung für die Wurzeln:

$$p^3 - p^2 \cdot [(a_1 + a_2) - k_s A'_S(0)] + p \cdot [a_1 a_2 (1 + k_s) + k_a A'_S(0)] + k_a a_1 a_2 = 0. \quad (42)$$

Mit der Lösung dieser Gleichung werden wir uns unter d) noch näher befassen.

c) Stabilitätsfragen. Die Regelung einer Regelstrecke erster Ordnung ist stabil, wenn die Realteile von p_1 und p_2 nach (40) negativ sind. Man erkennt, daß bei stabilem Verhalten der ungeregelten Anlage ($a_1 < 0$) und richtigem Regelsinn ($k_s > 0$, $k_a > 0$) diese Forderung ohne weitere Einschränkung erfüllt ist.

Bei astatischer Regelung von Regelstrecken zweiter Ordnung ist es zweckmäßig, die im Abschnitt 8 angegebenen Methoden zur Stabilitätsberechnung heranzuziehen. Die Bestimmungsgleichung (42) für die Wurzeln hat die Form

$$p^3 + \alpha_1 p^2 + \alpha_2 p + \alpha_3 = 0. \quad (42\,\mathrm{a})$$

Hierbei ist nach Hurwitz Stabilität gekennzeichnet durch

$$1.\ \alpha_1,\ \alpha_2,\ \alpha_3 > 0,$$

$$2.\ \alpha_1 \alpha_2 - \alpha_3 > 0.$$

Die erste Bedingung ist bei stabiler Regelstrecke ($a_1 + a_2 < 0$), richtigem Regelsinn ($k_s > 0$, $k_a > 0$) und $A'_S(0) > 0$ erfüllt und nicht weiter zu beachten; die zweite liefert einen kritischen Wert $(k_a)_k$ und fordert:

$$k_a < (k_a)_k. \quad (43)$$

Es wird bei rein astatischer Regelung ($k_s = 0$) und $A'_S(0) = 0$:

$$(k_a)_k = -(a_1 + a_2), \quad (44\,\mathrm{a})$$

bei astatischer Regelung mit vorübergehender Statik und $A'_S(0) = 0$:

$$(k_a)_k = -(a_1 + a_2)(1 + k_s), \quad (44\,\mathrm{b})$$

bei astatischer Regelung mit vorübergehender Statik und $A'_S(0) \lessgtr 0$:

$$(k_a)_k = \frac{-(a_1 + a_2)(1 + k_s) + A'_S(0)\,k_s(1 + k_s)}{1 + A'_S(0)\,\dfrac{a_1 + a_2}{a_1 a_2} - A'_S(0)^2\,\dfrac{k_s}{a_1 a_2}}. \quad (44\,\mathrm{c})$$

Setzen wir $A'_S(0) > 0$ voraus, so ist unter sonst gleichen Verhältnissen:

$$(k_a)_k \text{ nach (44a)} \quad < \quad (k_a)_k \text{ nach (44b)} \quad < \quad (k_a)_k \text{ nach (44c).}$$

Zum Vergleich bestimmen wir für einige Fälle die Stabilitätsgrenze aus dem Frequenzgang. Die Bedingung für das Entstehen ungedämpfter Schwingungen bei einer rein astatisch geregelten Regelstrecke zweiter Ordnung mit $A_S(0) = 0$, $A'_S(0) = 0$ lautet nach (37) mit (32c) und (34):

$$\frac{j\,(k_a)_k}{\omega_0 \left(1 - j\,\dfrac{\omega_0}{a_1}\right)\left(1 - j\,\dfrac{\omega_0}{a_2}\right)} = 1. \tag{45}$$

Diese Gleichung zerfällt in einen reellen Teil

$$\omega_0\left(1 - \omega_0^2\,\frac{1}{a_1 a_2}\right) = 0$$

und in einen imaginären

$$\omega_0^2\left(\frac{1}{a_1} + \frac{1}{a_2}\right) + (k_a)_k = 0.$$

Hieraus folgt die Eigenfrequenz des ungedämpft schwingenden Regelkreises:

$$\omega_0 = \sqrt{a_1 a_2} \tag{46}$$

und die kritische Regelgeschwindigkeit in Übereinstimmung mit (44a):

$$(k_a)_k = -(a_1 + a_2). \tag{44a}$$

Bei rein astatischer Regelung einer Regelstrecke dritter Ordnung mit $A_S(0) = 0$, $A'_S(0) = 0$, $A''_S(0) = 0$ lautet die Bedingung für das Entstehen ungedämpfter Schwingungen:

$$\frac{j\,(k_a)_k}{\omega_0\left(1 - j\,\dfrac{\omega_0}{a_1}\right)\left(1 - j\,\dfrac{\omega_0}{a_2}\right)\left(1 - j\,\dfrac{\omega_0}{a_3}\right)} = 1. \tag{47}$$

Daraus ergibt sich die Eigenfrequenz:

$$\omega_0 = \sqrt{\frac{a_1 a_2 a_3}{a_1 + a_2 + a_3}} \tag{48}$$

und die kritische Regelgeschwindigkeit

$$(k_a)_k = -\,\frac{a_1 a_2 + a_2 a_3 + a_1 a_3}{a_1 + a_2 + a_3} + \frac{a_1 a_2 a_3}{(a_1 + a_2 + a_3)^2}. \tag{49}$$

Die rein statische Regelung führt mit Gl. (33) in diesem Fall zur Bedingung:

$$\frac{-k_s}{\left(1 - j\,\dfrac{\omega_0}{a_1}\right)\left(1 - j\,\dfrac{\omega_0}{a_2}\right)\left(1 - j\,\dfrac{\omega_0}{a_3}\right)} = 1, \tag{50}$$

zur Eigenfrequenz:

$$\omega_0 = \sqrt{a_1 a_2 + a_1 a_3 + a_2 a_3}, \tag{51}$$

und zur kritischen Regelempfindlichkeit:

$$(k_s)_k = \left(\frac{1}{a_1} + \frac{1}{a_2} + \frac{1}{a_3}\right)(a_1 + a_2 + a_3) - 1. \tag{52}$$

d) Dämpfung und Frequenz des Regelvorganges. Wir formen die Bestimmungsgleichung (42) für die Wurzeln, deren Lösungen wir in allgemeiner, übersichtlicher Form nicht angeben können, zur numerischen Berechnung um. Aus (42a) folgt durch Division mit $\left(\sqrt{\alpha_2}\right)^3$:

$$\left(\frac{p}{\nu}\right)^3 + \sigma\left(\frac{p}{\nu}\right)^2 + \left(\frac{p}{\nu}\right) + \sigma\,\tau = 0, \tag{42b}$$

wobei
$$\nu = \sqrt{\alpha_2}; \qquad \sigma = \frac{\alpha_1}{\nu}; \qquad \tau = \frac{\alpha_3}{\sigma \nu^3} = \frac{\alpha_3}{\alpha_1 \alpha_2}. \tag{53}$$

Gl. (42b) hat die Wurzeln:
$$p_{1,2} = \nu(\eta \pm j\zeta) \quad \text{bzw.} \quad \nu(\eta \pm \xi)$$
$$p_3 = \nu(-\sigma - 2\eta), \tag{54}$$

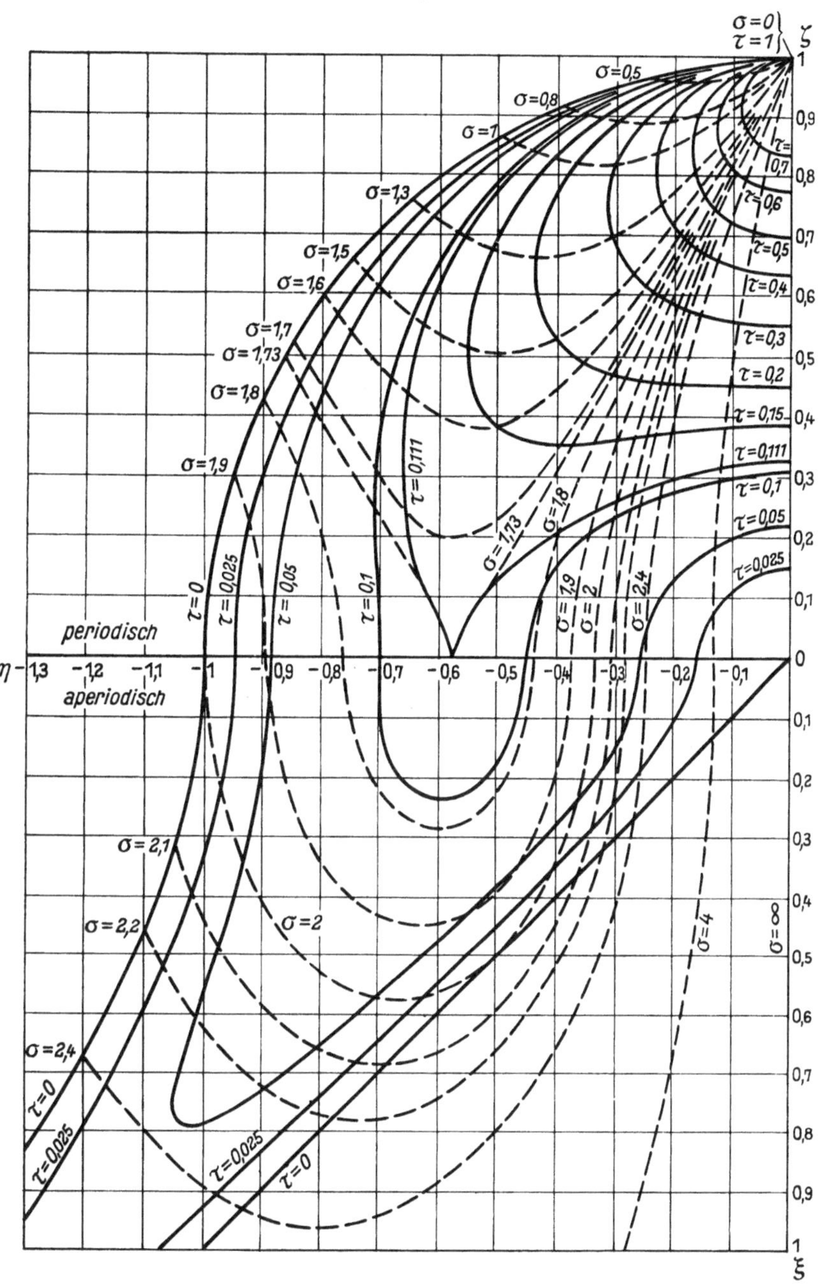

Bild 11. Zur Bestimmung der Wurzeln: $p_{1,2} = \nu(\eta \pm j\zeta)$ bzw. $\nu(\eta \pm \xi)$ und $p_3 = \nu(-\sigma - 2\eta)$ der Gleichung: $(p/\nu)^3 + \sigma(p/\nu)^2 + (p/\nu) + \sigma\tau = 0$.

welche abgesehen von dem Maßstabfaktor ν nur von zwei Parametern, σ und τ, abhängen. Die Zusammenhänge zwischen η, ζ, ξ und σ, τ sind in Bild 11 für abklingende Vorgänge dargestellt worden; sie können allgemein zur Wurzelbestimmung dienen und lassen außerdem in Sonderfällen eine einfache physikalische Deutung zu. So wird für rein astatische Regelung sowohl als auch für astatische mit vorübergehender Statik bei $A_S(0) = 0$, $A'_S(0) = 0$

$$\tau = \frac{k_a}{(k_a)_k}, \tag{55}$$

also gleich dem Verhältnis der tatsächlichen zur kritischen Regelgeschwindigkeit; ferner

$$\nu = \omega_0, \tag{56}$$

also gleich der Eigenfrequenz des ungedämpft schwingenden Regelkreises, während

$$\sigma = -\frac{a_1 + a_2}{\omega_0} \tag{57}$$

die Dämpfung der ungeregelten bzw. rein statisch geregelten Regelstrecke bestimmt.

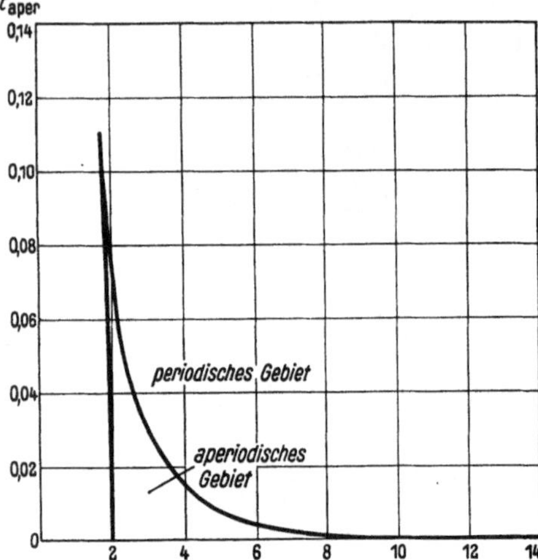

Bild 12. Grenze zwischen periodischem und aperiodischem Gebiet.

Letzteres folgt aus (42b) für $\tau = 0$; es ergibt sich dabei eine Gleichung zweiten Grades mit den Wurzeln

$$p_{1,2} = \nu \cdot \left(-\frac{\sigma}{2} \pm \sqrt{\left(\frac{\sigma}{2}\right)^2 - 1} \right).$$

Allgemein führt $\tau = 1$ zum Grenzfall der Stabilität, denn es wird hierfür nach Gl. (42b):

$$\left[\left(\frac{p}{\nu}\right)^2 + 1 \right] \cdot \left[\left(\frac{p}{\nu}\right) + \sigma \right] = 0,$$

somit

$$p_{1,2} = \pm j\,\nu = \pm j\,\omega_0; \qquad p_3 = -\sigma\,\omega_0.$$

Für $\tau = 1$ hat demnach ν immer die Bedeutung der Eigenfrequenz ω_0 des ungedämpft schwingenden Regelkreises.

Für die Grenze zwischen periodischem und aperiodischem Gebiet erhalten wir aus Gl. (42b):

$$\tau_{\text{aper}} = \frac{2}{27} \left\{ \frac{3}{2} - (\sigma^2 - 3) \pm (\sigma^2 - 3) \cdot \sqrt{\frac{\sigma^2 - 3}{\sigma^2}} \right\}. \tag{58}$$

Der Verlauf dieses Grenzwertes für τ in Abhängigkeit von σ ist in Bild 12 wiedergegeben. Für $\tau > 1/9$ verläuft danach die astatische Regelung einer Regelstrecke zweiter Ordnung unter allen Umständen periodisch; nur bei $\tau < 1/9$ und $\sigma^2 > 3$ ist aperiodisches Verhalten möglich.

III. Selbsttätige Regelung elektrischer Maschinen.

11. Bauformen und Verhalten verschiedener Regler.

Tafel I gibt eine Übersicht über einige Regler, die in Verbindung mit elektrischen Maschinen gebräuchlich sind. Wälzregler, Öldruckregler und Röhrenregler sind so eingerichtet, daß man ihnen eine Spannung als Regelgröße zuführen kann. Sollen sie ohne Änderung des Befehlgebers zur Drehzahlregelung dienen, so mißt man die Drehzahl mit einer Tachodynamo und verwandelt auf diese Weise die eigentliche Regelgröße in eine Spannung. Der in der Tafel angegebene Differentialregler ist zur unmittelbaren Drehzahlregelung entwickelt worden.

Bestimmt man die Übergangsfunktion des Reglers experimentell entsprechend der Definition nach Gl. (4a), so kann man als Stellgröße ansehen: den Regelwiderstand beim Wälzregler, die Verdrehung der Stellmotorwelle beim Öldruckregler, den Anodenstrom beim Röhrenregler (Ohmsche Belastung vorausgesetzt), den Drehwinkel der Differentialwelle beim Differentialregler.

Tafel I. Bauformen und Verhalten verschiedener Regler.

Bauform und Benennung	Idealisierte Übergangsfunktion	Gründe für Abweichungen vom idealen Verhalten
Wälzregler 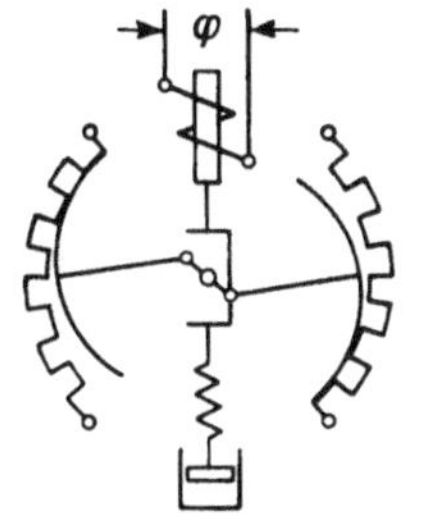	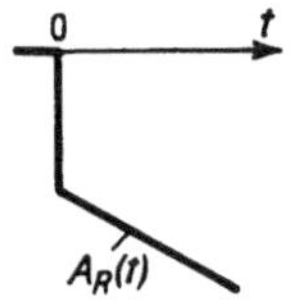	Massenträgheit des Meßwerks. Unempfindlichkeit.
Öldruckregler 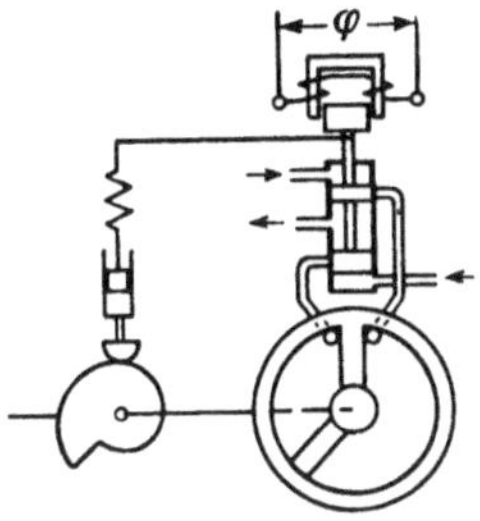	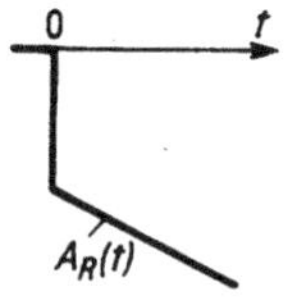	Begrenzte Höchstgeschwindigkeit des Reglers. Ansprechverzögerung. Unempfindlichkeit.
Röhrenregler 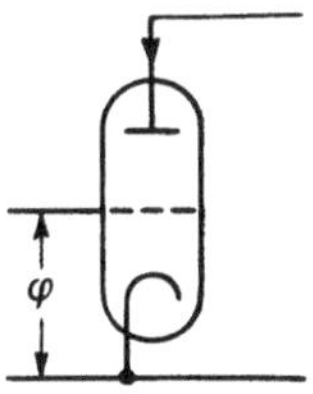	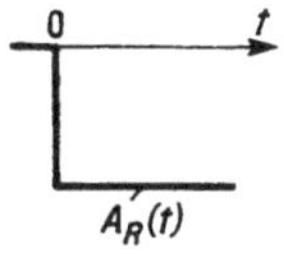	Trägheit durch Glättungseinrichtungen bei Oberwellen in der Regelgröße. Veränderung der Eigenschaften durch Stabilisierungseinrichtungen.
Differentialregler 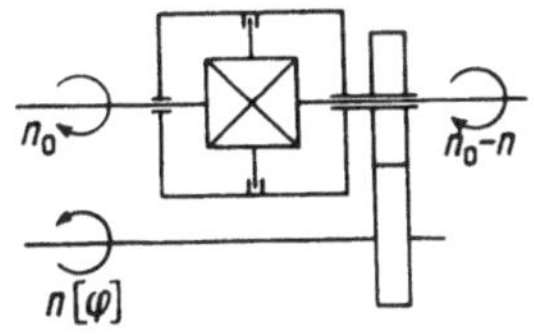	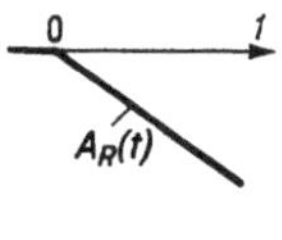	Veränderliche Vergleichsdrehzahl n_0.

Der Röhrenregler ist rein statisch, der Differentialregler rein astatisch. Wälzregler und Öldruckregler sind in der dargestellten Bauform astatisch mit vorübergehender Statik. Beide werden rein astatisch, wenn man die federnde Verbindung zwischen Steuerkern und Dämpfungskolben durch eine starre ersetzt; sie werden rein statisch, wenn man die Feder beibehält, aber die Dämpfungspumpe unnachgiebig macht. Der Röhrenregler kann dem Idealtyp eines statischen, der Differential-

regler dem eines rein astatischen Reglers sehr nahe kommen. Der Wälzregler weicht
wegen seiner Massenträgheit, der Öldruckregler [11] wegen begrenzter Regelgeschwindigkeit und Ansprechverzögerung vom idealen Verhalten ab. Trotzdem kann die
Idealisierung das tatsächliche Verhalten genügend genau wiedergeben, wenn sich
ein Impuls der Regelgröße am Regler sehr viel rascher auswirkt als an der Regelstrecke. In der Tafel I sind für die verschiedenen Regler einige Gründe für Abweichungen vom idealen Verhalten zusammengestellt; selbstverständliche Voraussetzung für die Gültigkeit der Übergangsfunktionen ist natürlich, daß der Regler
nicht an das Ende seines Regelbereiches gelangt.

12. Ausgleichsvorgänge in elektrischen Maschinen bei Steuerungseingriffen und Belastungsänderungen.

a) Spannungsänderung von Generatoren bei unmittelbarer Steuerung. Elektrische
Maschinen sind, genau betrachtet, komplizierte Gebilde; für die Ausgleichsvorgänge
in ihnen müßten sich dementsprechend verwickelte Ausdrücke ergeben, und die
Ordnungszahl der Übergangsfunktionen wäre hoch. Die Erfahrung aber zeigt, daß
man zur Abschätzung von Regelvorgängen vielfach mit einfachen Näherungen auskommt.

Erfolgt die Steuerung eines Generators unmittelbar, durch Änderung der Spannung oder des Widerstandes in seinem Erregerkreis, so ist es üblich, die Stell-Übergangsfunktion durch einen Ausdruck der Form

$$A_S(t) = 1 - e^{at}$$

darzustellen. Es ist dabei gleichgültig, ob es sich um eine Synchronmaschine oder
um einen fremd- oder selbsterregten Gleichstromgenerator handelt. Die Unterschiede
in den Maschinen wirken sich nur in einer anderen Definition der Dämpfung a aus,
die gleich der negativen reziproken Zeitkonstante T ist.

Die Stör-Übergangsfunktion bei sprunghafter Änderung der äußeren Impedanz
bzw. des äußeren Widerstandes am Generator lautet:

$$S(t) = 1 - [1 - S(0)] \cdot e^{at}.$$

Erfolgt aber die Störung durch sprunghafte Änderung des Erregerwiderstandes oder
der Erregerspannung, so ist $S(t) = A_S(t)$.

b) Spannungsänderung von Generatoren bei mittelbarer Steuerung. Mittelbar
nennen wir die Steuerung eines Generators dann, wenn sie über eine Erregermaschine
erfolgt. Nach dem Vorhergehenden können wir für die Stell-Übergangsfunktion der
Hauptmaschine setzen

$$A_{S_1}(t) = 1 - e^{-\frac{t}{T_1}}$$

und für die der Erregermaschine

$$A_{S_2}(t) = 1 - e^{-\frac{t}{T_2}}.$$

Sind Ankerrückwirkung und Ohmscher Abfall im Anker der Erregermaschine zu
vernachlässigen, so beeinflußt die Belastung ihre Spannung nicht. Es kann dann
der Satz Gl. (6) zur Ermittlung der Stell-Übergangsfunktion der aus beiden Maschinen gebildeten Regelstrecke herangezogen werden. Wir erhalten:

$$A_S(t) = \frac{d}{dt} \int_0^t A_{S_1}(t - \tau) A_{S_2}(\tau) d\tau,$$

und hieraus:

$$A_S(t) = 1 + \frac{1}{\dfrac{T_2}{T_1} - 1}\, e^{-\frac{t}{T_1}} + \frac{1}{\dfrac{T_1}{T_2} - 1}\, e^{-\frac{t}{T_2}}.$$

Die Stell-Übergangsfunktion eines mittelbar über eine Erregermaschine gesteuerten Generators hat also die Form:

$$A_S(t) = 1 + H_1 e^{a_1 t} + H_2 e^{a_2 t}$$

mit den Anfangswerten $A_S(0) = 0$ und $A_S'(0) = 0$; a_1 und a_2 sind negative reelle Zahlen.

Bei Änderung des Belastungswiderstandes der Hauptmaschine gilt für die Stör-Übergangsfunktion wie vorhin bei unmittelbarer Steuerung

$$S(t) = 1 - [1 - S(0)]\, e^{a_1 t}.$$

Bei Änderungen im Erregerkreis der Hauptmaschine wird dagegen

$$S(t) = 1 - e^{a_1 t},$$

und es ist $S(t) = A_S(t)$, wenn die Störung vom Erregerkreis der Erregermaschine ausgeht.

Die Hintereinanderschaltung von n solchen rückwirkungsfreien Maschinen wäre ein Beispiel für eine Regelstrecke n-ter Ordnung, bei der die n-Anfangswerte $A_S(0)$, $A_S'(0)$, $\cdots A_S^{(n-1)}(0)$ der Stell-Übergangsfunktion sämtlich gleich Null sind.

c) Drehzahländerung fremderregter Gleichstrommotoren. Als wesentlich für das Verhalten eines fremderregten Gleichstrommotors sehen wir an: die Massenträgheit, die Trägheit des magnetischen Feldes, die Beeinflussung des magnetischen Feldes durch den Ankerstrom, den Ohmschen Abfall im Anker. Wir sehen ab von den induktiven Spannungen im Ankerkreis. Unter diesen Annahmen ergibt sich bei sprunghafter Änderung des Erregerwiderstandes oder der Erregerspannung für die Stell-Übergangsfunktion die Form:

$$A_S(t) = 1 + H_1 e^{a_1 t} + H_2 e^{a_2 t}.$$

Die zugehörigen Anfangswerte sind: $A_S(0) = 0$, $A_S'(0) = 0$. Steuert man den Motor durch Änderung der Ankerspannung und nimmt man an, daß die Spannung der Steuerung unverzögert folgt, so bleibt die Form der Stell-Übergangsfunktion die gleiche; aber es wird:

$$A_S'(0) = \frac{1}{T_k};$$

wobei T_k die Anlaufzeitkonstante bedeutet. Die Steuerung über die Ankerspannung ist also weniger träge als die über den Erregerkreis.

Je nach dem Vorzeichen und der Größe der Ankerrückwirkung sind bei stabilem Verhalten des Motors a_1 und a_2 negative reelle oder konjugiert komplexe Zahlen mit negativem Realteil.

Stören wir den Gleichgewichtszustand des Motors durch plötzliche Änderung des Belastungsmomentes, so ist

$$S(t) = 1 + S_1 e^{a_1 t} + S_2 e^{a_2 t},$$

wobei $S(0) = 0$ und $S'(0) > 0$ ist. Der Anfangswert $S'(0)$ hängt ab von der statischen Motorcharakteristik und der Anlaufzeit.

13. Regelvorgänge in elektrischen Maschinen.

a) Selbsttätige Regelung der Spannung von Generatoren. Nachdem uns die Stell- und Stör-Übergangsfunktionen bekannt sind, ist unter der Voraussetzung idealer Regler der Regelvorgang nach den Überlegungen im Abschnitt II festgelegt. Es

Tafel II. Regelung von Regel-

Fall	Stell-Übergangsfunktion	Stör-Übergangsfunktion	Übergangsfunktion des Reglers	Regelvorgang
1 a			$A_R(t) = -k_s$	$\Phi(t) = C_1 e^{p_1 t} + C_2$
1 b	$A_s(t) = 1 - e^{a_1 t}$ $A_s(0) = 0$ $A_s'(0) = -a_1$	$S(t) = 1 - e^{a_1 t}$ $S(0) = 0$ $S'(0) = -a_1$	$A_R(t) = -k_a t$	$\Phi(t) = C_1 e^{p_1 t} + C_2 e^{p_2 t}$
1 c			$A_R(t) = -(k_s + k_a t)$	$\Phi(t) = C_1 e^{p_1 t} + C_2 e^{p_2 t}$
2 a			$A_R(t) = -k_s$	$\Phi(t) = C_1 e^{p_1 t} + C_2$
2 b	$A_s(t) = 1 - e^{a_1 t}$ $A_s(0) = 0$ $A_s'(0) = -a_1$	$S(t) = 1 - [1 - S(0)] e^{a_1 t}$ $S(0) \neq 0$ $S'(0) = -a_1 [1 - S(0)]$	$A_R(t) = -k_a t$	$\Phi(t) = C_1 e^{p_1 t} + C_2 e^{p_2 t}$
2 c			$A_R(t) = -(k_s + k_a t)$	$\Phi(t) = C_1 e^{p_1 t} + C_2 e^{p_2 t}$

handelt sich bei den vorliegenden elementaren Fragen um die Regelung von Regelstrecken erster und zweiter Ordnung. Den allgemeinen Ausdrücken Gl. (39), (40) und (41), (42), die wir hierfür entwickelt haben, lassen sich eine Reihe von speziellen entnehmen. Sie wurden, soweit sie hier von Interesse sind, in den Tafeln II und III zusammengestellt.

So gibt Tafel II, Fall 1 den Verlauf des Regelvorganges bei einem Generator ohne Erregermaschine, wenn die Störung von einer Änderung im Erregerkreis ausgeht. Es sind dabei unter a···c die rein statische, die rein astatische und die astatische Regelung mit vorübergehender Statik einander gegenübergestellt und graphisch veranschaulicht. Ein Vergleich der drei Regelarten ist dadurch möglich.

strecken erster Ordnung.

$C_1; C_2$	$p_1; p_2$	Kritische Werte
$C_1 = -\dfrac{1}{1+k_s}$ $C_2 = +\dfrac{1}{1+k_s}$	$p_1 = a_1(1+k_s)$ $p_2 = 0$	keine
$C_1 = -\dfrac{1}{\sqrt{1+\dfrac{4k_a}{a_1}}}$ $C_2 = +\dfrac{1}{\sqrt{1+\dfrac{4k_a}{a_1}}}$	$p_1 = \dfrac{a_1}{2}\left\{1 + \sqrt{1+\dfrac{4k_a}{a_1}}\right\}$ $p_2 = \dfrac{a_1}{2}\left\{1 - \sqrt{1+\dfrac{4k_a}{a_1}}\right\}$	keine
$C_1 = -\dfrac{1}{\sqrt{(1+k_s)^2+\dfrac{4k_a}{a_1}}}$ $C_2 = +\dfrac{1}{\sqrt{(1+k_s)^2+\dfrac{4k_a}{a_1}}}$	$p_1 = \dfrac{a_1}{2}\left\{(1+k_s) + \sqrt{(1+k_s)^2+\dfrac{4k_a}{a_1}}\right\}$ $p_2 = \dfrac{a_1}{2}\left\{(1+k_s) - \sqrt{(1+k_s)^2+\dfrac{4k_a}{a_1}}\right\}$	keine
$C_1 = S(0) - \dfrac{1}{1+k_s}$ $C_2 = +\dfrac{1}{1+k_s}$	$p_1 = a_1(1+k_s)$ $p_2 = 0$	keine
$C_1 = \dfrac{1}{2}\left(S(0) - \dfrac{2-S(0)}{\sqrt{1+\dfrac{4k_a}{a_1}}}\right)$ $C_2 = \dfrac{1}{2}\left(S(0) + \dfrac{2-S(0)}{\sqrt{1+\dfrac{4k_a}{a_1}}}\right)$	$p_1 = \dfrac{a_1}{2}\left\{1 + \sqrt{1+\dfrac{4k_a}{a_1}}\right\}$ $p_2 = \dfrac{a_1}{2}\left\{1 - \sqrt{1+\dfrac{4k_a}{a_1}}\right\}$	keine
$C_1 = \dfrac{1}{2}\left(S(0) - \dfrac{2-S(0)(1+k_s)}{\sqrt{(1+k_s)^2+\dfrac{4k_a}{a_1}}}\right)$ $C_2 = \dfrac{1}{2}\left(S(0) + \dfrac{2-S(0)(1+k_s)}{\sqrt{(1+k_s)^2+\dfrac{4k_a}{a_1}}}\right)$	$p_1 = \dfrac{a_1}{2}\left\{(1+k_s) + \sqrt{(1+k_s)^2+\dfrac{4k_a}{a_1}}\right\}$ $p_2 = \dfrac{a_1}{2}\left\{(1+k_s) - \sqrt{(1+k_s)^2+\dfrac{4k_a}{a_1}}\right\}$	keine

Fall 2 der Tafel II würde eintreten, wenn der Gleichgewichtszustand des Regelkreises durch Änderung der äußeren Impedanz oder des äußeren Widerstandes des Generators gestört würde.

Die selbsttätige Regelung eines Generators über eine Erregermaschine ist in der Tafel III erfaßt. Fall 1 trifft für eine vom Erregerkreis der Hauptmaschine her-

Tafel III. Regelung von Regel-

Fall	Stell-Übergangsfunktion	Stör-Übergangsfunktion	Übergangsfunktion des Reglers	Regelvorgang
1 a			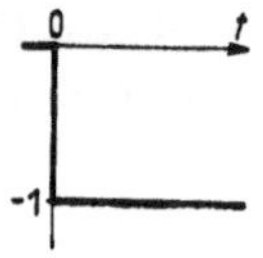 $A_R(t) = -k_s$	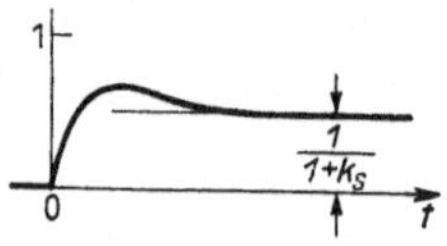 $\Phi(t) = C_1 e^{p_1 t} + C_2 e^{p_2 t} + C_3$
1 b	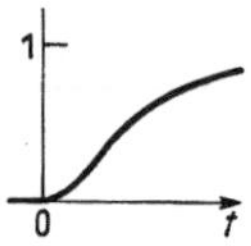 $A_S(t) = 1 + H_1 e^{a_1 t} + H_2 e^{a_2 t}$ $A_S(0) = 0$ $A_S'(0) = 0$	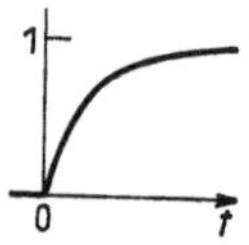 $S(t) = 1 - e^{a_1 t}$ $S(0) = 0$ $S'(0) = -a_1$	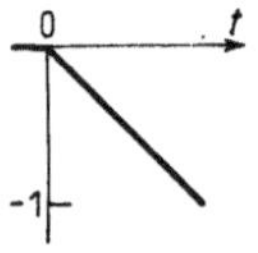 $A_R(t) = -k_a t$	 $\Phi(t) = C_1 e^{p_1 t} + C_2 e^{p_2 t} + C_3 e^{p_3 t}$
1 c			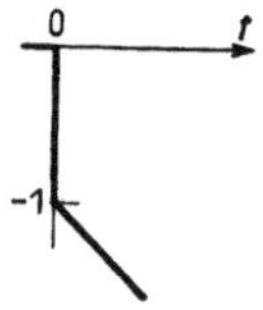 $A_R(t) = -(k_s + k_a t)$	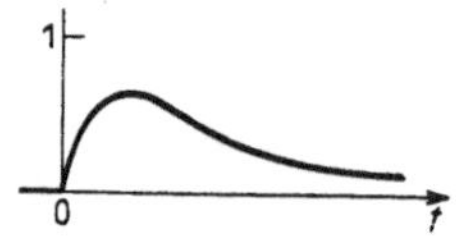 $\Phi(t) = C_1 e^{p_1 t} + C_2 e^{p_2 t} + C_3 e^{p_3 t}$
2 a			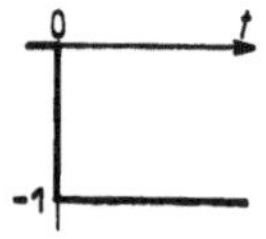 $A_R(t) = -k_s$	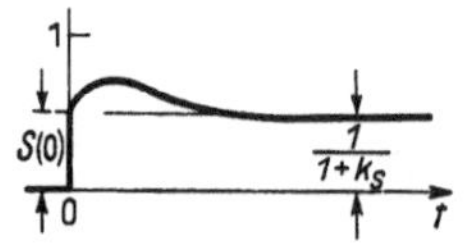 $\Phi(t) = C_1 e^{p_1 t} + C_2 e^{p_2 t} + C_3$
2 b	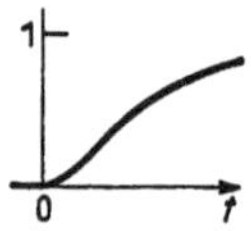 $A_S(t) = 1 + H_1 e^{a_1 t} + H_2 e^{a_2 t}$ $A_S(0) = 0$ $A_S'(0) = 0$	 $S(t) = 1 - [1 - S(0)] e^{a_1 t}$ $S(0) \neq 0$ $S'(0) = -a_1 [1 - S(0)]$	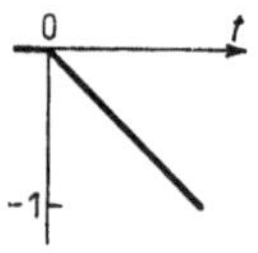 $A_R(t) = -k_a t$	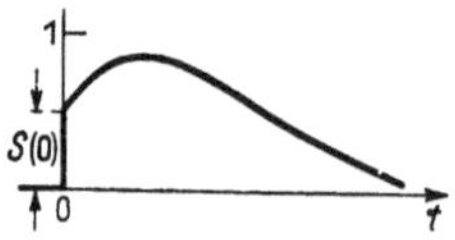 $\Phi(t) = C_1 e^{p_1 t} + C_2 e^{p_2 t} + C_3 e^{p_3 t}$
2 c			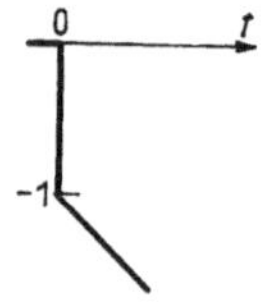 $A_R(t) = -(k_s + k_a t)$	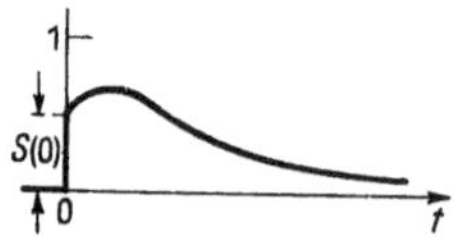 $\Phi(t) = C_1 e^{p_1 t} + C_2 e^{p_2 t} + C_3 e^{p_3 t}$

rührende sprunghafte Störung zu. Fall 2 gilt für eine Belastungsänderung durch Änderung des äußeren Widerstandes oder der Impedanz, Fall 3 für eine vom Erregerkreis der Erregermaschine ausgehende Störung[1]).

Während unter unseren Annahmen die Regelung eines Generators ohne Erregermaschine unbeschränkt stabil ist, darf in Verbindung mit Erregermaschine und bei rein astatischer Regelung die Regelgeschwindigkeit den kritischen Wert

$$(k_a)_k = -(a_1 + a_2) = \frac{1}{T_1} + \frac{1}{T_2}$$

[1]) Die Stell- und Stör-Übergangsfunktionen werden hierbei auf Grund unserer Voraussetzungen aperiodisch verlaufen, während dieser Fall in der Tafel III durch ein willkürlich gewähltes Zahlenbeispiel mit periodischem Verlauf veranschaulicht wurde.

strecken zweiter Ordnung.

$C_1; C_2; C_3$	$p_1: p_2; p_3$	Kritische Werte
$C_1 = + \dfrac{1}{(p_1 - p_2)\,p_1}\{-a_1 p_1 + a_1 a_2\}$ $C_2 = - \dfrac{1}{(p_1 - p_2)\,p_2}\{-a_1 p_2 + a_1 a_2\}$ $C_3 = + \dfrac{1}{1 + k_s}$	$\left.\begin{matrix}p_1\\p_2\end{matrix}\right\} = \dfrac{a_1 + a_2}{2}\left\{1 \pm \sqrt{1 - \dfrac{4a_1 a_2(1 + k_s)}{(a_1 + a_2)^2}}\right\}$ $p_3 = 0$	keine
$C_1 = - \dfrac{1}{(p_1 - p_2)(p_3 - p_1)}\{-a_1 p_1 + a_1 a_2\}$ $C_2 = - \dfrac{1}{(p_1 - p_2)(p_2 - p_3)}\{-a_1 p_2 + a_1 a_2\}$ $C_3 = - \dfrac{1}{(p_2 - p_3)(p_3 - p_1)}\{-a_1 p_3 + a_1 a_2\}$	$\left(\dfrac{p}{v}\right)^3 + \sigma\left(\dfrac{p}{v}\right)^2 + \left(\dfrac{p}{v}\right) + \sigma\dfrac{k_a}{(k_a)_k} = 0$ $v = \sqrt{a_1 a_2};\ \sigma = -\dfrac{a_1 + a_2}{v}$ $\left(\dfrac{p}{v}\right)^3 + \sigma\left(\dfrac{p}{v}\right)^2 + \left(\dfrac{p}{v}\right) + \sigma\dfrac{k_a}{(k_a)_k} = 0$ $v = \sqrt{a_1 a_2(1 + k_s)};\ \sigma = -\dfrac{a_1 + a_2}{v}$	$(k_a)_k = -(a_1 + a_2)$ $(k_a)_k = -(a_1 + a_2)(1 + k_s)$
$C_1 = + \dfrac{1}{(p_1 - p_2)\,p_1}\{p_1^2 S(0) - p_1[a_1 + a_2 S(0)] + a_1 a_2\}$ $C_2 = - \dfrac{1}{(p_1 - p_2)\,p_2}\{p_2^2 S(0) - p_2[a_1 + a_2 S(0)] + a_1 a_2\}$ $C_3 = + \dfrac{1}{1 + k_s}$	$\left.\begin{matrix}p_1\\p_2\end{matrix}\right\} = \dfrac{a_1 + a_2}{2}\left\{1 \pm \sqrt{1 - \dfrac{4a_1 a_2(1 + k_s)}{(a_1 + a_2)^2}}\right\}$ $p_3 = 0$	keine
$C_1 = - \dfrac{1}{(p_1 - p_2)(p_3 - p_1)}\{p_1^2 S(0) - p_1[a_1 + a_2 S(0)] + a_1 a_2\}$ $C_2 = - \dfrac{1}{(p_1 - p_2)(p_2 - p_3)}\{p_2^2 S(0) - p_2[a_1 + a_2 S(0)] + a_1 a_2\}$ $C_3 = - \dfrac{1}{(p_2 - p_3)(p_3 - p_1)}\{p_3^2 S(0) - p_3[a_1 + a_2 S(0)] + a_1 a_2\}$	$\left(\dfrac{p}{v}\right)^3 + \sigma\left(\dfrac{p}{v}\right)^2 + \left(\dfrac{p}{v}\right) + \sigma\dfrac{k_a}{(k_a)_k} = 0$ $v = \sqrt{a_1 a_2};\ \sigma = -\dfrac{a_1 + a_2}{v}$ $\left(\dfrac{p}{v}\right)^3 + \sigma\left(\dfrac{p}{v}\right)^2 + \left(\dfrac{p}{v}\right) + \sigma\dfrac{k_a}{(k_a)_k} = 0$ $v = \sqrt{a_1 a_2(1 + k_s)};\ \sigma = -\dfrac{a_1 + a_2}{v}$	$(k_a)_k = -(a_1 + a_2)$ $(k_a)_k = -(a_1 + a_2)(1 + k_s)$

nicht überschreiten. Bei astatischer Regelung mit vorübergehender Statik gilt:

$$(k_a)_k = -(a_1 + a_2)(1 + k_s) = \left(\frac{1}{T_1} + \frac{1}{T_2}\right)(1 + k_s).$$

Im Grenzfall der Stabilität ist die Kreisfrequenz der Pendelungen gegeben durch:

$$\omega_0 = \frac{1}{\sqrt{T_1 T_2}} \quad \text{bzw.} \quad \omega_0 = \sqrt{\frac{1 + k_s}{T_1 T_2}}.$$

Das gilt unabhängig vom Charakter der Störung; die Stör-Übergangsfunktion beeinflußt aber den Verlauf des Regelvorganges wesentlich.

b) Selbsttätige Regelung der Drehzahl fremderregter Gleichstrommotoren. Nach den Feststellungen im Abschnitt 12c hat bei einem feldgeregelten Gleichstrom-

Tafel III.

Fall	Stell-Übergangsfunktion	Stör-Übergangsfunktion	Übergangsfunktion des Reglers	Regelvorgang
3a			$A_R(t) = -k_s$	$\Phi(t) = C_1 e^{p_1 t} + C_2 e^{p_2 t} + C_3$
3b	$A_S(t) = 1 + H_1 e^{a_1 t} + H_2 e^{a_2 t}$ $A_S(0) = 0$ $A_S'(0) = 0$	$S(t) = 1 + S_1 e^{a_1 t} + S_2 e^{a_2 t}$ $S(0) = 0$ $S'(0) = 0$	$A_R(t) = -k_a t$	$\Phi(t) = C_1 e^{p_1 t} + C_2 e^{p_2 t} + C_3 e^{p_3 t}$
3c			$A_R(t) = -(k_s + k_a t)$	$\Phi(t) = C_1 e^{p_1 t} + C_2 e^{p_2 t} + C_3 e^{p_3 t}$
4a			$A_R(t) = -k_s$	$\Phi(t) = C_1 e^{p_1 t} + C_2 e^{p_2 t} + C_3$
4b	$A_S(t) = 1 + H_1 e^{a_1 t} + H_2 e^{a_2 t}$ $A_S(0) = 0$ $A_S'(0) = 0$	$S(t) = 1 + S_1 e^{a_1 t} + S_2 e^{a_2 t}$ $S(0) \neq 0$ $S'(0) = 0$	$A_R(t) = -k_a t$	$\Phi(t) = C_1 e^{p_1 t} + C_2 e^{p_2 t} + C_3 e^{p_3 t}$
4c			$A_R(t) = -(k_s + k_a t)$	$\Phi(t) = C_1 e^{p_1 t} + C_2 e^{p_2 t} + C_3 e^{p_3 t}$

Nebenschlußmotor die Stell-Übergangsfunktion die gleiche Form wie die eines mittelbar über eine Erregermaschine gesteuerten Generators. Bei astatischer Drehzahlregelung, ohne und mit vorübergehender Statik, ergeben sich damit für die Regelgeschwindigkeit ebenfalls die Grenzwerte:

$$(k_a)_k = -(a_1 + a_2) \qquad \text{bzw.} \qquad (k_a)_k = -(a_1 + a_2)(1 + k_s).$$

Fall 3 der Tafel III gibt den Verlauf des Regelvorganges bei Motorfeldregelung an, wenn die Störung vom Erregerkreis ausgeht; Fall 5 dagegen gilt bei sprunghafter

(Fortsetzung.)

C_1; C_2; C_3	p_1; p_2; p_3	Kritische Werte
$C_1 = + \dfrac{1}{(p_1 - p_2)\,p_1} \cdot a_1 a_2$ $C_2 = - \dfrac{1}{(p_1 - p_2)\,p_2} \cdot a_1 a_2$ $C_3 = + \dfrac{1}{1 + k_s}$	$\left.\begin{matrix} p_1 \\ p_2 \end{matrix}\right\} = \dfrac{a_1 + a_2}{2}\left\{1 \pm \sqrt{1 - \dfrac{4\,a_1 a_2 (1 + k_s)}{(a_1 + a_2)^2}}\right\}$ $p_3 = 0$	keine
$C_1 = - \dfrac{1}{(p_1 - p_2)(p_3 - p_1)} \cdot a_1 a_2$ $C_2 = - \dfrac{1}{(p_1 - p_2)(p_2 - p_3)} \cdot a_1 a_2$ $C_3 = - \dfrac{1}{(p_2 - p_3)(p_3 - p_1)} \cdot a_1 a_2$	$\left(\dfrac{p}{\nu}\right)^3 + \sigma\left(\dfrac{p}{\nu}\right)^2 + \left(\dfrac{p}{\nu}\right) + \sigma \dfrac{k_a}{(k_a)_k} = 0$ $\nu = \sqrt{a_1 a_2}\,;\ \sigma = - \dfrac{a_1 + a_2}{\nu}$ $\left(\dfrac{p}{\nu}\right)^3 + \sigma\left(\dfrac{p}{\nu}\right)^2 + \left(\dfrac{p}{\nu}\right) + \sigma \dfrac{k_a}{(k_a)_k} = 0$ $\nu = \sqrt{a_1 a_2 (1 + k_s)}\,;\ \sigma = - \dfrac{a_1 + a_2}{\nu}$	$(k_a)_k = -\,(a_1 + a_2)$ $(k_a)_k = -\,(a_1 + a_2)(1 + k_s)$
$C_1 = + \dfrac{1}{(p_1 - p_2)\,p_1}\left\{S(0) \cdot [p_1^2 - p_1(a_1 + a_2)] + a_1 a_2\right\}$ $C_2 = - \dfrac{1}{(p_1 - p_2)\,p_2}\left\{S(0) \cdot [p_2^2 - p_2(a_1 + a_2)] + a_1 a_2\right\}$ $C_3 = + \dfrac{1}{1 + k_s}$	$\left.\begin{matrix} p_1 \\ p_2 \end{matrix}\right\} = \dfrac{a_1 + a_2}{2}\left\{1 \pm \sqrt{1 - \dfrac{4\,a_1 a_2 (1 + k_s)}{(a_1 + a_2)^2}}\right\}$ $p_3 = 0$	keine
$C_1 = - \dfrac{1}{(p_1 - p_2)(p_3 - p_1)}\left\{S(0) \cdot [p_1^2 - p_1(a_1 + a_2)] + a_1 a_2\right\}$ $C_2 = - \dfrac{1}{(p_1 - p_2)(p_2 - p_3)}\left\{S(0) \cdot [p_2^2 - p_2(a_1 + a_2)] + a_1 a_2\right\}$ $C_3 = - \dfrac{1}{(p_2 - p_3)(p_3 - p_1)}\left\{S(0) \cdot [p_3^2 - p_3(a_1 + a_2)] + a_1 a_2\right\}$	$\left(\dfrac{p}{\nu}\right)^3 + \sigma\left(\dfrac{p}{\nu}\right)^2 + \left(\dfrac{p}{\nu}\right) + \sigma \dfrac{k_a}{(k_a)_k} = 0$ $\nu = \sqrt{a_1 a_2}\,;\ \sigma = - \dfrac{a_1 + a_2}{\nu}$ $\left(\dfrac{p}{\nu}\right)^3 + \sigma\left(\dfrac{p}{\nu}\right)^2 + \left(\dfrac{p}{\nu}\right) + \sigma \dfrac{k_a}{(k_a)_k} = 0$ $\nu = \sqrt{a_1 a_2 (1 + k_s)}\,;\ \sigma = - \dfrac{a_1 + a_2}{\nu}$	$(k_a)_k = -\,(a_1 + a_2)$ $(k_a)_k = -\,(a_1 + a_2)(1 + k_s)$

Änderung des Belastungsmomentes. Erfolgt die Steuerung durch verzögerungsfreie Änderung der Ankerspannung, so hat die Stell-Übergangsfunktion einen Anfangswert $A'_S(0) > 0$, wodurch nach Gl. (44c) die kritische Regelgeschwindigkeit unter sonst gleichen Bedingungen gegenüber dem Fall $A'_S(0) = 0$ vergrößert wird. Hierfür sind unter Fall 6 der Tafel III die Daten des Regelvorganges unter der Annahme plötzlicher Belastungsänderung angegeben.

3a, 5a, 6a würden für Drehzahlregelung durch Röhrenregler gelten, 3b, 5b, 6b für Drehzahlregelung durch Differentialregler.

Tafel III.

Fall	Stell-Übergangsfunktion	Stör-Übergangsfunktion	Übergangsfunktion des Reglers	Regelvorgang
5a			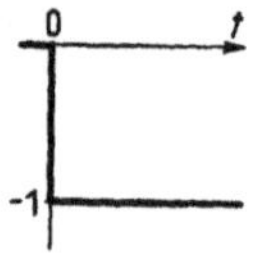 $A_R(t) = -k_s$	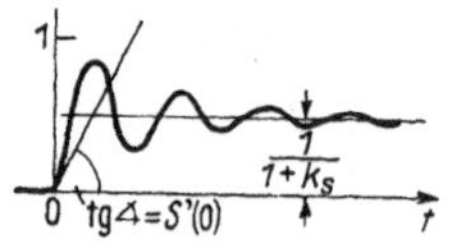 $\Phi(t) = C_1 e^{p_1 t} + C_2 e^{p_2 t} + C_3$
5b	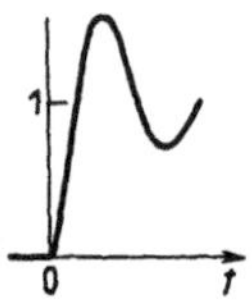 $A_S(t) = 1 + H_1 e^{a_1 t} + H_2 e^{a_2 t}$ $A_S(0) = 0$ $A'_S(0) = 0$	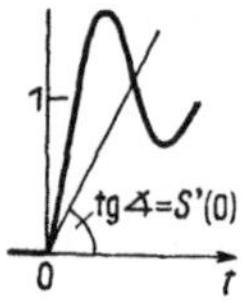 $S(t) = 1 + S_1 e^{a_1 t} + S_2 e^{a_2 t}$ $S(0) = 0$ $S'(0) \neq 0$	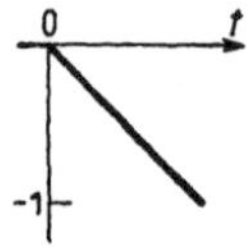 $A_R(t) = -k_a t$	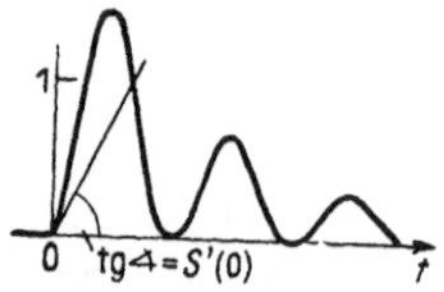 $\Phi(t) = C_1 e^{p_1 t} + C_2 e^{p_2 t} + C_3 e^{p_3 t}$
5c			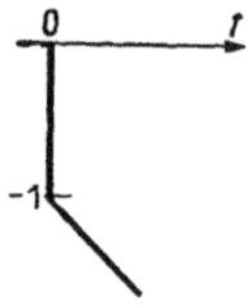 $A_R(t) = -(k_s + k_a t)$	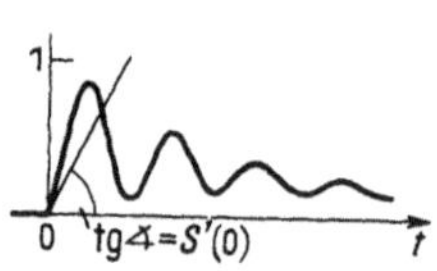 $\Phi(t) = C_1 e^{p_1 t} + C_2 e^{p_2 t} + C_3 e^{p_3 t}$
6a			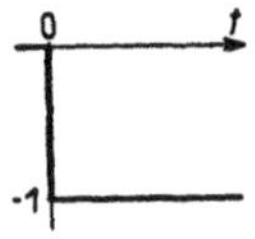 $A_R(t) = -k_s$	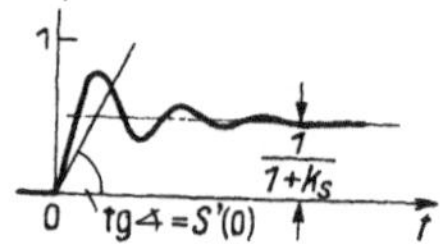 $\Phi(t) = C_1 e^{p_1 t} + C_2 e^{p_2 t} + C_3$
6b	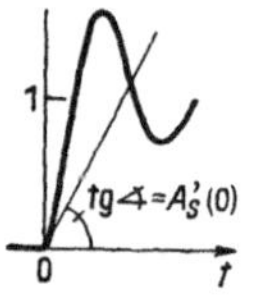 $A_S(t) = 1 + H_1 e^{a_1 t} + H_2 e^{a_2 t}$ $A_S(0) = 0$ $A'_S(0) \neq 0$	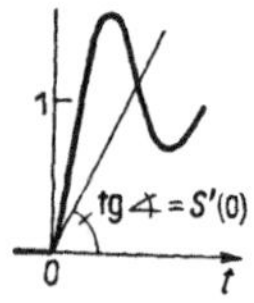 $S(t) = 1 + S_1 e^{a_1 t} + S_2 e^{a_2 t}$ $S(0) = 0$ $S'(0) \neq 0$	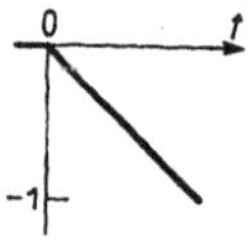 $A_R(t) = -k_a t$	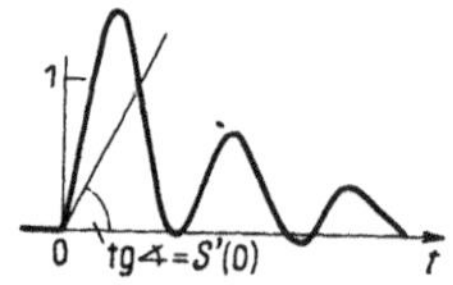 $\Phi(t) = C_1 e^{p_1 t} + C_2 e^{p_2 t} + C_3 e^{p_3 t}$
6c			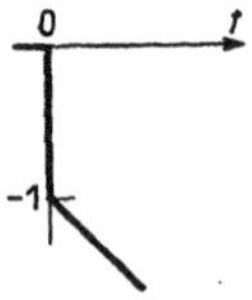 $A_R(t) = -(k_s + k_a t)$	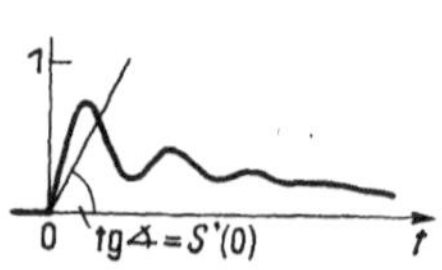 $\Phi(t) = C_1 e^{p_1 t} + C_2 e^{p_2 t} + C_3 e^{p_3 t}$

IV. Astatische Regelung bei konstanter Verzögerungszeit im Regelkreislauf.

14. Erfassung der Verzögerungszeit.

Zur rechnerischen Fassung experimentell bestimmter Übergangsfunktionen bei ausgesprochener Verzögerungszeit im Regelkreislauf hat die in Bild 13 dargestellte Näherung Bedeutung. Erfolgt zur Zeit $t = 0$ eine sprunghafte Änderung der Stellgröße, so zeigt sich die Auswirkung an der Regelgröße erst nach der Verzögerungszeit

(Fortsetzung.)

$C_1;\ C_2;\ C_3$	$p_1;\ p_2;\ p_3$	Kritische Werte
$C_1 = +\dfrac{1}{(p_1-p_2)\,p_1}\left\{p_1\cdot S'(0)+a_1a_2\right\}$ $C_2 = -\dfrac{1}{(p_1-p_2)\,p_2}\left\{p_2\cdot S'(0)+a_1a_2\right\}$ $C_3 = +\dfrac{1}{1+k_s}$	$\left.\begin{array}{c}p_1\\p_2\end{array}\right\} = \dfrac{a_1+a_2}{2}\left\{1\pm\sqrt{1-\dfrac{4a_1a_2(1+k_s)}{(a_1+a_2)^2}}\right\}$ $p_3 = 0$	keine
$C_1 = -\dfrac{1}{(p_1-p_2)(p_3-p_1)}\left\{p_1\cdot S'(0)+a_1a_2\right\}$ $C_2 = -\dfrac{1}{(p_1-p_2)(p_2-p_3)}\left\{p_2\cdot S'(0)+a_1a_2\right\}$ $C_3 = -\dfrac{1}{(p_2-p_3)(p_3-p_1)}\left\{p_3\cdot S'(0)+a_1a_2\right\}$	$\left(\dfrac{p}{\nu}\right)^3+\sigma\left(\dfrac{p}{\nu}\right)^2+\left(\dfrac{p}{\nu}\right)+\sigma\dfrac{k_a}{(k_a)_k}=0$ $\nu=\sqrt{a_1a_2};\quad \sigma=-\dfrac{a_1+a_2}{\nu}$ <hr> $\left(\dfrac{p}{\nu}\right)^3+\sigma\left(\dfrac{p}{\nu}\right)^2+\left(\dfrac{p}{\nu}\right)+\sigma\dfrac{k_a}{(k_a)_k}=0$ $\nu=\sqrt{a_1a_2(1+k_s)};\quad \sigma=-\dfrac{a_1+a_2}{\nu}$	$(k_a)_k = -(a_1+a_2)$ <hr> $(k_a)_k = -(a_1+a_2)(1+k_s)$
$C_1 = +\dfrac{1}{(p_1-p_2)\,p_1}\left\{p_1\cdot S'(0)+a_1a_2\right\}$ $C_2 = -\dfrac{1}{(p_1-p_2)\,p_2}\left\{p_2\cdot S'(0)+a_1a_2\right\}$ $C_3 = +\dfrac{1}{1+k_s}$	$\left.\begin{array}{c}p_1\\p_2\end{array}\right\} = \dfrac{a_1+a_2-k_s\cdot A'(0)}{2}\cdot\left[1\pm\sqrt{1-\dfrac{4a_1a_2(1+k_s)}{[a_1+a_2-k_s\cdot A'_S(0)]^2}}\right]$ $p_3 = 0$	keine
$C_1 = -\dfrac{1}{(p_1-p_2)(p_3-p_1)}\left\{p_1\cdot S'(0)+a_1a_2\right\}$ $C_2 = -\dfrac{1}{(p_1-p_2)(p_2-p_3)}\left\{p_2\cdot S'(0)+a_1a_2\right\}$ $C_3 = -\dfrac{1}{(p_2-p_3)(p_3-p_1)}\left\{p_3\cdot S'(0)+a_1a_2\right\}$	$\left(\dfrac{p}{\nu}\right)^3+\sigma\left(\dfrac{p}{\nu}\right)^2+\left(\dfrac{p}{\nu}\right)+\sigma\tau=0$ $\nu=\sqrt{a_1a_2+k_a\cdot A'(0)}$ $\sigma=-\dfrac{a_1+a_2}{\nu};\quad \tau=\dfrac{k_a\cdot a_1a_2}{\sigma\nu^3}$ <hr> $\left(\dfrac{p}{\nu}\right)^3+\sigma\left(\dfrac{p}{\nu}\right)^2+\left(\dfrac{p}{\nu}\right)+\sigma\tau=0$ $\nu=\sqrt{a_1a_2(1+k_s)+k_a\cdot A'_S(0)}$ $\sigma=-\dfrac{a_1+a_2-k_s\cdot A'_S(0)}{\nu}$ $\tau=\dfrac{k_a\cdot a_1a_2}{\sigma\nu^3}$	$(k_a)_k = -\dfrac{a_1+a_2}{1+A'_S(0)\dfrac{a_1+a_2}{a_1a_2}}$ <hr> $(k_a)_k = -\dfrac{(1+k_s)\left[(a_1+a_2)-k_s\cdot A'_S(0)\right]}{1+A_S(0)\dfrac{a_1+a_2}{a_1a_2}-A_S(0)^2\dfrac{k_s}{a_1a_2}}$

t_{S_1}. Von da an erfolgt der Übergang in den Endzustand geradlinig; er ist nach der Übergangszeit t_{S_2} beendet.

K. Küpfmüller [12] untersuchte unter diesen Voraussetzungen die statische Regelung. Wir wollen im folgenden die astatische Regelung betrachten und dabei für den Regler

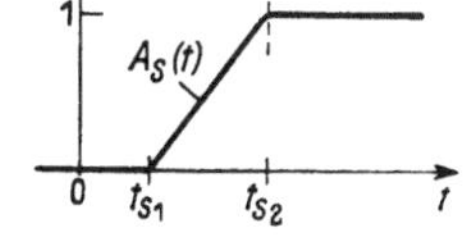

Bild 13. Verlauf der Stell-Übergangsfunktion.

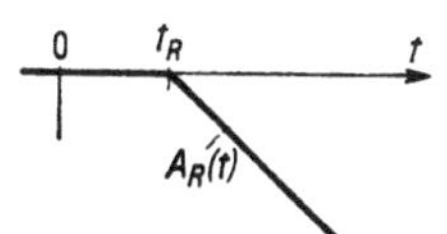

Bild 14. Verlauf der Übergangsfunktion des Reglers.

die in Bild 14 wiedergegebene Übergangsfunktion zugrunde legen. Danach schreiben wir dem Regler eine Verzögerungszeit t_R zu.

Zerlegen wir die für $t = t_{S_2}$ unstetige Funktion nach Bild 15 in zwei geradlinige stetige Funktionen mit den Verzögerungszeiten t_{S_1} und t_{S_2}, so erhalten wir für die Stell-Übergangsfunktion den Ausdruck:

$$A_S(t) = \frac{1}{t_{S_2} - t_{S_1}} \cdot \{(t - t_{S_1}) - (t - t_{S_2})\}. \tag{59}$$

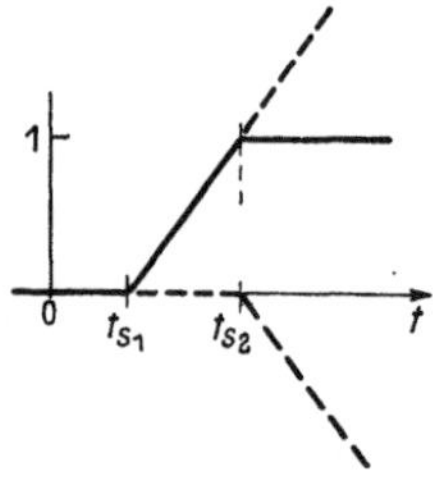

Bild 15. Zerlegung der für $t = t_{S_2}$ unstetigen Übergangsfunktion in zwei stetige mit den Verzögerungszeiten t_{S_1} und t_{S_2}.

Es sollen dabei nur positive Werte von $(t - t_{S_1})$ und $(t - t_{S_2})$ berücksichtigt werden.

Für die Übergangsfunktion des Reglers können wir schreiben:

$$A_R(t) = -k_a(t - t_R). \tag{60}$$

Aus der Stell-Übergangsfunktion $A_S(t)$, und der Übergangsfunktion des Reglers, $A_R(t)$, können wir nach Gl. (7b) die des aufgeschnittenen Regelkreises, $A(t)$, ermitteln. Die Anwendung der Laplace-Transformation auf Gl. (7b) führte uns im Abschnitt 7 auf den Ausdruck:

$$\mathfrak{L}A(t) = \mathfrak{L}A_S(t) \cdot \mathfrak{L}A_R(t). \tag{19}$$

Im vorliegenden Falle ergibt sich bei Beachtung des Verschiebungssatzes [13] aus Gl. (59):

$$\mathfrak{L}A_S(t) = \frac{1}{t_{S_2} - t_{S_1}} \cdot \frac{1}{p} \cdot \{e^{-t_{S_1}p} - e^{-t_{S_2}p}\}, \tag{61}$$

und aus Gl. (60):

$$\mathfrak{L}A_R(t) = -\frac{k_a}{p} e^{-t_R p}. \tag{62}$$

Wir fassen die Verzögerungszeit t_{S_1} in der Regelstrecke mit der im Regler, t_R, zusammen zur Verzögerungszeit t_1 im Regelkreislauf, indem wir setzen:

$$t_1 = t_{S_1} + t_R, \tag{63a}$$

ferner sei:

$$t_2 = t_{S_2} + t_R. \tag{63b}$$

Es folgt dann mit (61) und (62) aus (19):

$$\mathfrak{L}A(t) = -\frac{k_a}{t_2 - t_1} \cdot \frac{1}{p^2} \cdot \{e^{-t_1 p} - e^{-t_2 p}\}. \tag{64}$$

15. Verlauf des Regelvorganges.

Ist $S(t)$ die Stör-Übergangsfunktion und $A(t)$ die Übergangsfunktion des aufgeschnittenen Regelkreises, so wird der Verlauf $\Phi(t)$ des Regelvorganges durch die Integralgleichung (10b) beschrieben. Ihr entspricht nach Abschnitt 7 die nach Laplace transformierte Form:

$$\mathfrak{L}\Phi(t) = \frac{\mathfrak{L}S(t)}{1 - \mathfrak{L}A(t)}. \tag{18}$$

Setzen wir in (18) $\mathfrak{L}A(t)$ aus (64) ein, so wird:

$$\mathfrak{L}\Phi(t) = \frac{p^2 \cdot \mathfrak{L}S(t)}{p^2 + \dfrac{k_a}{t_2 - t_1} \cdot \{e^{-t_1 p} - e^{-t_2 p}\}} = \frac{G(p)}{Z(p)}. \tag{65}$$

Ist außer $Z(p)$ auch $G(p)$ eine ganze (rationale oder transzendente) Funktion, so folgt aus Gl. (65) auf Grund des Heavisideschen Entwicklungssatzes der gesuchte

Verlauf des Regelvorganges zu

$$\Phi(t) = \sum_{\nu=1}^{\infty} \frac{G(p_\nu)}{p_\nu \cdot Z'(p_\nu)} \cdot e^{p_\nu t}. \qquad (66)$$

Dabei sind p_ν die unendlich vielen Wurzeln der transzendenten Gleichung

$$Z(p) = p^2 + \frac{k_a}{t_2 - t_1} \cdot \{e^{-t_1 p} - e^{-t_2 p}\} = 0. \qquad (67)$$

Der Gang der Lösung ist damit vorgezeichnet.

16. Stabilitätsgrenze.

Mit $p = j\omega_0$, an der Grenze der Stabilität, ergibt sich aus Gl. (67) für die reellen und die imaginären Glieder je eine Gleichung:

$$\Re e\, Z(p) = -\omega_0^2 + \frac{k_a}{t_2 - t_1} \cdot \{\cos\omega_0 t_1 - \cos\omega_0 t_2\} = 0, \qquad (68\,a)$$

$$\Im m\, Z(p) = \frac{k_a}{t_2 - t_1} \cdot \{-\sin\omega_0 t_1 + \sin\omega_0 t_2\} = 0. \qquad (68\,b)$$

Gl. (68 a) fordert: $\qquad \cos\omega_0 t_1 - \cos\omega_0 t_2 > 0$

und Gl. (68 b): $\qquad \sin\omega_0 t_1 - \sin\omega_0 t_2 = 0$.

Die zweite dieser Bedingungen, $\{\sin\omega_0 t_1 - \sin\omega_0 t_2\} = 0$, verlangt:

$$\omega_0 t_1 + \omega_0 t_2 = \pi,\ 3\pi,\ 5\pi,\ 7\pi,\ \ldots,\ (2n+1)\pi$$

woraus sich eine entsprechende Reihe von Werten für ω_0 ergibt. Berechnen wir mit diesen nacheinander den Ausdruck $\{\cos\omega_0 t_1 - \cos\omega_0 t_2\}$, so sehen wir, welche Werte aus der zweiten Bedingung mit der ersten, $\{\cos\omega_0 t_1 - \cos\omega_0 t_2\} > 0$, verträglich sind. Wir erhalten auf diese Weise für die Grundwelle:

$$\omega_0 = \frac{\pi}{t_1 + t_2} \qquad (69)$$

und daneben noch eine unendliche Reihe höherer Frequenzen.

ω_0 aus (69) eingesetzt in (68 a) liefert uns die kritische Regelgeschwindigkeit:

$$(k_a)_k = \frac{1}{t_1} \cdot \frac{\pi^2}{2} \cdot \frac{\vartheta - 1}{(\vartheta + 1)^2} \cdot \frac{1}{\sin\dfrac{\pi}{2} \cdot \dfrac{\vartheta - 1}{\vartheta + 1}}, \qquad (70)$$

wobei zur Abkürzung

$$\vartheta = \frac{t_2}{t_1}$$

gesetzt wurde[1]).

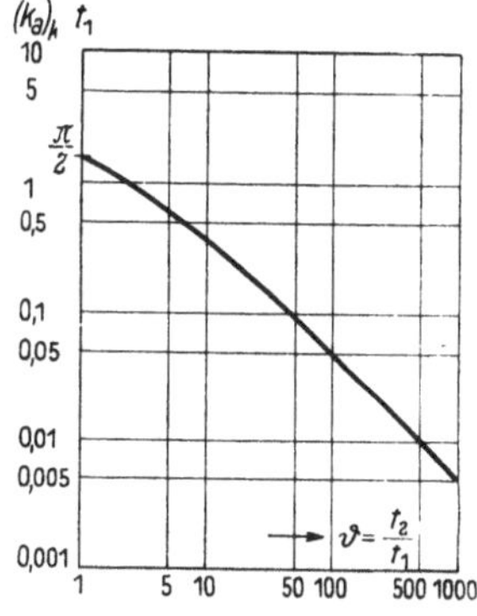

Bild 16. Zur Ermittlung der kritischen Regelgeschwindigkeit.

Der nur von ϑ abhängige Ausdruck $(k_a)_k \cdot t_1$ ist in Bild 16 dargestellt worden. Bei gegebener Verzögerungszeit wird danach bei astatischer Regelung die kritische Regelgeschwindigkeit um so kleiner, je größer die Übergangszeit ist; bei statischer

---

[1]) Bei statischer Regelung unter sonst gleichen Verhältnissen fand K. Küpfmüller [1] folgenden Wert für die kritische Regelempfindlichkeit:

$$(k_s)_k = \pi \cdot \frac{\vartheta - 1}{\vartheta + 1} \cdot \frac{1}{\sin\pi \cdot \dfrac{\vartheta - 1}{\vartheta + 1}}.$$

Regelung[1]) dagegen nimmt die kritische Regelempfindlichkeit mit der Übergangszeit zu. Nach Gl. (70) wird für

$$\vartheta \to \infty, \quad \text{also für} \quad t_1 \ll t_2 \quad \text{oder} \quad t_1 \to 0: \quad (k_a)_k = \frac{\pi^2}{2\,t_2}.$$

Springt dagegen $A_S(t)$ bei $t = t_{S_1}$ auf den Endwert, so wird $\vartheta = 1$ und es ist:

$$(k_a)_k = \frac{\pi}{2\,t_1}.$$

Bei $t_1 = 0$ und $t_2 = 0$ wäre $(k_a)_k = \infty$; bei der idealen astatischen Regelung einer
Regelstrecke, die einem sprunghaften Steuerungseingriff verzögerungsfrei folgt, wäre

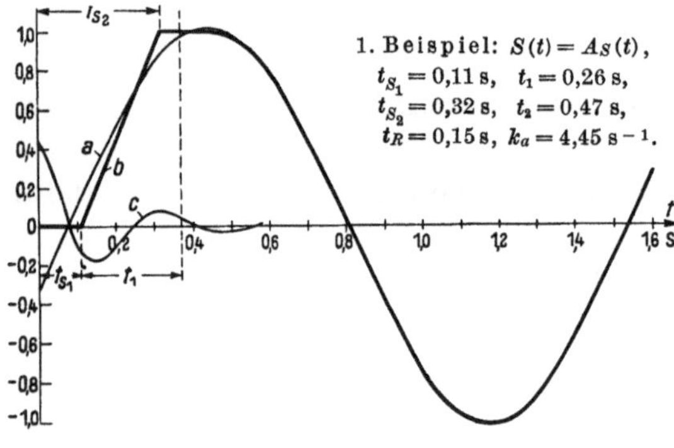

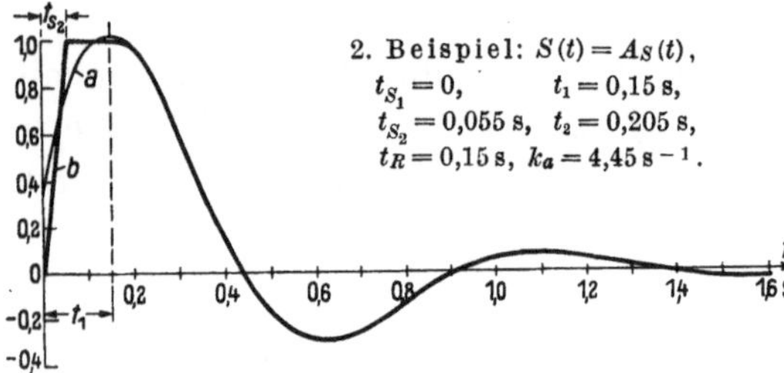

Bild 17. Verlauf des Regelvorganges. a) Grundwelle.
b) Vollständige Lösung. c) 1. Oberwelle.

man demnach frei in der Wahl der
Regelgeschwindigkeit.

17. Zahlenbeispiele.

a) 1. Beispiel. Es sei:

$$t_{S_1} = 0,11 \text{ s},$$
$$t_{S_2} = 0,32 \text{ s},$$
$$t_1 = 0,26 \text{ s},$$
$$t_2 = 0,47 \text{ s}.$$
$$t_R = 0,15 \text{ s},$$

Dann wird nach Gl. (70):

$$(k_a)_k = 4,45 \text{ s}^{-1},$$

und nach Gl. (69):

$$\omega_0 = 4,3 \text{ s}^{-1}.$$

Legen wir diesen Grenzfall der Stabilität unserem Beispiel zugrunde, so ist

$$p_{1,\,2} = \pm j \cdot 4,3$$

ein Wurzelpaar der Gl. (67) für
$Z(p) = 0$. Betrachten wir den Fall,
daß $S(t) = A_S(t)$ ist, so erhalten wir aus Gl. (66) für den Verlauf der Grundwelle:

$$C_1 \cdot e^{p_1 t} + C_2 \cdot e^{p_2 t} = -0,326 \cdot \cos 4,3\,t + 0,96 \cdot \sin 4,3\,t.$$

Er ist in Bild 17 zusammen mit der vollständigen Lösung, auf deren Ermittlung
wir im Abschnitt 18 noch eingehen, dargestellt worden. Der Einfluß des Reglers
macht sich t_1 s nach dem Beginn der Abweichung der Regelgröße vom Sollwert
bemerkbar. Kurze Zeit später ist bereits der wirkliche Verlauf des Regelvorganges
von dem der Grundwelle nicht mehr zu unterscheiden.

    Es ist ein Vorzug der Berechnung nach dem Heavisideschen Entwicklungssatz,
daß man den Verlauf der Grundwelle bestimmen kann, ohne Kenntnis von den
Daten der Oberwellen zu haben, die in diesem Fall unendlich viele wären.

    b) 2. Beispiel. Es sei:

$$t_{S_1} = 0, \qquad t_1 = 0,15 \text{ s}, \qquad t_R = 0,15 \text{ s},$$
$$t_{S_2} = 0,055 \text{ s}, \qquad t_2 = 0,205 \text{ s}, \qquad k_a = 4,45 \text{ s}^{-1}.$$

---

[1]) Vgl. Fußnote S. 137.

Nach Gl. (70) ist $(k_a)_k = 8{,}78\ \mathrm{s}^{-1}$; die vorausgesetzte Regelgeschwindigkeit von $4{,}45\ \mathrm{s}^{-1}$ beträgt also nur etwa 50 % des kritischen Wertes. Der Regelvorgang wird gedämpft verlaufen und das Wurzelpaar der Grundwelle die Form haben:

$$p_{1,\,2} = \delta \pm j\,\omega\,. \tag{71}$$

p_1 nach (71) eingesetzt in Gl. (67) ergibt nach Trennung der reellen und imaginären Glieder:

$$\Re\,Z(p) = \delta^2 - \omega^2 + \frac{k_a}{t_2 - t_1} \cdot \{\ e^{-\delta t_1} \cdot \cos\omega\,t_1 - e^{-\delta t_2} \cdot \cos\omega\,t_2\} = 0\,. \tag{72a}$$

$$\Im\,Z(p) = 2\delta\,\omega \ + \frac{k_a}{t_2 - t_1} \cdot \{-e^{-\delta t_1} \cdot \sin\omega\,t_1 + e^{-\delta t_2} \cdot \sin\omega\,t_2\} = 0\,. \tag{72b}$$

Aus diesen beiden Gleichungen sind die Unbekannten δ und ω zu bestimmen. Die Auffindung der Werte wird durch die Kenntnis von ω_0 erleichtert; es ist nach (69) $\omega_0 = 8{,}85\ \mathrm{s}^{-1}$. Der tatsächliche Wert wird wegen des gedämpften Verlaufes des Vorganges kleiner sein, aber in der Nähe von ω_0 liegen. Die Berechnung einiger Punkte von (72a) und (72b) gibt uns Ausschnitte aus den Kurven $\Re\,Z(p) = 0$ und $\Im\,Z(p) = 0$, die sich senkrecht schneiden. Die Werte δ, ω im Schnittpunkt stellen die Lösung dar[1]. Es wurde für die Wurzeln der Grundwelle gefunden:

$$p_{1,\,2} = -2{,}71 \pm j \cdot 6{,}66\,,$$

und für den Verlauf der Grundwelle nach Gl. (66), wieder unter der Voraussetzung $S(t) = A_S(t)$:

$$C_1 \cdot e^{p_1 t} + C_2 \cdot e^{p_2 t} = \{0{,}368 \cdot \cos 6{,}66\,t + 1{,}616 \cdot \sin 6{,}66\,t\} \cdot e^{-2{,}71 t}\,.$$

Bild 17 gibt eine Darstellung dieses Verlaufes zusammen mit dem der vollständigen Lösung. Kurze Zeit nach dem Eingreifen des Reglers fällt der tatsächliche Verlauf mit dem der Grundwelle zusammen.

c) Der Verlauf der Oberwellen, welcher nach den vorhergehenden Feststellungen gedämpft sein wird, kann ebenfalls nach dem Schema der Berechnung der Grundwelle im 2. Beispiel gefunden werden.

Es ergibt sich für die 1. Oberwelle im 1. Beispiel das Wurzelpaar:

$$p_{3,4} = -5{,}87 \pm j \cdot 19{,}18\,,$$

und der Verlauf:

$$C_3 \cdot e^{p_3 t} + C_4 \cdot e^{p_4 t} = \{0{,}444 \cdot \cos 19{,}18\,t - 0{,}0164 \cdot \sin 19{,}18\,t\} \cdot e^{-5{,}87 t}\,.$$

Die 1. Oberwelle klingt sehr rasch ab (s. Bild 17, 1. Beispiel). Auf den späteren Verlauf des Regelvorganges ist sie ohne Einfluß. Will man den Anfang des Regelvorganges erfassen, so wird man jedoch besser nicht die Oberwellen bestimmen, sondern nach dem im folgenden Abschnitt entwickelten Verfahren rechnen.

18. Aufbau des Regelvorganges aus Ausgleichsfunktionen.

a) Wir denken uns den Regelkreis unter Aufrechterhaltung seines Gleichgewichtszustandes an der Stelle aufgeschnitten, wo die Regelgröße dem Meßwerk des Reglers zugeführt wird. Bei einer sprunghaften Änderung der Störgröße zeigt die Regel-

---

[1] Kennt man den ungefähren Wert der Koordinaten des Schnittpunktes, so kann man ihre genaue Größe nach dem Newtonschen Verfahren zur Lösung von Gleichungen mit zwei Unbekannten finden. Siehe C. Runge u. H. König: Vorlesungen über numerisches Rechnen. „Die Grundlehren der mathematischen Wissenschaften" **XI**. Berlin: Springer (1924). S. 177.

größe an der Regelstrecke den Verlauf:

$$\Phi_0(t) = S(t) \, . \tag{73}$$

Führen wir diese Änderung von außen, ohne den Regelkreis zu schließen, dem Regler-
meßwerk zu, so sucht ihr der Regler entgegen zu wirken; es erscheint bei der Übergangsfunktion $A(t)$ des aufgeschnittenen Regelkreises an der Regelstrecke der Vorgang:

$$\Phi_1(t) = \frac{d}{dt}\int\limits_0^t A(t-\tau)\cdot\Phi_0(\tau)\cdot d\tau \, . \tag{74}$$

Wir können nun $\Phi_1(t)$ auf den Regler einwirken lassen usw., so daß also der Verlauf
$\Phi_{(n-1)}(t)$ der Regelgröße am Regler den Verlauf $\Phi_n(t)$ der Regelgröße an der Regelstrecke zur Folge hat. Allgemein erhalten wir die Ausgleichsfunktion $\Phi_n(t)$ aus der
vorhergehenden $\Phi_{(n-1)}(t)$ auf Grund der Beziehung:

$$\Phi_n(t) = \frac{d}{dt}\int\limits_0^t A(t-\tau)\cdot\Phi_{(n-1)}(\tau)\cdot d\tau \, . \tag{75}$$

Wenden wir auf (73), (74), (75) die Laplace-Transformation an und summieren wir
die Ausdrücke, so wird:

$$\sum_{\nu=0}^{\nu=n}\mathfrak{L}\,\Phi_\nu(t) = \mathfrak{L}\,S(t)\cdot\{1 + [\mathfrak{L}\,A(t)] + [\mathfrak{L}\,A(t)]^2 + \cdots [\mathfrak{L}\,A(t)]^n\} \, . \tag{76}$$

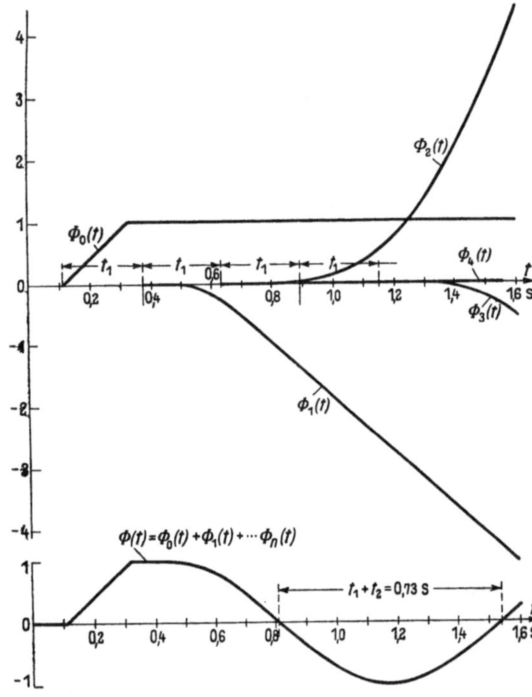

Bild 18. Aufbau des Regelvorganges aus Ausgleichsfunktionen. (Voraussetzungen wie beim
1. Beispiel Bild 17.)

Bei $n \to \infty$ kann man dafür schreiben:

$$\sum_{\nu=0}^{\nu=\infty}\mathfrak{L}\,\Phi_\nu(t) = \frac{\mathfrak{L}\,S(t)}{1 - \mathfrak{L}\,A(t)} \, . \tag{77}$$

Wir sind auf diese Weise zu dem Ausdruck Gl. (18) gelangt, den wir dort
aus der Integralgleichung für den Regelvorgang hergeleitet haben. Es stellt somit die Summe

$$\sum_{\nu=0}^{\nu=\infty}\Phi_\nu(t) = \Phi(t) \tag{78}$$

den Regelvorgang dar.

Diesem physikalischen Gedanken-
gang des Aufbaues des Regelvorganges
aus Ausgleichsfunktionen entspricht
demnach, mathematisch gesehen, die
Entwicklung der Integralgleichung für
den Regelvorgang in der nach Laplace transformierten Form in eine
Potenzreihe.

Besteht nun im Regelkreislauf die
Verzögerungszeit t_1, so wird der Vorgang $\Phi_n(t)$ gegenüber dem vorher-
gehenden $\Phi_{(n-1)}(t)$ um die Zeit t_1 verspätet beginnen (Bild 18). Macht sich die Störung zur Zeit $t=0$ bemerkbar, so ist der Regelvorgang im Zeitraum $0 < t < (n+1)t_1$
durch die endliche Summe $\Phi_0(t)+\Phi_1(t)+\cdots\Phi_n(t)$ vollkommen beschrieben.

b) In dem von uns betrachteten Sonderfall ist $\mathfrak{L}A(t)$ durch Gl. (64) gegeben. Für $\mathfrak{L}S(t)$ ist der Ausdruck Gl. (61) einzusetzen, wenn wieder wie in den beiden Zahlenbeispielen $S(t) = A_S(t)$ ist. Bei Anwendung des Binomischen Satzes auf $[\mathfrak{L}A(t)]^n$ und unter Beachtung der Regel $\mathfrak{L}^{-1}\dfrac{1}{p^n} = \dfrac{t^n}{n}$, folgt aus (76):

$$\Phi_0(t) = + \frac{1}{t_2 - t_1} \cdot \{[t - (t_1 - t_R)] - [t - (t_2 - t_R)]\},$$

$$\Phi_1(t) = - \frac{k_a}{(t_2 - t_1)^2} \cdot \frac{1}{3!} \cdot \{[t - (2t_1 - t_R)]^3 - 2[t - (t_1 + t_2 - t_R)]^3 + [t - (2t_2 - t_R)]^3\},$$

$$\vdots$$

$$\begin{aligned}
\Phi_n(t) = (-1)^n \cdot & \frac{k_a^n}{(t_2 - t_1)^{n+1}} \cdot \frac{1}{(2n+1)!} \cdot \left\{\binom{n+1}{0} \cdot [t - \{(n+1)t_1 - t_R\}]^{(2n+1)}\right. \\
& - \binom{n+1}{1} \cdot [t - \{nt_1 + t_2 - t_R\}]^{(2n+1)} + \binom{n+1}{2} \cdot [t - \{(n-1)t_1 + 2t_2 - t_R\}]^{(2n+1)} \\
& - \cdots + (-1)^n \cdot \binom{n+1}{n} \cdot [t - \{t_1 + nt_2 - t_R\}]^{(2n+1)} \\
& \left. + (-1)^{n+1} \cdot \binom{n+1}{n+1} \cdot [t - \{(n+1)t_2 - t_R\}]^{(2n+1)}\right\}.
\end{aligned}$$

Bild 18 gibt eine Darstellung dieses Verfahrens für das im Abschnitt 17 behandelte 1. Beispiel.

19. Betrachtung eines praktischen Falles.

In Bild 19 und 20 sind Oszillogramme über Regelvorgänge wiedergegeben, welche an einer ausgeführten Anlage aufgenommen wurden. Schaltung und Aufbau des

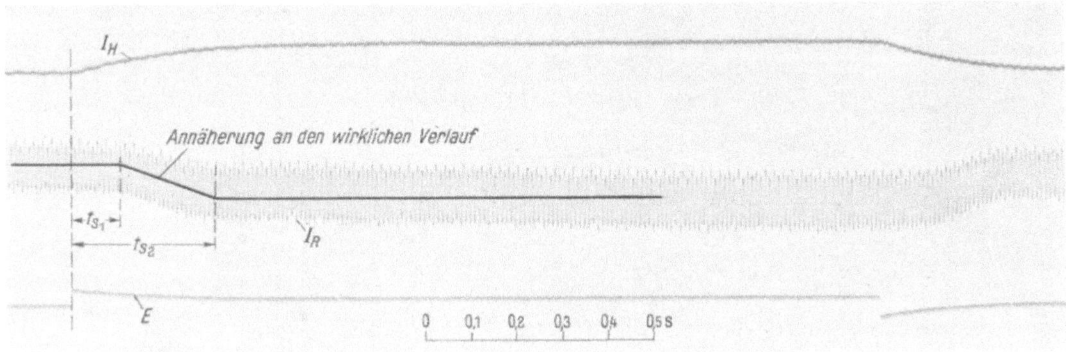

a) Verlauf der Stell-Übergangsfunktion bzw. der Stör-Übergangsfunktion.

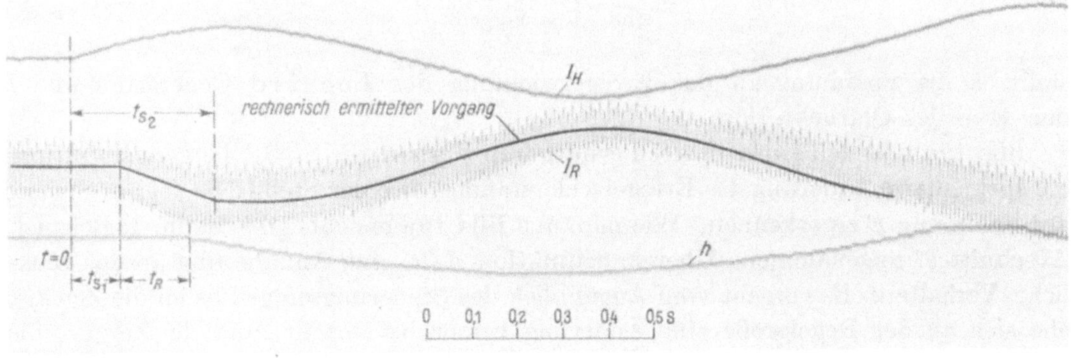

b) Verlauf des Regelvorganges.

Bild 19. Vergleich des errechneten Regelvorganges nach Beispiel 1 Bild 17 mit einem experimentell ermittelten Vorgang.

Regelkreises sind bei unserer Betrachtungsweise unwesentlich. Es sei deshalb nur erwähnt, daß diese Versuchsergebnisse an der Haspelzugregelung eines Kaltbandwalzwerkes gewonnen wurden. Der vom Haspelantrieb ausgehende Blechzug wurde über Druckdosen gemessen; ein astatischer Öldruckregler wirkte entsprechend den Abweichungen des Zuges vom Sollwert auf das Feld des zum Haspelmotor gehörenden Leonard-Generators ein.

In den Oszillogrammen bedeutet I_H den Haspelstrom, I_R den Strom in der Reglerspule, welcher dem Blechzug proportional ist und damit die Regelgröße dar-

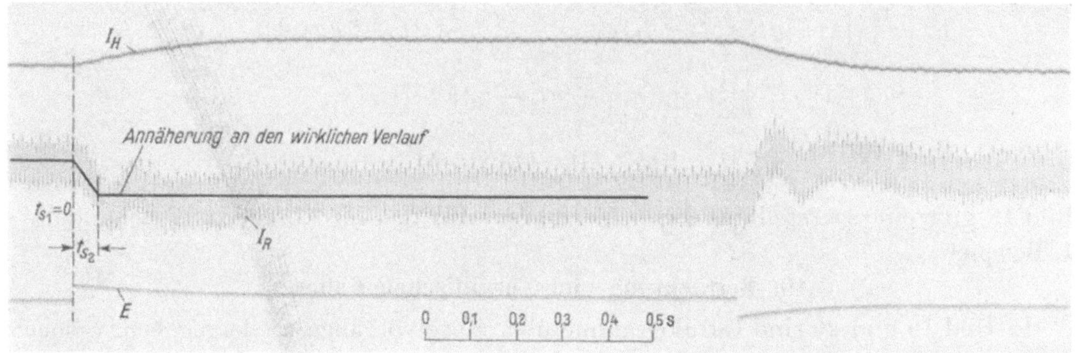

a) Verlauf der Stell-Übergangsfunktion bzw. der Stör-Übergangsfunktion.

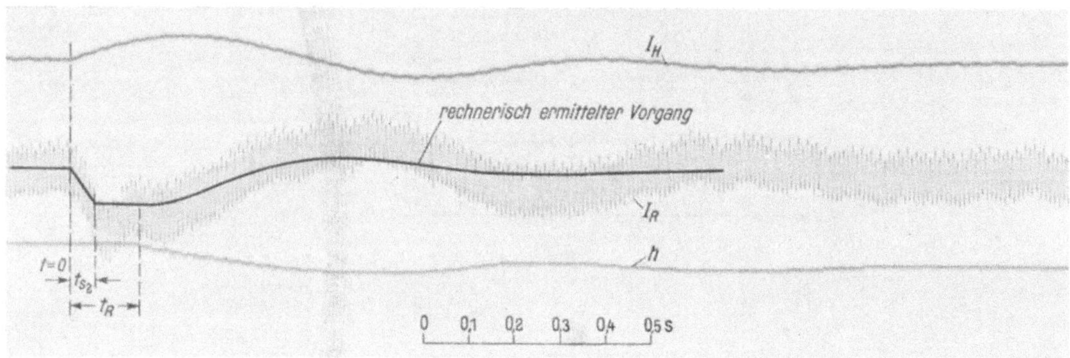

b) Verlauf des Regelvorganges.

Bild 20. Vergleich des errechneten Regelvorganges nach Beispiel 2 Bild 17 mit einem experimentell ermittelten Vorgang.

stellt, E die Spannung an der Erregerwicklung des Leonard-Generators und h den Hub des Öldruckreglers.

Bild 19a gibt den experimentell ermittelten Verlauf der Stell-Übergangsfunktion; die sprunghafte Änderung des Erregerwiderstandes, also der Stellgröße, ist am Sprung der Spannung E zu erkennen. Wie man aus Bild 19a ersieht, gibt die im 1. Beispiel, Abschnitt 17 angenommene Übergangsfunktion $A_S(t)$ eine Annäherung an das wirkliche Verhalten. Es vergeht vom Augenblick des Steuerungseingriffes an die Zeit t_{S_1}, ehe sich an der Regelgröße eine Änderung bemerkbar macht, und die Zeit t_{S_2}, bis ein neuer Beharrungszustand erreicht ist. Aus dem Verlauf des Reglerhubes h erkennt man (s. Bild 19b), daß der Regler vom Augenblick der Änderung der Regelgröße an die Zeit t_R verstreichen läßt, ehe er sich in Bewegung setzt. Die Einstellung des Öldruckreglers führte in diesem Fall zu leicht angefachten Schwingungen; die zugehörige Regelgeschwindigkeit ist aus den Versuchen nicht bekannt. Dem 1. Zahlenbeispiel, Abschnitt 17, dessen Daten ungefähr dem Versuch Bild 19b entsprechen, wurde deshalb der Grenzfall der Stabilität zugrunde gelegt; es konnte dann die Regelgeschwindigkeit nach Gl. (70) berechnet werden.

Es ist auf Grund unserer Voraussetzungen nicht zu erwarten, daß die vorliegende Theorie mehr gibt als eine ungefähre Skizze des wirklichen Vorganges. Trotzdem ist, wie man aus der Gegenüberstellung in Bild 19b entnehmen kann, die Übereinstimmung zwischen Rechnung und Versuch qualitativ und quantitativ befriedigend.

Durch Einführung einer zusätzlichen, der Änderungsgeschwindigkeit des Haspelstromes proportionalen Regelgröße wurde nach passender Abstimmung die Übergangsfunktion Bild 20a erreicht. Die Verzögerungszeit in der Regelstrecke verschwand dadurch, und die Übergangszeit wurde verkleinert. Bei gleicher Reglereinstellung, also bei gleicher Regelgeschwindigkeit wie in Bild 19b ergab sich damit der Regelvorgang Bild 20b. Wie die Rechnung zum 2. Zahlenbeispiel, Abschnitt 17 zeigt und der Versuch Bild 20b bestätigt, verläuft der Regelvorgang unter diesen Umständen gedämpft.

Diese Oszillogramme und Überlegungen sind ein Beispiel dafür, wie man aus experimentell bestimmten Übergangsfunktionen bei Kenntnis der durch die Theorie gegebenen Zusammenhänge in einfacher Weise praktisch wichtige Schlüsse ziehen und die Regelung verbessern kann. Die Versuche zur Aufnahme der Übergangsfunktionen sind so einfach, daß sie auch in Anlagen vorgenommen werden können, die der Produktion dienen und längere Betriebsunterbrechungen nicht gestatten.

Zusammenfassung.

In der vorliegenden Arbeit werden Regler und zu regelnde Anlage nicht durch Schaltungen oder mechanische Anordnungen gekennzeichnet, sondern durch Übergangsfunktionen. Diese kann man experimentell oder rechnerisch gewinnen. Die Küpfmüllersche Integralgleichung wird hergeleitet; sie dient als Ausgangspunkt für die Untersuchung verschiedenartigster Regelvorgänge. Um allgemein gültige Gesetzmäßigkeiten mit möglichst wenig Begriffen zu erhalten, wird der Regelkreis idealisiert. Drei Formen idealer Regler werden in Betracht gezogen: der rein statische, der rein astatische und der astatische mit vorübergehender Statik. Für die zu regelnde Anlage kann man Annahmen machen, wie sie aus der Theorie der kleinen Schwingungen bekannt sind. Auf dieser Grundlage werden Formeln für den Verlauf des Regelvorganges in einem sehr allgemeinen Falle entwickelt. Zur Erläuterung dieser Betrachtungsweise folgen Beispiele aus der Theorie der Regelung elektrischer Maschinen. Der Fall einer astatischen Regelung mit konstanter Verzögerungszeit im Regelkreislauf wird ausführlicher durchgerechnet.

Schrifttum.

1. K. Küpfmüller: Über die Dynamik der selbsttätigen Verstärkungsregler. Elektr. Nachr. Techn. **5** (1928) S. 459.

2. J. R. Carson: Elektrische Ausgleichsvorgänge und Operatorenrechnung. Berlin: Springer (1929) S. 14.

3. H. Busch: Stabilität, Labilität und Pendelungen in der Elektrotechnik. Leipzig: Hirzel (1913).

4. Vgl. A. Leonhard: Eine systematische und zweckmäßige Einteilung der verschiedenen Regelungsarten. Elektrotechn. u. Masch.-Bau **58** (1940) S. 541.

5. K. W. Wagner: Operatorenrechnung. Leipzig: Barth (1940).

6. Eine andere Ableitung dieser grundlegenden Beziehung gibt E. Grünwald in seiner Arbeit: Lösungsverfahren der Laplace-Transformation für Ausgleichsvorgänge in linearen Netzen, angewandt auf selbsttätige Regelungen. Arch. Elektrotechn. **35** (1941) S. 379.

7. K. W. Wagner: Operatorenrechnung. Abschnitt 11. Leipzig: Barth (1940).

8. A. Hurwitz: Über die Bedingungen, unter welchen eine Gleichung nur Wurzeln mit negativen reellen Teilen besitzt. Math. Ann. **46** (1895) S. 273.

9. H. Nyquist: Regeneration Theory. Bell Syst. techn. J. **11** (1932) S. 126. Beispiele zur Anwendung dieser Methode bei E. H. Ludwig: Die Stabilisierung von Regelanordnungen mit Röhrenverstärkern durch Dämpfung oder elastische Rückführung. Arch. Elektrotechn. **34** (1940) S. 269 und bei A. Leonhard: Die selbsttätige Regelung in der Elektrotechnik. Berlin: Springer (1940) S. 59.

10. K. W. Wagner: Operatorenrechnung. Abschnitt 9. Leipzig: Barth (1940).

11. A. Leonhard: Die selbsttätige Regelung in der Elektrotechnik. Berlin: Springer (1940) S. 177.

12. Siehe 1. Statische Regelungen mit Verzögerungszeit sind in anderen Varianten behandelt worden von E. H. Ludwig (s. 9) und F. Reinhardt: Der Parallelbetrieb von Synchrongeneratoren mit Kraftmaschinenreglern konstanter Verzögerungszeit. Wiss. Veröff. Siemens-Werken **XVIII**/1 (1939) S. 24.

13. K. W. Wagner: Operatorenrechnung. Abschnitt 10. Leipzig: Barth (1940).

Eine Dampftabelle und eine Entropietafel für Toluol.

Von **Kurt Nesselmann** und **Franz Dardin**.

Mit 15 Bildern.

Mitteilung aus dem Elektromotorenwerk der Siemens-Schuckertwerke AG.

Eingegangen am 8. August 1941.

I. Ziel der Arbeit.

Vor einer Reihe von Jahren haben die Verfasser in einer Arbeit [*1*][1] Messungen von thermischen Größen des Toluols mitgeteilt, diese einer kritischen Betrachtung unterworfen und mit den damals vorliegenden Ergebnissen anderer Autoren verglichen. Die einzige umfassende Arbeit auf diesem Gebiet stammt von J. E. Cederblom [*2*], wurde jedoch den Verfassern erst nach Abschluß der ersten Veröffentlichung bekannt. J. E. Cederblom hat ebenfalls einige thermische Daten des Toluols untersucht und eine Entropietafel aufgestellt, allerdings nur in einem Temperaturbereich zwischen 50° C und 280° C. Es hatte sich damals schon gezeigt, daß die von J. E. Cederblom gewonnenen Ergebnisse zum Teil mit denen der Verfasser nicht ohne weiteres in Übereinstimmung zu bringen waren.

In der Zwischenzeit sind nun weitere Messungen des Dampfdruckes, der Dampfdichte, der spezifischen Wärme der Flüssigkeit und der kritischen Daten von Toluol bekannt geworden [*3*]. Es soll der Zweck der vorliegenden Arbeit sein, sämtliche bisher vorhandenen Daten kritisch zu verarbeiten und eine Entropietafel nebst einer Dampftabelle aufzustellen, die im Bereich vom Gefrierpunkt bis zum kritischen Punkt ($-95,1° \text{C} \cdots 320,6° \text{C}$) die wahrscheinlichsten Werte ergeben[2].

II. Die Dampfspannungskurve.

In ihrer früheren Arbeit hatten die Verfasser für die Dampfspannungskurve die Gleichung

$$\log p = 4,596 - \frac{1759}{T} \tag{1}$$

angegeben, die zwischen dem Siedepunkt und dem kritischen Punkt Gültigkeit hatte. Hierin ist p der absolute Druck in at und T die absolute Temperatur in ° K. Um neuerlich eine genaue Wiedergabe der Drucke über den ganzen Bereich zwischen Gefrierpunkt und kritischem Punkt zu erreichen, insbesondere um Rückschlüsse auf die Verdampfungswärme ziehen zu können, wurde eine kompliziertere Form für die Gleichung der Dampfspannungskurve gewählt. Es zeigte sich dabei, daß es nicht möglich ist, den gesamten Bereich zwischen Gefrierpunkt und kritischem Punkt durch eine einzige Gleichung zu erfassen, vielmehr mußte der Bereich in drei Teile unterteilt werden.

---

[1]) Die eingeklammerten schrägen Zahlen beziehen sich auf das Schrifttum am Schlusse der Arbeit.
[2]) In der Arbeit werden durchweg Zahlenwertgleichungen verwendet. Die zugrunde gelegten Einheiten sind bei den einzelnen Gleichungen jedesmal angegeben.

Für die Bereiche zwischen $-95,1°\,\mathrm{C}\cdots-20°\,\mathrm{C}$ einerseits und $-20°\,\mathrm{C}\cdots50°\,\mathrm{C}$ andererseits wurden Gleichungen des Typs

$$\log p = A + \frac{B}{T} + C\log T + DT, \tag{2}$$

für den Bereich zwischen $50°\,\mathrm{C}$ und $320,6°\,\mathrm{C}$ eine Gleichung des Typs

$$\log p = A + \frac{B}{T} + CT \tag{3}$$

gewählt [4].

Bei der Bestimmung der Konstanten wurde darauf geachtet, daß an den Übergangsstellen die ersten Differentialquotienten übereinstimmten.

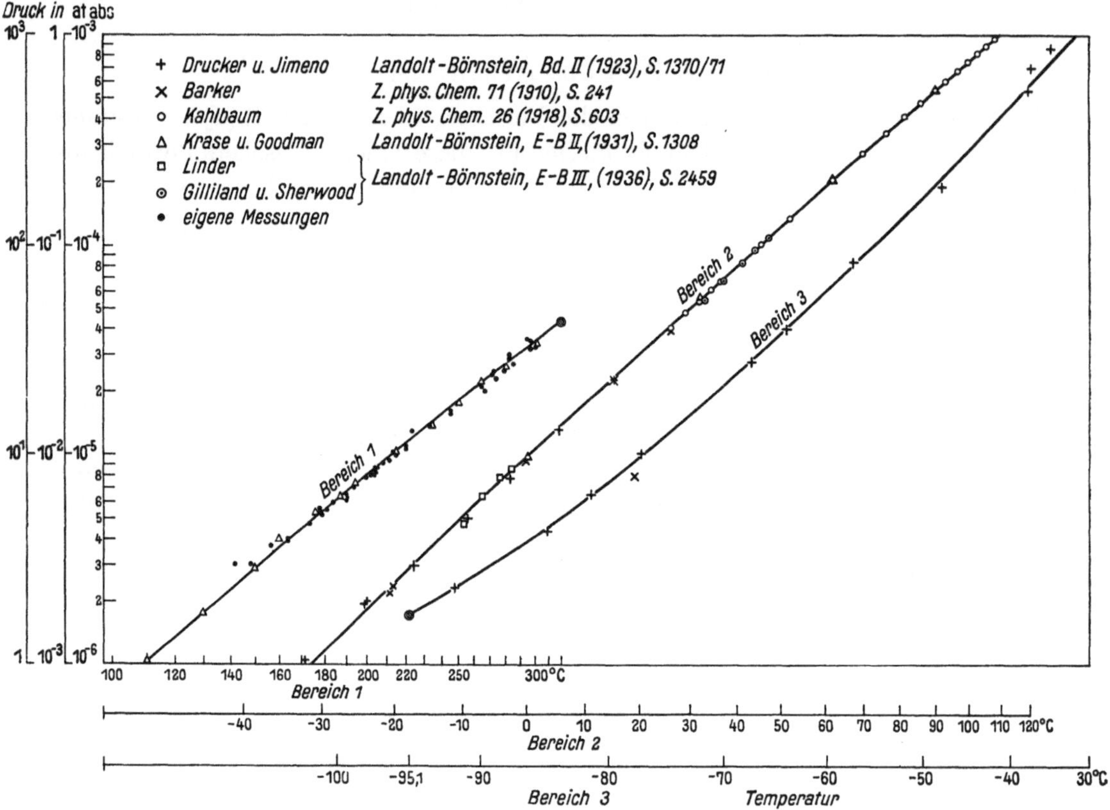

Bild 1. Dampfspannungskurve von Toluol im Bereich zwischen Schmelzpunkt und kritischem Punkt.

Mit den berechneten Konstanten lauten die Gleichungen:
Bereich $-95,1°\,\mathrm{C}\cdots-20°\,\mathrm{C}$:

$$\log p = -733,9531 + \frac{13807,90}{T} + 311,7414\log T - 0,286112\,T. \tag{4}$$

Bereich $-20°\,\mathrm{C}\cdots50°\,\mathrm{C}$:

$$\log p = 187.5911 - \frac{6972,004}{T} - 72,8882\log T + 0,049463\,T. \tag{5}$$

Bereich $50°\,\mathrm{C}\cdots320,6°\,\mathrm{C}$:

$$\log p = 5,7865 - \frac{2035,187}{T} - 0,001221\,T. \tag{6}$$

In Bild 1 sind die Dampfspannungskurven gemäß Gl. (4)···(6) gezeichnet. Die vorhandenen Meßwerte sind zum Vergleich ebenfalls eingetragen.

Im Bereich von $p = 10^{-3} \cdots 10^{-6}$ at ist die Dampfspannungskurve unsicher. Spätere Berechnungen der Verdampfungswärme haben gezeigt, daß die Neigung bei tieferen Drucken wahrscheinlich steiler sein muß.

III. Spezifisches Volumen und Wichte auf den Grenzkurven.

Zur Berechnung der Volumina des trocken gesättigten Dampfes bis zum kritischen Punkt hat sich die A. Wohlsche Zustandsgleichung als sehr brauchbar erwiesen [5]. Diese Gleichung gibt für den Quotienten $\dfrac{R T_k}{P_k v_k}$, worin $R = \dfrac{848}{\mu}$ (μ Molekulargewicht) die Gaskonstante in m Grad^{-1}, T_k die absolute kritische Temperatur in $^\circ$ K, P_k den kritischen Druck in kgm^{-2} und v_k das kritische spezifische Volumen in m^3 kg^{-1} bedeuten, den Wert 3,75. Dies ist der Wert, den „normale Stoffe" besitzen [6]. P. Pfaff gibt zur Berechnung der Wichte im kritischen Punkt die Gleichung

$$\gamma_k = \gamma_s' \frac{0,27}{1 - 0,46 \dfrac{T_s}{T_k}} \tag{7}$$

an, worin γ_k und γ_s' beziehentlich die Wichten im kritischen Punkt und im Siedepunkt bedeuten. Mit $\gamma_s' = 782$ kg m^{-3}, $T_s = 383,7^\circ$ K und $T_k = 593,6^\circ$ K folgt für $\gamma_k = 300$ kgm^{-3}. Unter Berücksichtigung des kritischen Druckes von $P_k = 43 \cdot 10^4$ kg m^{-2} würde sich mit $\dfrac{R T_k}{P_k v_k} = 3,75$, $v_k = 0,003395$ m^3 kg^{-1} bzw. $\gamma_k = 294,6$ kg m^{-3} ergeben. Man kann daher annehmen, daß Toluol zu den normalen Stoffen gehört. Für diese Stoffgruppe gilt nach A. Wohl die Zustandsgleichung

$$P = \frac{R T}{v - b} - \frac{a \tau}{v(v - b)} + \frac{c \tau^{\frac{1}{3}}}{v^3}. \tag{8}$$

Darin ist

$$a = 6 v_k^2 P_k = 29,27 ,$$

$$b = \tfrac{1}{4} v_k = 0,000\,849 ,$$

$$c = 0,0673 ,$$

$$\tau = \frac{T_k}{T} .$$

Mit Hilfe dieser Gleichung wurden die spezifischen Volumina und die Wichten auf der rechten Grenzkurve ermittelt.

Zur Berechnung der spezifischen Volumina auf der linken Grenzkurve wurde vom Gesetz der geradlinigen Mittellinie Gebrauch gemacht. Da die Wichte im kritischen Punkt bekannt ist und außerdem im Bereich zwischen 0° C und 100° C die entsprechenden Werte sowohl für die rechte als auch für die linke Grenzkurve, so folgt mit der Beziehung für die geradlinige Mittellinie

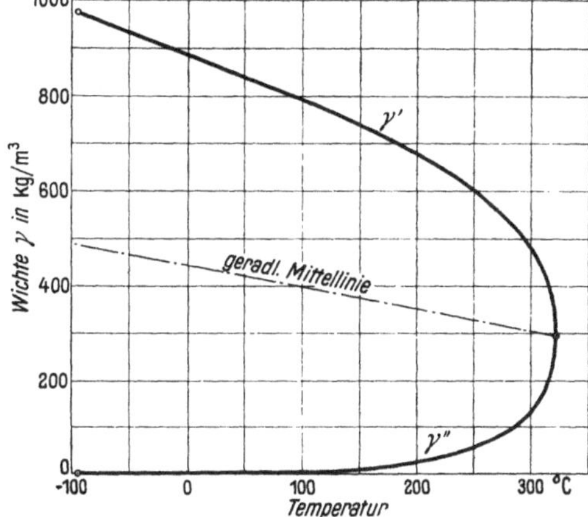

Bild 2. Spezifisches Gewicht des flüssigen und dampfförmigen Toluols.

$$\frac{\gamma'' + \gamma'}{2} = a_0 + b_0\, t \tag{9}$$

$$\gamma' = 886,3 - 0,927\, t - \gamma''. \tag{10}$$

Hierin sind γ'' und γ' die Wichten auf der rechten und linken Grenzkurve.

Die Bilder 2 und 3 enthalten die so ermittelten Werte. Die verschiedenen Meßwerte sind zum Vergleich in Bild 3 ebenfalls eingetragen.

10*

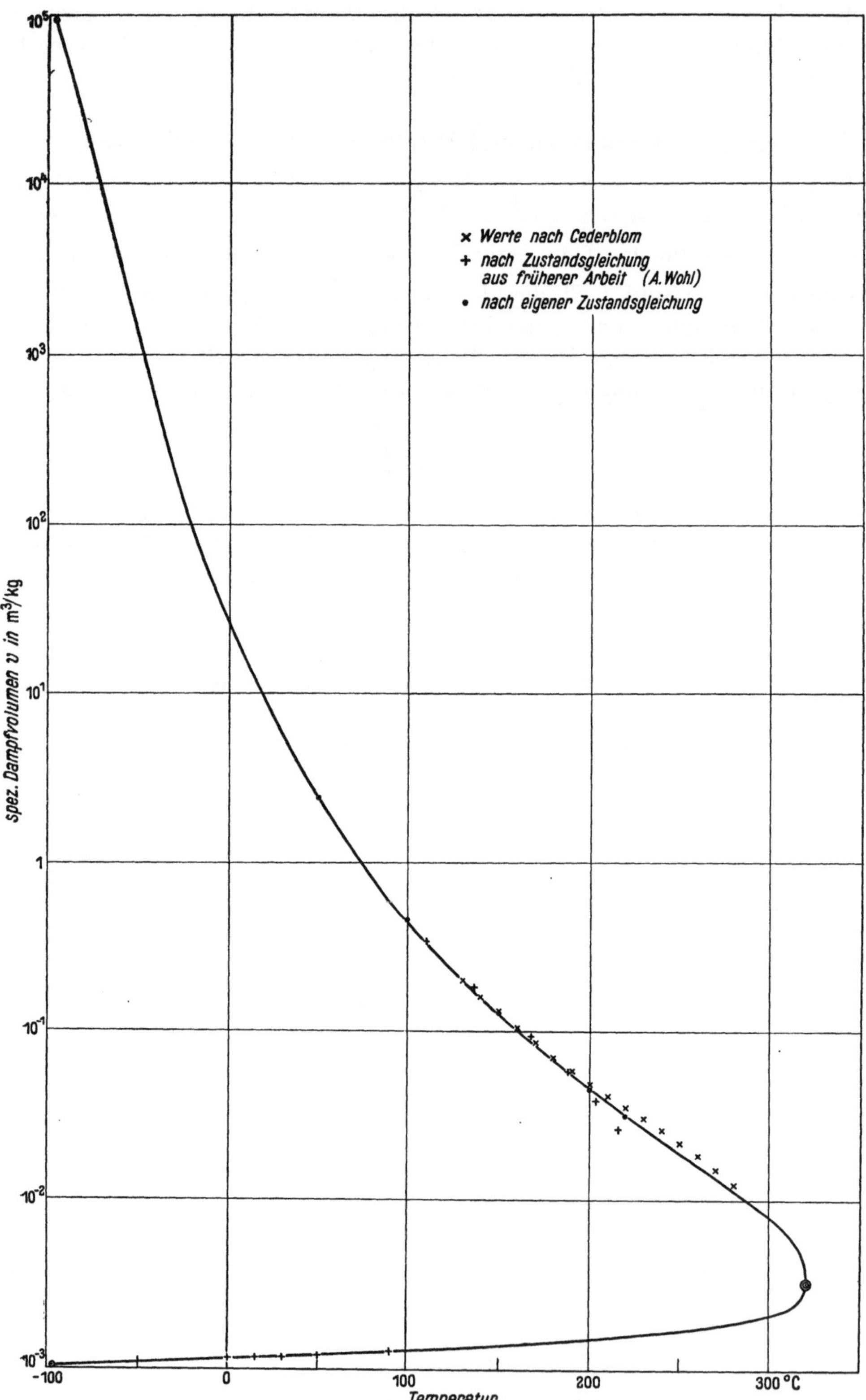

Bild 3. Spezifisches Volumen des flüssigen (v') und dampfförmigen (v'') Toluols zwischen Schmelzpunkt und kritischem Punkt.

IV. Die Verdampfungswärme.

Die Verdampfungswärme wurde aus der C. Clapeyronschen Gleichung

$$r = A\,T\,(v'' - v')\,\frac{dP}{dT} \tag{11}$$

berechnet. Hierin ist r die Verdampfungswärme in kcal kg^{-1} und A das mechanische Wärmeäquivalent. Der Differentialquotient dP/dT kann aus den Gleichungen für die Dampfspannungskurve errechnet werden.

Das Ergebnis ist zusammen mit den bisher vorliegenden Werten in Bild 4 zusammengestellt.

Im Bereich ganz tiefer Temperaturen, in der Nähe des Gefrierpunktes, ergaben sich, wie bereits erwähnt, offensichtlich zu kleine Werte für die Verdampfungswärme, weil die Neigung der Dampfspannungskurve in diesem Gebiet zu flach zu

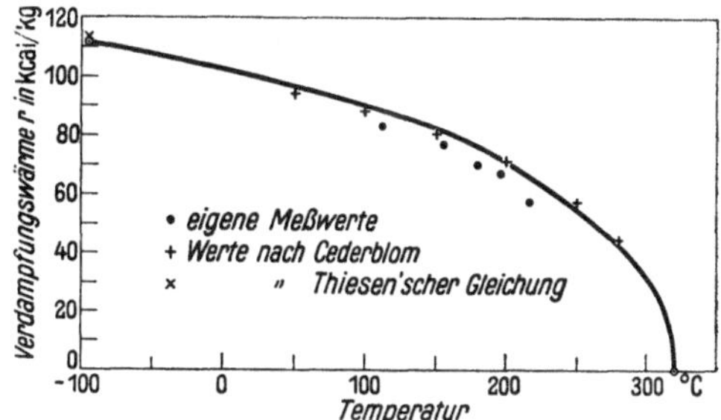

Bild 4. Verdampfungswärme von Toluol.

sein scheint. Daher wurde in diesem Bereich ein Ausgleich nach der M. Thiesenschen Gleichung [1]

$$r = r_0\,(T_k - T)^n \tag{12}$$

vorgenommen.

Auf Grund von Beziehungen zwischen den Größen r, γ', γ'' und der inneren Verdampfungswärme ϱ kann eine Kontrolle der Ergebnisse vorgenommen werden. Es gelten die Gleichungen [6]

$$r = c_1\left(\frac{\gamma'}{\gamma_k} - 1\right) \tag{13}$$

und

$$\varrho = c_2\left(\sqrt[3]{\gamma'} - \sqrt[3]{\gamma''}\right). \tag{14}$$

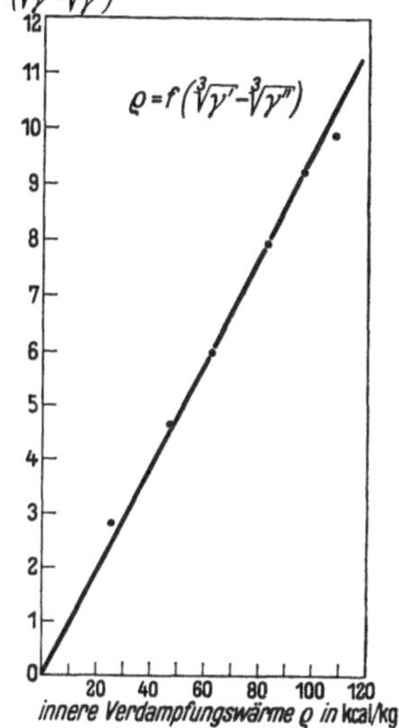

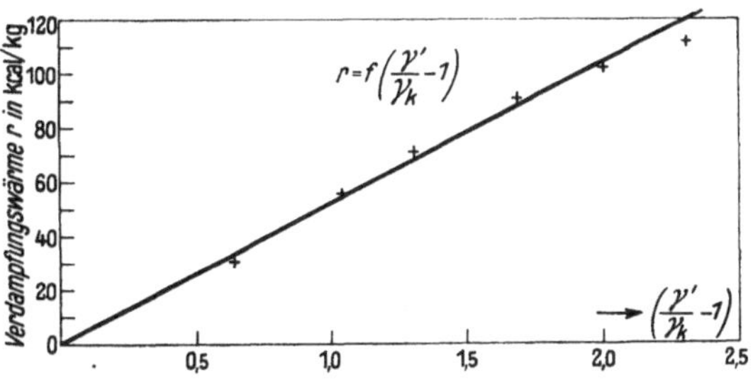

Bild 5. Verdampfungswärme $r = f\left(\dfrac{\gamma'}{\gamma_k} - 1\right)$.

Bild 6. Innere Verdampfungswärme $\varrho = f\left(\sqrt[3]{\gamma'} - \sqrt[3]{\gamma''}\right)$.

Trägt man r über $\dfrac{\gamma'}{\gamma_k} - 1$ und ϱ über $\sqrt[3]{\gamma'} - \sqrt[3]{\gamma''}$ auf, so müssen sich gerade Linien ergeben. Selbstverständlich gelten diese Beziehungen nicht völlig exakt, aber doch soweit, daß sie für eine Kontrolle brauchbar sind. Aus den Bildern 5 und 6 erkennt man, daß die Gleichungen mit den ermittelten thermischen Größen recht gut erfüllt sind.

V. Die spezifische Wärme der Flüssigkeit und die Enthalpie auf den Grenzkurven.

Es wäre am zweckmäßigsten, für die spezifische Wärme der Flüssigkeit, die von
R. Plank [4] vorgeschlagene Beziehung

$$c' = a_1 + \frac{b_1 r_0}{(T_k - T)^{1-n}} \tag{15}$$

mit a_1 und b_1 als Konstanten zu verwenden, die auch in der ersten Veröffentlichung
von den Verfassern benutzt worden ist. Würde diese Gleichung bis zum kritischen
Punkt gelten, so würde hieraus ebenfalls bis zum kritischen Punkt die Enthalpie auf der linken Grenzkurve i' berechnet werden können. Es ist

$$i' = i'_0 + \int c' dT. \tag{16}$$

Daraus folgt wegen $r = r_0 (T_K - T)^n$

$$i' = i'_0 + a_1 T - \frac{b_1}{n} r. \tag{17}$$

Es hat sich jedoch schon bei der früheren Untersuchung gezeigt und auch jetzt

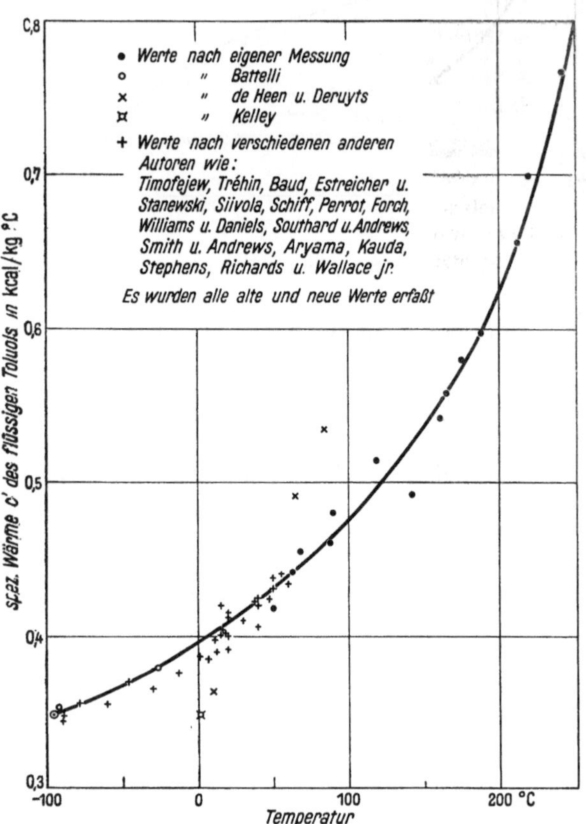

Bild 7. Spezifische Wärme des flüssigen Toluols.

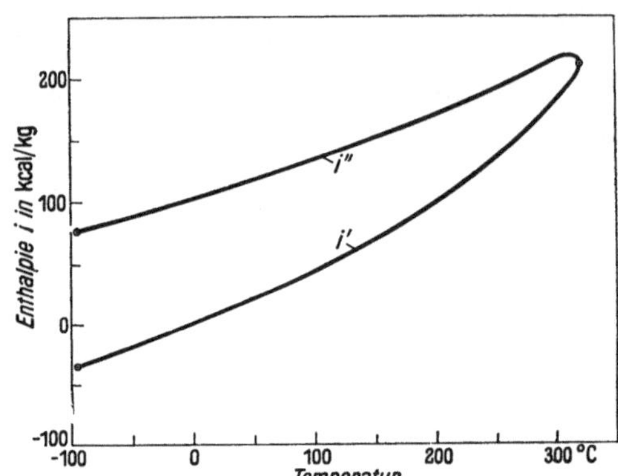

Bild 8. Enthalpie des Toluols auf den Grenzkurven.

wieder bestätigt, daß Gl. (15) nicht bis zum kritischen Punkt gültig ist. Daher
wurde eine Potenzfunktion vom Typ

$$c' = a_2 + b_2 T^n \tag{18}$$

für die spezifische Wärme der Flüssigkeit verwendet, und zwar in Verfeinerung der
von den Verfassern in ihrer früheren Veröffentlichung angegebenen Beziehung in
zwei Bereichen.

Bereich $-95,1°\,C \cdots 100°\,C$:

$$c' = 0,321 + 1,312 \cdot 10^{-7}\, T^{2,36}. \tag{19}$$

Bereich $100°\,C \cdots 250°\,C$:

$$c' = 0,424 + 3,426 \cdot 10^{-17}\, T^{5,9}. \tag{20}$$

Die vorliegenden Meßwerte reichen von $-92\,°C$ bis $241\,°C$. Man kann mit Gl. (20) eine kleine Extrapolation bis in die Nähe des kritischen Punktes wagen. In unmittelbarer Nähe des kritischen Punktes wurde ein graphischer Ausgleich vorgenommen.

Der Nullpunkt der Enthalpie wurde bei $0\,°C$ angesetzt.

Die Enthalpie auf der rechten Grenzkurve folgt aus

$$i'' = i' + r . \tag{21}$$

Bild 7 zeigt die spezifische Wärme der Flüssigkeit mit den vorliegenden Meßwerten, Bild 8 die Enthalpie auf den Grenzkurven.

VI. Die Entropie auf den Grenzkurven.

Bezeichnet Q eine Wärmemenge, so ist

$$s' = \int \frac{dQ}{T} + s_0' , \tag{22}$$

wobei s_0' so gewählt wurde, daß die Entropie s' auf der linken Grenzkurve bei $0\,°C$ Null ist. Aus Gl. (22) und (18) ergibt sich mit $dQ = c'\,dT$

$$s' = a_2 \ln T + \frac{b_2}{n_2} T^{n_2} + s_0' . \tag{23}$$

Für die Entropie auf der rechten Grenzkurve folgt dann

$$s'' = s' + \frac{r}{T} . \tag{24}$$

In unmittelbarer Nähe des kritischen Punktes wurde auch hier ein zeichnerischer Ausgleich vorgenommen.

Die Entropie ist in Bild 9 dargestellt.

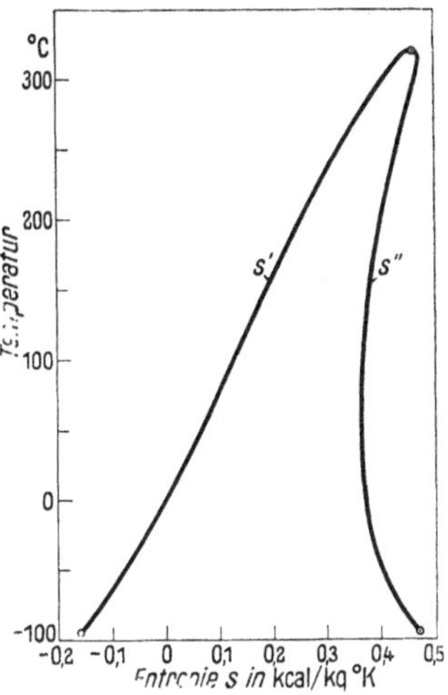

Bild 9. Entropie des Toluols auf den Grenzkurven.

VII. Die spezifische Wärme des Dampfes.

Während J. E. Cederblom [2] für die spezifische Wärme des Dampfes den Wert 0,278 im Bereich von $131\,°C$ bis $183\,°C$ angibt, lagen die früher ermittelten Werte der Verfasser wesentlich höher. Bei tiefen Drucken, d. h. solange die Zustandsgleichung für ideale Gase Gültigkeit hat, kann man aus der Beziehung

$$c_p'' - c' = \frac{dr}{dT} \tag{25}$$

die spezifische Wärme an der Grenzkurve c_p'' berechnen, wenn die Werte für c' und r bekannt sind. Die Tangentenbildung dr/dT geschah zeichnerisch auf Grund der Werte des Bildes 4. Für die spezifische Wärme c' wurden die Werte nach Bild 7 verwendet. Im Bereich sehr tiefer Drucke werden die spezifischen Wärmen an der Grenzkurve praktisch mit den spezifischen Wärmen bei unendlicher Verdünnung c_p^0 zusammenfallen.

Die errechneten Werte sind in Zahlentafel 1 auf S. 154 zusammengestellt. Auf Grund der von J. E. Cederblom aufgestellten Dampftabelle ergibt sich nach derselben Methode bei $60\,°C$ der Wert $c_p'' = 0,335$, also ein erheblich höherer Wert als 0,278.

Wendet man die genaue M. Plancksche Gleichung in der Form

$$c' - c_p'' = -\frac{dr}{dT} + \frac{r}{T} - \frac{r}{v'' - v'}\left[\left(\frac{\partial v''}{\partial T}\right)_p - \left(\frac{\partial v'}{\partial T}\right)_p\right] \tag{26}$$

an, so folgt bei $100°$ C für $c_p^0 = 0,357$ und für $150°$ C $c_p^0 = 0,433$. Man wird also den in Bild 10 eingezeichneten Verlauf der spezifischen Wärme c_p^0 als recht gut begründet

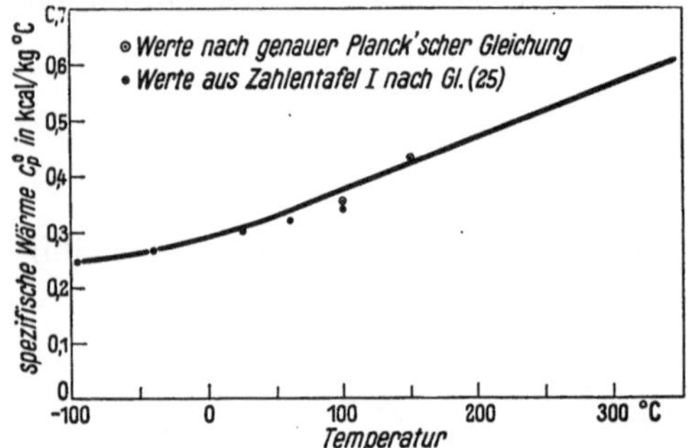

Bild 10. Spezifische Wärme c_p^0 des Toluols.

ansehen können. Für den weiteren Verlauf der Kurve für c_p^0 im Gebiet höherer Temperaturen wurde wie früher eine lineare Abhängigkeit gewählt. In ihrer früheren Arbeit gaben die Verfasser für c_p^0 die Gleichung

$$c_p^0 = 0,0878 + 0,825 \cdot 10^{-3}\, T \qquad (27)$$

an. Verschiedene Überlegungen führten dazu, die Neigung etwas steiler zu wählen. Dies führte zu der Gleichung

$$c_p^0 = 0,0283 + 0,939 \cdot 10^{-3}\, T. \qquad (28)$$

Die Abweichungen zwischen den beiden Gleichungen liegen im Gültigkeitsbereich innerhalb der Meßgenauigkeit.

Es wäre nun naheliegend, zur Darstellung der c_p-Werte im überhitzten Gebiet ebenfalls die A. Wohlsche Gleichung zu benutzen. Dazu erweist sie sich jedoch als

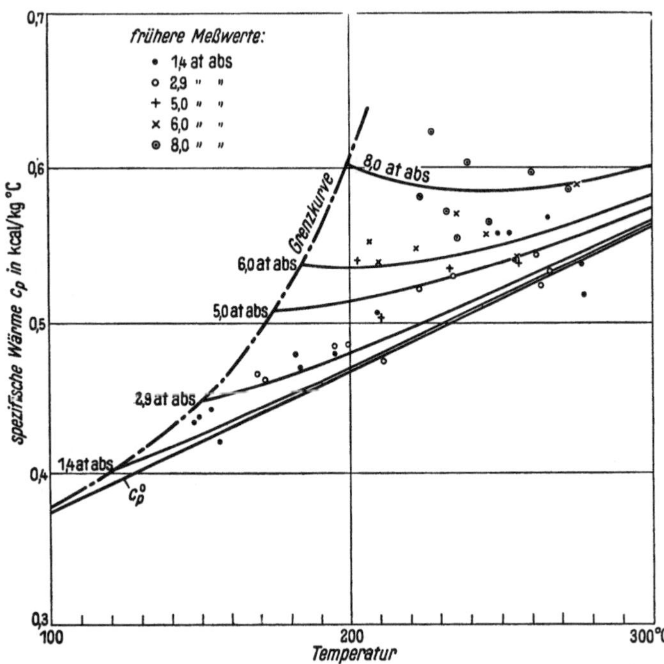

Bild 11. Spezifische Wärme c_p des überhitzten Toluoldampfes.

nicht ausreichend, wie schon für Wasserdampf gezeigt wurde [7]. Deshalb wurde zur Darstellung der spezifischen Wärme des Dampfes derselbe Weg gewählt, den die Verfasser in ihrer früheren Arbeit eingeschlagen hatten, nur wurde die Darstellung noch vereinfacht. Auch hier liegen die Abweichungen gegenüber dem früheren Isobarensystem innerhalb der Versuchsgenauigkeit. Für das Isobarensystem wurde eine Gleichung von der Form

$$c_p = c_p^0 + \frac{C P^{m_1}}{T^{m_2}} \qquad (29)$$

angesetzt mit $C = 70\,300$, $m_1 = 2,27$ und $m_2 = 6,3$. Bild 11 zeigt das Isobarensystem mit den gemessenen Werten.

VIII. Das spezifische Volumen des überhitzten Dampfes.

Das spez. Volumen des überhitzten Dampfes kann sowohl nach der A. Wohlschen Gleichung als auch auf Grund der bekannten Beziehungen der Thermodynamik aus Gl. (29) entwickelt werden. Es ergibt sich dann

$$v = \frac{RT}{P} - \frac{m_1 C P^{m_1-1}}{A\, m_2\,(m_2-1)\, T^{m_2-1}} + B P. \qquad (30)$$

Diese Gleichung ist im Gegensatz zu Gl. (8) nicht bis zum kritischen Punkt verwendbar, sondern gilt nur im Bereich der gemessenen c_p-Werte also bis 8 at. Die

Additional material from *Wissenschaftliche Veröffentlichungen aus den Siemens-Werken*, ISBN 978-3-642-98835-6, is available at http://extras.springer.com

Konstante B ist so bestimmt, daß die Werte nach den Gl. (8) und (30) auf der rechten Grenzkurve übereinstimmen. In Bild 3 sind auch die Werte nach Gl. (30) mit eingetragen.

IX. Die Enthalpie des überhitzten Dampfes.

Aus Gl. (29) und (30) folgt

$$i = a_3 T + \frac{b_3}{2} T^2 + \frac{AB}{2} P^2 - \frac{CP^{m_1}}{(m_2-1) T^{m_2-1}} + i_0. \tag{31}$$

Setzt man für T und P die Werte der Dampfspannungskurve ein, so ergeben sich für die rechte Grenzkurve nicht genau dieselben Werte, die bei der Behandlung des Naßdampfgebietes ermittelt wurden. Das liegt an Ungenauigkeiten in der Darstellung der c_p-Isobaren. Die Grenzkurvenwerte nach Bild 8 können als sicherer gelten. Daher wurde die Konstante i_0 bei der Berechnung der Enthalpie so bestimmt, daß für jede Isobare der Anschluß an die rechte Grenzkurve nach Bild 8 gefunden wurde.

X. Die Entropie des überhitzten Dampfes.

Aus Gl. (29) und (30) ergibt sich für die Entropie die Gleichung

$$s = a_3 \ln T + b_3 T - AR \ln P - \frac{CP^{m_1}}{m_2 T^{m_2}} + s_0. \tag{32}$$

Auch hier stimmt aus den bereits erwähnten Gründen die errechnete rechte Grenzkurve mit der vorher ermittelten (Bild 9) nicht genau überein. Die Konstante s_0 wurde so bestimmt, daß der Anschluß an die Werte des Bildes 9 erreicht wurde.

XI. Die Dampftabelle und die Entropietafel.

Auf Grund der ermittelten thermischen Daten sind in Zahlentafel 2 auf S. 154 sämtliche technisch wichtigen Werte für die Flüssigkeit und den trocken gesättigten Dampf zusammengestellt.

Bild 12 enthält eine vollständige Entropietafel mit den Isobaren, Isochoren und Isenthalpen.

Während die Berechnung des spez. Volumens des überhitzten Dampfes auf Grund der A. Wohlschen Zustandsgleichung bis zum kritischen Gebiet ohne weiteres erfolgen konnte, gelten die Gl. (31) und (32) nur bis etwa 8 at. Bei höheren Drucken mußte eine zeichnerische Ermittelung der Isobaren vorgenommen werden, was deswegen möglich ist, weil die rechte Grenzkurve, auf der die Drucke bekannt sind, nach rechts überhängt, so daß auf einer Linie gleicher Entropie interpoliert werden kann.

Sind die Isobaren gezeichnet, so kann auch die Enthalpie als unter den Isobaren liegende Fläche berechnet und eingezeichnet werden.

Im übrigen fällt beim Vergleich der neuen Entropietafel mit der von J. E. Cederblom auf, daß bei J. E. Cederblom im Bereich bis etwa 250°C die Isenthalpen

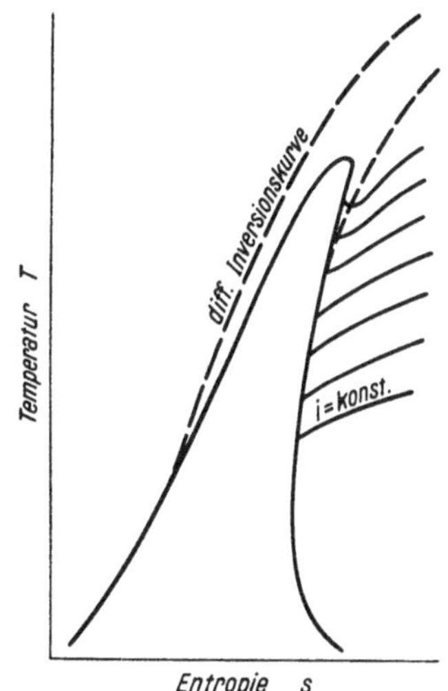

Bild 13. Verlauf der differentialen Inversionskurve im $T-s$-Diagramm nach J. E. Cederblom.

Zahlentafel 1.

t in °C	$-95,1$	-40	$+27$	$+60$	$+100$
c_p''	0,247	0,269	0,300	0,320	0,340

Zahlentafel 2. Dampftabelle für Toluol.

1	2	3	4	5	6	7	8	9	10	11	12
Temperatur		Druck	spez. Volumen		Wichte		Enthalpie		Verdampfungswärme	Entropie	
			der Flüssigkeit	des Dampfes	der Flüssigkeit	des Dampfes	der Flüssigkeit	des Dampfes		der Flüssigkeit	des Dampfes
t	T	p	v'	v''	γ'	γ''	i'	i''	r	s'	s''
°C	°K	at	$\mathrm{m^3\,kg^{-1}}$	$\mathrm{m^3\,kg^{-1}}$	$\mathrm{kg\,m^{-3}}$	$\mathrm{kg\,m^{-3}}$	$\mathrm{kcal\,kg^{-1}}$	$\mathrm{kcal\,kg^{-1}}$	$\mathrm{kcal\,kg^{-1}}$	$\mathrm{kcal\,kg^{-1}\,°K^{-1}}$	$\mathrm{kcal\,kg^{-1}\,°K^{-1}}$
320,6	593,6	43,0	0,003395	0,003395	294,6	294,6	210,0	210,0	0	(0,4620)	(0,4620)
320	593	42,73	0,002970	0,003950	336,6	253,2	206,5	213,5	7,0	—	—
310	583	38,35	0,002261	0,006370	442,1	157,0	190,7	216,0	25,3	0,4259	0,4699
300	573	34,30	0,002078	0,007883	481,3	126,9	180,4	213,3	32,9	0,4078	0,4624
290	563	30,55	0,001951	0,009530	512,6	104,9	170,8	208,4	37,6	0,3905	0,4573
280	553	27,05	0,001856	0,01135	538,7	88,11	161,2	204,2	43,0	0,3736	0,4514
270	543	23,90	0,001781	0,01345	561,7	74,35	151,7	198,9	47,2	0,3569	0,4439
260	533	20,93	0,001716	0,01595	582,6	62,70	142,6	194,1	51,5	0,3406	0,4373
250	523	18,06	0,001663	0,01881	601,3	53,16	133,9	188,3	55,3	0,3248	0,4287
240	513	15,80	0,001616	0,02230	619,0	44,84	125,9	184,4	58,5	0,3103	0,4244
230	503	13,48	0,001574	0,02640	635,2	37,88	118,3	180,1	61,8	0,2954	0,4183
220	493	11,45	0,001537	0,03135	650,4	31,90	111,1	176,1	65,0	0,2810	0,4128
210	483	9,68	0,001503	0,03760	665,1	26,60	104,0	172,0	68,0	0,2667	0,4075
200	473	8,06	0,001473	0,04527	678,8	22,09	97,1	168,0	70,9	0,2524	0,4024
190	463	6,80	0,001446	0,05430	691,8	18,42	91,3	164,5	73,2	0,2390	0,3971
180	453	5,55	0,001418	0,06625	704,4	15,09	85,6	161,4	75,8	0,2258	0,3932
170	443	4,53	0,001396	0,08100	716,4	12,35	80,0	158,2	78,2	0,2127	0,3892
160	433	3,63	0,001373	0,1000	728,0	10,00	74,2	154,6	80,4	0,2000	0,3857
150	423	2,88	0,001353	0,1251	739,2	7,994	68,4	150,8	82,4	0,1875	0,3822
140	413	2,290	0,001332	0,1565	750,1	6,390	62,8	147,0	84,2	0,1749	0,3788
130	403	1,775	0,001315	0,1990	760,8	5,025	57,7	143,6	85,9	0,1623	0,3754
120	393	1,292	0,001297	0,2530	771,0	3,953	52,7	140,0	87,3	0,1500	0,3720
110	383	1,012	0,001280	0,3315	781,3	3,017	48,0	136,9	88,9	0,1378	0,3699
100	373	0,7499	0,001264	0,4454	791,4	2,245	43,2	133,7	90,5	0,1258	0,3685
90	363	0,5475	0,001247	0,5983	801,2	1,672	38,9	130,7	91,8	0,1145	0,3674
80	353	0,3893	0,001234	0,8202	811,0	1,219	34,2	126,9	92,7	0,1037	0,3664
70	343	0,2742	0,001218	1,125	820,5	0,889	29,5	123,3	93,8	0,09235	0,3659
60	333	0,1900	0,001204	1,608	830,1	0,622	25,0	120,0	95,0	0,08040	0,3657
50	323	0,1234	0,001191	2,396	839,5	0,417	20,6	116,7	96,1	0,06858	0,3660
40	313	0,07989	0,001178	3,555	848,9	0,281	16,3	113,9	97,6	0,05500	0,3668
30	303	0,04990	0,001165	5,550	858,3	0,180	12,0	110,9	98,9	0,04150	0,3678
20	293	0,03041	0,001153	8,952	867,7	0,1117	7,9	107,9	100,0	0,02775	0,3689
10	283	0,01740	0,001140	14,90	876,9	0,06711	3,9	104,9	101,0	0,01375	0,3708
0	273	$0,0_2 9738$	0,001128	25,85	886,3	0,03869	0	102,0	102,0	0	0,3738
-10	263	$0,0_2 5090$	0,001116	47,64	895,6	0,02099	$-4,0$	99,0	103,0	$-0,0153$	0,3764
-20	253	$0,0_2 2448$	0,001105	95,29	904,9	0,01049	$-7,8$	96,3	104,1	$-0,0303$	0,3810
-30	243	$0,0_2 1118$	0,001094	200,4	914,1	$0,0_2 4990$	$-11,7$	93,4	105,1	$-0,0458$	0,3866
-40	233	$0,0_3 4437$	0,001082	484,2	923,4	$0,0_2 2065$	$-15,4$	90,7	106,1	$-0,0617$	0,3936
-50	223	$0,0_3 1685$	0,001072	1220	932,7	$0,0_3 8195$	$-19,0$	88,2	107,1	$-0,0774$	0,4031
-60	213	$0,0_4 6058$	0,001061	3242	941,9	$0,0_3 3085$	$-22,7$	85,4	108,1	$-0,0948$	0,4127
-70	203	$0,0_5 7459$	0,001051	8808	950,9	$0,0_3 1135$	$-26,3$	82,8	109,1	$-0,1126$	0,4249
-80	193	$0,0_4 2125$	0,001041	23857	960,4	$0,0_4 4192$	$-29,9$	80,1	110,0	$-0,1302$	0,4398
-90	183	$0,0_5 2761$	0,001031	61110	969,7	$0,0_4 1636$	$-33,5$	77,5	111,0	$-0,1481$	0,4610
$-95,1$	177,9	$0,0_5 1720$	0,001026	95363	974,5	$0,0_4 1049$	$-35,1$	76,4	111,5	$-0,1574$	0,4690

von der rechten Grenzkurve ab ansteigen. Das würde bedeuten, daß bei einer Drosse-
lung des trocken gesättigten Dampfes eine Erwärmung auftritt. Die differentiale
Inversionskurve müßte also bei rund 250° C die rechte Grenzkurve berühren (vgl.
Bild 13).

Nun kann aber der ungefähre Verlauf der differentialen Inversionskurve aus der
van der Waalsschen Gleichung abgeschätzt werden. Setzt man

$$\pi = \frac{P}{P_k}, \qquad \vartheta = \frac{T}{T_k},$$

so ergibt sich für die Inversionskurve [8]

$$\vartheta = \frac{15}{4} - \frac{1}{12}\,\pi \pm \sqrt{9 - \pi}. \qquad (33)$$

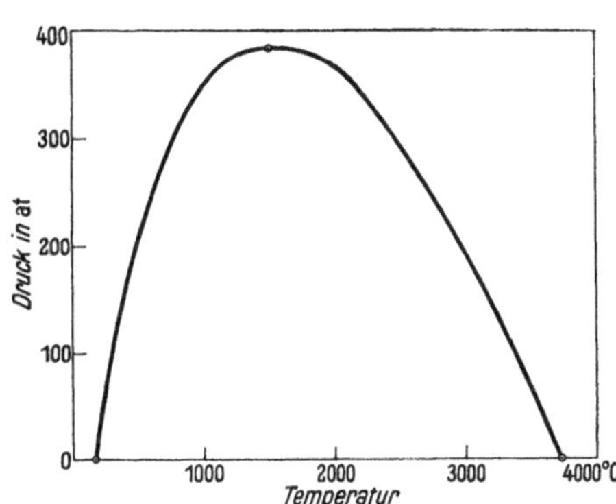

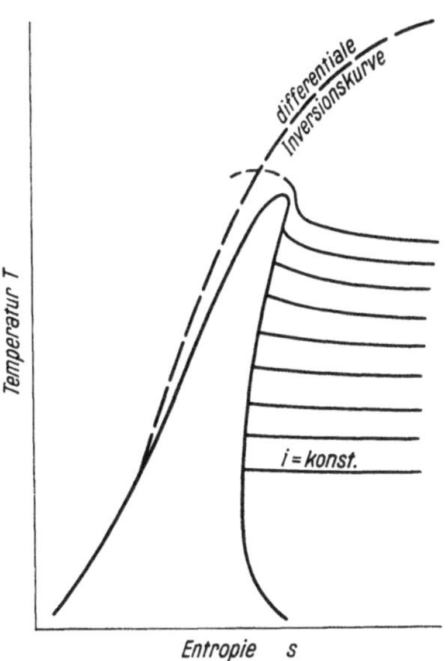

Bild 14. Differentiale Inversionskurve nach der van der
Waalsschen Gleichung.

Bild 15. Richtiger Verlauf der differentialen
Inversionskurve im $T - s$-Diagramm.

Rechnet man mit Hilfe von Gl. (33) die zugehörigen Drucke und Temperaturen aus,
so erhält man die in Bild 14 eingetragenen Werte. Würde man diese Inversionskurve
in die Entropietafel übertragen, so würde sich ein Verlauf ergeben, wie er allgemein
in Bild 15 skizziert ist. Daraus folgt ohne weiteres, daß der Verlauf der Isenthalpen,
wie sie J. E. Cederblom in seiner Tafel angibt, thermodynamisch nicht vertret-
bar ist.

Zusammenfassung.

Nach kritischer Verarbeitung der bisher bekannten thermischen Daten werden
für Toluol eine Dampftabelle und eine Entropietafel mit Isobaren, Isochoren und
Isenthalpen im Bereich von —95,1° C (Gefrierpunkt) bis 320,6° C (kritischer Punkt)
aufgestellt.

Schrifttum.

1. K. Nesselmann u. F. Dardin: Über einige thermische Eigenschaften des Toluols. Wiss. Veröff.
Siemens-Werken **X**, 2 (1931) S. 129.

2. „Ur Professor Johan Erik Cederbloms efterlämnade papper, afhandlingar och experiment
rörande flygproblemets lösning, en minnesskrift", herausgeg. von: Almqvist & Wiksels Boktr.-A.-B. in
Uppsala.

3. Landolt-Börnstein: Phys. Chem. Tabellen. Dampfdruck, Erg.-Bd. **II**, 2 (1931) S. 1308; Erg.-
Bd. **III**, 3 (1936) S. 2459; Dichte, Erg.-Bd. **III**, 1 (1935) S. 282; Spezifische Wärme der Flüssigkeit, Erg.-
Bd. **II**, 2 (1931) S. 1209; Erg.-Bd. **III**, 3 (1936) S. 2299; Kritische Daten, Erg.-Bd. **III**, 1 (1935) S. 246.

4. R. Plank: Über das Verhalten gesättigter Dämpfe. Z. techn. Phys. **3** (1922) S. 1.

5. A. Wohl: Untersuchungen über die Zustandsgleichung. Z. phys. Chem. **87** (1914) S. 1. — Untersuchungen über die Zustandsgleichung. II. Die Hauptzustandsgleichung. Z. phys. Chem. **99** (1921) S. 207. — Untersuchungen über die Zustandsgleichung. III. Die Hauptzustandsgleichung und die Zustandsgleichungen der Einzelstoffe. Z. phys. Chem. **99** (1921) S. 226.

6. P. Pfaff: Berechnung thermischer Eigenschaften von Flüssigkeiten und Dämpfen auf empirischer Grundlage. Forsch. Ing.-Wes. A **11** (1940) S. 125.

7. K. Nesselmann: Untersuchungen über die Wohlsche Zustandsgleichung, besonders in bezug auf einige thermische Größen des Wasserdampfes. Z. phys. Chem. **108** (1924) S. 309.

8. W. Schüle: Technische Thermodynamik. **II** (1923) S. 87.

Namenverzeichnis.

Druck der Spamer A.-G. in Leipzig.

Druckfehlerberichtigung.

Auf Seite 97 Bild 11 ist in der Ordinate die Bezeichnung
Ω cm durch cm zu ersetzen.